Inhaltsübersicht

Asien — Seite 86–101

86/87 **Osteuropa und Nordasien:** Physische Karte
88/89 **Osteuropa und Nordasien:** Geschichte und Politik
90/91 **Asien:** Physische Karte
92/93 **Asien:** Politische Entwicklung
94/95 **Naher Osten**
96 **Südasien und südostasiatische Halbinsel:** Physische Karte
97 **Südostasien:** Physische Karte
98/99 **China:** Physische Karte
100/101 **Asien:** Wirtschaftskarte
102/103 **Blickpunkt Bevölkerung**

Afrika — Seite 104–109

104 **Afrika:** Physische Karte
105 **Afrika:** Politische Gliederung
106 **Afrika:** Geschichte und Politik
107 **Afrika:** Bevölkerung und Lebensbedingungen
108 **Afrika:** Klima
109 **Afrika:** Wirtschaftskarte
110/111 **Blickpunkt Hunger**

Australien und Ozeanien — Seite 112/113

112 **Australien und Ozeanien:** Physische Karte
113 **Australien und Ozeanien:** Wirtschaftskarte

Amerika — Seite 114–127

114 **Nordamerika:** Physische Karte
115 **Nordamerika:** Politische Gliederung
116/117 **Vereinigte Staaten von Amerika:** Physische Karte
118/119 **Mittelamerika**
120 **Nordamerika:** Klima und Landschaftszonen
121 **Nordamerika:** Wirtschaftskarte
122 **Südamerika:** Physische Karte
123 **Südamerika:** Politische Gliederung
124 **Südamerika:** Klima und Landschaftszonen
125 **Südamerika:** Wirtschaftskarte
126/127 **Nord- und Südamerika:** Wirtschaftsräume und Städte
128/129 **Blickpunkt Wasser**

Pazifik und Polargebiete — Seite 130/131

130 **Pazifischer Ozean**
131 **Polargebiete**

Erde — Seite 132–157

132/133 **Erde:** Physische Karte
134/135 **Erde:** Klimazonen
136/137 **Erde:** Vegetation, Landschaftszonen und Landwirtschaft
138/139 **Erde:** Plattentektonik
140/141 **Erde:** Umwelt
142/143 **Erde:** Von den Anfängen bis zu den ersten Hochkulturen
144 **Erde:** Zeitalter der Entdeckungen und des Kolonialismus
145 **Erde:** Erster Weltkrieg
146/147 **Die Welt** im 20. Jahrhundert
148/149 **Die Welt** heute
150/151 **Erde:** Staaten
152 **Erde:** Bevölkerung
153 **Erde:** Entwicklung
154 **Erde:** Sprachen und Religionen
155 **Erde:** Tourismus und Verkehr
156/157 **Erde:** Rohstoffe und Welthandel
158/159 **Blickpunkt Klimawandel**
178/179 **Die Erde im Weltraum**

Register — Seite 160–177

160–177 **Namensregister**

W0331687

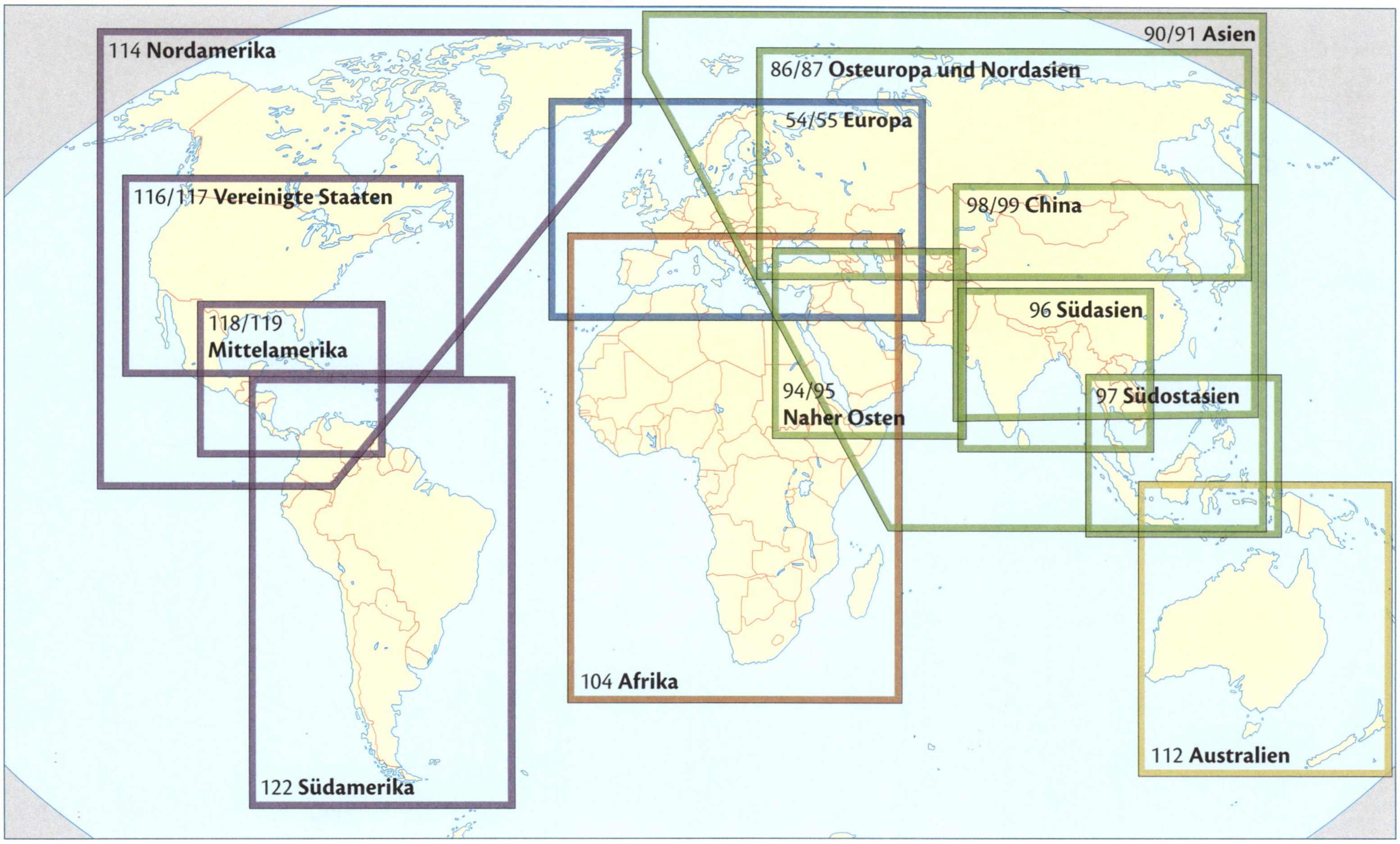

Menschen | Zeiten | Räume
Kombi-Atlas
für Gesellschaftslehre, Erdkunde, Geschichte und Politik
Ausgabe Nordrhein-Westfalen

Herausgegeben von
Cornelsen Verlag, Berlin

Redaktion
Michael Kunz
in Zusammenarbeit mit der
Redaktion Gesellschaftswissenschaften

Autor der Blickpunktseiten
Peter Fischer, Oelixdorf

Kartenherstellung
Michael Kunz
Ing.-Büro für Kartografie Peter Kast, Wismar
Conrad Franke, Berlin

Reliefs
Dr. Fritz Hölzel, Rheda-Wiedenbrück
Dr. Hans-Joachim Kämmer, Berlin
Michael Kunz

Infographik
Markus Kluger, Berlin
Oliver Hauptstock, cartomedia, Dortmund

Berater
Peter Fischer, Oelixdorf
Dr. Siegfried Motschmann, Neuenhagen
Theo Norkowski, Bielefeld
Götz Schwarzrock, Berlin

Fachdidaktische Beratung
Karl Heinz Hoffmann, Krefeld
Michael P. Janke, Essen

Webcodes
Ralf Kasper

Umschlaggestaltung
Klein & Halm, Berlin

Layoutherstellung
Tomasz Kargol, zweiband.media, Berlin
Anja Rosendahl, Berlin

Titelillustration
Matthias Kulka, Hamburg

Bildquellen
CORBIS/© Matthias Kulka (Umschlag, S. 1)
Dirk Wilkening, Porta Westfalica (S. 8)
NASA/GSFC, Greenbelt (S. 119, S. 178/179)
USGS, Sioux Falls (S. 11)

www.cornelsen.de

Ausgabe 2014

Druck: Stürtz GmbH, Würzburg

ISBN: 978-3-06-064092-8

webcode: KA640928-010

Webcode
Mit Hilfe der Webcodes können zusätzliche Informationen und Materialien zu Atlasthemen im Internet abgerufen werden:

Zu den physischen und politischen Karten stehen Arbeitsblätter bereit. Zu gegenwärtigen Themen wie zum Beispiel den Blickpunktseiten verweisen wir auf aktuelle Entwicklungen und Lösungsansätze zur Bewältigung der globalen Probleme.

Die Webcode-Angebote stehen im Internet bereit unter

www.cornelsen.de/kombi-atlas

Auf dieser Website ist ein Eingabefeld für die Zahlenkombination von der Buchseite, zum Beispiel KA640928-010:

Die Möglichkeit zur Eingabe des Webcodes findet sich auch rechts oben auf der Website www.cornelsen.de.

E Erdkunde G Geschichte P Politik

E Deutschland – nördlicher Teil: Physische Karte . . . 36/37
E Deutschland – südlicher Teil: Physische Karte . . . 38/39
Deutschland: Klima . . . 40
E Jahresniederschläge . . . ①
E Jahrestemperaturen . . . ②
E Frühlingseinzug . . . ③
E Bioklima . . . ④
E P Deutschland: Landwirtschaft . . . 41
E P Deutschland: Energiewirtschaft . . . 42
E P Deutschland: Wirtschaftskarte . . . 43
Wirtschaftsraum Ruhrgebiet . . . 44/45
E P Bergbau und Industrie . . . ①
E P Verlagerung des Steinkohlenbergbaus . . . ②
E P G Strukturwandel in Bochum 1960/2010 . . . ③ ④
E Geologisches Profil durch das Ruhrgebiet . . . ⑤
Deutschland: Verkehr . . . 46/47
E P Verkehr . . . ①
E P Entwicklung und Planung im Hamburger Hafen . . . ②
E P Flughafen Frankfurt Main . . . ③
Bundeshauptstadt Berlin . . . 48/49
E P Stadtentwicklung und Verkehrslinien . . . ①
E P Funktionale Gliederung der Innenstadt . . . ②
E P Regierungsviertel . . . ③
Deutschland: Tourismus . . . 50/51
E P Fremdenverkehr und Naturparks . . . ①
E P Fremdenverkehrsgebiet Nordfriesland . . . ②
E P Fremdenverkehrsgebiet Allgäu . . . ③
Blickpunkt Globalisierung . . . 52/53
E P Eröffnungsjahr der jeweils ersten McDonald's-Filiale . . . ①
E P Die zehn größten transnationalen Unternehmen . . . ②
E P Internationaler Warenhandel 1980 . . . ③
E P Internationaler Warenhandel 2010 . . . ④
E P Verlagerung deutscher Unternehmen ins Ausland . . . ⑤
E P Beispielhafter Produktionsweg einer Jeans . . . ⑥

Europa

E Europa: Physische Karte . . . 54/55
Europa: Politische Gliederung . . . 56/57
E P Staaten in Europa . . . ①
P G Politische Gliederung in Mitteleuropa 1937 . . . ②
P G Politische Gliederung in Mitteleuropa 1949–1990 . . . ③
Europa in der Vorgeschichte und Antike . . . 58/59
G Ausbreitung des Ackerbaus in Europa . . . ①
G Griechenland zur Zeit des Peloponnesischen Krieges 431–404 v. Chr. ②
G Ausdehnung des Römischen Weltreiches . . . ③
G Die Völkerwanderung vom 4. bis 6. Jahrhundert n. Chr. . . . ④
Europa im Mittelalter . . . 60/61
G Das Frankenreich zur Zeit Karls des Großen 768–814 . . . ①
G Die Teilung des Frankenreichs 843 . . . ②
G Die Teilung des Frankenreichs 879/880 . . . ③
G Christentum und Islam zur Zeit der Kreuzzüge 1096–1270 . . . ④
G Europa im Spätmittelalter um 1400 . . . ⑤
Europa in der Neuzeit . . . 62/63
G Europa zur Zeit der Reformation um 1570 . . . ①
G Europa im Zeitalter des Absolutismus um 1740 . . . ②
G Europa zur Zeit Napoleons I. 1804–1815 . . . ③
G Europa nach dem Wiener Kongress 1815 . . . ④
Europa im 20. Jahrhundert . . . 64/65
G Europa vor dem Ersten Weltkrieg 1914 . . . ①
G Europa zwischen den Weltkriegen 1918–1939 . . . ②
G Die nationalsozialistische Expansion und die Vernichtung der Juden . . . ③
P G Europa nach dem Zweiten Weltkrieg 1945–1990 . . . ④
Europäische Union . . . 66
E P Mitgliedstaaten der EU . . . ①
E P Bruttoinlandsprodukt in der EU . . . ②
Europa: Bevölkerung . . . 67
E P Bevölkerungsdichte . . . ①
E P Bevölkerungsveränderung in der EU . . . ②
E West- und Mitteleuropa: Physische Karte . . . 68/69
E Nordeuropa: Physische Karte . . . 70
E Großbritannien und Irland: Physische Karte . . . 71
E Italien und Südosteuropa: Physische Karte . . . 72/73
E Spanien und Portugal: Physische Karte . . . 74
E Griechenland und die Türkei: Physische Karte . . . 75
E Osteuropa: Physische Karte . . . 76/77
Europa: Klima . . . 78/79
E Temperaturen im Januar . . . ①
E Temperaturen im Juli . . . ②
E Verteilung der Jahresniederschläge . . . ③
E G Europa während der letzten Eiszeit . . . ④
E Klimazonen . . . ⑤
E P Europa: Wirtschaftskarte . . . 80/81
E P Europa: Verkehr . . . 82
E P Europa: Tourismus . . . 83
Blickpunkt Migration . . . 84/85
E P Auf der Suche nach Arbeit zu Beginn des 21. Jahrhunderts . . ①
E P Migranten in Deutschland . . . ②
E P Bevölkerungen der größten europäischen Staaten . . . ③
E P Auslandsflüchtlinge . . . ④
E P Binnenflüchtlinge . . . ⑤

Asien

E Osteuropa und Nordasien: Physische Karte . . . 86/87
Osteuropa und Nordasien: Geschichte und Politik . . . 88/89
P G Russland 1462–1917 . . . ①
P G Die Sowjetunion 1939 – 1989 . . . ②
E P G Die Völker der Sowjetunion 1989 . . . ③
E P Osteuropa und Nordasien heute . . . ④

Inhaltsverzeichnis

E Erdkunde G Geschichte P Politik

Asien: Physische Karte 90/91
P G Asien 1914 . . . . . ①
E P Asien heute . . . . . ②
E Physische Karte . . . . . ③

Asien: Politische Entwicklung 92/93
E P G China und Japan 1945 bis heute . . . . . ①
E P Ostchina–Korea–Japan: Wirtschaftskarte . . . . . ②
E P G Südasien 1945 bis heute . . . . . ③
E P G Südostasien 1945 bis heute . . . . . ④

Naher Osten 94/95
E P Physische Karte . . . . . ①
E P Persischer Golf: Wirtschaftskarte . . . . . ②
E P G Die Entstehung Israels 1947–1949 . . . . . ③
E P Israel und seine arabischen Nachbarn heute . . . . . ④

E **Südasien und südostasiatische Halbinsel: Physische Karte** 96

E **Südostasien: Physische Karte** 97

E **China: Physische Karte** 98/99

Asien: Wirtschaftskarte 100/101
E Jahresniederschläge . . . . . ①
E Landschaftsgürtel . . . . . ②
E Wirtschaftskarte . . . . . ③

Blickpunkt Bevölkerung 102/103
E P Bevölkerungswachstum 2010–2050 . . . . . ①
E P Von der ersten bis zur zehnten Milliarde Menschen . . . . . ②
E P Bevölkerung nach Kontinenten . . . . . ③
E P Bevölkerungsentwicklung 1950–2050 . . . . . ④
E P Bevölkerung nach Altersgruppen . . . . . ⑤
E P Kinderzahl pro Frau . . . . . ⑥

Afrika

E **Afrika: Physische Karte** 104

E P **Afrika: Politische Gliederung** 105

Afrika: Geschichte und Politik 106
G Afrika 1884 . . . . . ①
G Afrika 1914 . . . . . ②
E P G Afrika 1960 . . . . . ③
E P Politische Konflikte heute . . . . . ④

Afrika: Bevölkerung und Lebensbedingungen 107
E P Bevölkerung in Städten und Slums . . . . . ①
E P Lebenserwartung . . . . . ②
E P Ärztliche Versorgung und Krankheiten . . . . . ③
E P HIV/Aids . . . . . ④

Afrika: Klima 108
E Temperaturen im Januar . . . . . ①
E Temperaturen im Juli . . . . . ②
E Niederschläge Dezember–Februar . . . . . ③
E Niederschläge Juni–August . . . . . ④

E P **Afrika: Wirtschaftskarte** 109

Blickpunkt Hunger 110/111
E P Unterernährung in der Welt . . . . . ①
E P Tägliche Nahrungsmenge im Vergleich . . . . . ②
E P Wirkungsgefüge Unterernährung und Hunger . . . . . ③
E P Staaten mit der größten Zahl Unterernährter . . . . . ④
E P Preise für Grundnahrungsmittel . . . . . ⑤
E P Länder und Regionen, die 2010 Nahrungsmittelhilfe erhielten ⑥

Australien und Ozeanien

Australien und Ozeanien 112/113
E Physische Karte . . . . . ①
E P Bundesstaaten . . . . . ②
E P Wohngebiete der Aborigines . . . . . ③
E P Wirtschaftskarte . . . . . ④
E Jahresniederschläge . . . . . ⑤
E Jahrestemperaturen . . . . . ⑥

Amerika

E **Nordamerika: Physische Karte** 114

E P **Nordamerika: Politische Gliederung** 115

E **Vereinigte Staaten von Amerika: Physische Karte** . . . 116/117

Mittelamerika 118/119
E P Politische Gliederung . . . . . ①
E P Wirbelstürme . . . . . ②
E Physische Karte . . . . . ③
E P Hurrikan Katrina am 28. August 2005 . . . . . ④
E P Hurrikan Katrina: Zugbahn 24.8.–29.8.2005 . . . . . ⑤

Nordamerika: Klima und Landschaftszonen 120
E Temperaturen im Januar . . . . . ①
E Temperaturen im Juli . . . . . ②
E Jahresniederschläge . . . . . ③
E Landschaftszonen . . . . . ④

E **Nordamerika: Wirtschaftskarte** 121

E **Südamerika: Physische Karte** 122

E P **Südamerika: Politische Gliederung** 123

Südamerika: Klima und Landschaftszonen 124
E Temperaturen im Januar . . . . . ①
E Temperaturen im Juli . . . . . ②
E Jahresniederschläge . . . . . ②
E Landschaftszonen . . . . . ④

E P **Südamerika: Wirtschaftskarte** 125

Nord- und Südamerika: Wirtschaftsräume und Städte 126/127
E P Innenstadt von New York . . . . . ①
E P Stadtentwicklung im Raum Los Angeles . . . . . ②
E P Südostbrasilien: Wirtschaftskarte . . . . . ③
E P Verdichtungsraum São Paulo 1958 . . . . . ④
E P Verdichtungsraum São Paulo 2000 . . . . . ⑤

Inhaltsverzeichnis

E Erdkunde G Geschichte P Politik

Blickpunkt Wasser 128/129
E P Zugang zu Trinkwasser . . . . ①
E P Vorhandene Wassermenge der Erde . . . . ②
E P Wasserverbrauch pro Einwohner . . . . ③
E P Weltweiter Wasserverbrauch . . . . ④
E P Bewässerte Fläche (aus Grundwasser) . . . . ⑤
E P Wasserverteilung und Konfliktgebiete . . . . ⑥

Erde

Pazifischer Ozean/Polargebiete 130/131
E Pazifischer Ozean: Physische Karte . . . . ①
E P Ozeanien: Politische Gliederung . . . . ②
E Nordpolargebiet: Physische Karte . . . . ③
E Südpolargebiet: Physische Karte . . . . ④

Erde: Physische Karte 132/133
E Oberflächengestalt der Erde . . . . ①
E Pflanzliche Primärproduktion . . . . ②
E Kontinente und Ozeane . . . . ③
E Zeitzonen . . . . ④

Erde: Vegetation, Klimazonen und Landwirtschaft 134/135
E Klimazonen (nach Troll und Paffen) und Meeresströmungen . . . ①
E Jahresniederschläge . . . . ②
E Mittlere Januar-Temperaturen . . . . ③
E Mittlere Juli-Temperaturen . . . . ④

Erde: Vegetation, Landschaftszonen und Landwirtschaft 136/137
E P Landschaftszonen und landwirtschaftliche Nutzung . . . . ①
E P Natürliche Vegetation . . . . ②
E P Export landwirtschaftlicher Güter . . . . ③

Erde: Plattentektonik 138/139
E Plattentektonik, Vulkane und Erdbebenregionen . . . . ①
E P Folgenschwere Katastrophen . . . . ②
E Schnitt durch den Erdmantel . . . . ③

Erde: Umwelt 140/141
E P Umweltzerstörung und Naturgefährdung . . . . ①
E P Stürme, Dürren und Überschwemmungen . . . . ②
E P Aralsee 1960 . . . . ③
E P Aralsee heute . . . . ④

Erde: Von den Anfängen bis zu den ersten Hochkulturen 142/143
G Die Ausbreitung der Menschheit bis 10 000 v. Chr. . . . . ①
G Neolithische Revolution und frühe Hochkulturen bis 1000 v. Chr. ②
G Altägypten . . . . ③

Erde: Zeitalter der Entdeckungen und des Kolonialismus . . . 144
G Entdeckungsreisen und europäischer Kolonialbesitz bis 1580 . . . ①
G Kolonialmächte und Kolonien um 1830 . . . . ②

Erde: Erster Weltkrieg 145
G Die Welt im Zeitalter des Imperialismus 1914 . . . . ①
G Bündnisse im Ersten Weltkrieg 1914–1918 . . . . ②

Die Welt im 20. Jahrhundert 146/147
P G Die Welt zwischen den Weltkriegen 1918–1939 . . . . ①
P G Bündnisse im Zweiten Weltkrieg 1939–1945 . . . . ②
P G Entkolonisierung zwischen 1945 und 1989 . . . . ③
P G Die Weltmächte im Kalten Krieg 1949–1989 . . . . ④

Die Welt heute 148/149
P G Politische Konflikte und Krisen . . . . ①
P G Die Vereinten Nationen und ihre Einsatzgebiete . . . . ②
E P Menschenrechte . . . . ③
E P Politische Flüchtlinge . . . . ④

Erde: Staaten 150/151
E P Politische Gliederung . . . . ①
E P Reiche und arme Staaten . . . . ②
E P Mächtegruppen . . . . ③
E P Wirtschaftliche Zusammenschlüsse . . . . ④

Erde: Bevölkerung 152
E P Bevölkerungsdichte . . . . ①
E P Verstädterung . . . . ②

Erde: Entwicklung 153
E P Human Development Index . . . . ①
E P Bruttoinlandsprodukt . . . . ②

Erde: Sprachen und Religionen 154
E P Sprachen . . . . ①
E P Religionen . . . . ②

Erde: Tourismus und Verkehr 155
E P Tourismus und Reiseziele . . . . ①
E P Schiffs- und Flugverkehr . . . . ②

Erde: Rohstoffe und Welthandel 156/157
E P Förderung und Transport von Rohstoffen . . . . ①
E P Export von Bergbaugütern . . . . ②
E P Export von Erdöl und Handelswege . . . . ③

Blickpunkt Klimawandel 158/159
E P CO_2-Emissionen . . . . ①
E P Der globale Kohlenstoffkreislauf . . . . ②
E P Die größten Klimasünder . . . . ③
E P Veränderungen der Temperatur bis 2100 . . . . ④
E P Folgen des Klimawandels . . . . ⑤

Die Erde im Weltraum 178/179
E Die Umlaufbahnen der Planeten um die Sonne . . . . ①
E Die Planeten unseres Sonnensystems . . . . ②
E Der Umlauf der Erde um die Sonne/Entstehung der Jahreszeiten ③
E Größenvergleich der Planeten und der Sonne . . . . ④
E Sonnenfinsternis . . . . ⑤
E Mondphasen . . . . ⑥
E Mondfinsternis . . . . ⑦

Register

Namensregister 160–177

Arbeiten mit dem Atlas

① Kartenprojektionen

Die Darstellung der Kugeloberfläche der Erde in einer Karte ist nicht ohne Verzerrungen möglich.
Die Umrechnung der Erdoberfläche in die Zeichenebene nennt man Kartenprojektion. Es gibt eine große Anzahl von unterschiedlichen Kartenprojektionen, aus der die für eine Karte optimale ausgewählt wird.

Satellitenbild der Erde

Globus-Ansicht der Erde

Maßstab 1: 400 000 000

Schnittmuster für einen Globus aus zwölf Teilen

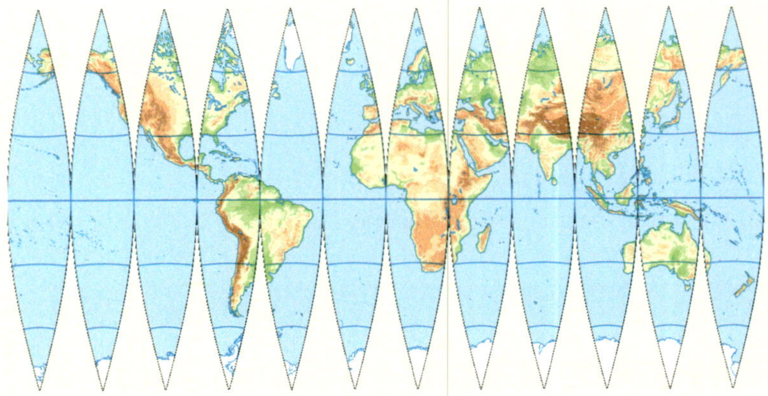

Quadratische Plattkarte

Einfache Kartenprojektion, bei der geographische Breite und Länge abgelesen werden können. Die Flächentreue nimmt vom Äquator in Richtung der Pole ab.

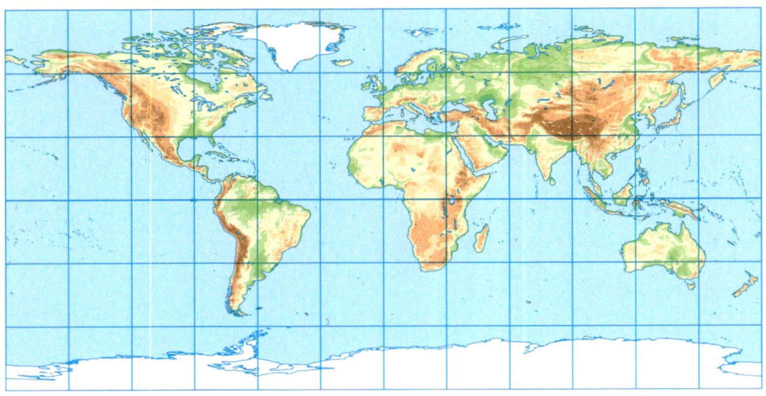

Maßstab 1: 400 000 000

Kartenprojektion von Oswald Winkel für Weltkarten (Winkel-Tripel-Projektion)

Im Atlas verwendete Kartenprojektion, die zwischen Winkeltreue und Flächentreue vermittelt.

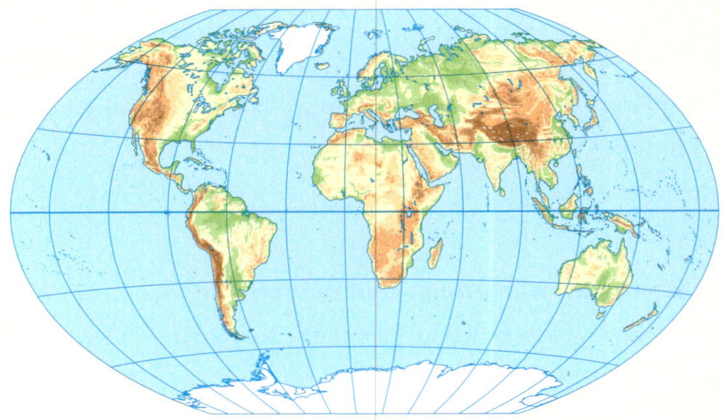

Maßstab 1: 400 000 000

② Breitenkreise

Breitenkreise (oder Parallelkreise) liegen parallel zur Äquatorebene. Ihr Durchmesser nimmt mit der Distanz vom Äquator ab.

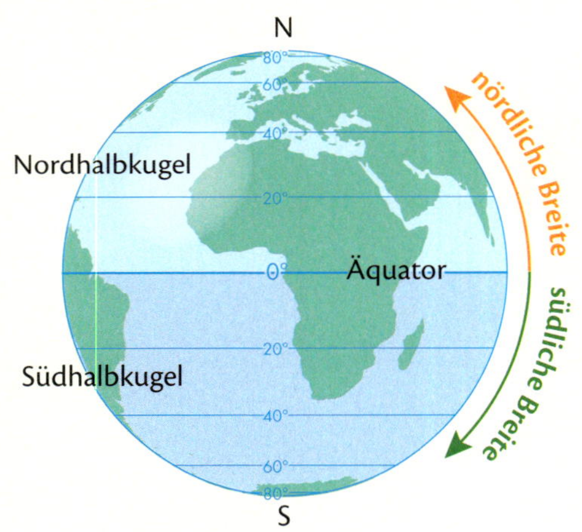

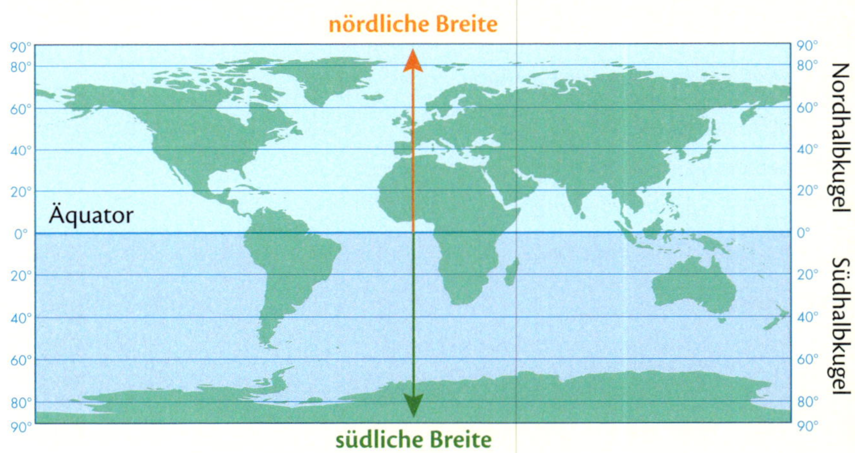

③ Längenkreise

Alle Längenkreise (oder Meridiankreise) haben den gleichen Durchmesser. Sie schneiden sich alle im Nordpol und im Südpol.

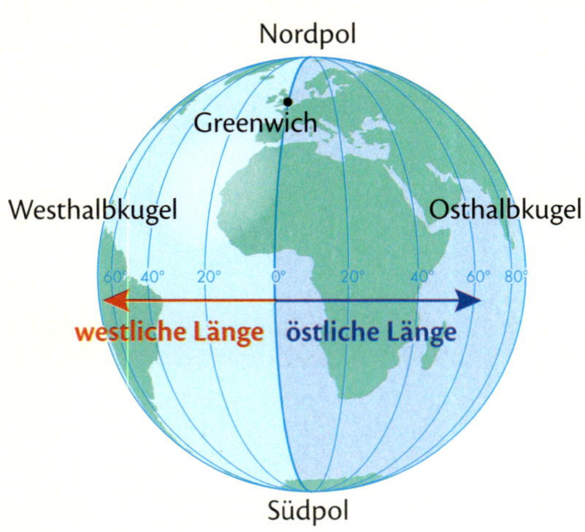

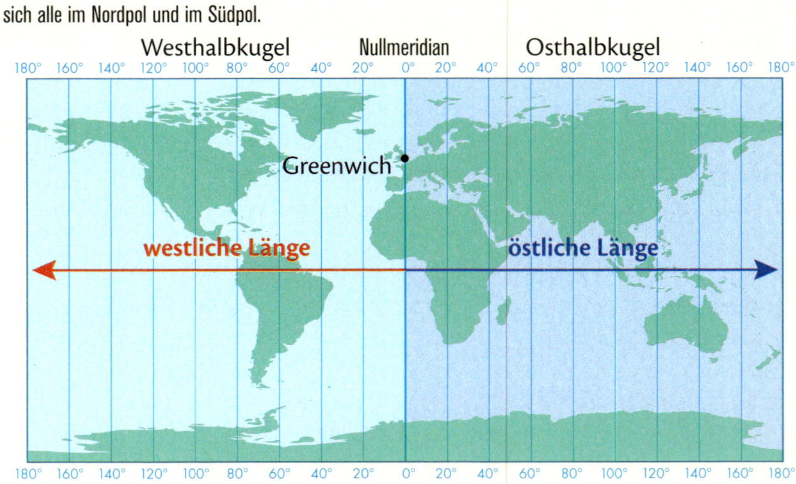

④ Koordinatenangaben auf der Erde

Zu der vollständigen Angabe der Lagekoordinaten für einen Punkt auf der Erde gehören:
- die geographische Breite (nördliche oder südliche Breite)
- die geographische Länge (westliche oder östliche Länge).

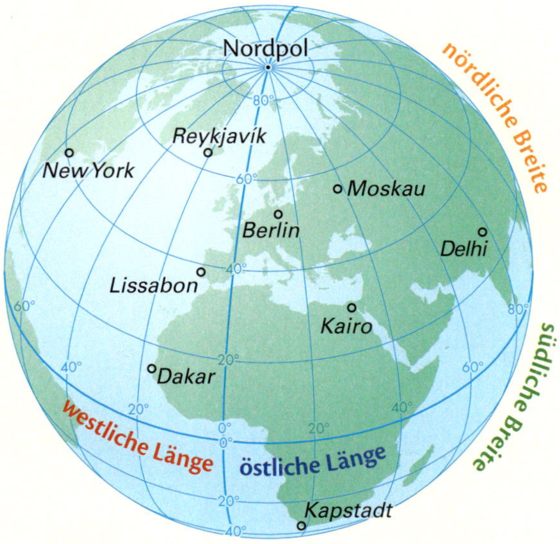

Stadt	Geographische Breite	Geographische Länge
Berlin	52° 31′ N	13° 24′ O
Reykjavík	64° 09′ N	21° 56′ W
Lissabon	38° 43′ N	9° 10′ W
New York	40° 43′ N	74° 00′ W
Moskau	55° 45′ N	37° 37′ O
Kairo	30° 03′ N	31° 14′ O
Delhi	28° 40′ N	77° 13′ O
Dakar	14° 41′ N	17° 26′ W
Kapstadt	33° 55′ S	18° 25′ O

⑤ Gradnetzangaben in Karten

Karten mit einem Gradnetz zeigen am Kartenrand die zu den Netzlinien gehörenden Grad-Angaben:
- in nördlicher und südlicher Richtung die Breitengrade
- in westlicher und östlicher Richtung die Längengrade.

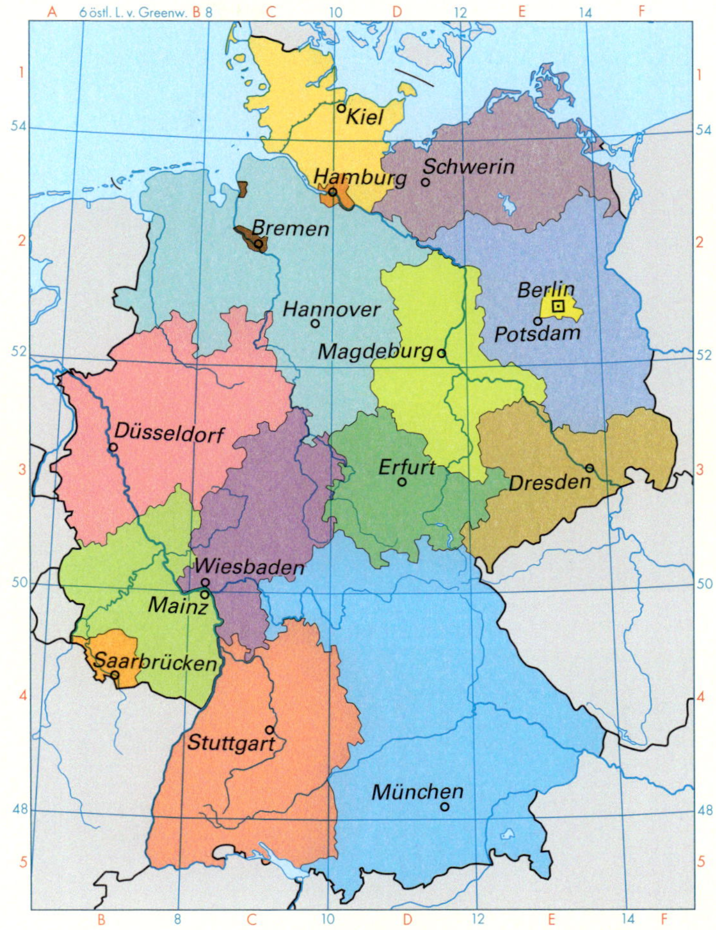

Maßstab 1 : 7 500 000

⑥ Das Namensregister

Zum Auffinden von geographischen Namen in Karten dient das Namensregister auf den Seiten 160 bis 177.

Es enthält neben Orten und Städten auch Flüsse und Seen, Gebirge und Landschaften.

Im Namensregister steht hinter jedem Namen die Seitenzahl, die Kartennummer und das Suchgitterfeld, in dem der Name in der Karte steht.

Maßstab 1 : 7 500 000

- Askja 70 B 1
- Akureyri 70 B 1
- Axarfjord 70 B 1
- Bakkafjördhur 70 BC 1
- Borgarnes 70 A 2
- Breidhafjord 70 A 1
- Djúpivogur 70 C 2
- Faxabucht 70 A 2
- Geysir 70 A 2
- Gláma 70 A 1
- Grímsey 70 B 1
- Grímsvötn 70 B 2
- Hekla 70 AB 2
- Hofsjökull 70 B 2
- Hólmevik 70 A 1
- Horn, Kap auf Island 70 A 1
- Húnabucht 70 A 1
- Húsavik 70 B 1
- Isafjord 70 A 1
- Ísafjördhur 70 A 1
- Keflavík 70 A 2
- Mýrdalsjökull 70 B 2
- Mývatn 70 B 1
- Öræfajökull 70 B 2
- Raufarhöfn 70 BC 1
- Reykjanes 70 A 2
- Reykjavík 70 A 2
- Seydhisfjördhur 70 C 1
- Skjalfandafjöt 70 B 1
- Surtsey 70 A 2
- Stykkishólmur 70 A 1
- Thjórsá 70 B 2
- Vatnajökull 70 B 2
- Vestmannaeyjar 70 A 2

Das Namensregister führt alle im Atlas enthaltenen Namen vollständig auf:

1. Die Namen werden mithilfe der Seitenzahlen, ggf. außerdem mit den Kartenzahlen und dem Gradnetzfeld aufgesucht. Die Gradnetzfelder sind am oberen und unteren Rand mit Buchstaben A, B, …, an den seitlichen Rändern mit Zahlen 1, 2, … bezeichnet. Bei Karten, die kein Gradnetz enthalten, ist bei den von dort zitierten Namen kein Gradnetzfeld angegeben.
2. Orts-, Berg-, Gewässer- und Landschaftsnamen sind in der Regel den physischen Karten entnommen, die den größten Maßstab besitzen. Wirtschaftskarten und thematische Karten werden für diejenigen Namen herangezogen, die auf den physischen Karten nicht genannt sind.
3. Die Schreibweise im Namenregister entspricht der in den Karten. Wo Namen in den Karten abgekürzt werden mussten (z. B. Fichtel-Geb.), erscheint im Register der vollständige Name (Fichtelgebirge).
4. Die Buchstabenfolge richtet sich nach dem deutschen Alphabet. Die Umlaute ä, ö und ü sind als ae, oe und ue eingeordnet.
5. Zum Namen gehörige Zusätze wie El (im Spanischen und Arabischen), Saint, Sainte, San, Sankt, Santa, São gelten als Bestandteile des Namens. Ebenso verhält es sich mit geographischen Bezeichnungen wie Bad, Fort, Golf, Mount, Pass, Straße usw.
6. Verschiedene Stichworte mit gleichlautenden Namen werden durch zusätzliche Hinweise unterschieden: z. B. Frankfurt (am Main) – Frankfurt (an der Oder); Fulda, Fluss – Fulda, Stadt.
7. Für die Lagebezeichnung der im Register aufgeführten Namen gilt die Lage des Namens. So wird z. B. bei Staaten nicht deren wirkliche Ausdehnung, sondern nur die Ausdehnung des Namens berücksichtigt. Bei Flüssen wird der Name in der Regel nur mit einer Lageangabe erfasst.

Vom Bild zur Karte

① Luftbild Porta Westfalica

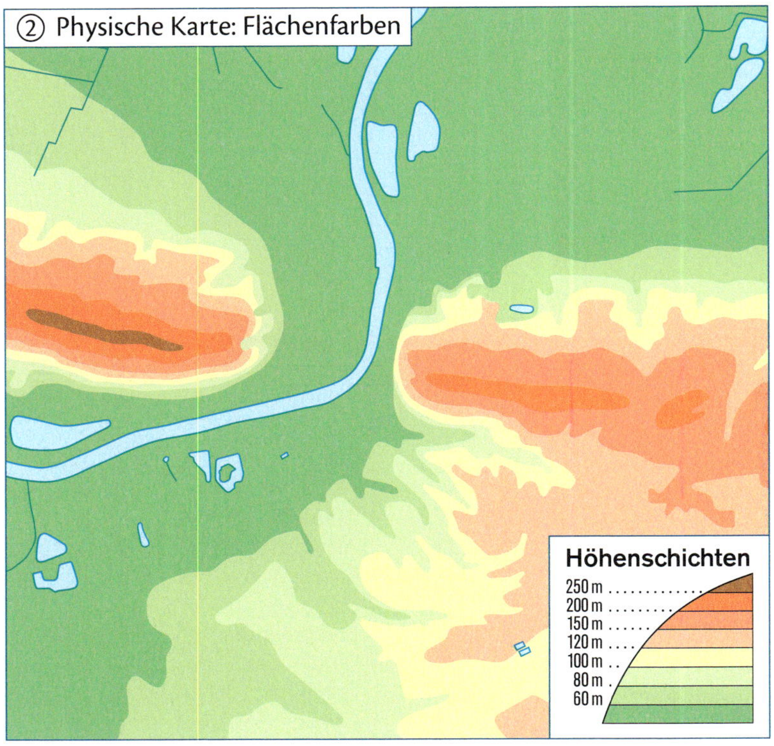

② Physische Karte: Flächenfarben

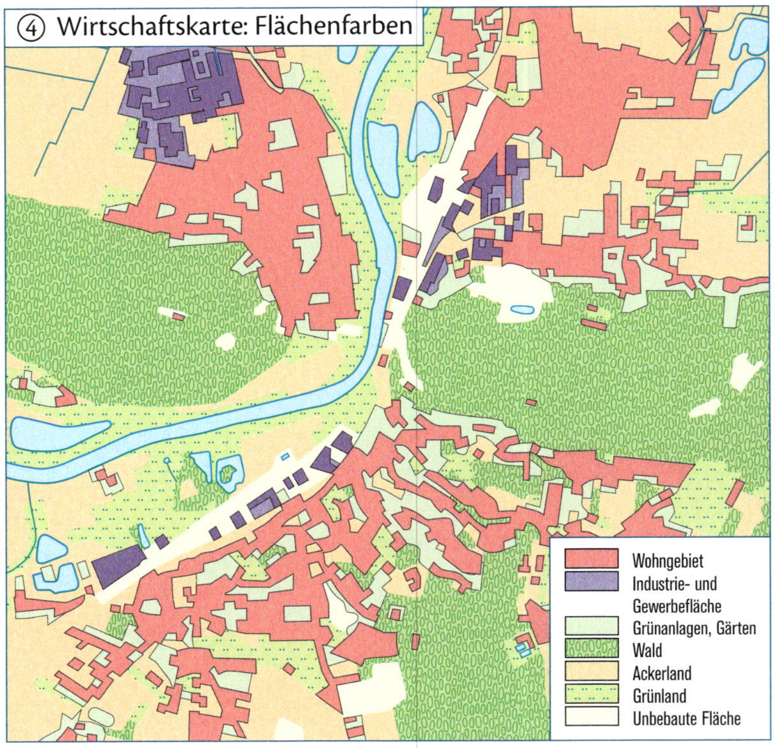

④ Wirtschaftskarte: Flächenfarben

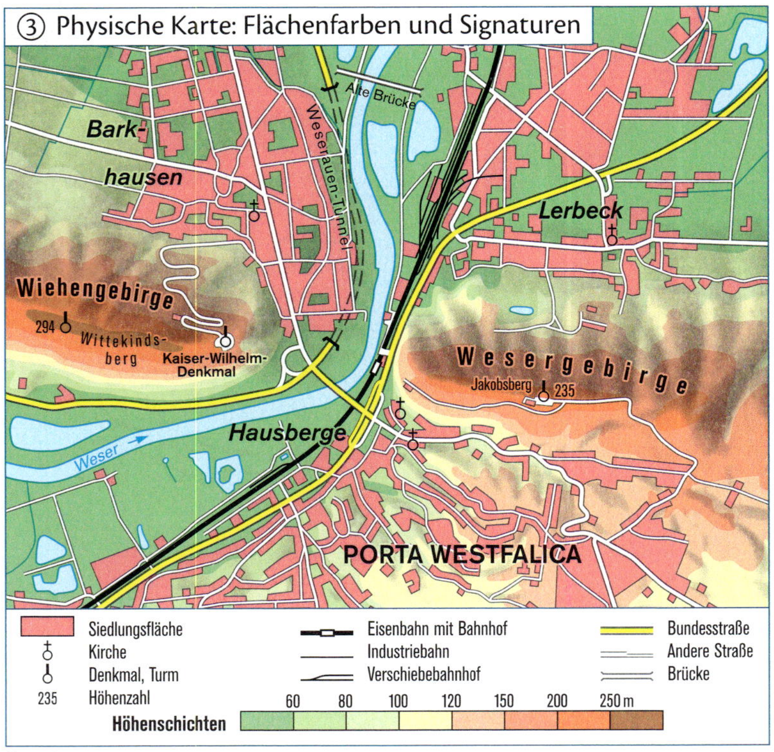

③ Physische Karte: Flächenfarben und Signaturen

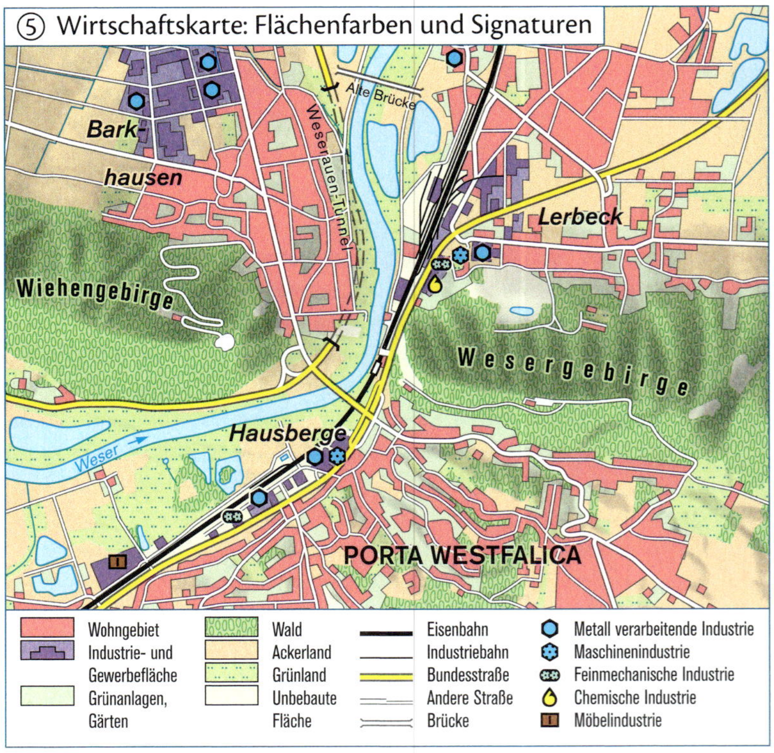

⑤ Wirtschaftskarte: Flächenfarben und Signaturen

1 : 50 000 — 0 — 500 — 1000 — 1500 — 2000 — 2500 — 3000 m — 1 cm ≙ 500 m

Maßstab, Ausschnitt und Inhalt

① Physische Karte 1: 250 000

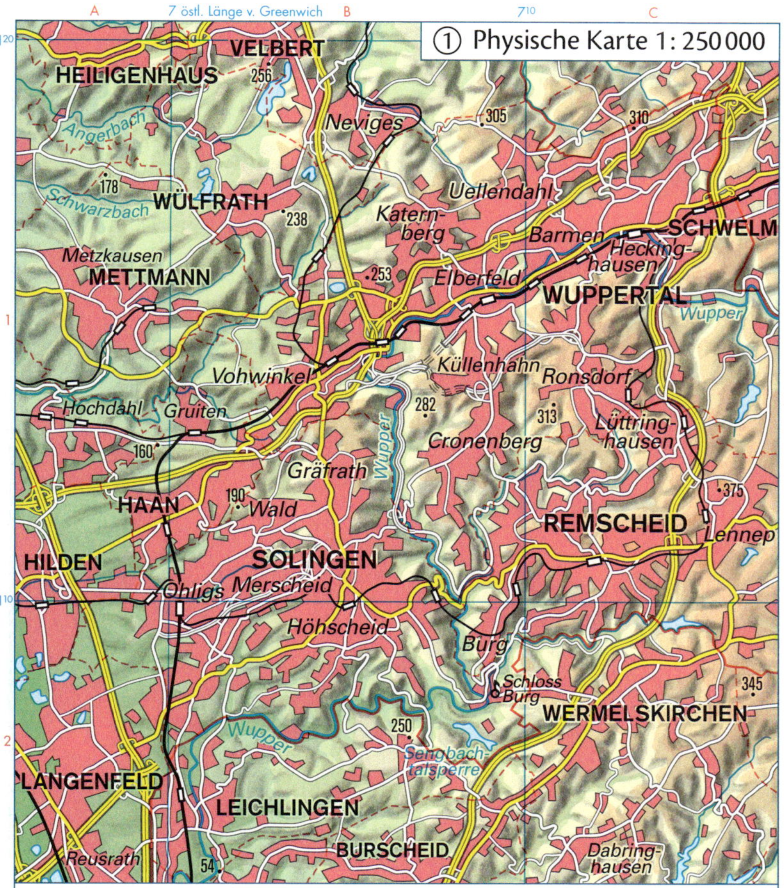

Siedlungsfläche	Eisenbahnstrecke:
Grenze eines Regierungsbezirks	für den Fern- und Nahverkehr
Stadt- oder Gemeindegrenze	für den Nahverkehr
Autobahn	Bahnhof
Schnellstraße	Bundesstraße
Andere Straße	•54 Höhenzahl

Landhöhen: 20 – 50 – 100 – 150 – 200 – 250 – 300 – 350 – 400 m

1: 250 000 — 0 2 4 6 8 10 km — 1 cm ≙ 2,5 km

② Physische Karte 1: 750 000

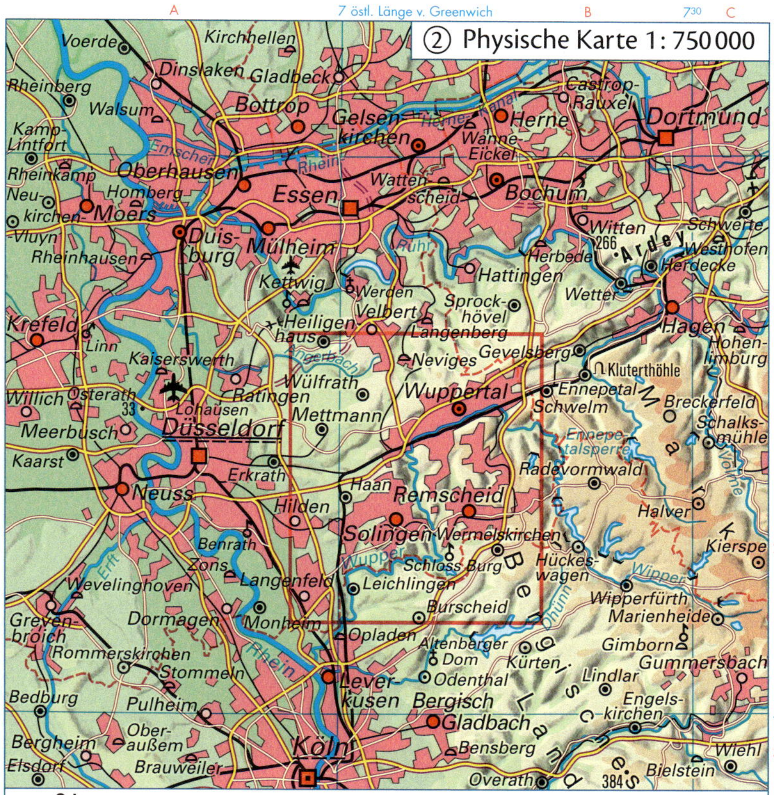

Orte

über 1 000 000 Einwohner	Eisenbahnstrecke:
500 000 – 1 000 000 Einwohner	für den Fern- und Nahverkehr
250 000 – 500 000 Einwohner	für den Nahverkehr
100 000 – 250 000 Einwohner	Eisenbahntunnel
50 000 – 100 000 Einwohner	Kanal
20 000 – 50 000 Einwohner	Flughafen
10 000 – 20 000 Einwohner	•266 Höhenzahl
5 000 – 10 000 Einwohner	Ausschnitt der Karte ①
Stadt- oder Gemeindeteil	

Autobahn	*Düsseldorf* Landeshauptstadt
Fernverkehrsstraße	*Köln* Hauptstadt eines Regierungsbezirks
Grenze eines Regierungsbezirks	Schloss, Burg
	Kloster, Kirche
	Höhle

Landhöhen: 0 – 20 – 50 – 100 – 200 – 300 – 400 – 500 m

1 : 750 000 — 0 10 20 30 km — 1 cm ≙ 7,5 km

③ Physische Karte 1: 1 500 000

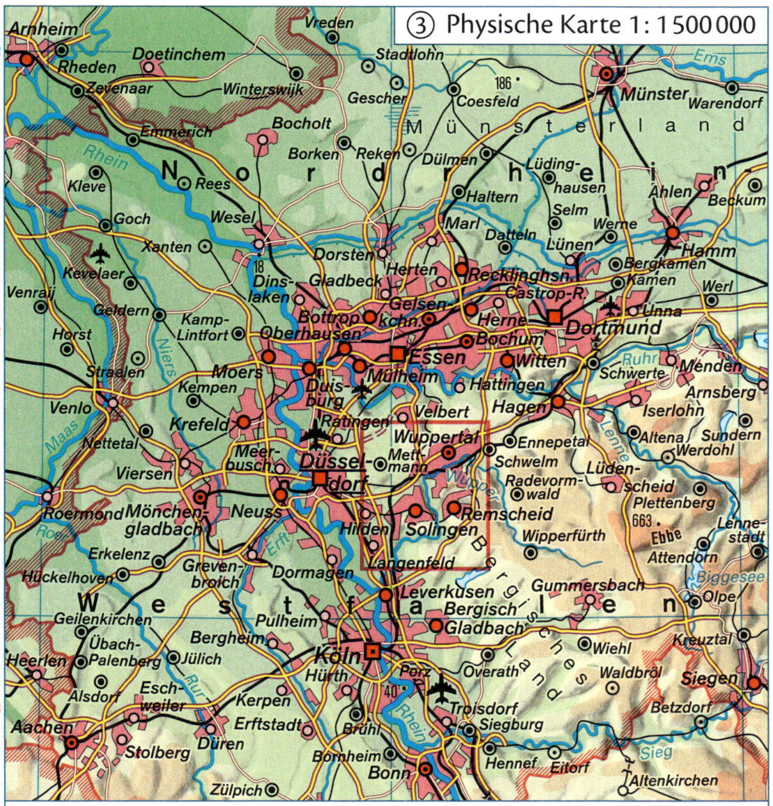

Orte

über 1 000 000 Einwohner	Eisenbahnstrecke:
500 000 – 1 000 000 Einwohner	für den Fern- und Nahverkehr
250 000 – 500 000 Einwohner	für den Nahverkehr
100 000 – 250 000 Einwohner	Ausschnitt der Karte ①
50 000 – 100 000 Einwohner	
20 000 – 50 000 Einwohner	
10 000 – 20 000 Einwohner	
unter 10 000 Einwohner	

Autobahn
Fernverkehrsstraße
Staatsgrenze
Landesgrenze

Erklärung des übrigen Karteninhalts in der Legende „Deutschland – nördlicher Teil: Physische Karte" auf Seite 36/37

Landhöhen: 0 – 20 – 50 – 100 – 200 – 300 – 500 – 750 m

1 : 1 500 000 — 0 10 20 30 40 50 60 km — 1 cm ≙ 15 km

④ Physische Karte 1: 5 000 000

Orte

über 1 000 000 Einwohner	Eisenbahn
500 000 – 1 000 000 Einwohner	Ausschnitt der Karte ①
100 000 – 500 000 Einwohner	
50 000 – 100 000 Einwohner	
unter 50 000 Einwohner	

Autobahn und andere Fernverkehrsstraße
Staatsgrenze

Erklärung des übrigen Karteninhalts in der Legende der Karte „West- und Mitteleuropa: Physische Karte" auf Seite 68/69

Meerestiefen: 200 – 0 — **Landhöhen**: unter 0 – 0 – 100 – 200 – 500 – 1000 – 2000 m

1 : 5 000 000 — 0 50 100 150 200 250 km — 1 cm ≙ 50 km

Nordrhein-Westfalen: Physische Übersicht

① Physische Übersichtskarte

② Bevölkerungsverteilung

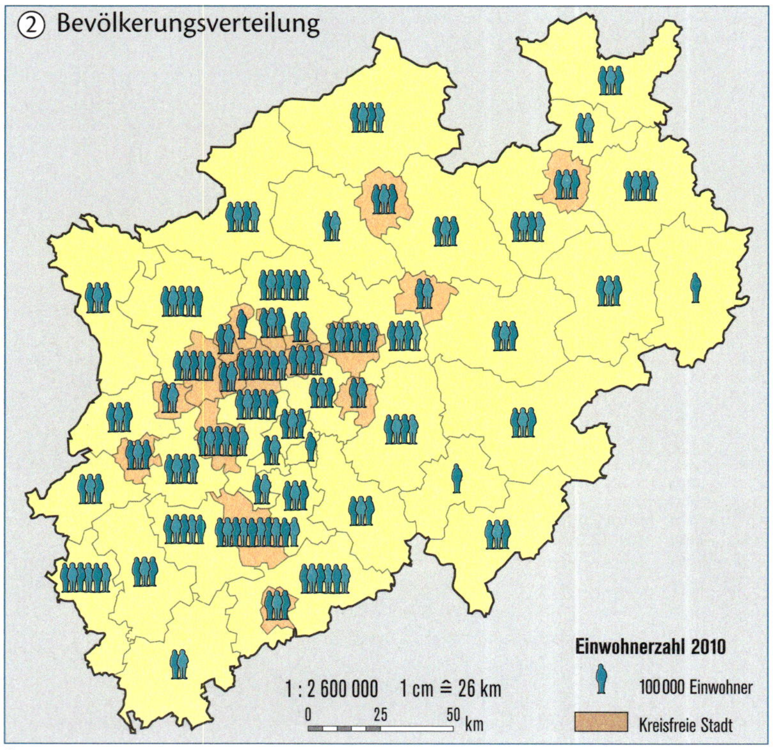

③ Bevölkerungsdichte

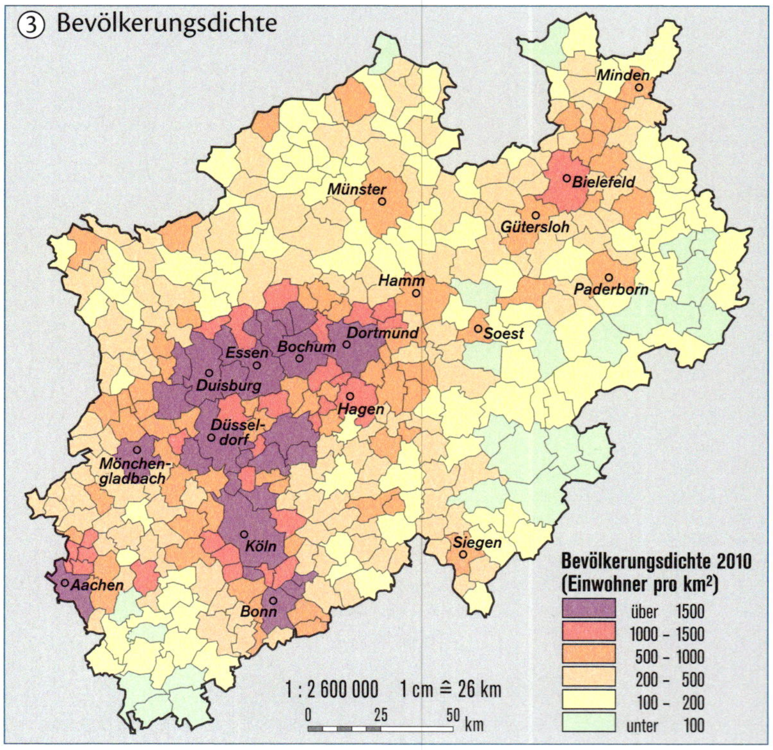

webcode: KA640928-010

Nordrhein-Westfalen: Satellitenbild

① Satellitenbild

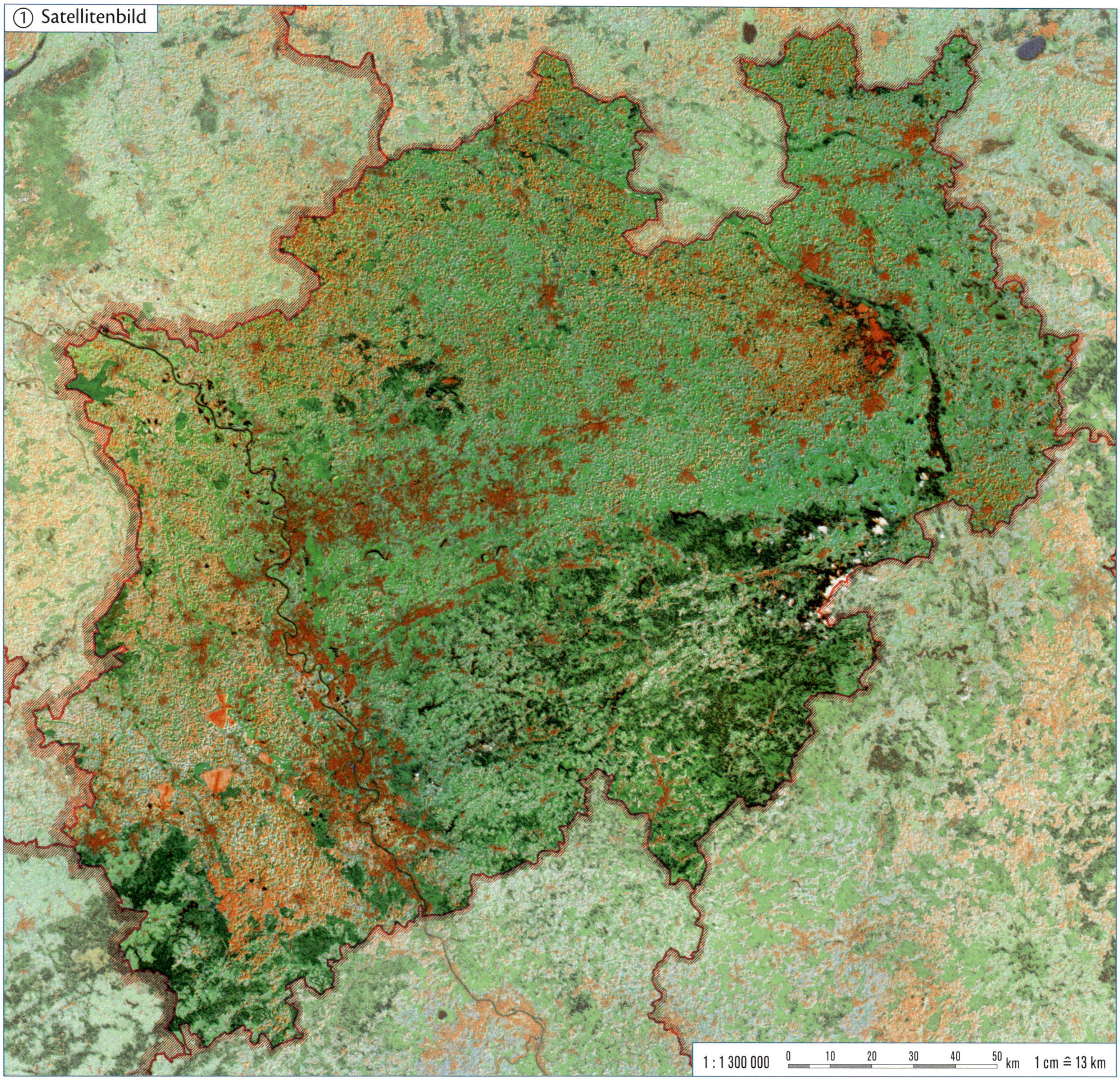

② Naturräumliche Gliederung

③ Bodenbedeckung und Bodennutzung

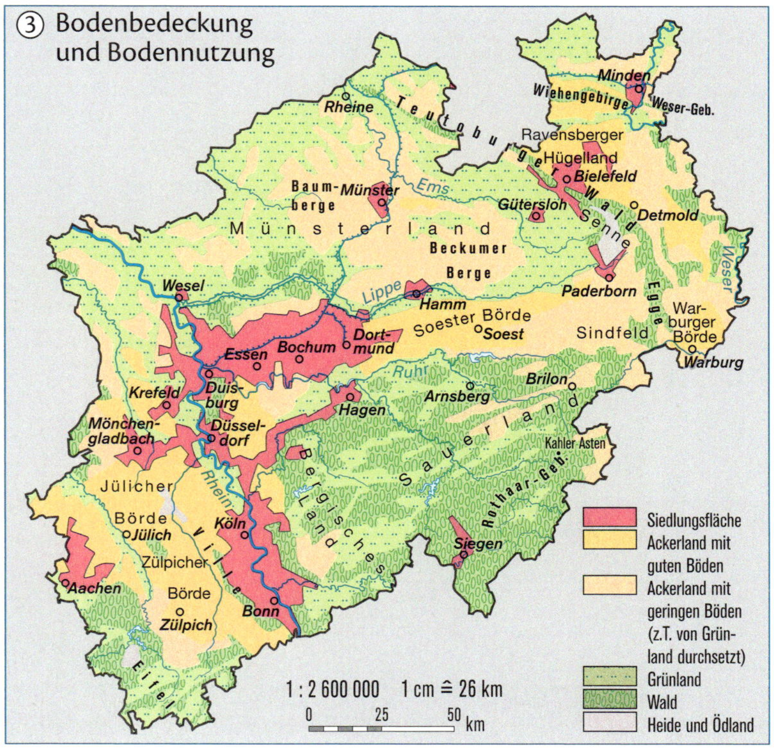

Nordrhein-Westfalen: Landesgeschichte

① Politische Gliederung 1789

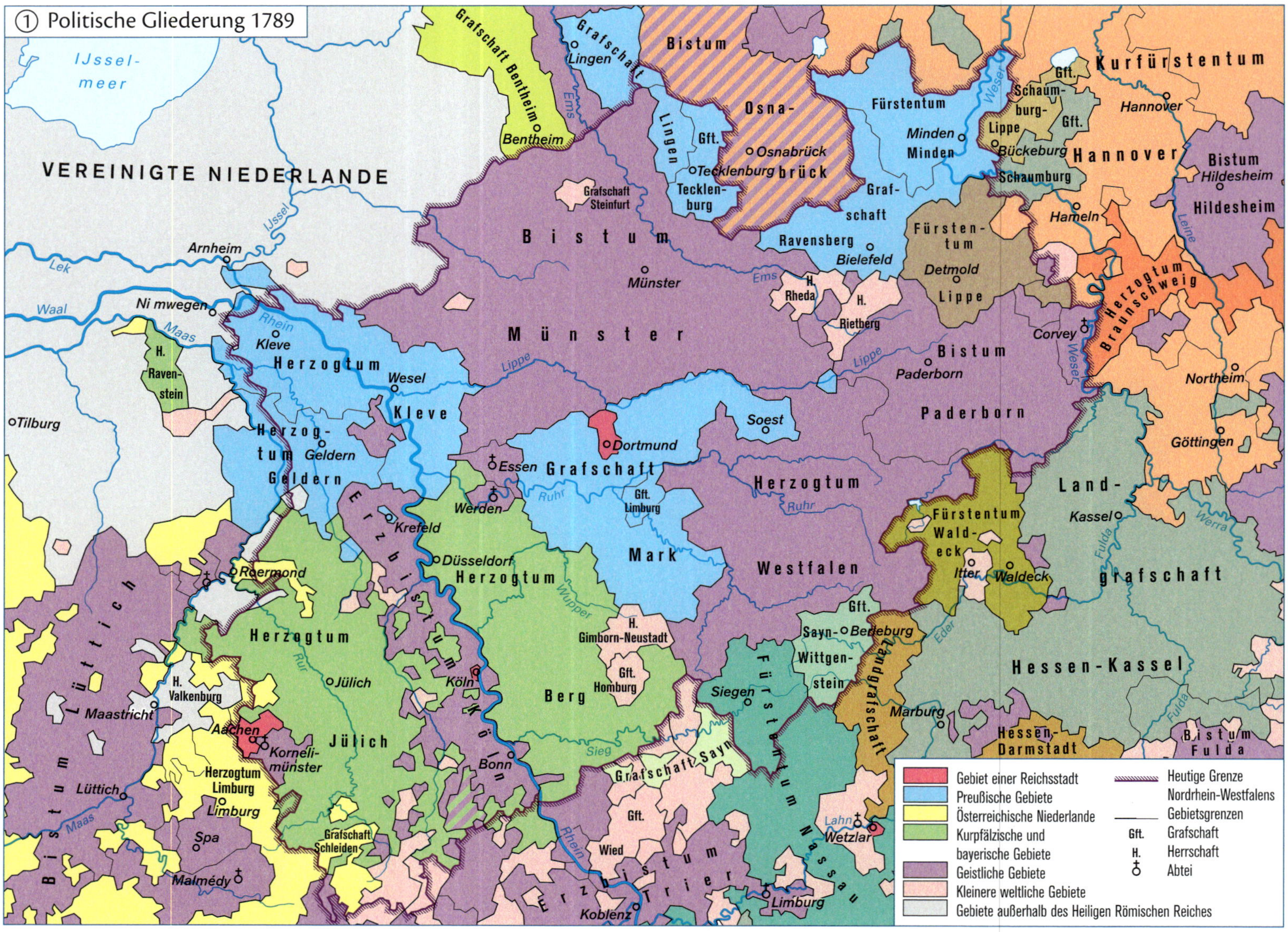

② Politische Gliederung vor 1914

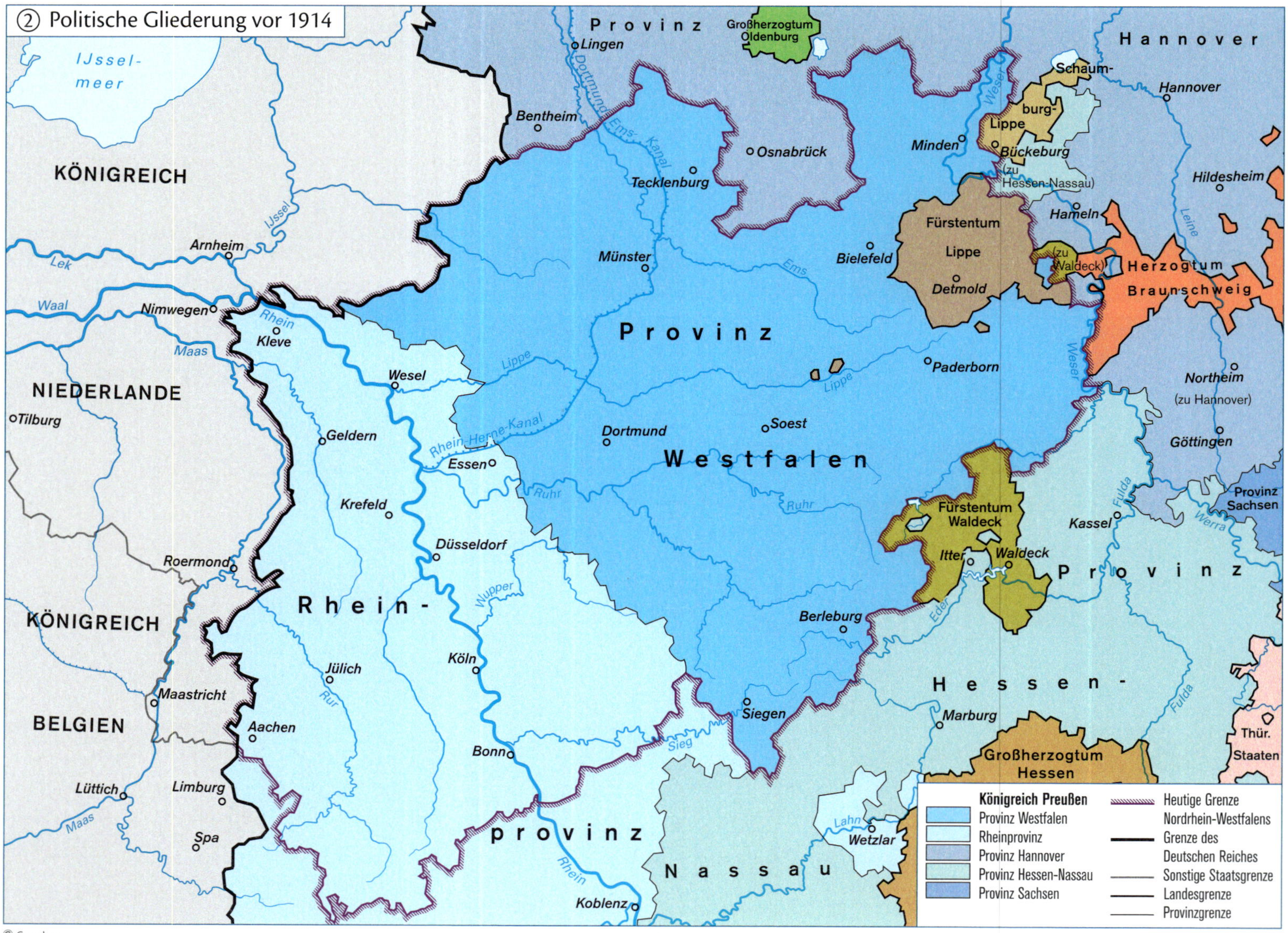

1 : 1 750 000 0 25 50 75 100 km 1 cm ≙ 17,5 km

Nordrhein-Westfalen: Verwaltungsgliederung

① Verwaltungsgliederung

② Geburtenrate

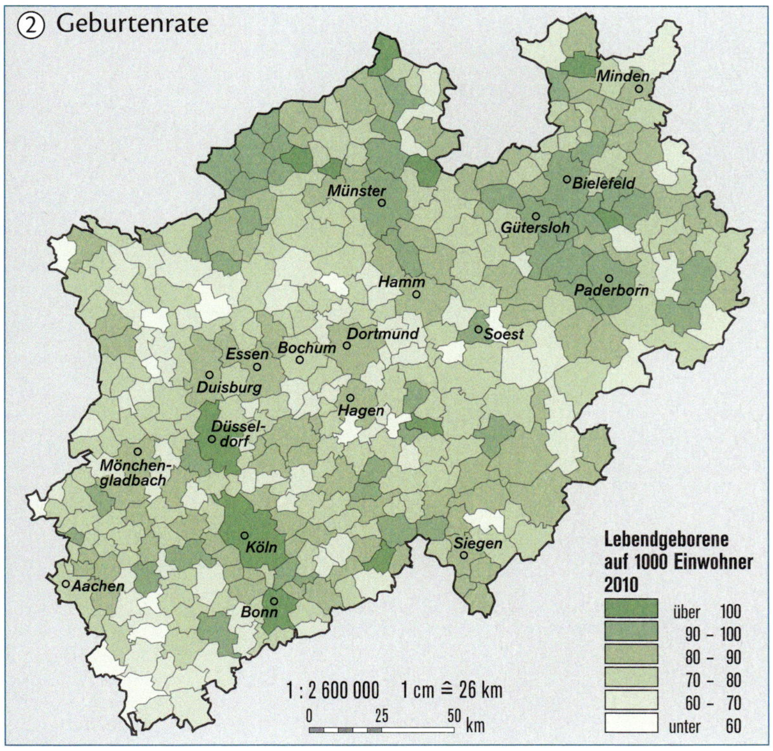

③ Ausländische Bevölkerung

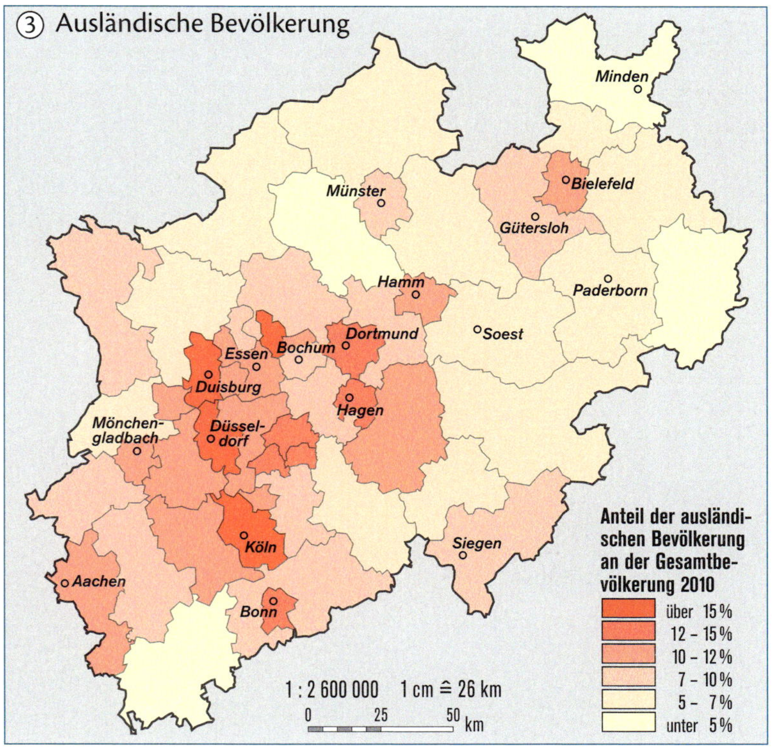

Nordrhein-Westfalen: Physische Karte

Ost-flevoland
Süd-flevoland
Harderwijk
Apeldoorn
Amersfoort
Barneveld
Ede
Arnheim
Nimwegen (Nijmegen)
Deventer
Zutphen
Doetinchem
Almelo
Hengelo
Enschede
Oldenzaal
Nordhorn
Emsbüren
Rheine
Gronau
Ochtrup
Steinfurt
Emsdetten
Greven
Vreden
Ahaus
Stadtlohn
Borken
Bocholt
Coesfeld
Dülmen
Haltern
Dorsten
Wesel
Kleve
Emmerich
Goch
Kalkar
Xanten
Rheinberg
Moers
Krefeld
Duisburg
Oberhausen
Mülheim
Essen
Bottrop
Gelsenkirchen
Recklinghausen
Herne
Bochum
Dortmund
Castrop-Rauxel
Lünen
Waltrop
Witten
Hattingen
Hagen
Wuppertal
Velbert
Ratingen
Mettmann
Düsseldorf
Neuss
Mönchengladbach
Viersen
Willich
Kempen
Venlo
Roermond
Heinsberg
Erkelenz
Grevenbroich
Dormagen
Solingen
Remscheid
Leverkusen
Bergisch Gladbach
Köln
Pulheim
Bergheim
Kerpen
Frechen
Hürth
Brühl
Wesseling
Troisdorf
Siegburg
Sankt Augustin
Bonn
Bad Godesberg
Königswinter
Bad Honnef
Euskirchen
Zülpich
Düren
Jülich
Eschweiler
Stolberg
Aachen
Herzogenrath
Geilenkirchen
Maastricht
Lüttich (Liège)
Verviers
Eupen
Monschau
Schleiden
Kall
Mechernich
Bad Münstereifel
Rheinbach
Meckenheim
Nettersheim
Blankenheim
Hellenthal
Dahlem
Hohes Venn
Eifel
Zitterwald
Weißer Stein 690
Ville
Rhein
Maas
Niers
Ruhr
Lippe
Erft
Sieg
Haard
Hohe Mark 146
Baumberge
Münsterland
Ardey
Bergisches Land
Siebengebirge
Großer Ölberg 460
Veluwe
Betuwe
Gelderland
Overijssel
Nordbrabant
Limburg
Belgien
Niederlande
Nutscheid
Michelsberg 588
Ahr
Sinzig
Bad Neuenahr
Adenau
5°30 östl. Länge von Greenwich

1 : 750

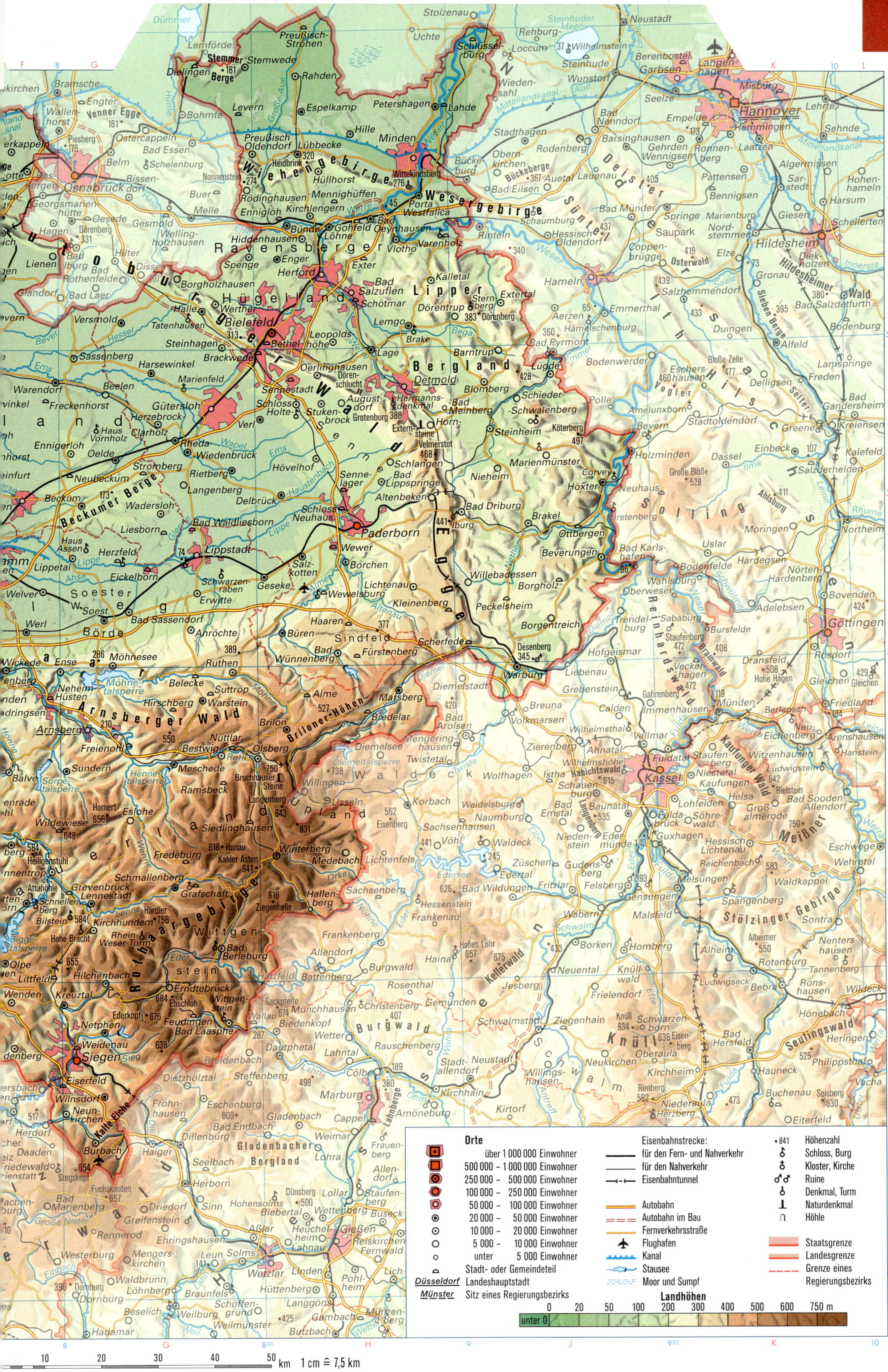
Orte
über 1 000 000 Einwohner
500 000 – 1 000 000 Einwohner
250 000 – 500 000 Einwohner
100 000 – 250 000 Einwohner
50 000 – 100 000 Einwohner
20 000 – 50 000 Einwohner
10 000 – 20 000 Einwohner
5 000 – 10 000 Einwohner
unter 5 000 Einwohner
Stadt- oder Gemeindeteil
Düsseldorf Landeshauptstadt
Münster Sitz eines Regierungsbezirks
Eisenbahnstrecke:
für den Fern- und Nahverkehr
für den Nahverkehr
Eisenbahntunnel
Autobahn
Autobahn im Bau
Fernverkehrsstraße
Flughafen
Kanal
Stausee
Moor und Sumpf
841 Höhenzahl
Schloss, Burg
Kloster, Kirche
Ruine
Denkmal, Turm
Naturdenkmal
Höhle
Staatsgrenze
Landesgrenze
Grenze eines Regierungsbezirks
Landhöhen
unter 0
0
20
50
100
200
300
400
500
600
750 m
10
20
30
40
50 km
1 cm ≙ 7,5 km

Nordrhein-Westfalen: Klima und Böden

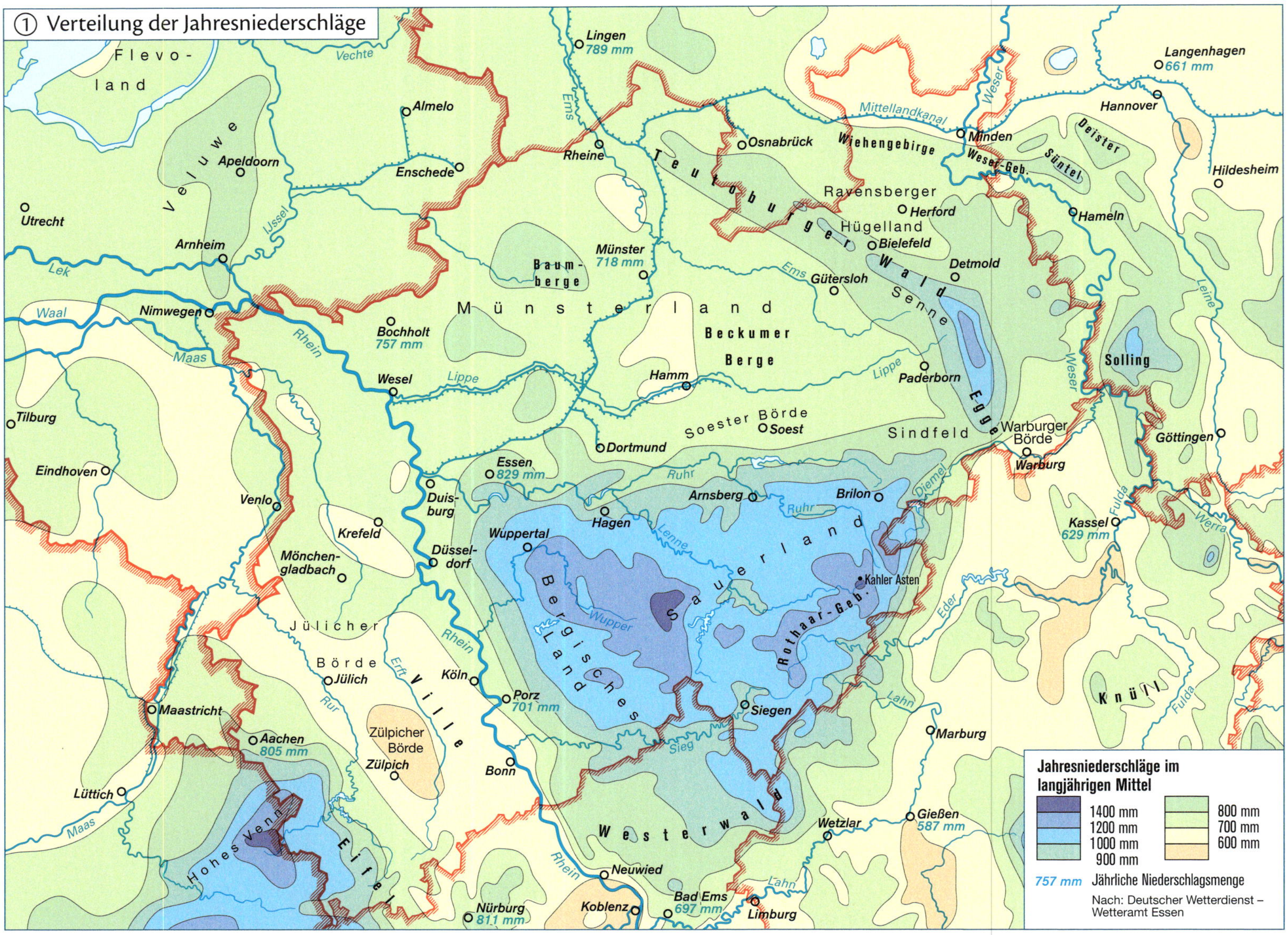

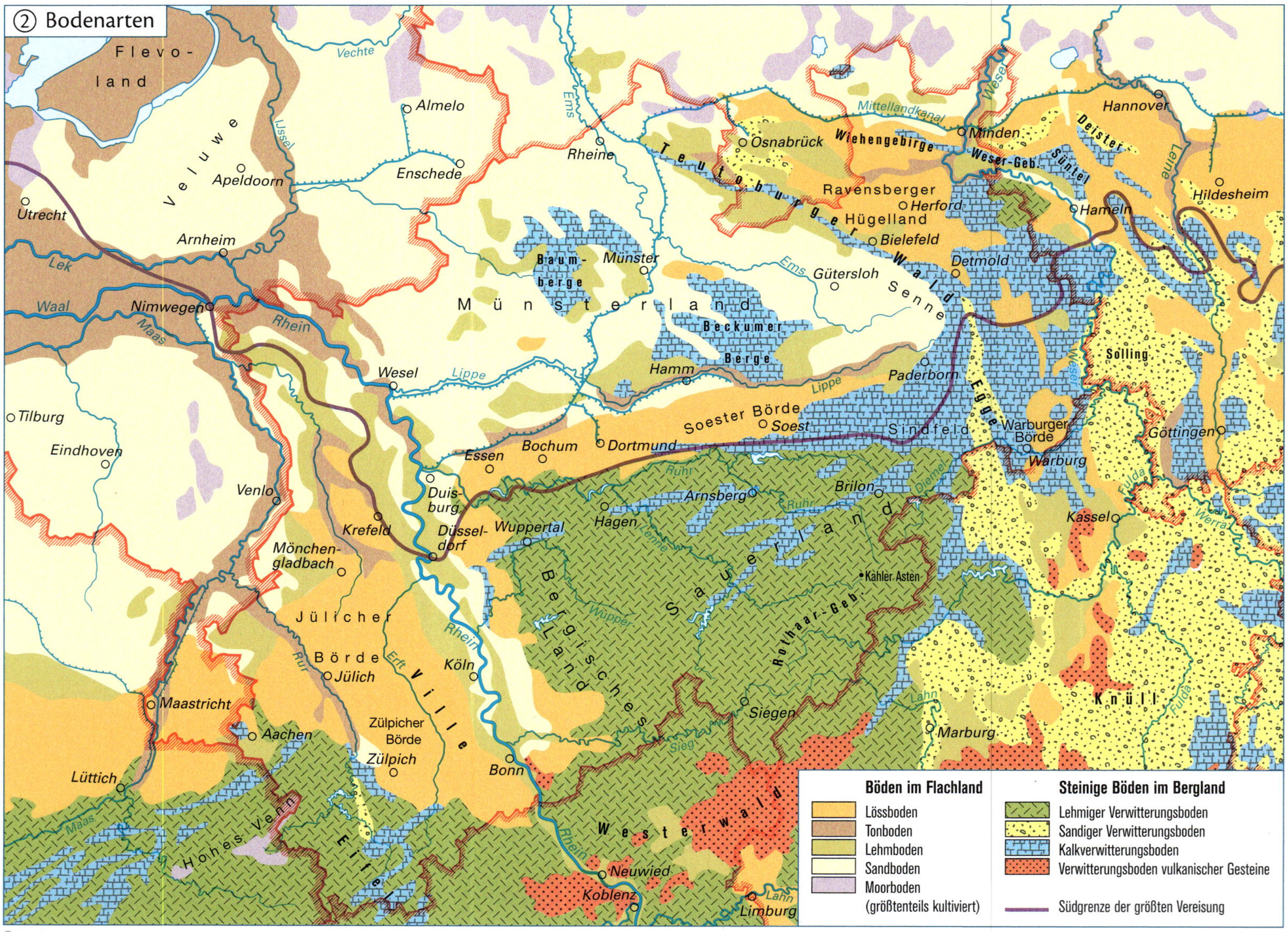

1 : 1 750 000 — 0 25 50 75 100 km — 1 cm ≙ 17,5 km

① Landwirtschaft

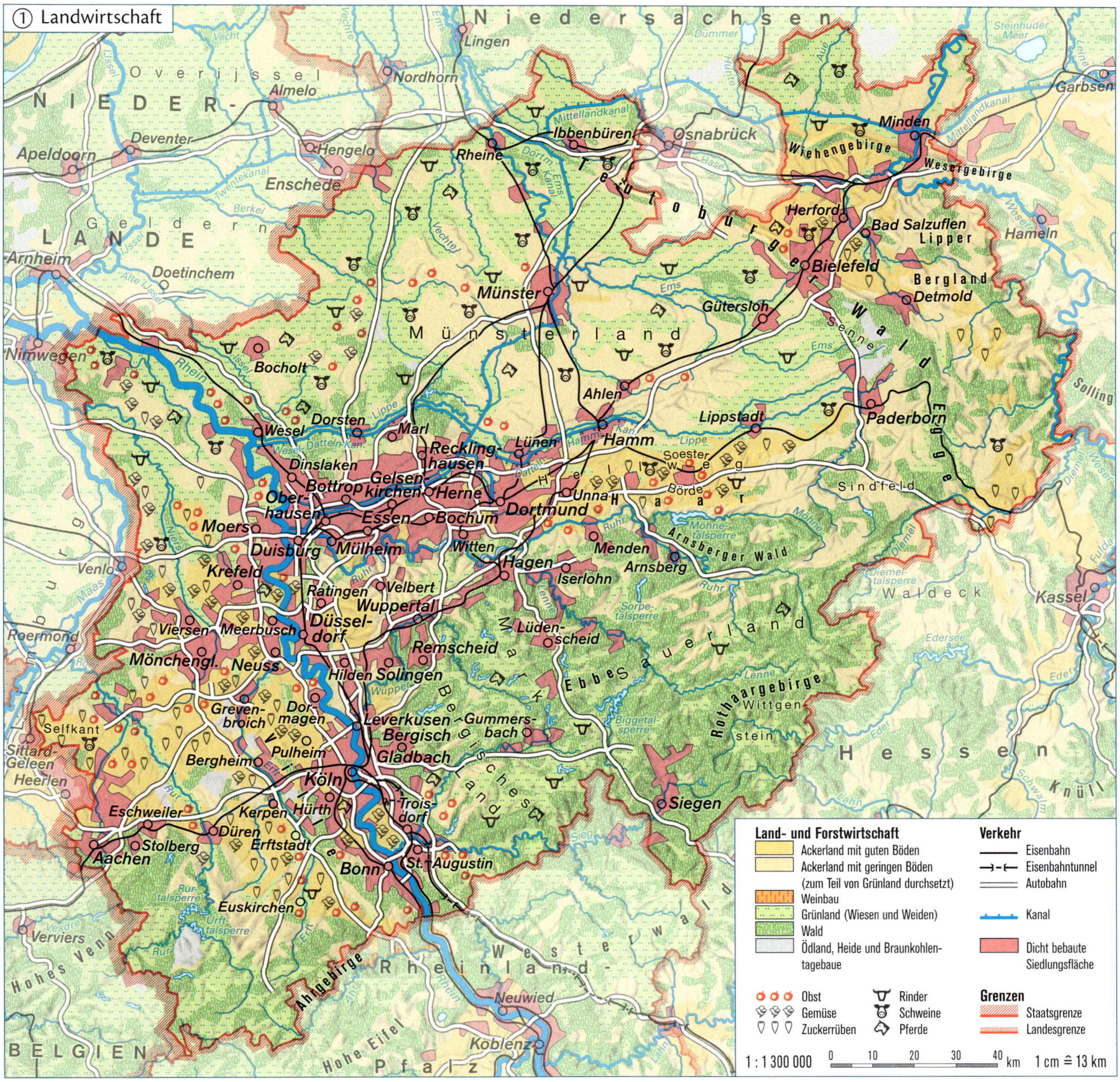

② Rinder- und Schweinehaltung

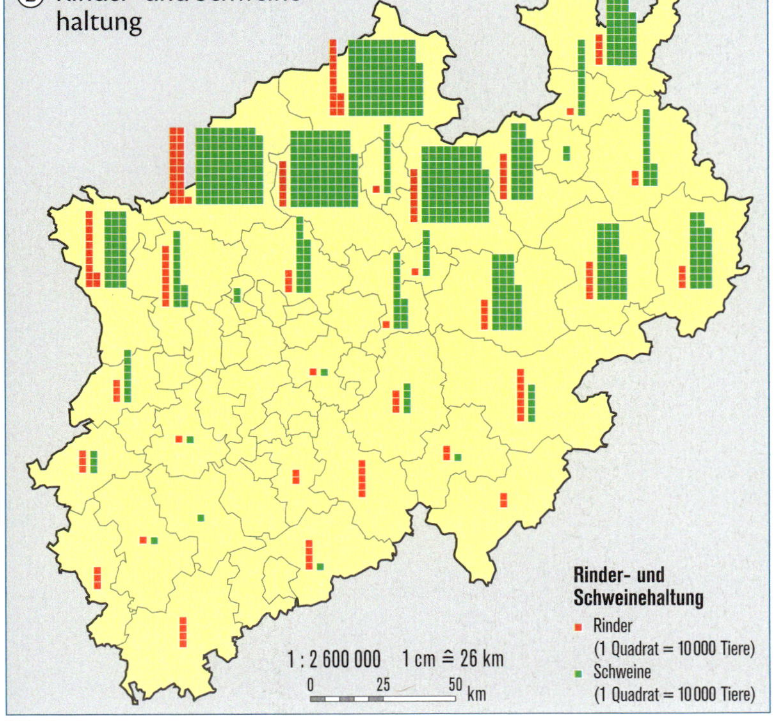

③ Landwirtschaftliche Nutzfläche

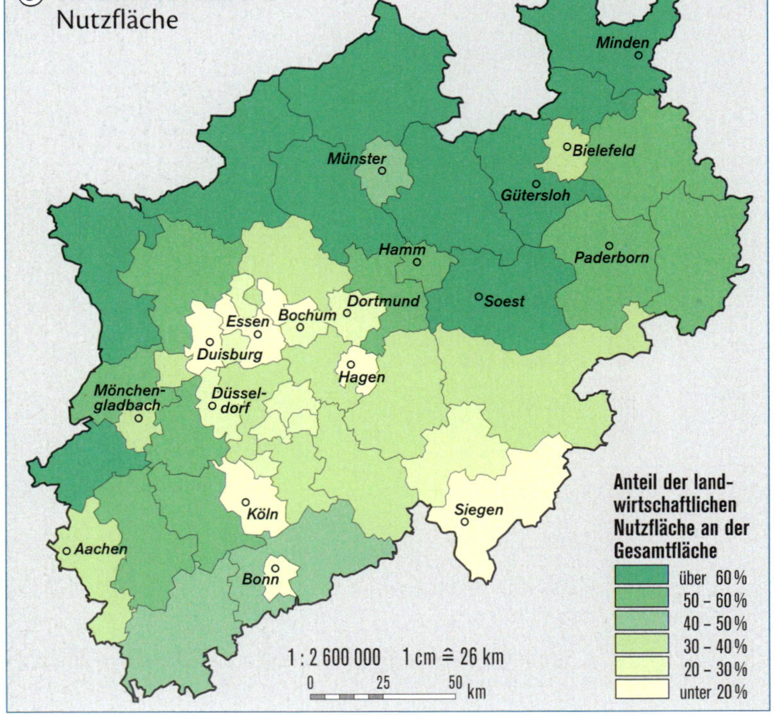

Generallegende für Wirtschaftskarten

Industrie

- Eisenverhüttung und Stahlherstellung
- Gießerei, Walzwerk, Stahlbau
- Buntmetallverhüttung
- Aluminiumherstellung
- Metall verarbeitende Industrie
- Maschinenindustrie
- Kraftfahrzeugindustrie, einschl. Zulieferindustrie
- Waggon- und Lokomotivenbau
- Schiffbau
- Flugzeugbau
- Drahtherstellung, Kabelwerk
- Elektroindustrie
- Elektronikindustrie, einschl. Informationstechnik
- Feinmechanische Industrie
- Optische Industrie
- Uhrenindustrie
- Schmuckwarenindustrie
- Chemische Industrie
- Kunststoffindustrie
- Gummiindustrie
- Erdölraffinerie
- Textilindustrie
- Bekleidungsindustrie
- Lederverarbeitung
- Schuhindustrie
- Lederwarenherstellung
- Holzindustrie
- Möbelindustrie
- Papierindustrie
- Druckerei, Verlag
- Spielwarenindustrie
- Musikinstrumentenbau
- Glasindustrie
- Porzellanindustrie
- Zementindustrie
- Herstellung von Sanitärkeramik
- Baustoffindustrie/Keramikindustrie
- Nahrungsmittelindustrie
- Zuckerindustrie
- Getränkeherstellung
- Brauerei
- Süßwarenindustrie
- Tabak verarbeitende Industrie

Bergbau und Steingewinnung

- Steinkohle
- Braunkohle
- Erdöl
- Erdgas
- Fe Eisenerz
- Mn Mangan
- Ni Nickel
- Cr Chrom
- W Wolfram
- Mo Molybdän
- Co Kobalt
- Sb Antimon
- Cu Kupfer
- Zn Zink
- Sn Zinn
- Pb Blei
- U Uran
- Al Bauxit (Aluminium)
- Hg Quecksilber
- Au Gold
- Ag Silber
- Pt Platin
- Steinsalz
- Kalisalze
- P Phosphat
- S Schwefel
- Schwefelkies
- Salpeter
- Asbest
- Diamanten
- Kalk
- Marmor

Pipelines

- Erdöl
- Raffinerieprodukte
- Erdgas

Kraftwerke

- Wasserkraftwerk
- Wärmekraftwerk
- Kernkraftwerk

Landwirtschaft

- Zuckerrüben
- Gemüse
- Spargel
- Hopfen
- Tabak
- Flachs, Lein
- Obst
- Zitrusfrüchte
- Wein
- Blumen
- Oliven
- Korkeichen
- Kokospalmen
- Ölpalmen
- Dattelpalmen
- Kaffee
- Kakao
- Erdnüsse
- Bananen
- Soja
- Reis
- Zuckerrohr
- Tee
- Gewürze
- Baumwolle
- Kautschuk
- Sisal, Manilahanf
- Jute

Viehhaltung

- Rinder
- Schweine
- Schafe
- Pferde
- Geflügel

Fischerei

- Fischereihafen
- Fischverarbeitung

Fremdenverkehr

- Fremdenverkehrsort

In den Karten erscheinen die Signaturen in drei Größenstufen je nach Bedeutung der einzelnen Standorte, z. B. für Chemische Industrie.

Nordrhein-Westfalen: Wirtschaftskarte

① Wirtschaftskarte

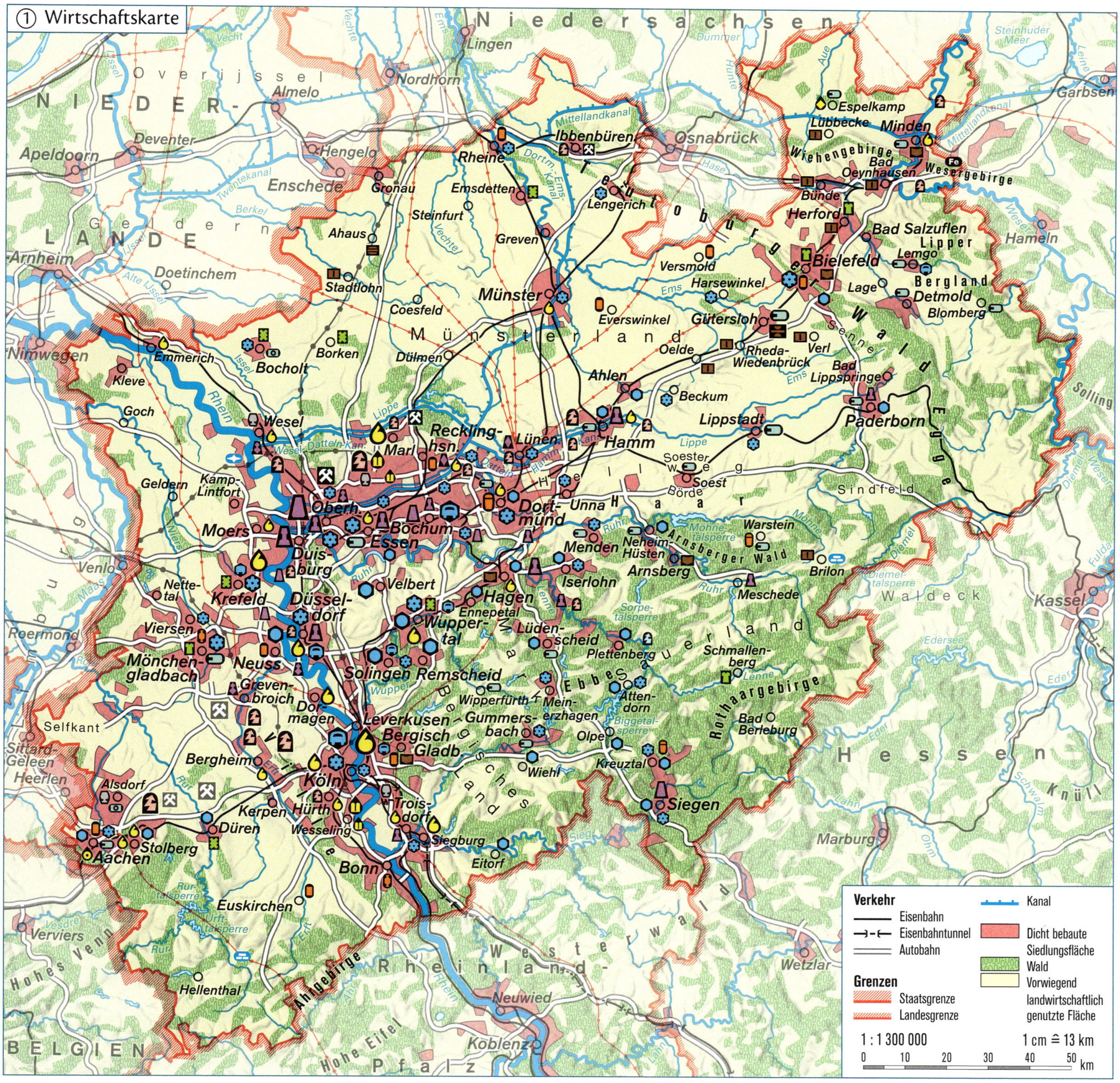

② Dienstleistungssektor

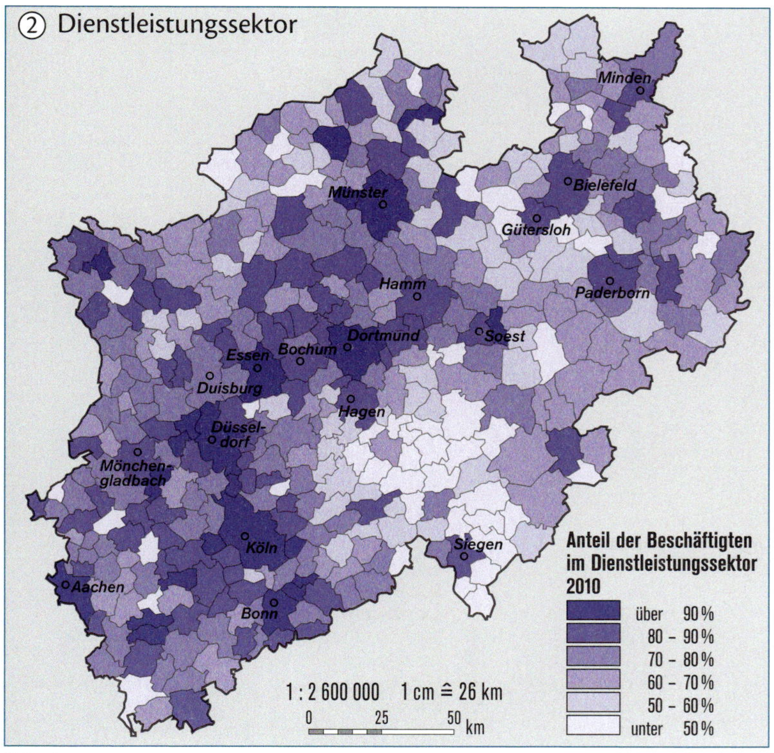

③ Arbeitslose

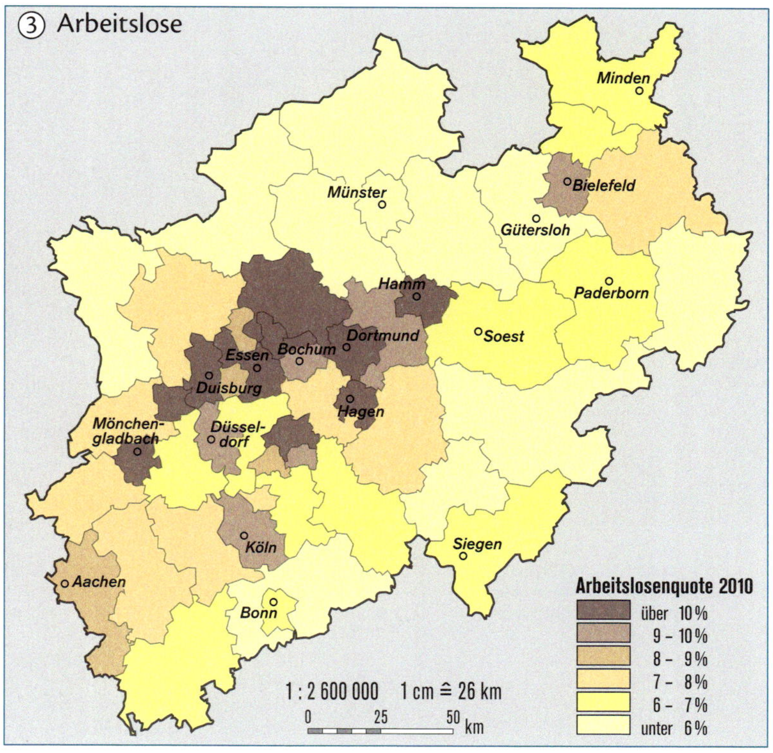

Ruhrgebiet: Wandel einer Industrieregion

① Das Ruhrgebiet 1840

② Das Ruhrgebiet 1900

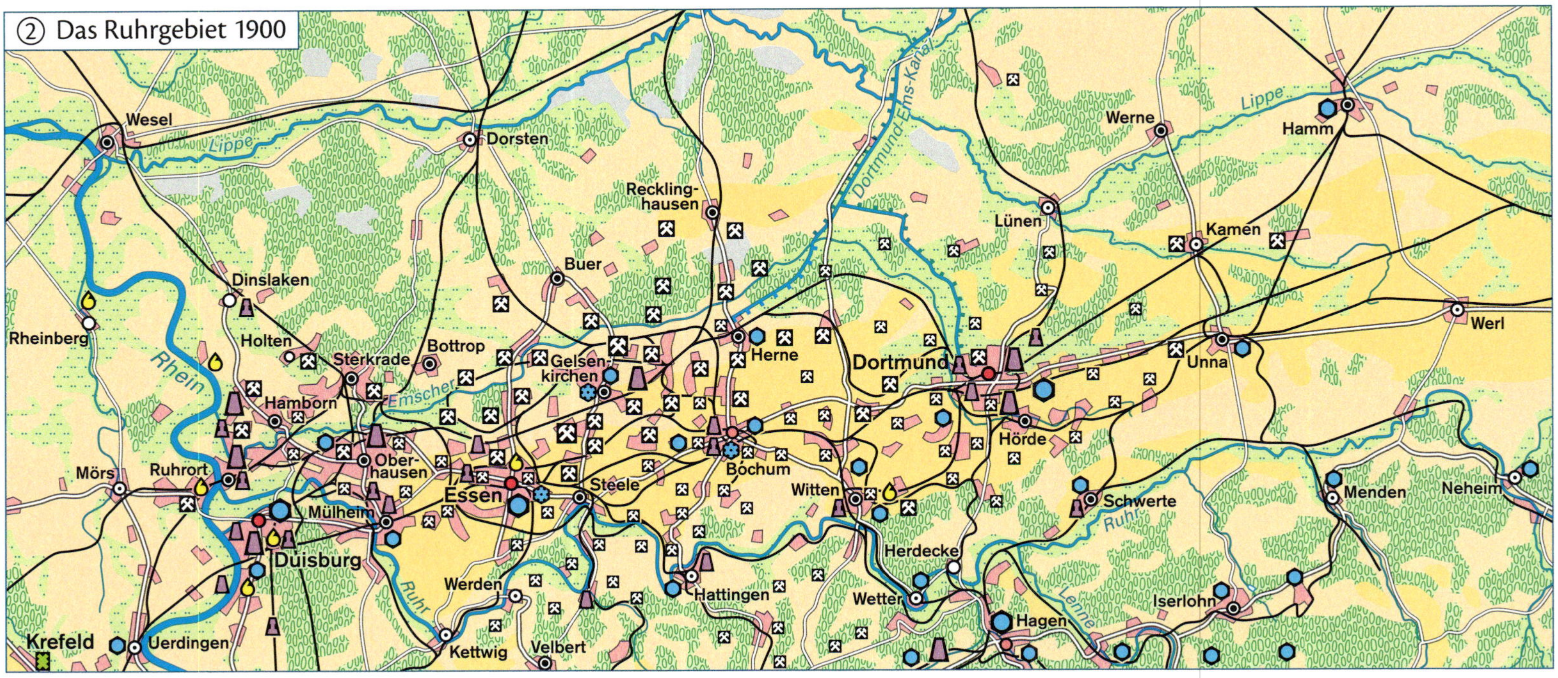

③ Das Ruhrgebiet 2012

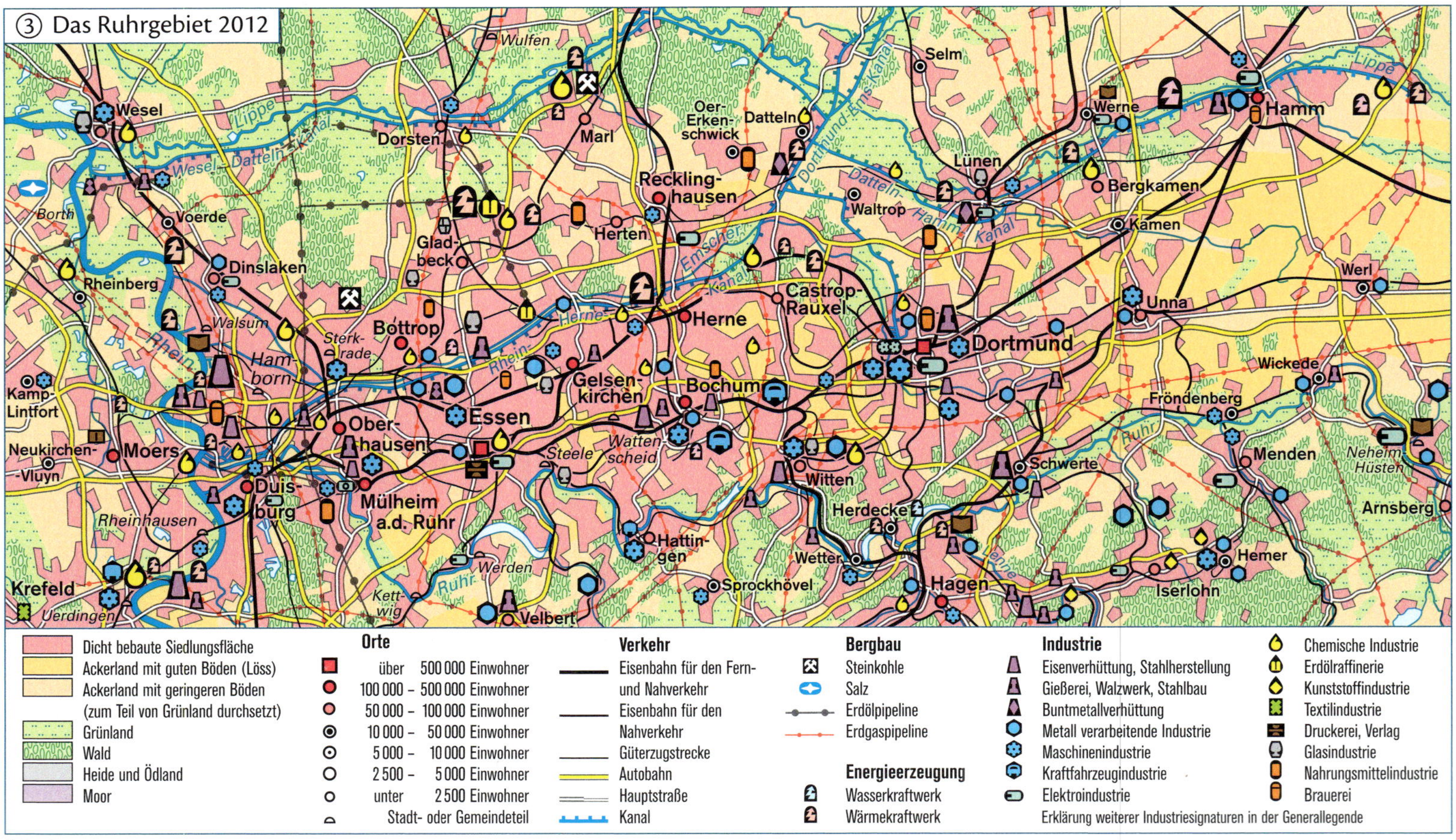

	Dicht bebaute Siedlungsfläche
	Ackerland mit guten Böden (Löss)
	Ackerland mit geringeren Böden (zum Teil von Grünland durchsetzt)
	Grünland
	Wald
	Heide und Ödland
	Moor

Orte

- über 500 000 Einwohner
- 100 000 – 500 000 Einwohner
- 50 000 – 100 000 Einwohner
- 10 000 – 50 000 Einwohner
- 5 000 – 10 000 Einwohner
- 2 500 – 5 000 Einwohner
- unter 2 500 Einwohner
- Stadt- oder Gemeindeteil

Verkehr

- Eisenbahn für den Fern- und Nahverkehr
- Eisenbahn für den Nahverkehr
- Güterzugstrecke
- Autobahn
- Hauptstraße
- Kanal

Bergbau

- Steinkohle
- Salz
- Erdölpipeline
- Erdgaspipeline

Energieerzeugung

- Wasserkraftwerk
- Wärmekraftwerk

Industrie

- Eisenverhüttung, Stahlherstellung
- Gießerei, Walzwerk, Stahlbau
- Buntmetallverhüttung
- Metall verarbeitende Industrie
- Maschinenindustrie
- Kraftfahrzeugindustrie
- Elektroindustrie
- Chemische Industrie
- Erdölraffinerie
- Kunststoffindustrie
- Textilindustrie
- Druckerei, Verlag
- Glasindustrie
- Nahrungsmittelindustrie
- Brauerei

Erklärung weiterer Industriesignaturen in der Generallegende

1 : 500 000 — 0 5 10 15 20 25 km — 1 cm ≙ 5 km

④ Emscher Park: Landschaftsplanung

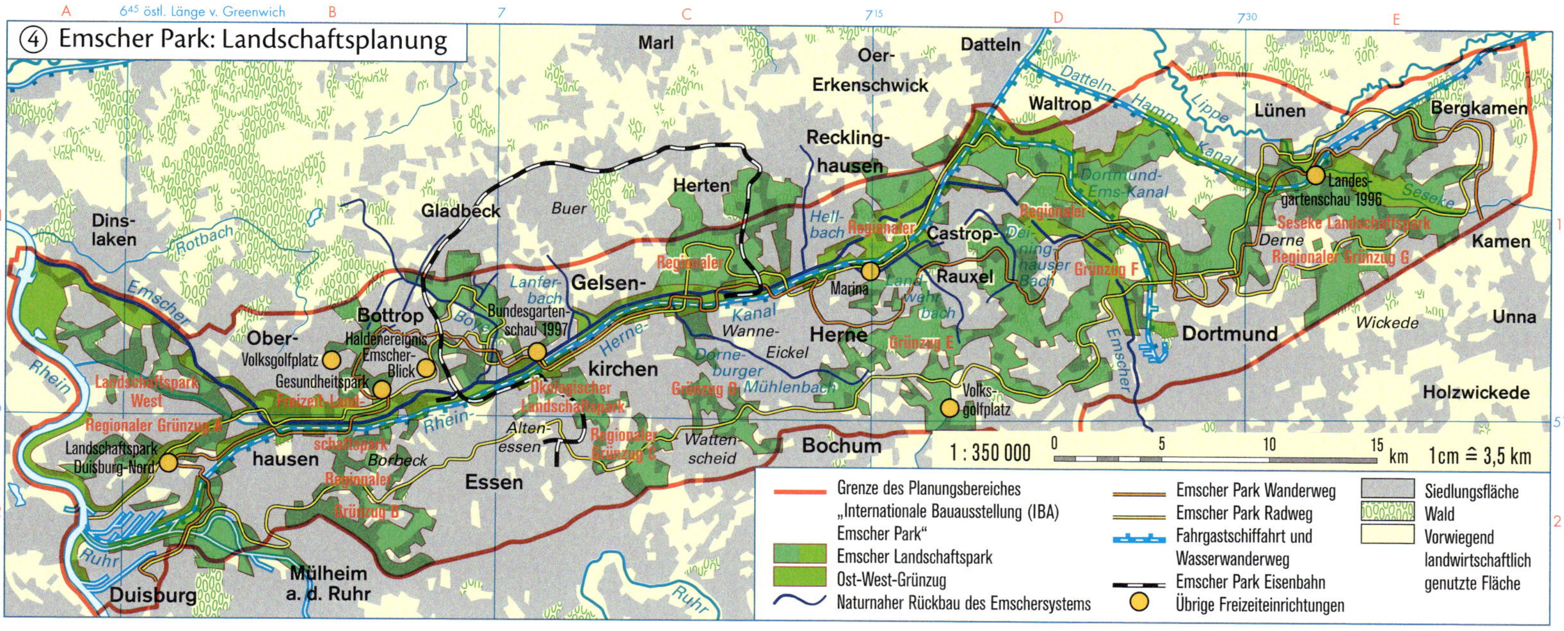

⑤ Emscher Park: Bauliche Einzelprojekte

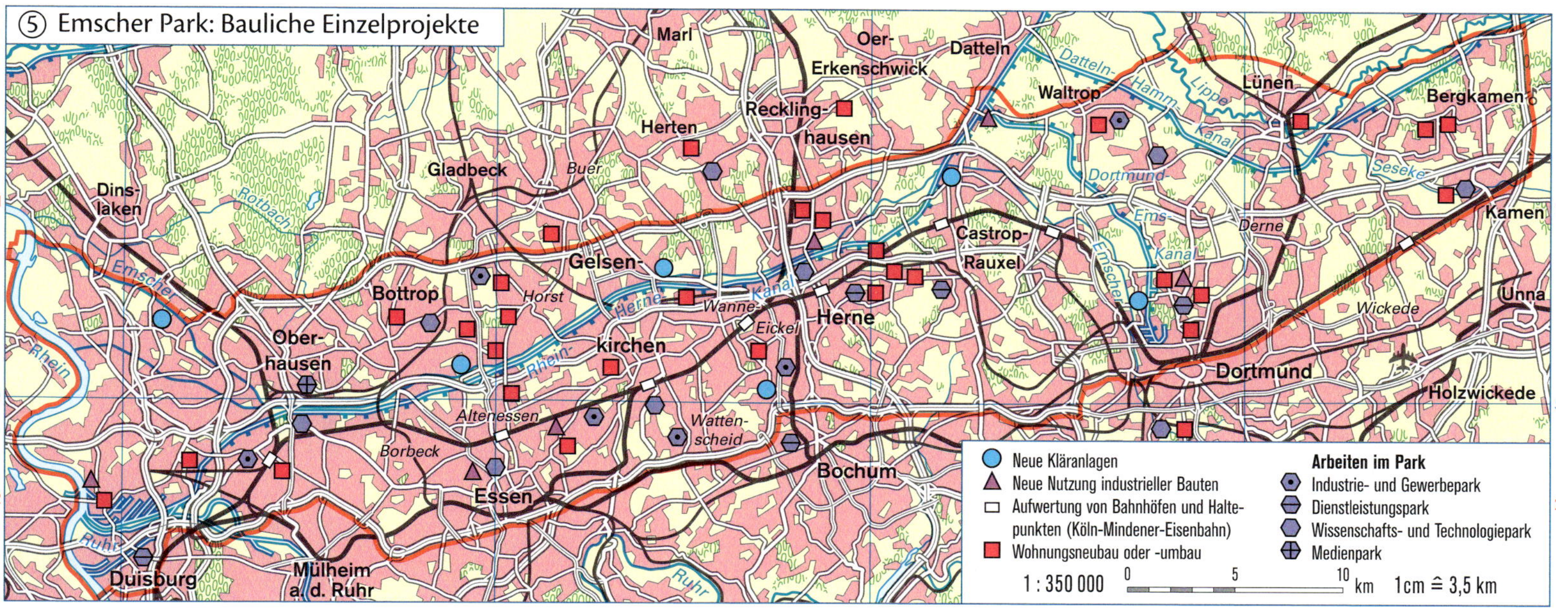

Phoenix Dortmund: Neunutzung alter Industrieflächen

⑥ vor 2001

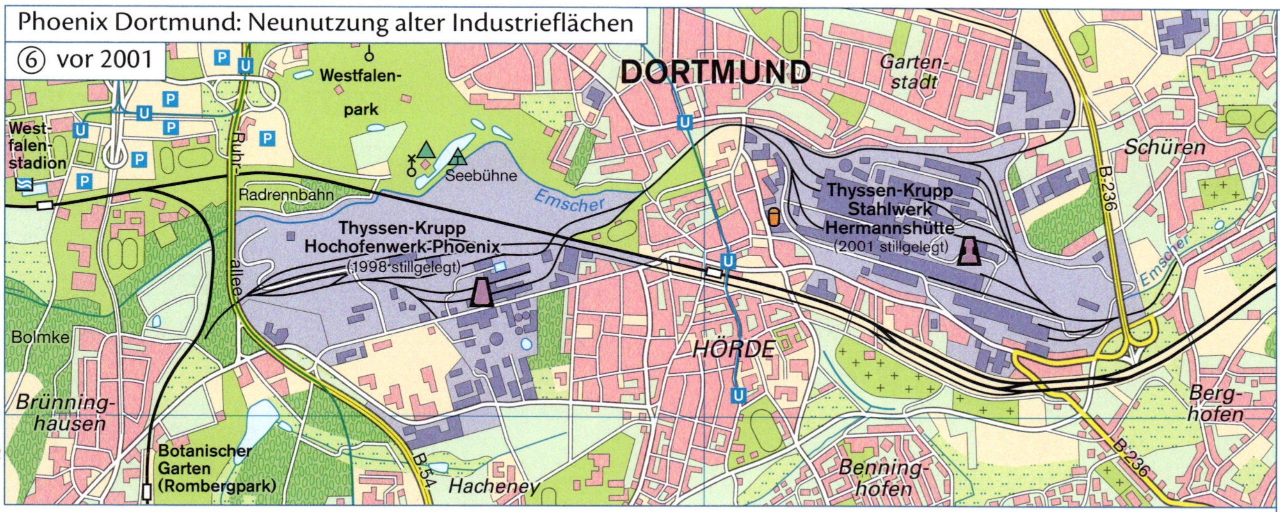

⑦ Planung 2012

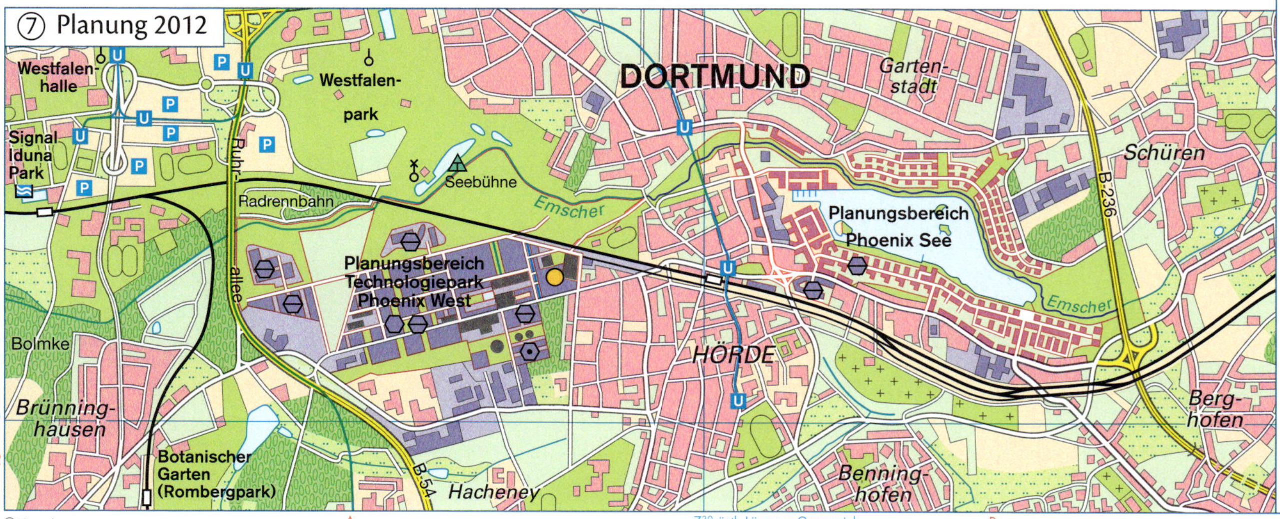

Nordrhein-Westfalen: Braunkohlentagebau

① Braunkohlentagebau Hambach

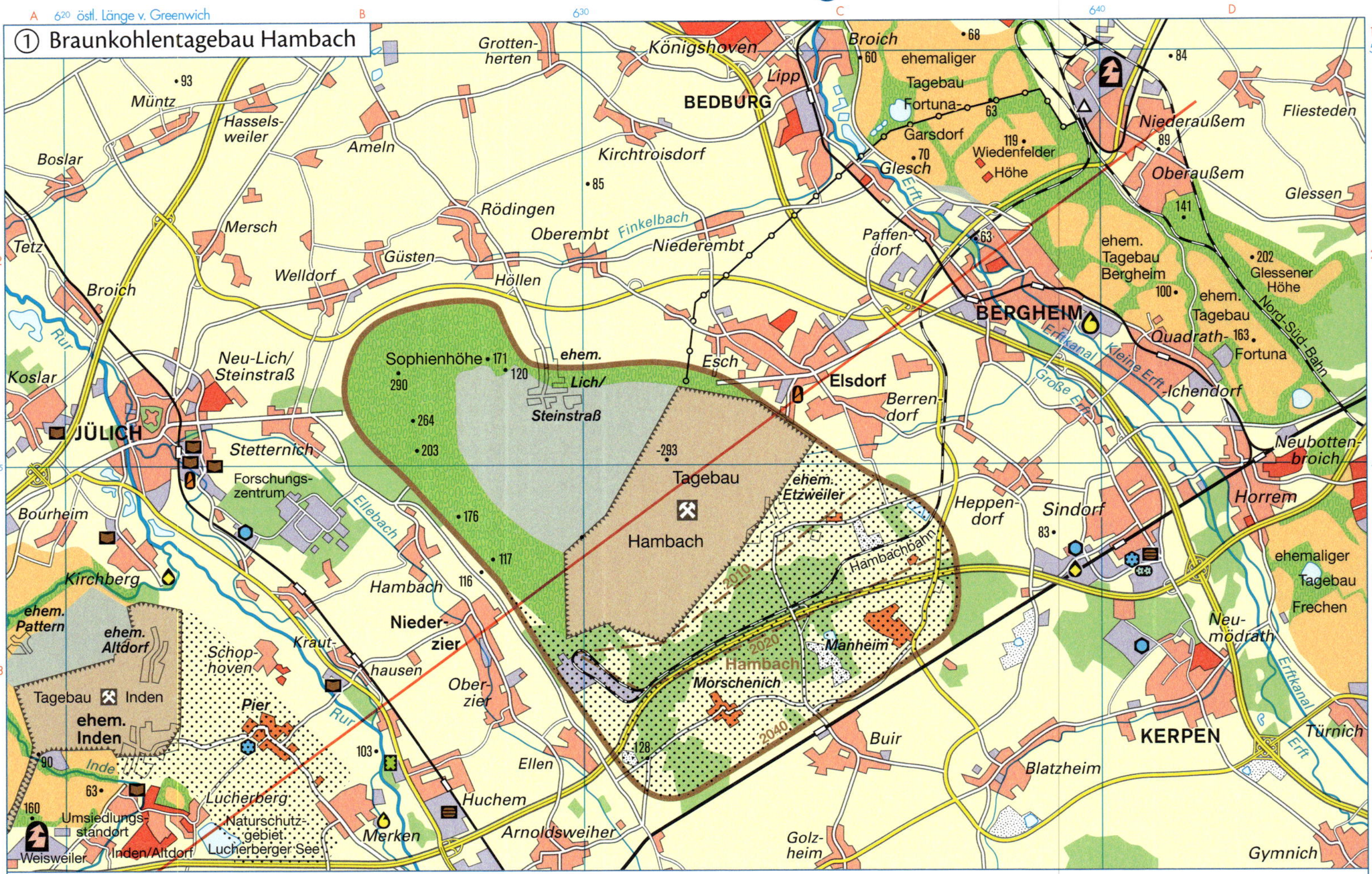

- Abbaugebiet Hambach
- 2020 Abbaugrenze etwa 2020
- Geplantes Abbaugebiet
- Betriebsfläche (Abraum und Braunkohle)
- Abraumverkippung
- Abraumbandanlage
- Bahn für Braunkohlentransport
- Umzusiedelnder Ort
- Neues Wohngebiet für Umsiedler
- Übrige Siedlungsfläche
- Industrie- und Gewerbefläche
- Landwirtschaftlich genutzte Fläche
- Wald
- Landwirtschaftlich } rekultivierte Fläche
- Forstwirtschaftlich } rekultivierte Fläche
- Kies- oder Sandgrube
- Autobahn
- Bundesstraße
- Andere Straße
- Eisenbahn
- Verlauf des Profils in Abb. ②
- ·138 Höhenzahl
- Metall verarbeitende Industrie
- Maschinenindustrie
- Feinmechanische Industrie
- Chemische Industrie
- Kunststoffindustrie
- Textilindustrie
- Holzindustrie
- Papierindustrie
- Ziegelei
- Steingut-industrie
- Nahrungsmittel-industrie
- Zuckerindustrie
- Wärmekraftwerk
- Brikettindustrie

1 : 150 000 — 0 1 2 3 4 5 6 7 km — 1 cm ≙ 1,5 km

② Profil durch das Rheinische Braunkohlenrevier

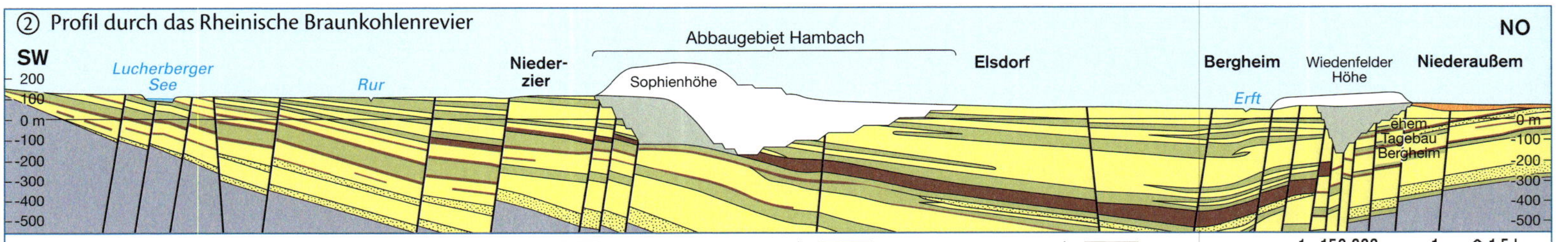

- Braunkohlenflöz (Tertiär)
- **Lockermaterial:** (Quartär und Tertiär)
- Löss und Lehm
- Kies und Sand
- Ton und Schluff
- Lockermaterial im Wechsel
- Älterer Gesteinsuntergrund (vorwiegend Karbon)
- Verwerfung
- Abraumverkippung

1 : 150 000 — 1 cm ≙ 1,5 km — 0 1 2 3 4 km

Braunkohlenabbau und Rekultivierung in der Ville

③ um 1940

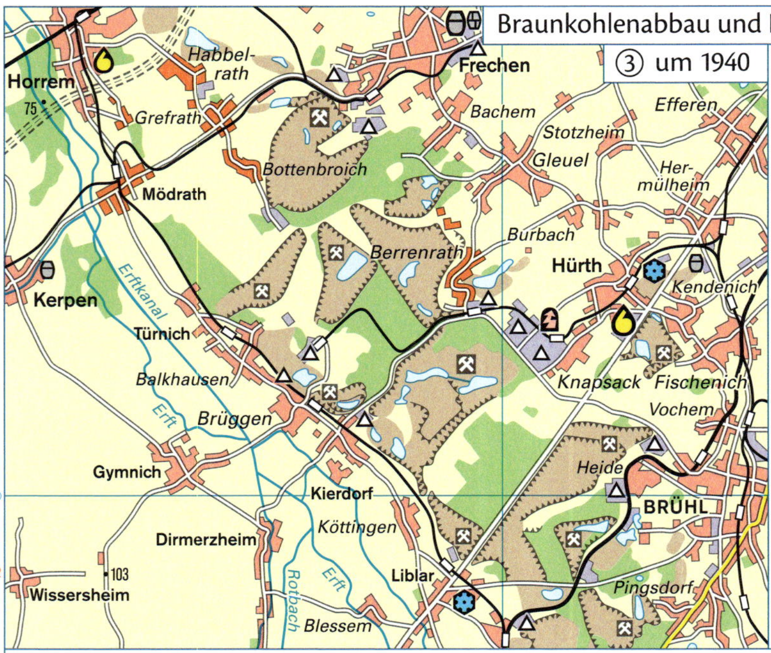

④ 2012

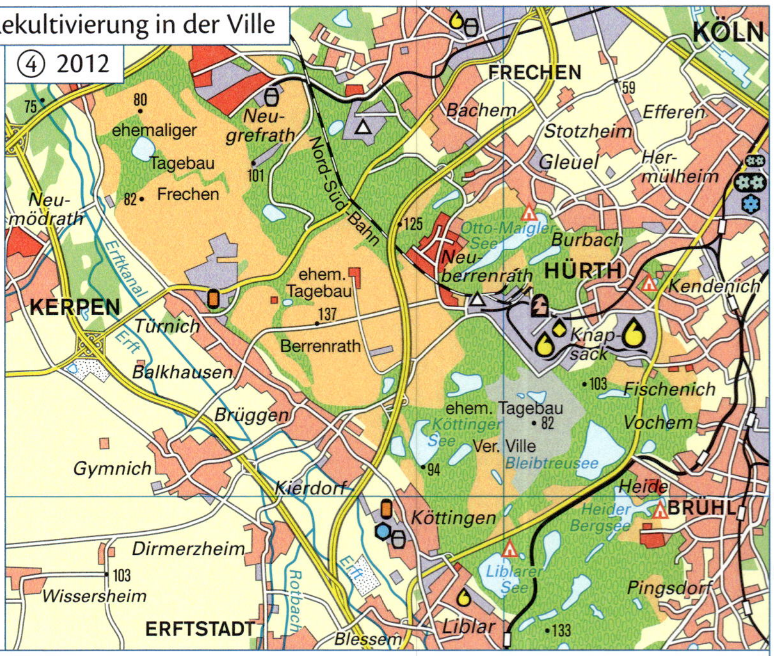

- Betriebsfläche (Abraum und Braunkohle)
- Abraumverkippung
- Umzusiedelnder Ort
- Neues Wohngebiet für Umsiedler
- Übrige Siedlungsfläche
- Industrie- und Gewerbefläche
- Landwirtschaftlich genutzte Fläche
- Wald
- Landwirtschaftlich } rekultivierte Fläche
- Forstwirtschaftlich } rekultivierte Fläche
- Freizeiteinrichtung
- Kies- oder Sandgrube

Erklärung der Industriesignaturen und der Verkehrslinien in Karte ①

1 : 150 000 — 0 1 2 3 4 5 6 7 km — 1 cm ≙ 1,5 km

Nordrhein-Westfalen: Verkehr

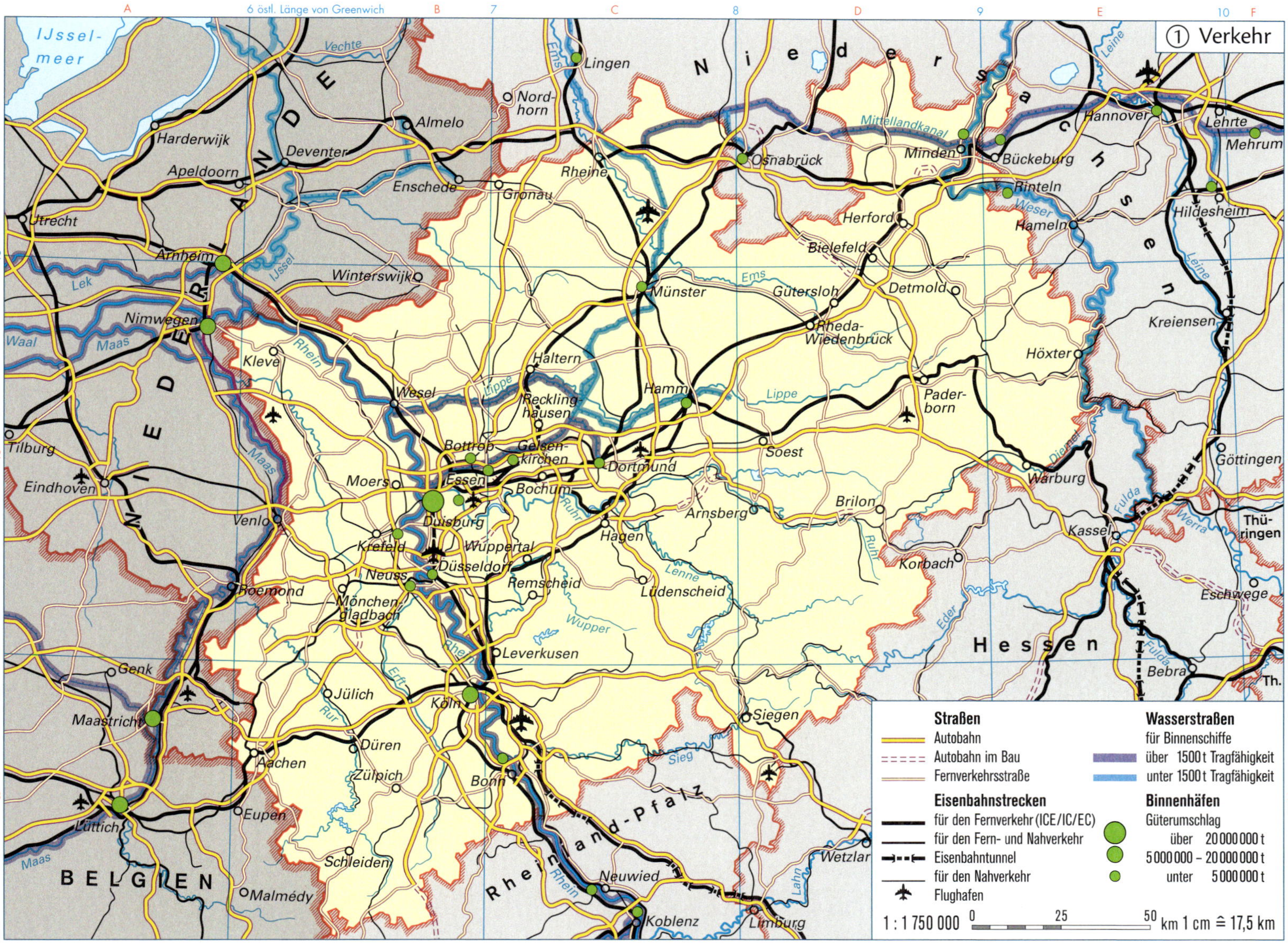

① Verkehr
6 östl. Länge von Greenwich
A
B
C
D
E
F
7
8
9
10
1
2
3
52
51
IJssel-meer
Vechte
Lingen
Nord-horn
Almelo
Harderwijk
Apeldoorn
Deventer
Enschede
Gronau
Rheine
Osnabrück
Mittellandkanal
Minden
Bückeburg
Hannover
Lehrte
Mehrum
Rinteln
Hameln
Hildesheim
Herford
Bielefeld
Detmold
Gütersloh
Rheda-Wiedenbrück
Kreiensen
Höxter
Paderborn
Utrecht
Arnheim
Lek
Ijssel
Winterswijk
Nimwegen
Waal
Maas
Kleve
Rhein
Wesel
Haltern
Münster
Ems
Recklinghausen
Hamm
Lippe
Soest
Bottrop
Gelsenkirchen
Essen
Bochum
Dortmund
Moers
Duisburg
Krefeld
Neuss
Düsseldorf
Wuppertal
Hagen
Arnsberg
Brilon
Warburg
Göttingen
Kassel
Thüringen
Tilburg
Eindhoven
Venlo
Roermond
Mönchen-Gladbach
Remscheid
Lüdenscheid
Lenne
Wupper
Korbach
Eschwege
Fulda
Werra
Eder
Leverkusen
Genk
Maastricht
Jülich
Köln
Siegen
Hessen
Bebra
Th.
Aachen
Düren
Zülpich
Bonn
Sieg
Eupen
Lüttich
Schleiden
Rheinland-Pfalz
Neuwied
Wetzlar
Lahn
Koblenz
Limburg
Malmédy
BELGIEN
NIEDERLANDE
Niedersachsen
Leine
Weser
Diemel
Ruhr
Erft
Rur
Straßen
Autobahn
Autobahn im Bau
Fernverkehrsstraße
Eisenbahnstrecken
für den Fernverkehr (ICE/IC/EC)
für den Fern- und Nahverkehr
Eisenbahntunnel
für den Nahverkehr
Flughafen
Wasserstraßen
für Binnenschiffe
über 1500 t Tragfähigkeit
unter 1500 t Tragfähigkeit
Binnenhäfen
Güterumschlag
über 20 000 000 t
5 000 000 – 20 000 000 t
unter 5 000 000 t
1 : 1 750 000
0
25
50
km 1 cm ≙ 17,5 km

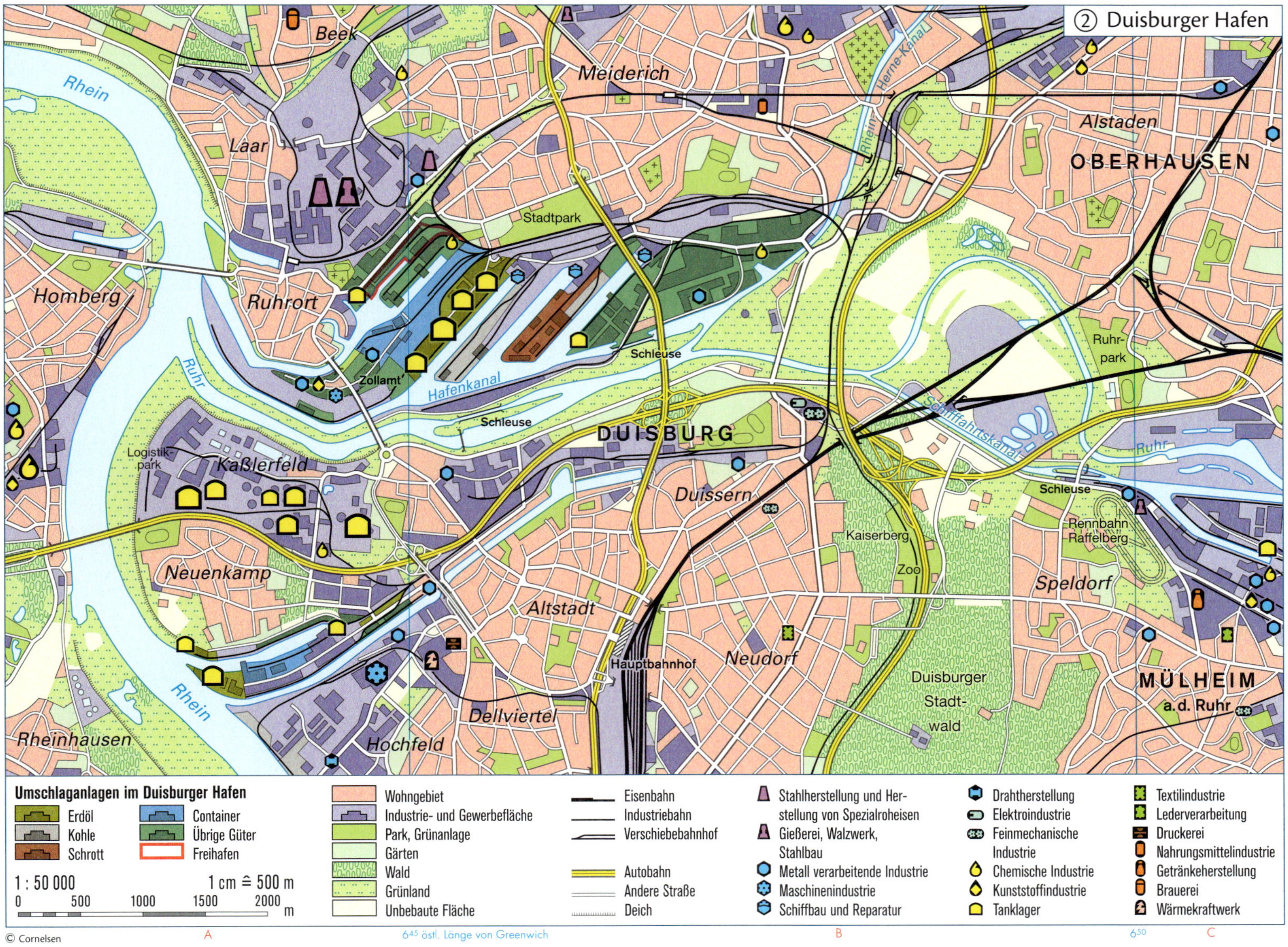

② Duisburger Hafen
Beek
Meiderich
Rhein
Laar
Rhein-Herne-Kanal
Alstaden
OBERHAUSEN
Stadtpark
Homberg
Ruhrort
Ruhr
Zollamt
Hafenkanal
Schleuse
DUISBURG
Ruhrpark
Schifffahrtskanal
Logistik-park
Kaßlerfeld
Duissern
Kaiserberg
Zoo
Rennbahn Raffelberg
Speldorf
Neuenkamp
Altstadt
Neudorf
Hauptbahnhof
Duisburger Stadtwald
MÜLHEIM a.d. Ruhr
Dellviertel
Rheinhausen
Hochfeld
Umschlaganlagen im Duisburger Hafen
Erdöl
Kohle
Schrott
Container
Übrige Güter
Freihafen
1 : 50 000
1 cm ≙ 500 m
0
500
1000
1500
2000
m
Wohngebiet
Industrie- und Gewerbefläche
Park, Grünanlage
Gärten
Wald
Grünland
Unbebaute Fläche
Eisenbahn
Industriebahn
Verschiebebahnhof
Autobahn
Andere Straße
Deich
Stahlherstellung und Herstellung von Spezialroheisen
Gießerei, Walzwerk, Stahlbau
Metall verarbeitende Industrie
Maschinenindustrie
Schiffbau und Reparatur
Drahtherstellung
Elektroindustrie
Feinmechanische Industrie
Chemische Industrie
Kunststoffindustrie
Tanklager
Textilindustrie
Lederverarbeitung
Druckerei
Nahrungsmittelindustrie
Getränkeherstellung
Brauerei
Wärmekraftwerk
A
B
C
1
6⁴⁵ östl. Länge von Greenwich
6⁵⁰

Nordrhein-Westfalen: Städte

① Funktionale Gliederung der Innenstadt von Münster

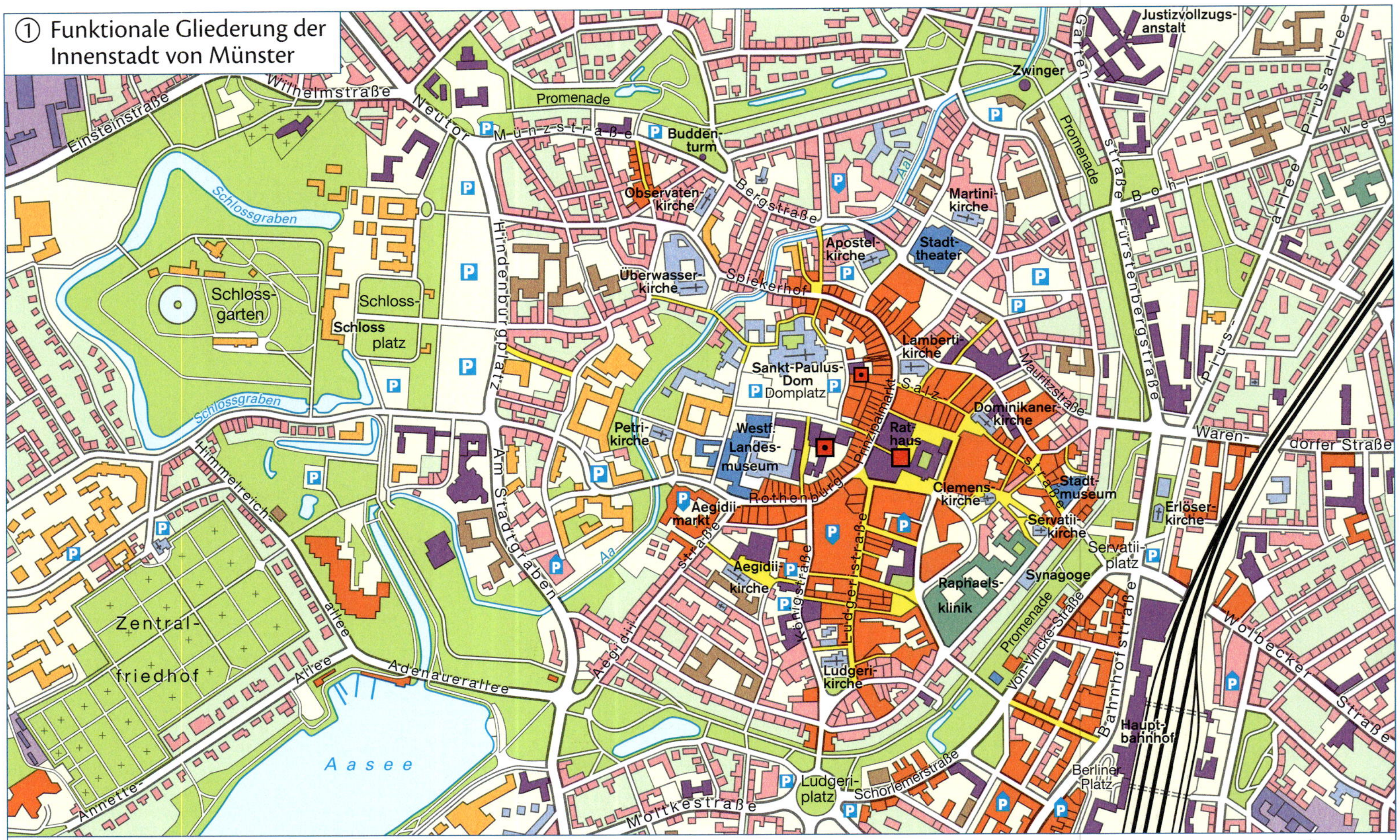

Öffentliches Gebäude	Industrie- und Gewerbefläche	Kulturelle Einrichtung	Park, Grünanlage	Bezirksregierung	Parkplatz
Geschäfts- und Einkaufsbereich	Universität	Kirchliche Einrichtung	Friedhof	Stadtverwaltung	Tiefgarage
Fußgängerzone	Schule	Krankenhaus	Gärten		Parkhaus
Wohngebiet			Unbebaute Fläche		

1 : 12 500 — 0 100 200 300 m — 1 cm ≙ 125 m

② Zentrale Einrichtungen in der Innenstadt von Düsseldorf

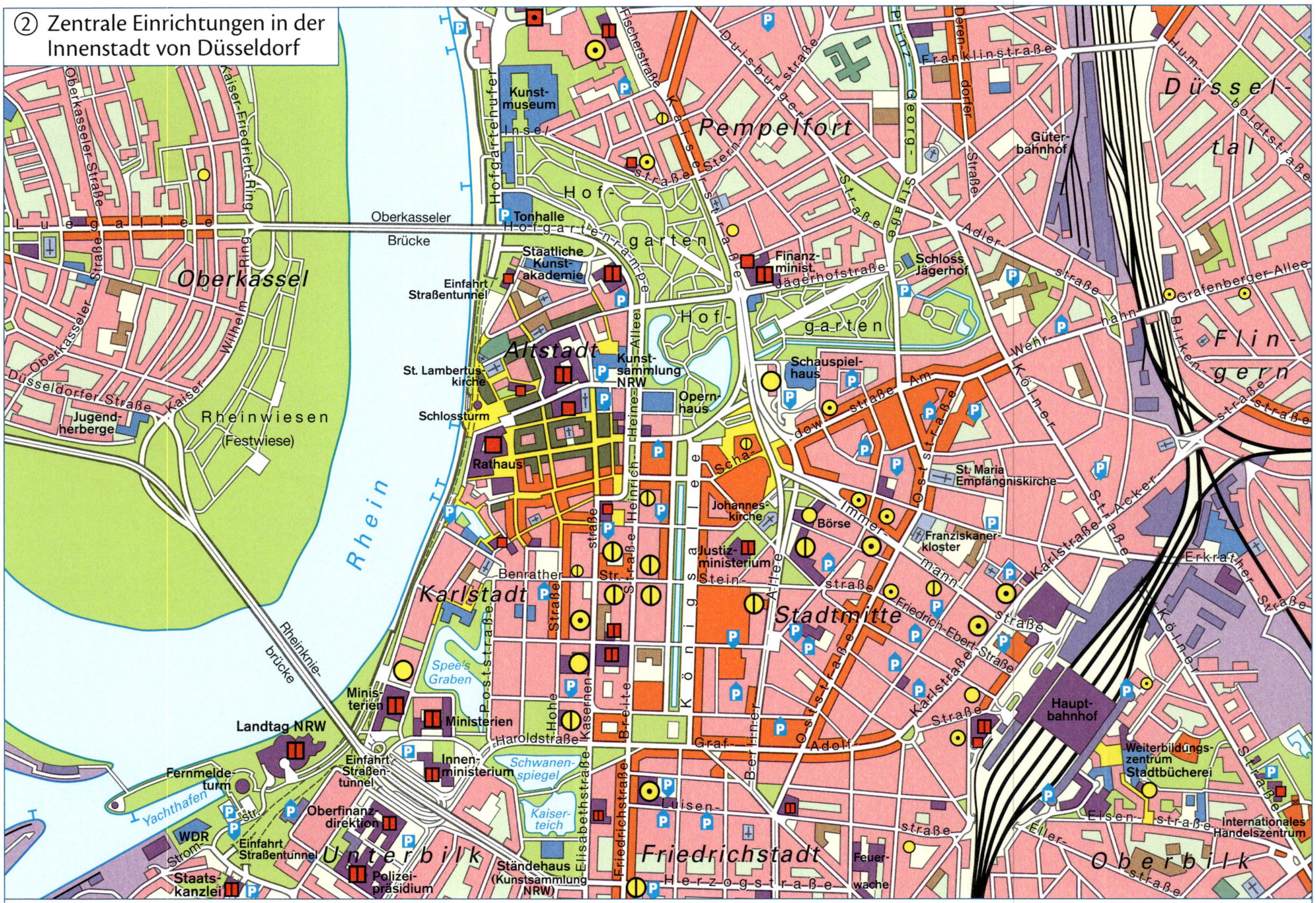

Öffentliches Gebäude	Wohngebiet	Kirchliche Einrichtung	Landesregierung	Bankverwaltung
Geschäfts- und Einkaufsbereich	Industrie- und Gewerbefläche	Krankenhaus	Bezirksregierung	Versicherung
Restaurants und Gaststätten (Altstadt)	Schule	Park, Grünanlage	Stadtverwaltung	Verwaltung von Industrieunternehmen oder privaten Verbänden
Fußgängerzone	Kulturelle Einrichtung	Gärten		Parkplatz
		Unbebaute Fläche		Parkhaus
				Tiefgarage

1 : 17 500 — 0 200 400 600 800 1000 m — 1 cm ≙ 175 m

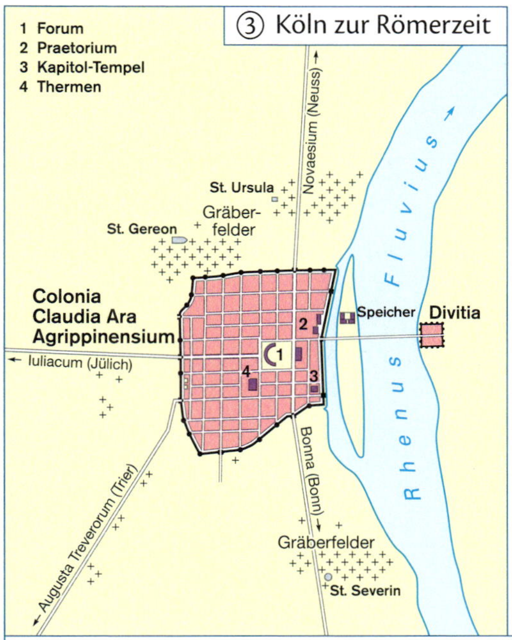

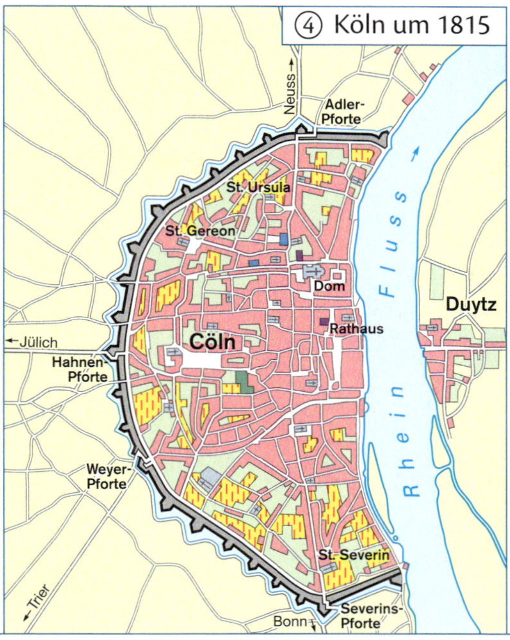

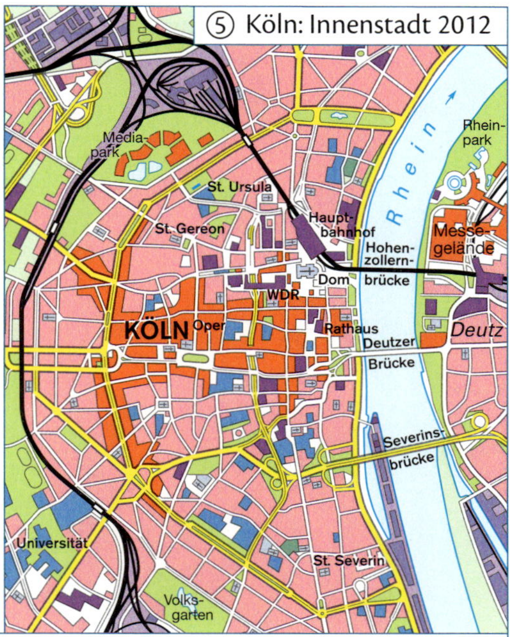

Öffentliches Gebäude
Geschäftszentrum
Kulturelle Einrichtung
Kirchliche Einrichtung
Krankenhaus
Wohngebiet
Industrie- und Gewerbefläche
Park, Grünanlage
Gärten
Unbebaute Fläche
Stadtmauer
Weinbau
Vorwiegend landwirtschaftlich genutzte Fläche
Eisenbahn mit Bahnhof
Industriebahn
Verschiebebahnhof
Schnellstraße
Bundesstraße
Andere Straße

1 : 50 000 — 0, 500, 1000, 1500, 2000, 2500, 3000 m — 1 cm ≙ 500 m

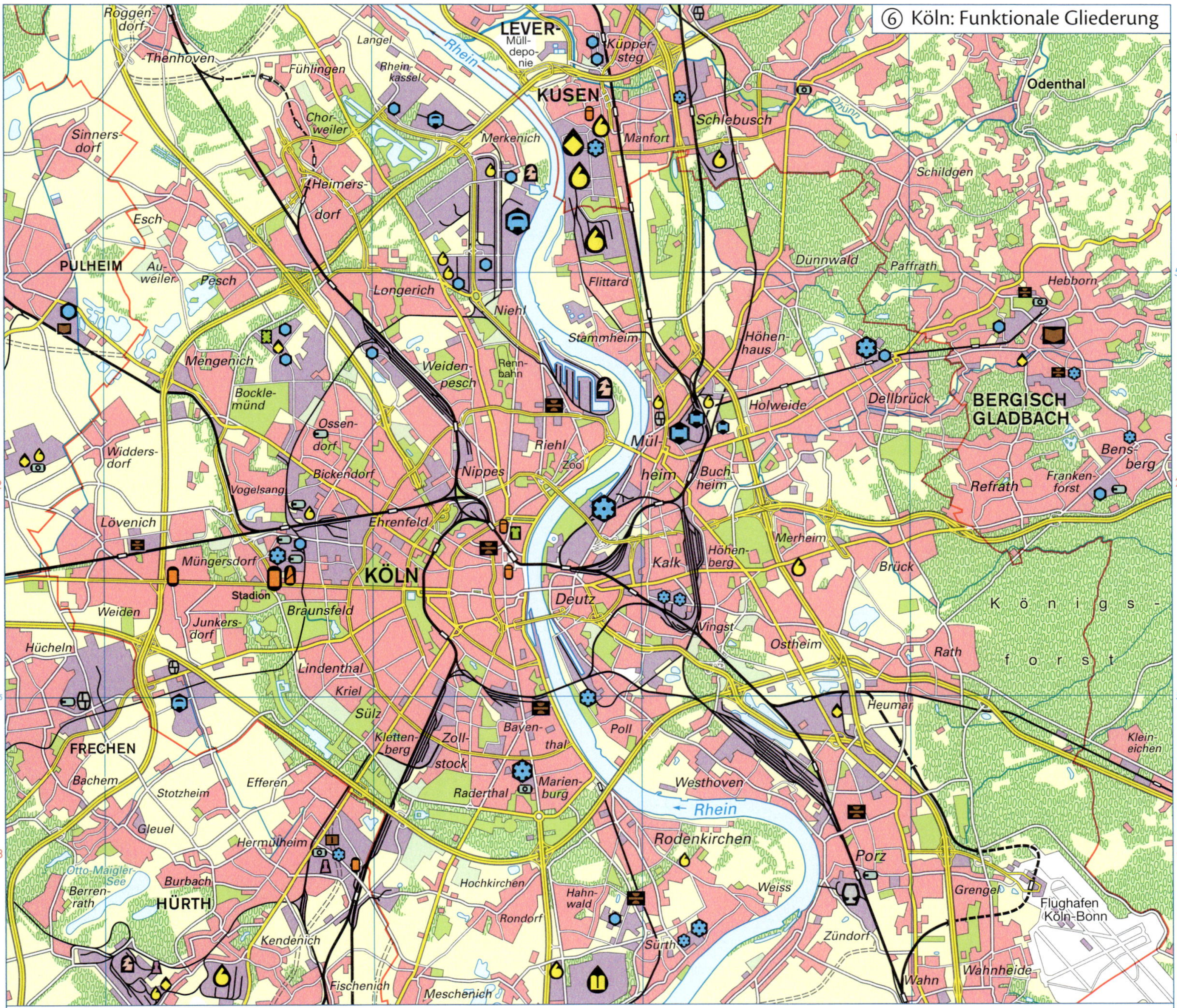

Wohngebiet
Industrie- und Gewerbefläche
Park, Grünanlage
Gärten
Wald
Vorwiegend landwirtschaftlich genutzte Fläche
Eisenbahn mit Bahnhof
Industriebahn
Verschiebebahnhof
Stadtgrenze
Autobahn
Schnellstraße
Bundesstraße
Andere Straße
Geplante Straße
Wärmekraftwerk
Gießerei, Walzwerk, Stahlbau
Metall verarbeitende Industrie
Maschinenindustrie
Kraftfahrzeugindustrie
Drahtherstellung, Kabelwerk
Elektroindustrie
Elektronikindustrie
Chemische Industrie
Kunststoffindustrie
Erdölraffinerie
Bekleidungsindustrie
Papierindustrie
Druckerei
Glasindustrie
Baustoffindustrie
Nahrungsmittelindustrie
Zuckerindustrie
Brauerei

1 : 125 000 — 1 cm ≙ 1,25 km — 0, 1, 2, 3, 4, 5 km

Nordrhein-Westfalen: Tourismus

① Tourismus und Fremdenverkehrseinrichtungen

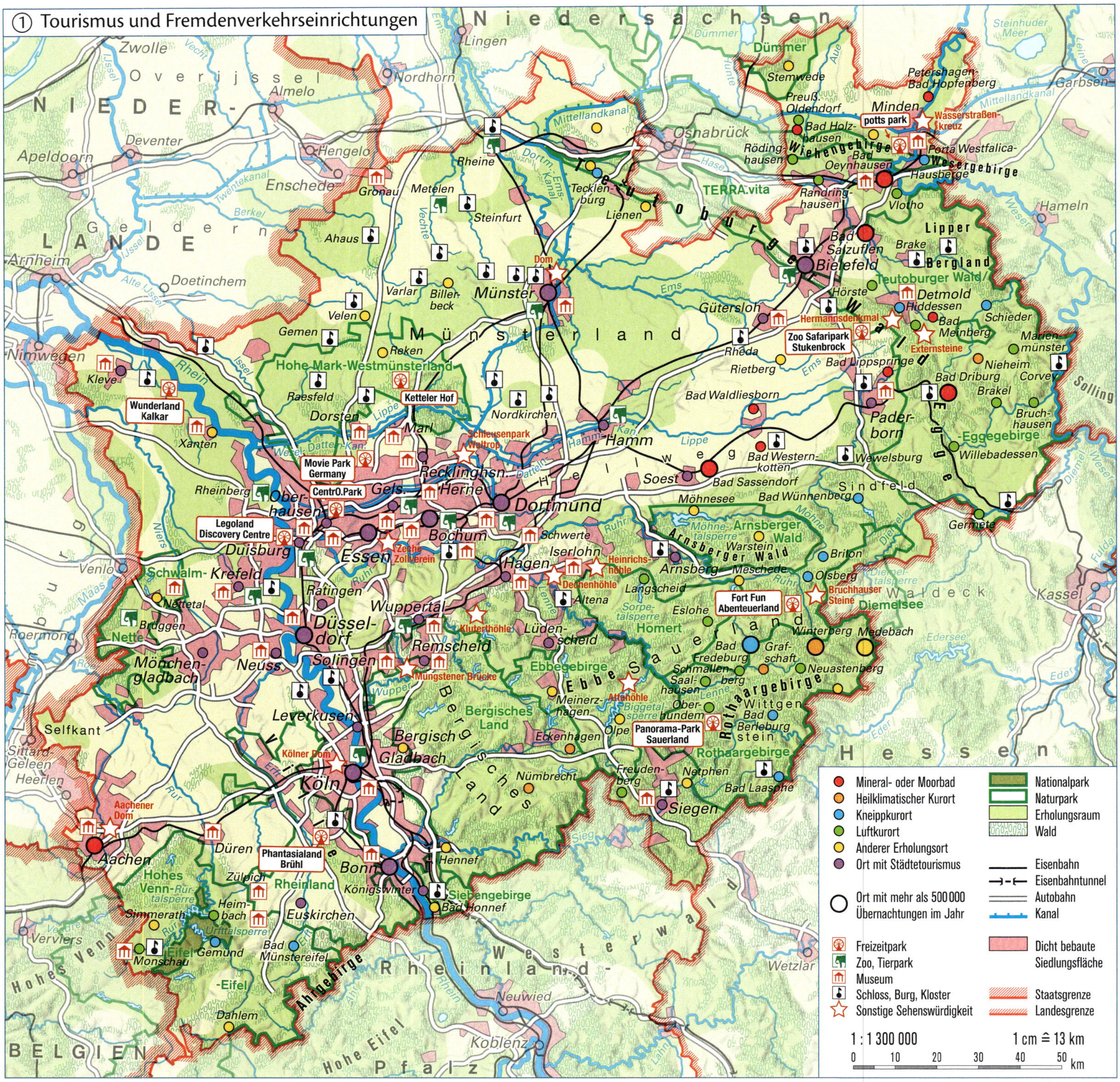

② Übernachtungen im Fremdenverkehr

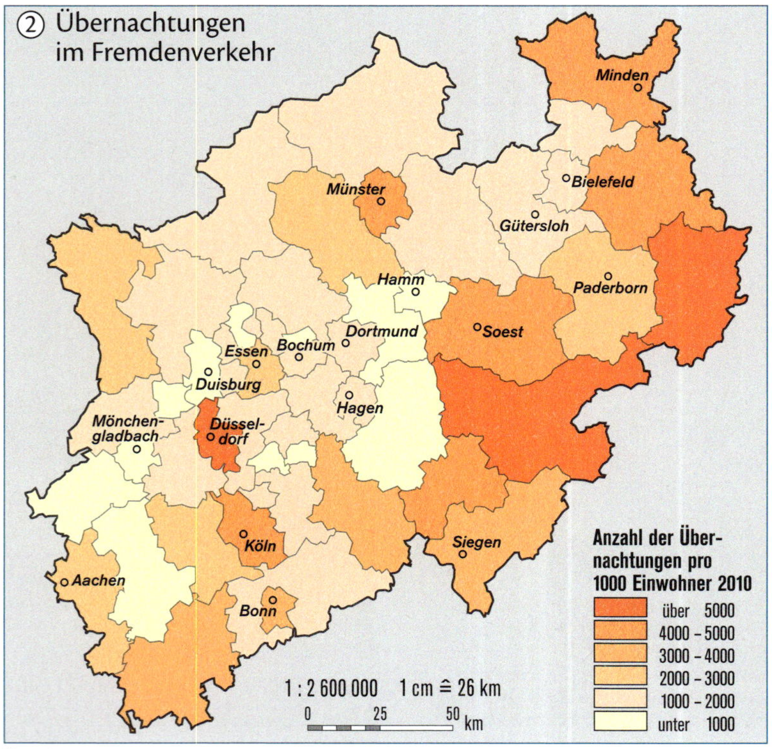

③ Großschutzgebiete

④ Fremdenverkehrsort Winterberg

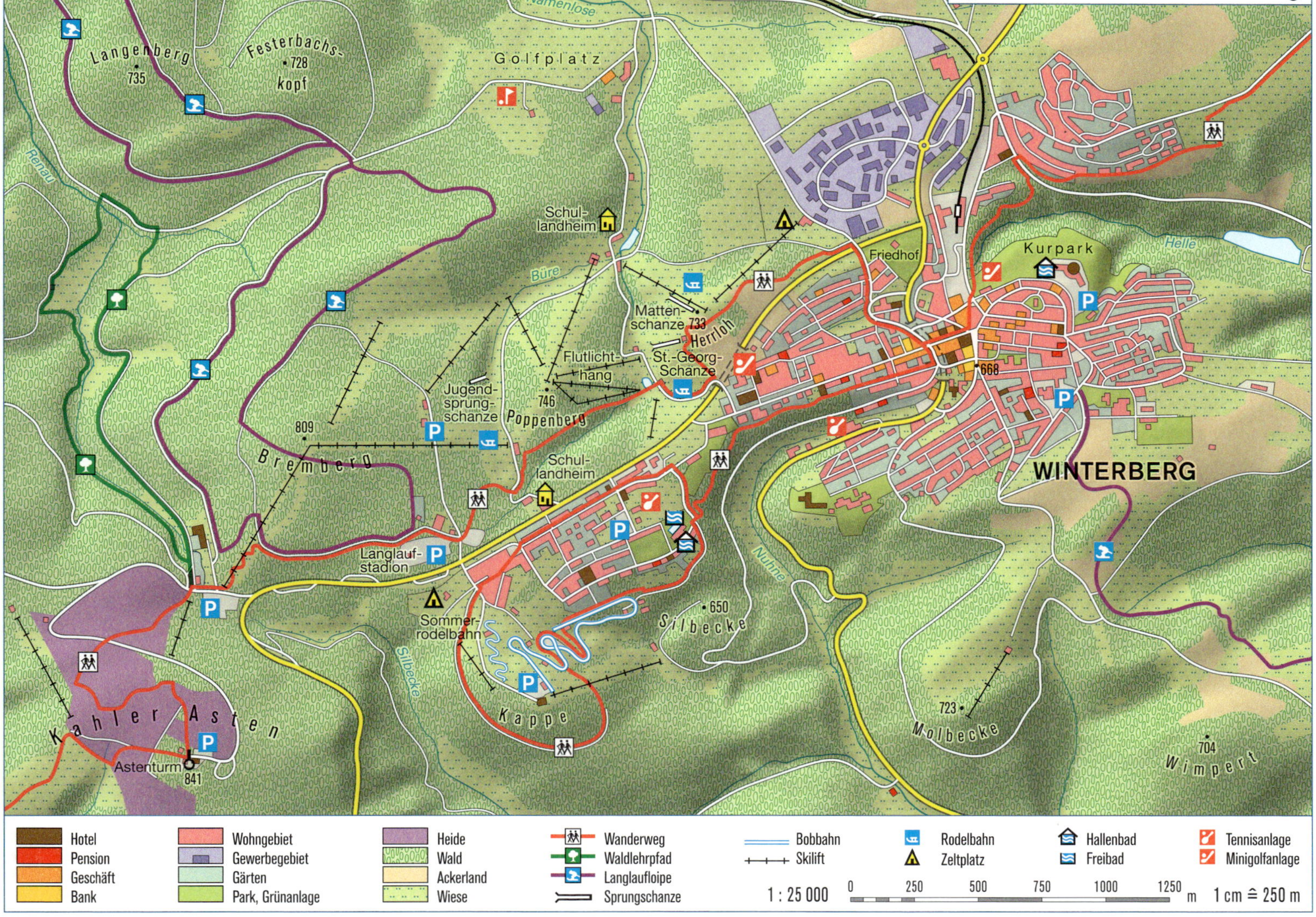

⑤ Erholungseinrichtungen und Museen im Ruhrgebiet

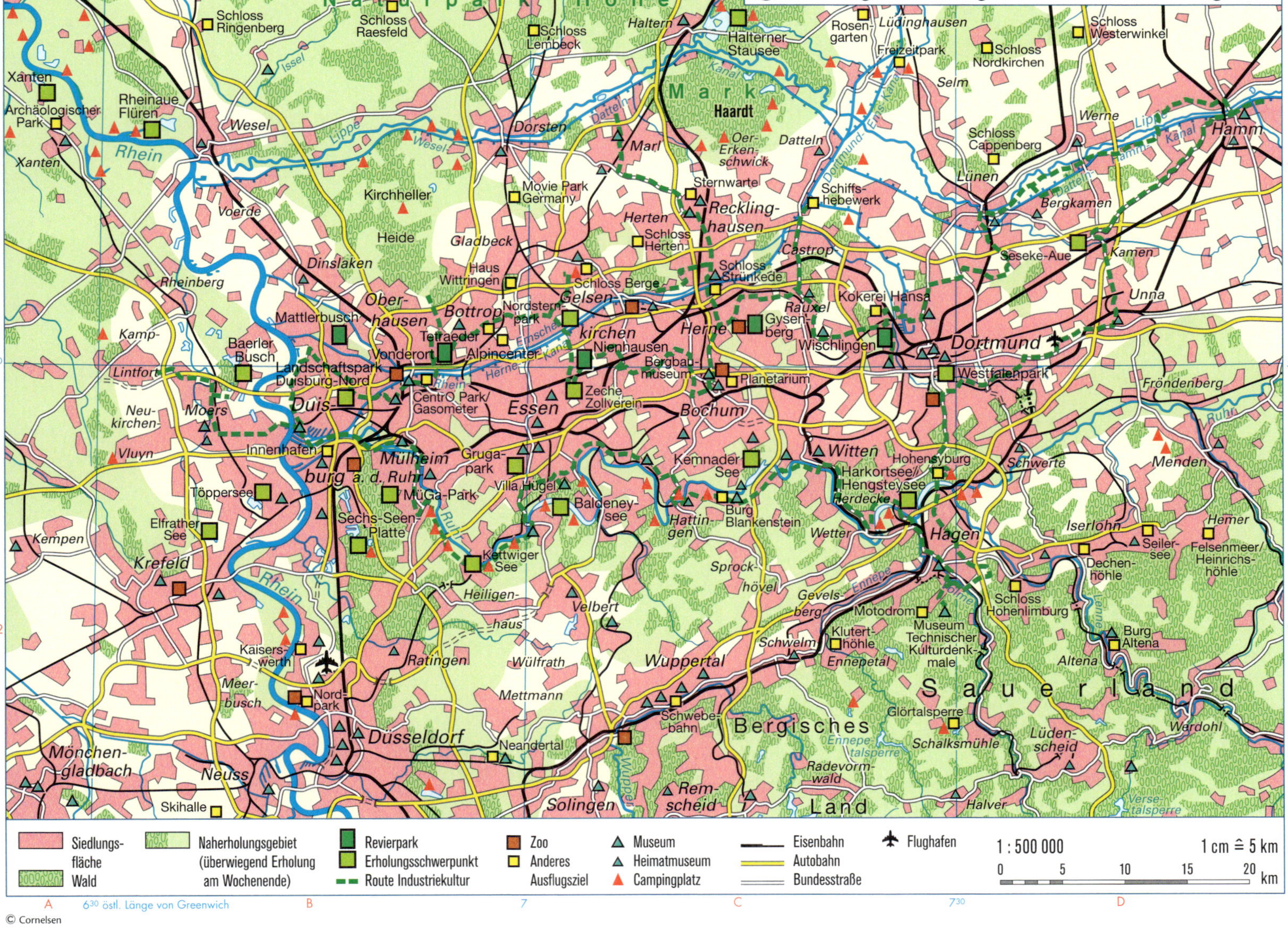

Deutschland: Physische Karte

Orte
über 1 000 000 Einwohner
500 000 – 1 000 000 Einwohner
250 000 – 500 000 Einwohner
100 000 – 250 000 Einwohner
50 000 – 100 000 Einwohner
20 000 – 50 000 Einwohner
unter 20 000 Einwohner
Eisenbahn
Neubaustrecke
Eisenbahnfähre
Kanal
Stausee
Gletscher
Autobahn
Fernverkehrsstraße
1051 Höhenzahl
27 Tiefenzahl
Staatsgrenze
Landesgrenze
Berlin Hauptstadt eines Staates
Mainz Landeshauptstadt
Meerestiefen
50
20
Watt
0
Landhöhen
unter 0
0
50
100
200
300
500
750
1000
2000 m
8 östl. Länge von Greenwich
D Ä N E M A R K
Nordsee
Ostsee
Nordfriesische Inseln
Ostfriesische Inseln
Helgoland
Sylt
Föhr
Husum
Flensburg
Schleswig
Kiel
Rendsburg
Neumünster
Travemünde
Lübeck
Kieler Bucht
Lübecker Bucht
Fehmarn
Puttgarden
Rödbyhavn
Lolland
Nyköbing
Falster
Gedser
Møn
Rügen
Sassnitz
Stralsund
Greifswald
Usedom
Wollin
Swinemünde (Świnoujście)
Pommersche Bucht
Stettin (Szczecin)
Rostock
Warnemünde
Wismar
Güstrow
Schwerin
Mecklenburg-Vorpommern
Neubrandenburg
Neustrelitz
Parchim
Uckermark
Schwedt
Prignitz
Wittenberge
Neuruppin
Eberswalde
Oderbruch
Küstrin (Kostrzyn)
POLEN
Berlin
Potsdam
Brandenburg
Frankfurt
Altmark
Stendal
Magdeburg
Sachsen-Anhalt
Hamburg
Geesthacht
Itzehoe
Elmshorn
Stade
Cuxhaven
Bremerhaven
Wilhelmshaven
Norden
Emden
Borkum
Norderney
Ameland
Groningen
Leeuwarden
Leer
Oldenburg
Bremen
Delmenhorst
Verden
Lüneburg
Lüneburger Heide
Munster
Uelzen
Celle
Nienburg
Niedersachsen
Vechta
Emmen
Meppel
Zwolle
NIEDERLANDE
Nordhorn
Lingen
Rheine
Osnabrück
Minden
Hannover
Braunschweig
Wolfsburg
Helmstedt
Salzgitter
Hildesheim
Hameln
Herford
Bielefeld
Detmold
Teutoburger Wald
Gütersloh
Münster
Münsterland
Apeldoorn
Enschede
Arnheim
Nimwegen
Kleve
Wesel
Nordrhein-Westfalen
Hamm
Paderborn
Gelsenkirchen
Dortmund
Bochum
Essen
Duisburg
Venlo
Düsseldorf
Mönchengladbach
Wuppertal
Solingen
Hagen
Arnsberg
Sauerland
Köln
Aachen
Düren
Troisdorf
Bonn
Siegen
Goslar
Harz
Brocken
Wernigerode
Solling
Göttingen
Nordhausen
Dessau-Roßlau
Wittenberg
Fläming
Guben
Cottbus
Niederlausitz
Torgau
Hoyerswerda
Halle
Merseburg
Leipzig
Kassel
Warburg
Meißner
Mühlhausen
Unstrut
Naumburg
Sachsen
Riesa
Meißen
Dresden
Bautzen
Görlitz
Eisenach
Erfurt
Weimar
Jena
Thüringen
Thüringer Wald
Gera
Altenburg
Chemnitz
Zwickau
Freiberg
Erzgebirge
Elbsandsteingebirge
Reichenberg (Liberec)
Aussig (Ústí nad Labem)
Brüx (Most)
Komotau (Chomutov)
Fichtelberg
Karlsbad (Karlovy Vary)
Kladno
Prag (Praha)
DEUTSCHLAND
Marburg
Hessen
Bad Hersfeld
Fulda
Gießen
Vogelsberg
Wasserkuppe 950
Rhön
Meiningen
Suhl
Saalfeld
Frankenwald
Greiz
Plauen
Vogtland
Hof
Eger (Cheb)
TSCHECHISCHE REPUBLIK
Westerwald
Neuwied
Koblenz
Wetzlar
Bad Homburg
Taunus
Frankfurt
Offenbach
Wiesbaden
Mainz
Bingen
Bad Kissingen
Coburg
Schweinfurt
Fichtelgebirge
Bayreuth
Bamberg
Oberpfälzer Wald
Weiden
Pilsen (Plzeň)
Klattau (Klatovy)
Pisek
Pribram
Hohes Venn
BELGIEN
Bad Neuenahr-Ahrweiler
Eifel
Cochem
Mosel
Rheinland-Pfalz
Hunsrück
Idar-Oberstein
Trier
LUXEMBURG
Luxemburg
Aschaffenburg
Spessart
Darmstadt
Odenwald
Würzburg
Steigerwald
Erlangen
Nürnberg
Fürth
Fränkische Alb
Merzig
Saarland
Saarbrücken
Neunkirchen
Kaiserslautern
Pirmasens
Haardt
Ludwigshafen
Mannheim
Heidelberg
Bad Mergentheim
Ansbach
Dieden-hofen (Thionville)
Metz
Heilbronn
Baden-Württemberg
Crailsheim
Bayern
Regensburg
Bayerischer Wald
Böhmerwald
Großer Arber 1456
Straubing
Budweis (České Budějovice)
Plöckenstein
Hagenau (Haguenau)
Karlsruhe
Pforzheim
Ludwigsburg
Stuttgart
Esslingen
Aalen
Ingolstadt
Donau
Saarburg (Sarrebourg)
Nancy
FRANKREICH
Straßburg (Strasbourg)
Baden-Baden
Offenburg
Tübingen
Heidenheim
Schwäbische Alb
Landshut
Passau
Isar
Inn
Mühlviertel
Linz
Schlettstadt (Sélestat)
Vogesen
Saint-Dié
Epinal
Remiremont
Colmar
Gebweiler (Guebwiller)
Ulm
Augsburg
Freising
Mühldorf
Wels
Freiburg
Feldberg 1493
Schwarzwald
Villingen-Schwenningen
Tuttlingen
Biberach
Memmingen
Kaufbeuren
München
Rosenheim
Chiemsee
Salzburg
Bad Ischl
Bad Reichenhall
Basel
Schaffhausen
Konstanz
Bodensee
Winterthur
Friedrichshafen
Lindau
Kempten
Allgäu
Oberstdorf
Garmisch-Partenkirchen
Zugspitze 2963
Bad Tölz
Bayerische Alpen
Kufstein
Salzburger Alpen
Dachstein 2995
Liezen
Zell am See
Innsbruck
Landeck
Hohe Tauern
Niedere Tauern
SCHWEIZ
ÖSTERREICH
© Cornelsen
1 : 3 000 000
0 50 100 150 200 km 1 cm ≙ 30 km

1 : 3 000 000 0 50 100 150 200 km 1 cm ≙ 30 km

webcode: KA640928-029

Germanien zur Römerzeit

1 : 3 000 000 0 50 100 150 200 km 1 cm ≙ 30 km

Heiliges Römisches Reich bis 1648

① Heiliges Römisches Reich um 1000

② Mitteleuropa nach dem Dreißigjährigen Krieg 1648

Deutschland im 19. Jahrhundert

① Mitteleuropa 1815–1866

② Das Deutsche Reich 1866–1918

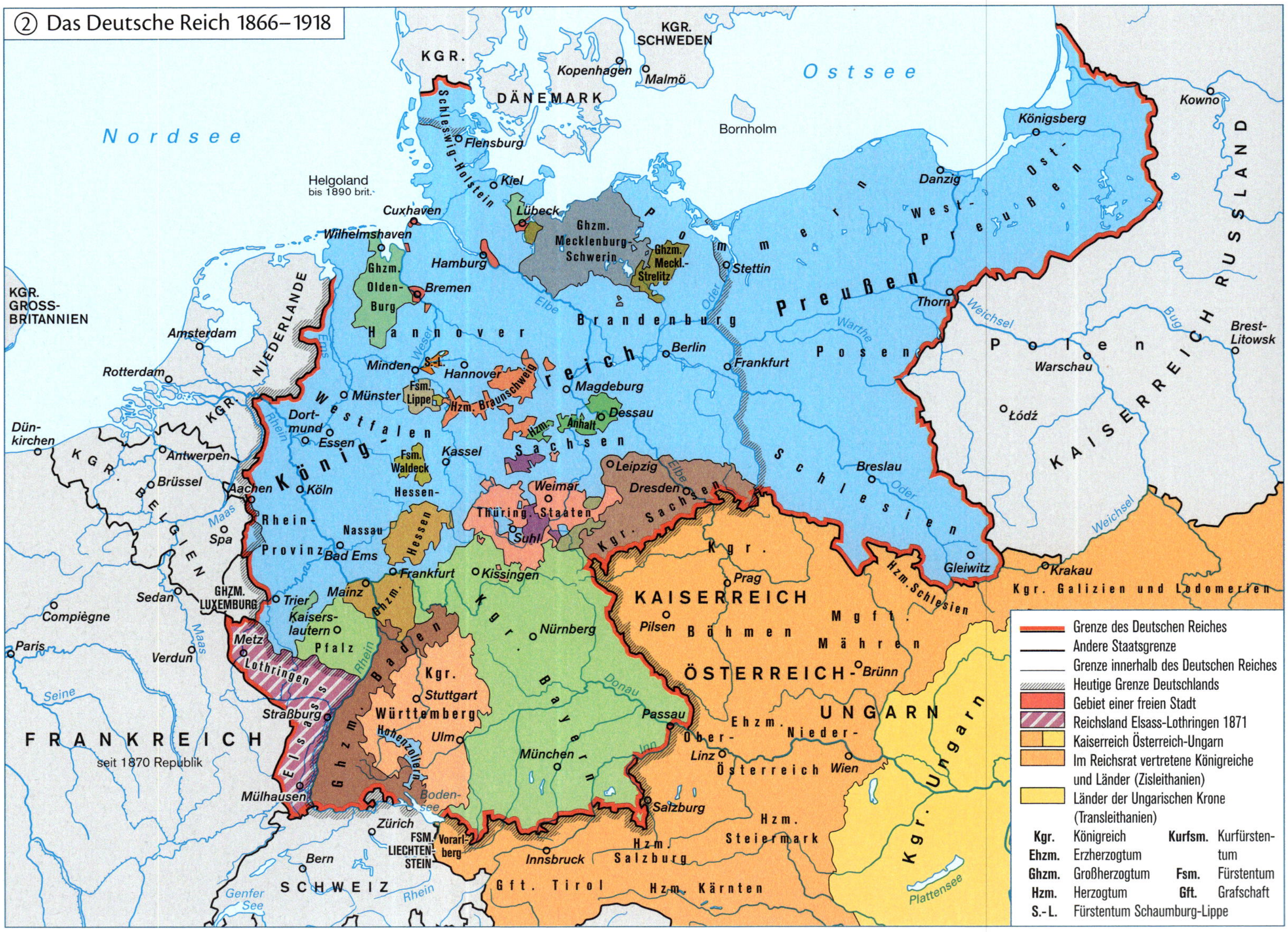

1 : 7 500 000 — 0 50 100 150 200 250 300 350 400 450 500 km — 1 cm ≙ 75 km

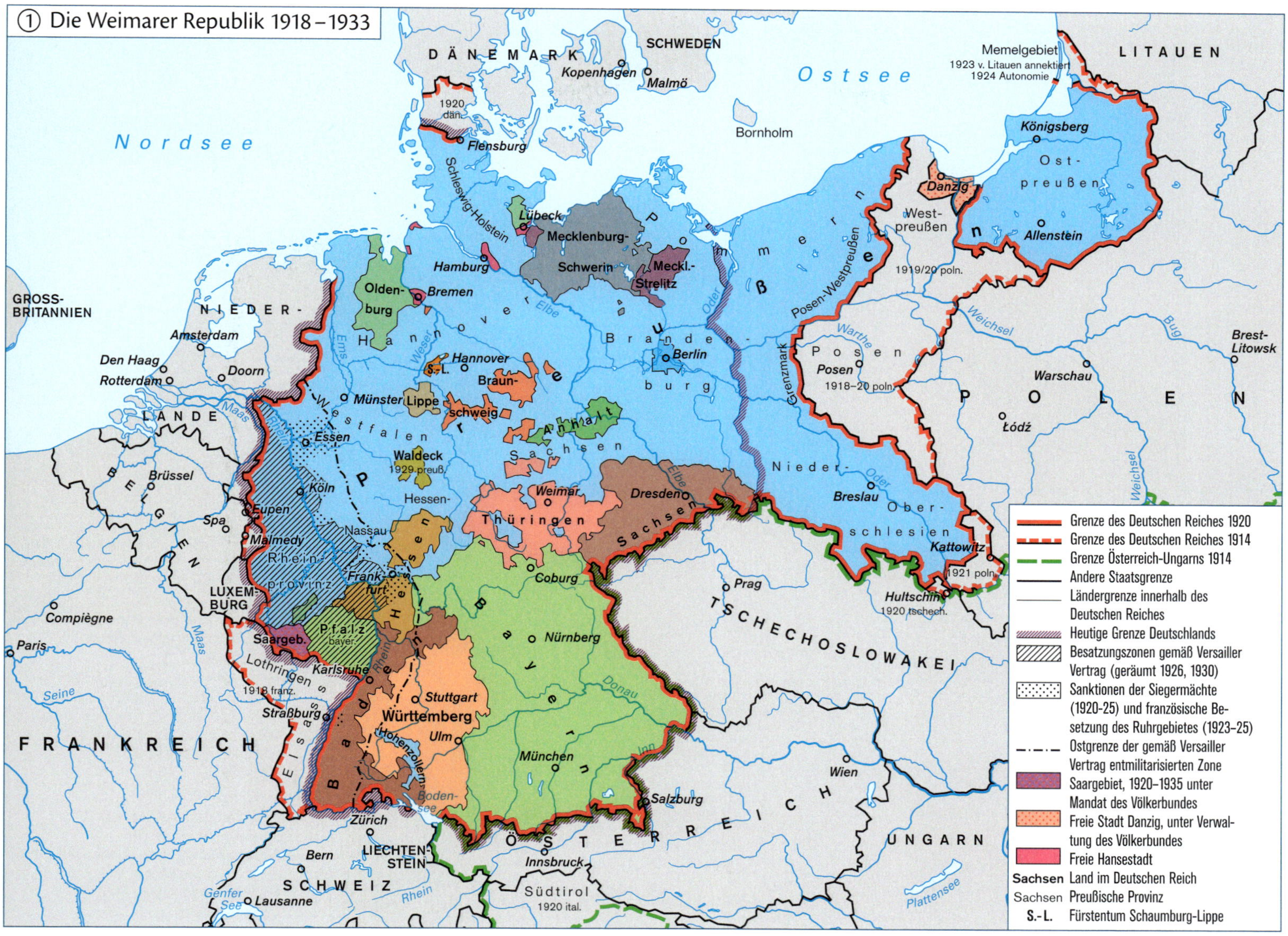

1 : 7 500 000 0 50 100 150 200 250 300 350 400 450 500 km 1 cm ≙ 75 km

Deutschland nach dem Zweiten Weltkrieg

① Mitteleuropa 1945–1949

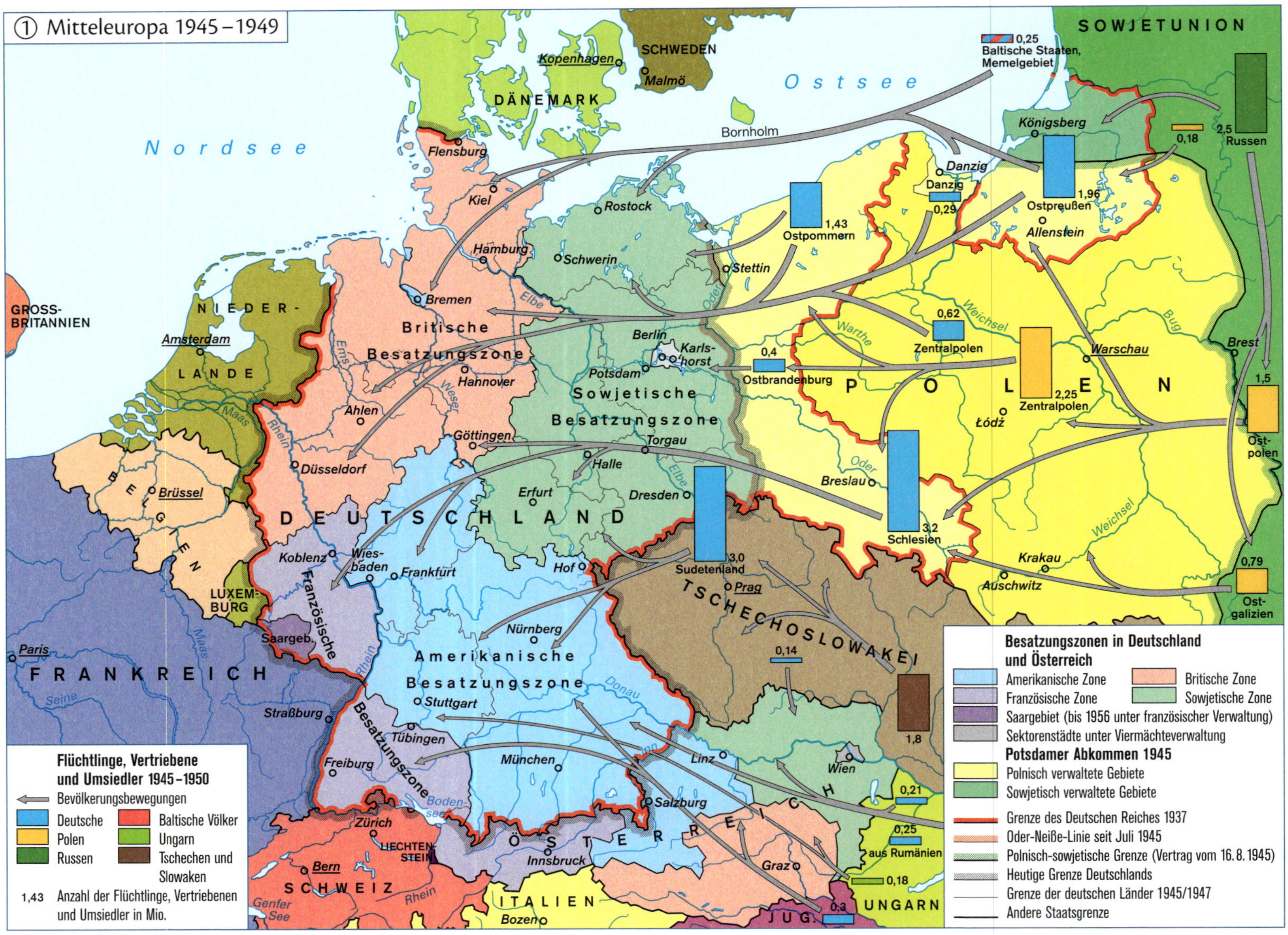

② Bundesrepublik Deutschland und DDR 1949–1989

1949 Gründung der Bundesrepublik Deutschland und der Deutschen Demokratischen Republik (DDR)
Grenze zwischen der Bundesrepublik Deutschland und der DDR bis zum 3.10.1990 sowie Grenze von Berlin nach dem Viermächtestatus von 1945
Grenze zwischen Berlin (West) und Berlin (Ost)
Grenzübergang in die DDR
Landesgrenzen in der Bundesrepublik Deutschland
Bezirksgrenzen in der DDR 1952–1990
Westgrenze Polens nach Verträgen mit der DDR 1950 und der Bundesrepublik Deutschland 1970
Andere Staatsgrenze

③ Das geteilte Berlin 1945–1989

Berlin unter Viermächtestatus
Grenze von Berlin mit Grenzübergang
Grenze zwischen Berlin (West) und Berlin (Ost) mit Grenzübergang 1961–1989
Bezirksgrenze in Berlin
Mitte 1 Bezirksname mit Nummer
Amerikanischer Sektor
Britischer Sektor
Französischer Sektor
Sowjetischer Sektor
Bezirk Potsdam
Bezirk Frankfurt
Bezirksgrenze
Kreisgrenze
Bernau Name eines Kreises

1 : 500 000 0 5 10 15 20 km 1 cm ≙ 5 km

1 : 7 500 000 0 50 100 150 200 250 300 350 400 450 500 km 1 cm ≙ 75 km

① Bevölkerungsdichte

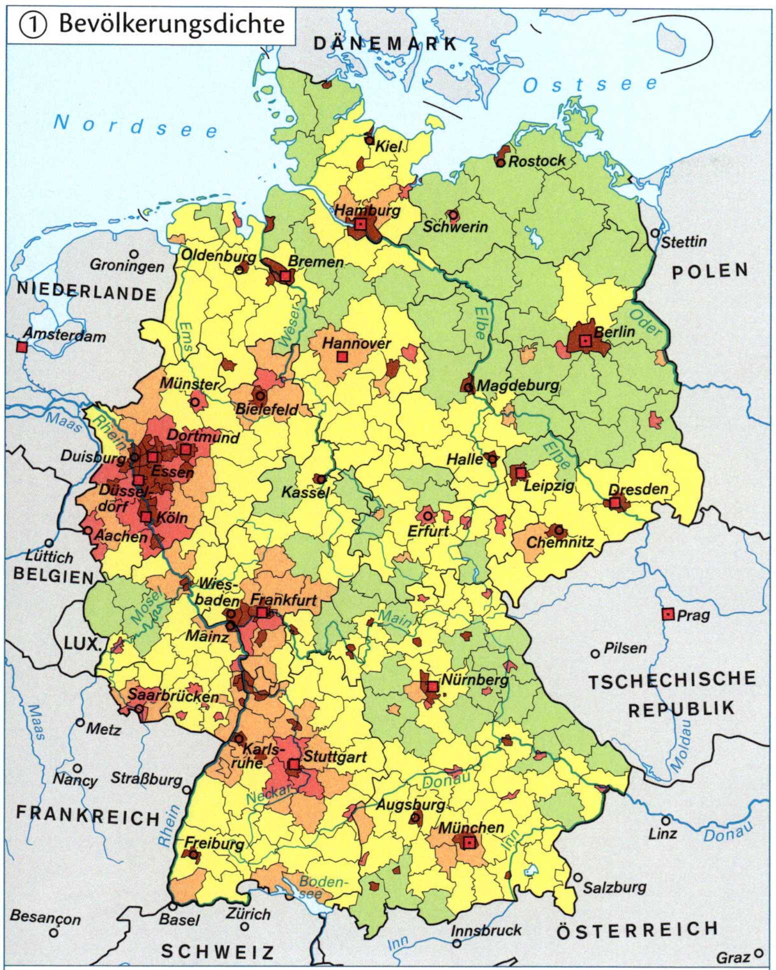

Bevölkerungsdichte 2012

- über 1000 Einwohner auf 1 km²
- 500 – 1000 Einwohner auf 1 km²
- 250 – 500 Einwohner auf 1 km²
- 100 – 250 Einwohner auf 1 km²
- unter 100 Einwohner auf 1 km²

Städte

- über 1000000 Einwohner
- 500000 – 1000000 Einwohner
- unter 500000 Einwohner
- Staatsgrenze
- Landesgrenze
- Grenze eines Stadt- oder Landkreises

② Bruttoinlandsprodukt

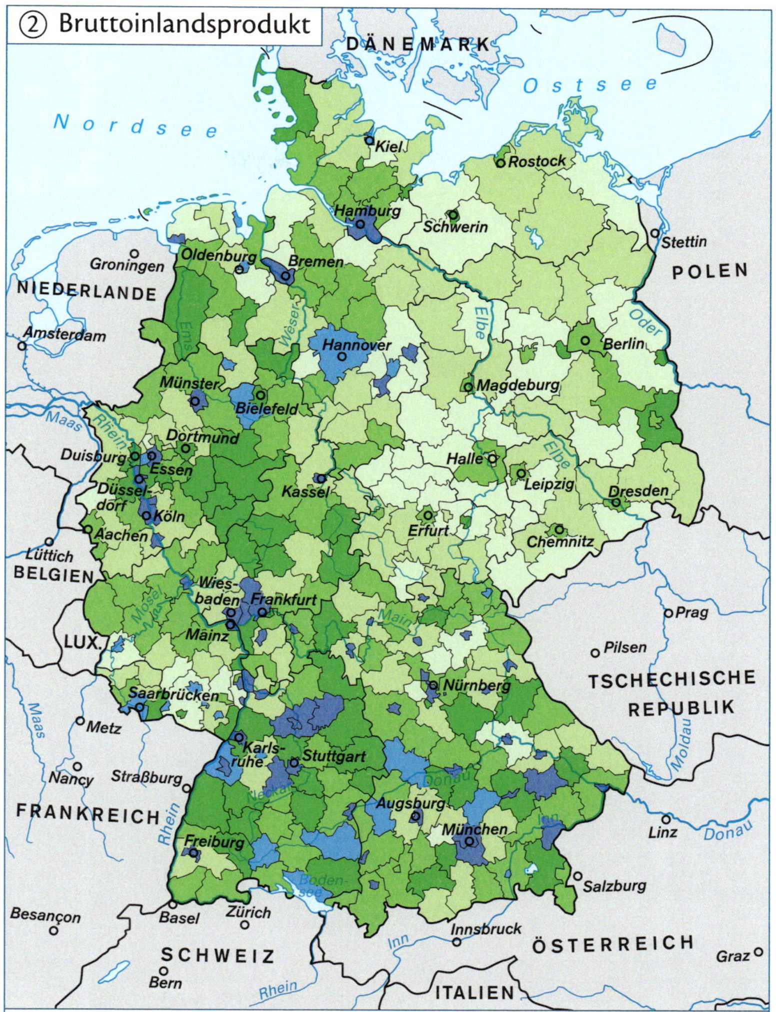

Bruttoinlandsprodukt pro Einwohner in € 2011

- über 40000 €
- 35000 – 40000 €
- 30000 – 35000 €
- 25000 – 30000 €
- 20000 – 25000 €
- unter 20000 €
- Staatsgrenze
- Landesgrenze
- Grenze eines Stadt- oder Landkreises

③ Ausländische Bevölkerung

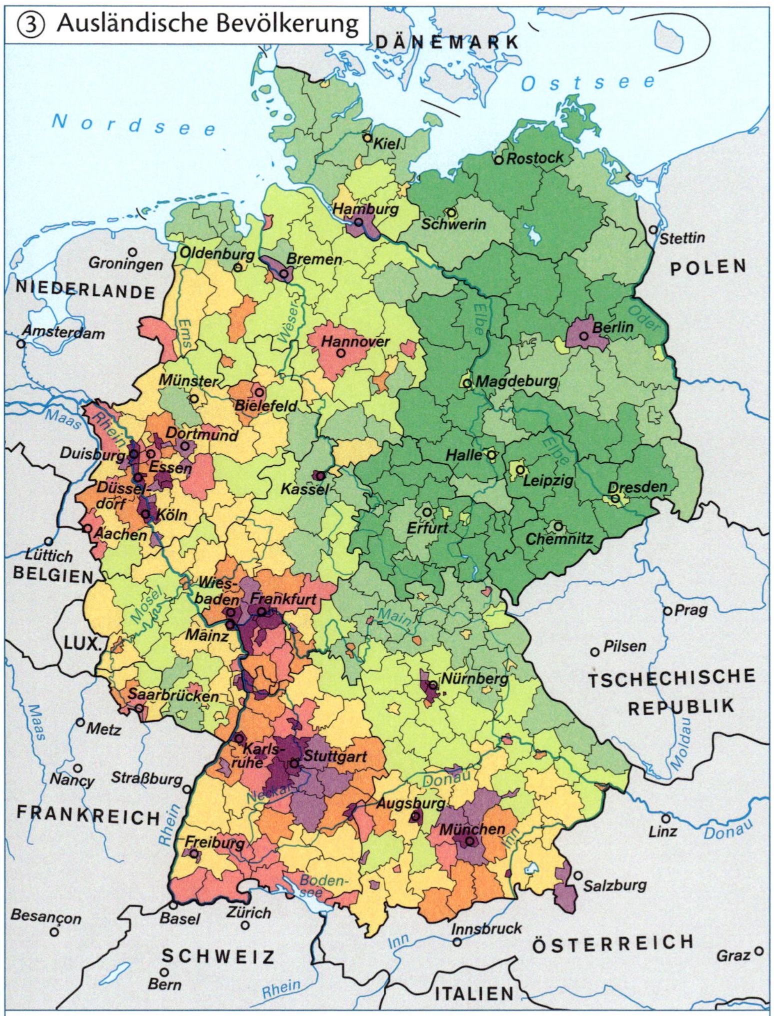

Anteil der ausländischen Bevölkerung an der Gesamtbevölkerung 2013

- über 14%
- 12 – 14%
- 10 – 12%
- 8 – 10%
- 6 – 8%
- 4 – 6%
- 2 – 4%
- unter 2%
- Staatsgrenze
- Landesgrenze
- Grenze eines Stadt- oder Landkreises

④ Arbeitslose

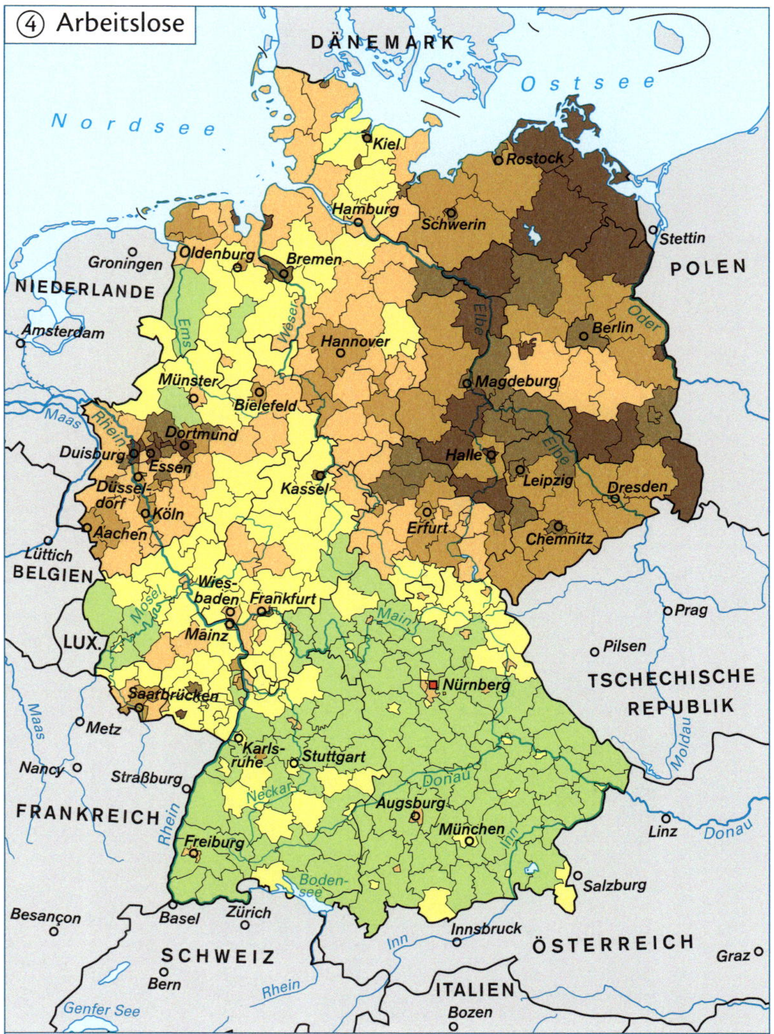

Arbeitslosenquote 2013

- über 12%
- 10 – 12%
- 8 – 10%
- 6 – 8%
- 4 – 6%
- unter 4%
- Staatsgrenze
- Landesgrenze
- Grenze eines Stadt- oder Landkreises
- Sitz der Bundesagentur für Arbeit

1 : 7 500 000 — 0 50 100 150 200 250 300 350 400 450 500 km — 1 cm ≙ 75 km

Deutschland – nördlicher Teil: Physische Karte

© Cornelsen

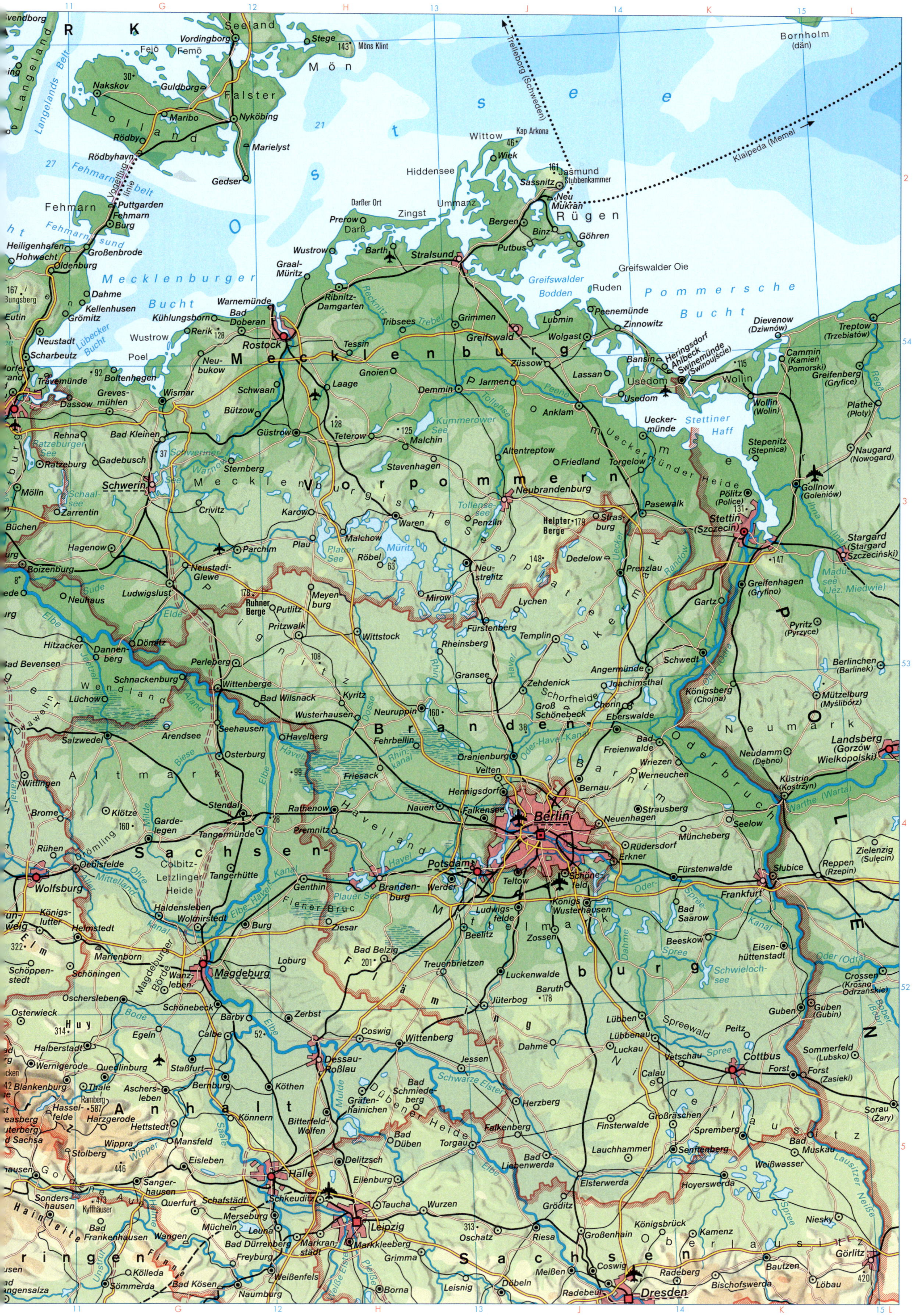
Bornholm (dän)
Seeland
Stege
Møns Klint
Mön
Vordingborg
Fejö
Femö
Nakskov
Guldborg
Falster
Lolland
Maribo
Nyköbing
Rödby
Marielyst
Rödbyhavn
Gedser
Langelands Belt
Fehmarnbelt
Vogelfluglinie
Fehmarn
Puttgarden
Burg
Fehmarnsund
Heiligenhafen
Hohwacht
Großenbrode
Oldenburg
Dahme
Kellenhusen
Grömitz
Neustadt
Lübecker Bucht
Scharbeutz
Travemünde
Dassow
Mecklenburger Bucht
Ostsee
Trelleborg (Schweden)
Klaipeda (Memel)
Wittow
Kap Arkona
Wiek
Hiddensee
Jasmund
Stubbenkammer
Sassnitz
Neu Mukran
Rügen
Ummanz
Zingst
Darßer Ort
Prerow
Darß
Bergen
Binz
Göhren
Putbus
Barth
Stralsund
Wustrow
Graal-Müritz
Ribnitz-Damgarten
Greifswalder Oie
Greifswalder Bodden
Ruden
Pommersche Bucht
Peenemünde
Zinnowitz
Lubmin
Wolgast
Greifswald
Grimmen
Tribsees
Warnemünde
Bad Doberan
Kühlungsborn
Rerik
Rostock
Tessin
Wustrow
Poel
Neubukow
Wismar
Boltenhagen
Grevesmühlen
Mecklenburg
Vorpommern
Gnoien
Laage
Schwaan
Bützow
Güstrow
Teterow
Demmin
Jarmen
Züssow
Lassan
Anklam
Usedom
Heringsdorf
Ahlbeck
Swinemünde (Świnoujście)
Wollin
Dievenow (Dziwnów)
Treptow (Trzebiatów)
Cammin (Kamień Pomorski)
Greifenberg (Gryfice)
Plathe (Płoty)
Wollin (Wolin)
Stettiner Haff
Ueckermünde
Ueckermünder Heide
Stepenitz (Stepnica)
Naugard (Nowogard)
Gollnow (Goleniów)
Pölitz (Police)
Stettin (Szczecin)
Stargard (Stargard Szczeciński)
Madü-see (Jez. Miedwie)
Greifenhagen (Gryfino)
Pyritz (Pyrzyce)
Kummerower See
Malchin
Stavenhagen
Altentreptow
Friedland
Torgelow
Neubrandenburg
Tollensesee
Penzlin
Pasewalk
Strasburg
Helpter Berge
Dedelow
Prenzlau
Uckermark
Gartz
Schwedt
Rehna
Ratzeburger See
Ratzeburg
Gadebusch
Bad Kleinen
Schwerin
Schweriner See
Sternberg
Crivitz
Karow
Möln
Schaalsee
Zarrentin
Büchen
Hagenow
Parchim
Plau
Plauer See
Malchow
Waren
Müritz
Röbel
Neustrelitz
Mirow
Lychen
Boizenburg
Neustadt-Glewe
Ludwigslust
Neuhaus
Sude
Elde
Elbe
Hitzacker
Dannenberg
Dömitz
Ruhner Berge
Putlitz
Meyenburg
Pritzwalk
Wittstock
Prignitz
Perleberg
Fürstenberg
Rheinsberg
Templin
Gransee
Zehdenick
Schorfheide
Angermünde
Joachimsthal
Groß Schönebeck
Chorin
Eberswalde
Bad Freienwalde
Wriezen
Werneuchen
Oderbruch
Neumark
Königsberg (Chojna)
Berlinchen (Barlinek)
Mützelburg (Myślibórz)
Landsberg (Gorzów Wielkopolski)
Neudamm (Dębno)
Küstrin (Kostrzyn)
Warthe (Warta)
Bad Bevensen
Lüchow
Wendland
Schnackenburg
Wittenberge
Bad Wilsnack
Kyritz
Wusterhausen
Neuruppin
Brandenburg
Dosse
Rhin
Havel
Fehrbellin
Oranienburg
Oder-Havel-Kanal
Salzwedel
Arendsee
Seehausen
Havelberg
Osterburg
Altmark
Friesack
Velten
Hennigsdorf
Falkensee
Berlin
Bernau
Barnim
Strausberg
Neuenhagen
Müncheberg
Seelow
Wittingen
Brome
Klötze
Gardelegen
Stendal
Rathenow
Nauen
Premnitz
Havelland
Potsdam
Rüdersdorf
Erkner
Fürstenwalde
Frankfurt
Słubice
Reppen (Rzepin)
Zielenzig (Sulęcin)
Rühen
Drömling
Tangermünde
Oebisfelde
Mittellandkanal
Colbitz-Letzlinger Heide
Tangerhütte
Brandenburg
Genthin
Werder
Teltow
Schönefeld
Königs Wusterhausen
Ludwigsfelde
Fiener Bruch
Plauer See
Wolfsburg
Königslutter
Helmstedt
Haldensleben
Wolmirstedt
Burg
Ziesar
Beelitz
Zossen
Bad Saarow
Beeskow
Eisenhüttenstadt
Oder (Odra)
Crossen (Krosno Odrzańskie)
Schöppenstedt
Marienborn
Schöningen
Magdeburger Börde
Wanzleben
Magdeburg
Loburg
Bad Belzig
Fläming
Treuenbrietzen
Luckenwalde
Baruth
Jüterbog
Schwielochsee
Guben (Gubin)
Oschersleben
Schönebeck
Barby
Zerbst
Coswig
Wittenberg
Dahme
Lübben
Spreewald
Lübbenau
Luckau
Peitz
Cottbus
Forst (Zasieki)
Sommerfeld (Lubsko)
Sorau (Żary)
Osterwieck
Huy
Halberstadt
Egeln
Calbe
Staßfurt
Wernigerode
Quedlinburg
Dessau-Roßlau
Jessen
Schwarze Elster
Vetschau
Calau
Blankenburg
Thale
Aschersleben
Bernburg
Köthen
Gräfenhainichen
Bad Schmiedeberg
Dübener Heide
Herzberg
Großräschen
Senftenberg
Spremberg
Bad Muskau
Lausitz
Hasselfelde
Harzgerode
Hettstedt
Könnern
Bitterfeld-Wolfen
Bad Düben
Torgau
Falkenberg
Finsterwalde
Lauchhammer
Weißwasser
Lausitzer Neiße
Stolberg
Wipper
Mansfeld
Eisleben
Halle
Delitzsch
Eilenburg
Bad Liebenwerda
Elsterwerda
Hoyerswerda
Sangerhausen
Kyffhäuser
Querfurt
Schafstädt
Schkeuditz
Taucha
Wurzen
Gröditz
Sondershausen
Hainleite
Bad Frankenhausen
Wangen
Mücheln
Merseburg
Leuna
Bad Dürrenberg
Markranstädt
Leipzig
Markkleeberg
Oschatz
Riesa
Großenhain
Königsbrück
Kamenz
Niesky
Oberlausitz
Görlitz
Freyburg
Weißenfels
Grimma
Sachsen
Meißen
Coswig
Radeberg
Bautzen
Bischofswerda
Löbau
Thüringen
Kölleda
Sömmerda
Bad Kösen
Naumburg
Unstrut
Borna
Leisnig
Döbeln
Radebeul
Dresden
Sachsen-Anhalt
Polen

1 : 1 500 000 0 10 20 30 40 50 60 70 80 90 100 km 1 cm ≙ 15 km

Deutschland – südlicher Teil: Physische Karte

Dormagen
Leverkusen
Bergisch Gladbach
Köln
Bonn
Siegburg
Siegen
Gummersbach
Aachen
Düren
Euskirchen
Remagen
Neuwied
Koblenz
Limburg
Wetzlar
Gießen
Marburg
Fulda
Frankfurt
Offenbach
Hanau
Wiesbaden
Mainz
Darmstadt
Aschaffenburg
Würzburg
Worms
Mannheim
Ludwigshafen
Heidelberg
Kaiserslautern
Trier
Luxemburg
Saarbrücken
Pirmasens
Landau
Karlsruhe
Pforzheim
Heilbronn
Stuttgart
Esslingen
Reutlingen
Tübingen
Ulm
Neu-Ulm
Offenburg
Freiburg
Villingen-Schwenningen
Konstanz
Friedrichshafen
Lindau
Basel
Zürich
Winterthur
Schaffhausen
Straßburg (Strasbourg)
Colmar
Mülhausen (Mulhouse)
Metz
Nancy
Belfort
Épinal
BELGIEN
LUXEMBURG
FRANKREICH
SCHWEIZ
Saarland
Pfalz
Hessen
Baden
Württemberg
Eifel
Hunsrück
Westerwald
Taunus
Odenwald
Spessart
Vogelsberg
Rhön
Schwarzwald
Schwäbische Alb
Vogesen
Rhein
Main
Mosel
Neckar
Donau
Bodensee
Lahn
Nahe
Saar
Feldberg 1493
Großer Feldberg 880
7 östl. Länge v. Greenwich

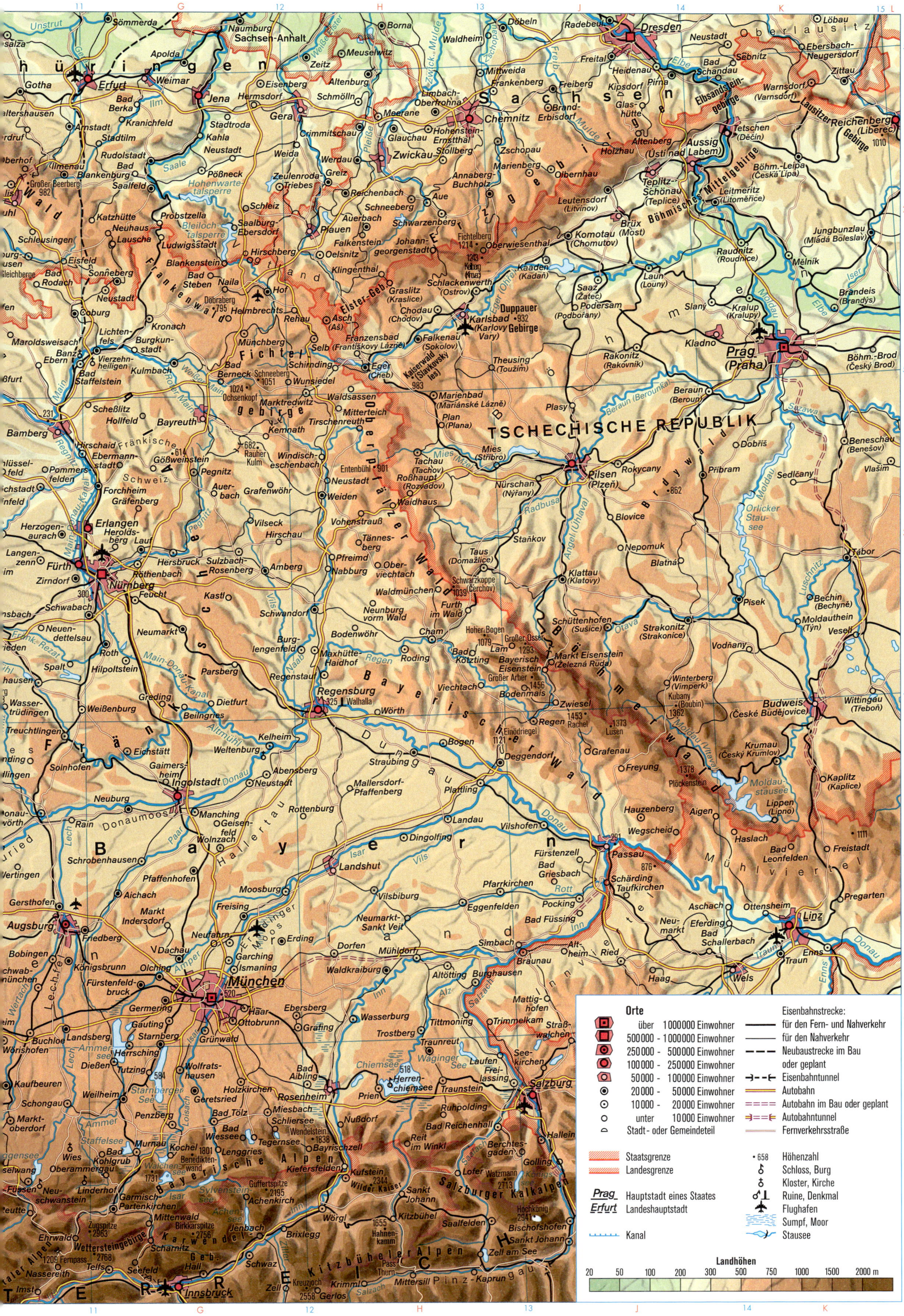

TSCHECHISCHE REPUBLIK
Sachsen
Thüringen
Bayern
Sachsen-Anhalt
Dresden
Prag (Praha)
Erfurt
Nürnberg
München
Regensburg
Chemnitz
Zwickau
Plauen
Hof
Bayreuth
Bamberg
Erlangen
Fürth
Ingolstadt
Augsburg
Landshut
Passau
Linz
Salzburg
Innsbruck
Rosenheim
Karlsbad (Karlovy Vary)
Pilsen (Plzeň)
Budweis (České Budějovice)
Aussig (Ústí nad Labem)
Jena
Gera
Weimar
Fichtelgebirge
Erzgebirge
Oberpfälzer Wald
Bayerischer Wald
Böhmerwald
Frankenwald
Fränkische Schweiz
Fränkische Alb
Hallertau
Donau
Moldau
Elbe
Orte
über 1000000 Einwohner
500000 - 1000000 Einwohner
250000 - 500000 Einwohner
100000 - 250000 Einwohner
50000 - 100000 Einwohner
20000 - 50000 Einwohner
10000 - 20000 Einwohner
unter 10000 Einwohner
Stadt- oder Gemeindeteil
Eisenbahnstrecke:
für den Fern- und Nahverkehr
für den Nahverkehr
Neubaustrecke im Bau oder geplant
Eisenbahntunnel
Autobahn
Autobahn im Bau oder geplant
Autobahntunnel
Fernverkehrsstraße
Staatsgrenze
Landesgrenze
Prag Hauptstadt eines Staates
Erfurt Landeshauptstadt
Kanal
• 658 Höhenzahl
Schloss, Burg
Kloster, Kirche
Ruine, Denkmal
Flughafen
Sumpf, Moor
Stausee
Landhöhen
20 50 100 200 300 500 750 1000 1500 2000 m

1 : 1 500 000 0 10 20 30 40 50 60 70 80 90 100 km 1 cm ≙ 15 km

Deutschland: Klima

① Jahresniederschläge

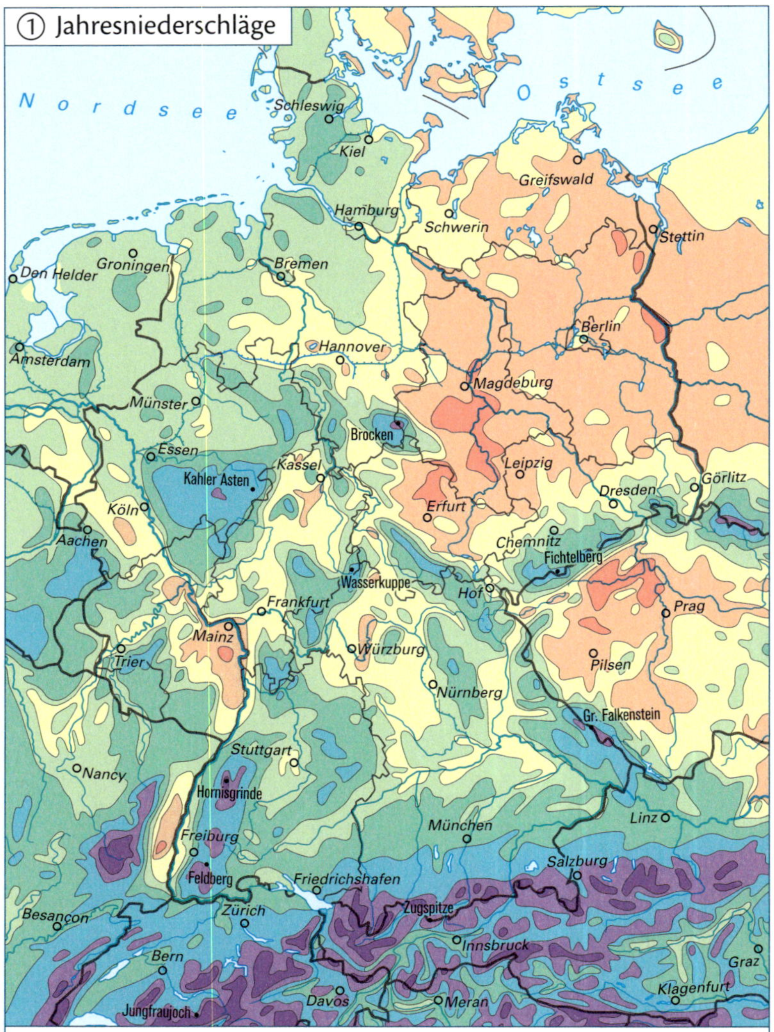

unter 500 mm	700 mm – 800 mm	1500 mm – 2000 mm
500 mm – 600 mm	800 mm – 1000 mm	über 2000 mm
600 mm – 700 mm	1000 mm – 1500 mm	

② Jahrestemperaturen

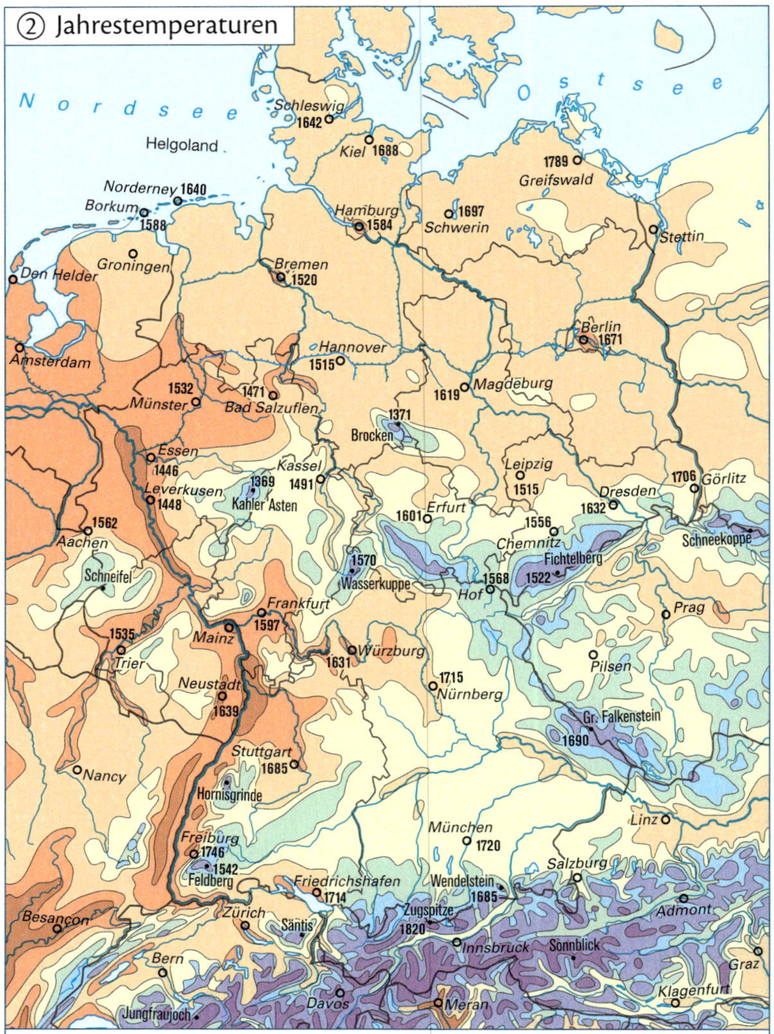

unter 0 °C	5 ° – 6 °C	7 ° – 8 °C	9 ° – 10 °C
0 ° – 5 °C	6 ° – 7 °C	8 ° – 9 °C	über 10 °C

1672 Mittlere Jahressumme der Sonnenscheindauer in Stunden

③ Frühlingseinzug

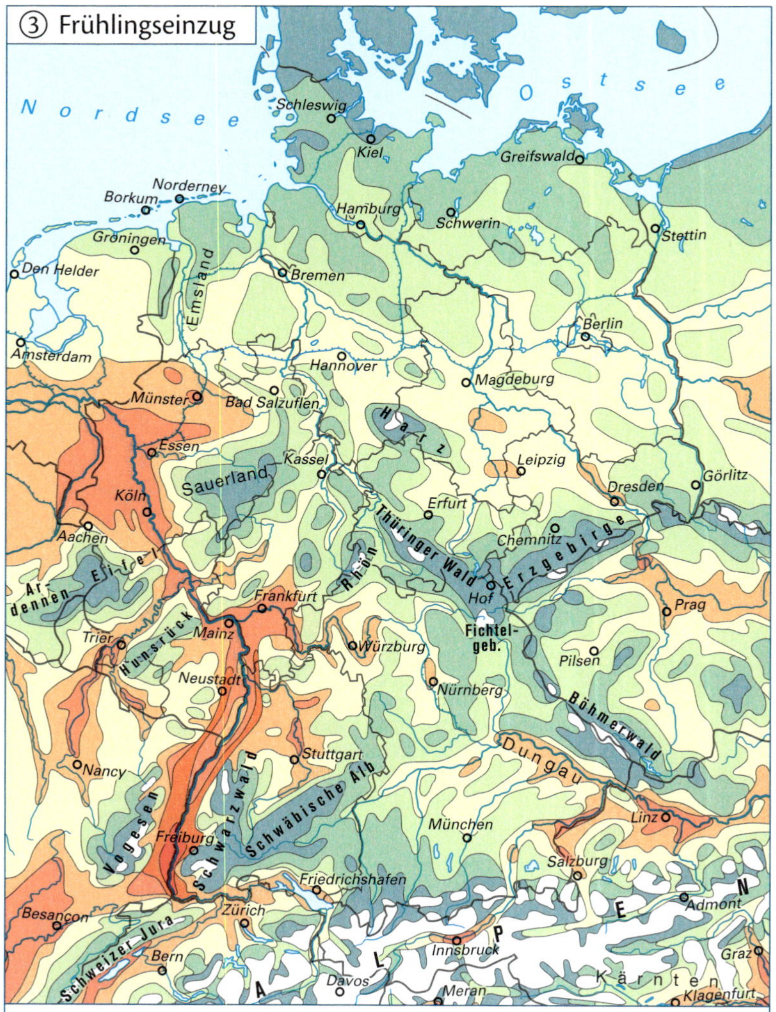

Beginn der Apfelblüte

10. – 19. April	25. – 29. April	5. – 9. Mai	15. – 19. Mai
20. – 24. April	30. April – 4. Mai	10. – 14. Mai	20. – 31. Mai

Gebiete oberhalb der klimatischen Grenze für Apfelbäume

(nach F. Schnelle)

④ Bioklima

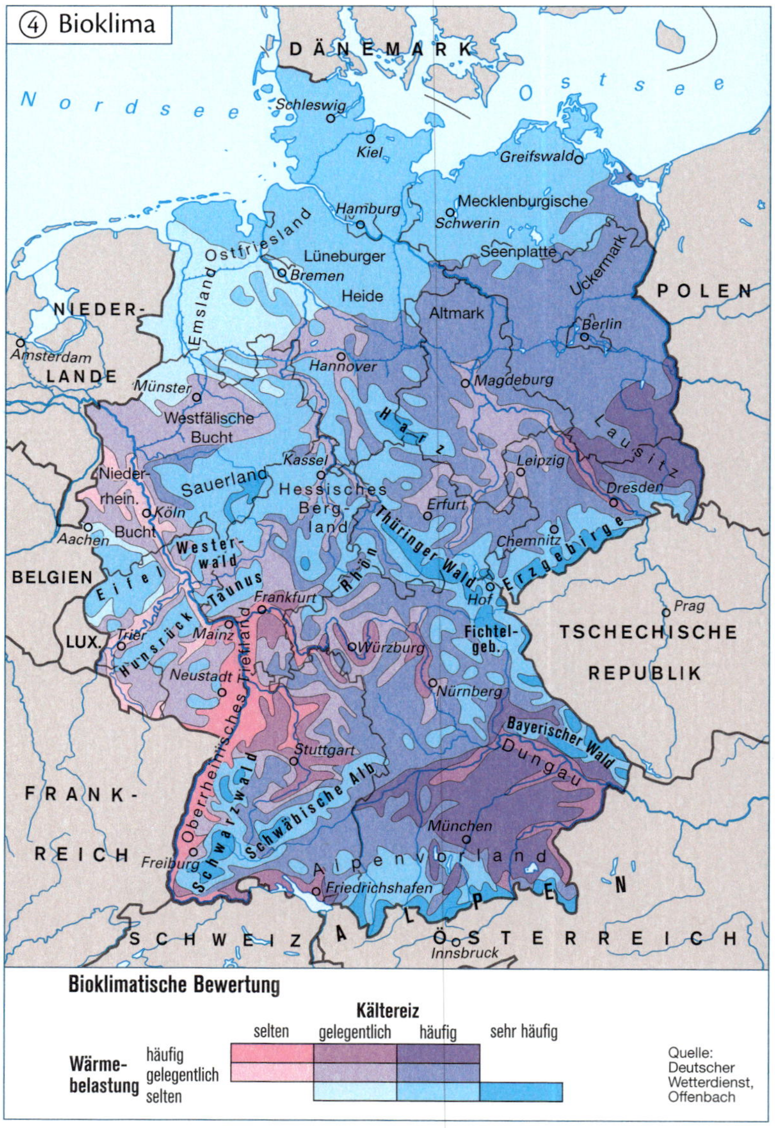

Bioklimatische Bewertung

		Kältereiz selten	Kältereiz gelegentlich	Kältereiz häufig	Kältereiz sehr häufig
Wärme-belastung	häufig				
	gelegentlich				
	selten				

Quelle: Deutscher Wetterdienst, Offenbach

1 : 7 500 000 — 0 50 100 150 200 250 300 350 400 450 500 km — 1 cm ≙ 75 km

Deutschland: Landwirtschaft

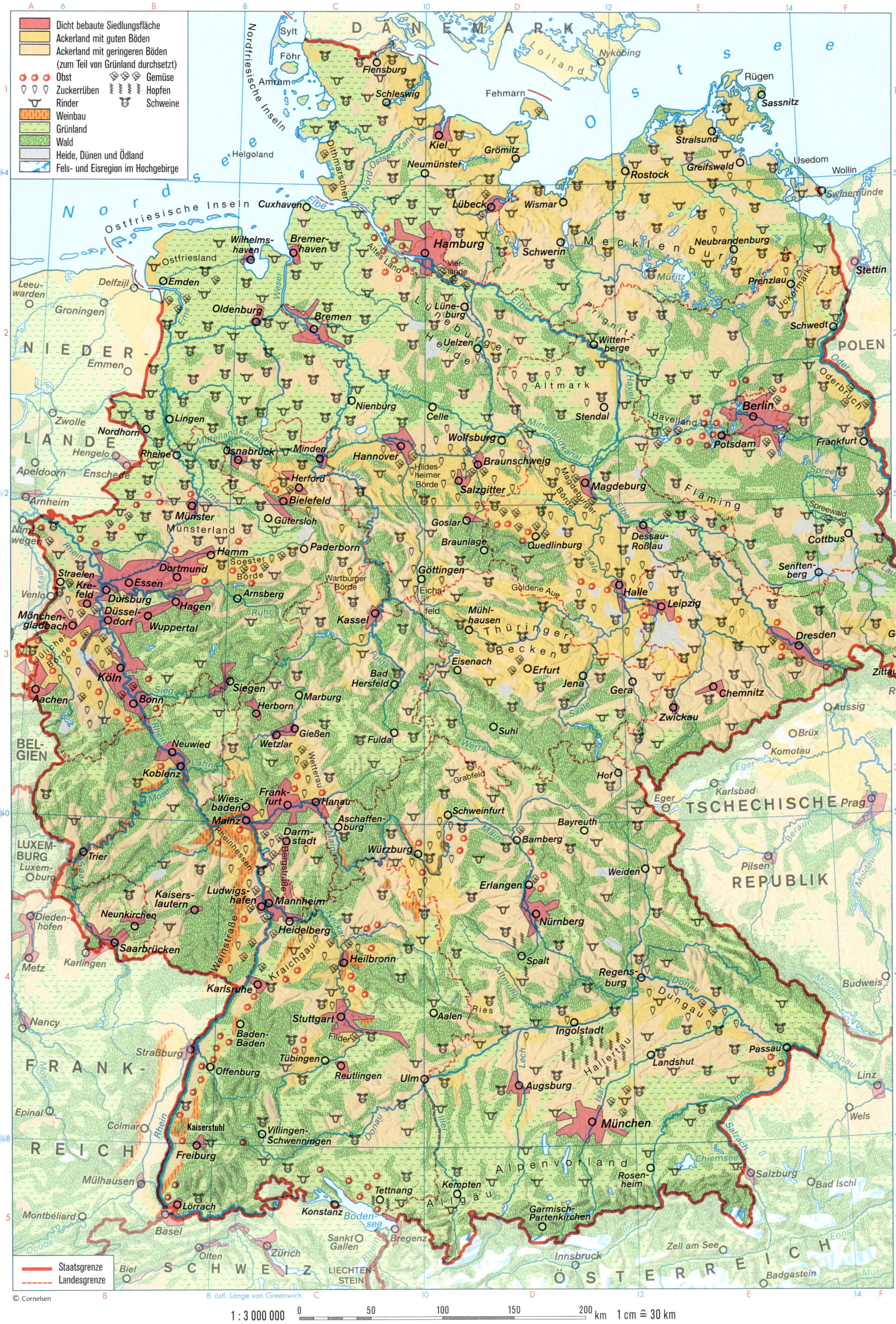

Dicht bebaute Siedlungsfläche
Ackerland mit guten Böden
Ackerland mit geringeren Böden (zum Teil von Grünland durchsetzt)
Obst
Gemüse
Zuckerrüben
Hopfen
Rinder
Schweine
Weinbau
Grünland
Wald
Heide, Dünen und Ödland
Fels- und Eisregion im Hochgebirge
Staatsgrenze
Landesgrenze
Nordsee
Ostsee
DÄNEMARK
NIEDERLANDE
BELGIEN
LUXEMBURG
FRANKREICH
SCHWEIZ
LIECHTENSTEIN
ÖSTERREICH
TSCHECHISCHE REPUBLIK
POLEN
© Cornelsen
1 : 3 000 000
0 50 100 150 200 km 1 cm ≙ 30 km

Deutschland: Energiewirtschaft

1 : 3 000 000 — 0 50 100 150 200 km — 1 cm ≙ 30 km

Deutschland: Wirtschaftskarte

1 : 3 000 000 0 50 100 150 200 km 1 cm ≙ 30 km

Generallegende siehe Seite 18

Wirtschaftsraum Ruhrgebiet

① Bergbau und Industrie

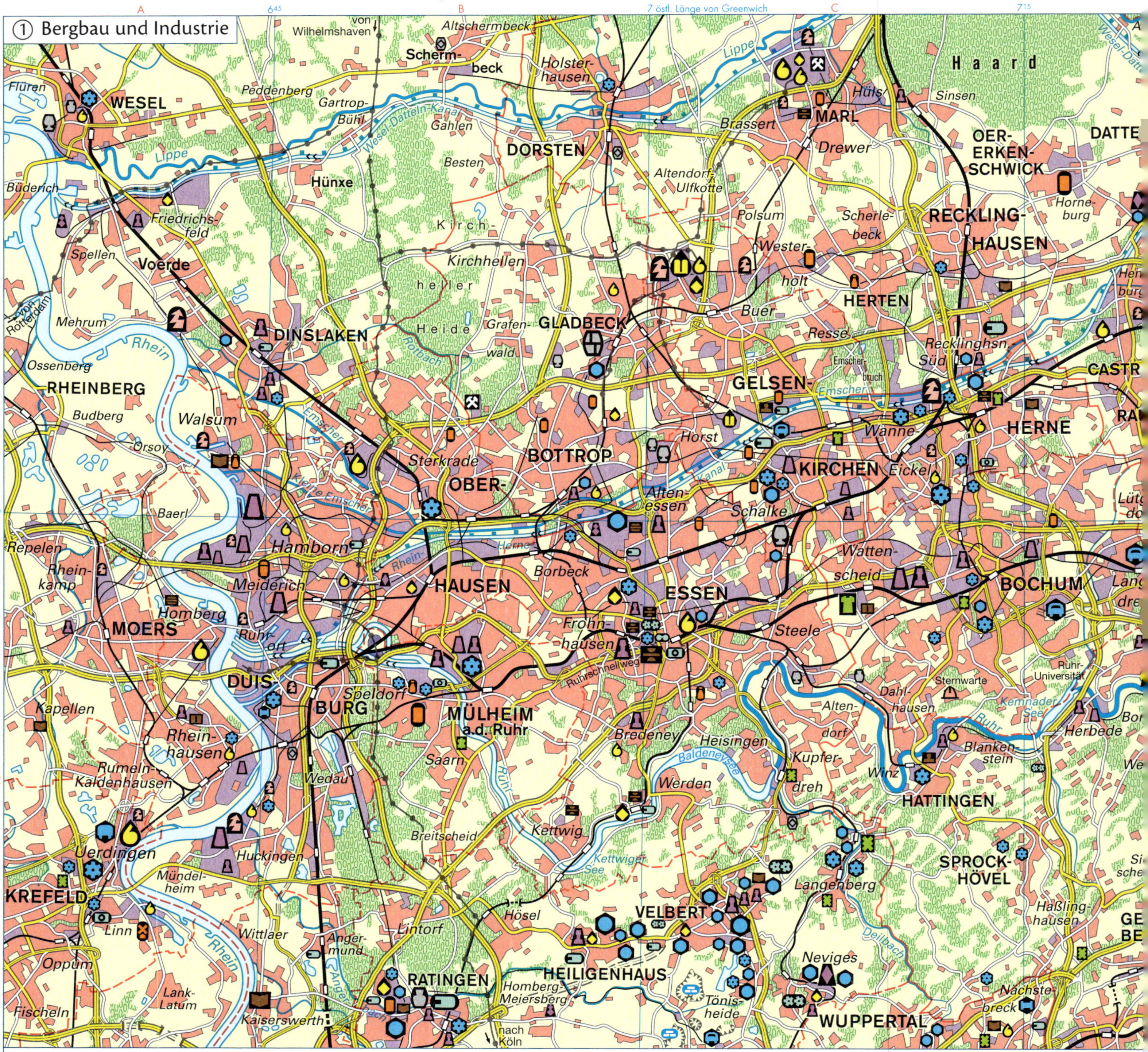

Siedlungsfläche
Industrie- und Gewerbefläche
Wald
Vorwiegend landwirtschaftlich genutzte Fläche

Grenze eines Regierungsbezirks
Grenze einer kreisfreien Stadt oder eines Kreises

Eisenbahnstrecke:
für den Fern- und Nahverkehr
für den Nahverkehr
Industriebahn

Autobahn
Autobahn im Bau
Schnellstraße
Bundesstraße
Andere Straßen

Erdölpipeline
Kanal mit Schleuse

1 : 250 000 — 0 2 4 6 8 10 km — 1 cm ≙ 2,5 km

Bergbau
Steinkohle
Kalk

Energieerzeugung
Wasserkraftwerk
Wärmekraftwerk

② Verlagerung des Steinkohlenbergbaus

Ehemaliges Abbaugebiet
Heutiges Abbaugebiet
Reservegebiet

Fördernde Schachtanlagen 2014 (Förderung 2008)
über 3 000 000 t

Nach 1956 stillgelegter Förderschacht

Staatsgrenze
Grenze einer kreisfreien Stadt oder eines Kreises
Verlauf des nebenstehenden Profils in Abbildung ⑤

1 : 750 000 — 1 cm ≙ 7,5 km — 0 5 10 15 20 km

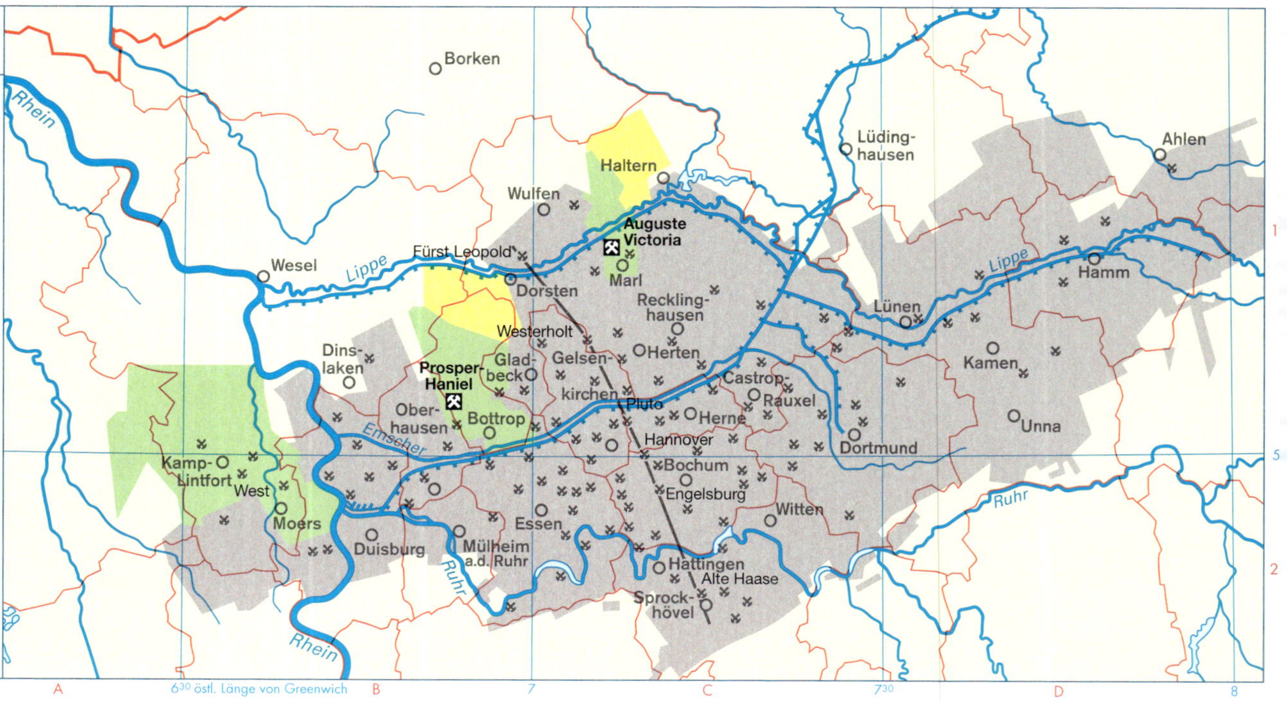

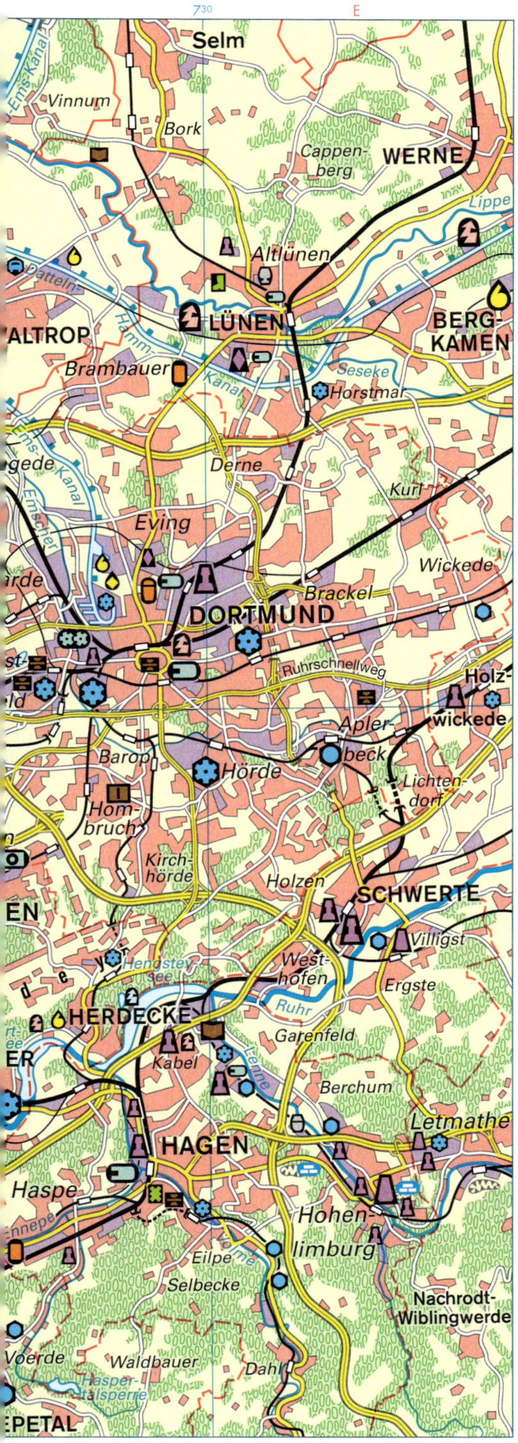

Industrie
- Eisenverhüttung, Stahlherstellung
- Gießerei, Walzwerk, Stahlbau
- Buntmetallverhüttung
- Aluminiumherstellung
- Metall verarbeitende Industrie
- Maschinenindustrie
- Kraftfahrzeugindustrie
- Waggon- und Lokomotivenbau
- Drahtherstellung, Kabelwerk
- Elektroindustrie
- Elektronikindustrie
- Feinmechanische Industrie
- Optische Industrie
- Chemische Industrie
- Kunststoffindustrie
- Gummiindustrie
- Erdölraffinerie
- Textilindustrie
- Bekleidungsindustrie
- Lederverarbeitung
- Schuhindustrie
- Holzindustrie
- Möbelindustrie
- Papierindustrie
- Druckerei, Verlag
- Herstellung von Bürobedarf
- Glasindustrie
- Porzellanindustrie
- Keramik- und Bauplattenindustrie
- Herstellung von Isoliermaterial
- Nahrungsmittelindustrie
- Mühlenindustrie
- Getränkeherstellung
- Brauerei

Strukturwandel in Bochum

③ 1960

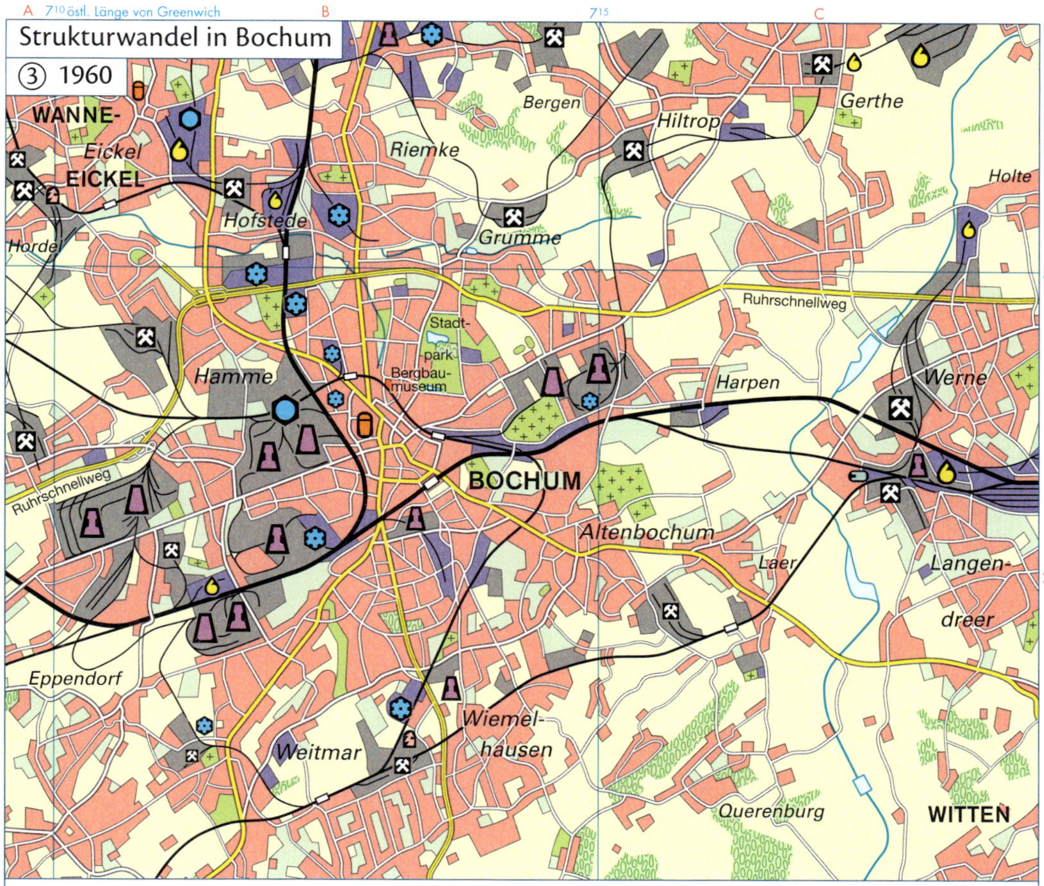

Flächennutzung
- Fläche für Bergbau sowie Eisen- und Stahlindustrie
- Übrige Industrie- und Gewerbefläche
- Geplantes Industriegebiet
- Übrige Siedlungsfläche
- Park, Grünanlage
- Gärten
- Wald
- Unbebaute Fläche

Industrie- und Gewerbepark
- mit über 40 Betrieben
- mit 10 - 40 Betrieben
- mit unter 10 Betrieben
- Gewerbepark mit vielfältiger Branchenstruktur
- Gewerbepark mit überwiegend Dienstleistungsbetrieben
- Technologie-Zentrum

Verkehr
- Eisenbahn
- Autobahn
- Schnellstraße
- Bundesstraße
- Andere Straße

1 : 80 000 — 0 1000 2000 3000 4000 m — 1 cm ≙ 800 m

④ 2010

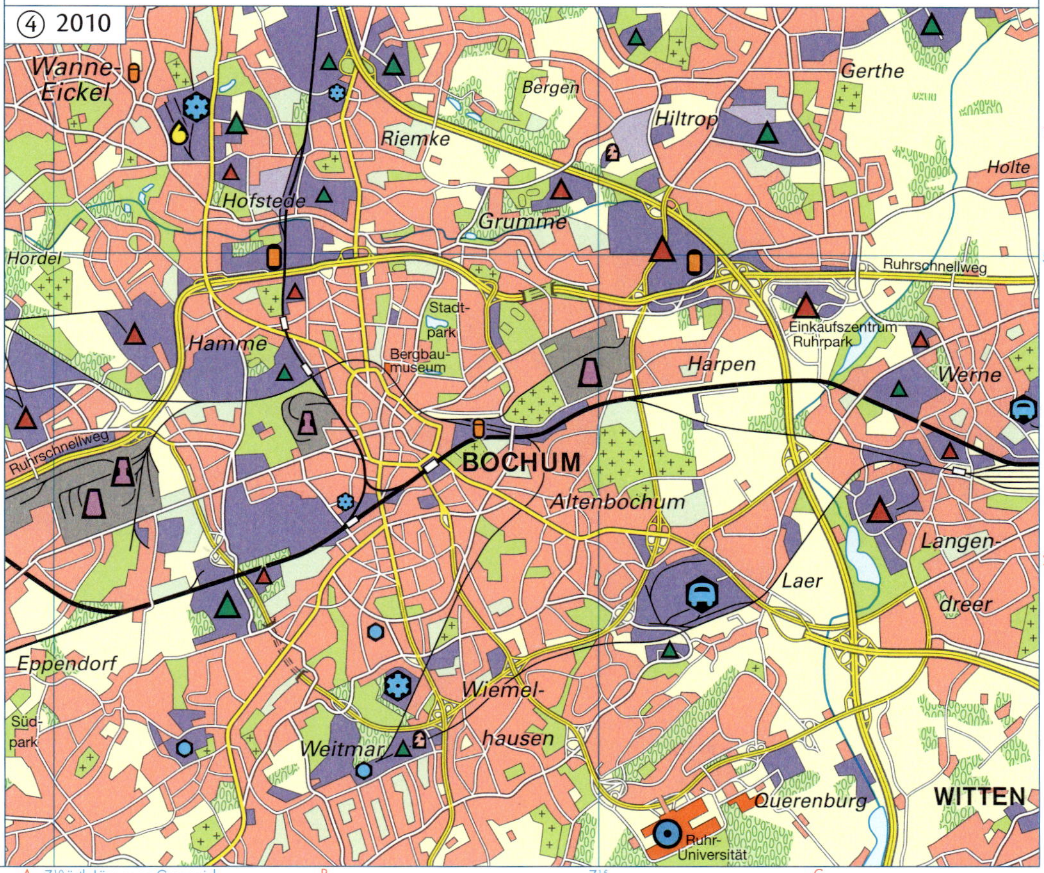

⑤ Geologisches Profil durch das Ruhrgebiet

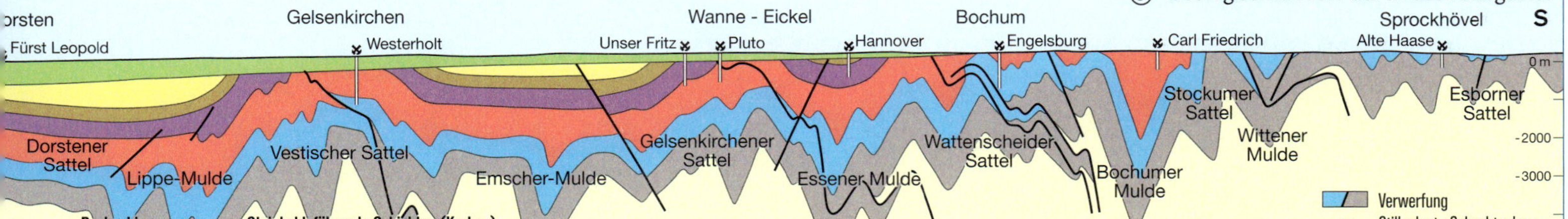

- Deckgebirge (Kreide und Tertiär)
- **Steinkohleführende Schichten (Karbon)**
- Dorstener Schichten mit Flammkohle (82 % C)
- Horster Schichten mit Gasflammkohle (84 % C)
- Essener Schichten mit Gaskohle (87 % C)
- Bochumer Schichten mit Fettkohle (89 % C)
- Wittener Schichten mit Esskohle (90 % C)
- Sprockhöveler Schichten mit Magerkohle (91 % C)
- Verwerfung
- Stillgelegte Schachtanlage

Längenmaßstab 1 : 200 000

Deutschland: Verkehr

1 : 3 000 000 0 50 100 150 200 km 1 cm ≙ 30 km

② Entwicklung und Planung im Hamburger Hafen

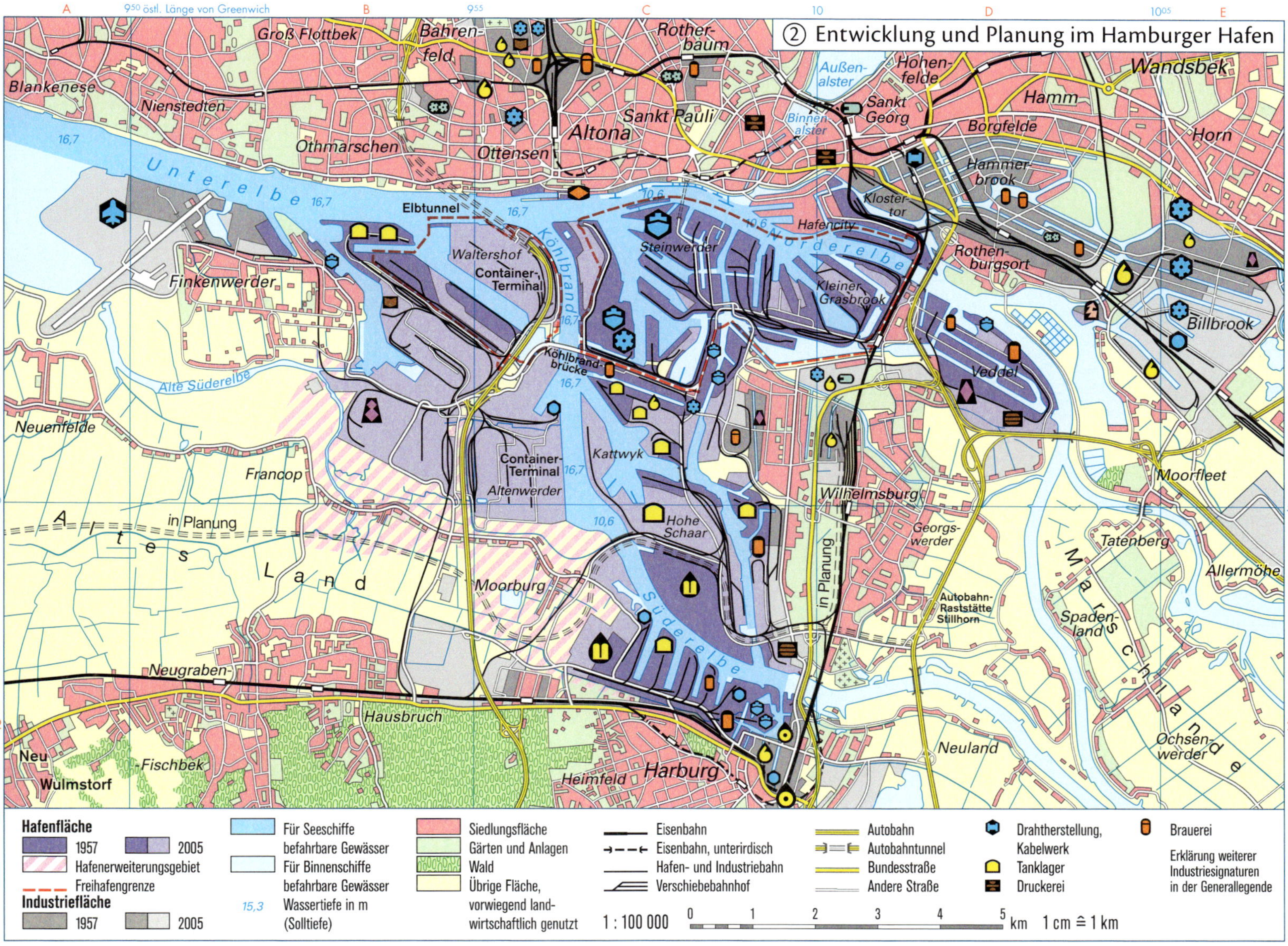

③ Flughafen Frankfurt Main

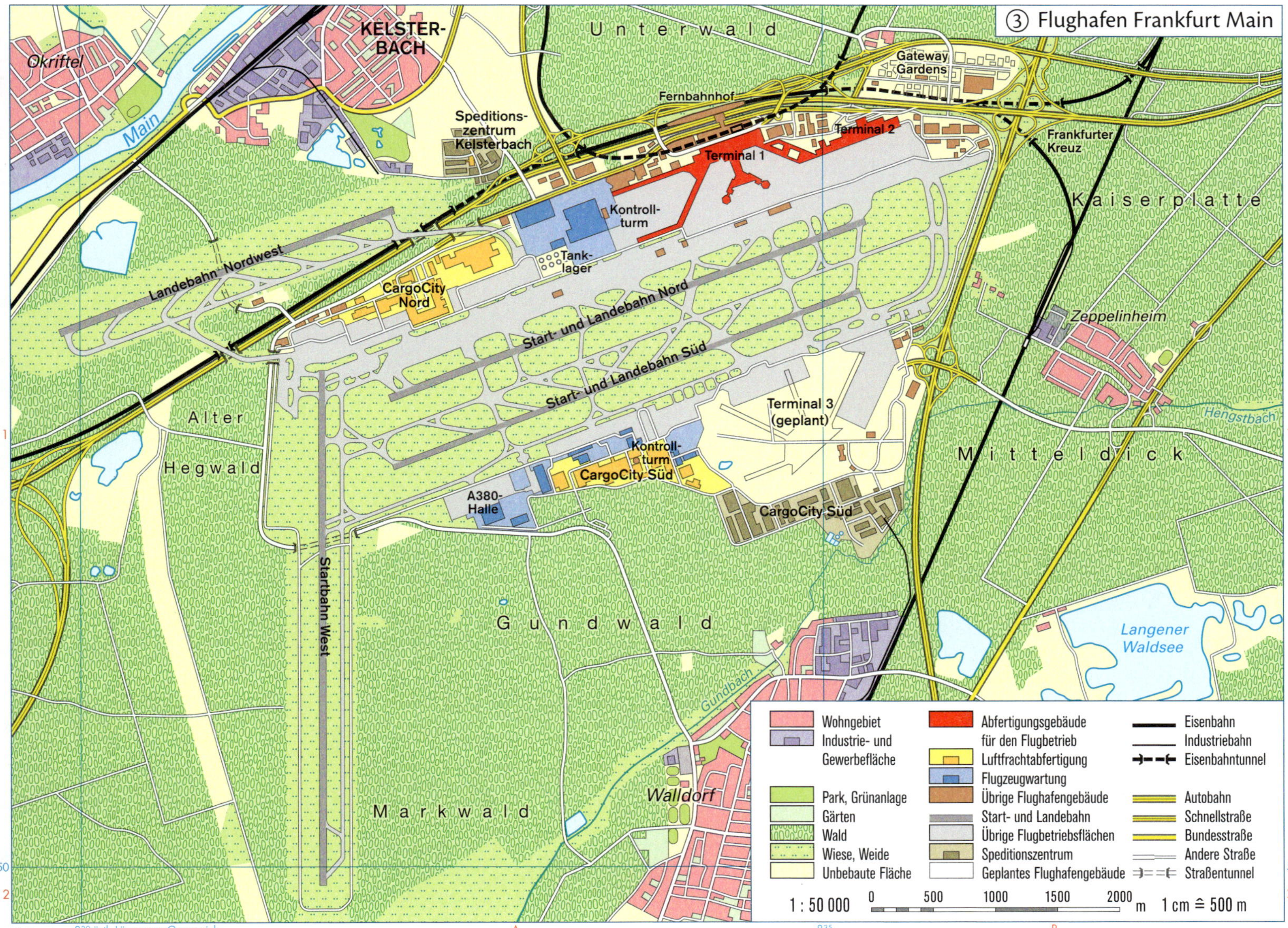

Bundeshauptstadt Berlin

① Stadtentwicklung und Verkehrslinien

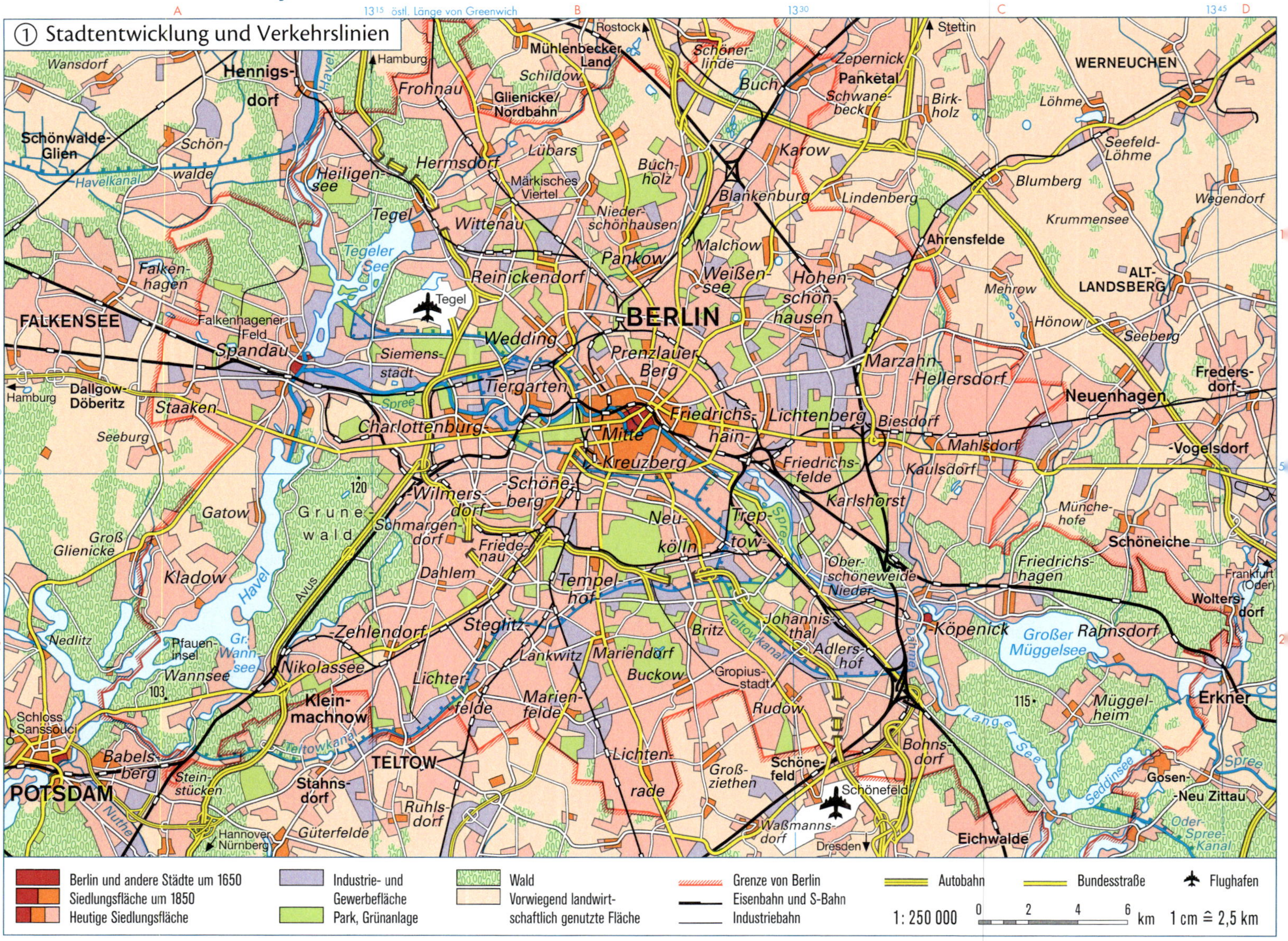

② Funktionale Gliederung der Innenstadt

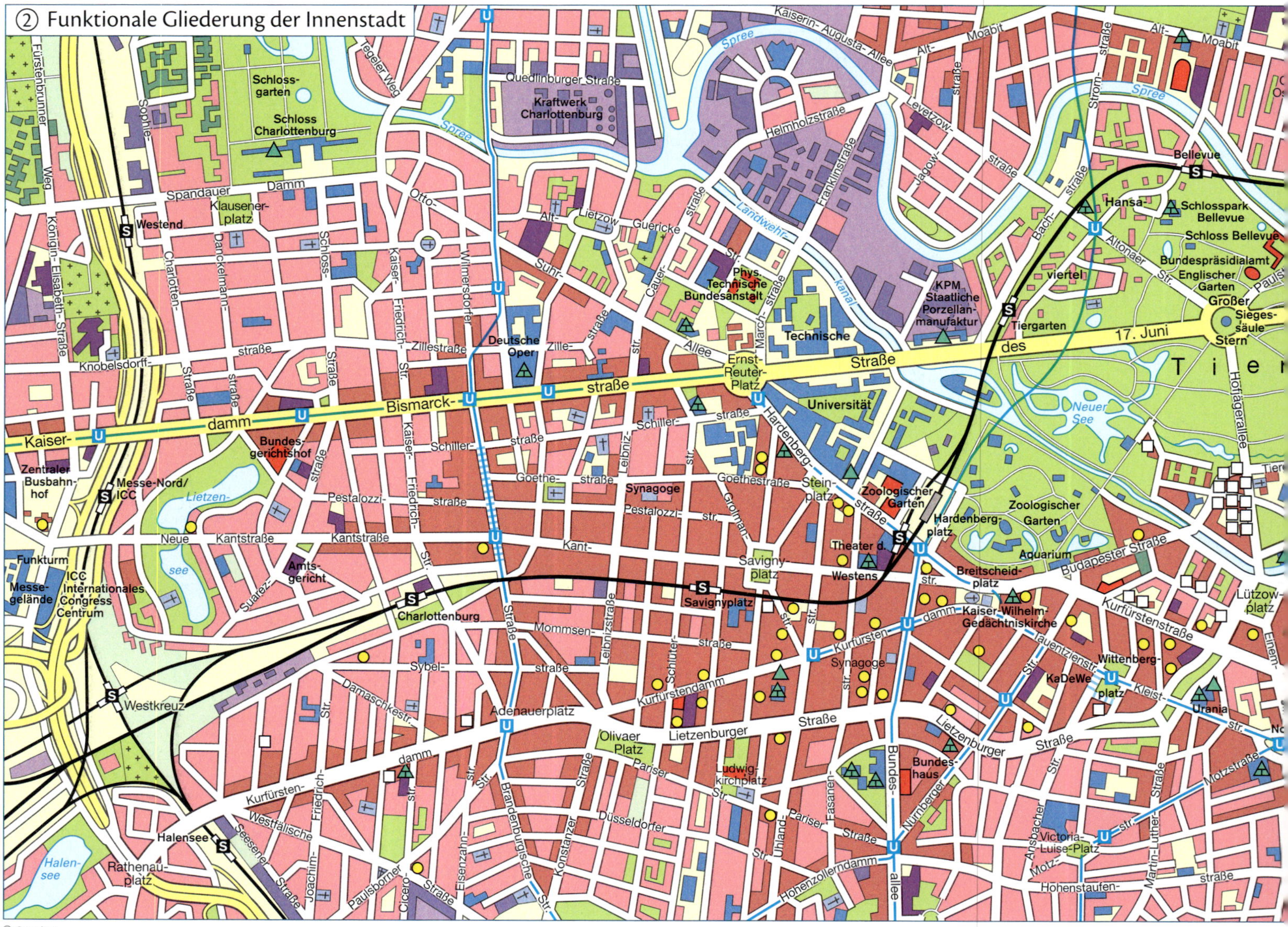

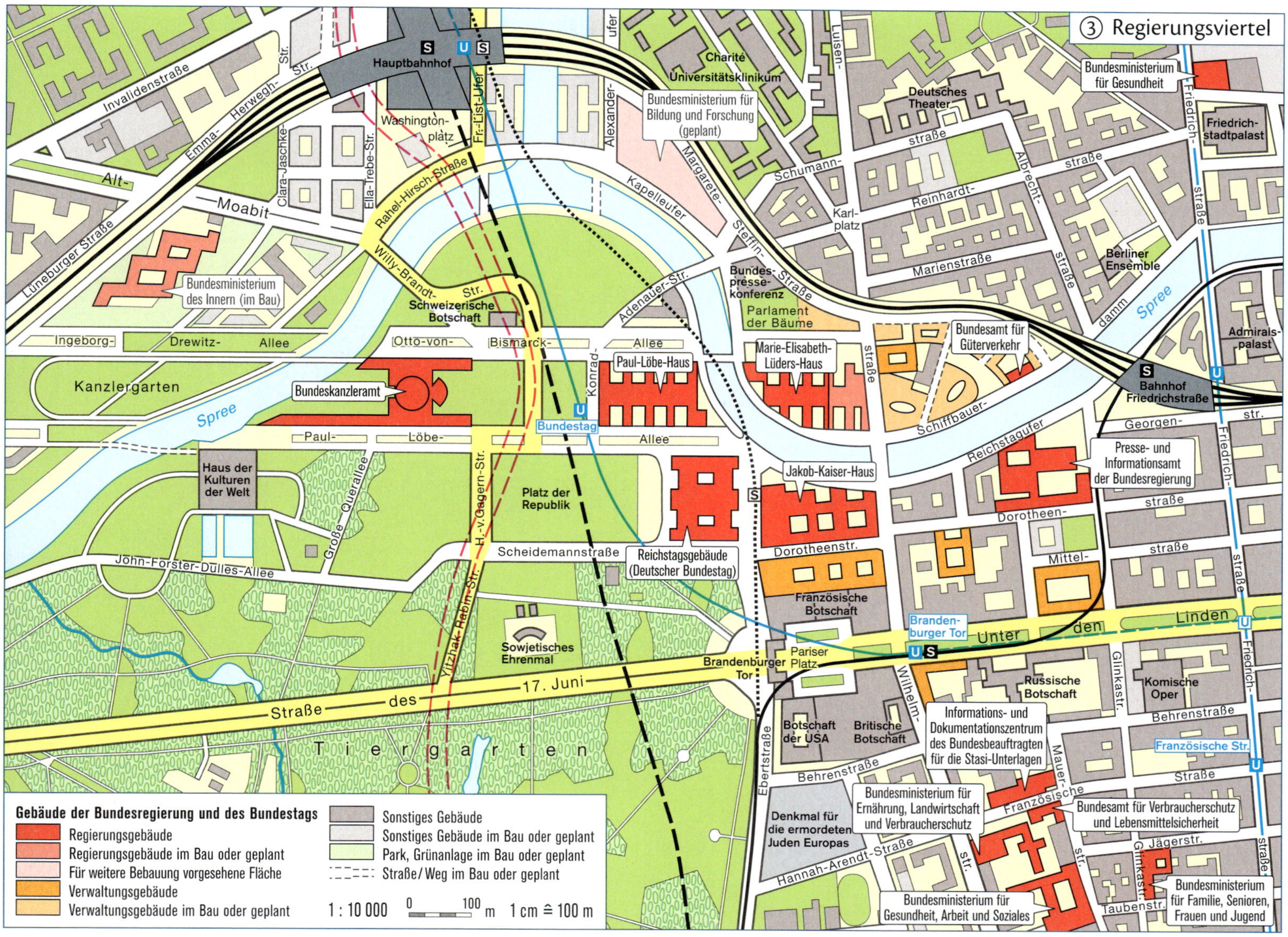
③ Regierungsviertel
Hauptbahnhof
Invalidenstraße
Emma-Herwegh-Str.
Washington-platz
Fr.-List-Ufer
Alexander-ufer
Charité Universitätsklinikum
Bundesministerium für Bildung und Forschung (geplant)
Luisen-
Deutsches Theater
Bundesministerium für Gesundheit
Friedrich-stadtpalast
Friedrichstraße
Lüneburger Straße
Alt-Moabit
Clara-Jaschke-Str.
Ella-Trebe-Str.
Rahel-Hirsch-Straße
Kapelleufer
Margarete-Steffin-Straße
Schumann-
Karl-platz
Reinhardt-
Albrecht-straße
Marienstraße
Berliner Ensemble
Bundesministerium des Innern (im Bau)
Willy-Brandt-Str.
Schweizerische Botschaft
Adenauer-Str.
Bundes-presse-konferenz
Parlament der Bäume
Spree
Bundesamt für Güterverkehr
Admirals-palast
Ingeborg-Drewitz-Allee
Otto-von-Bismarck-Allee
Konrad-
Paul-Löbe-Haus
Marie-Elisabeth-Lüders-Haus
Bahnhof Friedrichstraße
Kanzlergarten
Bundeskanzleramt
Bundestag
Schiffbauer-damm
Georgen-str.
Reichstagufer
Paul-Löbe-Allee
Presse- und Informationsamt der Bundesregierung
Haus der Kulturen der Welt
Große Querallee
H.-v.-Gagern-Str.
Platz der Republik
Jakob-Kaiser-Haus
Dorotheen-straße
Scheidemannstraße
Reichstagsgebäude (Deutscher Bundestag)
Dorotheenstr.
Mittel-straße
John-Foster-Dulles-Allee
Französische Botschaft
Branden-burger Tor
Unter den Linden
Yitzhak-Rabin-Str.
Sowjetisches Ehrenmal
Brandenburger Tor
Pariser Platz
Wilhelm-
Glinkastr.
Russische Botschaft
Komische Oper
Behrenstraße
Straße des 17. Juni
Botschaft der USA
Britische Botschaft
Informations- und Dokumentationszentrum des Bundesbeauftragten für die Stasi-Unterlagen
Französische Str.
Tiergarten
Ebertstraße
Behrenstraße
Mauer-str.
Bundesministerium für Ernährung, Landwirtschaft und Verbraucherschutz
Französische
Bundesamt für Verbraucherschutz und Lebensmittelsicherheit
Denkmal für die ermordeten Juden Europas
Hannah-Arendt-Straße
Jägerstr.
Bundesministerium für Gesundheit, Arbeit und Soziales
Taubenstr.
Bundesministerium für Familie, Senioren, Frauen und Jugend
Gebäude der Bundesregierung und des Bundestags
Regierungsgebäude
Regierungsgebäude im Bau oder geplant
Für weitere Bebauung vorgesehene Fläche
Verwaltungsgebäude
Verwaltungsgebäude im Bau oder geplant
Sonstiges Gebäude
Sonstiges Gebäude im Bau oder geplant
Park, Grünanlage im Bau oder geplant
Straße/Weg im Bau oder geplant
1 : 10 000
0 100 m
1 cm ≙ 100 m

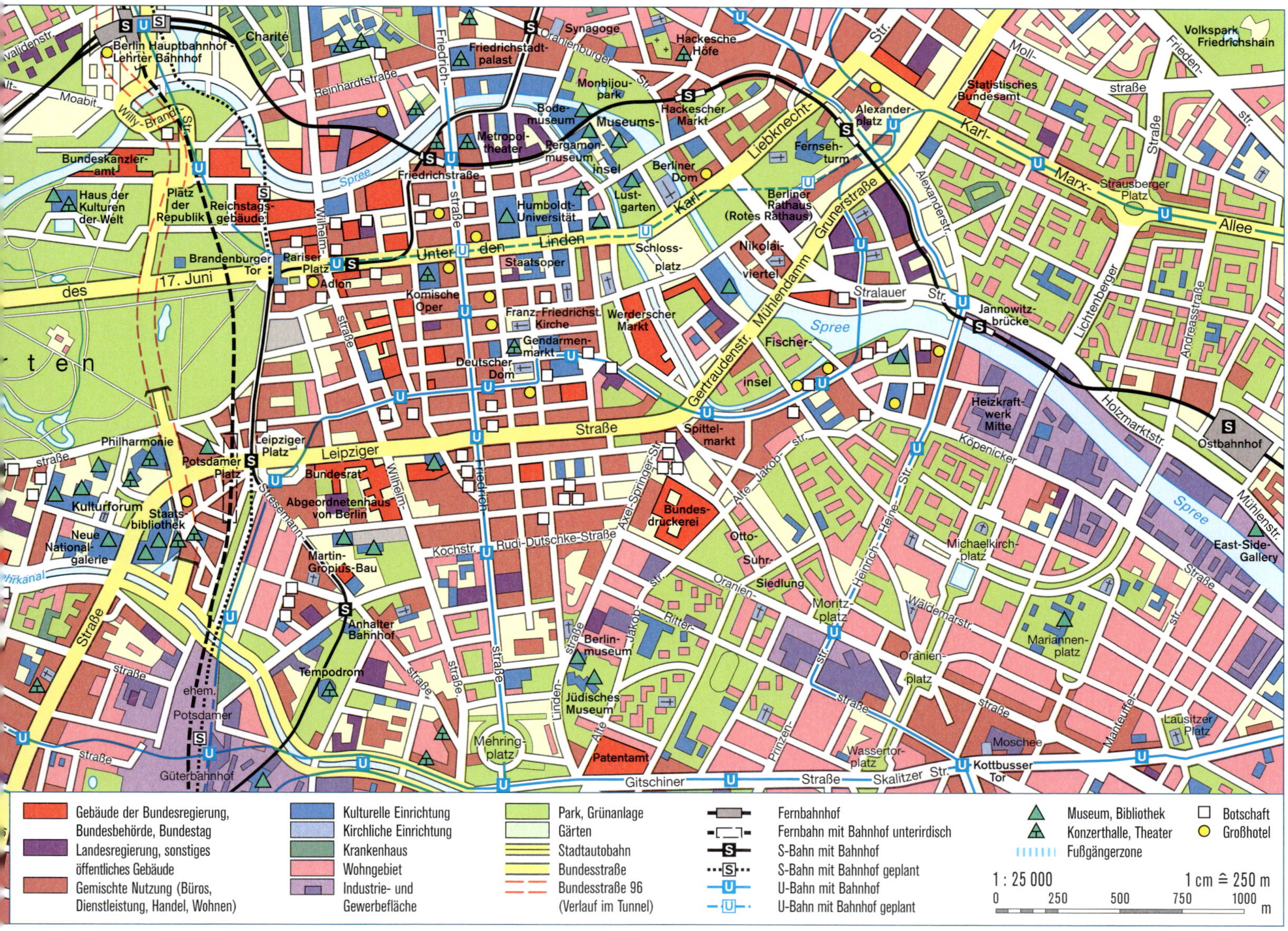
Berlin Hauptbahnhof Lehrter Bahnhof
Charité
Friedrichstadt-palast
Synagoge
Oranienburger Str.
Hackesche Höfe
Volkspark Friedrichshain
Reinhardtstraße
Monbijou-park
Bode-museum
Museums-insel
Hackescher Markt
Alexander-platz
Statistisches Bundesamt
Karl-Marx-Allee
Moabit
Willy-Brandt-Str.
Metropol-theater
Pergamon-museum
Fernseh-turm
Friedrichstraße
Berliner Dom
Liebknecht-
Bundeskanzler-amt
Spree
Humboldt-Universität
Lust-garten
Berliner Rathaus (Rotes Rathaus)
Strausberger Platz
Haus der Kulturen der Welt
Platz der Republik
Reichstags-gebäude
Schloss-platz
Nikolai-viertel
Grunerstraße
Alexanderstr.
Lichtenberger
Andreasstraße
Brandenburger Tor
Pariser Platz
Unter den Linden
Staatsoper
Adlon
17. Juni
Komische Oper
Franz.-Friedrichst. Kirche
Werderscher Markt
Stralauer Str.
Jannowitz-brücke
Gendarmen-markt
Deutscher Dom
Fischer-insel
Mühlendamm
Gertraudenstr.
Heizkraft-werk Mitte
Holzmarktstr.
Ostbahnhof
Philharmonie
Leipziger Platz
Leipziger Straße
Spittel-markt
Potsdamer Platz
Bundesrat
Abgeordnetenhaus von Berlin
Köpenicker
Kulturforum
Staats-bibliothek
Bundes-druckerei
Neue National-galerie
Kochstr.
Rudi-Dutschke-Straße
Axel-Springer-Str.
Otto-Suhr-Siedlung
Michaelkirch-platz
East-Side-Gallery
Martin-Gropius-Bau
Oranien-
Moritz-platz
Heinrich-Heine-Str.
Waldemarstr.
Anhalter Bahnhof
Berlin-museum
Mariannen-platz
Tempodrom
Oranien-platz
Jüdisches Museum
Mehring-platz
Patentamt
Wassertor-platz
Lausitzer Platz
Moschee
ehem. Potsdamer
Güterbahnhof
Gitschiner Straße
Skalitzer Str.
Kottbusser Tor
Gebäude der Bundesregierung, Bundesbehörde, Bundestag
Landesregierung, sonstiges öffentliches Gebäude
Gemischte Nutzung (Büros, Dienstleistung, Handel, Wohnen)
Kulturelle Einrichtung
Kirchliche Einrichtung
Krankenhaus
Wohngebiet
Industrie- und Gewerbefläche
Park, Grünanlage
Gärten
Stadtautobahn
Bundesstraße
Bundesstraße 96 (Verlauf im Tunnel)
Fernbahnhof
Fernbahn mit Bahnhof unterirdisch
S-Bahn mit Bahnhof
S-Bahn mit Bahnhof geplant
U-Bahn mit Bahnhof
U-Bahn mit Bahnhof geplant
Museum, Bibliothek
Konzerthalle, Theater
Fußgängerzone
Botschaft
Großhotel
1 : 25 000
1 cm ≙ 250 m
0 250 500 750 1000 m

Deutschland: Tourismus

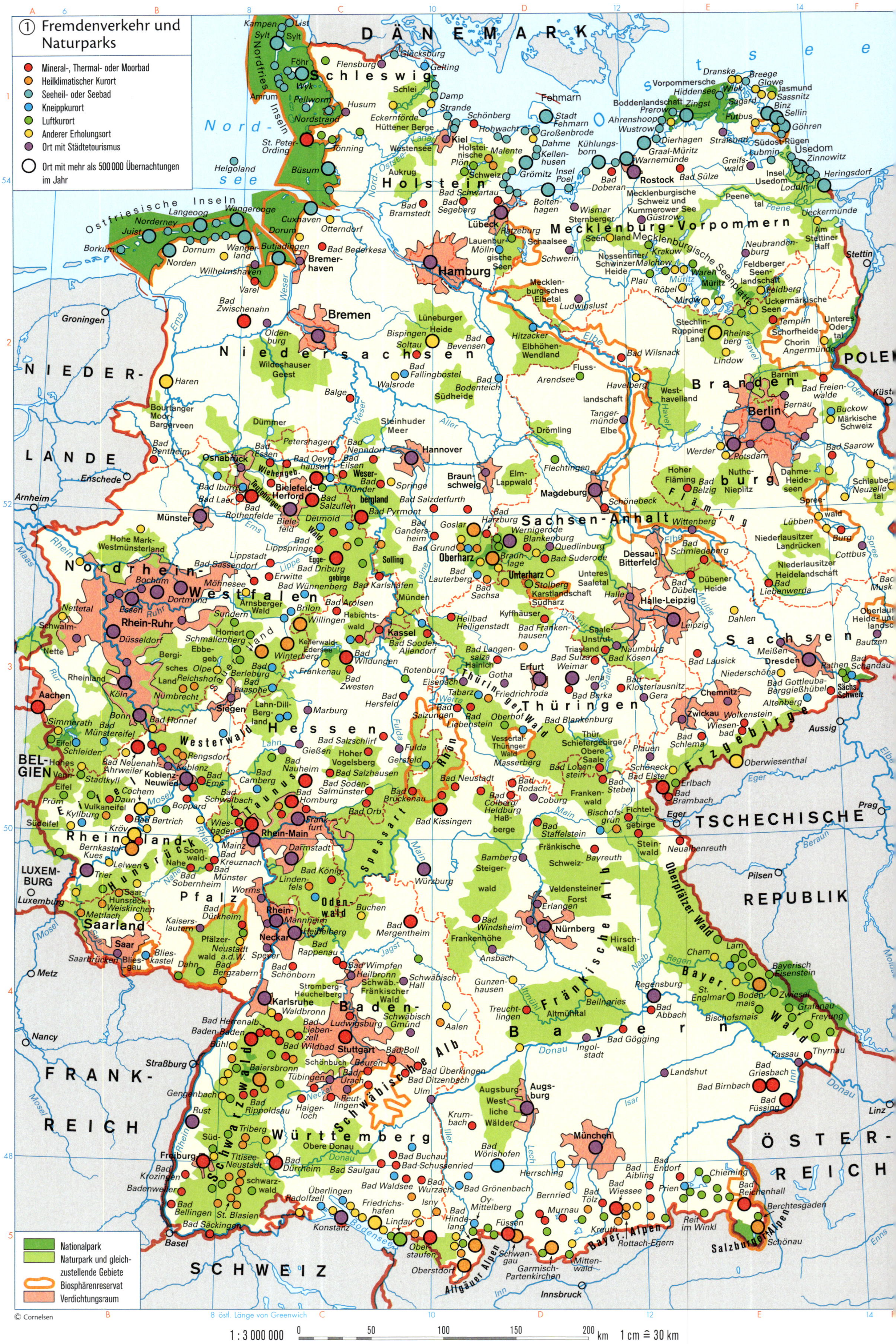
① Fremdenverkehr und Naturparks
Mineral-, Thermal- oder Moorbad
Heilklimatischer Kurort
Seeheil- oder Seebad
Kneippkurort
Luftkurort
Anderer Erholungsort
Ort mit Städtetourismus
Ort mit mehr als 500 000 Übernachtungen im Jahr
Nationalpark
Naturpark und gleichzustellende Gebiete
Biosphärenreservat
Verdichtungsraum
© Cornelsen
8 östl. Länge von Greenwich
1 : 3 000 000
0 50 100 150 200 km
1 cm ≙ 30 km

② Fremdenverkehrsgebiet Nordfriesland

Watt	Deichvorland	Marsch	Autobahn
Sandbank	Deich	Wald	Schnellstraße
Dünen	Küstenschutzanlage	Siedlungsfläche	Bundesstraße

Andere Straße, Fähre, Leuchtturm

Eisenbahn: Fernverkehr, Nahverkehr

Wassertiefe: Watt, 0, 5, 10, 20m

③ Fremdenverkehrsgebiet Allgäu

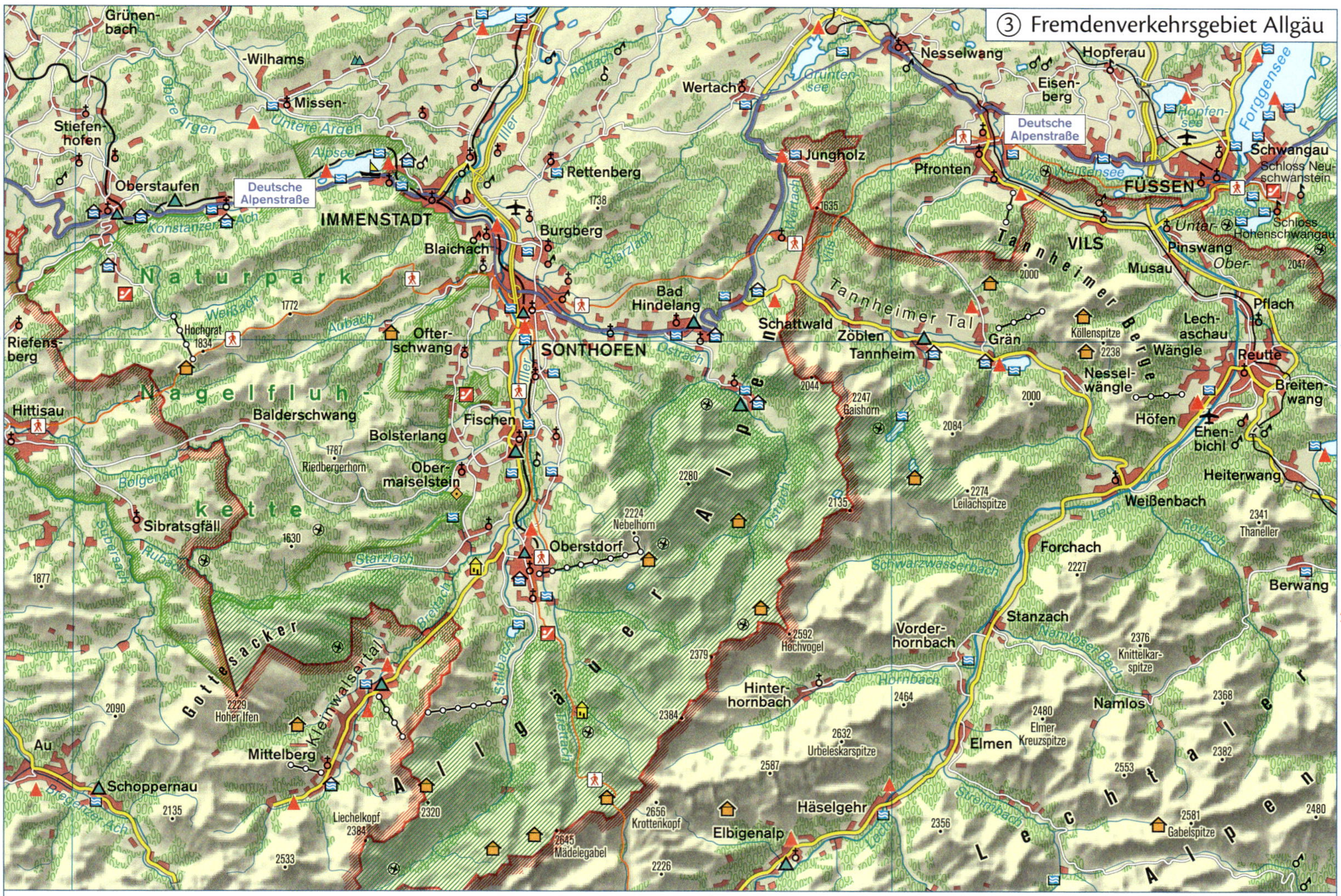

Schloss, Burg	Museum	Zoo, Tierpark	Campingplatz	Wassersport	Touristenstraße
Schloss-, Burgruine	Freilichtmuseum	Jugendherberge	Freibad	Golfplatz	Fernradweg
Kirche	Heimatmuseum	Alpenvereinshaus	Hallenbad	Flugplatz	Fernwanderweg

Kabinenseilbahn, Wattwanderweg, Nationalparkgrenze, Naturparkgrenze, Naturschutzgebiet, Vogelschutzgebiet

10°00 östl. Länge von Greenwich

1 : 300 000 — 0, 5, 10, 15 km — 1 cm ≙ 3 km

Blickpunkt Globalisierung

In der Weltwirtschaft werden Märkte, Güter und Dienstleistungen, aber auch Handel, Politik und Kultur immer stärker miteinander verbunden und vernetzt. Möglich wurde diese Entwicklung durch das Internet und Kostensenkungen im internationalen Frachtverkehr.
Unternehmen verlagern die Produktion von Waren ins Ausland und erbringen dort auch Dienstleistungen. Oft geben die niedrigeren Lohnkosten den Ausschlag. Die etwa 70 000 weltweit tätigen Großkonzerne, die **„Global Players“**, sind die Motoren der Globalisierung.
Aber das Wachstum der Weltwirtschaft verteilt sich nicht gleichmäßig. Die Industriestaaten und einige Länder in Ost- und Südostasien gehören zu den Gewinnern.

❶ Eröffnungsjahr der jeweils ersten McDonald´s Filiale

❷ Die zehn größten transnationalen Unternehmen

Unternehmen mit der größten Zahl Beschäftigter im Ausland 2008

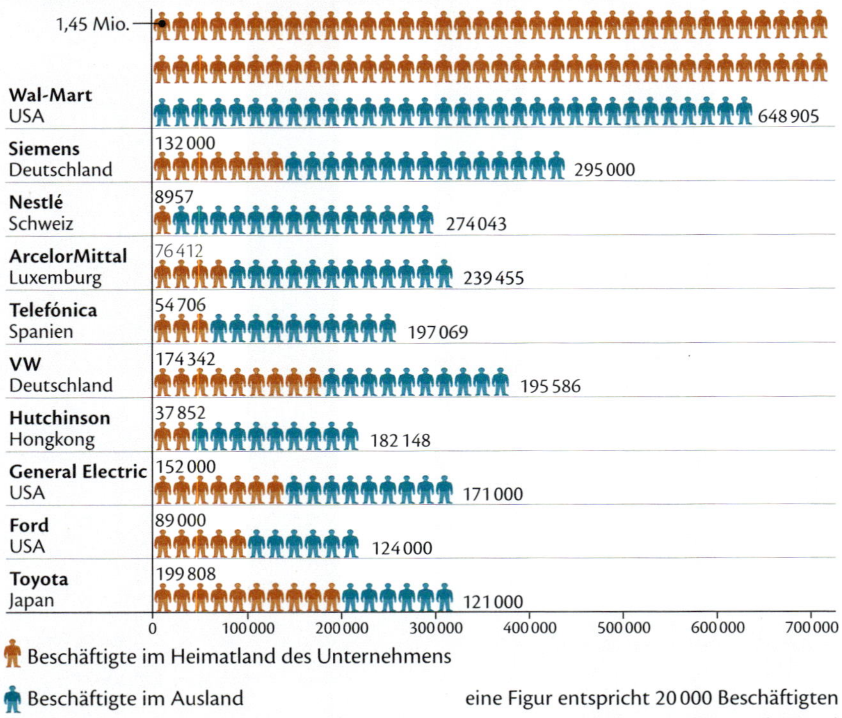

Quelle: United Nations (UNCTAD)

❸ Internationaler Warenhandel 1980

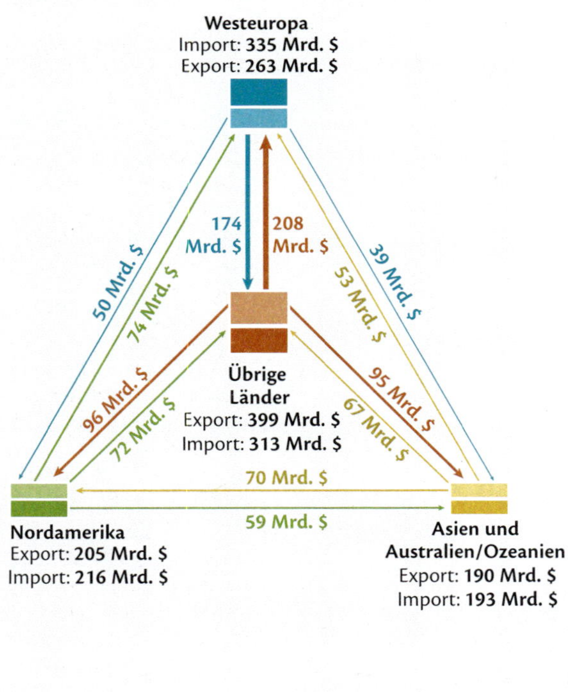

Quelle: United Nations (UNCTAD)

❹ Internationaler Warenhandel 2010

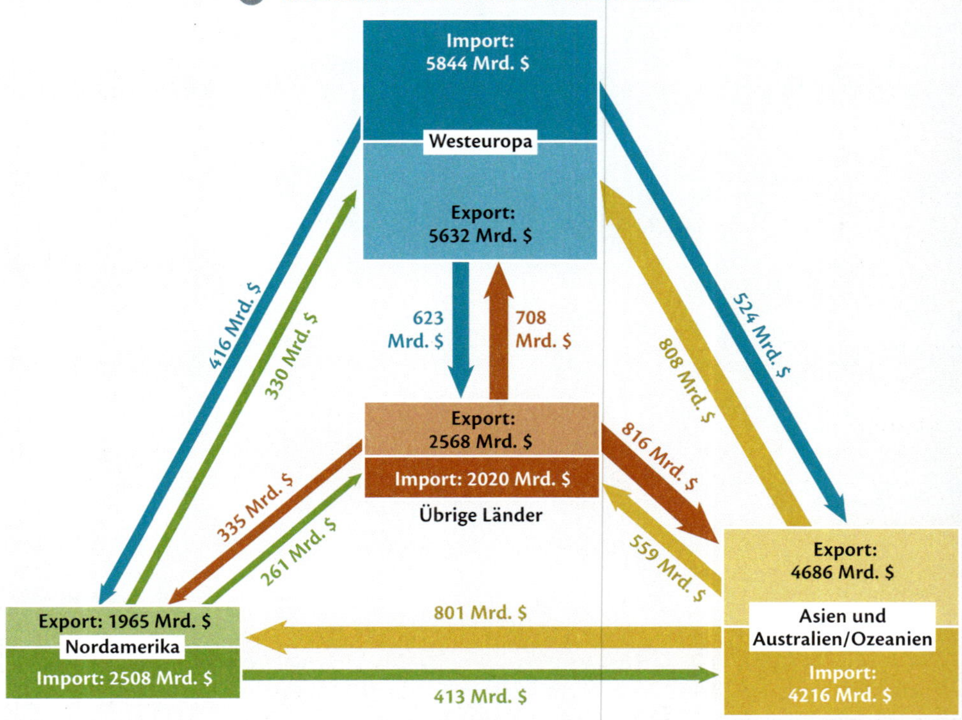

Quelle: United Nations (UNCTAD)

webcode: KA640928-052

und Zahl der Filialen

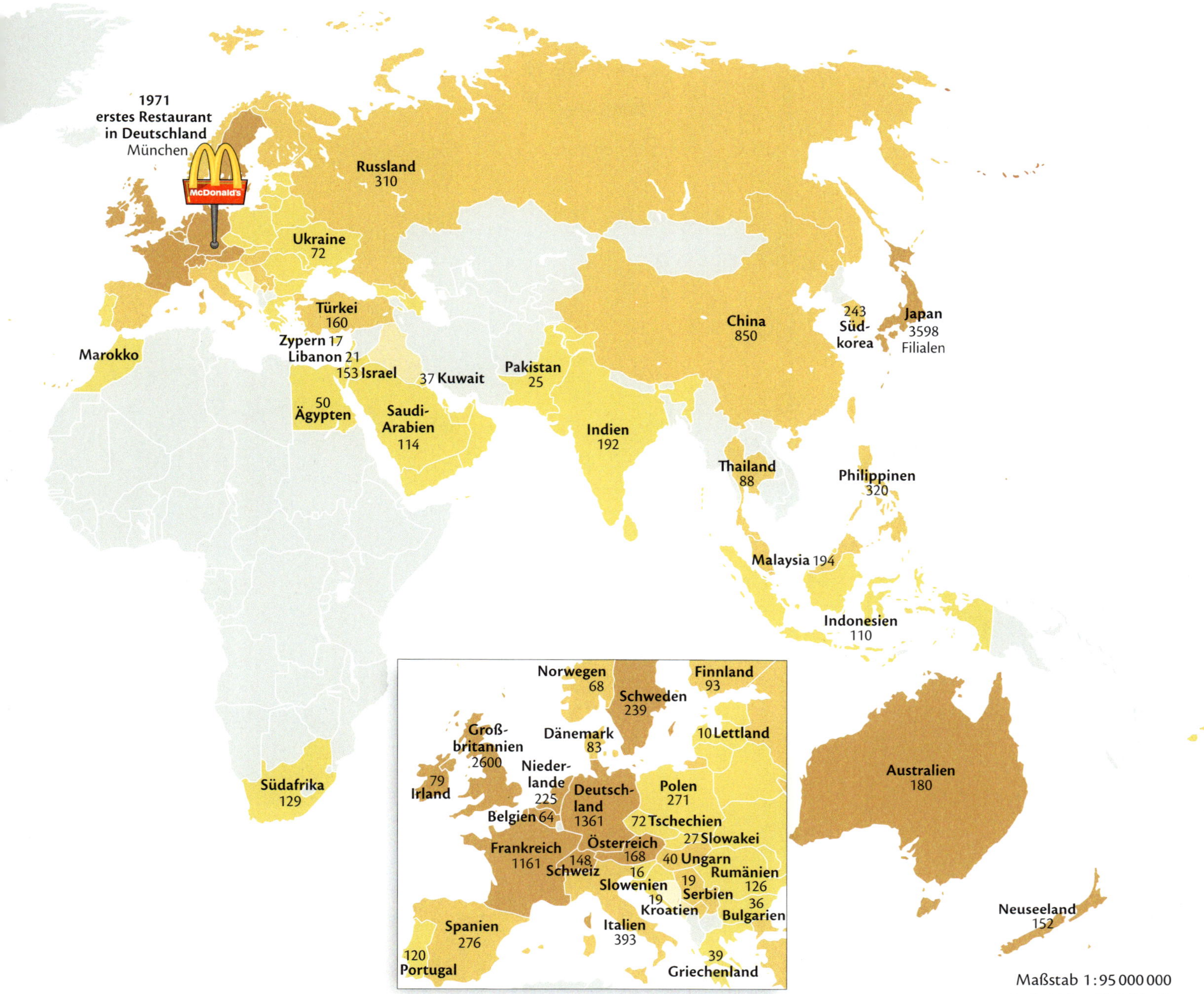

Maßstab 1 : 95 000 000

Quelle: McDonald's/Wikipedia

5 Motive deutscher Unternehmer für die Verlagerung ins Ausland

Angaben in Prozent, 2008

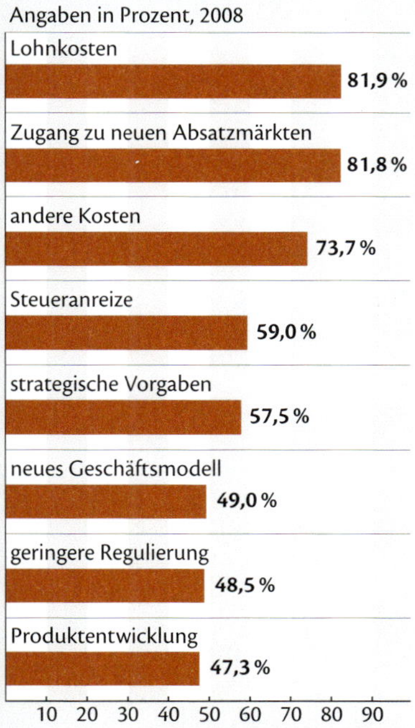

Quelle: Statistisches Bundesamt

6 Beispielhafter Produktionsweg einer Jeans

1 Kasachstan
Hier wächst die Baumwolle in großen Plantagen. Sie wird von Hand oder mit der Maschine geerntet.

2 Türkei
Hier wird die Baumwolle in Spinnereien zu Garn gesponnen.

3 Taiwan
Aus diesem Baumwollgarn wird in den Webereien der Jeansstoff hergestellt.

4 Polen
Hier wird die chemische Indigofarbe (blau) zum Einfärben des Jeansstoffes produziert.

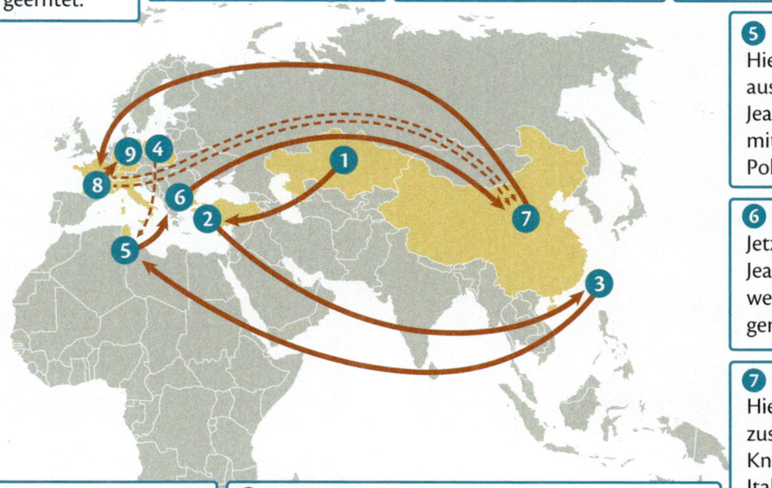

5 Tunesien
Hier werden das Garn aus der Türkei und der Jeansstoff aus Taiwan mit der Indigofarbe aus Polen eingefärbt.

6 Bulgarien
Jetzt wird der fertige Jeansstoff veredelt, d. h. weich und knitterarm gemacht.

7 China
Hier wird die Jeans zusammengenäht, mit Knöpfen und Nieten aus Italien und Futterstoff aus der Schweiz.

9 Deutschland
Hier wird das Firmen-Label in die Jeans eingenäht und sie erhält den Aufdruck Made in Germany.

8 Frankreich
Jetzt bekommt die Jeans den letzten Schliff. Sie wird gewaschen, z. B. mit Bimsstein aus Griechenland, wodurch sie den „Stone-washed-Effekt" erhält.

Maßstab 1 : 170 000 000

Europa: Physische Karte

Europäisches Nordmeer
Norwegisches Becken
3930
Nördlicher Polarkreis
Reykjavík
Akureyri
ISLAND
Vatnajökull 2119
Reykjanesrücken
492
Islandbecken
Färöer
91
Shetlandinseln
Orkneyinseln
Hebriden
Britische Inseln
Rockall
ATLANTISCHER OZEAN
4070
6325
5668
Westeuropäisches Becken
Azorenschwelle
24
Lofotinseln
Vestfjord
435
NORWEGEN
Skandinavien
Trondheim
Galdhöpiggen 2469
Bergen
Oslo
Stavanger
Norwegische Rinne
809
Skagerrak
Kattegat
Vänersee
SCHWEDEN
Uppsala
Göteborg
Malmö
Bornholm
DÄNEMARK
Kopenhagen
Ben Nevis 1343
Aberdeen
Glasgow
Edinburgh
Belfast
IRLAND
Dublin
Cork
Irische See
Sankt-Georgs-Kanal
Newcastle
Liverpool
Manchester
Sheffield
Birmingham
GROSSBRITANNIEN
Bristol
Southampton
London
Land's End
Der Kanal
Straße von Dover
Nordsee
13
20
Kiel
Rostock
Hamburg
Stettin
Amsterdam
NIEDERLANDE
Hannover
Berlin
Rotterdam
Brüssel
BELGIEN
Dortmund
Köln
Bonn
DEUTSCHLAND
Leipzig
Dresden
Prag
TSCHECHISCHE REPUBLIK
LUXEMBURG
Frankfurt
Nürnberg
Stuttgart
München
Wien
ÖSTERREICH
Le Havre
Brest
Bretagne
Paris
Orléans
Seine
Loire
Nantes
Straßburg
FRANKREICH
Bordeaux
Limoges
Zentralmassiv 1886
Lyon
Genf
Bern
Zürich
SCHWEIZ
LIECHTENSTEIN
Innsbruck
3797
Großglockner
Graz
Budapest
Alpen
4807 Montblanc
SLOWENIEN
Laibach (Ljubljana)
Zagreb
KROATIEN
Golf von Biskaya
Garonne
Rhône
Toulouse
Mailand
Turin
Genua
Venedig
Bologna
SAN MARINO
Nizza
MONACO
Marseille
Florenz
ITALIEN
Apenninen
Adriatisches Meer
Korsika
2710
Rom (Roma)
2914
Foggia
Bari
Neapel
1277 Vesuv
Sardinien
Tyrrhenisches Meer
3785
Cagliari
Palermo
Messina
Catania
Atna 3340
Sizilien
Straße von Sizilien
MALTA
A Coruña
Kap Finisterre
Santander
Bilbao
2672
Pyrenäen
3404 Maladeta
ANDORRA
Porto
Duero
Ebro
Meseta
Zaragoza
Barcelona
Madrid
Tajo
Lissabon (Lisboa)
PORTUGAL
Guadiana
SPANIEN
Valencia
Balearen
Palma
Mallorca
Sevilla
Guadalquivir
Murcia
Sierra Nevada 3481
Málaga
Gibraltar
Straße von Gibraltar
Tanger
Tetuan
Mittelmeer
Algier
Oran
Tellatlas
2308
Skikda
Annaba
Kap Blanc
Biserta
Tunis
Kenitra
Rabat
Casablanca
Meknès
Fès
Ujda
Sidi-bel-Abbès
Setif
Constantine
Safi
MAROKKO
Marrakesch
Beni Mellal
Hoher Atlas
Dschebel Toubkal 4165
Agadir
Kanarische Inseln
Hochland der Schotts
2328
Saharaatlas
Biskra
ALGERIEN
TUNESIEN
Sfax
Kleine Syrte
Gabès
Dscherba
Schott Dscherid
Tripolis
Misurata
968
LIBYEN
Große Syrte
Sirte
Orte
über 1000000 Einwohner
500000 – 1000000 Einwohner
100000 – 500000 Einwohner
unter 100000 Einwohner
Rom Hauptstadt eines Staates
Staatsgrenze
Eisenbahn
Fährverbindung
Autobahn und andere Fernverkehrsstraße
Kanal
Stausee
Sumpf, Moor
Salzbecken
Gletscher
3797 Höhenzahl
5121 Tiefenzahl
Ruinenstätte
Meerestiefen
6000 4000 2000 200 0
Landhöhen
0 100 200 500 1000 2000 4000 m
unter 0
westl. 0 östl. Länge von Greenwich
1 : 15 000 000
0 100 200 300 400 500 600 700 800 900 1000 km
1 cm ≙ 150 km

webcode: KA640928-054

Barentssee
Kolgujew
Kap Kanin Nos
Halbinsel Kanin
Nordkap
Murmansk
Halbinsel Kola
Kandalakscha
Weißes Meer
Mesen
Archangelsk
Sewerodwinsk
Belomorsk
Oulu
FINNLAND
Lappland
Karelien
Finnische Seenplatte
Onegasee
Petrosawodsk
Ladogasee
Helsinki
Turku
Sankt Petersburg
Finnischer Meerbusen
Tallinn
ESTLAND
Peipussee
Ilmensee
Weliki Nowgorod
Dorpat
Pleskau
Riga
LETTLAND
Düna
Dünaburg
LITAUEN
Kaunas
Wilna (Vilnius)
Minsk
WEISSRUSSLAND
Witebsk
Smolensk
Brjansk
Gomel
Brest
Pripjet-sümpfe
Wolynien
Tschernigow
Kiew
Schitomir
Lemberg (Lwiw)
Ternopol
Winniza
Czernowitz
Karpaten
Bessarabien
MOLDAU
Chişinău
Iaşi
Klausenburg (Cluj-Napoca)
RUMÄNIEN
Kronstadt (Braşov)
Bukarest
Walachei
Donau
Konstanza
Warna
Balkan
BULGARIEN
Sofia
Skopje
Rhodopen
Istanbul
Bosporus
Izmit
Marmarameer
Bursa
Saloniki
GRIECHENLAND
Balikesir
Eskişehir
Ankara
Ägäisches Meer
Izmir
Ephesus
Denizli
Athen
Olympia
Peloponnes
Kykladen
Sporaden
Rhodos
Kreta
Antalya
Konya
Mersin
TÜRKEI
Anatolien
Taurus
Kayseri
Erciyas Dağ
Adana
Gaziantep
Urfa
Diyarbakir
Elâziğ
Sivas
Erzurum
Trabzon
Samsun
Zonguldak
Pontisches Gebirge
Schwarzes Meer
Sewastopol
Jalta
Simferopol
Krim
Kertsch
Asowsches Meer
Noworossiisk
Krasnodar
Sotschi
Suchumi
Kutaissi
GEORGIEN
Tiflis (Tbilissi)
Batumi
Gyumri
ARMENIEN
Eriwan
Giandscha
ASERBAIDSCHAN
Baku
Sumgait
Ararat 5165
Van
Vansee
Urmia
Urmiasee
Täbris
Ardebil
Rescht
Kaswin
Teheran
Kum
Elbursgebirge
Damavand
Semnan
Gorgan
Esenguly
Babol
Große Salzwüste
IRAN
Hamadan
Kermanschah
Arak
Isfahan
Sagrosgebirge
Disful
Susa
Ahwas
Abadan
Schiras
Buschir
Jesd
Persischer Golf
Kuwait
KUWAIT
Basra
Al-Katif
SAUDI-ARABIEN
IRAK
Bagdad
Babylon
Nedschef
Ur
Mesopotamien
Euphrat
Tigris
Mosul
Ninive
Arbil
Kirkuk
SYRIEN
Halab
Iskenderun
Lattakia
Homs
Damaskus
Syrische Wüste
LIBANON
Beirut
ZYPERN
Nikosia
ISRAEL
Tel Aviv-Jaffa
Jerusalem
Amman
JORDANIEN
Port Said
Suez
Sueskanal
Al-Mansura
Tanta
Alexandria
Kairo
Gise
Memphis
ÄGYPTEN
Sollum
Tobruk
Al-Beida
Cyrenaika
Mittelmeer
Moskau (Moskwa)
Twer
Jaroslawl
Rybinsk
Rybinsker Stausee
Kostroma
Sergijew Possad
Iwanowo
Wladimir
Nischni Nowgorod
Wologda
Konoscha
Kotlas
Syktywkar
Uchta
Petschora
Narjan-Mar
Timanrücken
Kirow
Perm
Beresniki
Ischewsk
Kasan
Tscheboksary
Nab. Tschelny
Uljanowsk
Samara
Togliatti
Sysran
Pensa
Saratow
Engels
Balakowo
Wolga
Wolgograd
Wolschski
Achtubinsk
Astrachan
Kaspische Senke
Kaspisches Meer
Rjasan
Tula
Kaluga
Orel
Kursk
Lipezk
Tambow
Woronesch
Belgorod
Sumy
Charkow
Dnjepropetrowsk
Saporoschje
Krementschuger Stausee
Kachowkaer Stausee
Kriwoi Rog
Nikolajew
Cherson
Odessa
UKRAINE
Donezk
Lugansk
Schachty
Rostow
Mariupol
Zimljansker Stausee
Manytschniederung
Stawropol
Pjatigorsk
Grosny
Machatschkala
Wladikawkas
Kaukasus
Elbrus
RUSSLAND
Ural
Ufa
Sterlitamak
Magnitogorsk
Slatoust
Tscheljabinsk
Jekaterinburg
Perwouralsk
Kamensk-Uralski
Nischni Tagil
Serow
Priobje
Tjumen
Kurgan
Tobolsk
Surgut
Chanty-Mansiisk
Westsibirisches Tiefland
Wasjuganje
Omsk
Petropawlowsk
Ischim-Steppe
Baraba-Steppe
Barabinsk
Irtysch
Koktschetaw
Astana
Atbassar
Kustanai
Kartaly
Orsk
Orenburg
Aktobe
Uralsk
KASACHSTAN
Arkalyk
Turgaisenke
Tschelkar
Aralsk
Baikonur
Syr-Darja
Aralsee
Atyrau
Kulsary
Fort Schewtschenko
Aktau
Ust-Urt
Turan
Tiefland von Turan
Nukus
Amu-Darja
Urgentsch
Chiwa
USBEKISTAN
Kara-Bogas-Bucht
Turkmenbaschi
Balkanabad
TURKMENISTAN
Karakum
Aschgabad
Atrek

Europa: Politische Gliederung

① Staaten in Europa

1 : 15 000 000 — 0 100 200 300 400 500 600 700 800 900 1000 km — 1 cm ≙ 150 km

webcode: KA640928-056

Grenze zwischen der Bundesrepublik Deutschland und der Deutschen Demokratischen Republik sowie Grenze von Berlin (unter Viermächtestatus)

Grenze des Deutschen Reiches vom 31.12.1937

Staatsgrenze

Grenze zwischen den Sozialistischen Sowjetrepubliken (SSR)

1 : 15 000 000 — 0 100 200 300 400 500 600 700 800 900 1000 km — 1 cm ≙ 150 km

Europa in der Vorgeschichte und Antike

① Ausbreitung des Ackerbaus in Europa

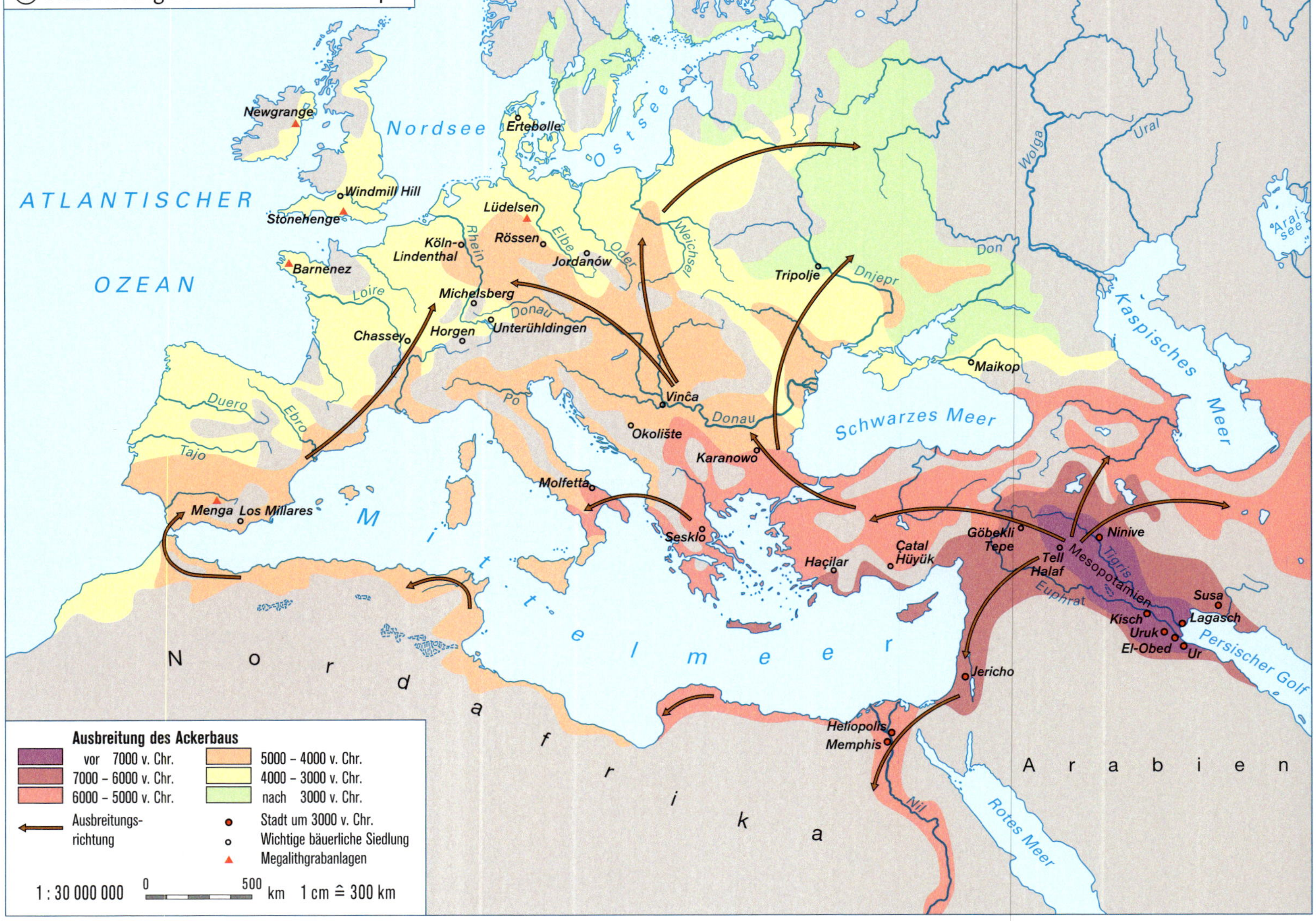

② Griechenland zur Zeit des Peloponnesischen Krieges 431–404 v. Chr.

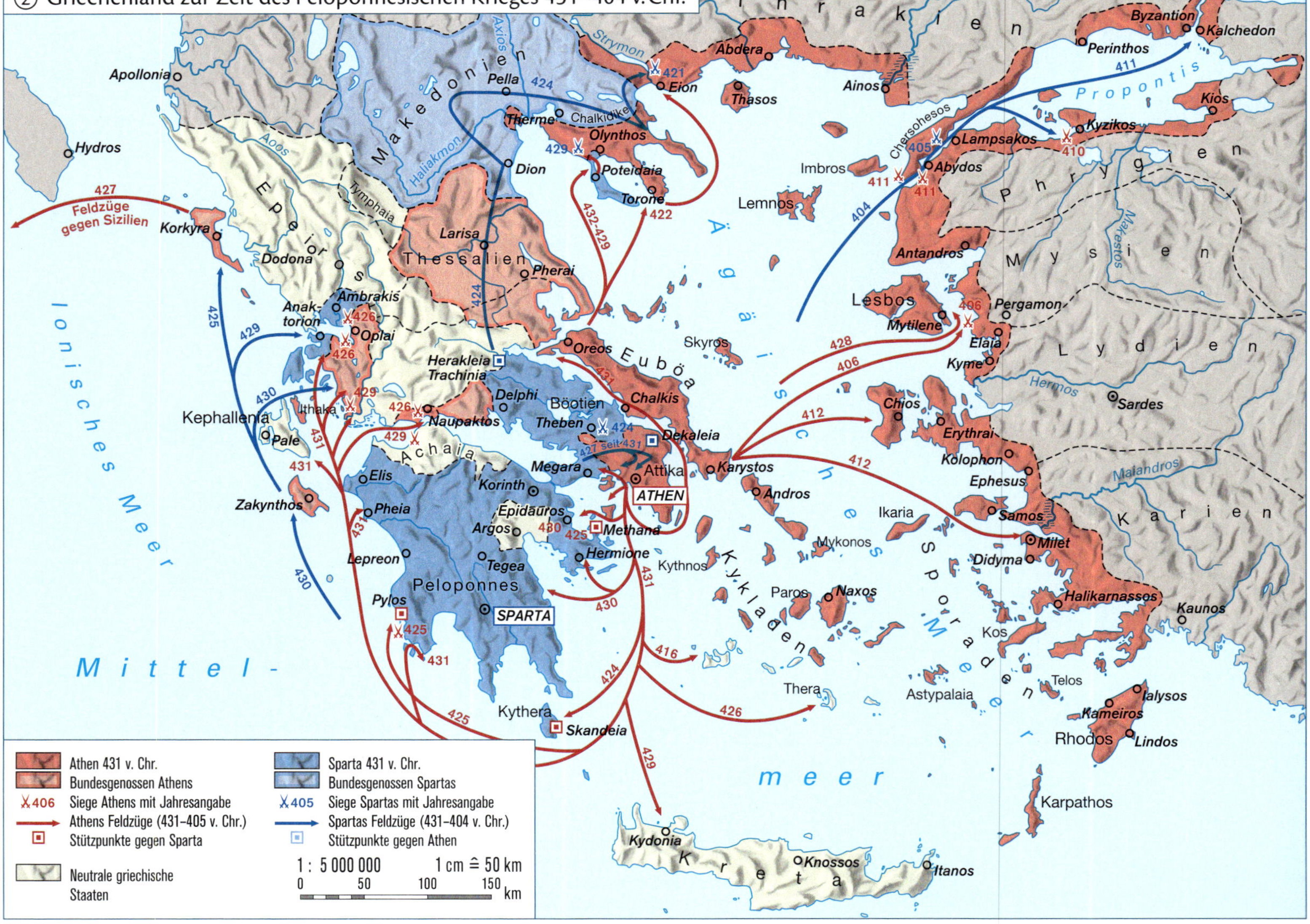

③ Ausdehnung des Römischen Weltreiches

④ Die Völkerwanderung vom 4. bis 6. Jahrhundert n. Chr.

1 : 30 000 000 0 500 1000 1500 km 1 cm ≙ 300 km

Europa im Mittelalter

① Das Frankenreich zur Zeit Karls des Großen 768–814

② Die Teilung des Frankenreichs 843

③ Die Teilung des Frankenreichs 879/880

1 : 20 000 000 — 0, 200, 400, 600, 800, 1000 km — 1 cm ≙ 200 km

④ Christentum und Islam zur Zeit der Kreuzzüge 1096–1270

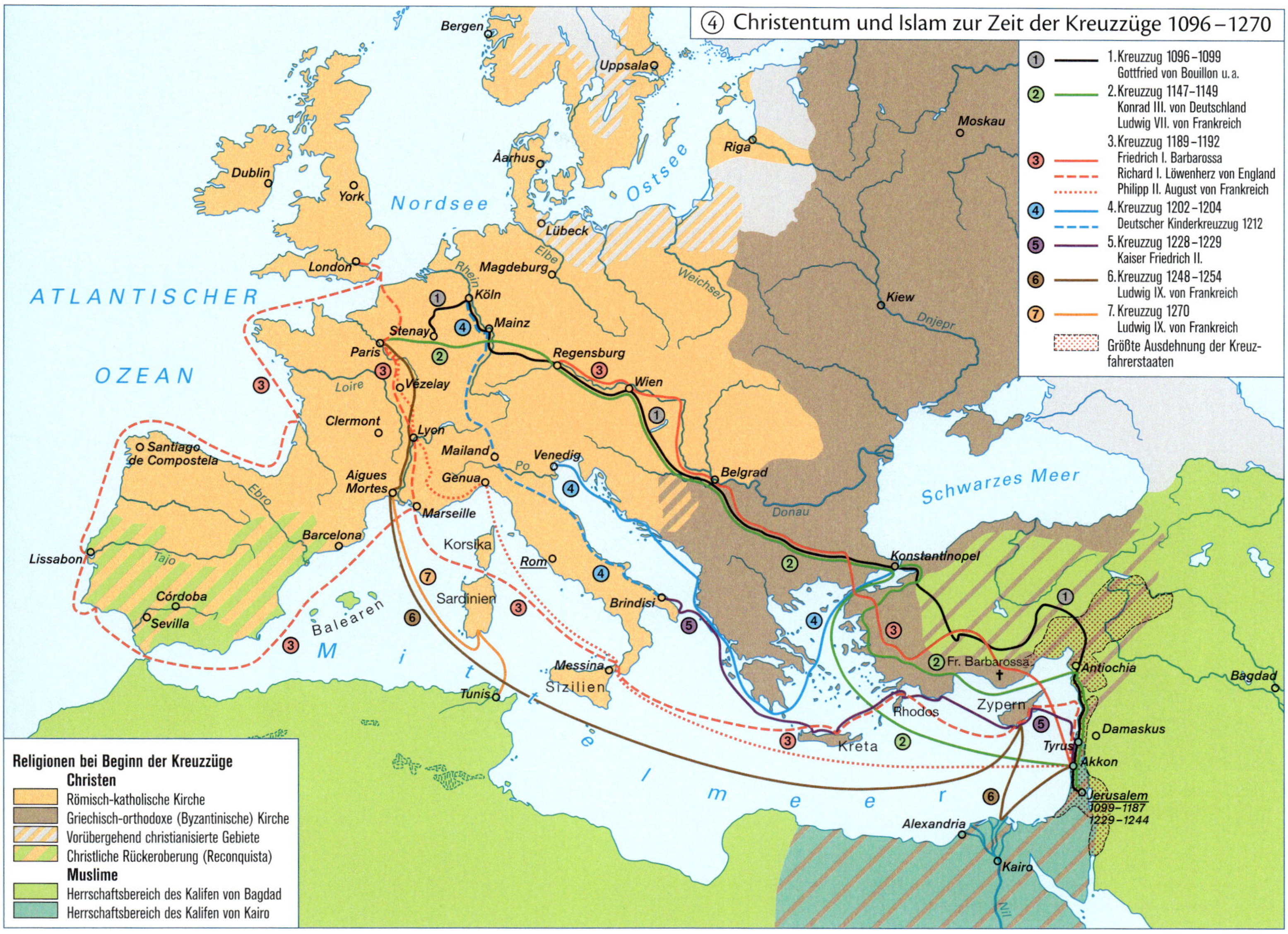

⑤ Europa im Spätmittelalter um 1400

1 : 25 000 000 — 0, 250, 500, 750, 1000, 1250, 1500 km — 1 cm ≙ 250 km

Europa in der Neuzeit

① Europa zur Zeit der Reformation um 1570

② Europa im Zeitalter des Absolutismus um 1740

1 : 25 000 000 — 0 250 500 750 1000 1250 1500 km — 1 cm ≙ 250 km

③ Europa zur Zeit Napoleons I. 1804–1815

④ Europa nach dem Wiener Kongress 1815

1 : 25 000 000 0 250 500 750 1000 1250 1500 km 1 cm ≙ 250 km

Europa im 20. Jahrhundert

1 : 25 000 000   0 250 500 750 1000 1250 1500 km   1 cm ≙ 250 km

③ Die nationalsozialistische Expansion und die Vernichtung der Juden

④ Europa nach dem Zweiten Weltkrieg 1945–1990

1 : 25 000 000   0 – 250 – 500 – 750 – 1000 – 1250 – 1500 km   1 cm ≙ 250 km

Europäische Union

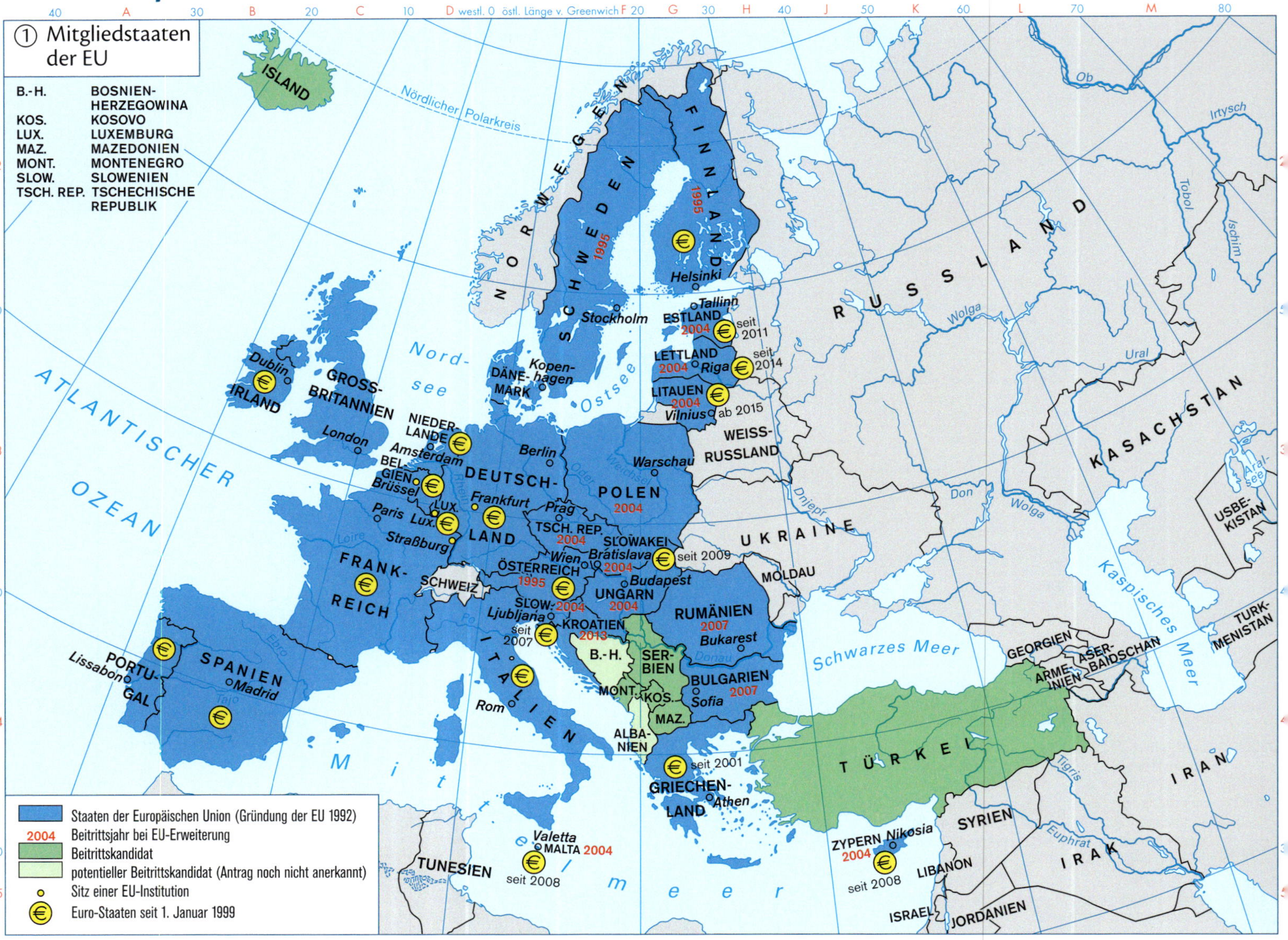

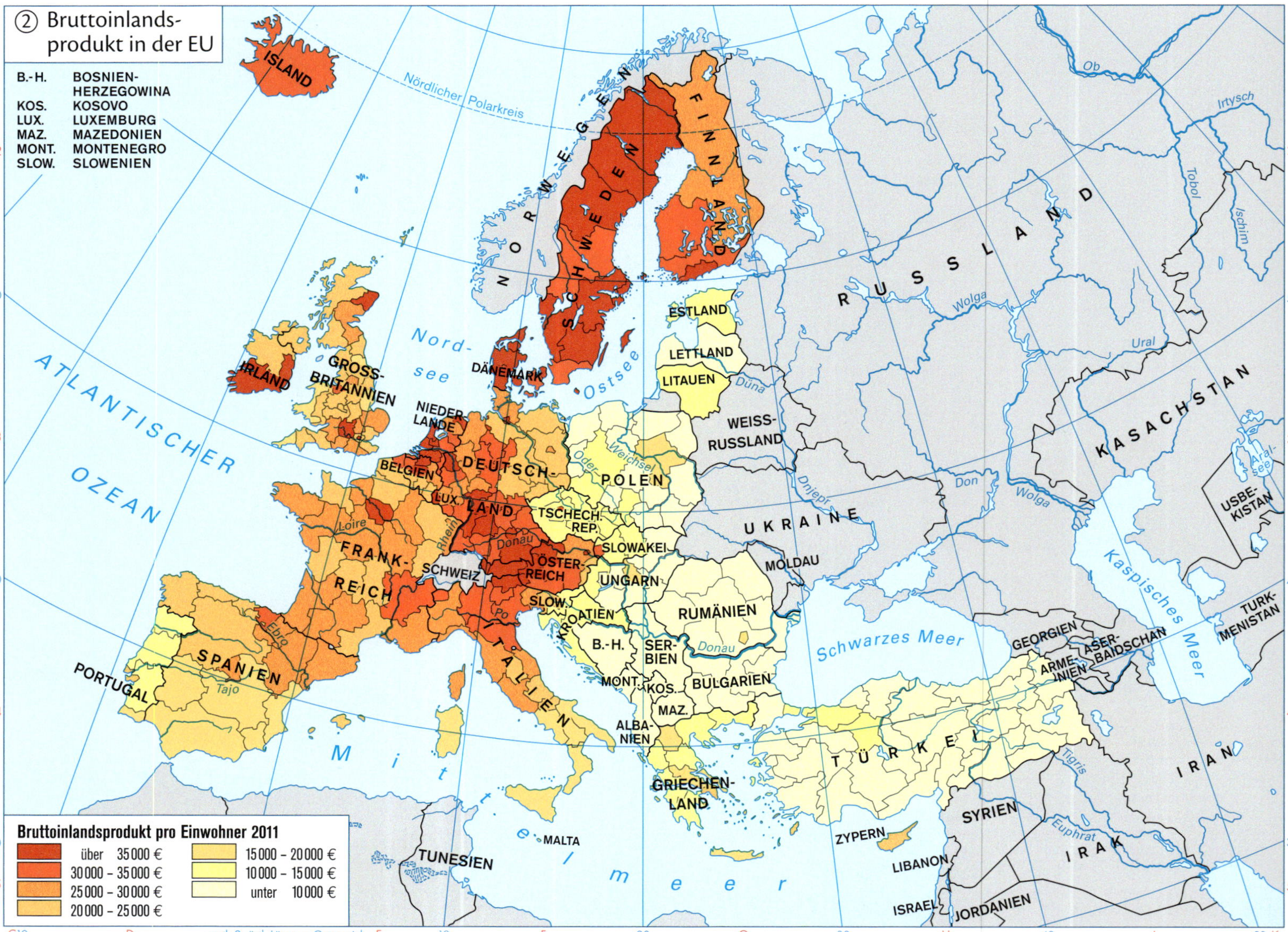

1 : 30 000 000 0 500 1000 1500 km 1 cm ≙ 300 km

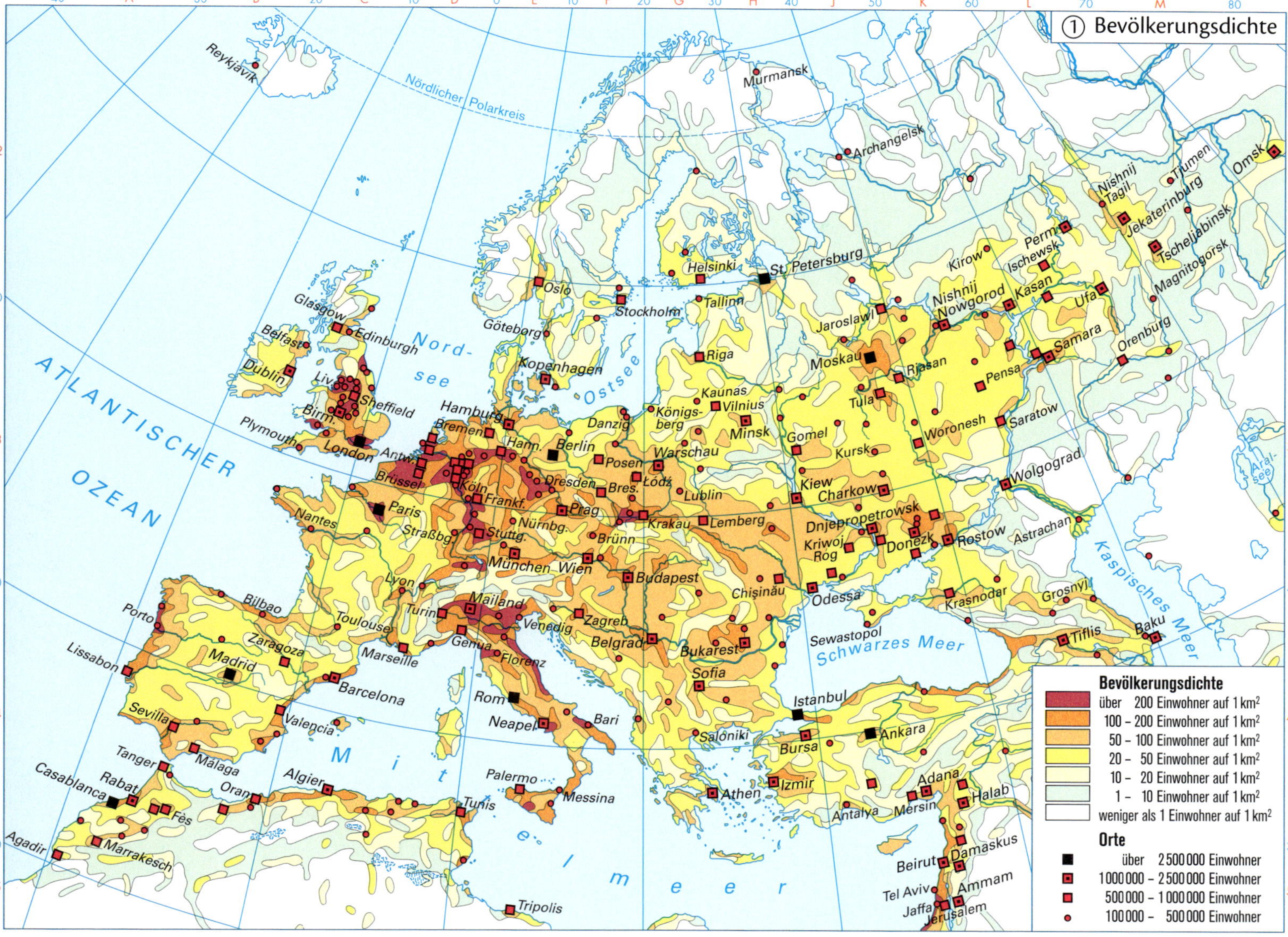
① Bevölkerungsdichte
Bevölkerungsdichte
über 200 Einwohner auf 1 km²
100 – 200 Einwohner auf 1 km²
50 – 100 Einwohner auf 1 km²
20 – 50 Einwohner auf 1 km²
10 – 20 Einwohner auf 1 km²
1 – 10 Einwohner auf 1 km²
weniger als 1 Einwohner auf 1 km²
Orte
über 2 500 000 Einwohner
1 000 000 – 2 500 000 Einwohner
500 000 – 1 000 000 Einwohner
100 000 – 500 000 Einwohner
Nördlicher Polarkreis
ATLANTISCHER OZEAN
Nord-see
Ostsee
Mittelmeer
Schwarzes Meer
Kaspisches Meer
Aral-see
Reykjavík
Murmansk
Archangelsk
Helsinki
St. Petersburg
Tallinn
Oslo
Stockholm
Göteborg
Riga
Kopenhagen
Glasgow
Edinburgh
Belfast
Dublin
Sheffield
Birm.
Plymouth
London
Hamburg
Bremen
Hann.
Berlin
Danzig
Königs-berg
Kaunas
Vilnius
Minsk
Moskau
Jaroslawl
Nishnij Nowgorod
Kirow
Perm
Ischewsk
Kasan
Ufa
Samara
Orenburg
Jekaterinburg
Nishnij Tagil
Tjumen
Omsk
Tscheljabinsk
Magnitogorsk
Rjasan
Tula
Pensa
Saratow
Woronesh
Gomel
Kursk
Kiew
Charkow
Wolgograd
Astrachan
Dnjepropetrowsk
Kriwoj Rog
Donezk
Rostow
Odessa
Chişinău
Sewastopol
Krasnodar
Grosnyj
Tiflis
Baku
Warschau
Posen
Łódź
Lublin
Lemberg
Krakau
Bres.
Dresden
Prag
Brünn
Wien
Budapest
Antw.
Brüssel
Köln
Frankf.
Nürnbg.
Stuttg.
München
Paris
Straßbg.
Nantes
Lyon
Bilbao
Porto
Lissabon
Madrid
Zaragoza
Toulouse
Marseille
Barcelona
Valencia
Sevilla
Málaga
Turin
Mailand
Genua
Venedig
Florenz
Zagreb
Belgrad
Bukarest
Sofia
Rom
Neapel
Bari
Palermo
Messina
Istanbul
Bursa
Ankara
Izmir
Athen
Saloniki
Antalya
Mersin
Adana
Halab
Beirut
Damaskus
Tel Aviv-Jaffa
Ammam
Jerusalem
Tanger
Rabat
Casablanca
Fès
Marrakesch
Agadir
Oran
Algier
Tunis
Tripolis

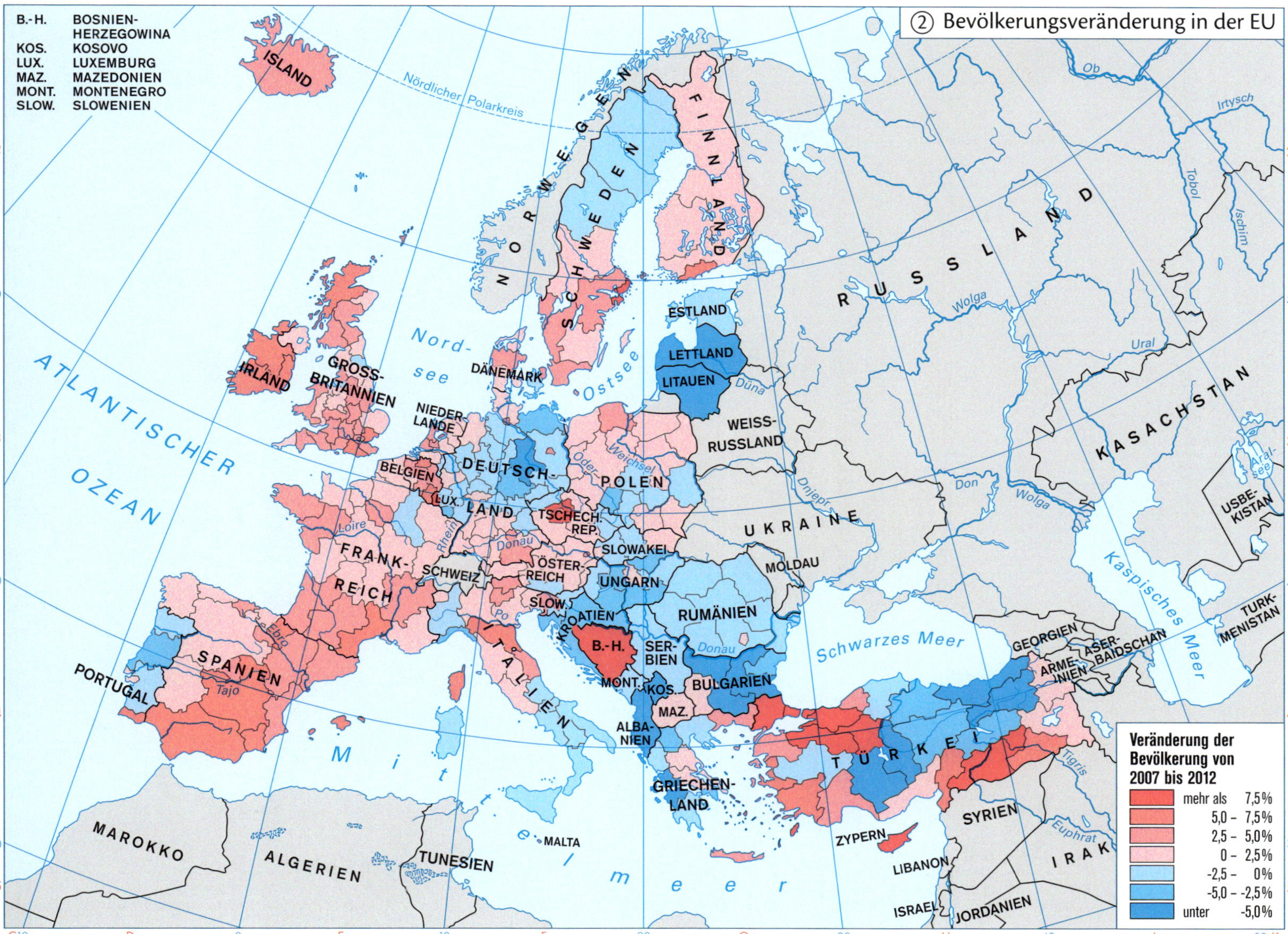
② Bevölkerungsveränderung in der EU
B.-H. BOSNIEN-HERZEGOWINA
KOS. KOSOVO
LUX. LUXEMBURG
MAZ. MAZEDONIEN
MONT. MONTENEGRO
SLOW. SLOWENIEN
Veränderung der Bevölkerung von 2007 bis 2012
mehr als 7,5%
5,0 – 7,5%
2,5 – 5,0%
0 – 2,5%
-2,5 – 0%
-5,0 – -2,5%
unter -5,0%
ISLAND
NORWEGEN
SCHWEDEN
FINNLAND
RUSSLAND
ESTLAND
LETTLAND
LITAUEN
WEISS-RUSSLAND
IRLAND
GROSS-BRITANNIEN
DÄNEMARK
NIEDER-LANDE
BELGIEN
LUX.
DEUTSCHLAND
POLEN
TSCHECH. REP.
SLOWAKEI
ÖSTER-REICH
SCHWEIZ
UNGARN
UKRAINE
MOLDAU
RUMÄNIEN
FRANKREICH
SLOW.
KROATIEN
B.-H.
SERBIEN
MONT.
KOS.
MAZ.
BULGARIEN
ALBA-NIEN
GRIECHEN-LAND
ITALIEN
SPANIEN
PORTUGAL
TÜRKEI
GEORGIEN
ARME-NIEN
ASER-BAIDSCHAN
KASACHSTAN
USBE-KISTAN
TURK-MENISTAN
SYRIEN
IRAK
ZYPERN
LIBANON
ISRAEL
JORDANIEN
MAROKKO
ALGERIEN
TUNESIEN
MALTA
ATLANTISCHER OZEAN
Nord-see
Ostsee
Mittelmeer
Schwarzes Meer
Kaspisches Meer
Aral-see
Nördlicher Polarkreis
Ob
Irtysch
Tobol
Ischim
Wolga
Ural
Don
Dnjepr
Düna
Weichsel
Oder
Rhein
Donau
Loire
Po
Ebro
Tajo
Tigris
Euphrat

1 : 30 000 000 0 500 1000 1500 km 1 cm ≙ 300 km

West- und Mitteleuropa: Physische Karte

GROSS-
BRITANNIEN
England
Wales
Irische See
Nordsee
Doggerbank
Deutsche Bucht
Helgoland
Ostfriesische Inseln
Westfriesische Inseln
IRLAND (EIRE)
Nord-irland
Sankt-Georgs-Kanal
Bristolkanal
Der Kanal
Straße von Dover
Kanalinseln (brit.)
Guernsey
Jersey
ATLANTISCHER OZEAN
Golf von Biskaya
FRANKREICH
NIEDERLANDE
BELGIEN
LUXEMBURG
SCHWEIZ
SPANIEN
MONACO
ANDORRA
Pyrenäen
Zentralmassiv
Cevennen
Mittelmeer
Golfe du Lion
Côte d'Azur
Côte d'Argent
Belfast
Dublin
Dundalk
Armagh
Man
Douglas
Wicklow Mountains
Kilkenny
Wexford
Waterford
Dun Laoghaire
Holyhead
Anglesey
Snowdon
Cambrian Mountains
Fishguard
Milford Haven
Swansea
Cardiff
Newport
Bristol
Carlisle
Gateshead
Sunderland
Middlesbrough
Scarborough
Pennines
Lancaster
Blackpool
Preston
Bradford
Leeds
York
Hull
Liverpool
Birkenhead
Bolton
Manchester
Huddersfield
Sheffield
Grimsby
Stoke
Derby
Nottingham
Wolverhampton
Birmingham
Coventry
Leicester
The Fens
The Wash
Norwich
Great Yarmouth
Northampton
Stratford
Gloucester
Cambridge
Ipswich
Harwich
Luton
Oxford
London
Reading
Windsor
Southend
Greenwich
North Downs
South Downs
Canterbury
Dover
Southampton
Bournemouth
Brighton
Hastings
Portsmouth
Wight
Exeter
Plymouth
Torbay
Weymouth
Cornwall
Penzance
Land's End
Falmouth
Kap Lizard
Scilly-inseln
Den Helder
Groningen
Emden
Wilhelmshaven
Emmen
Haarlem
Amsterdam
Utrecht
Den Haag
Hoek van Holland
Rotterdam
Arnheim
Nimwegen
Tilburg
Enschede
Münster
Osnabrück
Nordhorn
Eindhoven
Essen
Duisburg
Dortmund
Düsseldorf
Wuppertal
Mönchengladbach
Köln
Aachen
Bonn
Ostende
Brügge
Gent
Antwerpen
Flandern
Maastricht
Brüssel (Bruxelles)
Lüttich (Liège)
Charleroi
Dünkirchen
Calais
Lille
Roubaix
Boulogne
Le Touquet-Paris-Plage
Arras
Abbeville
Picardie
Amiens
Dieppe
Ardennen
Eifel
Hunsrück
Koblenz
Trier
Luxemburg
Kaiserslautern
Saarbrücken
Cherbourg-Octeville
Le Havre
Rouen
Beauvais
Caen
Saint-Lô
Elbeuf
Evreux
Normandie
Cergy
Versailles
Paris
Ile de France
Saint-Quentin
Charleville-Mézières
Reims
Verdun
Metz
Argonnen
Châlons-en-Champagne
Champagne
Lothringen
Nancy
Toul
Straßburg (Strasbourg)
Vogesen
Colmar
Epinal
Mülhausen
Belfort
Basel
Brest
Morlaix
Saint-Brieuc
Bretagne
Saint-Malo
Le-Mont-Saint-Michel
Kap Raz
Quimper
Lorient
Fougères
Rennes
Laval
Le Mans
Fontainebleau
Melun
Saint-Dizier
Troyes
Chaumont
Plateau von Langres
Belle-Ile
Saint-Nazaire
Nantes
Angers
Tours
Blois
Orléans
Sologne
Saumur
Loire
Auxerre
Avallon
Dijon
Besançon
Biel/Bienne
Bern
Jura
Vendée
Les Sables-d'Olonne
Poitiers
Châteauroux
Berry
Bourges
Nevers
Burgund
Le Creusot
Chalon-sur-Saône
Ré
La Rochelle
Oléron
Cognac
Angoulême
Limoges
Limousin
Montluçon
Clermont-Ferrand
Puy-de-Dôme
Mont Dore
Vichy
Roanne
Bourg-en-Bresse
Lyon
Saint-Etienne
Annecy
Genf (Genève)
Lausanne
Freiburg (Fribourg)
Berner Alpen
Walliser Alpen
Sitten
Chamonix
Montblanc
Großer Sankt Bernhard
Aosta
Grajische Alpen
Gran Paradiso
Chambéry
Grenoble
Turin (Torino)
Médoc
Lacanau
Bordeaux
Libourne
Périgueux
Brive-la-Gaillarde
Aurillac
Cantal
Le Puy
Mont Mézenc
Valence
Montélimar
Arcachon
Marmande
Dordogne
Garonne
Cahors
Agen
Landes
Mont Lozère
Causses
Millau
Orange
Mont Ventoux
Avignon
Mont Pelat
Cuneo
Monte Viso
Seealpen
Colle di Tenda
Savona
Alassio
Santander
Costa Real
Bilbao
Barakaldo
Kantabrisches Gebirge
Dax
Bayonne
Biarritz
Donostia-San Sebastián
Gascogne
Armagnac
Auch
Montauban
Albi
Toulouse
Le Vigan
Nîmes
Arles
Camargue
Provence
Aix-en-Provence
Marseille
Toulon
Saint-Tropez
Iles d'Hyères
Nizza
Cannes
San Remo
Montpellier
Sète
Béziers
Narbonne
Rhônedelta
Canal du Midi
Carcassonne
Pau
Tarbes
Lourdes
Vitoria-Gasteiz
Pamplona
Burgos
Logroño
Pico de Aneto
Maladeta
Andorra
Perpignan
Port-Vendres
Col de la Perche
Huesca
Tudela
Soria
Aranda de Duero
Sierra del Moncayo
Altkastilien
Ebro
Korsika (franz.)

Ostsee
Bornholm (dän.)
Rönne
Seeland
Odense
Fünen
Lolland
Falster
Fehmarn
Kieler Bucht
Lübecker Bucht
Kiel
Lübeck
Hamburg
Rostock
Wismar
Stralsund
Sassnitz
Rügen
Pommersche Bucht
Swinemünde (Świnoujście)
Stettin (Szczecin)
Neubrandenburg
Schwerin
Mecklenburg
Neustrelitz
Lüneburg
Wittenberge
Stendal
Celle
Wolfsburg
Braunschweig
Salzgitter
Magdeburg
Berlin
Potsdam
Frankfurt
Cottbus
Wittenberg
Dessau-Roßlau
Halle
Leipzig
Nordhausen
Göttingen
Harz
Riesa
Dresden
Bautzen
Görlitz
Eisenach
Erfurt
Jena
Gera
Chemnitz
Zwickau
Erzgebirge
Thüringer W.
Schweinfurt
Bayreuth
Würzburg
Erlangen
Nürnberg
Ansbach
Regensburg
Ingolstadt
Landshut
Passau
Augsburg
München
Rosenheim
Kempten
Memmingen
Heidenheim
Oberpfälzer W.
Böhmerwald
Hof
Eger (Cheb)
Karlsbad (Karlovy Vary)
Aussig (Ústí nad Labem)
Königgrätz (Hradec Králové)
Prag (Praha)
Pardubice
Pilsen (Plzeň)
Písek
Budweis (České Budějovice)
Iglau (Jihlava)
Brünn (Brno)
Olmütz (Olomouc)
Ostrau (Ostrava)
Zlín
TSCHECHISCHE REPUBLIK
Böhm.-Mähr. Höhe
Sudeten
Riesen-G.
Glatz (Kłodzko)
Waldenburg (Wałbrzych)
Liegnitz (Legnica)
Breslau (Wrocław)
Glogau (Głogów)
Grünberg (Zielona Góra)
Oppeln (Opole)
Beuthen (Bytom)
Gleiwitz (Gliwice)
Kattowitz (Katowice)
Krakau (Kraków)
Tschenstochau (Częstochowa)
Kielce
Łysogóry
Ostrowiec Świętokrzyski
Radom
Tomaszów Mazowiecki
Łódź
Kalisch (Kalisz)
Konin
Posen (Poznań)
Landsberg (Gorzów Wielkopolski)
Stargard
Schneidemühl (Piła)
Köslin (Koszalin)
Stolp (Słupsk)
Neustettin (Szczecinek)
Bromberg (Bydgoszcz)
Thorn (Toruń)
Hohensalza (Inowrocław)
Włocławek
Graudenz (Grudziądz)
Danzig (Gdańsk)
Gdingen (Gdynia)
Danziger Bucht
Pillau
Königsberg (Kaliningrad)
Gumbinnen (Gusew)
Elbing (Elbląg)
Marienburg (Malbork)
Allenstein (Olsztyn)
Ortelsburg (Szczytno)
Lyck (Ełk)
Łomża
Grodno
Białystok
Ciechanów
Warschau (Warszawa)
Żyrardów
Siedlce
Brest
Biała Podlaska
Lublin
Chełm
Kowel
Nowowolynsk
Lemberg (Lwiw)
Przemyśl
Rzeszów
Tarnów
Neusandez (Nowy Sącz)
Drogobytsch
Stryj
Galizien
POLEN
LITAUEN
WEISSRUSSLAND
UKRAINE
Bielsko-Biała
Zakopane
Tatra
Gerlsdorfer Spitze
Jablunkapass
Sillein (Žilina)
Niedere Tatra
Neusohl (Banská Bystrica)
Neutra (Nitra)
Prešov
Kaschau (Košice)
Slowakisches Erzgebirge
SLOWAKEI
Beskiden
Karpaten
Waldkarpaten
Uschgorod
Uzsokerpass
Chust
Sathmar (Satu Mare)
Baia Mare
Tokaj
Miskolc
Nyíregyháza
Debrecen
Großwardein (Oradea)
Bihargebirge
Erlau (Eger)
Waitzen (Vác)
Tatabánya
Budapest
Székesfehérvár
Dunaújváros
Kecskemét
Szolnok
Békéscsaba
Szeged
Kiskunhalas
Baja
Fünfkirchen (Pécs)
Subotica
Kaposvár
Nagykanizsa
Keszthely
Plattensee (Balaton)
Bakonywald
Steinamanger (Szombathely)
Ödenburg (Sopron)
Raab (Győr)
UNGARN
Ungarisches Tiefland
Pressburg (Bratislava)
Wien
Sankt Pölten
Wiener Neustadt
Krems
Linz
Steyr
Salzburg
Bad Ischl
Eisenerz
Semmering
Graz
Klagenfurt
Villach
Lienz
Bad Gastein
Kufstein
Innsbruck
Arlberg
Ötztaler Alpen
Hohe Tauern
Niedere Tauern
Großglockner
Zugspitze
Dachstein
ÖSTERREICH
Karawanken
Triglav
Marburg (Maribor)
Laibach (Ljubljana)
SLOWENIEN
Görz (Gorizia)
Udine
Triest
Koper
Rijeka
Opatija
Krk
Cres
Rab
Pag
Lošinj
Velebit
Zadar
Dugi otok
Šibenik
Zagreb
Varaždin
Karlovac
Sisak
Slavonski Brod
Esseg (Osijek)
KROATIEN
Slawonien
Bihać
Banja Luka
Doboj
Tuzla
Zenica
Sarajevo
BOSNIEN-HERZEGOWINA
Neusatz (Novi Sad)
Belgrad (Beograd)
Šabac
Valjevo
Kragujevac
Kraljevo
Čačak
Smederevo
Zaječar
Paraćin
SERBIEN
Wojwodina
Banat
Zrenjanin
Kikinda
Vršac
Arad
Temesvar (Timişoara)
Reşiţa
Hunedoara
Caransebeş
Drobeta Turnu Severin
Banater Gebirge
RUMÄNIEN
Meran
Bozen
Südtirol
Dolomiten
Marmolada
Ortler
Bernina
Trient
Belluno
Treviso
Venedig (Venezia)
Chioggia
Vicenza
Padua
Verona
Brescia
Bergamo
Gardasee
Mantua
Parma
Modena
Reggio
Bologna
Ferrara
Ravenna
Forlì
Faenza
Rimini
San Marino
Pesaro
Ancona
Loreto
La Spezia
Carrara
Lucca
Pisa
Livorno
Prato
Florenz (Firenze)
Arezzo
Siena
Toskana
Perugia
Assisi
Piombino
Elba
Grosseto
Viterbo
Tarquinia
Terni
L'Aquila
Macerata
Ascoli Piceno
Pescara
Chieti
Gran Sasso d'Italia
Monte Cimone
Monte Amiata
Apennin
Adriatisches Meer
Po
Donau
Elbe
Oder
Weichsel (Wisła)
Narew
Bug
Warthe
Netze
Theiß
Drau
Save
Mur
Inn
Moldau (Vltava)
Orte
über 1 000 000 Einwohner
500 000 – 1 000 000 Einwohner
100 000 – 500 000 Einwohner
50 000 – 100 000 Einwohner
unter 50 000 Einwohner
Berlin Hauptstadt eines Staates
Den Haag Regierungssitz eines Staates
Eisenbahn
Eisenbahntunnel
Fährverbindung
Autobahn und andere Fernverkehrsstraße
Straßentunnel
Staatsgrenze
Verwaltungsgrenze in Großbritannien
Grenze der Provinzen in Serbien
Grenze gemäß Dayton-Abkommen in Bosnien-Herzegowina
Stausee
Sumpf, Moor
Gletscher
Kanal
1886 Höhenzahl
172 Tiefenzahl
Pass
Meerestiefen
4000 2000 200 0
Landhöhen
0 100 200 500 1000 2000 3000 m
unter 0

1 : 5 000 000 0 50 100 150 200 250 km 1 cm ≙ 50 km

Nordeuropa: Physische Karte

1 : 7 500 000 — 0 50 100 150 200 250 300 350 400 450 500 km — 1 cm ≙ 75 km

webcode: KA640928-070

1 : 5 000 000 0 50 100 150 200 250 km 1 cm ≙ 50 km

webcode: KA640928-071

Italien und Südosteuropa: Physische Karte

8 östl. Länge v. Greenwich

1 : 5 000 000 — 0 50 100 150 200 250 km — 1 cm ≙ 50 km

UKRAINE
MOLDAU
RUMÄNIEN
SERBIEN
KOSOVO
MONTENEGRO
ALBANIEN
MAZEDONIEN
BULGARIEN
GRIECHENLAND
TÜRKEI
Budapest
Miskolc
Tokaj
Nyiregyháza
Debrecen
Szolnok
Kecskemét
Békéscsaba
Szeged
Kiskunhalas
Baja
Subotica
Kikinda
Zrenjanin
Neusatz (Novi Sad)
Belgrad (Beograd)
Šabac
Smederevo
Valjevo
Kragujevac
Čačak
Kraljevo
Paraćin
Zaječar
Niš
Pirot
Novi Pazar
Kosovska Mitrovica
Priština
Peć
Prizren
Podgorica
Cetinje
Skutari (Shkodër)
Bar
Tirana
Durrës
Elbasan
Berat
Vlorë
Gjirokastër
Korçë
Ohrid
Bitola
Skopje
Kumanovo
Veles
Sathmar (Satu Mare)
Baia Mare
Großwardein (Oradea)
Klausenburg (Cluj-Napoca)
Karlsburg (Alba Iulia)
Arad
Temesvar (Timişoara)
Hunedoara
Hermannstadt (Sibiu)
Neumarkt (Târgu Mureş)
Bistriţa
Kronstadt (Braşov)
Făgăraş
Sinaia
Ploieşti
Piteşti
Râmnicu Vâlcea
Târgu Jiu
Drobeta Turnu Severin
Craiova
Slatina
Alexandria
Giurgiu
Bukarest (Bucureşti)
Buzău
Brăila
Galaţi
Focşani
Bacău
Oneşti
Roman
Iaşi
Botoşani
Suceava
Czernowitz (Tschernowzy)
Chust
Bălţi
Soroki
Chişinău
Tighina
Tiraspol
Dubossary
Balta
Wosnessensk
Nikolajew
Odessa
Belgorod-Dnjestrowski
Ismail
Kilija
Tulcea
Konstanza (Constanţa)
Mamaia
Silistra
Ruse
Dobrič
Warna (Varna)
Sankt Konstantin und Elena
Šumen
Svištov
Pleven
Vraca
Lom
Vidin
Veliko Tărnovo
Gabrovo
Kazanlăk
Sliven
Burgas
Nesebăr
Kap Emine
Jambol
Stara Zagora
Dimitrovgrad
Haskovo
Kărdžali
Plovdiv
Pazardžik
Sofia (Sofija)
Pernik
Kjustendil
Blagoevgrad
Edirne
Kirklareli
Lüleburgaz
Tekirdağ
Keşan
İstanbul
İstanbul-Üsküdar
Şile
İzmit
Adapazari
Gemlik
İznik
Bursa
Bandirma
Çanakkale
Troja
Balikesir
Edremit
Pergamon
Bergama
Akhisar
Manisa
İzmir
Sardes
Salihli
Uşak
Afyon-karahisar
Kütahya
Eskişehir
Simav
Dinar
Denizli
Aydin
Ephesus
Söke
Milet
Muğla
Bodrum
Marmaris
Fethiye
Kaş
Elmali
Rhodos
Karpathos
Xanthi
Alexandrupolis
Kawala
Philippi
Serres
Saloniki (Thessaloniki)
Chalkidike
Edessa
Kastoria
Trikala
Larisa
Wolos
Lamia
Agrinion
Mesolongion
Delphi
Theben
Athen (Athinä)
Piräus
Megara
Korinth
Patras
Olympia
Argos
Mykenä
Nafplion
Sparta
Mistra
Kalamä
Pilos
Pirgos
Ioannina
Arta
Korfu
Kerkira
Lefkas
Kefallinia
Sakinthos
Thasos
Samothraki
Imroz
Limnos
Lesbos
Chios
Samos
Ikaria
Patmos
Kos
Skiros
Euböa
Chalkis
Ägina
Kea
Kithnos
Andros
Tinos
Mykonos
Delos
Paros
Naxos
Milos
Santorin
Astipaläa
Kithira
Kreta
Chania
Rethimnon
Iraklion
Knossos
Sitia
Kap Sideros
Kap Maleas
Kap Tänaron
Karpaten
Waldkarpaten
Ostkarpaten
Südkarpaten
Banater Gebirge
Bihargebirge
Siebenbürgen
Banat
Walachei
Moldau
Bessarabien
Dobrudscha
Balkan
Rila
Pirin
Rhodopen
Thrakien
Makedonien
Istrancagebirge
Pindos
Thessalien
Epirus
Peloponnes
Attika
Ungarisches Tiefland
Großes
Wojwodina
Albanische Alpen
Kopaonik
Schargebirge
Kaz Dağ
Uludağ
Boz Dağ
Donau
Donaudelta
Theiß
Dnjestr
Pruth
Sereth
Mureş
Olt
Argeş
Jalomiţa
Morava
Drin
Vardar
Strymon
Maritza
Tundža
Iskăr
Jiu
Timiş
Sakarya
Büyük Menderes
Bosporus
Dardanellen
Schwarzes Meer
Marmarameer
Ägäisches Meer
Ionisches Meer
Ionische Inseln
Straße von Otranto
Thermaischer Golf
Golf von Saros
Golf von Patras
Golf von Korinth
Golf von İzmir
Nördliche Sporaden
Südliche Sporaden
Kykladen
Skutarisee
Ohridsee
Mindra 2529
Moldoveanul 2543
Rotenturm-pass 352
Predeal 1051
Botev 2376
Schipkapass 1330
Musala 2925
Olymp 2911
Timfristos 2315
Parnaß 2457
Ida 2456
Thermopylen
Eisenbahn
Eisenbahntunnel
Fährverbindung
Autobahn und andere Fernverkehrsstraße
Straßentunnel
Kanal
Pass
Stausee
Sumpf, Moor
Salzbecken
Gletscher
Höhenzahl
Tiefenzahl
Ruinenstätte
Grenze gem. Dayton-Abkommen in Bosnien-Herzegowina
Grenze der Provinzen in Serbien
Landhöhen
0 100 200 500 1000 2000 3000 m

Spanien und Portugal: Physische Karte

Orte
über - 1 000 000 Einwohner
500 000 - 1 000 000 Einwohner
100 000 - 500 000 Einwohner
50 000 - 100 000 Einwohner
unter - 50 000 Einwohner
Madrid Hauptstadt eines Staates
Eisenbahn
Autobahn und andere Fernverkehrsstraße
Kanal
Stausee
Sumpf, Moor
Salzbecken
1919 Höhenzahl
2136 Tiefenzahl
Pass
Staatsgrenze
Landhöhen
Meerestiefen
ATLANTISCHER OZEAN
Golf von Biskaya
Golfe du Lion
Mittelmeer
Balearen
SPANIEN
PORTUGAL
FRANKREICH
MAROKKO
ALGERIEN
Pyrenäen
Kantabrisches Gebirge
Iberisches Randgebirge
Kastilisches Scheidegebirge
Sierra Morena
Sierra Nevada
Madrid
Lissabon (Lisboa)
Barcelona
Valencia
Sevilla
Porto
Algier
Straße von Gibraltar

Griechenland und die Türkei: Physische Karte

1 : 7 500 000
1 cm ≙ 75 km

Europa

Osteuropa: Physische Karte

Orte
über 1000 000 Einwohner
500 000 – 1000 000 Einwohner
100 000 – 500 000 Einwohner
50 000 – 100 000 Einwohner
unter 50 000 Einwohner
Moskau Hauptstadt eines Staates
Staatsgrenze
Eisenbahn
Fährverbindung
Autobahn und andere Fernverkehrsstraße
Kanal
Stausee
Sumpf
Salzsumpf
Gletscher
2663 Höhenzahl
2211 Tiefenzahl
Meerestiefen
2000 m
200
0
Landhöhen
unter 0
0
100
200
500
1000
2000
3000 m
© Cornelsen
20 östl. Länge von Greenwich
NORWEGEN
SCHWEDEN
DÄNEMARK
FINNLAND
ESTLAND
LETTLAND
LITAUEN
WEISSRUSSLAND
DEUTSCHLAND
POLEN
TSCHECH. REPUBLIK
SLOWAKEI
ÖSTERREICH
UNGARN
SLOW.
KROATIEN
BOSNIEN-HERZEGOWINA
SERBIEN
MONTENEGRO
KOSOVO
RUMÄNIEN
MOLDAU
UKRAINE
BULGARIEN
GRIECHENLAND
ITALIEN
Ostsee
Skagerrak
Nordsee
Finnischer Meerbusen
Rigaischer Meerbusen
Adriatisches Meer
Schwarzes Meer
Pontisches Gebirge
Karpaten
Ostkarpaten
Südkarpaten
Siebenbürgen
Walachei
Dinarisches Gebirge
Alpen
Sudeten
Erzgebirge
Pripjet-Sümpfe
Wolhynien
Podolische Platte
Galizien
Masuren
Ostpreußen
Pommern
Bessarabien
Dobrudscha
Rhodopen
Sankt Petersburg
Helsinki
Stockholm
Tallinn (Reval)
Riga
Wilna (Vilnius)
Minsk
Kiew
Berlin
Kopenhagen (København)
Warschau (Warszawa)
Prag (Praha)
Wien
Pressburg (Bratislava)
Budapest
Laibach (Ljubljana)
Zagreb
Sarajevo
Belgrad
Podgorica
Priština
Bukarest
Chişinău
Sofia (Sofija)
Istanbul
Odessa

1 : 7 500 000 0 50 100 150 200 250 300 350 400 450 500 km 1 cm ≙ 75 km

Europa: Klima

① Temperaturen im Januar

② Temperaturen im Juli

Temperaturen

- unter -15 °C
- -15 ° – -10 °C
- -10 ° – -5 °C
- -5 ° – 0 °C
- 0 ° – 5 °C
- 5 ° – 10 °C
- 10 ° – 15 °C
- 15 ° – 20 °C
- 20 ° – 25 °C
- 25 ° – 30 °C
- 30 ° – 35 °C
- über 35 °C

Regionale Windsysteme

- Kalte Winde
- Heiße Winde

1 : 35 000 000 1 cm ≙ 350 km
0 500 1000 km

③ Verteilung der Jahresniederschläge

Jahresniederschläge im langjährigen Mittel

- über 2000 mm
- 1000 – 2000 mm
- 500 – 1000 mm
- 250 – 500 mm
- unter 250 mm

Prag Niederschläge zu allen Jahreszeiten, Maximum im Sommer

Rize Niederschläge zu allen Jahreszeiten, Maximum im Herbst oder Winter

Tunis Niederschläge besonders im Herbst und Winter, Sommer trocken

C 10 D westl. 0 östl. Länge v. Greenwich E 10 F 20 G 30 H 40 J 50 K

1 : 30 000 000 0 500 1000 1500 km 1 cm ≙ 300 km

④ Europa während der letzten Eiszeit (Weichsel-/Würmeiszeit)

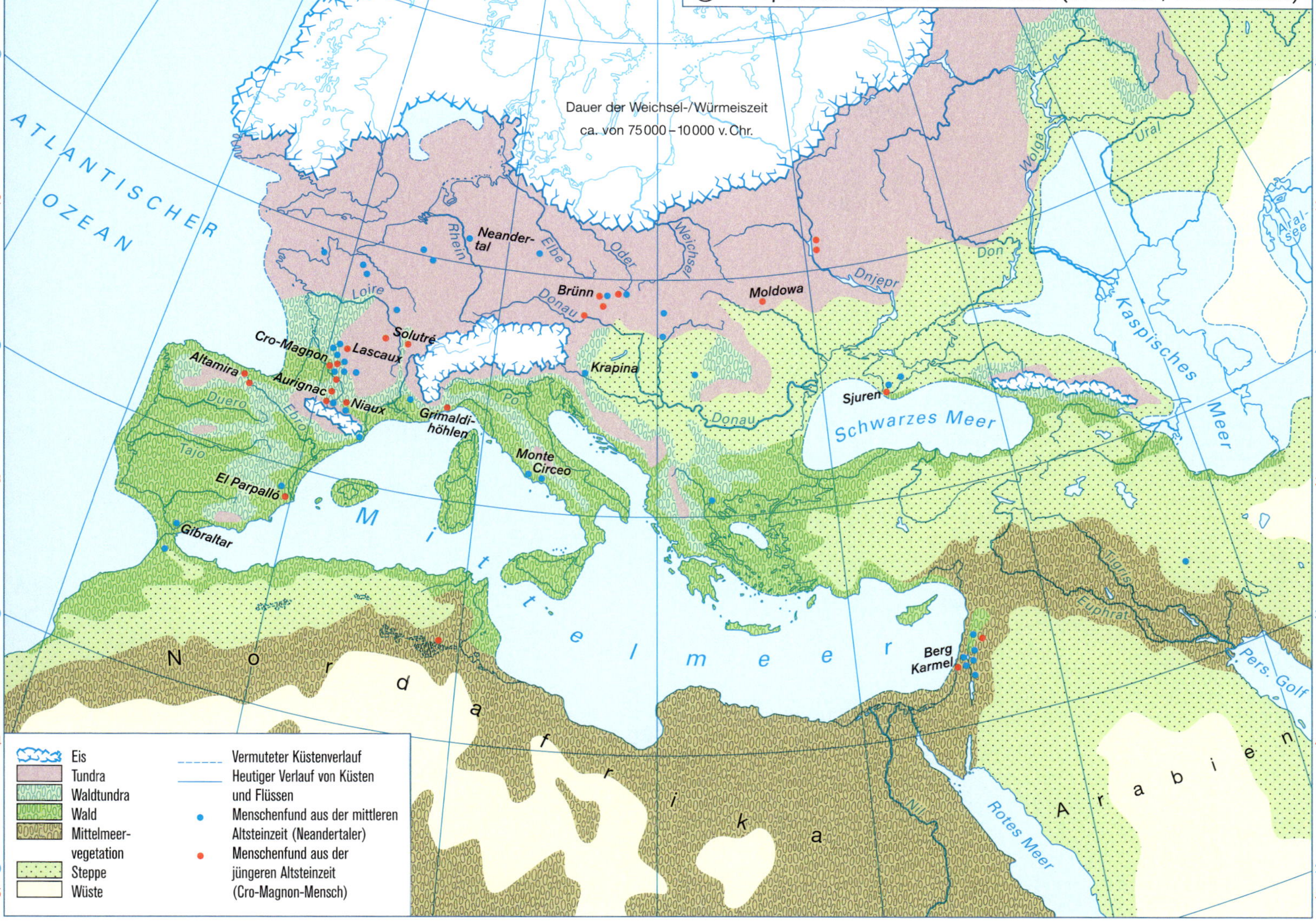

⑤ Klimazonen (nach Troll und Paffen)

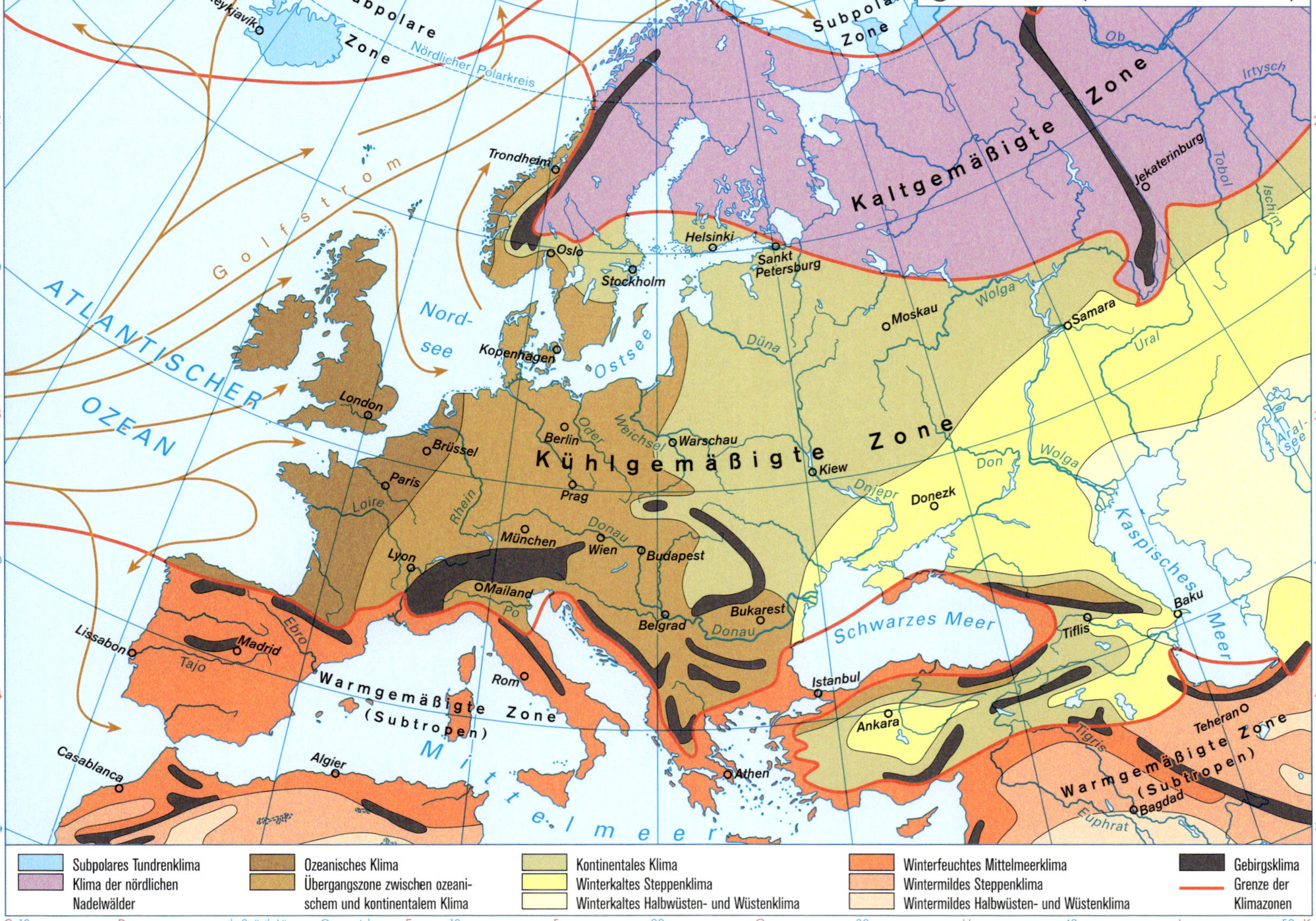

1 : 30 000 000 — 0 500 1000 1500 km — 1 cm ≙ 300 km

Europa: Wirtschaftskarte

1 : 15 000 000   0 100 200 300 400 500 600 700 800 900 1000 km   1 cm ≙ 150 km

Barentssee
Vadsö
Kirkenes
Nikel
Murmansk
Kirowsk
Kandalakscha
Weißes Meer
Archangelsk
Oulu
Kuopio
Petrosawodsk
Onegasee
Ladogasee
Helsinki
Sankt Petersburg
Kirischi
Tallinn
Tscherepowez
Riga
Narjan-Mar
Inta
Uchta
Syktywkar
Kotlas
Beresowo
Serginy
Polunotschnoje
Serow
Beresniki
Nischni Tagil
Jekaterinburg
Perm
Kirow
Ischewsk
Kasan
Nab. Tschelny
Ufa
Slatoust
Magnitogorsk
Tscheljabinsk
"Drittes Baku"
Surgut
Nefte-jugansk
Tobolsk
Tjumen
Kurgan
Omsk
Irtysch
Kustanai
Astana
Arkalyk
Baikonur
Jaroslawl
Iwanowo
Twer
Moskau
Nischni Nowgorod
Rjasan
Tula
Smolensk
Nowopolozk
Wilna
Minsk
Brjansk
Lipezk
Woronesch
Pensa
Togliatti
Samara
"Zweites Baku"
Salawat
Sysran
Balakowo
Orenburg
Orsk
Aktobe
Saratow
Aralsk
Dschussaly
Syr-Darja
Aralsee
Brest
Mosyr
Tschernobyl
Gomel
Kursk
Rowno
Kiew
Charkow
Lemberg
Winniza
Chmelnizki
Krementschug
Dnjepropetrowsk
Lugansk
Donezk
Sapor.
Kriwoi Rog
Nikolajew
Odessa
Chişinău
Mariupol
Rostow
Wolgograd
Atyrau
Nukus
Urgentsch
Astrachan
Kaspisches Meer
Aktau
Darwasa
Krasnodar
Stawropol
Maikop
Grosny
Kertsch
Sewastopol
Noworossiisk
Sotschi
Turkmenbaschi
Balkanabad
Aschgabad
Klausenburg
Kronstadt
Ploieşti
Bukarest
Konstanza
Warna
Burgas
Sofia
Plovdiv
Saloniki
Schwarzes Meer
Kutaissi
Tiflis
Gjandscha
Baku
Batumi
Göktaş
Eriwan
Täbris
Rescht
Teheran
Samsun
Zonguldak
Istanbul
Izmit
Bursa
Ankara
Erzurum
Divriği
Guleman
Elâzığ
Ergani
Batman
Kayseri
Athen
Izmir
Konya
Adana
Antalya
Fethiye
Rhodos
Kreta
Nikosia
Zypern
Mosul
Kirkuk
Kum
Kermanschah
Isfahan
Jesd
Halab
Homs
Tripoli
Beirut
Damaskus
Bagdad
Disful
Ahwas
Agha Jari
Gach Saran
Schiras
Abadan
Basra
Buschir
Kuwait
Burgan
Safaniya
Kangan
Persischer Golf
Ras-Tanura
Nedschef
Euphrat
Haifa
Tel Aviv-Jaffa
Amman
Al-Dschauf
Port Said
Sueskanal
Sues
Alexandria
Kairo
Tobruk
Brega
Wolga
Don
Dnjepr
Donau
Ural

Europa: Verkehr

Straßen
- Autobahn
- Fernverkehrsstraße
- (NL) Internationales Autokennzeichen

Eisenbahnstrecken
- Hochgeschwindigkeitsstrecke
- andere Eisenbahnstrecke

- Schiffbarer Fluss
- Kanal
- Nicht schiffbarer Fluss
- Fährverbindung

Seehäfen (Umschlag)
- über 100 Mio. t
- über 40 Mio. t
- unter 40 Mio. t

Binnenhäfen (Umschlag)
- über 40 Mio. t
- unter 40 Mio. t

Flughäfen
- Internationaler Großflughafen
- Zielflughafen in Fremdenverkehrsgebieten

Passagiere
- über 10 Mio.
- unter 10 Mio.

westl. 0 östl. Länge v. Greenwich

1 : 17 500 000 — 0 250 500 750 1000 km — 1 cm ≙ 175 km

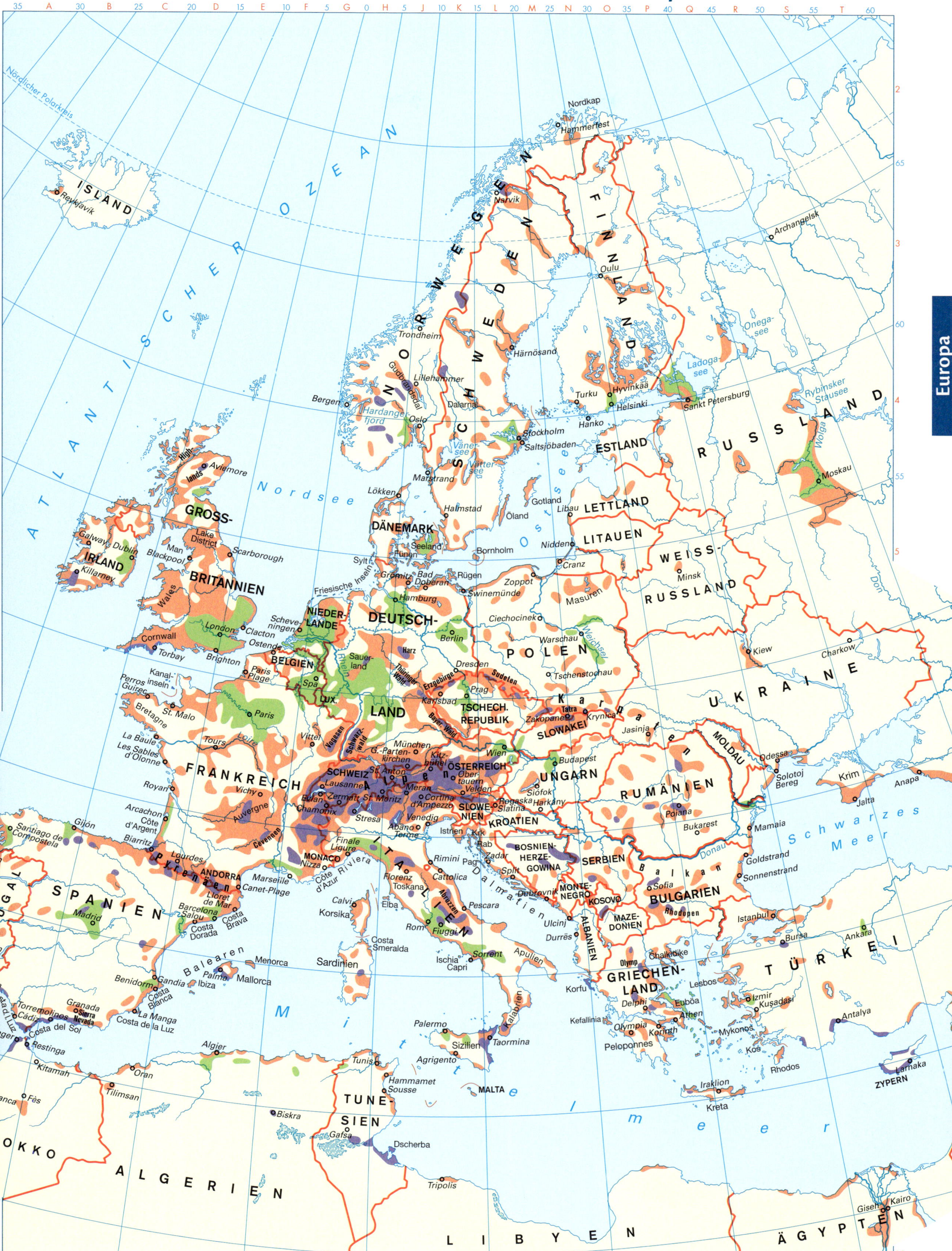

Gebiete mit Fremdenverkehr vorwiegend in der Sommersaison	Gebiete mit ganzjährigem Fremdenverkehr (Hohe Anzahl von Gästen vorwiegend in der Sommer- und Wintersaison)
Naherholungsgebiet	Staatsgrenze

Die Intensität des Fremdenverkehrs kann Schwankungen unterworfen sein, die abhängig sind von den politischen und wirtschaftlichen Verhältnissen in den einzelnen Regionen.

westl. 0 östl. Länge v. Greenwich

1 : 17 500 000 — 0 250 500 750 1000 km — 1 cm ≙ 175 km

Blickpunkt Migration

Ende 2010 gab es 43,7 Millionen Menschen, die ihre Heimat verlassen hatten. Personen, die ihren Wohnsitz für kurze Zeit oder für immer in ein anderes Land verlegen, bezeichnen wir als Migranten. Meist wandern sie aus, um in einem anderen Land Arbeit zu finden. Flüchtlinge werden zur Flucht gezwungen, weil der Staat ihnen keinen Schutz mehr gibt, sei es in Kriegen oder bei Naturkatastrophen. Oft werden Menschen auch wegen ihrer Religion oder politischen Anschauung verfolgt. Flüchtlinge sind durch Abkommen geschützt, sobald sie eine internationale Grenze überqueren. Verlassen sie aber nur ihre Heimatregion und bleiben in ihrem Heimatstaat, gelten sie als Binnenvertriebene.

1 Auf der Suche nach Arbeit zu Beginn des 21. Jahrhund…

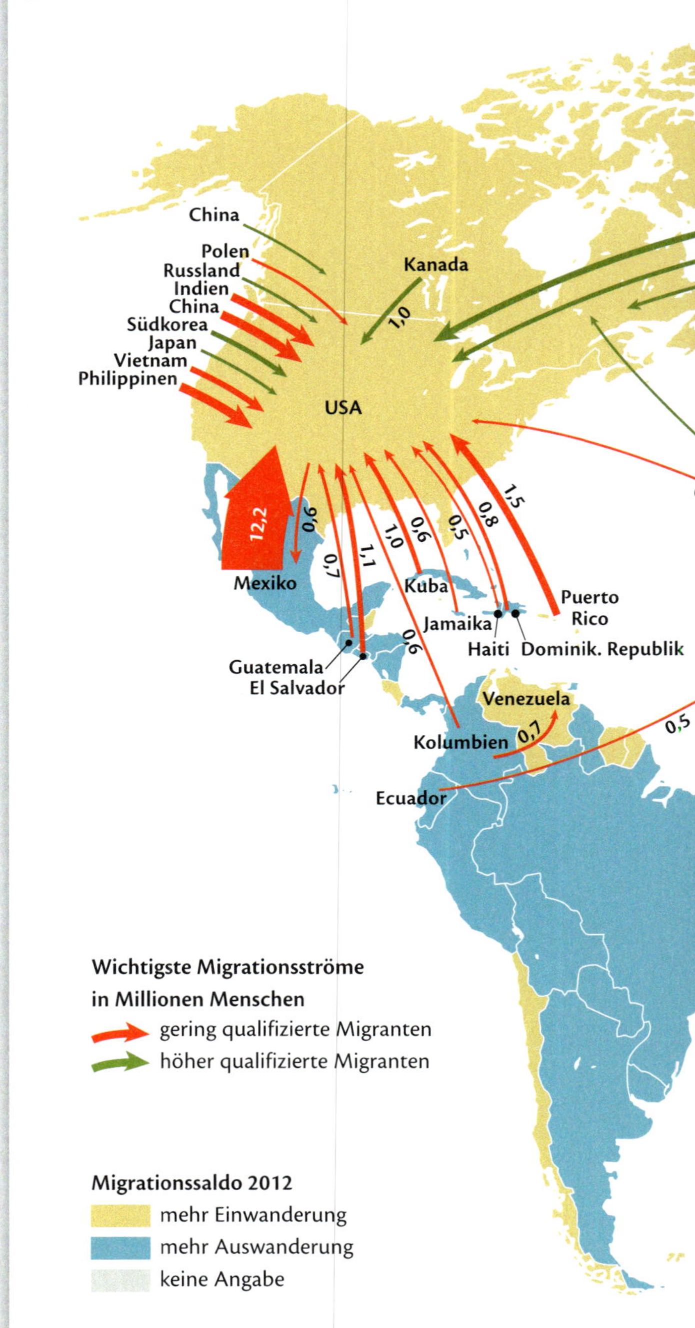

2 Migranten in Deutschland

Die größten Gruppen von Menschen mit Migrationshintergrund 2012

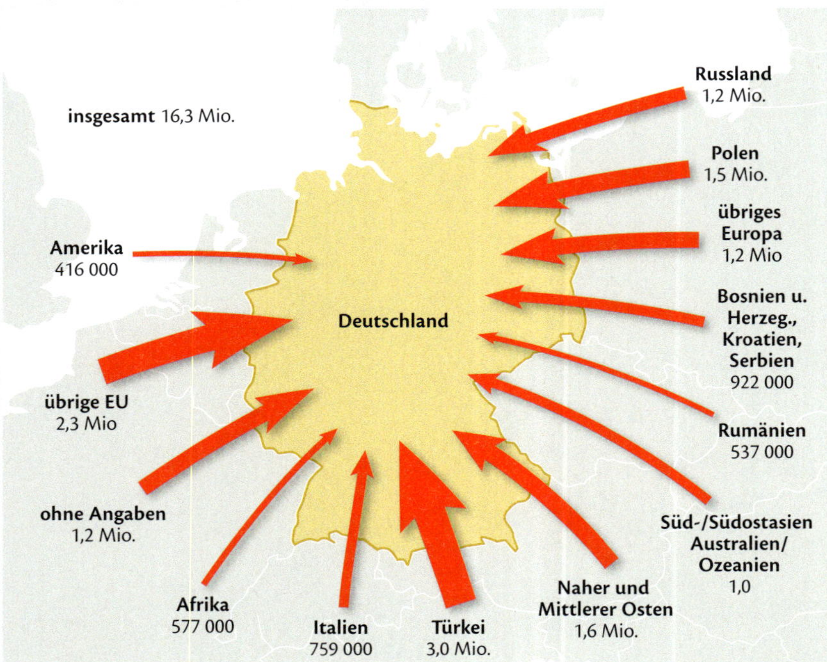

Quelle: Statistisches Bundesamt

3 Bevölkerungszusammensetzung der größten europäischen Staaten 2013

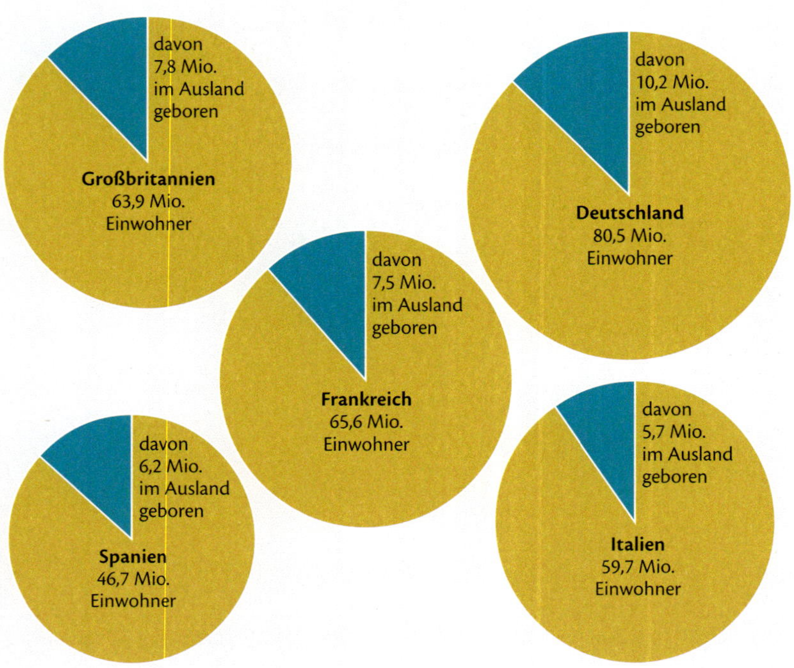

Quelle: Eurostat

4 Auslandsflüchtlinge 2010

Länder mit den größten Gruppen an Auslandsflüchtlingen

Herkunftsländer			Aufnahmeländer
Afghanistan	3,05 Mio.	1,74 Mio.	Pakistan
Irak	1,68 Mio.	1,07 Mio.	Iran
Somalia	770 000	1,05 Mio.	Syrien
Dem. Rep. Kongo	477 000	594 000	Deutschland
Sudan	379 000	451 000	Jordanien
Vietnam	339 000	359 000	Kenia
Myanmar	216 000	338 000	Tschad
Eritrea	205 000	301 000	USA
China	185 000	275 000	China
Serbien	183 000	269 000	Großbritannien
Zentralafr. Rep	163 000	229 000	Bangladesch
Türkei	147 000	201 000	Venezuela
Sri Lanka	141 000	196 000	Frankreich
Angola	135 000	186 000	Sudan
Ruanda	115 000	186 000	Dem. Rep. Kongo

0 0,5 1,0 1,5 2,0 2,5 3,0 3,5 2,0 1,5 1,0 0,5 0

Quelle: United Nations (UNHCR)

webcode: KA640928-084

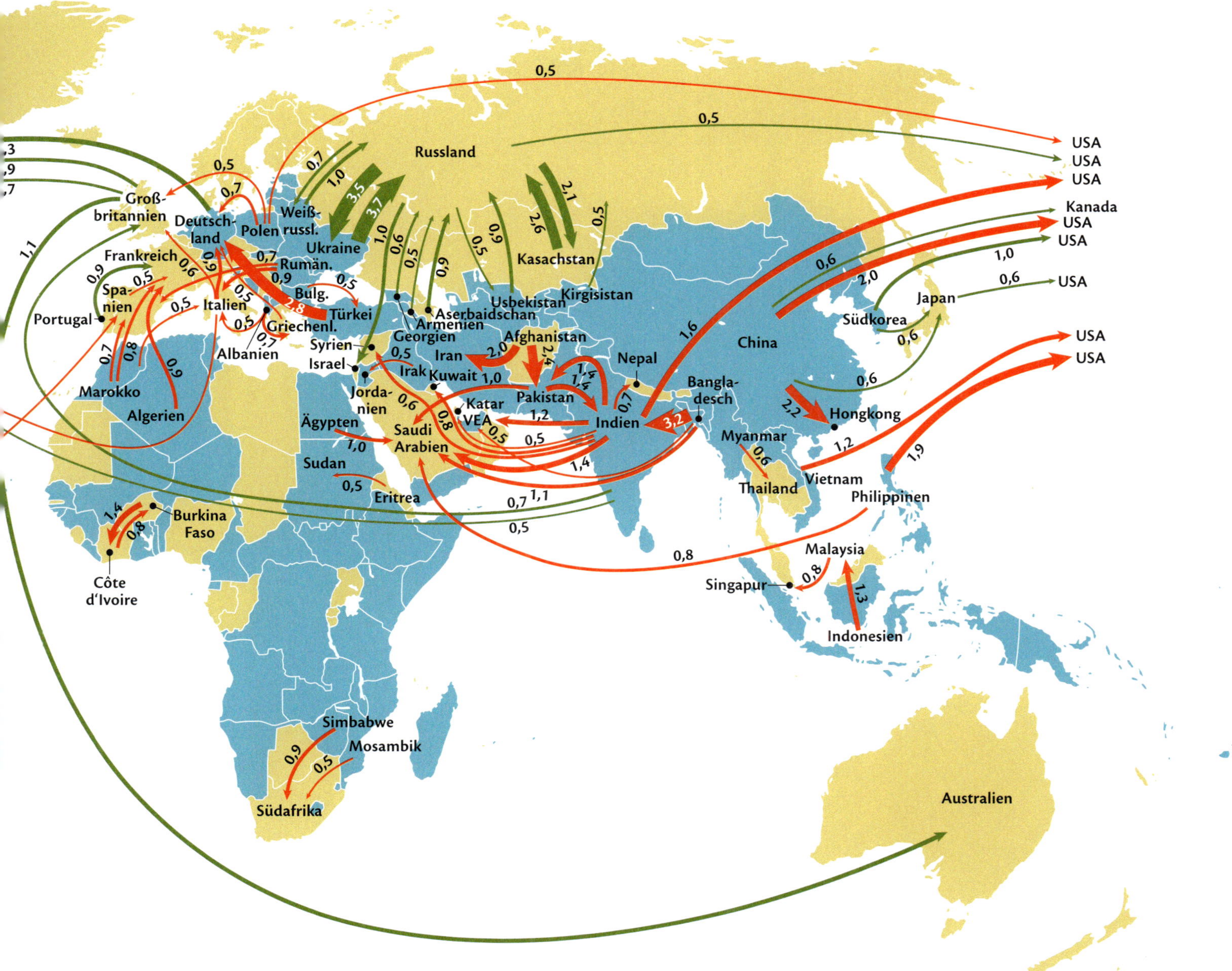

Maßstab 1:95 000 000

Quelle: United Nations (International Migrant Stock)

5 Binnenflüchtlinge Ende 2013

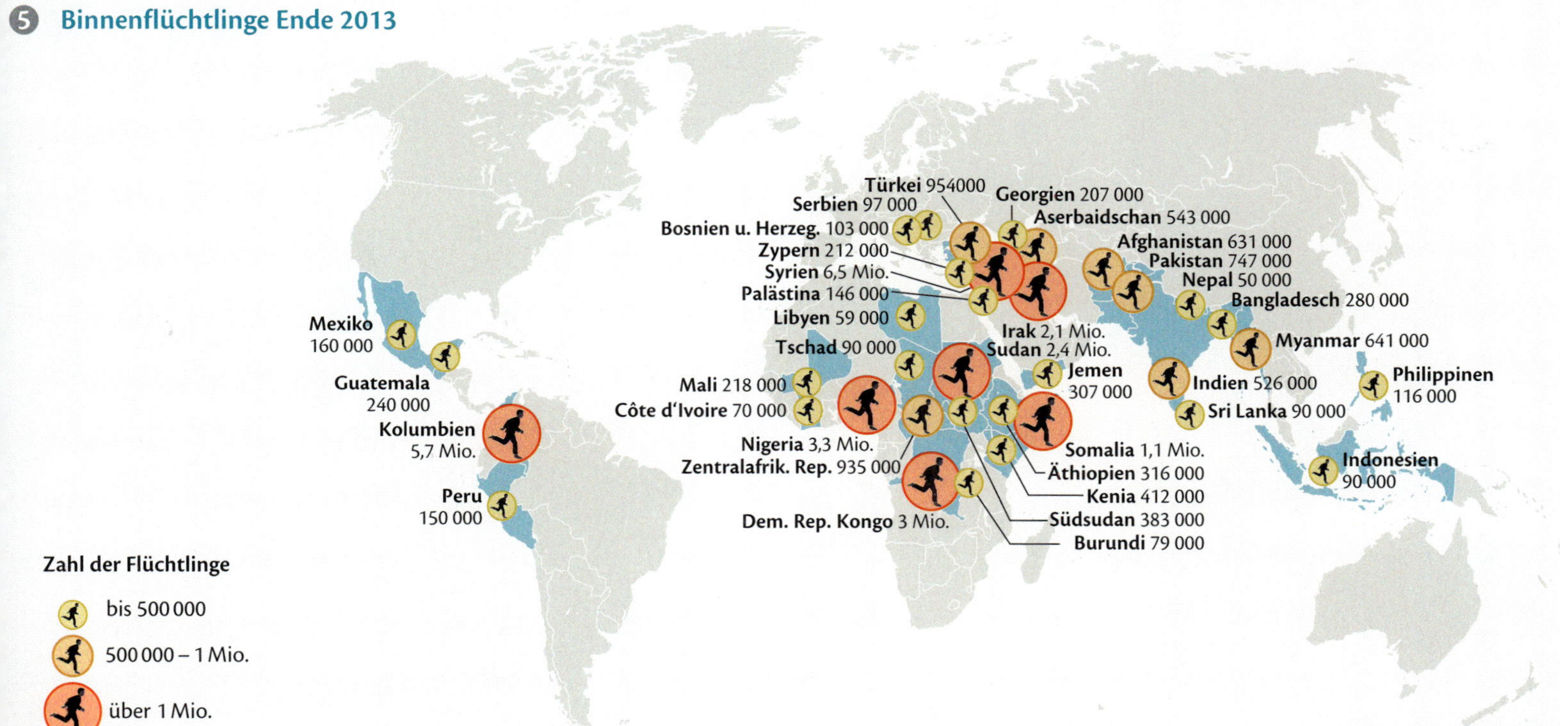

Maßstab 1:170 000 000

Quelle: Internal Displacement Monitoring Centre (IDMC)

Osteuropa und Nordasien: Physische Karte

webcode: KA640928-086

Nordpolarmeer
Laptewsee
Ostsibirische See
Beringmeer
Ochotskisches Meer
Japanisches Meer
Sewernaja Semlja
Oktober-Revolution-Insel
Bolschewik-Insel
Komsomolez-Insel
Kap Tscheljuskin
Wilkizkistraße
Neusibirische Inseln
De-Long-Inseln
Anschuinseln
Neusibirien
Kotelny
Ljachow-Inseln
Dmitri-Laptew-Straße
Wrangel-Insel
De-Long-Straße
Tschuktschensee
Kap Deschnew
Beringstraße
Alaska (zu USA)
Nome
Prowidenija
Tschuktschen-Halbinsel
Sankt-Lorenz-Insel (zu USA)
Nunivak-Insel
Anadyrgolf
Anadyr
Anadyrgebirge
Kap Schelagski
Pewek
Kap Nawarin
Nischnekolymsk
Anjuigebirge
Markowo
Korjakengebirge
Kap Oljutorski
Kamenskoje
Korf
Karaginski-Insel
Karaginski-Golf
Kolymagebirge
Omolon
Tabor
Srednekolymsk
Kolyma
Indigirka
Taimyr
Byrrangagebirge
Taimyrsee
Nordsibirisches Tiefland
Chatanga
Tixi
Lena
Olenek
Kasatschje
Jana
Tscherskigebirge
Pobeda
Oimjakon
Orotukan
Ust-Omtschug
Magadan
Schelichowgolf
Palana
Kap Tolstoi
Kamtschatka
Ust-Kamtschatsk
Kommandeur-Inseln
Kljutschewskaja Sopka
Petropawlowsk-Kamtschatski
Kap Lopatka
Paramuschir
Oktjabrski
Werchojansker Gebirge
Werchojansk
Sangar
Schigansk
Chandyga
Aldan
Ochotsk
Putoranagebirge
Noril'sk
Mittelsibirisches Bergland
Nördlicher Polarkreis
Wiljui
Wiljuisk
Jakutsk
Ust-Maja
Maja
Dschugdschurgebirge
Ajan
Schantar-Inseln
Ochotskisches Meer
Tura
Untere Tunguska
Mirny
Olekminsk
Olekma
Steinige Tunguska
Jerbogatschen
Witim
Patom-Bergland
Bodaibo
Aldan-Bergland
Stanowoigebirge
Nikolajewsk
Ocha
Alexandrowsk-Sachalinski
Sachalin
Tatarischer Sund
Juschno-Sachalinsk
Kurilen
Urup
Iturup
Kunaschir
La-Pérouse-Straße
Wakkanai
Hokkaido
Asahikawa
Sapporo
Kuschiro
Hakodate
Kirensk
Angara
Ust-Ilimsk
Ust-Kut
Bratsk
Kansk
Stanowoibergland
Tynda
Skoworodino
Amur
Mogotscha
Baikalgebirge
Witimplateau
Jablonowygebirge
Tschita
Baikalsee
Irkutsk
Angarsk
Ulan-Ude
Kjachta
Sljudjanka
Sima
Östlicher Sajan
Kysyl
Tannu-Ola
Mohe
Swobodny
Blagowjeschtschensk
Burejagebirge
Birobidschan
Chabarowsk
Komsomolsk
Sowjetskaja Gawan
Sichote-Alin
Dalneretschensk
Großer Chingan
Kleiner Chingan
Pehan
Tsitsikar
Chailar
Mandschuli
Tschoibalsan
Jerhschin
Kiamusze
Charbin
Mandschurei
Mutankiang
Ussurijsk
Nachodka
Wladiwostok
Kirin
Tschangtschun
Tschöngdschin
Ulan-Bator
Karakorum
Selenga
Orchon
Kerulen
Changaigebirge
Mongolei
Mongolischer Altai
Gobi-Altai
Gobi
Sainschand
Innere Mongolei
Szeping
Schenjang
Fuschun
Penki
Anschan
Tantung
Tschintschou
Dalian
Pjöngjang
Wönsan
Nord-Korea
Süd-Korea
Seoul
Intschön
Honschu
Japan
Aomori
Akita
Sendai
Niigata
Utsunomija
Tokio
Jokohama
Fudschijama
Nagoja
Kioto
Osaka
Kobe
Hiroschima
Matsue
Kanasawa
Hami
Peischan
Jümen
Nanschan
Wuwei
Xining
Lantschou
Golmud
Kukunor
Qaidam
Jintschuan
Hwangho
Ordos
Huhehot
Paotou
Tatung
Kalgan
Peking
Tientsin
Schihkiatschuang
Taijüan
Hantan
Jenan
Lojang
Tschengtschou
Orte
über 1000000 Einwohner
500000 – 1000000 Einwohner
100000 – 500000 Einwohner
unter 100000 Einwohner
Moskau Hauptstadt eines Staates
Eisenbahn
Autobahn und andere Fernverkehrsstraße
Kanal
Stausee
Sumpf
Salzbecken
Periodischer Fluss
Gletscher
•2562 Höhenzahl
620 Tiefenzahl
Pass
Ruinenstätte
Staatsgrenze
Meerestiefen
6000 4000 2000 200 0
Landhöhen
0 100 200 500 1000 2000 4000 m
unter 0

1 : 20 000 000 0 200 400 600 800 1000 km 1 cm ≙ 200 km

Osteuropa und Nordasien: Geschichte und Politik

① Russland 1462 – 1917

Großfürstentum Moskau 1462	Erwerbungen 1689-1855
Erwerbungen 1462-1592	Erwerbungen 1855-1914
Erwerbungen 1592-1689	Zeitweise besetzte Gebiete vor 1915
Abhängige Gebiete	Kolonisations- und Expeditionswege im 16. und 17. Jahrhundert
Grenze des Russischen Reiches 1914	1901 Wichtige Eisenbahnlinie mit Jahr der Erbauung
Russisches Einflussgebiet 1915	1867 Jahr der Stadt- bzw. Stützpunktgründung

② Die Sowjetunion 1939 – 1989

Grenze der UdSSR 1938	SSR Sozialistische Sowjetrepublik	ASSR Autonome Sozialistische Sowjetrepublik innerhalb einer Unionsrepublik	VR = Volksrepublik
Grenze der UdSSR seit 1945	Grenze einer SSR	Grenze einer ASSR	K. = Kabardino-Balkarische ASSR
Hauptstadt einer Unionsrepublik			T. = Tschetscheno-Inguschische ASSR

N. = Nordossetische ASSR
D. = Dagestanische ASSR
Na. = Nachitschewanische ASSR

1 : 40 000 000 — 0 500 1000 1500 2000 km — 1 cm ≙ 400 km

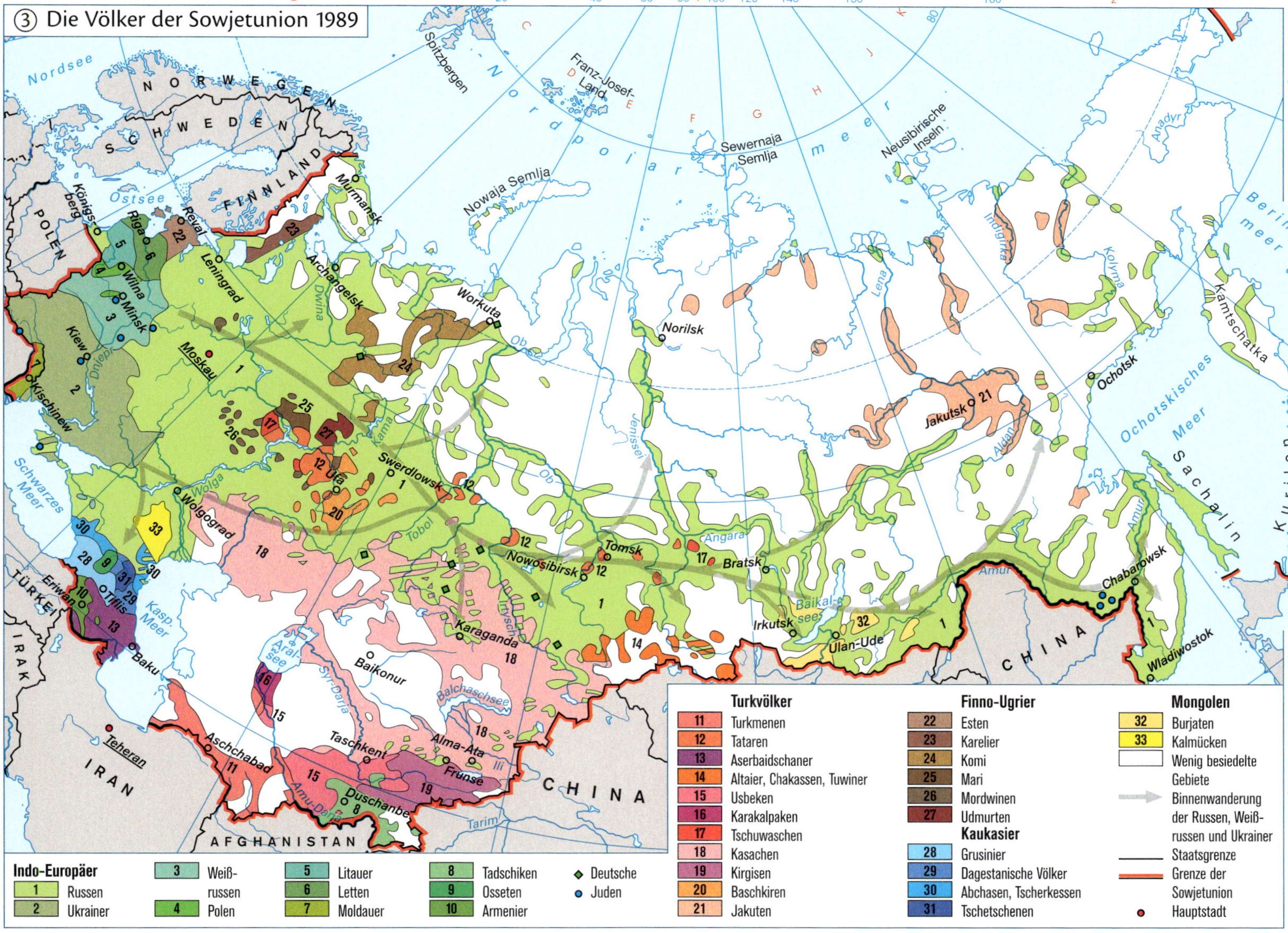

③ Die Völker der Sowjetunion 1989
Nordsee
NORWEGEN
SCHWEDEN
FINNLAND
POLEN
Ostsee
Spitzbergen
Franz-Josef-Land
Nordpolarmeer
Sewernaja Semlja
Neusibirische Inseln
Nowaja Semlja
Murmansk
Archangelsk
Leningrad
Moskau
Riga
Wilna
Minsk
Reval
Königsberg
Kiew
Kischinew
Workuta
Norilsk
Jakutsk
Ochotsk
Ochotskisches Meer
Beringmeer
Kamtschatka
Sachalin
Kurilen
Swerdlowsk
Ufa
Wolgograd
Nowosibirsk
Tomsk
Bratsk
Irkutsk
Baikalsee
Ulan-Ude
Chabarowsk
Wladiwostok
Schwarzes Meer
Kasp. Meer
Aralsee
Karaganda
Baikonur
Balchaschsee
Alma-Ata
Frunse
Taschkent
Duschanbe
Aschchabad
Eriwan
Tiflis
Baku
Teheran
TÜRKEI
IRAK
IRAN
AFGHANISTAN
CHINA
Indo-Europäer
1 Russen
2 Ukrainer
3 Weißrussen
4 Polen
5 Litauer
6 Letten
7 Moldauer
8 Tadschiken
9 Osseten
10 Armenier
Deutsche
Juden
Turkvölker
11 Turkmenen
12 Tataren
13 Aserbaidschaner
14 Altaier, Chakassen, Tuwiner
15 Usbeken
16 Karakalpaken
17 Tschuwaschen
18 Kasachen
19 Kirgisen
20 Baschkiren
21 Jakuten
Finno-Ugrier
22 Esten
23 Karelier
24 Komi
25 Mari
26 Mordwinen
27 Udmurten
Kaukasier
28 Grusinier
29 Dagestanische Völker
30 Abchasen, Tscherkessen
31 Tschetschenen
Mongolen
32 Burjaten
33 Kalmücken
Wenig besiedelte Gebiete
Binnenwanderung der Russen, Weißrussen und Ukrainer
Staatsgrenze
Grenze der Sowjetunion
Hauptstadt

④ Osteuropa und Nordasien heute
Nordsee
NORWEGEN
SCHWEDEN
FINNLAND
POLEN
ESTLAND
LETTLAND
LITAUEN
WEISSRUSSLAND
UKRAINE
MOLDAU
Tallinn
Riga
Wilna
Minsk
Kiew
Chişinău
Sankt Petersburg
Moskau
Karelien
Komi
Mari El
Udmurtien
Komi-Permjaken
Tatarstan
Baschkortostan
Kalmückien
Adygea
Dagestan
GEORGIEN
ARMENIEN
ASERBAIDSCHAN
Tiflis
Eriwan
Baku
RUSSISCHE FÖDERATION
Sacha-Jakutien
Burjatien
Chakassien
Gorno-Altai
Tuwa
KASACHSTAN
Astana
Karaganda
Baikonur
Almaty
TURKMENISTAN
Aschgabad
USBEKISTAN
Taschkent
KIRGISISTAN
Bischkek
TADSCHIKISTAN
Duschanbe
AFGHANISTAN
Kabul
PAKISTAN
Islamabad
MONGOLEI
Ulan-Bator
CHINA
JAPAN
IRAN
Teheran
TÜRKEI
IRAK
Grenze der ehemaligen Sowjetunion
Grenzen der GUS-Staaten (Gemeinschaft Unabhängiger Staaten)
Grenzen der Republiken
Übrige Staatsgrenzen
Hauptstadt
Konfliktherd
Republiken innerhalb der Russischen Föderation
① Karatschajewo-Tscherkessien
② Kabardino-Balkarien
③ Nordossetien
④ Inguschien
⑤ Tschetschenien
⑥ Mordwinien
⑦ Tschuwaschien

1 : 40 000 000 — 0 500 1000 1500 2000 km — 1 cm ≙ 400 km

Asien: Physische Karte

60 östl. Länge von Greenwich

1 : 70 000 000 0 1000 2000 3000 km 1 cm ≙ 700 km

webcode: KA640928-090

③ Physische Karte
Grönland
(dän., Selbstverwaltung)
Nordpol
Nordpolarmeer
Eurasienbecken
Lomonossowrücken
Spitzbergen
(norw.)
Longyearbyen
Franz-Josef-Land
Sewernaja Semlja
Kap Tscheljuskin
Nowaja Semlja
Barentssee
Karasee
Laptewsee
Neusibirische Inseln
Ostsibirische See
Wrangelinsel
Kap Deschnew
Anadyrgebirge
Anadyr
Anadyrgolf
Sankt-Lorenz-Insel
(zu USA)
Beringmeer
Aleutengraben
Kamtschatka
Petropawlowsk-Kamtschatski
Kap Oljutorski
Kap Lopatka
Ochotskisches Meer
Ochotsk
Magadan
Kolymagebirge
Tscherskigebirge
Werchojansker Gebirge
Werchojansk
Srednekolymsk
Oimjakon
Tiksi
Nordwik
Chatanga
Dickson
Taimyr
Norilsk
Turuchansk
Jamal
Workuta
Salechard
Murmansk
Halbinsel Kola
Archangelsk
Westsibirisches Tiefland
Surgut
Kirow
Perm
Serow
Tobolsk
Kasan
Jekaterinburg
Ufa
Samara
Tscheljabinsk
Magnitogorsk
Orenburg
Omsk
Nowosibirsk
Nowokusnezk
Barnaul
Jenisseisk
Krasnojarsk
Bratsk
Kirensk
Irkutsk
Ulan-Ude
Tschita
Jablonowygebirge
Stanowoigebirge
Aldan
Jakutsk
Olekminsk
Bodaibo
Skoworodino
Blagoweschtschensk
Komsomolsk
Chabarowsk
Nikolajewsk
Ajan
Dschugdschurgebirge
Sachalin
Juschno-Sachalinsk
Kurilen
Kurilen-Kamtschatka-Graben
Sapporo
Hokkaido
Hakodate
Japangraben
Aomori
Akita
Sendai
Niigata
Tokio
Yokohama
Nagoja
Osaka
Kioto
Kobe
Hiroschima
Schikoku
Kumamoto
Kiuschu
Kitakiuschu
Honschu
Japanisches Meer
Wladiwostok
Ussurijsk
Sichote-Alin
Tschöngdschin
Charbin
Kirin
Tsitsikar
Großer Chingan
Mandschurei
Tschangtschun
Schenjang
Fuschun
Anschan
Pjöngjang
NORD-KOREA
SÜD-KOREA
Seoul
Tägu
Pusan
Dalian
Peking
Tientsin
Tsingtau
Gelbes Meer
Tsinan
Taijuan
Paotou
Huhehot
Hami
Jümen
Urumtschi
Dsungarei
Balchaschsee
Tarbagataigebirge
Semei
Astana
Karaganda
Kasachische Schwelle
KASACHSTAN
Almaty
Bischkek
Taschkent
KIRG.
Tienschan
Pik Pobedy
Tarim
Kaschgar
Tarimbecken
Altyntag
Nanschan
Tsaidam
Kunlun
Tibet
Lhasa
Lantschou
Sining
Xian
Tschengtu
Tschungking
Kunming
Kweijang
Nantschang
Wuhan
Nanking
Schanghai
Hangtschou
Ostchinesisches Meer
Wentschou
Futschou
Taipeh
TAIWAN
Kaohsiung
Formosastraße
Kanton
Hongkong
Macau
Swatou
Liutschou
Nanning
Haikou
Hainan
CHINA
MONGOLEI
Ulan-Bator
Changaigebirge
Mongolischer Altai
Gobi
Altai
Sajangebirge
Tannu-Ola
Kysyl
Abakan
USBEKISTAN
TURKMENISTAN
Aschgabad
Samarkand
TADSCH.
Duschanbe
Pamir
Hindukusch
Herat
Kabul
AFGHANISTAN
Kandahar
Islamabad
Rawalpindi
Srinagar
Karakorum
Lahore
Quetta
Multan
PAKISTAN
Sukkur
Haiderabad
Karachi
Wüste Thar
Ludhiana
Delhi
Neu-Delhi
Agra
Jaipur
Lakhnau
Kanpur
Varanasi
Allahabad
Patna
Kathmandu
NEPAL
Mount Everest
BHUTAN
Dibrugarh
Cherrapunji
Himalaya
BANGLADESCH
Dhaka
Chittagong
Kolkata (Kalkutta)
Jamshedpur
Ahmedabad
Indur
Vadodara
Rajkot
Kathiawar
Surat
Nagpur
Raipur
Cattack
INDIEN
Mumbai (Bombay)
Puna
Haiderabad
Visakhapatnam
Vijayawada
Hubli-Dharwar
Bangalur
Chennai (Madras)
Maisur
Madurai
Jaffna
SRI LANKA
Colombo
Ceylon
Westghats
Ostghats
Golf von Bengalen
Andamanen (ind.)
Nikobaren (ind.)
Lakkadiven (ind.)
MALEDIVEN
Arabisches Meer
Arabisches Becken
Indischer Ozean
MYANMAR
Myitkyina
Mandalay
Naypyidaw
Yangon (Rangun)
Golf von Martaban
Moulmein
THAILAND
Chiengmai
Bangkok
Golf von Thailand
LAOS
Vientiane
VIETNAM
Hanoi
Haiphong
Hué
Qui Nhon
Ho-Tschi-Minh-Stadt
KAMBODSCHA
Pnom Penh
Kap Ca Mau
Landenge von Kra
Malakka
Malaya
George-town
Kuala Lumpur
SINGAPUR
Malakkastraße
Medan
Padang
Sumatra
Palembang
Bandar Lampung
Jakarta
Bandung
Jogjakarta
Semarang
Surabaja
Java
Javasee
Bali
Lombok
Sumbawa
Flores
Sumba
Kleine Sundainseln
Timor
OST-TIMOR
Makassar
Celebes
Manado
Molukkensee
Celebessee
Borneo
Sarawak
Kutsching
Pontianak
Banjarmasin
Sabah
BRUNEI
Bandar Seri Begawan
Kinabalu
MALAYSIA
INDONESIEN
Südchinesisches Meer
Palawan
Sulusee
Zamboanga
Mindanao
Davao
Cebu
Iloilo
Samar
Luzon
Manila
Quezon City
PHILIPPINEN
Philippinenbecken
Luzonstraße
Pazifischer Ozean
Sundagraben
Mentawai-Inseln
Sumpf
Salzsumpf
Korallenriff
Gletscher
•8848 Höhenzahl
4039 Tiefenzahl
Pass
Meerestiefen
8000
6000
4000
2000
200
0
Landhöhen
unter 0
0
100
200
500
1000
2000
4000 m
1 : 35 000 000
0
500
1000
1500
2000 km
1 cm ≙ 350 km
90 östl. Länge von Greenwich

Asien: Politische Entwicklung

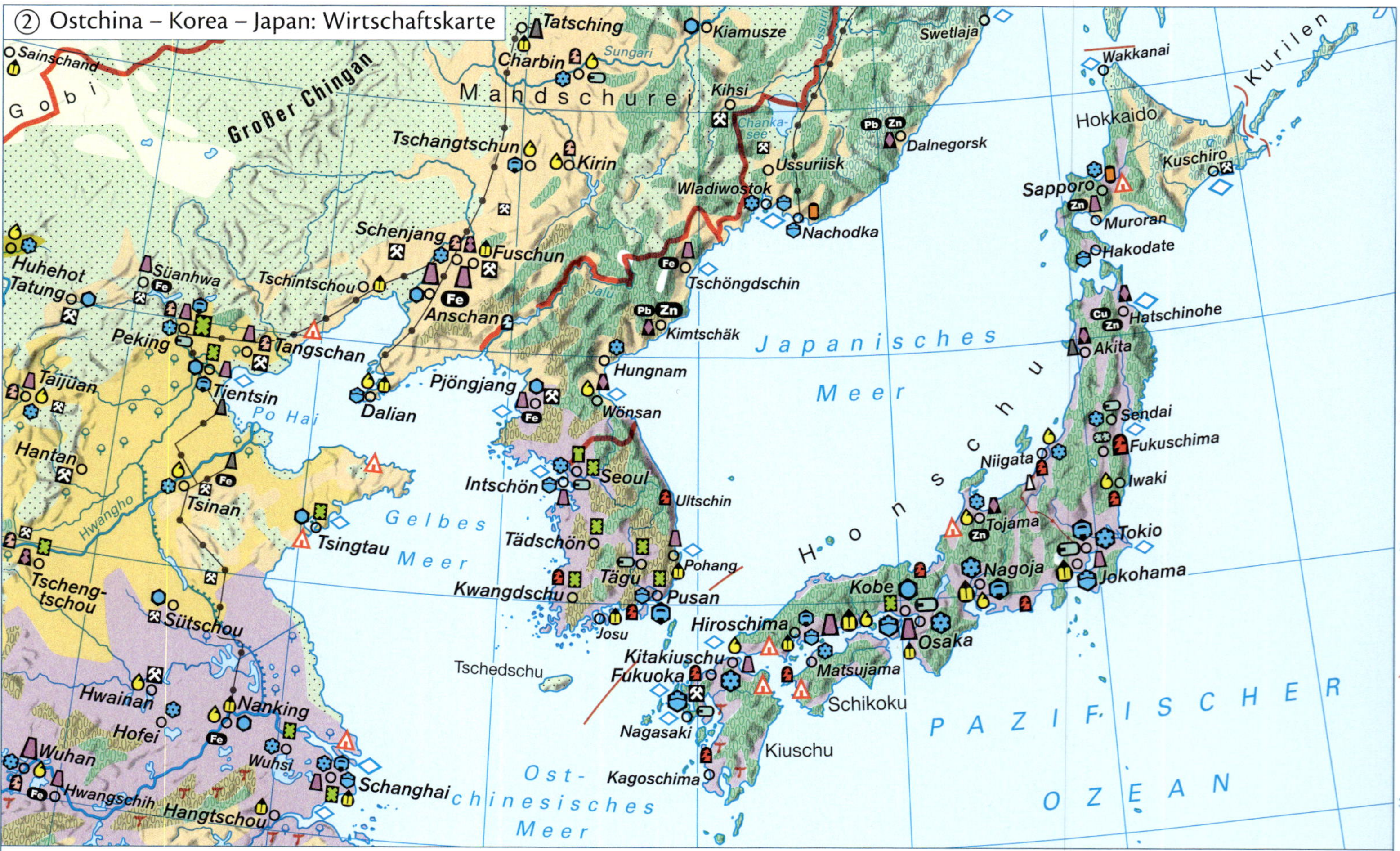

Fels- und Eisregion	Ackerland mit gemischtem Anbau	Tee	Erdölpipeline	**Bergbau**
Nördlicher Nadelwald	Ackerland mit vorwiegend Getreideanbau	Baumwolle	Erdgaspipeline	Steinkohle
Wald der gemäßigten Zone	Reisanbau	Fremdenverkehrsort	Fischereihafen	Erdöl
Steppe	Bewässerungskulturen und Oasen	Staatsgrenze	Wasserkraftwerk	Erdgas
Halbwüste und Wüste			Wärmekraftwerk	Eisenerz
Trocken- und Buschwald			Kernkraftwerk	Zink
				Kupfer
				Blei

Industrie
- Eisenverhüttung und Stahlherstellung
- Buntmetallverhüttung
- Aluminiumherstellung
- Maschinenindustrie
- Kraftfahrzeugindustrie
- Schiffbau
- Elektroindustrie
- Chemische Industrie
- Erdölraffinerie
- Textilindustrie
- Bekleidungsindustrie
- Nahrungsmittelindustrie

1 : 15 000 000 — 0 100 200 300 400 500 600 700 800 900 1000 km — 1 cm ≙ 150 km

③ Südasien 1945 bis heute
Staatsgrenze
Innerstaatliche Grenze
Grenze von Britisch-Indien 1945
LAOS Nach 1945 unabhängig gewordener Staat
1949 Jahr der Unabhängigkeit
Indische Union
Indische Union am 15. August 1947
Bis 1949 eingegliederte Fürstenstaaten
Nach 1949 erworbene Gebiete
Seit 1947/49 besetzte Gebiete
Pakistan
Westpakistan
Ostpakistan (seit 1971 unabhängig)
Seit 1948/49 besetzte Gebiete
Indisch-pakistanische Waffenstillstandslinie 1949
4,5 Hinduflüchtlinge 1947–1949 (in Mio.)
6,0 Muslimflüchtlinge 1947–1949 (in Mio.)
1965 Indisch-pakistanische Militäraktionen
Anderer Grenzzwischenfall
Unabhängigkeitsbestrebungen
1974 Erste Zündung von Atombomben
IRAN (bis 1934 Persien) 1979 Islam. Republik 1980–88 irak.-iran. Krieg
AFGHANISTAN 1973 Republik 1979–89 sowjet. Invasion 1992–1995 Bürgerkrieg 1995–2001 Taliban-Regime 2004 Islam. Republik
TURKMENISTAN 1991
PAKISTAN 1947 1956 Republik
INDISCHE UNION 1947 1950 Republik
Sinkiang-Uigur 1949 chin. besetzt
Aksai-chin 1962 chin. besetzt
Kaschmir seit 1984 Kämpfe
Tibet 1950 chin. besetzt
CHINA 1949 Volksrepublik
NEPAL
BHUTAN
von China beansprucht
BANGLADESCH 1971
MYANMAR 1947 bis 1989 Burma 1988–2010 Militärdiktatur
LAOS 1949/54
VIETNAM 1945/54 1946–54, 1964–75 Vietnam-Krieg 1954–75 geteilt
THAILAND seit 2014 Militärregierung
KAMBODSCHA 1949/54 1975–79 Pol-Pot-Regime
MALAYSIA 1963 unabhängiger Bundesstaat
Malaya 1948 Malaiischer Bund 1957 unabhängig 1963 zu Malaysia
SINGAPUR 1959 autonom 1963–65 zu Malaysia 1965 unabhängige Rep.
INDONESIEN 1945/49 1949–56 Union mit Niederlanden
SRI LANKA 1948 (bis 1972 Ceylon) seit 1982 Bürgerkrieg
MALEDIVEN 1965
KUWAIT 1961
BAHRAIN 1971
KATAR 1971
VEREINIGTE ARABISCHE EMIRATE 1971
SAUDI-ARABIEN
OMAN
Haiderabad 1948/49 zur Ind. Union
Junagadh
Diu bis 1961 port.
Damão bis 1961 port.
Goa bis 1961 port.
Mumbai (bis 1995 Bombay)
Yanaon bis 1954 frz.
Mahé bis 1954 frz.
Pondichéry bis 1954 frz.
Karikal bis 1954 frz.
Chennai (bis 1996 Madras)
Kolkata (bis 2001 Kalkutta)
Naypyidaw
Andamanen (ind.)
Nikobaren (ind.)
Lakkadiven (ind.)
Arabisches Meer
Golf von Bengalen
INDISCHER OZEAN
Persischer Golf

④ Südostasien 1945 bis heute
Aufnahme von Flüchtlingen aus Vietnam 1975–79 (in 1000)
Vereinigte Staaten 230
Frankreich 55
Australien 24
Kanada 16
Deutschland 5
Großbritannien 3
Staatsgrenze
LAOS Nach 1945 unabhängig gewordener Staat
1949 Jahr der Unabhängigkeit
Grenze zwischen Nord- und Südvietnam 1954–1975
Flüchtlinge aus Vietnam 1975–1979 (in 1000)
Unabhängigkeitsbestrebungen
Großflächige Waldbrände 1997
CHINA 1949 Volksrep.
Macau bis 1999 port.
Hongkong bis 1997 brit.
TAIWAN 1949 REP. CHINA
Paracel-Inseln 1974 von China besetzt
Spratly-Inseln strittig
Südchinesisches Meer
PHILIPPINEN 1946 1986 Sturz des Marcos-Regimes
Mindanao seit 1968 Religionskämpfe
PALAU 1994
BRUNEI 1984
Sabah 1946 brit. 1963 zu Malaysia
Sarawak 1946 brit. 1963 zu Malaysia
MALAYSIA 1963 unabh. Bundesstaat
INDONESIEN 1945/49 1949–56 Union mit Niederlande
Republik der Südmolukken April–Okt. 1950 unabhängig
OSTTIMOR 2002 bis 1976 port. 1976–1999 indones. besetzt
Irian Jaya bis 1963 niederl.
PAPUA-NEUGUINEA 1976
Bismarck-Archipel
Marianen (USA)
Guam (USA)
PAZIFISCHER OZEAN
INDISCHER OZEAN
AUSTRALIEN

© Cornelsen

1 : 30 000 000 — 0 500 1000 1500 km — 1 cm ≙ 300 km

Naher Osten

① Naher Osten: Physische Karte

© Cornelsen

35 östl. Länge v. Greenwich

1 : 15 000 000 — 0 100 200 300 400 500 600 700 800 900 1000 km — 1 cm ≙ 150 km

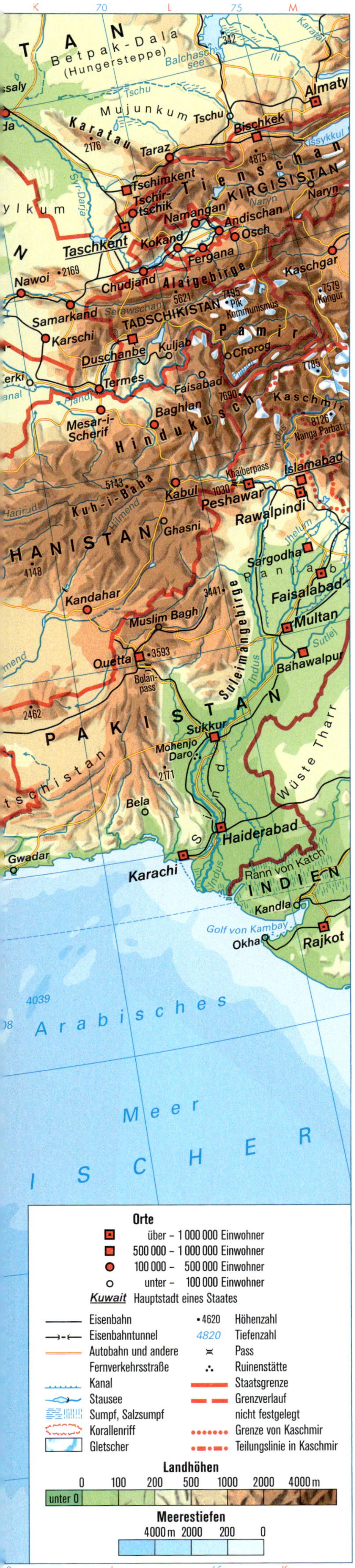

② Persischer Golf: Wirtschaftskarte

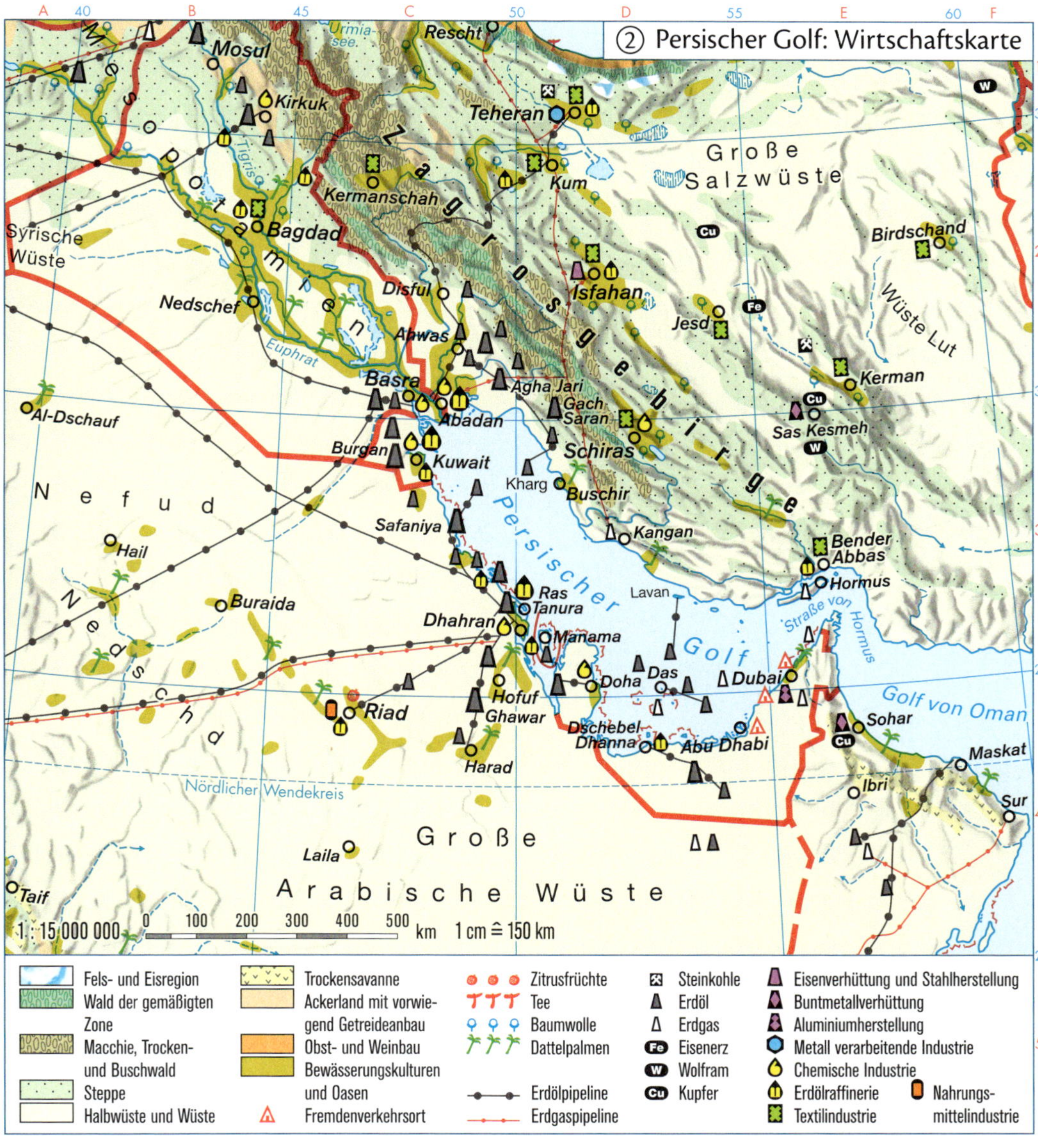

③ Die Entstehung Israels 1947–1949

④ Israel und seine arabischen Nachbarn heute

Südasien und südostasiatische Halbinsel: Physische Karte

webcode: KA640928-096

Südostasien: Physische Karte

Orte
über 1 000 000 Einwohner
500 000 – 1 000 000 Einwohner
100 000 – 500 000 Einwohner
unter 100 000 Einwohner
Manila Hauptstadt eines Staates
Putrajaya Regierungssitz eines Staates
Meerestiefen
8000 6000 4000 2000 200
Staatsgrenze
Eisenbahn
Autobahn und andere Fernverkehrsstraßen
Sumpf
Korallenriff
Ruinenstätte
Landhöhen
0 100 200 500 1000 2000 4000 m
1 : 15 000 000
1 cm ≙ 150 km

China: Physische Karte

Astana
Pawlodar
Ekibastus
Kulunda-steppe
Barnaul
Prokopjewsk
Nowokusnezk
Abakan
Minussinsk
Krasnojarsker Stausee
Östlicher Sajan
Tulun
Tschelkar
Arkalyk
Tengissee
Temirtau
Karaganda
Aralsk
Kasachische Schwelle
KASACHSTAN
Dscheskasgan
Baikonur
Ulutau
Ajagus
Semei
Rubzowsk
Bijsk
Alejsk
Westlicher Sajan
Tschadan
Kysyl
Tannu-Ola
Altai
Belucha
Ust-Kamenogorsk
Buchtarma-Stausee
Saissan-see
Ulangom
Uwssnor
Munku Sardyk
Kirgis Nor
Muren
Kysyl-Orda
Betpak-Dala (Hungersteppe)
Balchasch
Aktogai
Balchaschsee
Tarbagataigebirge
Saissan
Tacheng
Chowd
Mongolischer Altai
Uliastaj
Changaigebirge
Mujunkum
Tschu
Karatau
USBEKISTAN
Taras
Tschimkent
Taschkent
Bischkek
Almaty
Alatau
Karamai
Dsungarei
Altai
MONGOLEI
Bajanchong
Nawoi
Samarkand
Karschi
Kokand
Namangan
Andischan
Fergana
Osch
KIRGISISTAN
Issyk-kul
Naryn
Pik Pobedy
Jining
Kuytun
Schihezi
Urumtschi
Changji
Qitai
Bogdo-Ola
Gobi
Alaigebirge
Duschanbe
Termes
Kuljab
TADSCHIKISTAN
Pik Kommunismus
Pamir
Chorog
Aksu
Seidenstraße
Korla
Turfan
Kuruktag
Hami
Dalando
Mesar-i-Scherif
Baghlan
Faisabad
Hindukusch
AFGHANISTAN
Kabul
Kaschgar
Jarkand
Kungur
Sinkiang
Tarim
Tarimbecken
Takla Makan
Loulan
Lopnor
Peischan
Seidenstraße
Karachoto
Jümen
Khotan
Kunlun
Altyntag
Nanschan
Tschangjeh
Ghasni
Khaiberpass
Peschawar
Rawalpindi
Islamabad
Bannu
Nanga Parbat
Godwin Austen (K 2)
Karakorum
Kaschmir
Srinagar
Leh
Muztag
Tsaidam
Golmud
Kukunor
Xining
Lantschou
Sargodha
Faisalabad
Lahore
Jammu
Amritsar
PAKISTAN
Multan
Ludhiana
Sutlej
Bahawalpur
Simla
Chandigarh
Patiala
Saharanpur
Gartok
Tibet
CHINA
Tsinghai
Linhsia
Tanggula-pass
Tanggula-Schan
Wüste Thar
Bikaner
Delhi
Meerut
Neu-Delhi
Moradabad
Bareilly
Nanda Devi
Siwalikketten
Transhimalaya
Himalaya
Nam Tso
Njentschentangla
Lhasa
Tschangtu
Szetschuan
Jaan
Jodhpur
Ajmer
Mathura
Aligarh
Agra
Jaipur
Shahjahanpur
Lucknow
NEPAL
Dhaulagiri
Annapurna
Katmandu
Mount Everest
Schigatse
Tsangpo
Minja Gongkar
Aravalligebirge
Udaipur
Kota
Jhansi
Gwalior
Kanpur
Gorakhpur
Patan
Darjiling
Punakha
Thimphu
BHUTAN
Dibrugarh
Sitschang
Allahabad
Varanasi
Muzaffarpur
Patna
Saidpur
Gauhati
Khasiberge
Cherrapunji
Brahmaputra
Patkaigebirge
Myitkyina
Siakwan
Kunming
Bhopal
Indur
Sagar
Vadodara
Vindhyagebirge
Narmada
INDIEN
Gaya
Bhagalpur
Jabalpur
BANGLADESCH
Satpuragebirge
Ranchi
Asansol
Tengtschung
Imphal
Jünnan
Malegaon
Akola
Nagpur
Bilaspur
Jamshedpur
Howrah
Dhaka
Agartala
Mawlaik
Raipur
Rourkela
Kharagpur
Khulna
Kolkata (Kalkutta)
Lashio
Aurangabad
Ahmadnagar
Hirakud-stausee
Mogok
Kokiu
Chittagong
Sundarbans
MYANMAR
Hochland von Dekkan
Sholapur
Haiderabad
Jagdalpur
Bhubaneswar
Cattack
Mandalay
Myingyan
Pagan
Taunggyi
Warangal
Devodi
Berhampur
Arakangebirge
Sittwe
Golf von Bengalen
Vijayawada
Rajahmandry
Visakhapatnam
Kakinada
Naypyidaw
Krishna
Guntur
Karnul
Davangere
Peguegebirge
Prome
Chiengmai
Lampang
Doi Inthanon
LAOS
Vientiane
Luang Prabang
Nellur
Koromandel-küste
Henzada
Pegu
Saluen
INDISCHER OZEAN
Bassein
Yangon (Rangun)
Moulmein
THAILAND
Phitsanulok
Kolar
Bangalur
Chennai (Madras)
Vellur
Maisur
Salem
Kap Negrais
Irawadi
Golf von Martaban
Nakhon Sawan
80 östl. Länge v. Greenwich
© Cornelsen

1 : 15 000 000 0 100 200 300 400 500 600 700 800 900 1000 km 1 cm ≙ 150 km

Asien: Wirtschaftskarte

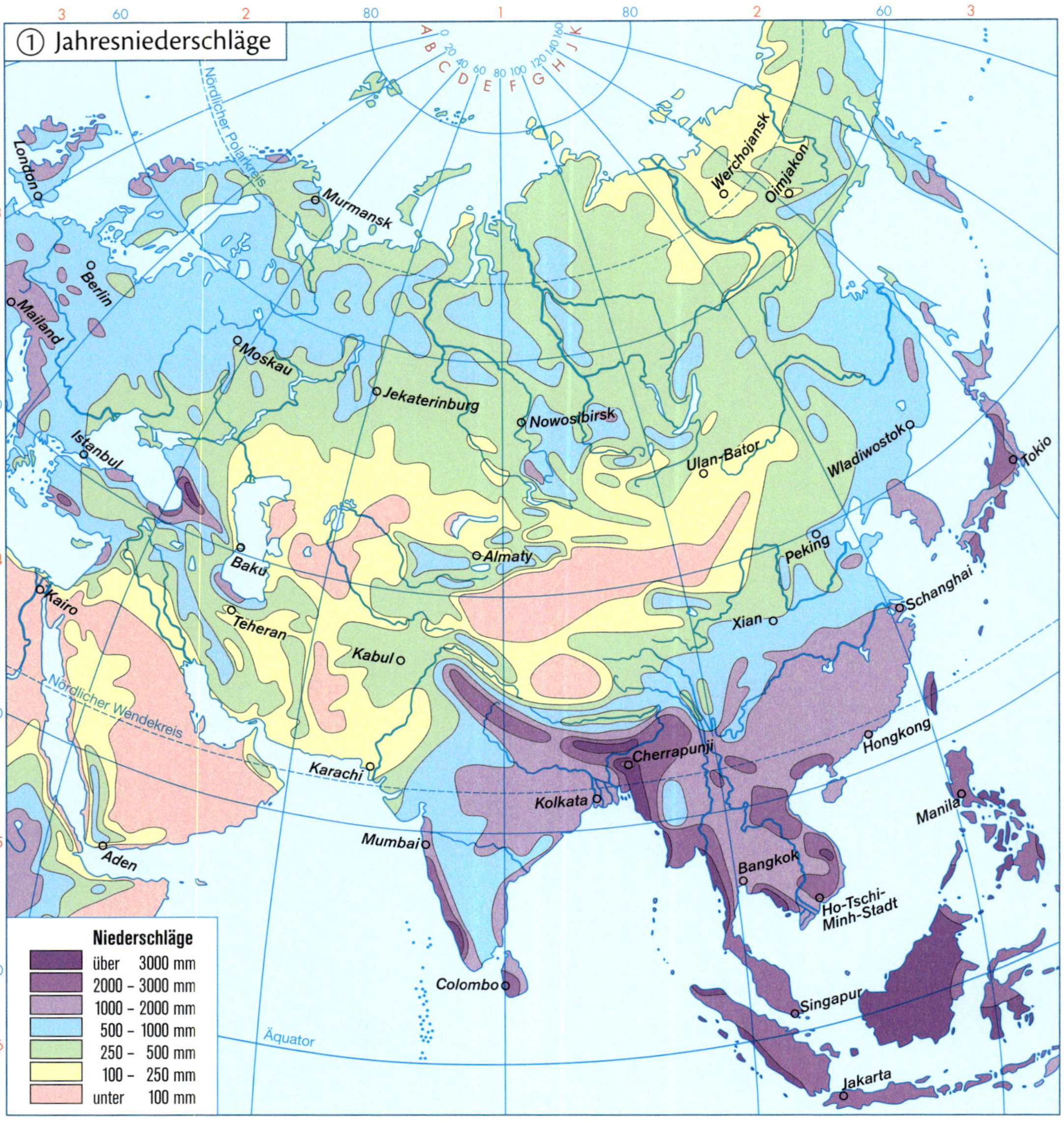

60 östl. Länge von Greenwich

1 : 70 000 000 0 1000 2000 3000 km 1 cm ≙ 700 km

Generallegende siehe Seite 18

③ Wirtschaftskarte

1 : 35 000 000 — 0 500 1000 1500 2000 km — 1 cm ≙ 350 km

Blickpunkt Bevölkerung

2011 lebten sieben Milliarden Menschen auf der Erde. Das waren bereits 4½ Milliarden mehr als noch 1950. **Für 2050 rechnen die Vereinten Nationen mit 9,3 bis 9,6 Milliarden Menschen.** Während in den meisten Industrieländern die Bevölkerung stabil bleibt oder wie in Deutschland sogar rückläufig ist, wächst sie in den Entwicklungs- und Schwellenländern sehr schnell. Die Zahl der Kinder pro Frau liegt dort erheblich höher als in den Industrieländern. In einigen Ländern südlich der Sahara sind fast die Hälfte der Menschen jünger als 15 Jahre. Da sich die Weltbevölkerung besonders im 20. Jahrhundert stark vermehrt hat, spricht man auch von einer Bevölkerungsexplosion.

1 Bevölkerungswachstum 2010 – 2050

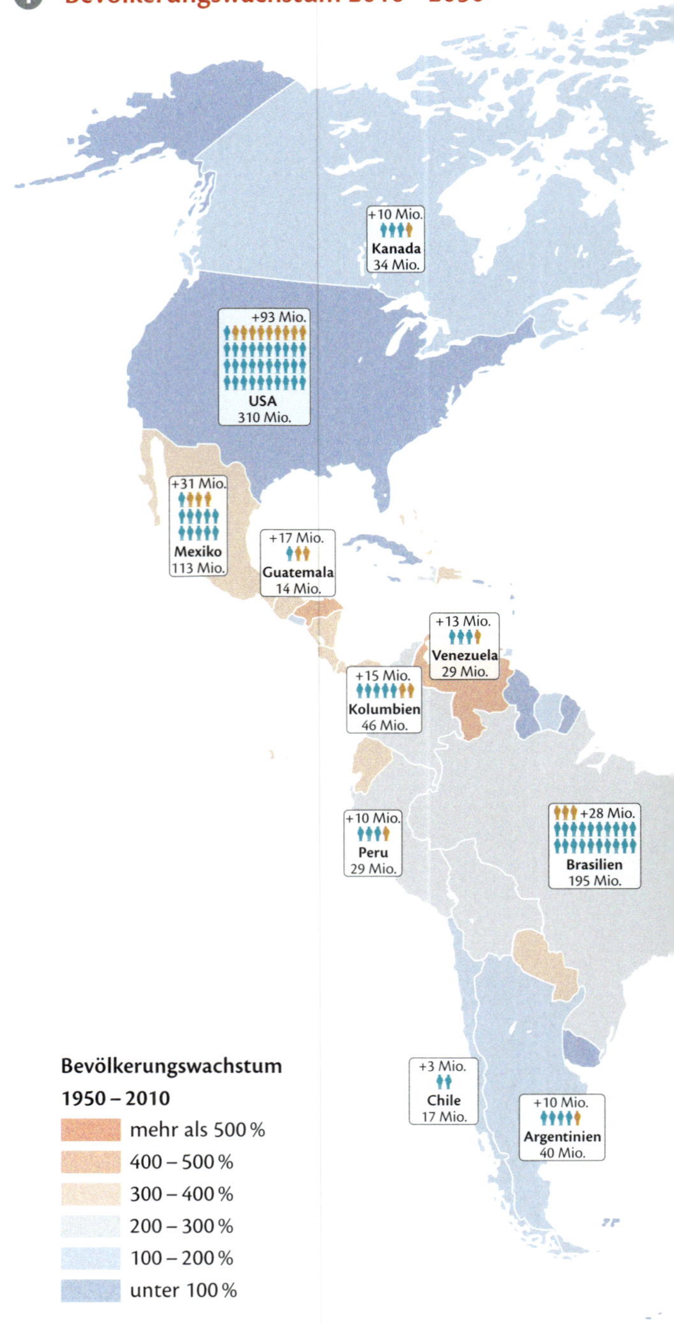

2 Von der ersten bis zur zehnten Milliarde Menschen

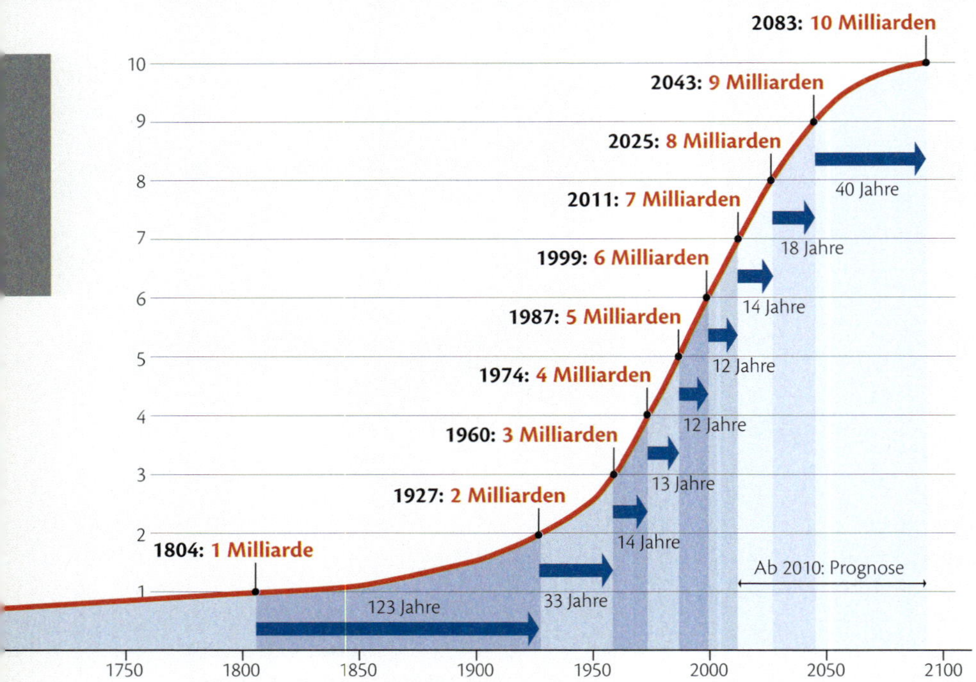

Quelle: United States Census Bureau

3 Bevölkerung nach Kontinenten

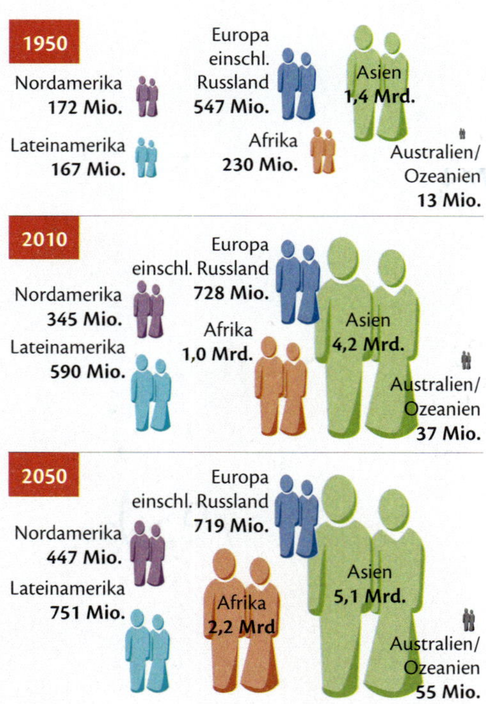

Quelle: United Nations (DESA)

4 Bevölkerungsentwicklung 1950 – 2050

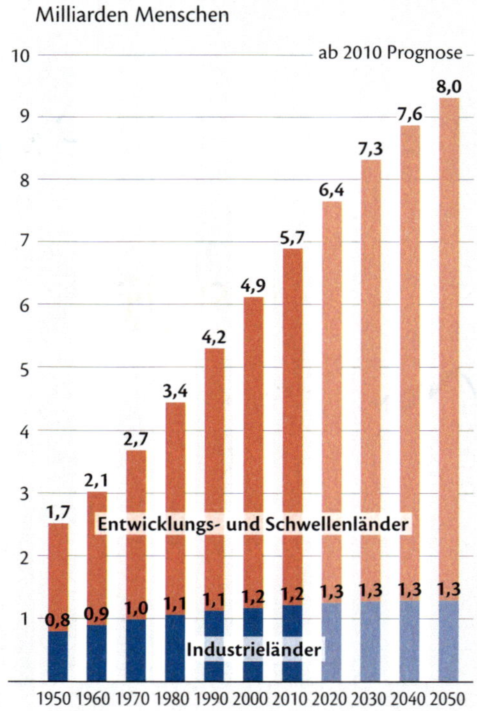

Quelle: United Nations (DESA)

5 Bevölkerung nach Altersgruppen

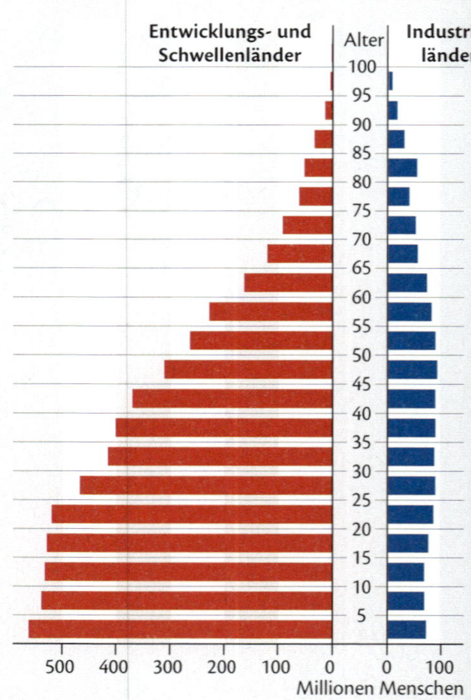

Quelle: United Nations (DESA)

webcode: KA640928-102

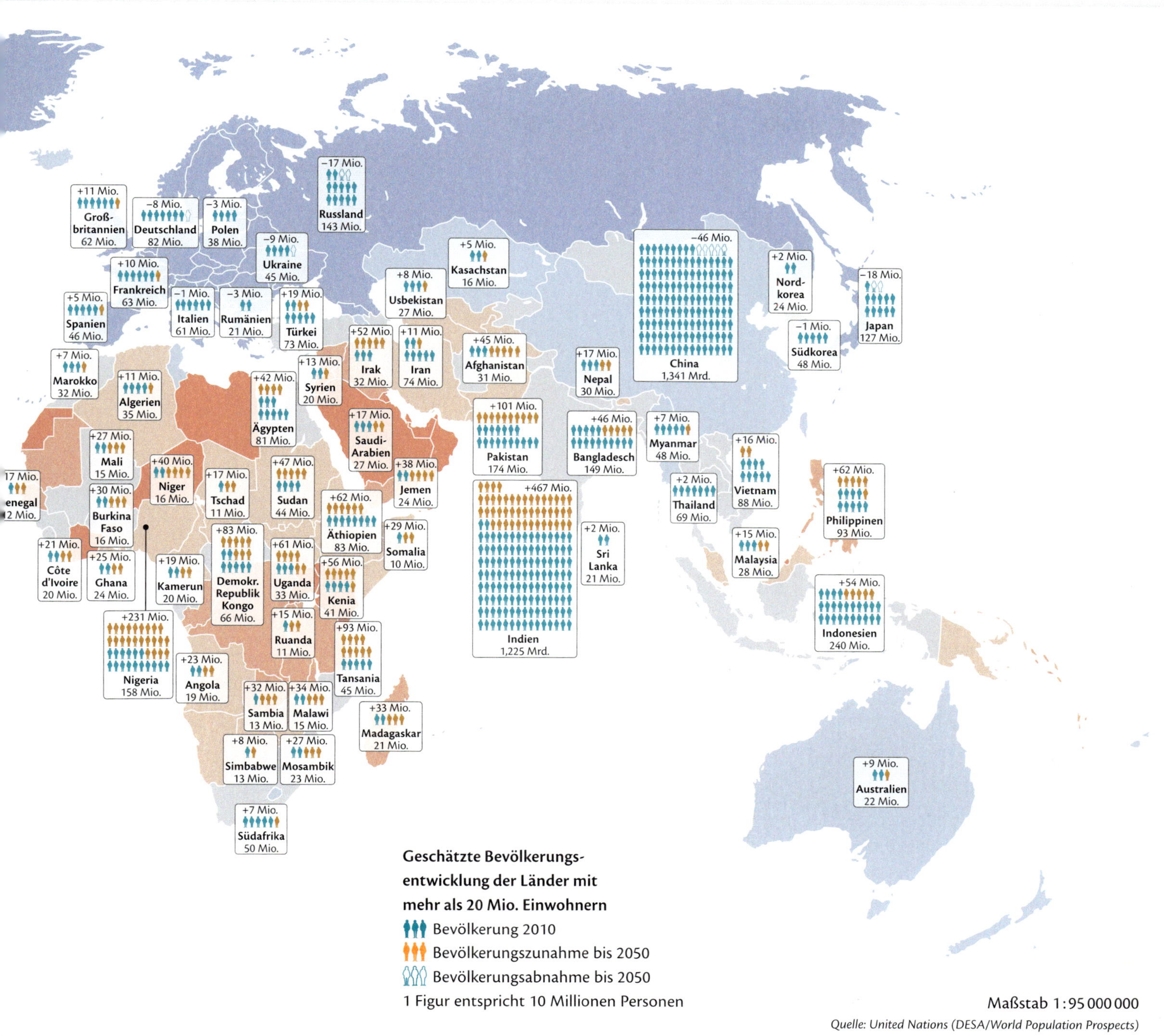

+11 Mio. Groß-britannien 62 Mio.
−8 Mio. Deutschland 82 Mio.
−3 Mio. Polen 38 Mio.
−17 Mio. Russland 143 Mio.
−9 Mio. Ukraine 45 Mio.
+10 Mio. Frankreich 63 Mio.
+5 Mio. Spanien 46 Mio.
−1 Mio. Italien 61 Mio.
−3 Mio. Rumänien 21 Mio.
+19 Mio. Türkei 73 Mio.
+8 Mio. Usbekistan 27 Mio.
+5 Mio. Kasachstan 16 Mio.
−46 Mio. China 1,341 Mrd.
+2 Mio. Nord-korea 24 Mio.
−18 Mio. Japan 127 Mio.
−1 Mio. Südkorea 48 Mio.
+7 Mio. Marokko 32 Mio.
+11 Mio. Algerien 35 Mio.
+42 Mio. Ägypten 81 Mio.
+13 Mio. Syrien 20 Mio.
+52 Mio. Irak 32 Mio.
+11 Mio. Iran 74 Mio.
+45 Mio. Afghanistan 31 Mio.
+17 Mio. Nepal 30 Mio.
+17 Mio. Saudi-Arabien 27 Mio.
+101 Mio. Pakistan 174 Mio.
+46 Mio. Bangladesch 149 Mio.
+7 Mio. Myanmar 48 Mio.
+16 Mio. Vietnam 88 Mio.
+27 Mio. Mali 15 Mio.
17 Mio. enegal 2 Mio.
+40 Mio. Niger 16 Mio.
+17 Mio. Tschad 11 Mio.
+47 Mio. Sudan 44 Mio.
+38 Mio. Jemen 24 Mio.
+467 Mio. Indien 1,225 Mrd.
+2 Mio. Thailand 69 Mio.
+62 Mio. Philippinen 93 Mio.
+30 Mio. Burkina Faso 16 Mio.
+62 Mio. Äthiopien 83 Mio.
+29 Mio. Somalia 10 Mio.
+2 Mio. Sri Lanka 21 Mio.
+15 Mio. Malaysia 28 Mio.
+21 Mio. Côte d'Ivoire 20 Mio.
+25 Mio. Ghana 24 Mio.
+19 Mio. Kamerun 20 Mio.
+83 Mio. Demokr. Republik Kongo 66 Mio.
+61 Mio. Uganda 33 Mio.
+56 Mio. Kenia 41 Mio.
+54 Mio. Indonesien 240 Mio.
+231 Mio. Nigeria 158 Mio.
+23 Mio. Angola 19 Mio.
+15 Mio. Ruanda 11 Mio.
+93 Mio. Tansania 45 Mio.
+32 Mio. Sambia 13 Mio.
+34 Mio. Malawi 15 Mio.
+33 Mio. Madagaskar 21 Mio.
+8 Mio. Simbabwe 13 Mio.
+27 Mio. Mosambik 23 Mio.
+9 Mio. Australien 22 Mio.
+7 Mio. Südafrika 50 Mio.
Geschätzte Bevölkerungs-entwicklung der Länder mit mehr als 20 Mio. Einwohnern
Bevölkerung 2010
Bevölkerungszunahme bis 2050
Bevölkerungsabnahme bis 2050
1 Figur entspricht 10 Millionen Personen
Maßstab 1:95 000 000
Quelle: United Nations (DESA/World Population Prospects)

6 Kinderzahl pro Frau 2010

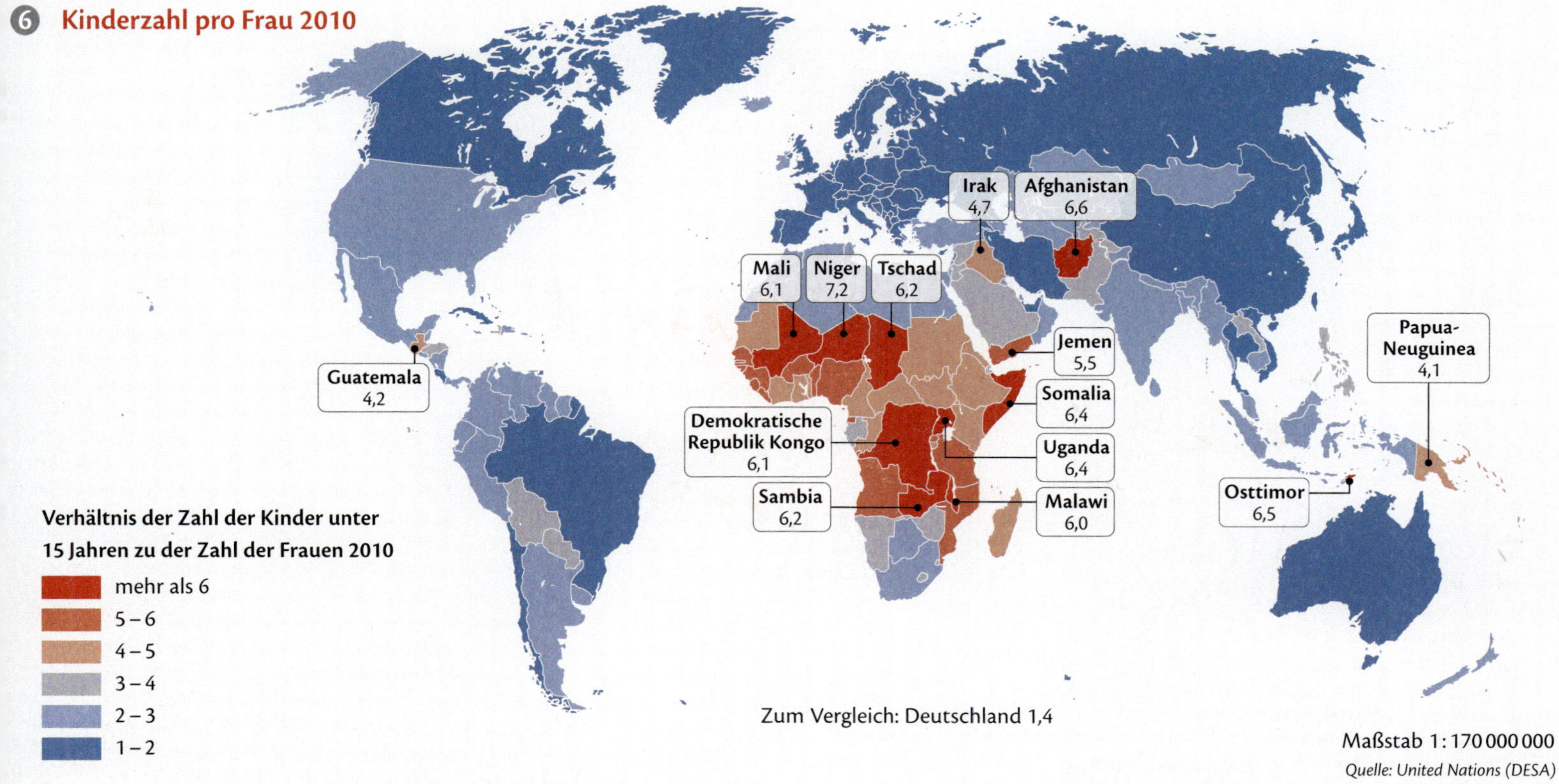

Irak 4,7
Afghanistan 6,6
Mali 6,1
Niger 7,2
Tschad 6,2
Jemen 5,5
Somalia 6,4
Guatemala 4,2
Demokratische Republik Kongo 6,1
Uganda 6,4
Sambia 6,2
Malawi 6,0
Papua-Neuguinea 4,1
Osttimor 6,5
Verhältnis der Zahl der Kinder unter 15 Jahren zu der Zahl der Frauen 2010
mehr als 6
5 – 6
4 – 5
3 – 4
2 – 3
1 – 2
Zum Vergleich: Deutschland 1,4
Maßstab 1:170 000 000
Quelle: United Nations (DESA)

Afrika: Physische Karte

Orte
- über 1 000 000 Einwohner
- 500 000 – 1 000 000 Einwohner
- 100 000 – 500 000 Einwohner
- unter 100 000 Einwohner
- Algier — Hauptstadt eines Staates

Eisenbahn
Autobahn und andere Fernverkehrsstraße
Piste
Staatsgrenze

Stausee
Wasserfall
Sumpf
Salzbecken
Wadi
Periodischer Fluss

Oase
Ruinenstätte

•5895 Höhenzahl
5759 Tiefenzahl

Korallenriff
Nationalpark

Meerestiefen: 6000 – 4000 – 2000 – 200 – 0

Landhöhen: unter 0 – 0 – 100 – 200 – 500 – 1000 – 2000 – 4000 m

westl. 0 östl. Länge v. Greenwich

1 : 35 000 000 — 0 – 500 – 1000 – 1500 – 2000 km — 1 cm ≙ 350 km

webcode: KA640928-104

1 : 35 000 000 0 500 1000 1500 2000 km 1 cm ≙ 350 km

Afrika

Afrika: Geschichte und Politik

ZULU	Alte afrikanische Reiche	Ifni	Abhängiges Gebiet
LIBERIA	Unabhängiger Staat	1860	Jahr der Gebietserwerbung
1847	Jahr der Unabhängigkeit		

Kolonien: britisch, deutsch, französisch, italienisch, osmanisch, portugiesisch, spanisch

LIBERIA	Unabhängiger Staat	Eritrea	Abhängiges Gebiet
1910	Jahr der Unabhängigkeit	1889	Jahr der Gebietserwerbung

Kolonien: belgisch, britisch, deutsch, französisch, italienisch, osmanisch, portugiesisch, spanisch, Britisches Dominion

GHANA	Unabhängiger Staat	Kenia	Abhängiges Gebiet
1957	Jahr der Unabhängigkeit		Gebiet unter Aufsicht der UN

Kolonien: belgisch, britisch, französisch, portugiesisch, spanisch

- Kriege
- Gewaltsame Konflikte
- Innerstaatliche Kämpfe, Aufstände (Bürgerkrieg, Rebellen)
- Zwischen Staaten umstrittenes Gebiet
- UN-Friedenstruppen, -mission
- Staaten ohne gewaltsame Konflikte

1 : 75 000 000 — 0 1000 2000 3000 km — 1 cm ≙ 750 km

westl. 0 östl. Länge v. Greenwich

Afrika: Bevölkerung und Lebensbedingungen

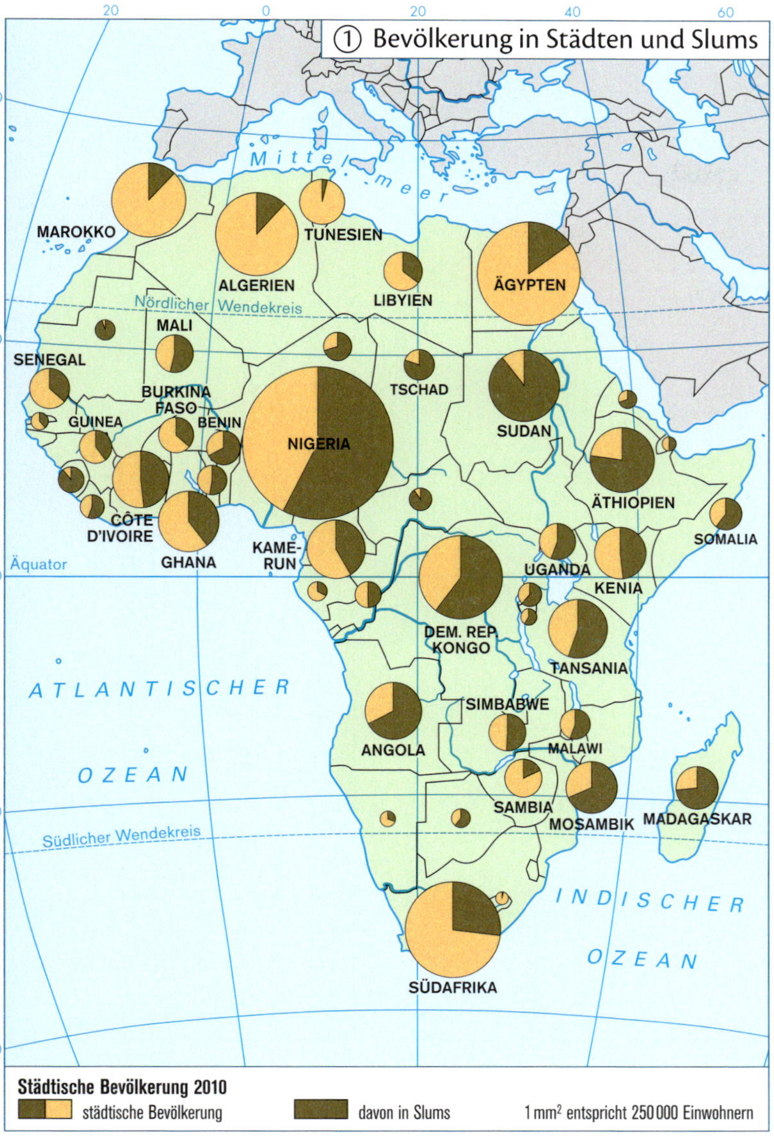

westl. 0 östl. Länge v. Greenwich

1 : 75 000 000 — 0 1000 2000 3000 km — 1 cm ≙ 750 km

Afrika: Klima

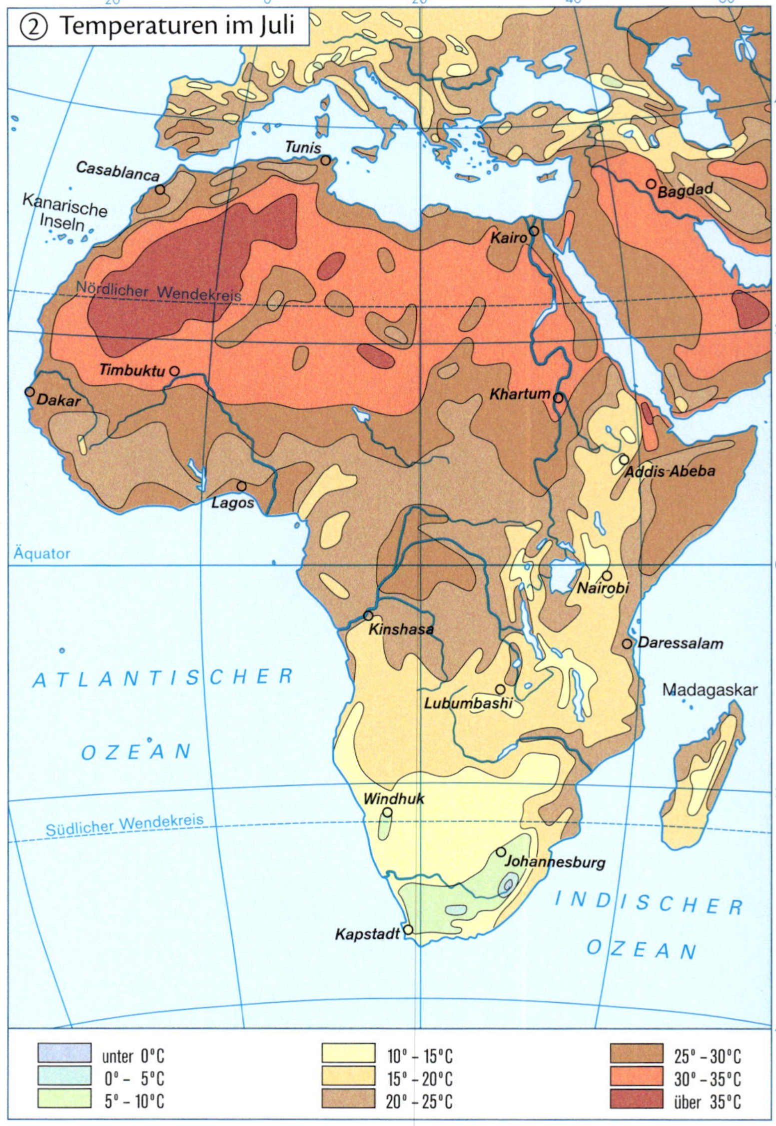

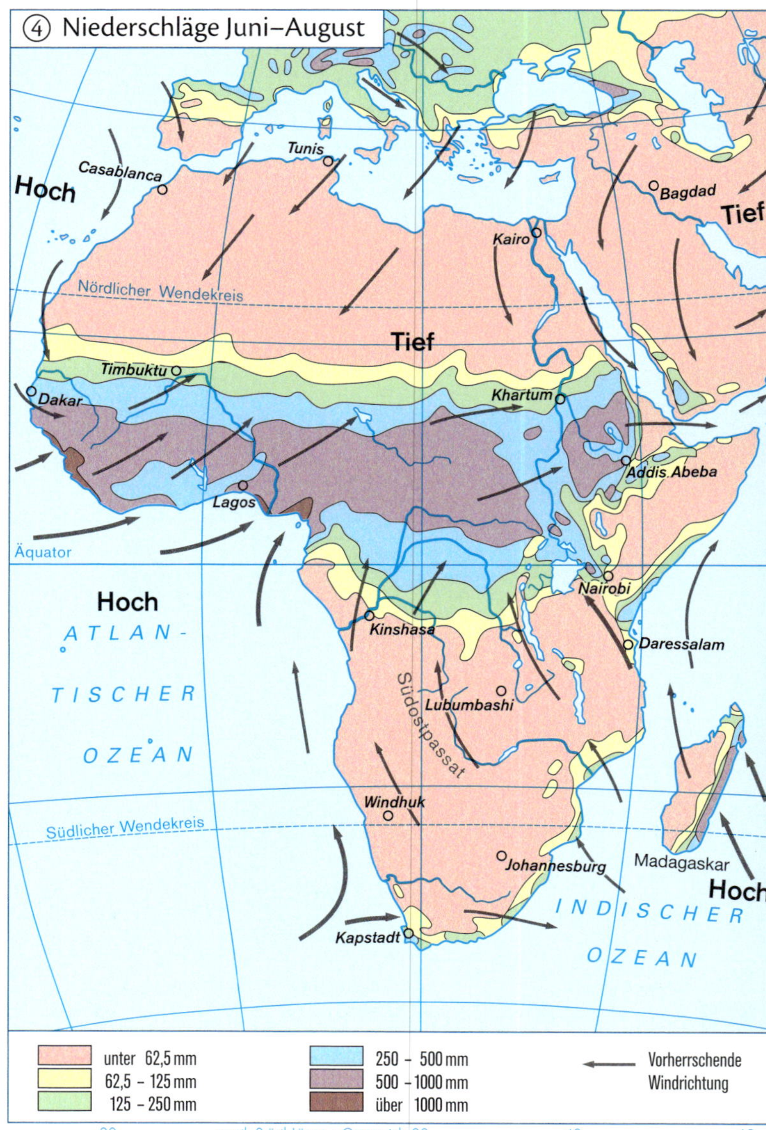

westl. 0 östl. Länge v. Greenwich

1 : 75 000 000 — 0 1000 2000 3000 km — 1 cm ≙ 750 km

Tropischer Regenwald	Hartlaubgewächse der Subtropen und Macchie
Feuchtsavanne	Wald in der gemäßigten Zone
Trockensavanne	Fels- und Eisregion
Dornsavanne	Anbau tropischer Handelspflanzen
Halbwüste und Wüste	Anbau von Hirse und Mais
Steppe, in Hochgebirgen Grasland	Bewässerungskulturen und Oasen
Getreideanbau in der gemäßigten Zone	
Grünland	

Viehhaltung
- Rinder
- Schafe

Landwirtschaftliche Spezialkulturen

Kaffee	Ölpalmen	Sisal
Kakao	Kokospalmen	Dattelpalmen
Bananen	Kautschuk	Obst
Erdnüsse	Zuckerrohr	Zitrusfrüchte
Oliven	Reis	Tee
Tabak	Baumwolle	Gewürze

- Erdöl-pipeline
- Erdgas-pipeline
- Erklärung der Bergbau- und Industriesignaturen in der Generallegende
- Korallenriff
- Fischereihafen
- Hauptfischfanggebiet
- Fremdenverkehrsort
- Staatsgrenze

westl. 0 östl. Länge v. Greenwich

1 : 35 000 000 — 0 500 1000 1500 2000 km — 1 cm ≙ 350 km

Generallegende siehe Seite 18

Blickpunkt Hunger

Jeder achte Mensch auf der Erde hungert. Das waren 2010 weltweit 850 Millionen Menschen. Von den Hungernden leben 99 Prozent in Entwicklungsländern. Dort leidet jedes vierte Kind an Untergewicht. Jährlich sterben über zwei Millionen Kinder an Mangel- und Unterernährung. Von den hohen Weltmarktpreisen für Nahrungsmittel sind besonders die Entwicklungsländer betroffen. In Zukunft könnte sich deren Ernährungssituation noch verschlechtern, denn die Nachfrage nach Getreide und Fleisch steigt in den Schwellenländern wie China stark an. Auch der Bedarf an Energiepflanzen wie Mais und Soja nimmt zu und wirkt sich auf die Nahrungsmittelpreise aus. Leidtragende sind jene, die mit einem Dollar am Tag auskommen müssen.

1 Unterernährung in der Welt

2 Tägliche Nahrungsmenge im Vergleich

Durchschnittliche tägliche Kalorienmenge pro Einwohner 2007

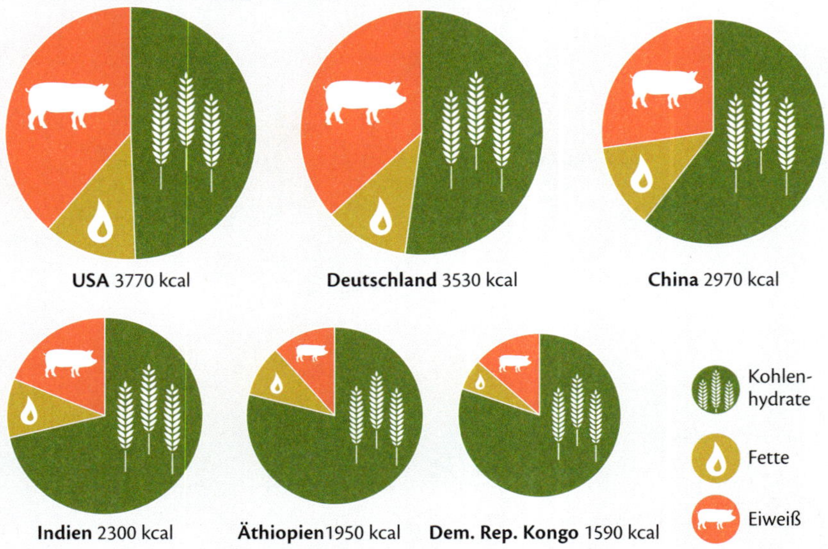

Die erforderliche tägliche Nahrungsmenge für einen Menschen schwankt zwischen den Ländern sowie zwischen den Altersgruppen und Geschlechtern, liegt aber laut der Welternährungsorganisation FAO der Vereinten Nationen durchschnittlich bei etwa 1800 bis 1900 Kilokalorien (kcal) am Tag.

Quelle: United Nations (FAO)

3 Wirkungsgefüge Unternährung und Hunger

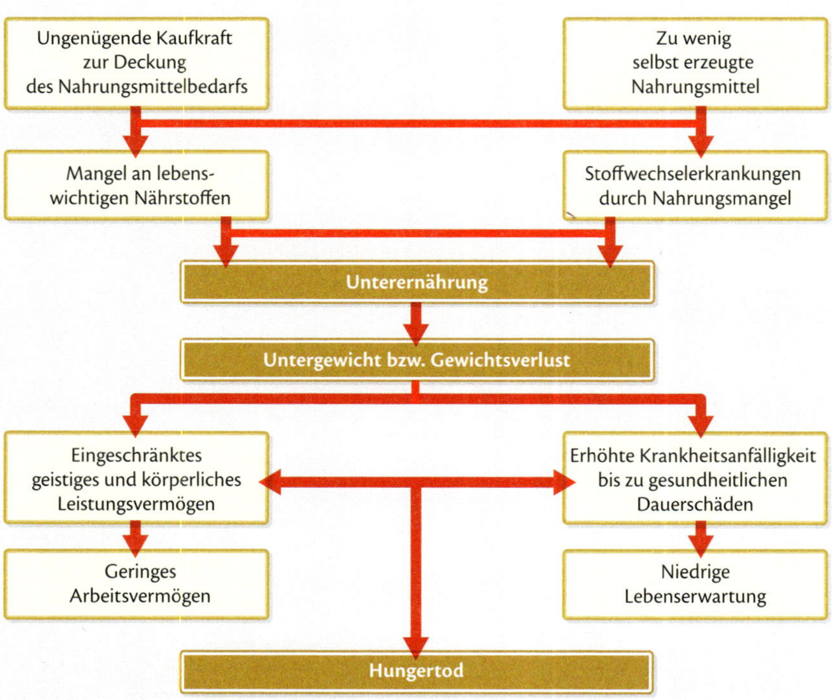

4 Staaten mit der größten Zahl Unterernährter

Unterernährte Menschen 2008

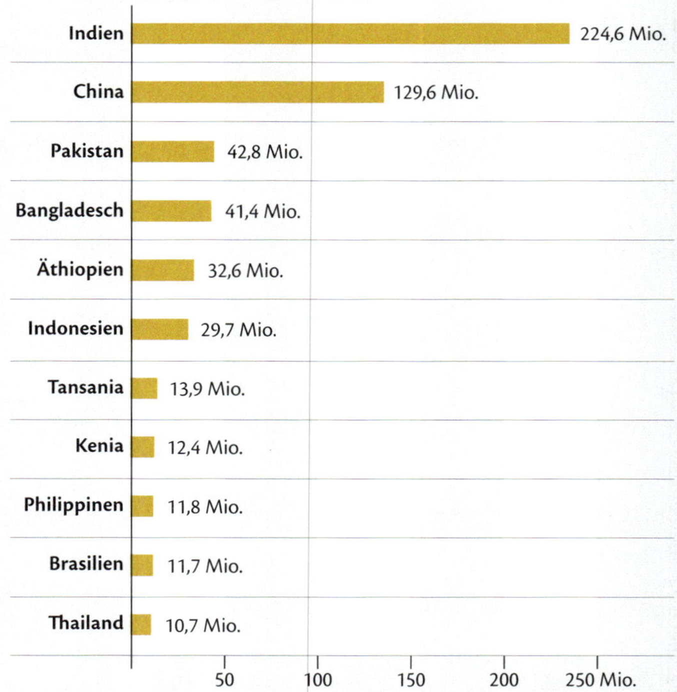

Quelle: United Nations (FAO)

webcode: KA640928-110

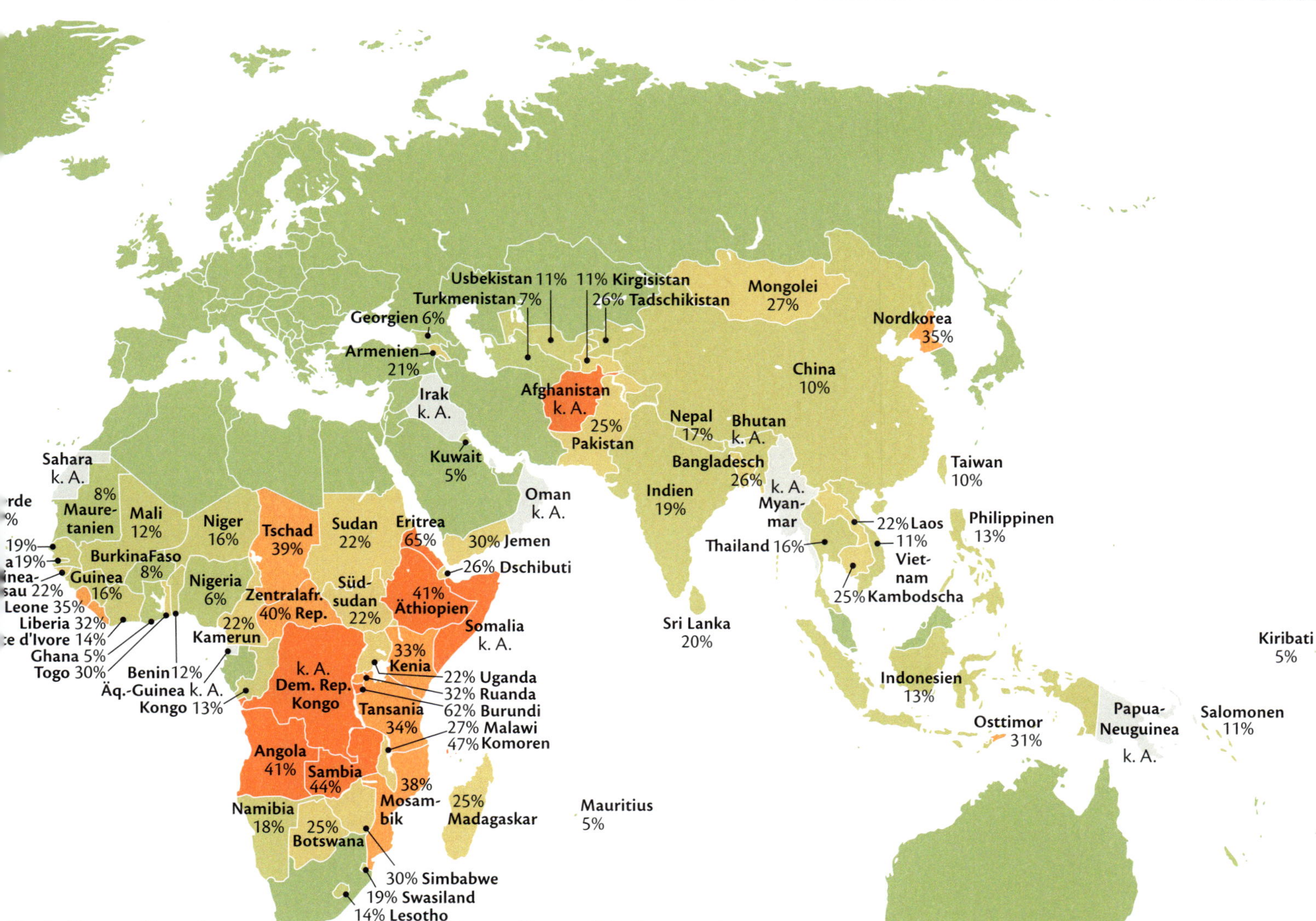

Was ist Unterernährung?

Ein Mensch ist unterernährt, wenn er weniger zu essen hat als er täglich braucht, um sein Körpergewicht zu erhalten und leichte Arbeit zu verrichten. Der Körper baut ab und die körperliche Leistungsfähigkeit ist nicht mehr vorhanden. Durch die Schwächung des Körpers nimmt die Anfälligkeit für Krankheiten zu.

Unterernährte nach Regionen 2010

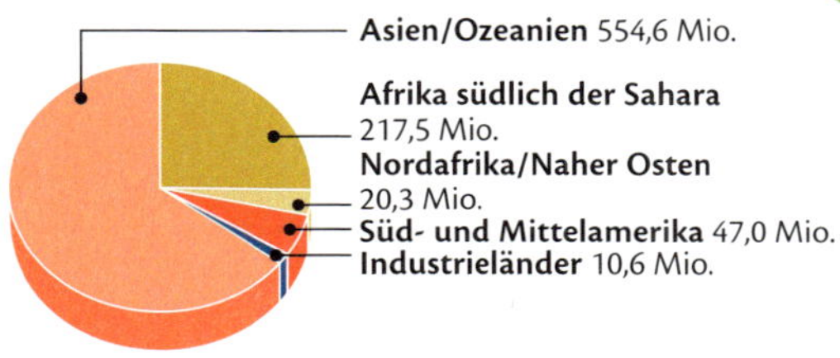

Maßstab 1:95 000 000

Quelle: United Nations (FAO)

5 Preise für Grundnahrungsmittel

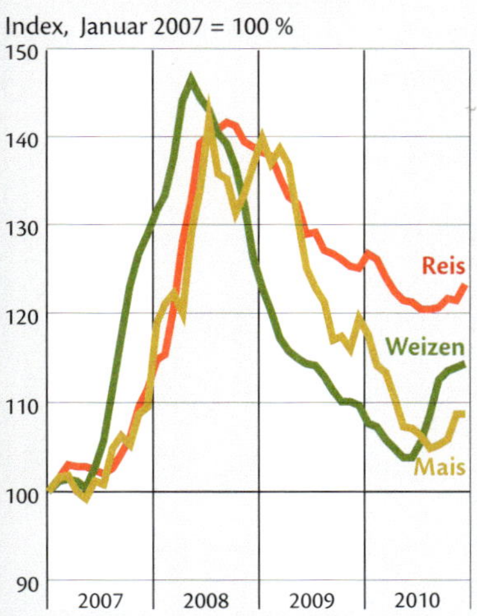

2008 weltweite Ernteausfälle, starker Preisanstieg für Grundnahrungsmittel, viele Entwicklungsländer ohne Geld für Nahrungsmitteleinfuhren, dramatische Ernährungssituationen, Aufstände in mehr als dreißig Ländern.

Quelle: United Nations (FAO)

6 Länder und Regionen, die 2010 Nahrungsmittelhilfe (Getreide) erhielten

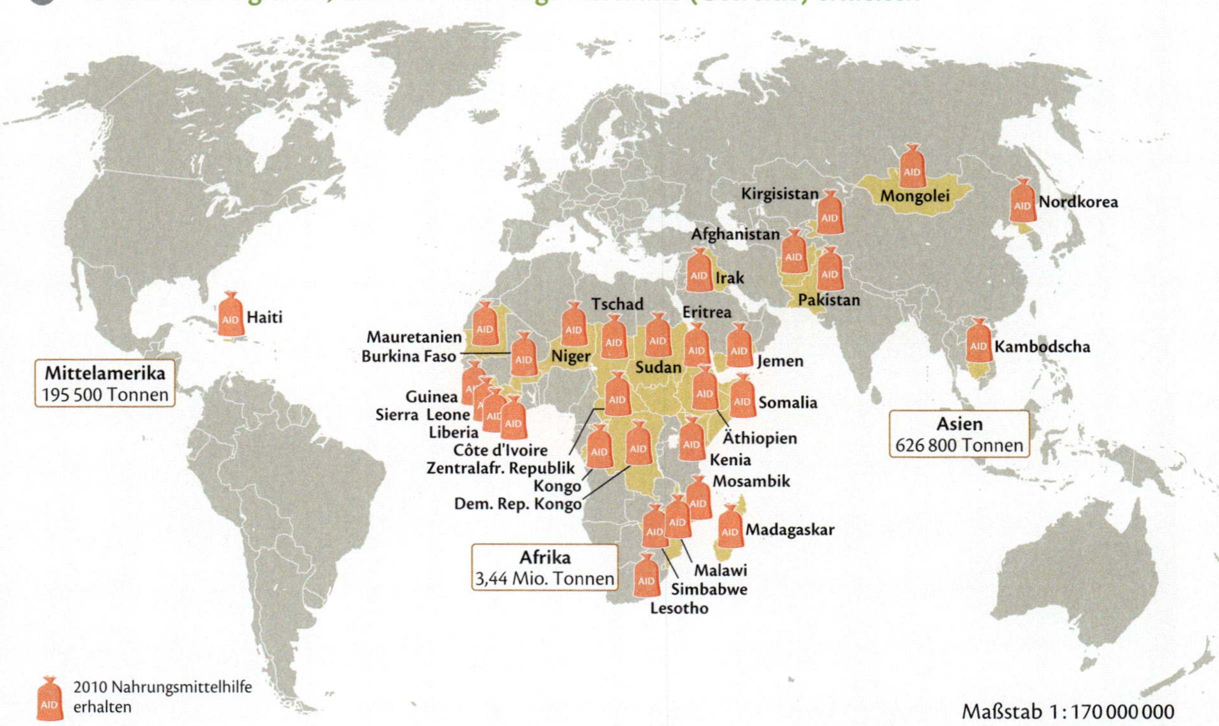

Maßstab 1:170 000 000

Quelle: United Nations (FAO)

Blickpunkt

Australien und Ozeanien

Ozeanien: Politische Gliederung siehe Seite 130

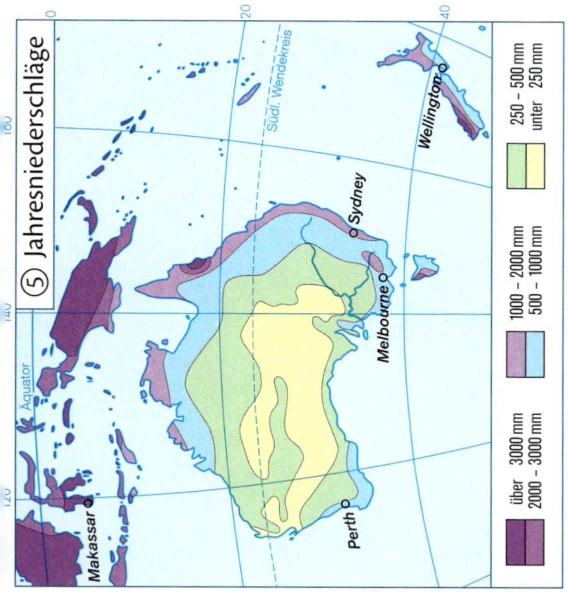
⑤ Jahresniederschläge
über 3000 mm
2000 - 3000 mm
1000 - 2000 mm
500 - 1000 mm
250 - 500 mm
unter 250 mm
Äquator
Südl. Wendekreis
Makassar
Perth
Melbourne
Sydney
Wellington

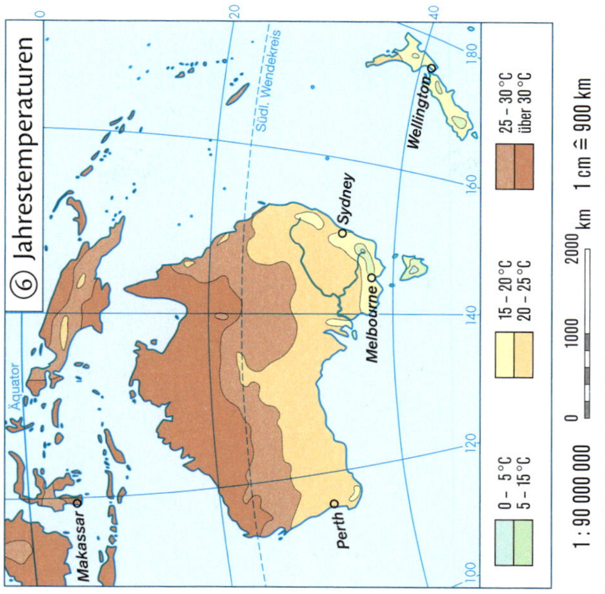
⑥ Jahrestemperaturen
0 - 5°C
5 - 15°C
15 - 20°C
20 - 25°C
25 - 30°C
über 30°C
1 : 90 000 000
0 1000 2000 km
1 cm ≙ 900 km
Äquator
Südl. Wendekreis
Makassar
Perth
Melbourne
Sydney
Wellington

④ Wirtschaftskarte
Tropischer Regenwald
Feuchtsavanne
Trockensavanne
Halbwüste und Wüste
Steppe und Gestrüppvegetation (Scrub)
Wald in der gemäßigten Zone
Fels- und Eisregion
Erdölpipeline
Erdgaspipeline
Wasserkraftwerk
Wärmekraftwerk
Erklärung der Bergbau- und Industriesignaturen in der Generallegende
Anbau tropischer Handelspflanzen
Bewässerungskulturen
Getreideanbau in der gemäßigten Zone
Grünland
Rinder
Schafe
Fremdenverkehr
Hauptfischfanggebiet
Fischereihafen
Staatsgrenze
Grenze der Bundesstaaten
Kaffee
Kakao
Bananen
Zuckerrohr
Reis
Kautschuk
Kokospalmen
Zitrusfrüchte
Obst
Wein
Korallenriff
1 : 25 000 000
0 250 500 750 1000 1250 1500 km
1 cm ≙ 250 km
110 östl. Länge v. Greenwich
INDISCHER OZEAN
PAZIFISCHER OZEAN
Korallensee
Tasmansee
Arafurasee
Timorsee
Bandasee
Javasee
Molukkensee
Große Australische Bucht
Carpentariagolf
Äquator
Südlicher Wendekreis
Borneo
Celebes
Molukken
Seram
Java
Bali
Kleine Sundainseln
Flores
Sumba
Timor
Neuguinea
Bismarckarchipel
Neuirland
Neubritannien
Salomoninseln
Bougainville
Tasmanien
Kinginsel
Neuseeland
Große Sandwüste
Gibsonwüste
Große Victoriawüste
Simpsonwüste
Pilbara
Balikpapan
Banjarmasin
Surabaja
Ujung Pandang
Sorong
Jajapura
Ertsberg
Ok Tedi
Madang
Rabaul
Port Moresby
Darwin
Nabarlek
Gove
Nhulunbuy
Groote Eylandt
Weipa
Wyndham
Yampi Sound
Port Hedland
Dampier
Telfer
Newman
Paraburdoo
Carnarvon
Geraldton
Perth
Kwinana
Mount Magnet
Kambalda
Kalgoorlie
Tennant Creek
Alice Springs
Ayers Rock
Mount Isa
Greenvale
Townsville
Hay Point
Rockhampton
Gladstone
Roma
Brisbane
Gold Coast
Moomba
Olympic Dam
Whyalla
Port Lincoln
Port Pirie
Adelaide
Broken Hill
Cobar
Mildura
Orange
Newcastle
Sydney
Port Kembla
Canberra
Snowy Mountains
Melbourne
Geelong
Gippsland-Felder
Queenstown
Bell Bay
Hobart
Whangarei
Auckland
Wellington
Greymouth
Christchurch
Dunedin

Nordamerika: Physische Karte

Orte
- über 1 000 000 Einwohner
- 500 000 – 1 000 000 Einwohner
- 100 000 – 500 000 Einwohner
- unter 100 000 Einwohner
- Ottawa Hauptstadt eines Staates

Eisenbahn
Autobahn und andere Fernverkehrsstraße
Staatsgrenze
Wasserfall / Stausee
Sumpf
Korallenriff
Gletscher
•3954 Höhenzahl
4376 Tiefenzahl
Ruinenstätte
Pass

Meerestiefen: 8000, 6000, 4000, 2000, 200, 0
Landhöhen: 0, unter 0, 100, 200, 500, 1000, 2000, 4000 m

1 : 30 000 000 — 0, 500, 1000, 1500 km — 1 cm ≙ 300 km

webcode: KA640928-114

Nordamerika: Politische Gliederung

1 : 30 000 000 — 0 — 500 — 1000 — 1500 km — 1 cm ≙ 300 km

Vereinigte Staaten von Amerika: Physische Karte

1 : 15 000 000 0 100 200 300 400 500 600 700 800 900 1000 km 1 cm ≙ 150 km

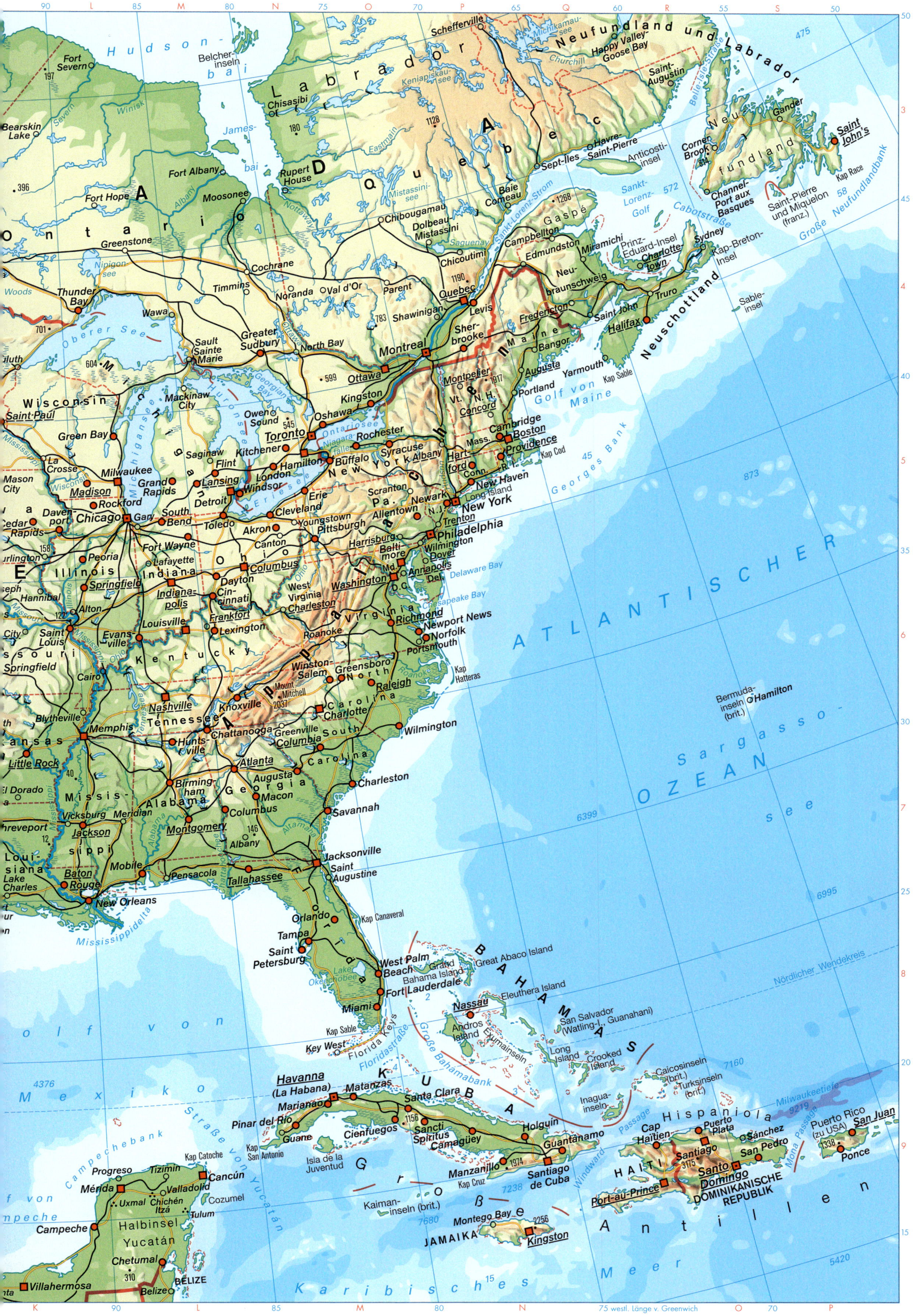
Hudson-bai
Belcher-inseln
Fort Severn
Labrador
Schefferville
Neufundland und Labrador
Happy Valley-Goose Bay
Saint-Augustin
Chisasibi
Bearskin Lake
James-bai
Fort Albany
Rupert House
Quebec
Sept-Iles
Havre-Saint-Pierre
Anticosti-insel
Corner Brook
Gander
Neufundland
Saint John's
Kap Race
Channel-Port aux Basques
Saint-Pierre und Miquelon (franz.)
Große Neufundlandbank
Fort Hope
Moosonee
Ontario
Chibougamau
Dolbeau-Mistassini
Baie Comeau
Sankt-Lorenz-Strom
Gaspé
Campbellton
Sankt-Lorenz-Golf
Cabotstraße
Greenstone
Chicoutimi
Edmundston
Miramichi
Prinz-Eduard-Insel
Charlottetown
Sydney
Kap-Breton-Insel
Cochrane
Timmins
Noranda
Val d'Or
Parent
Quebec
Levis
Neubraunschweig
Truro
Neuschottland
Sable-insel
Thunder Bay
Wawa
Shawinigan
Sherbrooke
Fredericton
Saint John
Halifax
Oberer See
Sault Sainte Marie
Greater Sudbury
North Bay
Montreal
Bangor
Maine
Ottawa
Montpelier
Augusta
Yarmouth
Kap Sable
Golf von Maine
Kingston
Portland
Concord
Michigan
Wisconsin
Saint Paul
Mackinaw City
Owen Sound
Toronto
Oshawa
Rochester
Cambridge
Boston
Providence
Kap Cod
Georges Bank
Green Bay
Saginaw
Kitchener
Hamilton
Buffalo
Syracuse
Albany
Hartford
New Haven
Long Island
New York
Milwaukee
Grand Rapids
Flint
Lansing
London
Windsor
Detroit
Erie
Cleveland
Scranton
Allentown
Newark
Trenton
Philadelphia
Chicago
Gary
South Bend
Toledo
Akron
Youngstown
Pittsburgh
Harrisburg
Baltimore
Wilmington
Dover
Annapolis
Washington
Delaware Bay
Chesapeake Bay
Peoria
Fort Wayne
Canton
Columbus
Illinois
Springfield
Lafayette
Indiana
Indianapolis
Dayton
Cincinnati
Ohio
West Virginia
Charleston
Virginia
Richmond
Newport News
Norfolk
Portsmouth
Louisville
Frankfort
Lexington
Evansville
Saint Louis
Kentucky
Roanoke
Winston-Salem
Greensboro
Raleigh
Kap Hatteras
ATLANTISCHER OZEAN
Mount Mitchell
Nashville
Knoxville
Tennessee
North Carolina
Charlotte
Wilmington
Bermuda-inseln (brit.)
Hamilton
Memphis
Chattanooga
Greenville
Columbia
South Carolina
Sargassosee
Huntsville
Atlanta
Augusta
Charleston
Birmingham
Georgia
Macon
Alabama
Savannah
Vicksburg
Jackson
Meridian
Montgomery
Columbus
Mississippi
Albany
Jacksonville
Saint Augustine
Louisiana
Baton Rouge
Mobile
Pensacola
Tallahassee
New Orleans
Lake Charles
Mississippidelta
Kap Canaveral
Orlando
Tampa
Saint Petersburg
Great Abaco Island
West Palm Beach
Grand Bahama Island
Fort Lauderdale
BAHAMAS
Eleuthera Island
Nassau
Miami
Andros Island
San Salvador (Watling-I., Guanahani)
Exumainseln
Long Island
Crooked Island
Kap Sable
Key West
Florida Keys
Floridastraße
Große Bahamabank
Nördlicher Wendekreis
Golf von Mexiko
Caicosinseln (brit.)
Turksinseln (brit.)
Havanna (La Habana)
Matanzas
Marianao
KUBA
Santa Clara
Inagua-inseln
Milwaukeetiefe
Pinar del Rio
Guane
Cienfuegos
Sancti Spíritus
Camagüey
Holguín
Guantánamo
Hispaniola
Puerto Plata
Sánchez
San Pedro
Puerto Rico (zu USA)
San Juan
Ponce
Mona Passage
Windward Passage
Campechebank
Straße von Yucatán
Kap Catoche
Kap San Antonio
Isla de la Juventud
Manzanillo
Kap Cruz
Santiago de Cuba
Cap Haïtien
HAITI
Santiago
Santo Domingo
DOMINIKANISCHE REPUBLIK
Port-au-Prince
Progreso
Tizimín
Cancún
Mérida
Valladolid
Uxmal
Chichén Itzá
Cozumel
Tulum
Halbinsel Yucatán
Campeche
Golf von Campeche
Kaiman-inseln (brit.)
Montego Bay
JAMAIKA
Kingston
Antillen
Chetumal
BELIZE
Belize
Villahermosa
Karibisches Meer
75 westl. Länge v. Greenwich

Mittelamerika

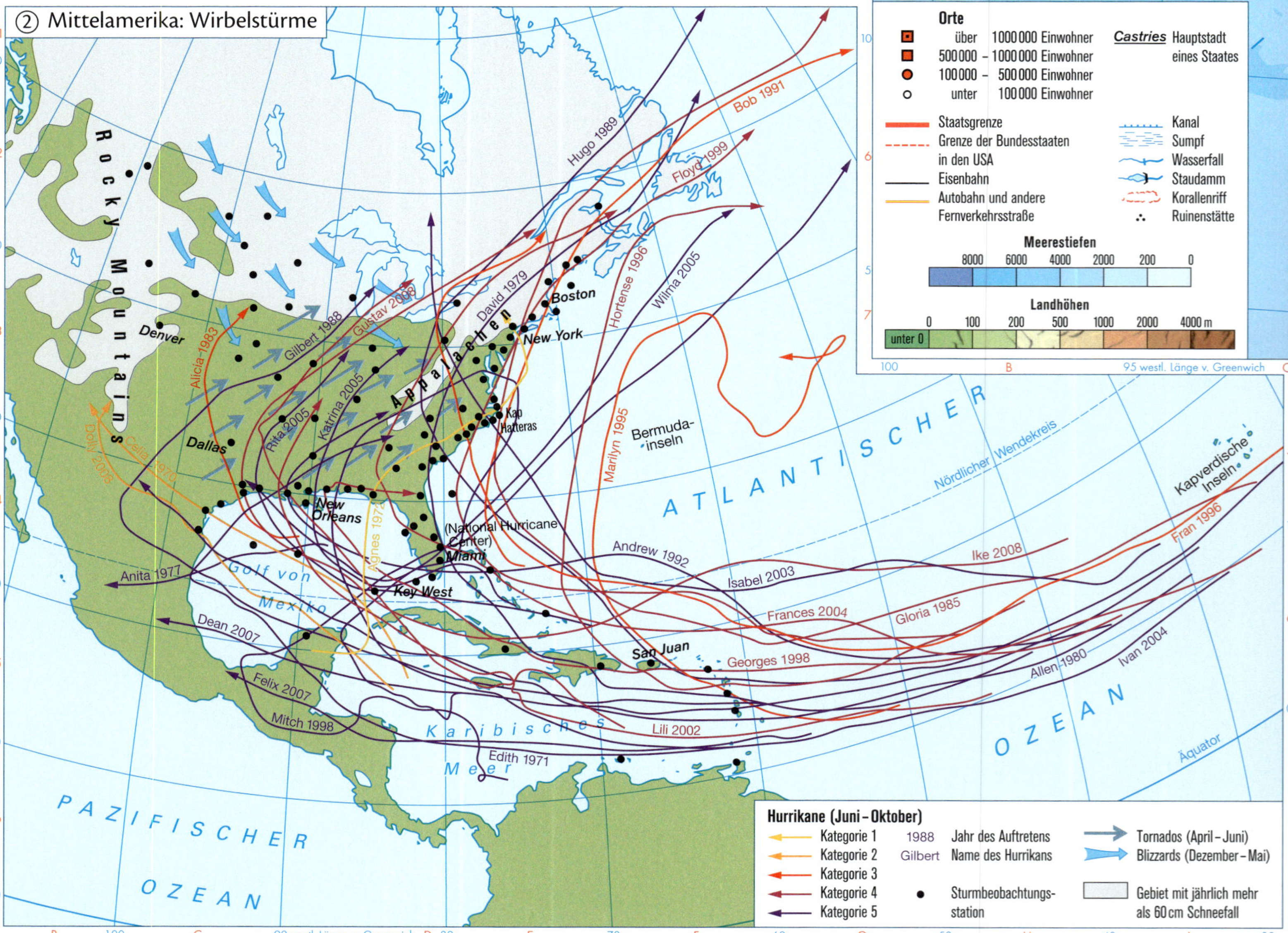

webcode: KA640928-118

1 : 45 000 000 — 0 500 1000 1500 2000 2500 km — 1 cm ≙ 450 km

③ Mittelamerika: Physische Karte

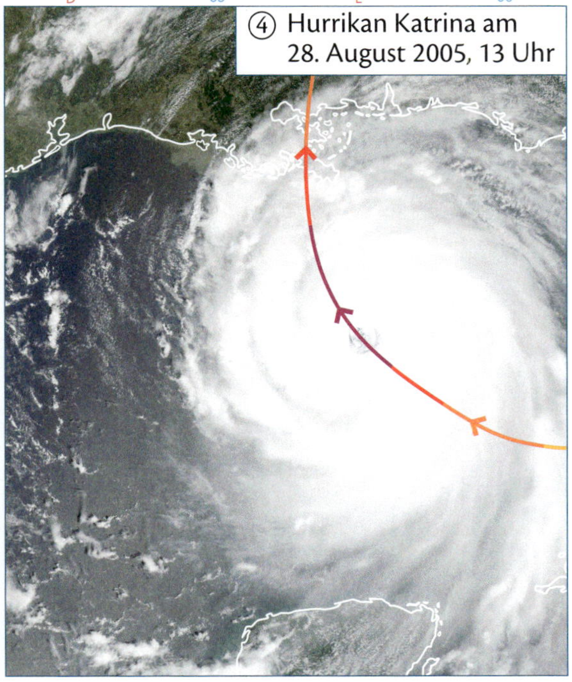
④ Hurrikan Katrina am 28. August 2005, 13 Uhr

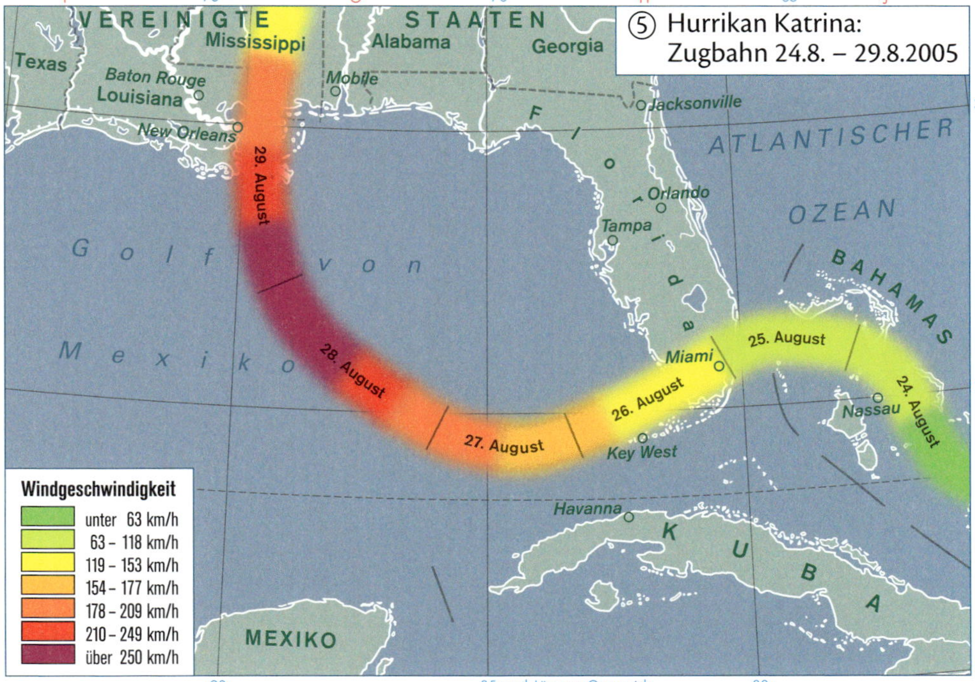

⑤ Hurrikan Katrina: Zugbahn 24.8. – 29.8.2005

1 : 15 000 000 — 0 100 200 300 400 500 600 700 800 900 1000 km — 1 cm ≙ 150 km

Nordamerika: Klima und Landschaftszonen

① Temperaturen im Januar

② Temperaturen im Juli

③ Jahresniederschläge

④ Landschaftszonen

1 : 70 000 000 0 1000 2000 3000 km 1 cm ≙ 700 km

Nordamerika: Wirtschaftskarte

1 : 30 000 000 0 500 1000 1500 km 1 cm ≙ 300 km

Generallegende siehe Seite 18

Südamerika: Physische Karte

Orte

- ▣ über 1 000 000 Einwohner
- ■ 500 000 – 1 000 000 Einwohner
- ● 100 000 – 500 000 Einwohner
- ○ unter 100 000 Einwohner
- Staatsgrenze

- *Brasília* Hauptstadt eines Staates
- *La Paz* Regierungssitz eines Staates
- Eisenbahn
- Autobahn und andere Fernverkehrsstraße
- Wasserfall / Stausee
- Sumpf / Salzbecken
- Korallenriff
- Gletscher
- •6958 Höhenzahl
- 4636 Tiefenzahl
- ∴ Ruinenstätte
- Pass

Meerestiefen: 8000, 6000, 4000, 2000, 200, 0

Landhöhen: 0 (unter 0), 100, 200, 500, 1000, 2000, 4000 m

1 : 30 000 000 — 0, 500, 1000, 1500 km — 1 cm ≙ 300 km

Südamerika: Politische Gliederung

1 : 30 000 000 — 0 500 1000 1500 km — 1 cm ≙ 300 km

Südamerika: Klima und Landschaftszonen

① Temperaturen im Januar

- -5° - 0°C
- 0° - 5°C
- 5° - 10°C
- 10° - 15°C
- 15° - 20°C
- 20° - 25°C
- über 25°C

② Temperaturen im Juli

- unter -10°C
- -10° - - 5°C
- - 5° - 0°C
- 0° - 5°C
- 5° - 10°C
- 10° - 15°C
- 15° - 20°C
- 20° - 25°C
- über 25°C

③ Jahresniederschläge

- über 3000 mm
- 2000 - 3000 mm
- 1000 - 2000 mm
- 500 - 1000 mm
- 250 - 500 mm
- 100 - 250 mm
- unter 100 mm

④ Landschaftszonen

- Tropischer Regenwald
- Feuchtsavanne
- Trockensavanne
- Halbwüste und Wüste
- Steppe
- Puna und Páramo
- Landwirtschaftlich genutzte Fläche
- Wald in der gemäßigten Zone
- Fels- und Eisregion

1 : 70 000 000 — 0 1000 2000 3000 km — 1 cm ≙ 700 km

Südamerika: Wirtschaftskarte

Tropischer Regenwald	Hochgebirgsvegetation in den Anden (Puna und Páramo)	**Landwirtschaftliche Spezialkulturen**			**Viehhaltung**
Feuchtsavanne	Wald in der gemäßigten Zone	Kaffee	Reis	Obst	Rinder
Trockensavanne	Anbau tropischer Handelspflanzen	Kakao	Kautschuk	Zitrusfrüchte	Schafe
Halbwüste und Wüste	Bewässerungskulturen	Bananen	Tabak	Wein	Hauptfischfanggebiet
Steppe	Ackerland, vorwiegend Getreideanbau	Erdnüsse	Sisal		
Fels- und Eisregion		Zuckerrohr	Baumwolle	Tee	

Wasserkraftwerk, Kernkraftwerk, Erdölpipeline, Erdgaspipeline, Fischereihafen, Fremdenverkehrsort, Korallenriff, Staatsgrenze

Erklärung der Bergbau- und Industriesignaturen in der Generallegende

1 : 30 000 000 — 0, 500, 1000, 1500 km — 1 cm ≙ 300 km

Amerika

Generallegende siehe Seite 18

Nord- und Südamerika: Wirtschaftsräume und Städte

① Innenstadt von New York

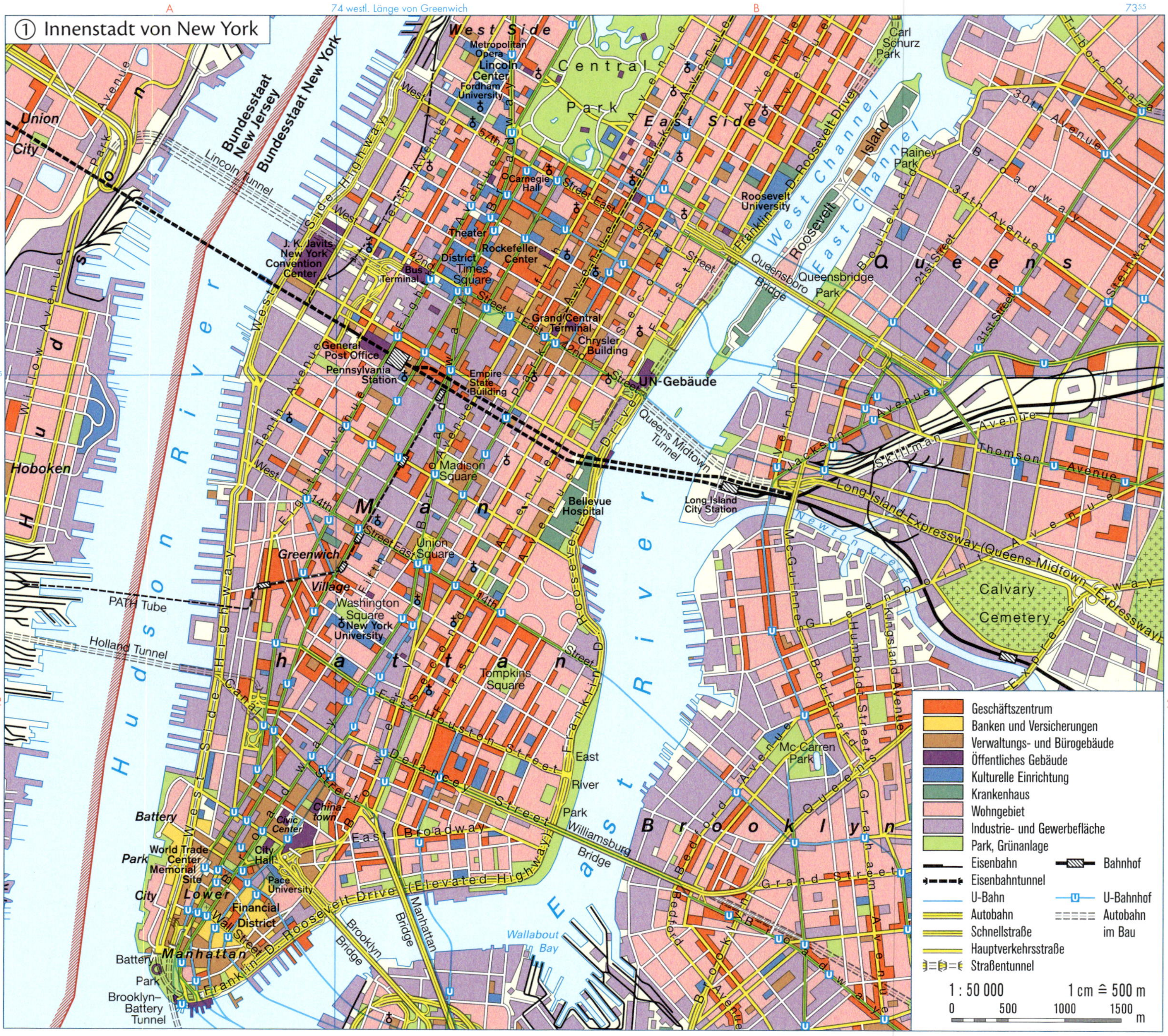

② Stadtentwicklung im Raum Los Angeles

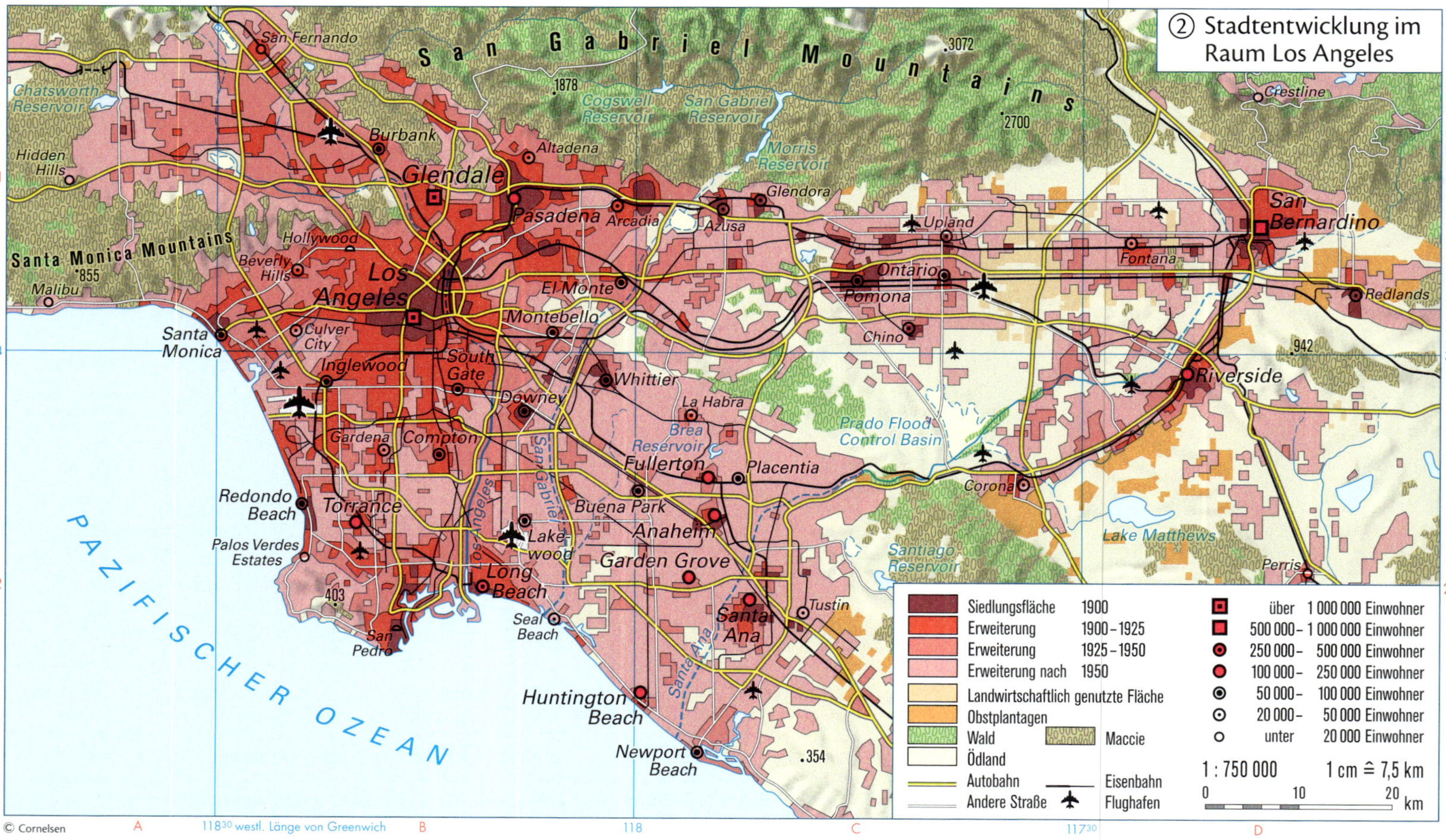

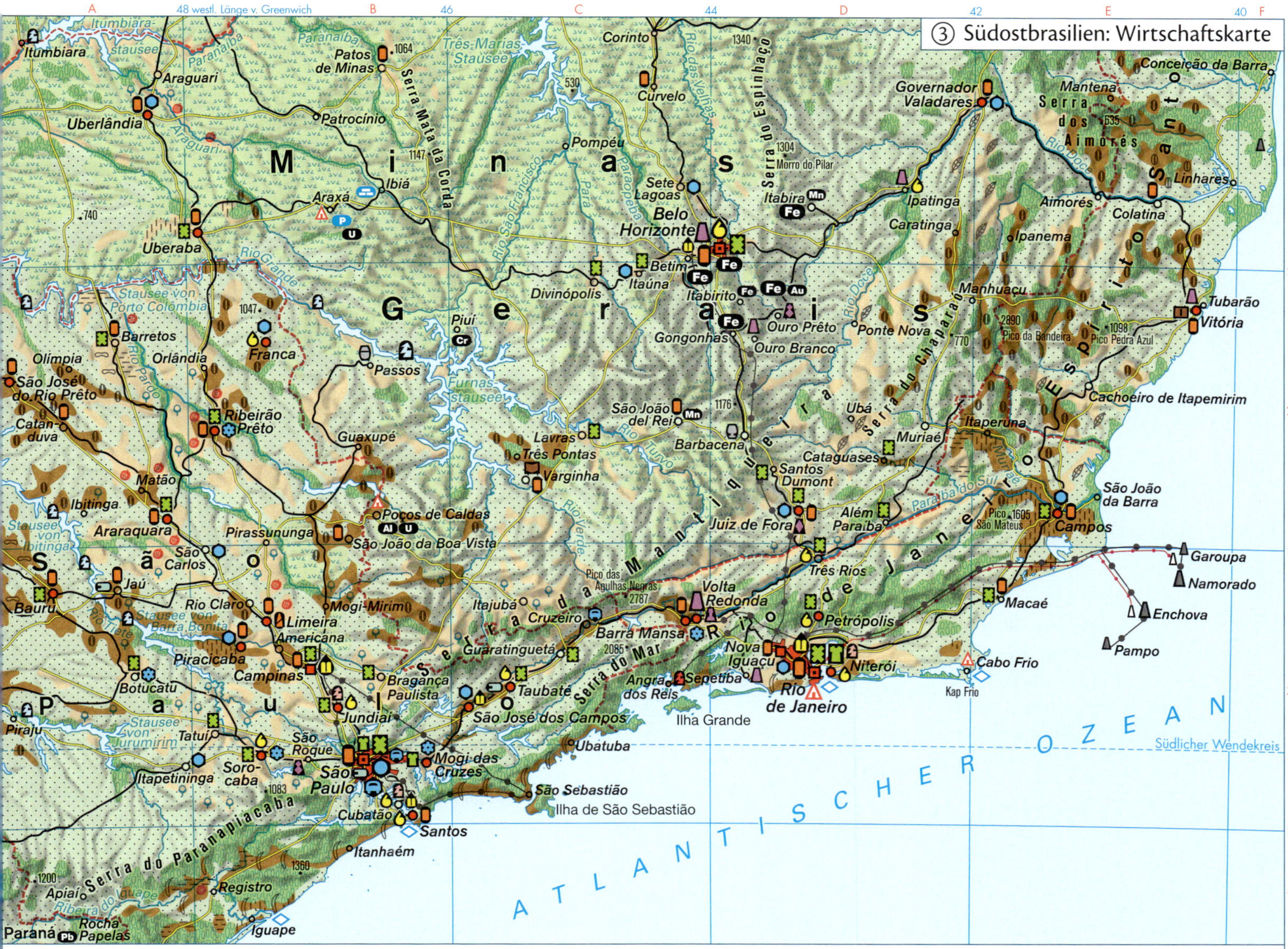

Tropischer Regenwald	Kaffee	Tabak	**Orte**
Feuchtsavanne	Kakao	Baumwolle	über 1000000 Einwohner
Grasland	Bananen	Zitrusfrüchte	500000 – 1000000 Einwohner
Anbau tropischer Handelspflanzen	Erdnüsse	Fischereihafen	100000 – 500000 Einwohner
Ackerland mit vorwiegend Getreideanbau	Zuckerrohr		50000 – 100000 Einwohner
	Reis		unter 50000 Einwohner

Wasserkraftwerk, Wärmekraftwerk, Kernkraftwerk
Erdölpipeline, Erdgaspipeline, Fremdenverkehrsort
Eisenbahn, Fernverkehrsstraße, Grenze der Bundesstaaten
Erklärung der Bergbau- und Industriesignaturen in der Generallegende

1 : 5 000 000 — 0 50 100 150 200 km — 1 cm ≙ 50 km

Verdichtungsraum São Paulo

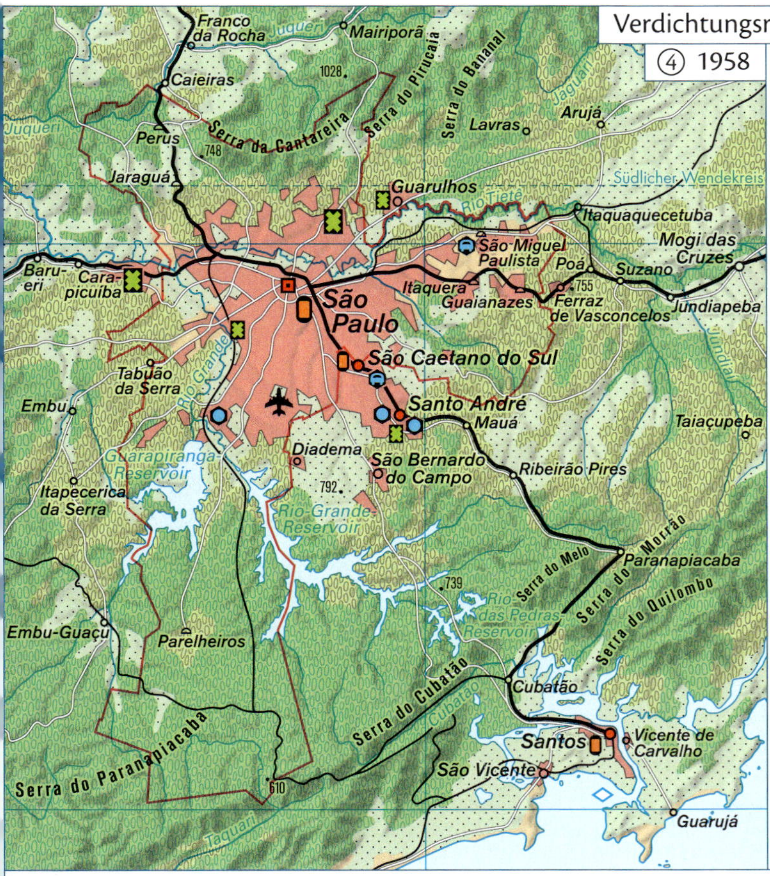

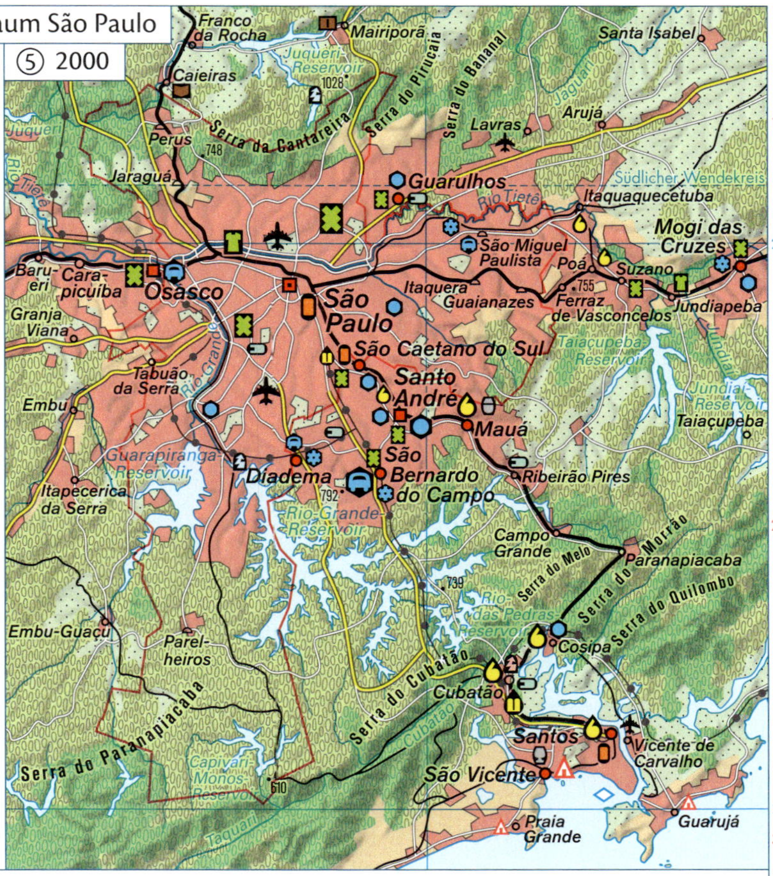

Siedlungsfläche, Tropischer Regenwald, Buschwald
Grasland, Ackerland mit vorwiegend Getreideanbau
Eisenbahn, Autobahn, Hauptstraße
Flughafen, Fremdenverkehrsort, Fischereihafen
Stadtgrenze von São Paulo, Stadtteil von São Paulo
Erklärung der Ortssignaturen in Karte ①
Erklärung der Bergbau- und Industriesignaturen in der Generallegende

1 : 750 000 — 0 10 20 km — 1 cm ≙ 7,5 km

Amerika

Generallegende siehe Seite 18

Blickpunkt Wasser

Drei Viertel der Erdoberfläche sind von Wasser bedeckt. Doch das meiste ist Salzwasser und für Menschen und Tiere ungenießbar. Auch fast alle Pflanzen können kein Salzwasser vertragen. An den größten Teil des Süßwassers kommen wir gar nicht heran, weil es in Gletschern, Sümpfen, tief liegenden Grundwasserschichten oder der Atmosphäre gespeichert ist. In vielen Entwicklungsländern müssen die Menschen kilometerweit bis zu einer Wasserstelle gehen. **Eine Milliarde Menschen hat kein sauberes Trinkwasser.** Täglich sterben 4500 Kinder, weil das Trinkwasser Krankheitskeime enthält. Wegen dieser Missstände haben die Vereinten Nationen 2010 Wasser zu einem Menschenrecht erklärt.

❶ Zugang zu Trinkwasser

Länder mit dem größten Bevölkerungsanteil ohne Zugang zu sauberem Trinkwasser

Somalia	70 %
Äthiopien	62 %
Papua-Neuguinea	60 %
Madagaskar	59 %
Dem. Rep. Kongo	54 %
Mosambik	53 %
Afghanistan	52 %
Niger	52 %
Sierra Leone	51 %
Mauretanien	51 %
Tschad	50 %
Angola	50 %

❷ Vorhandene Wassermenge der Erde

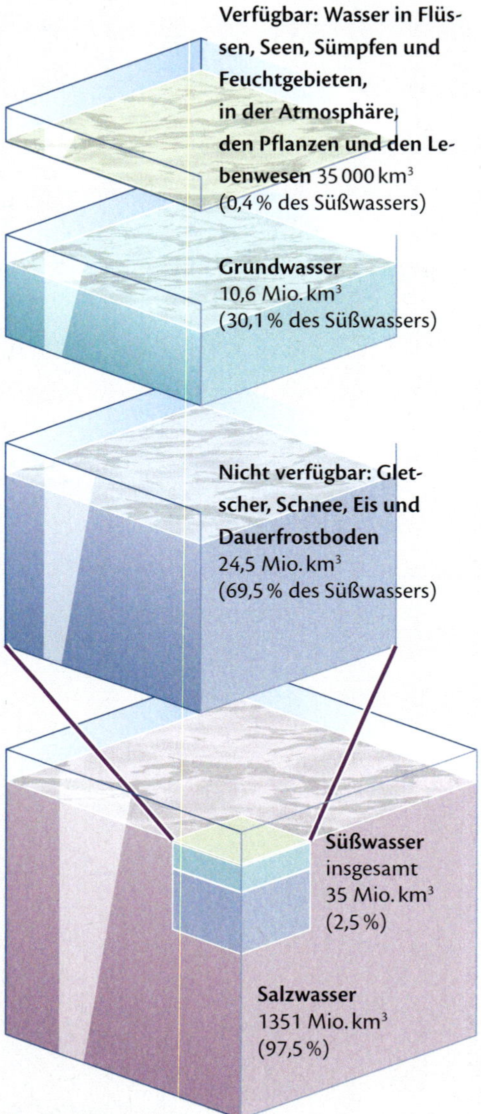

Quelle: United Nations (UNEP)

❸ Wasserverbrauch pro Kopf

pro Kopf in Liter pro Tag (Durchschnitt 1998 – 2008)

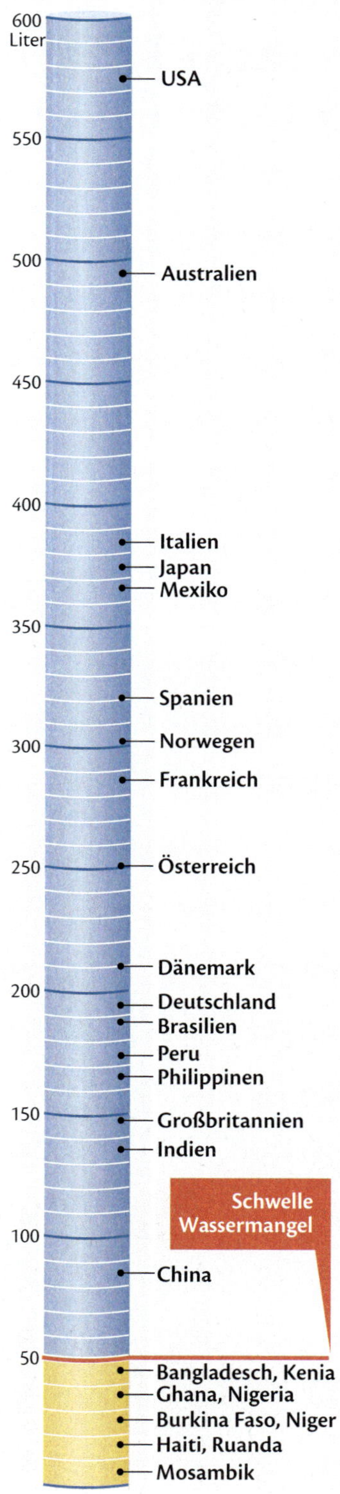

Quelle: United Nations (FAO)

❹ Weltweiter Wasserverbrauch

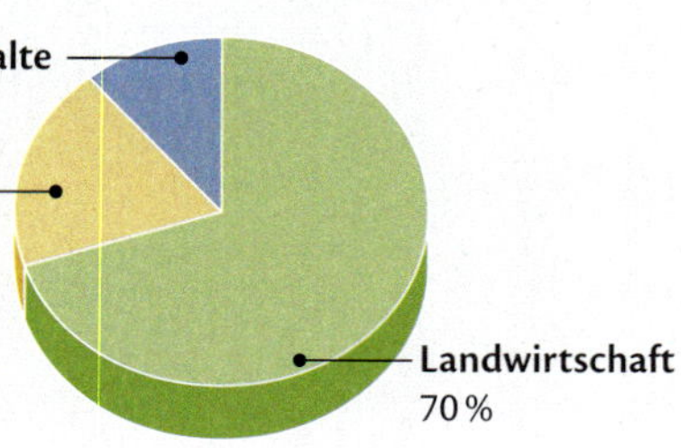

Quelle: United Nations (FAO)

❺ Bewässerte Fläche (aus Grundwasser)

1 km² = 100 ha

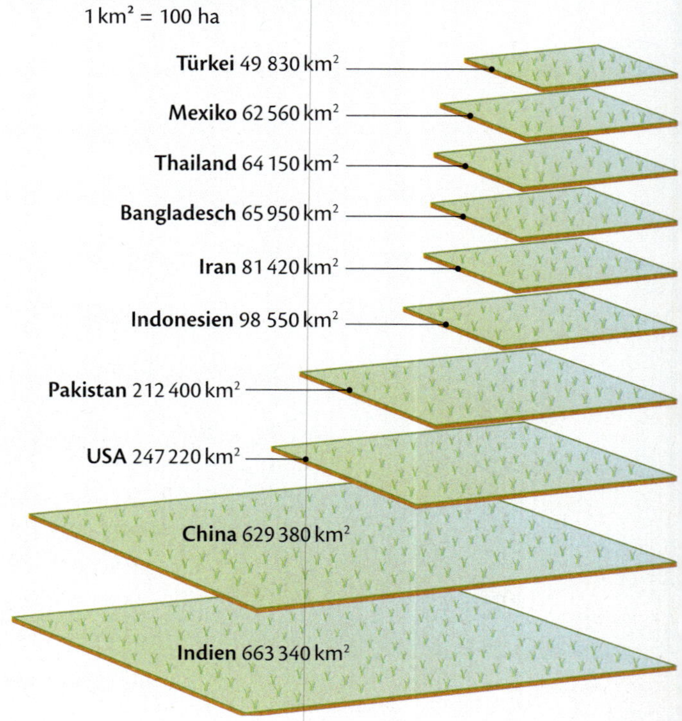

Quelle: United Nations (FAO AQUASTAT)

webcode: KA640928-128

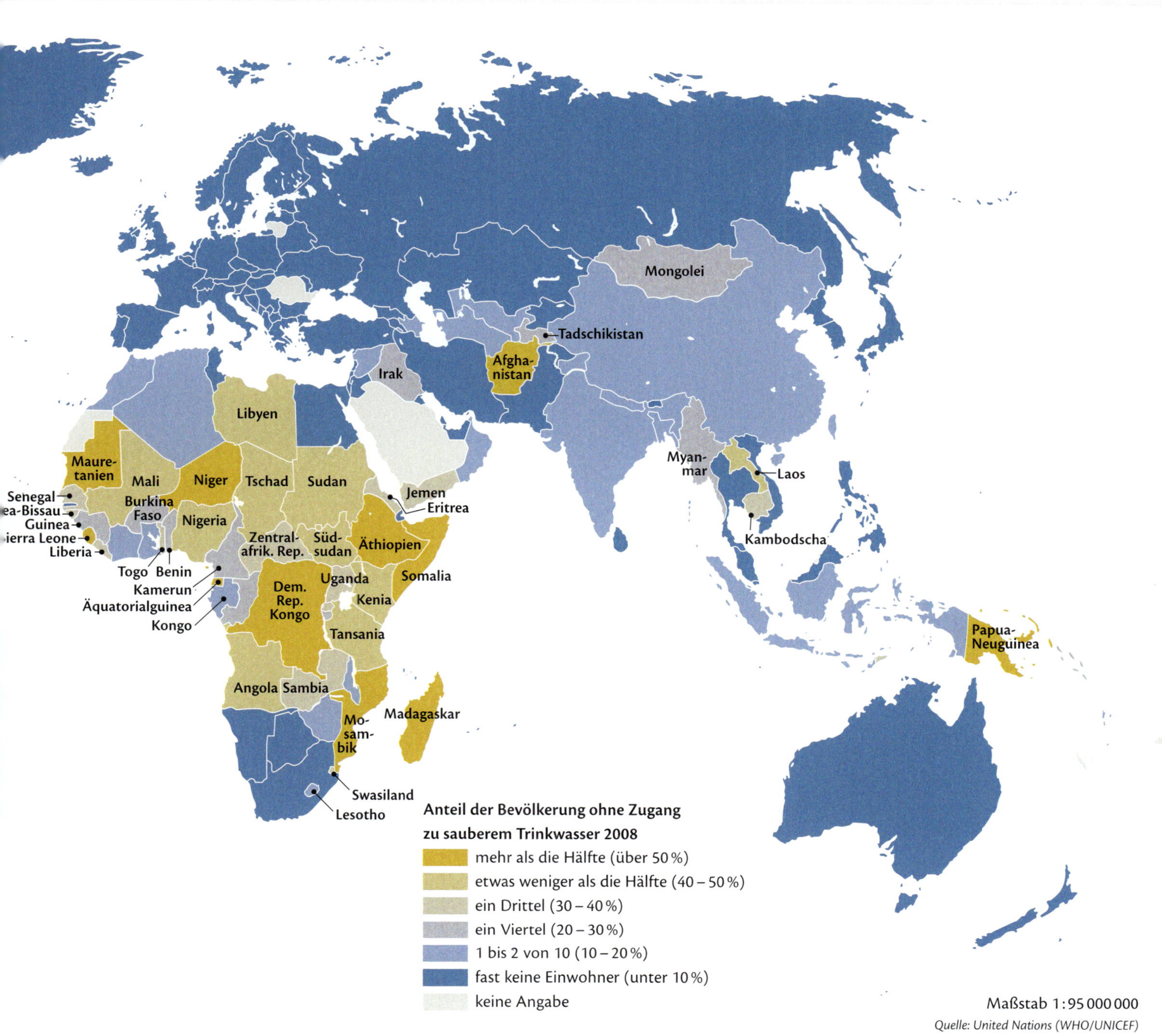

6 Wasserverteilung und Konfliktgebiete

Flusssystem
beteiligte Länder

1. **Nil**
   Ägypten, Äthiopien, Sudan
2. **Sambesi**
   Sambia, Simbabwe, Mosambik
3. **Amu-Darja / Syr-Darja**
   Tadschikistan, Kirgisistan, Usbekistan
4. **Ganges, Bramaputra**
   Bangladesch, Nepal, Indien
5. **Mekong**
   China, Laos, Thailand, Vietnam
6. **Indus**
   Indien, Pakistan
7. **Euphrat / Tigris**
   Irak, Syrien, Türkei
8. **Jordan**
   Israel, Jordanien, Palästina, Syrien
9. **Rio Grande**
   Mexiko, USA
10. **Paraná**
    Argentinien, Brasilien, Paraguay

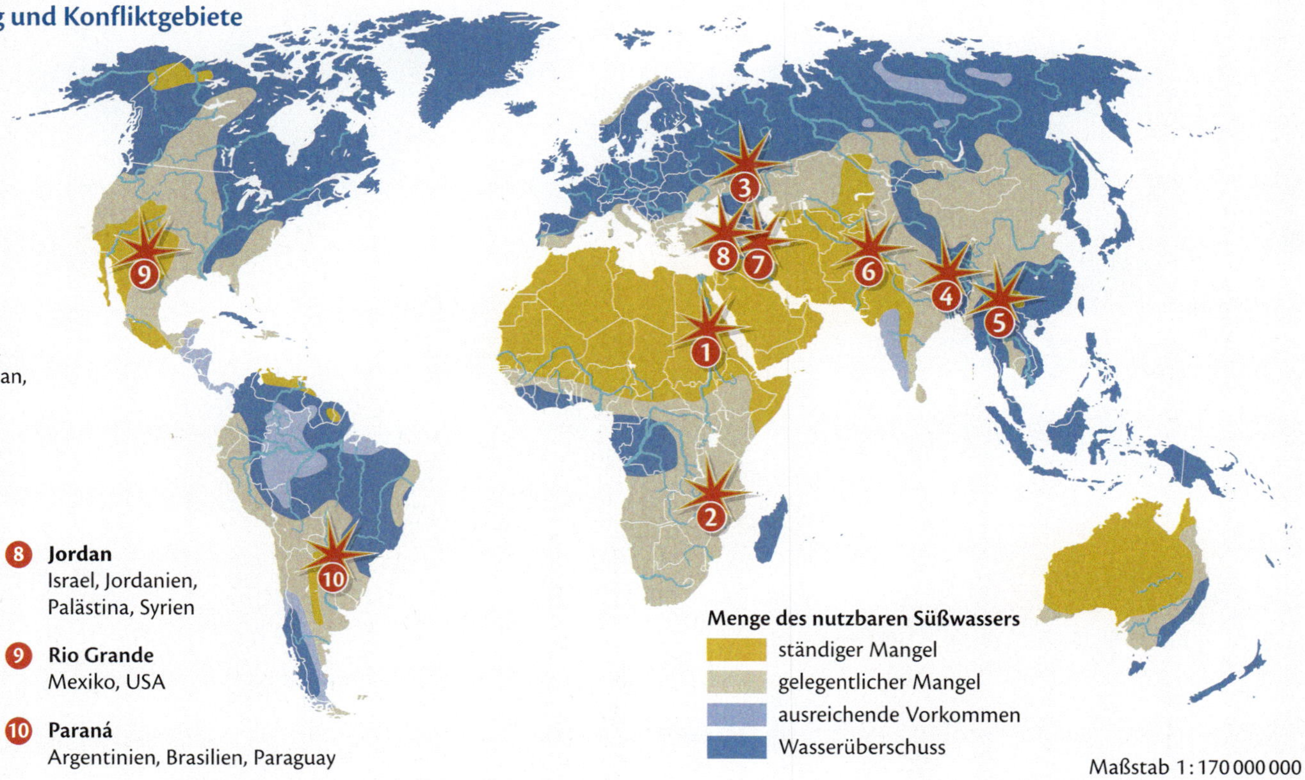

Blickpunkt

Pazifischer Ozean/Polargebiete

① Pazifischer Ozean: Physische Karte

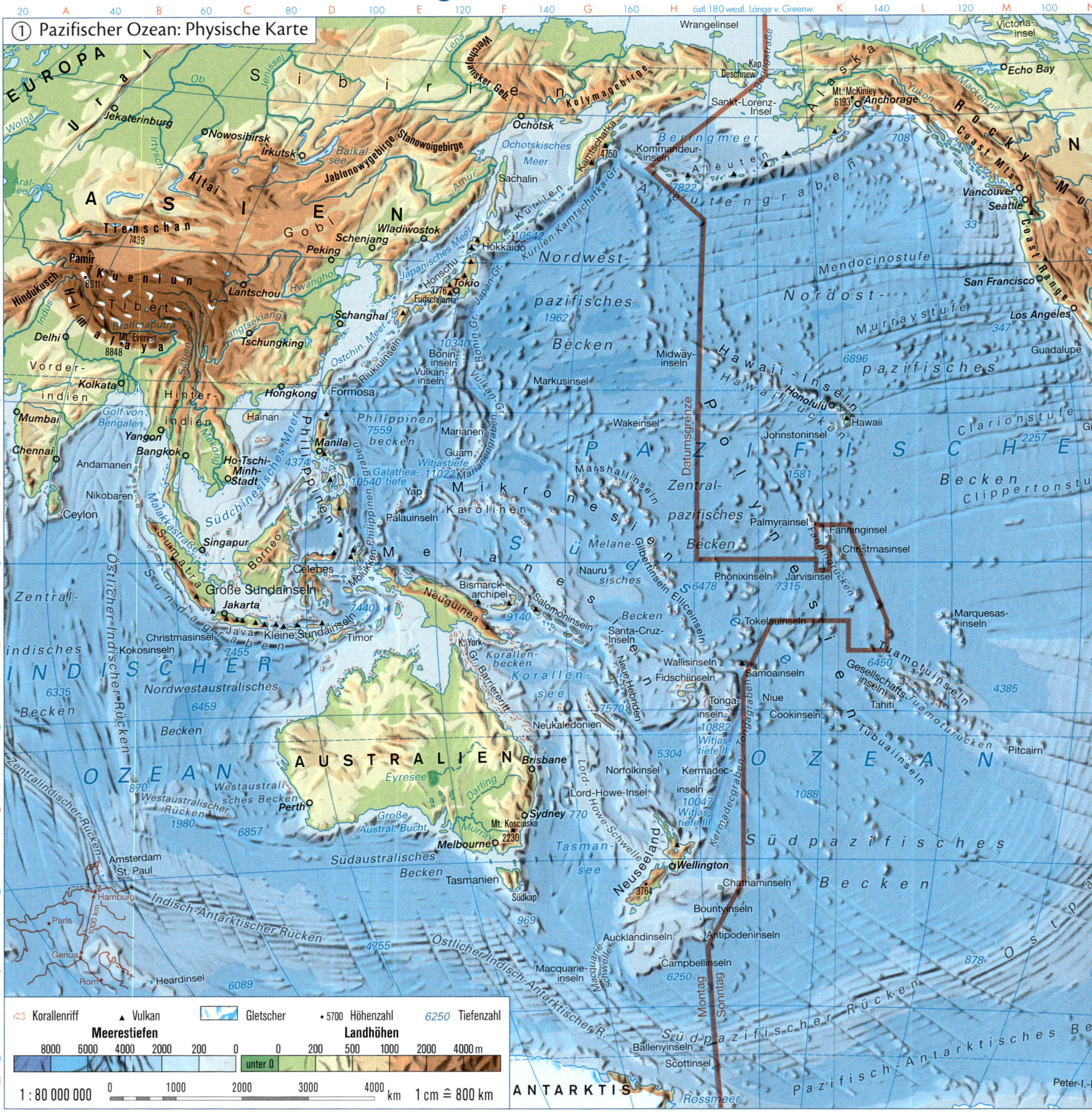

② Ozeanien: Politische Gliederung

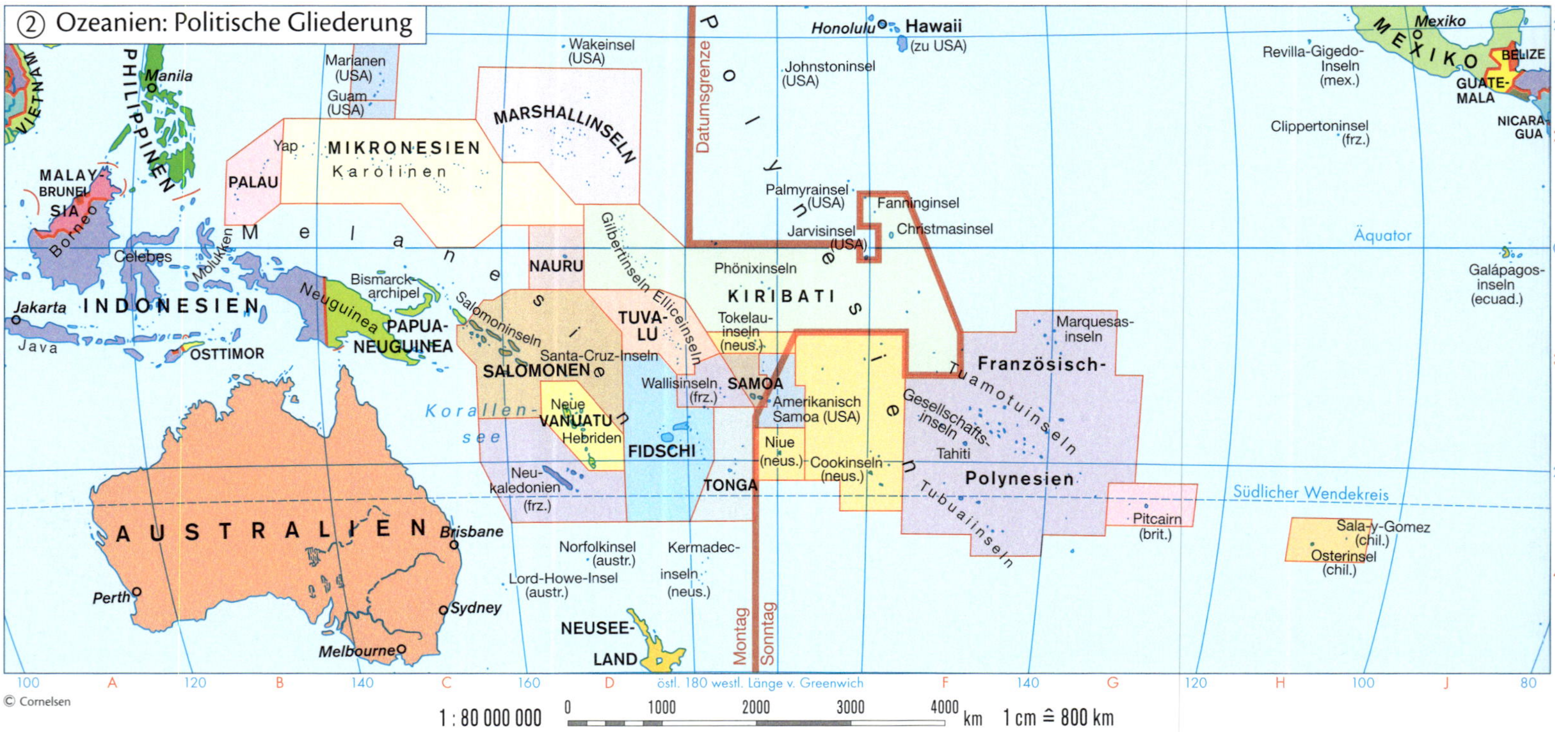

Inlandeis und Gletscher	Korallenriff
Schelfeis (Südpol)	Vulkan
Packeisgrenze	
Eisberggrenze	2579 Höhenzahl
Forschungsstation	5851 Tiefenzahl
Grenzen der in der Antarktis beanspruchten Gebiete	Staatsgrenze

Forschungsreisen im Nordpolargebiet
- Otto Nordenskjöld 1878–79
- Fridtjof Nansen 1893–96
- Roald Amundsen 1903–06
- Robert E. Peary 1909
- Alfred Wegener Grönland 1930–31
- Atom-U-Boot Nautilus 1958

Forschungsreisen zum Südpol
- Roald Amundsen 1911
- Robert F. Scott 1911–12
- Richard E. Byrd 1929

Landhöhen

unter 0 | 0 | 200 | 500 | 1000 | 2000 | 4000 m

Meerestiefen

8000 | 6000 | 4000 | 1000 | 200 | 0 m

③ Nordpolargebiet: Physische Karte

④ Südpolargebiet: Physische Karte

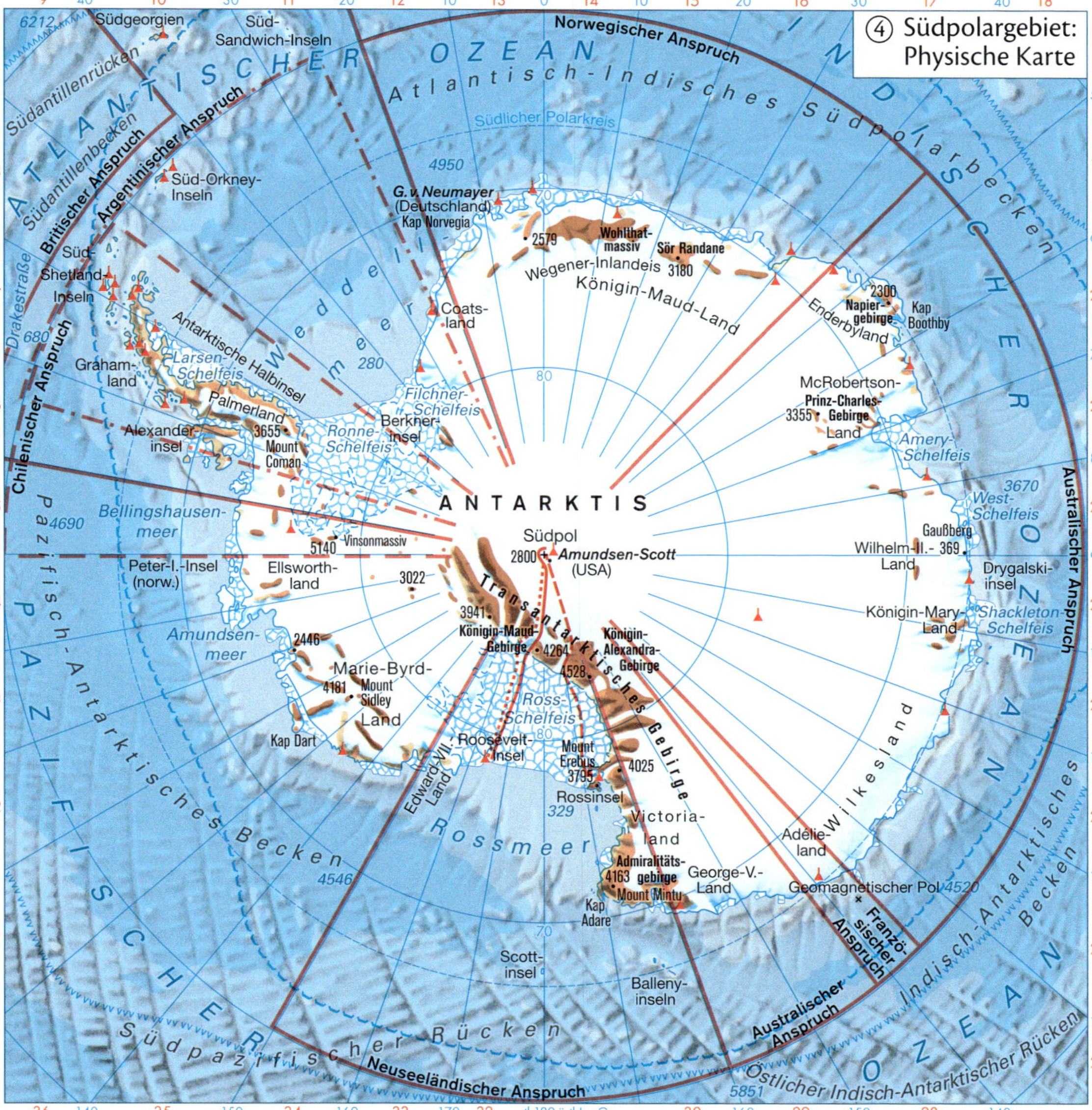

1 : 45 000 000 0 500 1000 1500 km 1 cm ≙ 450 km

Erde

Erde: Physische Karte

① Oberflächengestalt der Erde

② Pflanzliche Primärproduktion

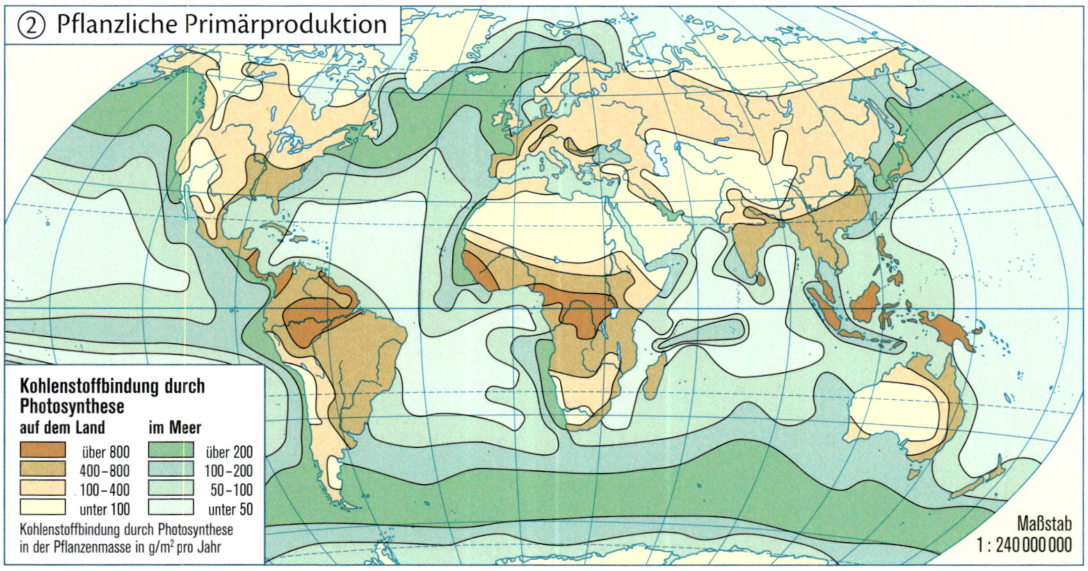

③ Kontinente und Ozeane

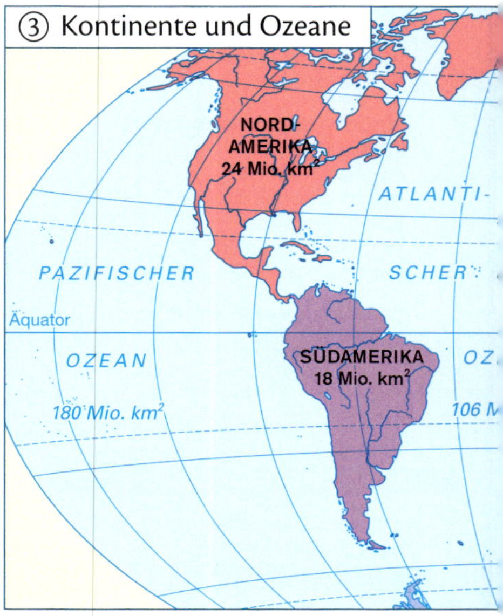

webcode: KA640928-132

Polarmeer
Spitzbergen
Franz-Josef-Land
Sewernaja Semlja
Neusibirische Inseln
Nowaja Semlja
Nordkap
Taimyr
Nördlicher Polarkreis
Werchojansker Gebirge
3147
Kolymagebirge
Jenissei
Lena
Narodnaja 1894
Ob
Sibirien
Bering-meer
Aleuten
Aleutengraben
7822
Ural
Jekaterinburg
Nowosibirsk
Stanowoigebirge
Jablonowy-gebirge
Ochotskisches Meer
Kamtschatka
Moskau
Irtysch
Altai
Amur
Sachalin
Wolga
ASIEN
Mandschurei
10542
Kurilen-Kamtschatka-Graben
Nordwest-
Nordost-
Donau
Schwarzes Meer
Kaukasus
Kaspisches Meer
Tiefland von Turan
Tienschan
7439 Pik Pobedy
Gobi
Peking
Japanisches Meer
Honschu
pazifisches
Tokio
1962
Becken
Athen
Pamir
Hindukusch
Kuenlun
Teheran
Bagdad
Euphrat
Tibet
Hwangho
Jangtsekiang
Schanghai
Boningraben
10340
Himalaya
Brahmaputra
8848
Mount Everest
Ostchinesisches Meer
Kairo
Delhi
Arabien
Nördlicher Wendekreis
Vorderindien
Kolkata
Hinterindien
Hongkong
Rotes Meer
Arabisches Meer
Mumbai
Golf von Bengalen
Philippinenbecken
Marianen
PAZIFISCHER
Bangkok
Manila
Mekong
4620
Aden
Kap Guardafui
Chennai
Ceylon
Philippinen
Philippinengraben
11022
Marianengraben
10540
Marshallinseln
Zentral-
Addis Abeba
Arabisches Becken
Mikronesien
pazifisches
Becken
AFRIKA
Karolinen
Südchinesisches Meer
Borneo
Singapur
5520
Kongo
Somalibecken
Sumatra
Aquator
Melanesisches
Gilbertinseln
Kongobecken
Viktoriasee
5895
Kilimandscharo
Seychellen
Zentralindisches
Melanesien
OZEAN
Daressalam
INDISCHER
Sundainseln
Neuguinea
5030
7440
Salomoninseln
9140
Ellice-inseln
Komoren
Java
Sundagraben
7455
Arafurasee
Sambesi
6335
Korallenbecken
Madagaskar
Maskarenen
Korallensee
Neue Hebriden
Fidschiinseln
Mauritius
Nordwestaustralisches Becken
Neukaledonien
Kalahari
Madagaskarbecken
6400
OZEAN
AUSTRALIEN
Südlicher Wendekreis
Johannesburg
Drakensberge
Mosambikbecken
870
Östlicher Indischer Rücken
1515
Tongagraben
Kap Agulhas
Westaustralisches Becken
Perth
2067
Südwestindisches Becken
1980
Große Australische Bucht
Mount Kosciusko
2230
Murray
Sydney
Kermadecinseln
10047
Kermadecgraben
770
Westlicher Indischer Rücken
Südaustralisches Becken
Tasmanien
Tasmansee
Auckland
940
Indisch-Antarktischer Rücken
Südkap
Neuseeland
Kerguelen
4755
969
Kerguelenrücken
6972
6089
Macquarieinseln
Aucklandinseln
Indisch-Antarktisches Becken
485
Südpolarbecken
6250
Südpazifisches Becken
2300
ANTARKTIS
Maßstab 1 : 80 000 000
Ständige Eisbedeckung, Gletscher
Landhöhen
0 100 200 500 1000 2000 4000 m
unter 0

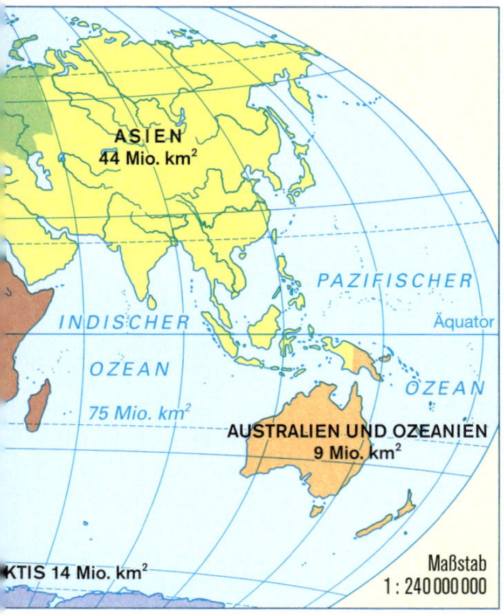
ASIEN
44 Mio. km²
PAZIFISCHER
INDISCHER
Äquator
OZEAN
OZEAN
75 Mio. km²
AUSTRALIEN UND OZEANIEN
9 Mio. km²
ANTARKTIS 14 Mio. km²
Maßstab
1 : 240 000 000

④ Zeitzonen

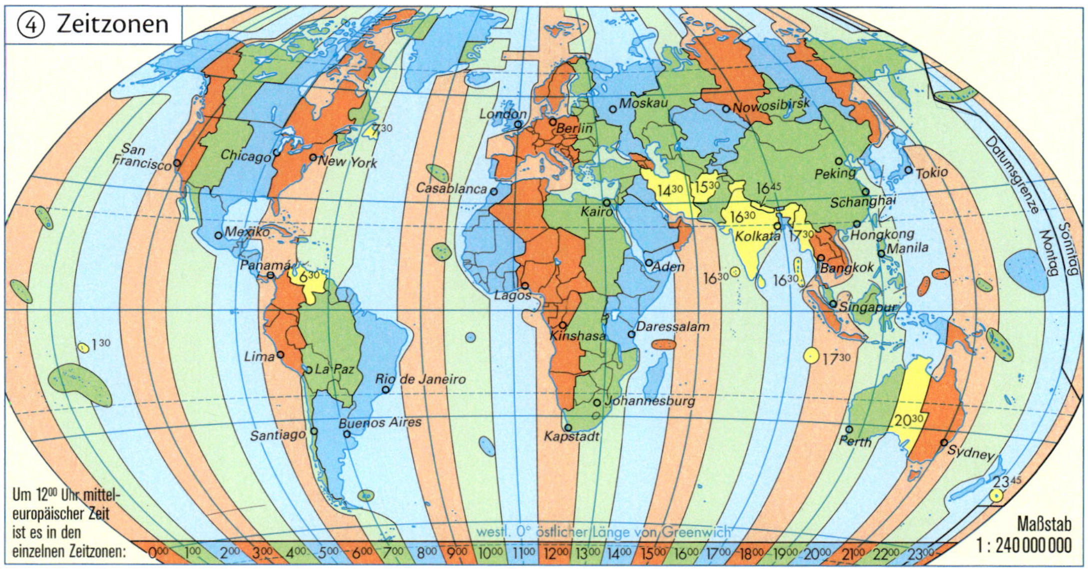
San Francisco
Chicago
New York
London
Berlin
Moskau
Nowosibirsk
Peking
Tokio
Casablanca
Schanghai
Mexiko
Kairo
Kolkata
Hongkong
Manila
Panama
Bangkok
Aden
Lagos
Singapur
Kinshasa
Daressalam
Lima
La Paz
Rio de Janeiro
Johannesburg
Santiago
Buenos Aires
Kapstadt
Perth
Sydney
Datumsgrenze
Sonntag
Montag
Um 12.00 Uhr mitteleuropäischer Zeit ist es in den einzelnen Zeitzonen:
westl. 0° östlicher Länge von Greenwich
Maßstab
1 : 240 000 000

Erde: Klimazonen

① Klimazonen (nach Troll und Paffen) und Meeresströmungen

Klimazonen
vereinfacht nach C. Troll und K. Paffen: Effektive Gliederung auf der Grundlage jahreszeitlicher Witterungsveränderungen und der potentiellen Vegetation

I Polare und subpolare Zone
- Polares Eisklima (Eiswüste)
- Subpolares Tundrenklima (Tundra)

II Kaltgemäßigte Zone
- Boreales Nadelwaldklima

III Kühlgemäßigte Zone
- Ozeanisches Klima an den Westküsten der Kontinente (Sommergrüne Laub- und Mischwälder)
- Übergangszone zwischen Ozeanischem und Kontinentalem Klima (Sommergrüne Laub- und Mischwälder)
- Kontinentales Klima (Sommergrüne Laub- und Mischwälder)
- Sommerwarmes Klima an den Ostküsten der Kontinente (Sommergrüne Laub- und Mischwälder)
- Winterkaltes Steppenklima
- Winterkaltes Halbwüsten- und Wüstenklima

IV Warmgemäßigte Subtropenzone
- Winterfeuchtes Mittelmeerklima (immergrüne Hartlaubgewächse)
- Ganzjährig feuchtes Wald- und Graslandklima an den Ostseiten der Kontinente
- Sommerfeuchtes Steppenklima:
  - anhaltend sommerfeucht
  - kurzzeitig sommerfeucht
- Winterfeuchtes Steppenklima
- Wintermildes Halbwüsten und Wüstenklima

V Tropenzone
- Halbwüsten- und Wüstenklima
- Trockensavannenklima
- Feuchtsavannenklima
- Immerfeuchtes Regenwaldklima

- Gebirgsklima

Meeresströmungen
- Warme Meeresströmung
- Kalte Meeresströmung
- Kaltes Auftriebswasser; häufige Küstennebel

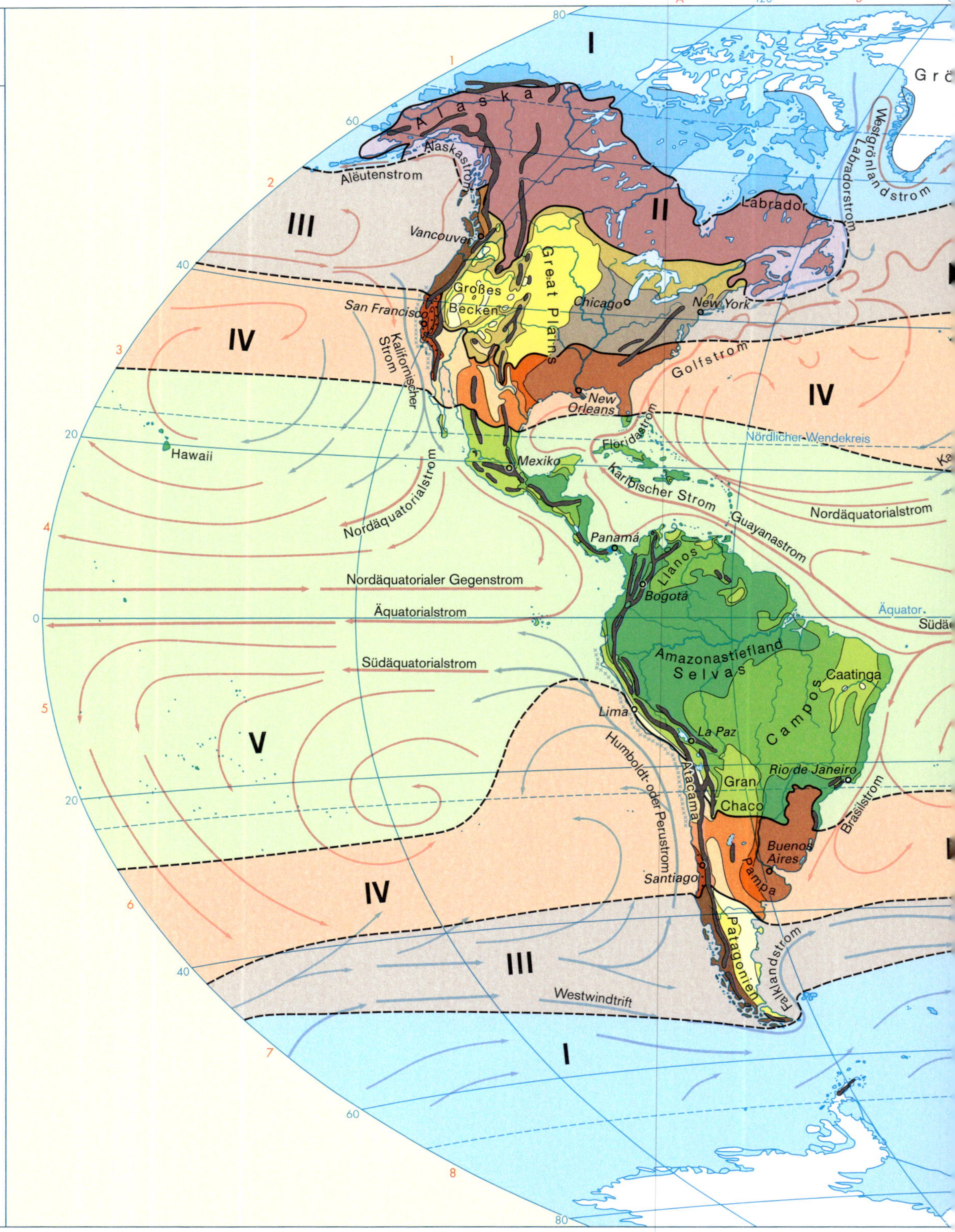

② Jahresniederschläge

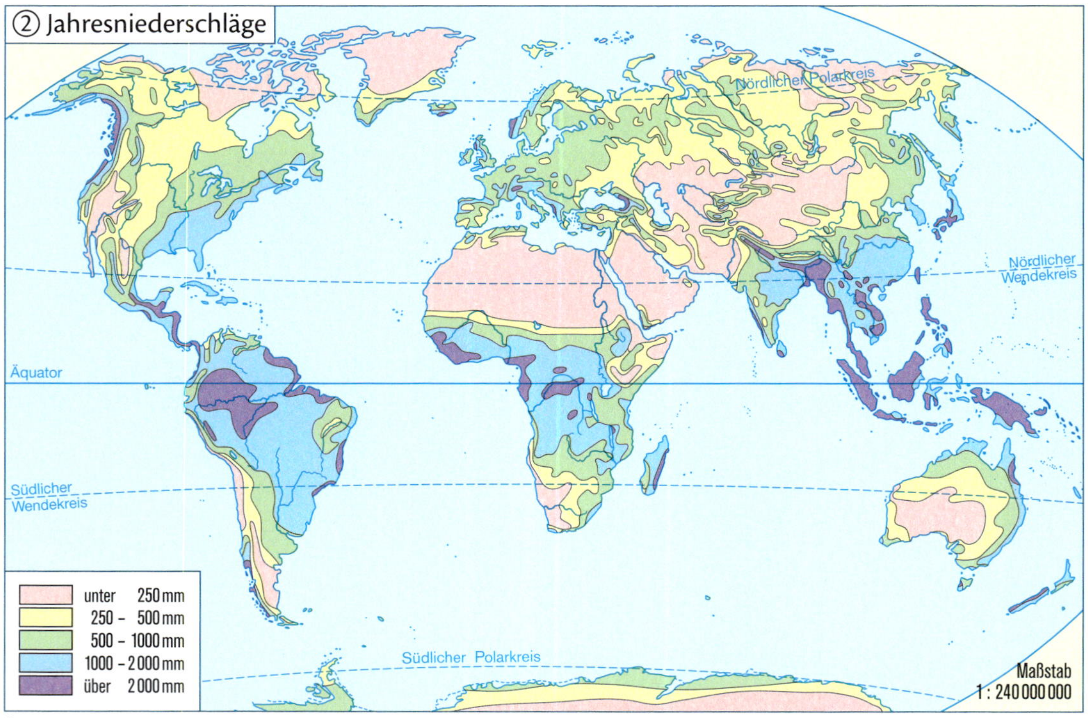

③ Mittlere Januar-Temperaturen

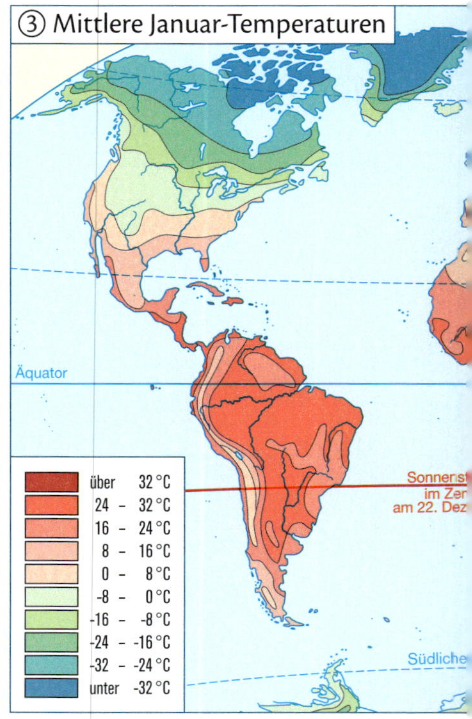

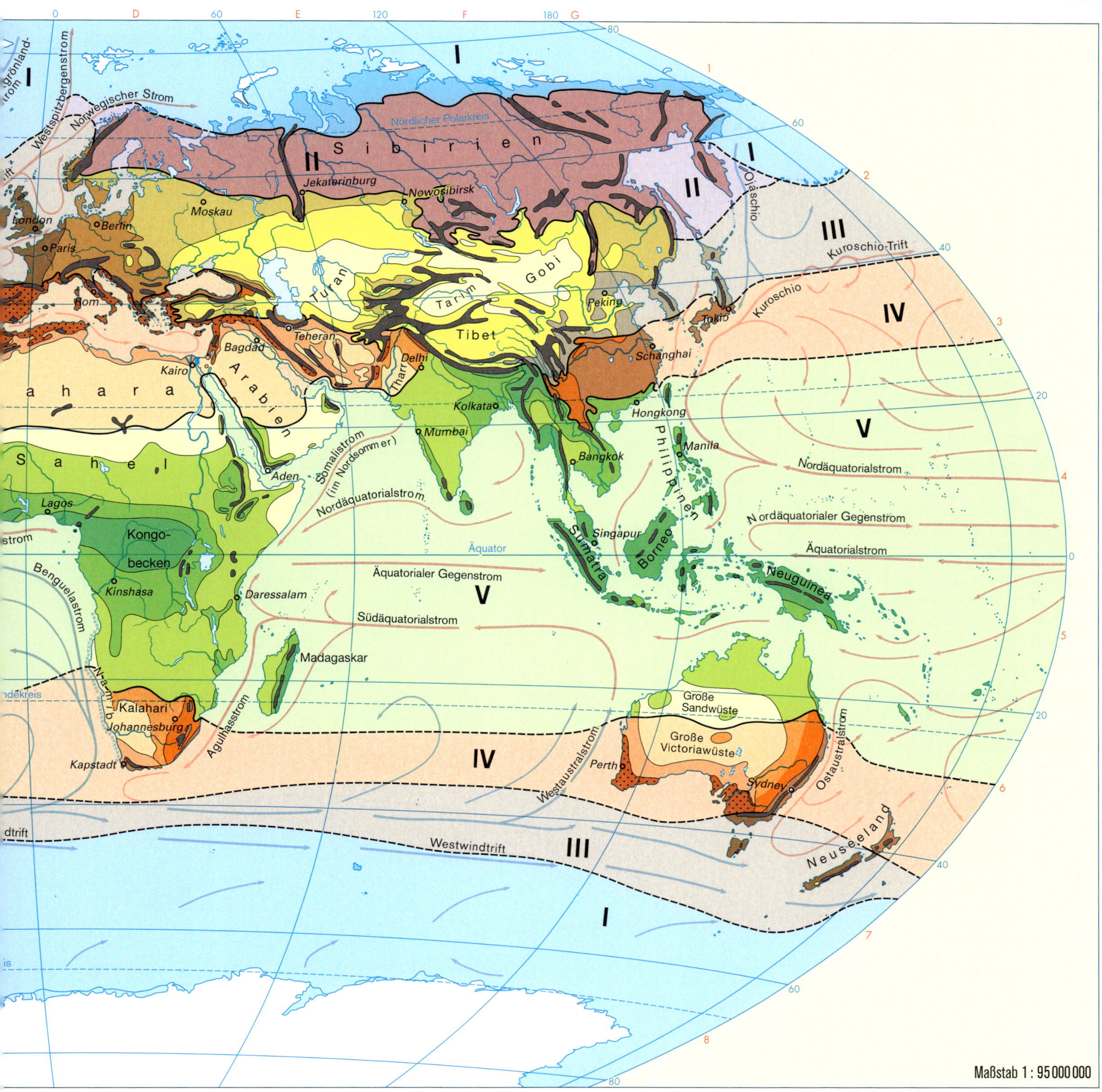

I
II
III
IV
V
Westspitzbergenstrom
Norwegischer Strom
Nördlicher Polarkreis
Sibirien
Jekaterinburg
Nowosibirsk
Moskau
London
Berlin
Paris
Rom
Ojaschio
Kuroschio-Trift
Kuroschio
Turan
Gobi
Tarim
Tibet
Peking
Tokio
Schanghai
Teheran
Bagdad
Kairo
Delhi
Tharr
Sahara
Arabien
Sahel
Kolkata
Mumbai
Hongkong
Philippinen
Manila
Bangkok
Aden
Somalistrom (im Nordsommer)
Nordäquatorialstrom
Nordäquatorialer Gegenstrom
Äquatorialstrom
Lagos
Kongobecken
Kinshasa
Benguelastrom
Daressalam
Singapur
Sumatra
Borneo
Neuguinea
Äquator
Äquatorialer Gegenstrom
Südäquatorialstrom
Madagaskar
Namib
Kalahari
Johannesburg
Kapstadt
Agulhasstrom
Große Sandwüste
Große Victoriawüste
Perth
Westaustralstrom
Ostaustralstrom
Sydney
Neuseeland
Westwindtrift
Maßstab 1 : 95 000 000

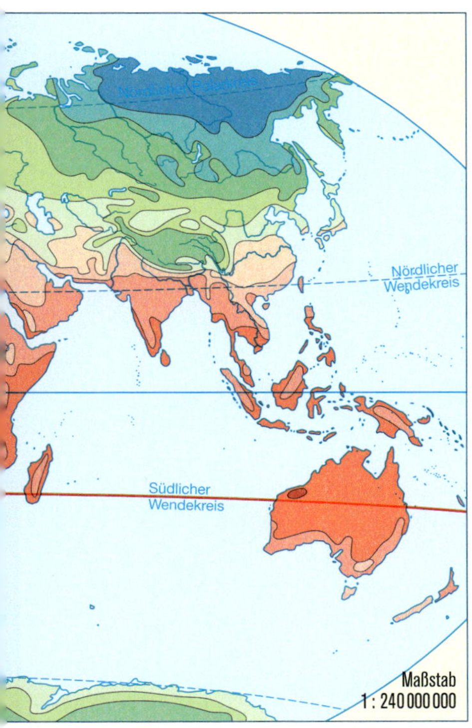

Nördlicher Wendekreis
Südlicher Wendekreis
Maßstab 1 : 240 000 000

④ Mittlere Juli-Temperaturen

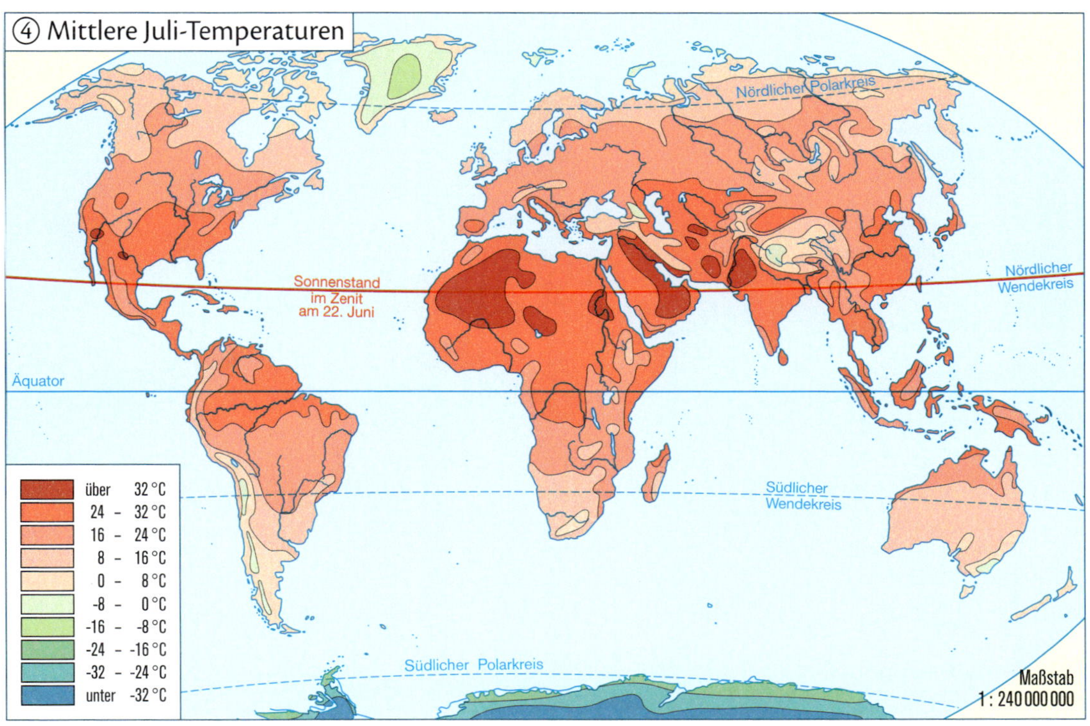

Nördlicher Polarkreis
Sonnenstand im Zenit am 22. Juni
Nördlicher Wendekreis
Äquator
Südlicher Wendekreis
Südlicher Polarkreis
über 32 °C
24 - 32 °C
16 - 24 °C
8 - 16 °C
0 - 8 °C
-8 - 0 °C
-16 - -8 °C
-24 - -16 °C
-32 - -24 °C
unter -32 °C
Maßstab 1 : 240 000 000

Erde: Vegetation, Landschaftszonen und Landwirtschaft

① Landschaftszonen und landwirtschaftliche Nutzung

Landschaftszonen

- Fels- und Eisregion
- Tundra
- Borealer Nadelwald
- Laub- und Laubmischwald in der gemäßigten Zone und in den Subtropen
- Steppe
- Halbwüste und Wüste
- Dorn- und Trockensavanne
- Feuchtsavanne und Sekundärwald
- Tropischer Regenwald

Landwirtschaftliche Nutzung

- Ackerland mit guten Böden; Getreide, Hackfrüchte (vorwiegend Weizen, Mais und Zuckerrüben)
- Ackerland mit geringeren Böden; Getreide, Hackfrüchte, Viehhaltung
- Grünland;Viehhaltung, vereinzelt Ackerland
- Reisanbau
- Bewässerungskulturen und Oasen mit intensiver Landnutzung
- Anbau tropischer Handelspflanzen (u.a. Kaffee, Kakao, Bananen, Zuckerrohr)

Anbaugrenzen

- Zitrusfrüchte
- Wein
- Getreide (Roggen)

Nutzung der Meere

- Hauptfischfanggebiet
- Vorkommen von Krill

② Natürliche Vegetation

- Fels- und Eisregion
- Fjell und Tundra sowie leichter borealer Nadelwald
- Borealer Nadelwald
- Laub-, Laubmischwald sowie Gebirgsnadelwald
- Subtropischer Feuchtwald
- Hartlaubgewächse
- Grassteppe
- Trockenstrauch- und Hochgebirgssteppe
- Halb- und Vollwüste
- Dorn- und Trockensavanne sowie Trockenwald
- Feuchtsavanne
- Tropischer Regenwald

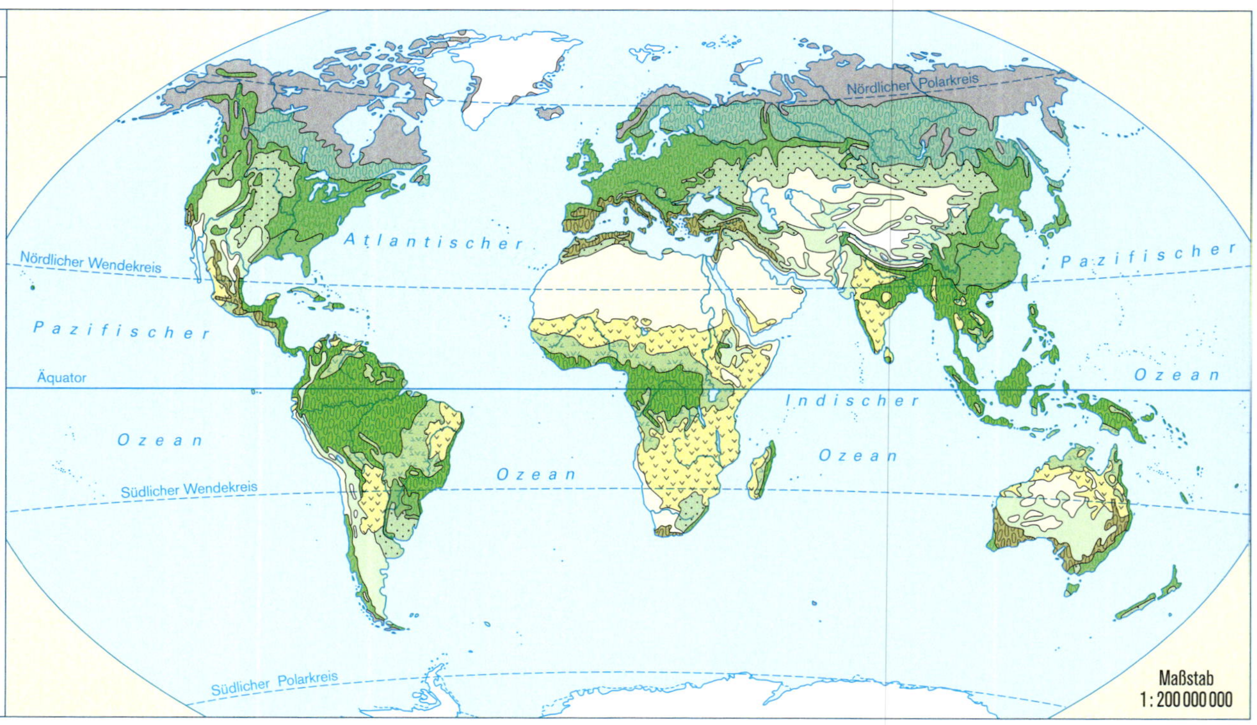

Maßstab 1 : 200 000 000

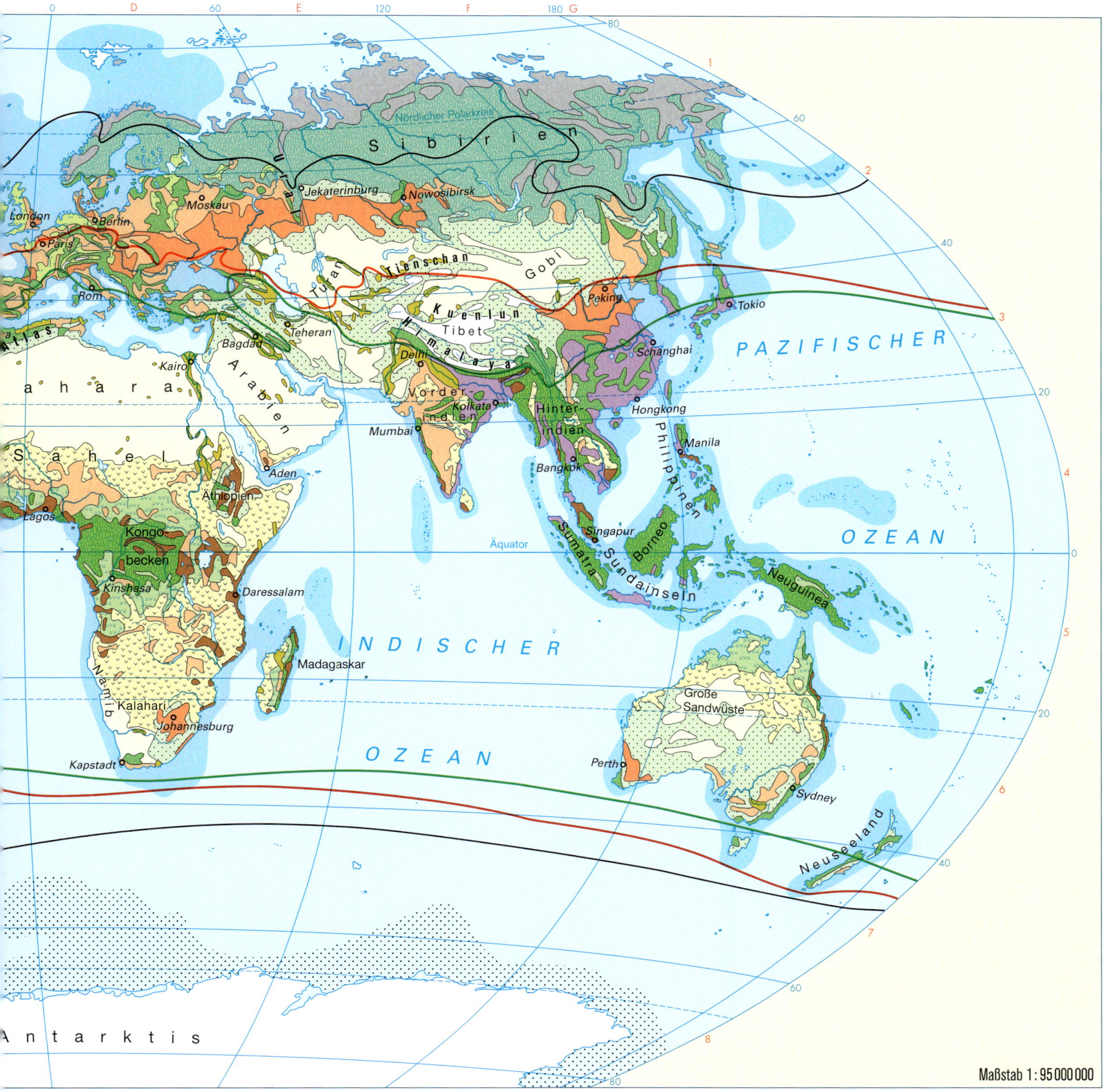

③ Export landwirtschaftlicher Güter

Handelsgüter

- Weizen
- Fleisch
- Kaffee
- Kakao
- Wolle
- Baumwolle
- Zitrusfrüchte
- Bananen

2.1 Wert in Mrd. € (Exportüberschuss) Durchschnitt 2001–2003

Transport von

- Weizen
- Kaffee
- Wolle

Wert:

- über 500 Mio. €
- unter 500 Mio. €

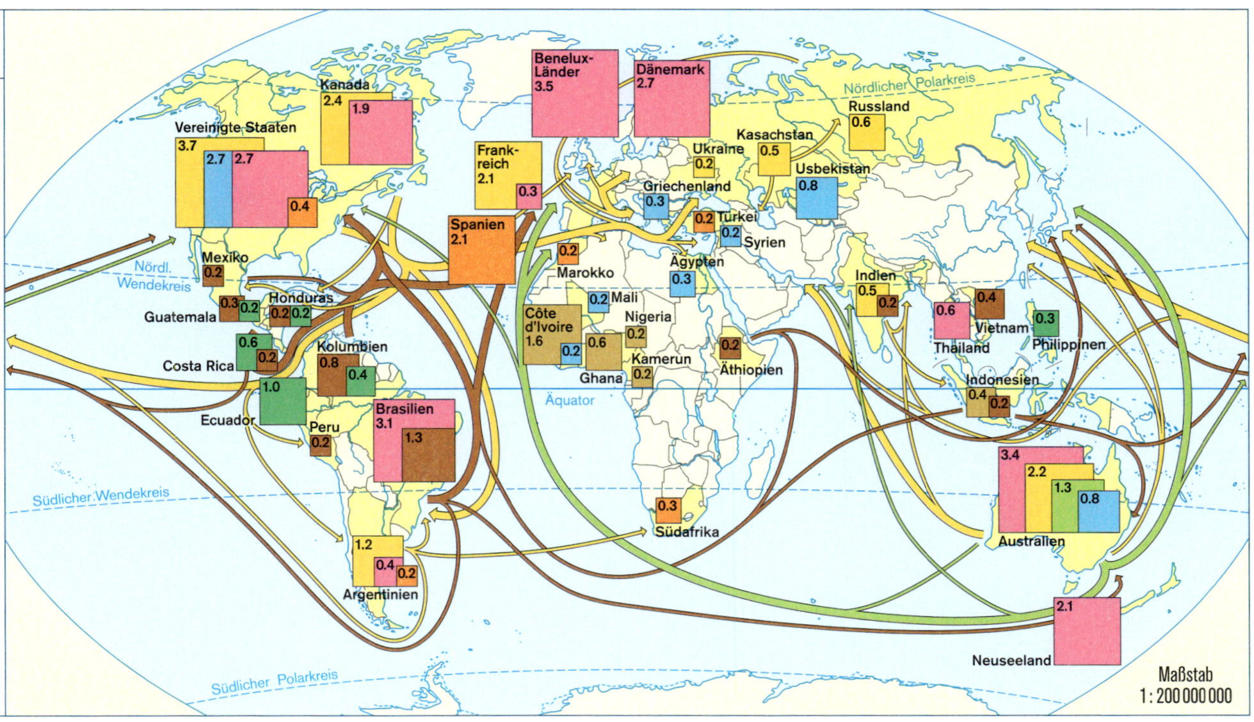

Erde

Erde: Plattentektonik

① Plattentektonik, Vulkane und Erdbebenregionen

Kontinentalplatten

KOKOS-PLATTE Name einer Kontinentalplatte

Plattenrand

vermuteter Plattenrand

Ozeanischer Rücken

Grabenbruch

Festlandssockel

Bewegung der Kontinentalplatten

zwei Platten stoßen aufeinander

eine Platte taucht unter eine angrenzende

zwei Platten driften auseinander

zwei Platten verschieben sich gegeneinander

Vulkane und Erdbeben

aktiver Vulkan

Gebiet mit Erdbebenvorkommen

Erdbebenzonen

Zone	Wahrscheinlichkeit für ein Erdbeben der Stärke (nach Mercalli-Skala) innerhalb von 50 Jahren
0	V und niedriger
1	VI
2	VII
3	VIII
4	IX und höher

② Folgenschwere Katastrophen

Galeras 1993 Vulkanausbruch (seit 1900)

Haiti 2010 Erdbeben (seit 1945)

Honschu 2011 Tsunami durch Erdbeben

Erdbebenzone

Plattengrenze

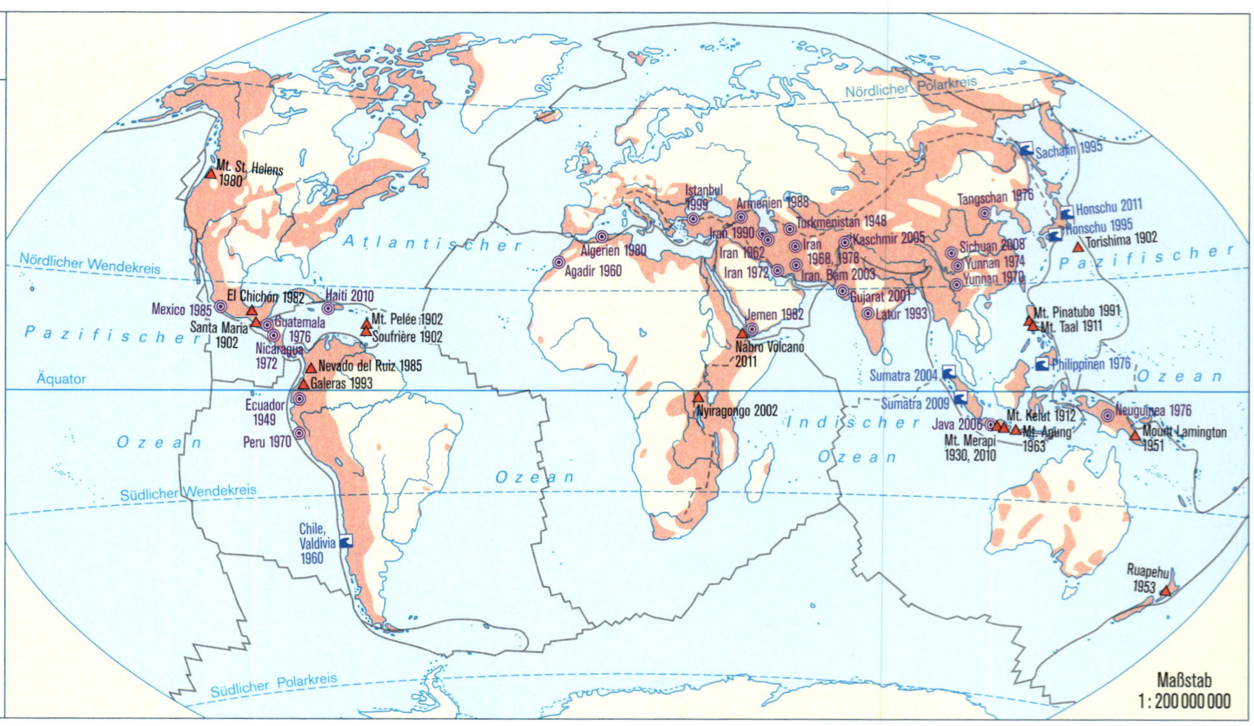

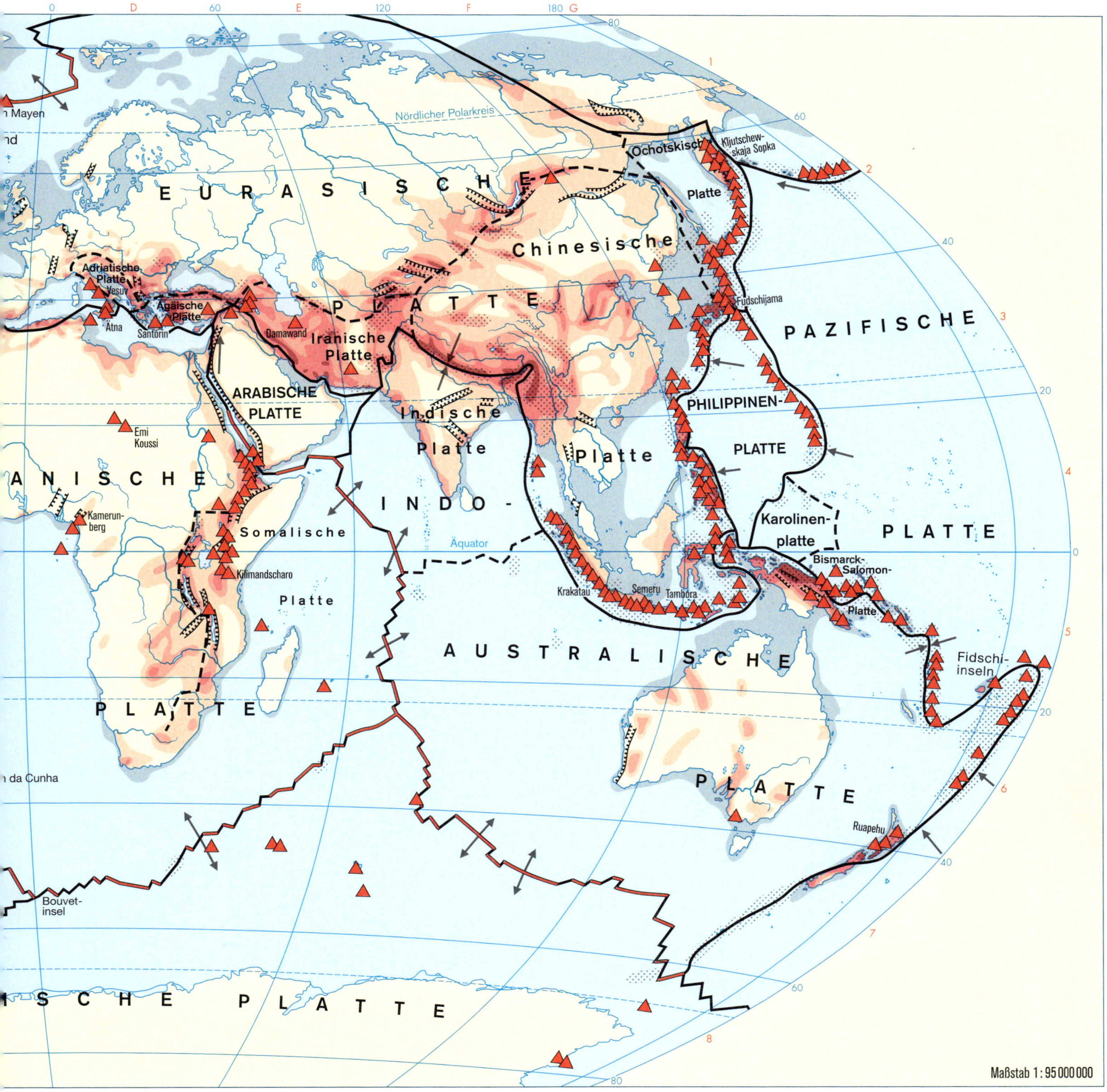

EURASISCHE PLATTE
Chinesische Platte
Nördlicher Polarkreis
Ochotskische Platte
Kljutschewskaja Sopka
Adriatische Platte
Vesuv
Ägäische Platte
Ätna
Santorin
Damawand
Iranische Platte
ARABISCHE PLATTE
Fudschijama
PAZIFISCHE PLATTE
PHILIPPINEN-PLATTE
Indische Platte
Platte
Emi Koussi
AFRIKANISCHE PLATTE
Kamerunberg
INDO-AUSTRALISCHE PLATTE
Äquator
Somalische Platte
Kilimandscharo
Karolinenplatte
Bismarck-Platte
Salomon-Platte
Krakatau
Semeru
Tambora
Fidschiinseln
Ruapehu
Bouvetinsel
da Cunha
Mayen
SCHE PLATTE
Maßstab 1 : 95 000 000

③ Schnitt durch den Erdmantel

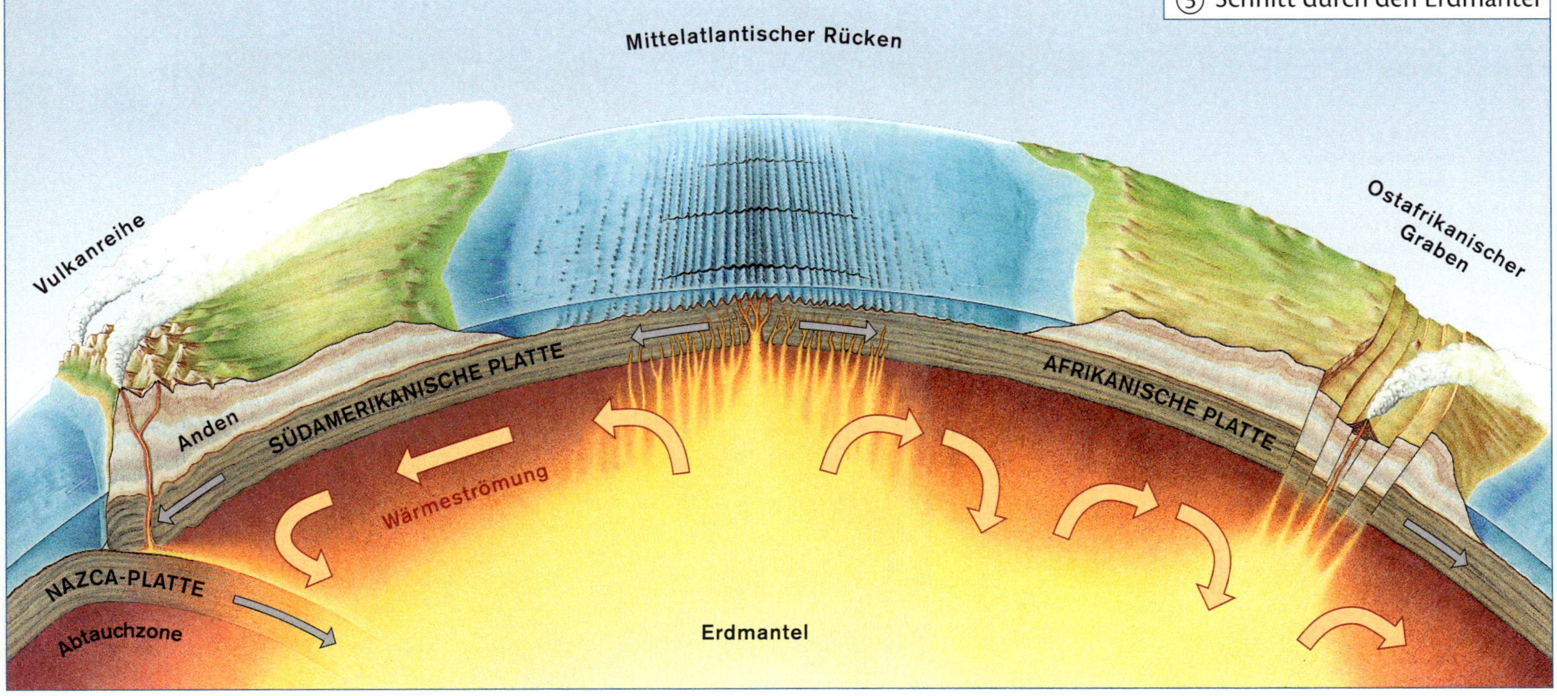

Mittelatlantischer Rücken
Vulkanreihe
Ostafrikanischer Graben
SÜDAMERIKANISCHE PLATTE
AFRIKANISCHE PLATTE
Anden
Wärmeströmung
NAZCA-PLATTE
Abtauchzone
Erdmantel

Erde: Umwelt

① Umweltzerstörung und Naturgefährdung

Globale Schäden

Böden
- Desertifikation sehr hoch
- Desertifikation hoch
- Desertifikation mäßig
- Wüste
- Bodenerosion

Wald
- geschädigt oder gestört
- Bedrohung intakter Wälder
- noch intakt

Meer

Große Tankerunfälle seit 1967
- über 5
- 2–5
- 1

Meeresverschmutzung
- sehr stark
- stark
- kritisch
- mäßig

Korallenriffe
- geschädigt oder abgestorben
- noch intakt

Schäden durch
- Atombombenabwurf 1945
- Test von Kernwaffen
- radioaktive Verseuchung

② Stürme, Dürren und Überschwemmungen

Klimatische Gefahren
- durch Dürren gefährdetes Gebiet
- durch Überschwemmungen gefährdetes Gebiet
- Zugbahnen tropischer Wirbelstürme

Gefährdung durch Naturkatastrophen (Weltrisikoindex 2012)
- sehr gering
- gering
- mittel
- hoch
- sehr hoch
- keine Angabe

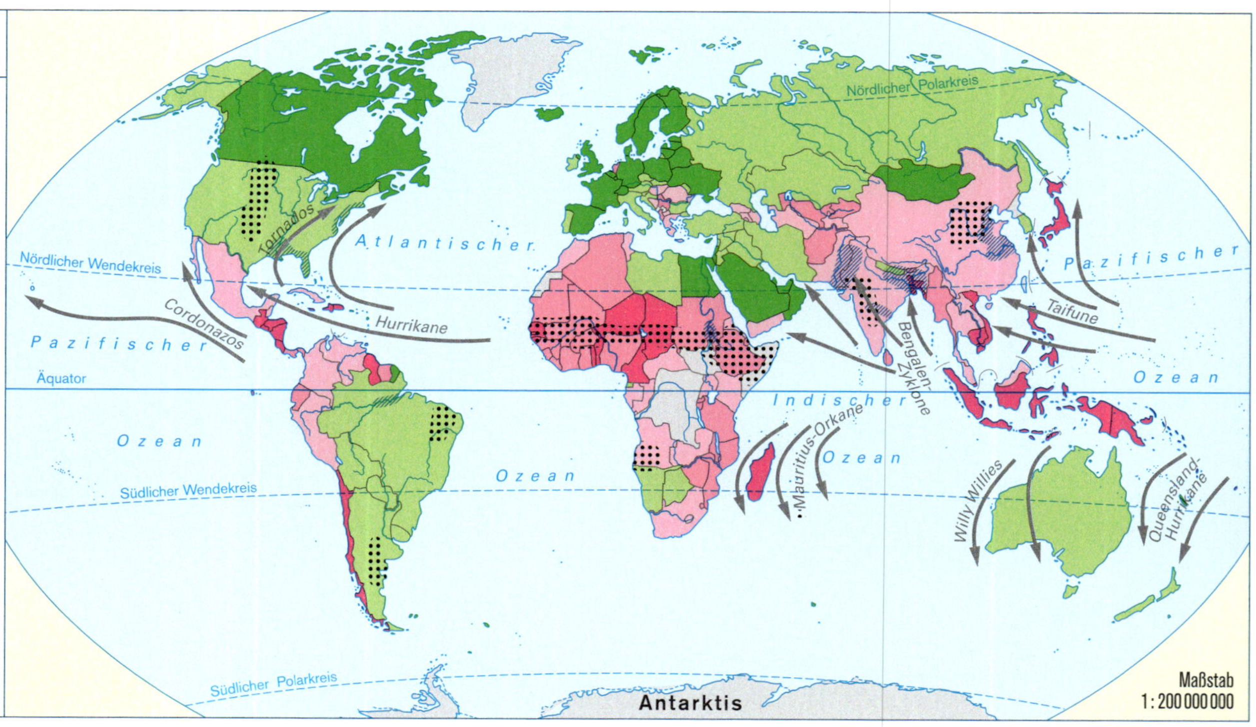

webcode: KA640928-140

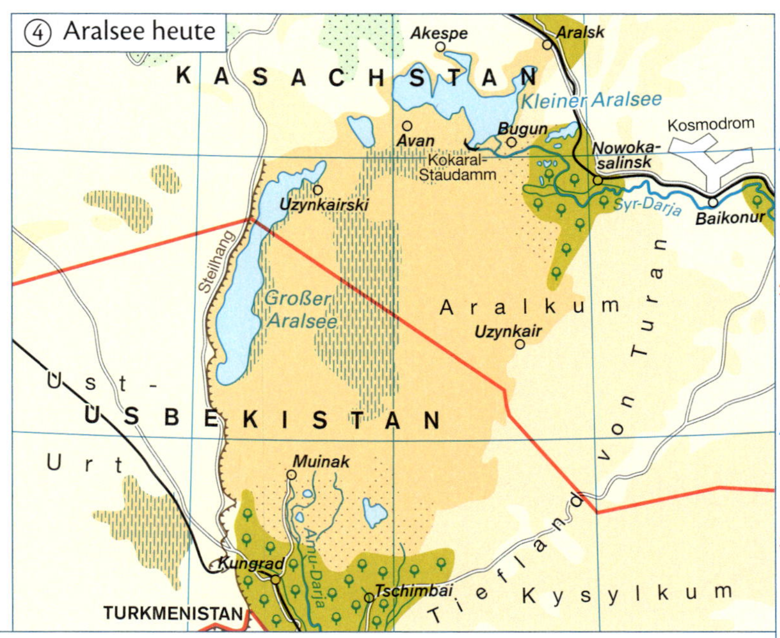

Steppe
Halbwüste
Sandwüste
Tugaiwald
Flussdelta, periodisch überschwemmt
Salzsumpf
Salzwüste
Salzsteppe, trockenes Flussdelta
Bewässerungskulturen
periodischer Fluss
Baumwolle
Eisenbahn
Straße, Piste
Staatsgrenze
Grenze einer Sozialistischen Sowjetrepublik

1 : 6 000 000 1 cm ≙ 60 km
0 100 200 km

Erde

Erde: Von den Anfängen bis zu den ersten Hochkulturen

① Die Ausbreitung der Menschheit bis 10 000 v. Chr.

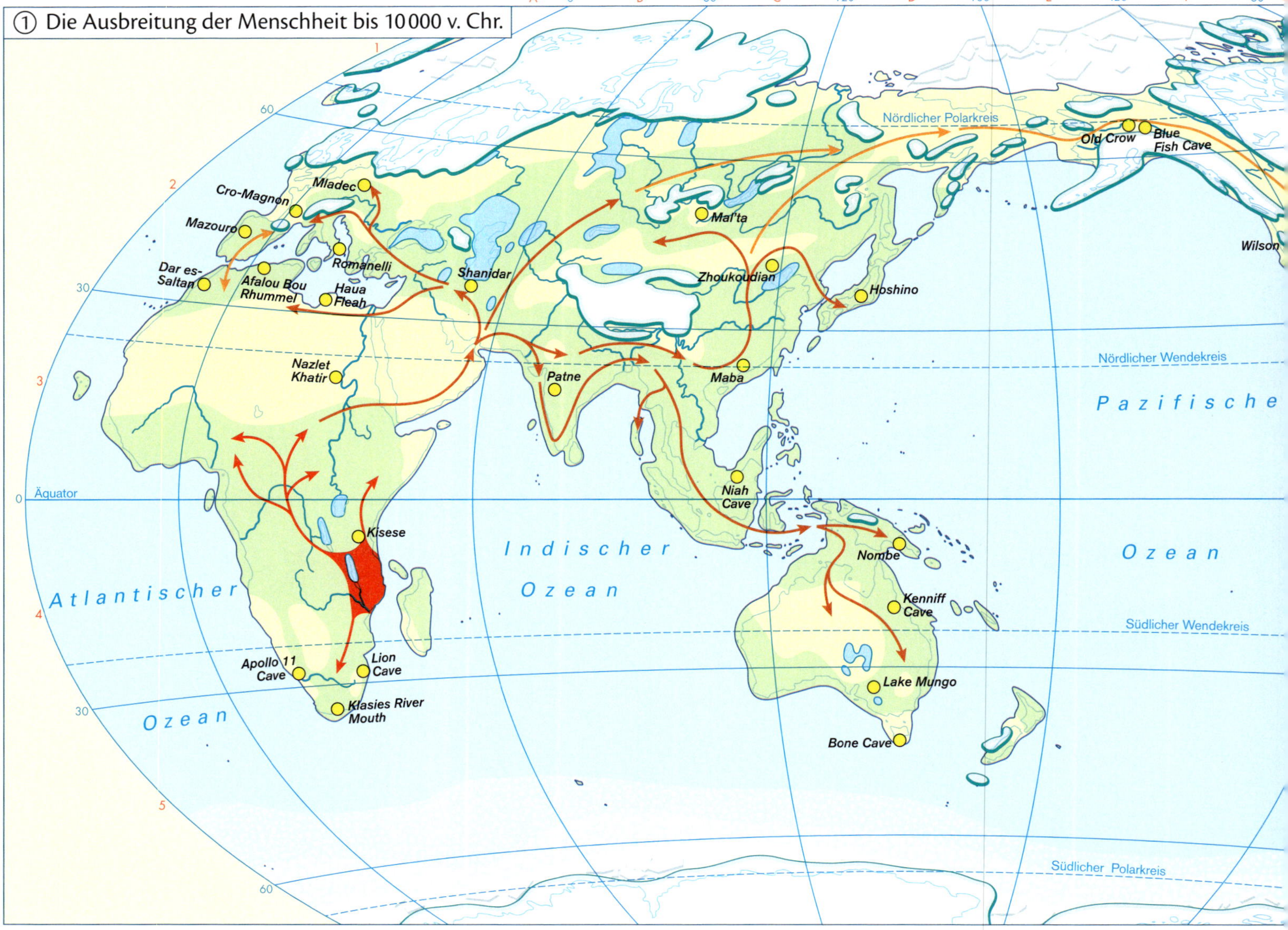

② Neolithische Revolution und frühe Hochkulturen bis 1000 v. Chr.

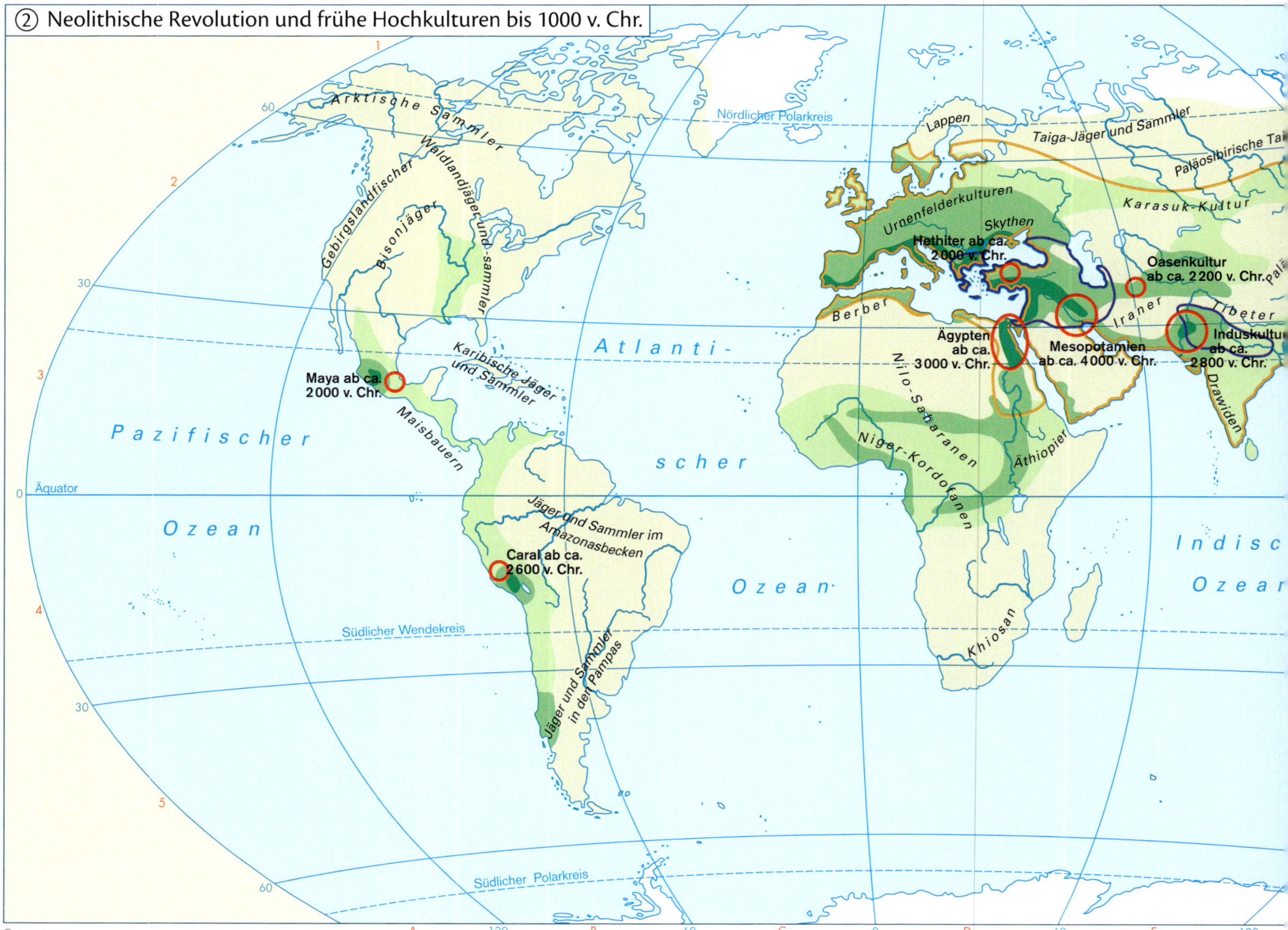

Ausbreitungsrichtung des modernen Menschen

- Ausgangsgebiet um 130 000 v. Chr.
- 130 000 – 55 000 v. Chr.
- 55 000 – 30 000 v. Chr.
- 30 000 – 10 000 v. Chr.
- Bedeutende Fundstätten von Höhlenmalerei, Grabstätten, ersten Werkzeugen und getöpferten Gefäßen

Oberflächengestalt der Erde

- Permanentes Inlandeis
- Treibeis oder Meereseis
- Inlandeisseen
- Küstenlinie vor 18 000 Jahren
- Heutige Küstenlinie

Natürliche Lebensräume

- Lebensfreundliche Umgebung (Wälder und Steppen mit reichhaltiger Pflanzen- und Tierwelt)
- Lebensfeindliche Umgebung (Tundralandschaften und Wüsten mit karger Pflanzen- und Tierwelt)

Maßstab 1 : 135 000 000

Ausbreitung von Ackerbau und Viehzucht

- 10 000 – 5 000 v. Chr.
- 5 000 – 3 000 v. Chr.
- 3 000 – 1 000 v. Chr.

Frühe Hochkulturen

- Ägypten: erste staatlich organisierte Gesellschaften (feste Städte mit wichtigen Handelszentren, Orten für Bildung, Religion und Kultur)

Verbreitung von Metallen

- Bronzeverarbeitung
- Eisenverarbeitung

Nomadenkulturen

- Jäger, Fischer und Sammler

Maßstab 1 : 135 000 000

③ Altägypten

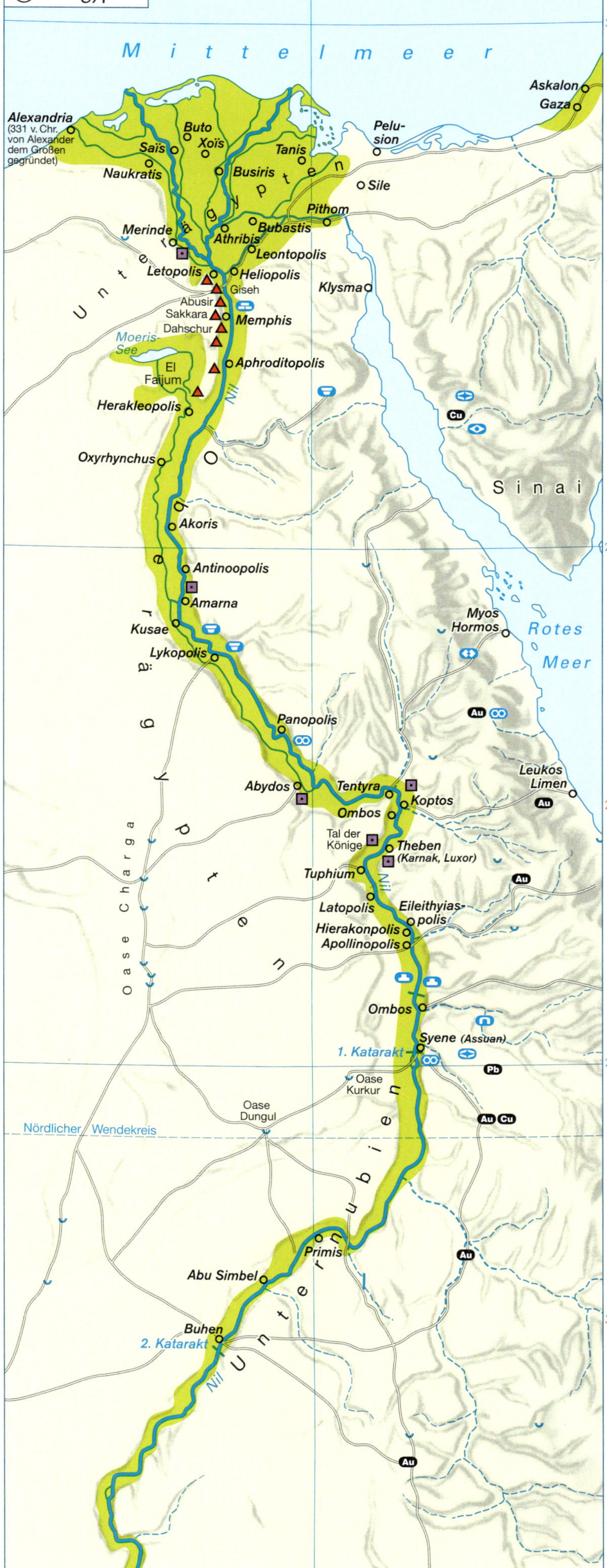

- Ackerland
- Wüste
- Antike Stätte
- Pyramide
- Karawanenweg
- Oasen
- Wadi
- Stromschnelle, Wasserfall (Katarakt)

Förderung von Bodenschätzen

Au Gold	Alabaster	Granit
Cu Kupfer	Edelsteine	Kalkstein
Pb Blei	Karneol	Sandstein
	Porphyr	Schwefelkies

1 : 5 000 000 — 1 cm ≙ 50 km — 0, 50, 100, 150, 200, 250 km

32 östl. Länge v. Greenwich

Erde

Erde: Zeitalter der Entdeckungen und des Kolonialismus

① Entdeckungsreisen und europäischer Kolonialbesitz bis 1580

Entdeckungsreisen vor 1300
- Wikinger um 1000
- Marco Polo 1271-95

Entdeckungsreisen nach 1400, unternommen für:
- Spanien
- Portugal
- England
- Frankreich
- Russland
- China
- **Drake 1578** Name des Entdeckers und Jahr der Reise

Kolonien
- spanisch
- portugiesisch
- dänisch
- englisch

- Grenze eines Herrschaftsbereichs
- Unbestimmter Grenzverlauf

- JAPAN Unabhängiges Gebiet
- Peru Abhängiges Gebiet
- *Tuareg* Volk, Stamm

- Ungefähre Grenze der Weltkenntnis bei Arabern, Chinesen und Europäern um 1435

② Kolonialmächte und Kolonien um 1830

Besitzungen und Kolonien um 1830

Groß- und Kolonialmächte in Flächenfarben.

Unerschlossene und in lockerer Abhängigkeit befindliche Gebiete in hellerem Farbton der Kolonialmächte.

- britisch (brit.)
- chinesisch (chin.)
- dänisch (dän.)
- französisch (frz.)
- niederländisch (ndl.)
- portugiesisch (port.)
- russisch (russ.)
- spanisch (span.)
- Staaten der USA
- Territorien der USA

- PERU Unabhängige Staaten in Amerika
- Staatsgrenze
- Grenze des Deutschen Bundes

D. DÄNEMARK
G. GRIECHENLAND
N. NIEDERLANDE

① Die Welt im Zeitalter des Imperialismus 1914

Besitzungen und Kolonien 1914

Groß- und Kolonialmächte in Flächenfarben

- belgisch (belg.)
- britisch (brit.)
- dänisch (dän.)
- deutsch (dt.)
- französisch (frz.)
- italienisch (ital.)
- japanisch (jap.)
- niederländisch (ndl.)
- portugiesisch (port.)
- spanisch (span.)
- Besitz der Vereinigten Staaten (zu USA)
- KUBA 1830–1914 neu entstandener bzw. unabhängig gewordener Staat
- —— Staatsgrenze - - - - - - Grenze in Kolonien

② Bündnisse im Ersten Weltkrieg 1914–1918

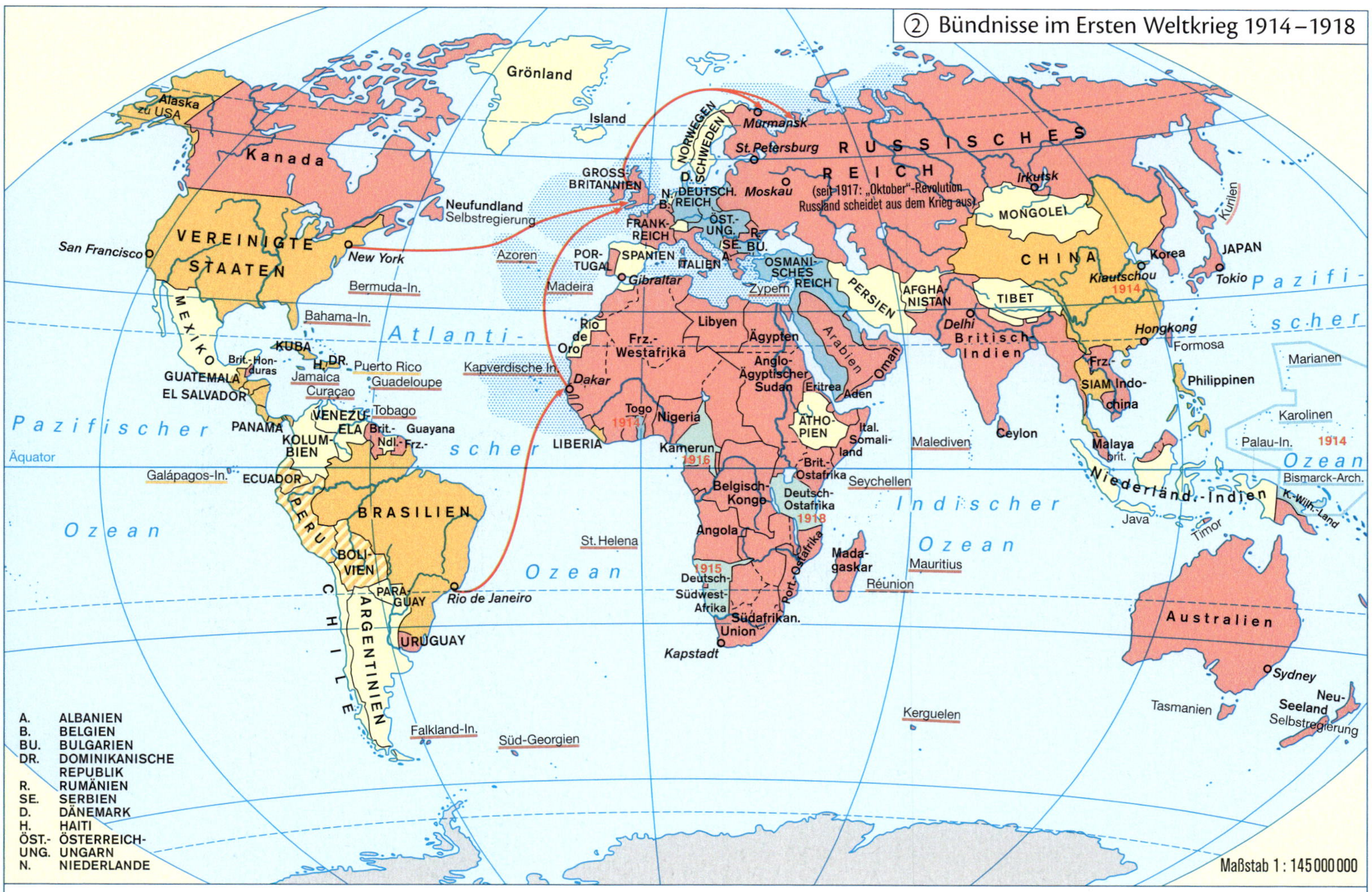

Bündnis der Mittelmächte

- Mittelmächte und ihre Verbündeten
- Deutsche Kolonien
- Operationsgebiet der deutschen Marine
- 1918 Jahr der deutschen Kapitulation

Bündnis der Entente

- Alliierte bei Kriegsbeginn
- Verbündete der Alliierten nach dem Kriegseintritt der USA am 6. April 1917
- Abgebrochene diplomatische Beziehungen zu Deutschland
- Kriegslieferungen mit Begleitschutz der Entente
- Neutrale Staaten

Die Welt im 20. Jahrhundert

① Die Welt zwischen den Weltkriegen 1918–1939

Besitzungen und Kolonien 1939

- belgisch (belg.)
- britisch (brit.)
- dänisch (dän.)
- japanisch (jap.)
- niederländisch (ndl.)
- portugiesisch (port.)
- französisch (frz.)
- italienisch (ital.)
- spanisch (span.)
- Besitz der USA (zu USA)
- Britisches Dominion
- Mandatsgebiet des Völkerbundes 1920
- IRAK 1918–1939 neu entstandener bzw. unabhängig gewordener Staat oder Dominion
- Staatsgrenze
- Grenze in Kolonien

② Bündnisse im Zweiten Weltkrieg 1939–1945

Achsenmächte und Verbündete

- Kriegseintritt 1939
- Kriegseintritt ab 1941
- Machtbereiche bis Ende 1942
- Machtbereich bei japanischer Kapitulation 21.8.1945

Alliierte und Verbündete

- Kriegseintritt 1939
- Kriegseintritt ab 1941
- Atombombenabwürfe am 6. und 9.8.1945
- Alliierte Konferenzorte
- Neutrale Staaten bei Kriegsende
- Staatsgrenze

③ Entkolonialisierung zwischen 1945 und 1989

Staaten vor 1945
- Unabhängige Staaten
- ITALIEN Staaten mit Kolonien

Unabhängig gewordene Staaten nach 1945
- 1945–1949
- 1950–1959
- 1960 („Afrikanisches Jahr")
- 1961–1969
- 1970–1990
- Noch immer abhängige Gebiete

- Staatsgrenze
- Teilgebietsgrenze

④ Die Weltmächte im Kalten Krieg 1949–1989

Politisch-militärische Zusammenschlüsse
- NATO-Mitglieder
- Pazifikpakt (ANZUS)
- Verteidigungsabkommen mit USA außerhalb von NATO und ANZUS
- Zentrale Paktorganisation (CENTO) bis 1979
- ZYPERN Stützpunkte unter britischer Souveränität
- BRUNEI Verteidigungsabkommen mit Großbritannien außerhalb von NATO und CENTO
- GABUN Beistandsabkommen mit Frankreich
- Organisation Amerikanischer Staaten (OAS)
- Warschauer Pakt (1955–1991)
- Volksrepublik China
- KUBA Kommunistisch geführte Volksrepubliken außerhalb des Warschauer Paktes
- Organisation für die Afrikanische Einheit (OAU/OUA)
- Arabische Liga
- Verband Südostasiatischer Nationen (ASEAN)
- Krisen, Kriege und militärische Konflikte
- Sonstige Staaten
- Staatsgrenze

Erde

Die Welt heute

① Politische Konflikte und Krisen

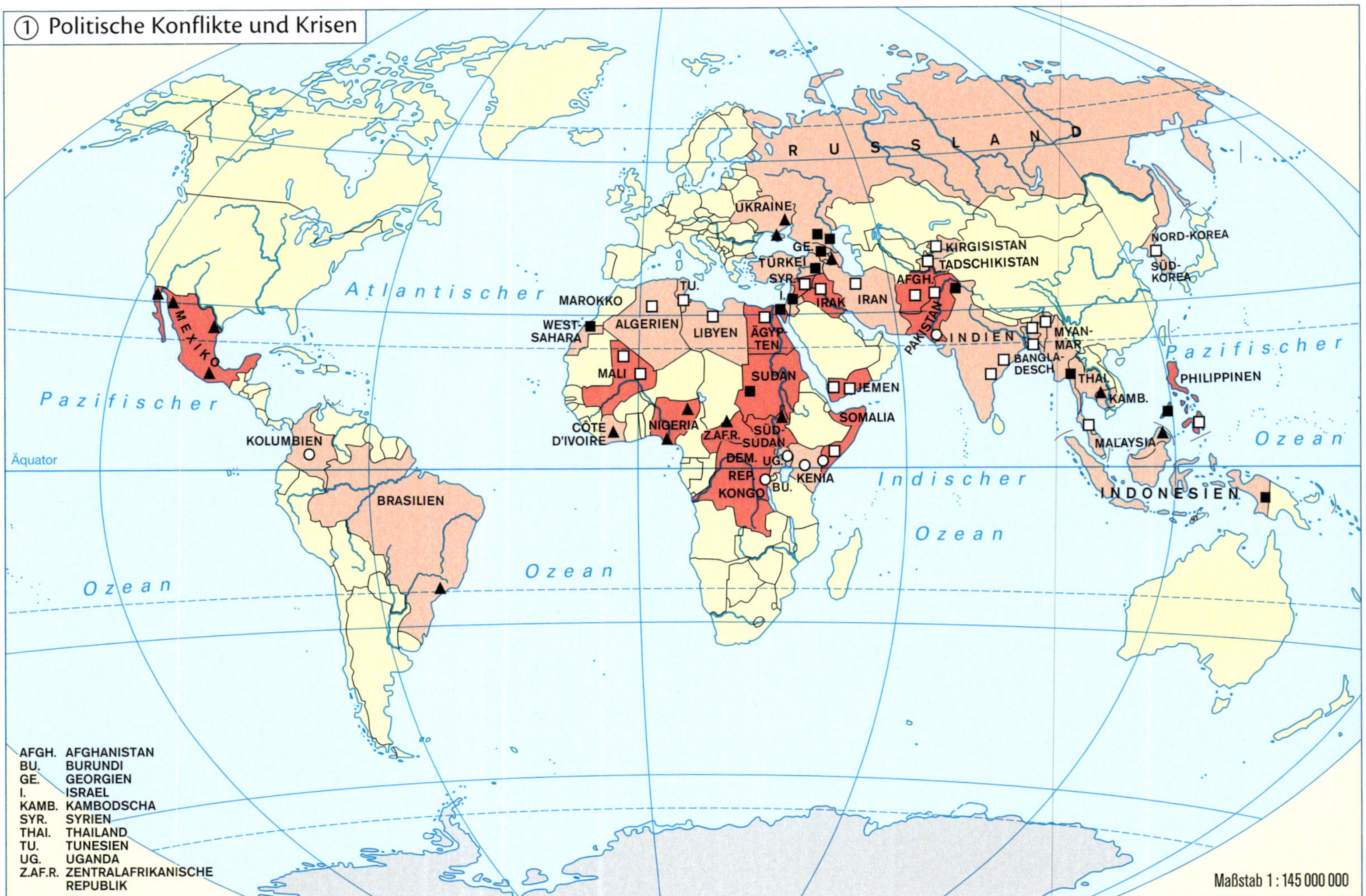

Andauernde Kriege und Konflikte 2014
- Krieg, Bürgerkrieg
- Gewaltsame Revolution, bewaffneter Konflikt, Unruhen

Auslöser der 2014 andauernden Kriege und Konflikte
- ■ Unabhängigkeitsbewegung
- □ Politischer, ideologischer Wandel
- ○ Regionale Vorherrschaft
- ▲ Sonstiger Konflikt

—— Staatsgrenze

② Die Vereinten Nationen und ihre Einsatzgebiete

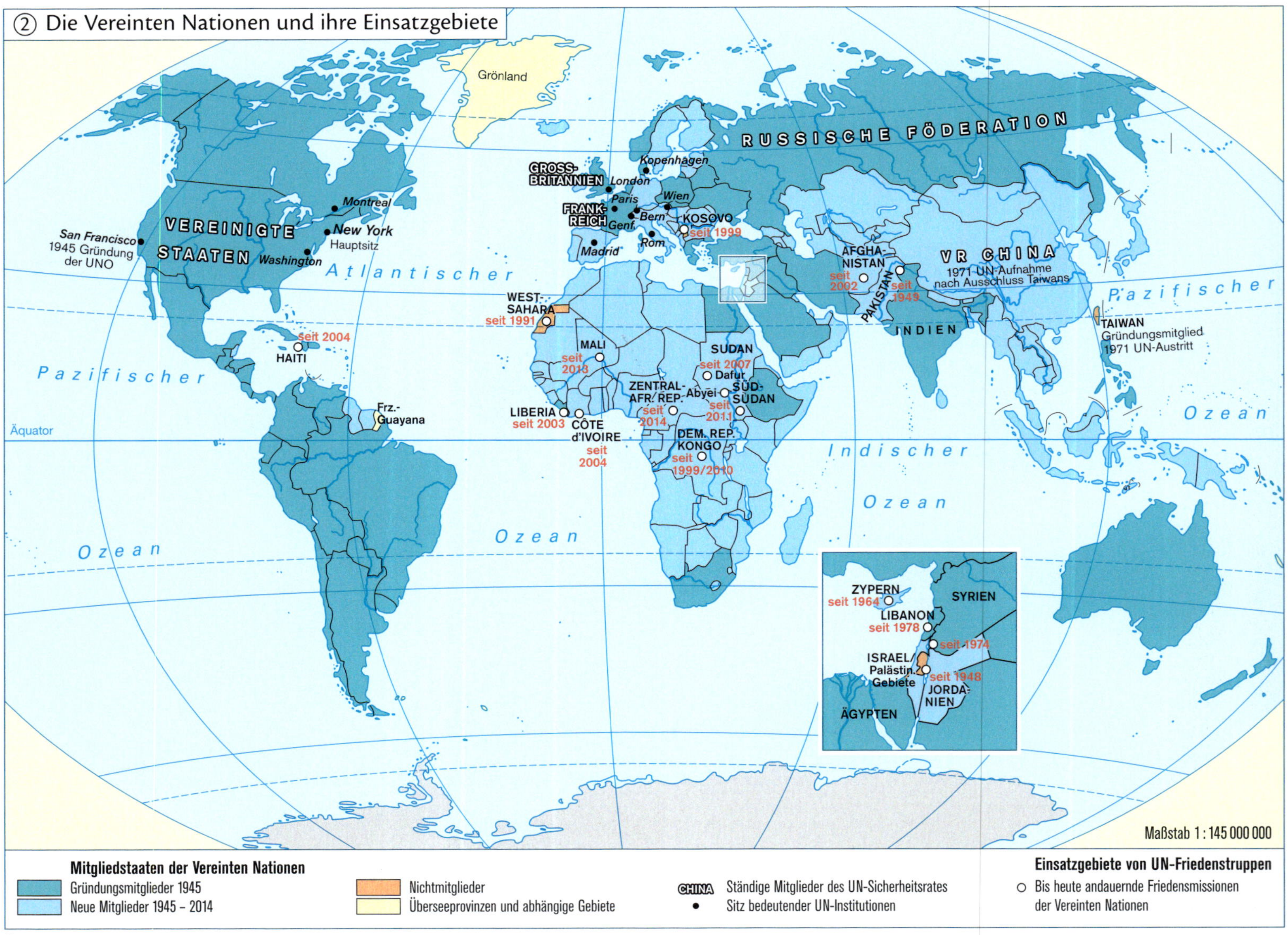

Mitgliedstaaten der Vereinten Nationen
- Gründungsmitglieder 1945
- Neue Mitglieder 1945 – 2014
- Nichtmitglieder
- Überseeprovinzen und abhängige Gebiete

CHINA Ständige Mitglieder des UN-Sicherheitsrates
• Sitz bedeutender UN-Institutionen

Einsatzgebiete von UN-Friedenstruppen
- ○ Bis heute andauernde Friedensmissionen der Vereinten Nationen

③ Menschenrechte

Menschenrechte (Grundrecht auf politische Rechte und bürgerliche Freiheit)

- vollständige Achtung (Menschenrechte werden geschützt)
- eingeschränkte Achtung (Menschenrechte werden teilweise geschützt)
- Nichtachtung (Menschenrechte werden nicht geschützt)
- keine Angaben
- Japan Todesstrafe wird angewandt

Quelle: Freedom House 2014/ Amnesty International 2014

④ Politische Flüchtlinge

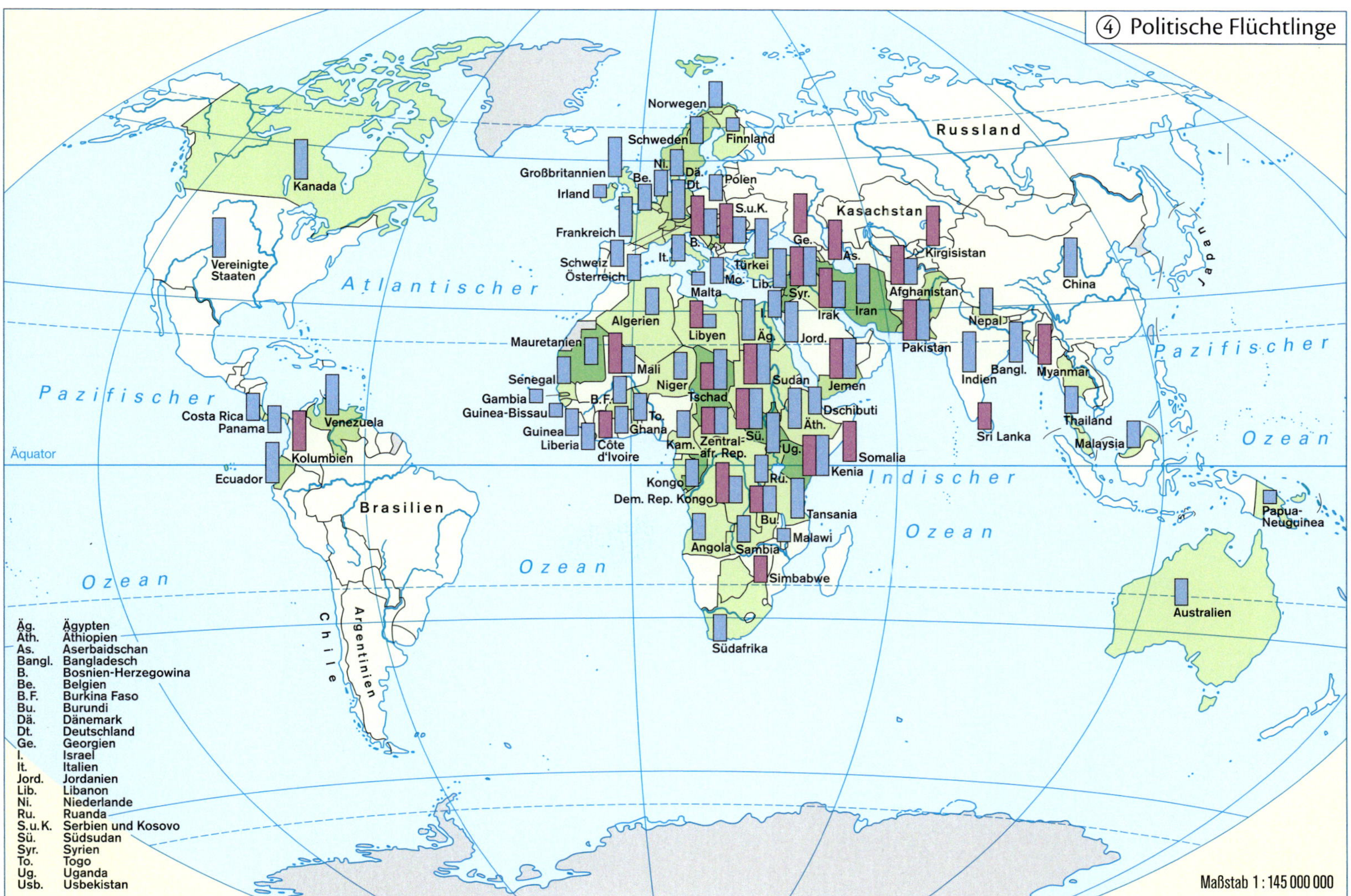

Äg.	Ägypten
Äth.	Äthiopien
As.	Aserbaidschan
Bangl.	Bangladesch
B.	Bosnien-Herzegowina
Be.	Belgien
B.F.	Burkina Faso
Bu.	Burundi
Dä.	Dänemark
Dt.	Deutschland
Ge.	Georgien
I.	Israel
It.	Italien
Jord.	Jordanien
Lib.	Libanon
Ni.	Niederlande
Ru.	Ruanda
S.u.K.	Serbien und Kosovo
Sü.	Südsudan
Syr.	Syrien
To.	Togo
Ug.	Uganda
Usb.	Usbekistan

Flüchtlinge 2012
Binnenflüchtlinge – Auslandsflüchtlinge

Anzahl der Flüchtlinge nach Herkunftsland
5 000 – 10 000 | 10 000 – 100 000 | über 100 000

Aufnahmeländer - Anteil der Flüchtlinge pro 1000 Einwohner
unter 1 | 1 – 5 | 5 – 10 | über 10 | keine Angaben

Quelle: UNHCR 2014/ Weltbank 2014

Erde

Erde: Staaten

① Politische Gliederung

② Reiche und arme Staaten

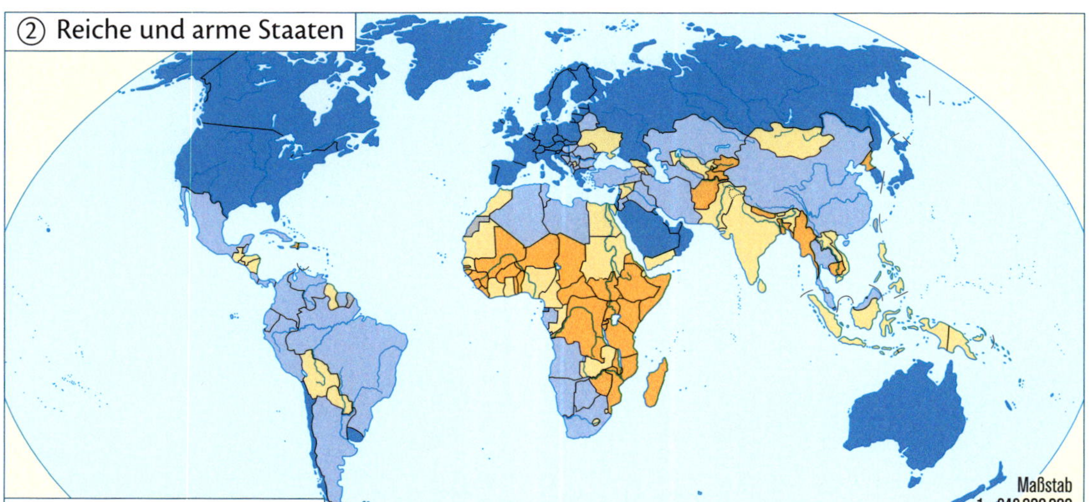

Durchschnittliches Pro-Kopf-Einkommen

- über 12 196 $ (sehr reicher Staat)
- 3 946 – 12 196 $ (reicher Staat)
- 996 – 3 945 $ (armer Staat)
- unter 996 $ (sehr armer Staat)
- Keine Angaben

Einstufung nach Angaben der Weltbank 2012

③ Mächtegruppen

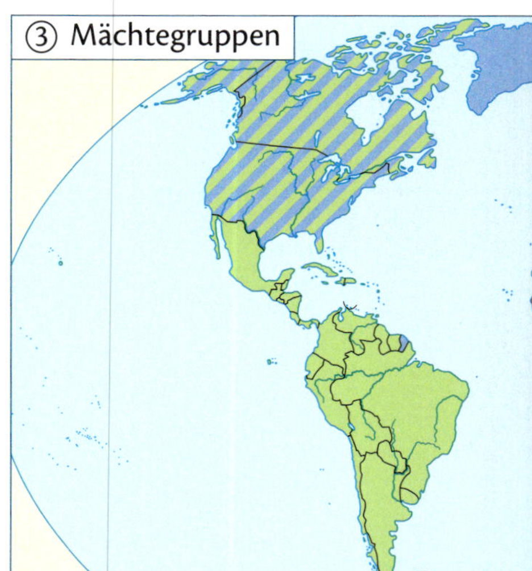

- NATO (Nordatlantikpakt)
- NATO und OAS
- OAS (Organisation Amerikanischer Staaten)

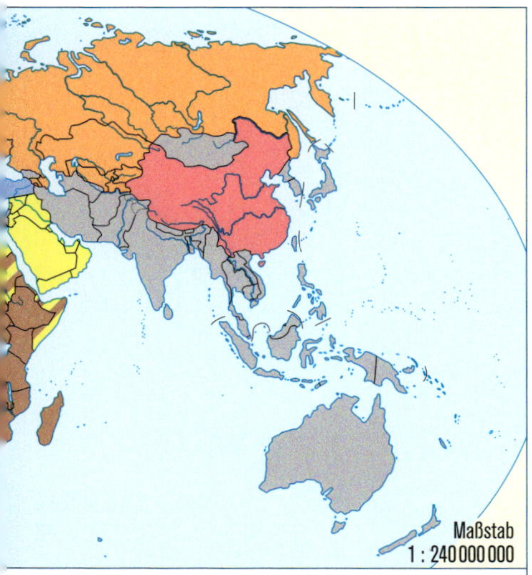

Volksrepublik China	AU (Afrikanische Union)
Arabische Liga	AU und Arabische Liga

④ Wirtschaftliche Zusammenschlüsse

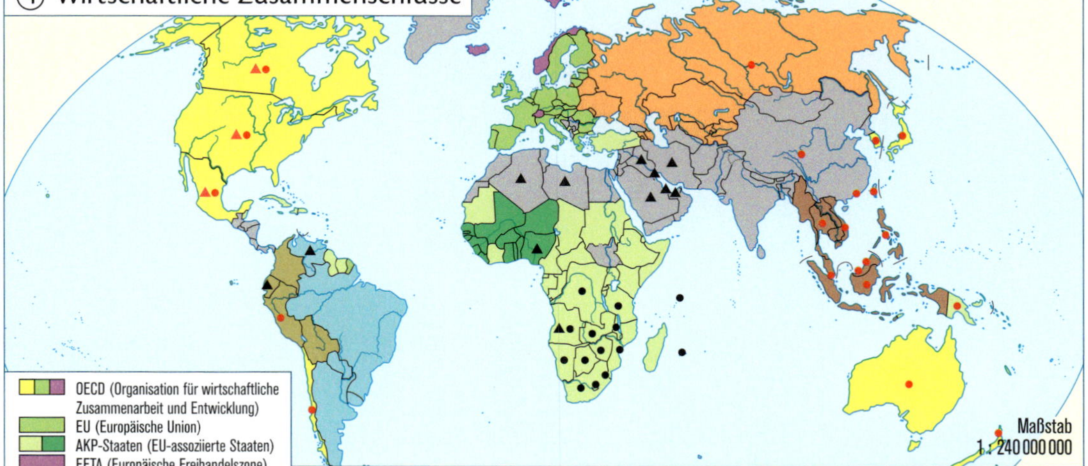

- OECD (Organisation für wirtschaftliche Zusammenarbeit und Entwicklung)
- EU (Europäische Union)
- AKP-Staaten (EU-assoziierte Staaten)
- EFTA (Europäische Freihandelszone)
- GUS (Gemeinschaft Unabhängiger Staaten)
- ▲ NAFTA (Nordamerikanische Freihandelszone)
- ● APEC (Asiatisch-pazifische Wirtschaftskooperation)
- ASEAN (Verband Südostasiatischer Staaten)
- Mercosur (Gemeinsamer Markt im Süden Lateinamerikas)
- Andengemeinschaft
- ECOWAS (Wirtschaftsgemeinschaft Westafrik. Staaten)
- ● SADC (Entwicklungsgemeinschaft des Südlichen Afrika)
- ▲ OPEC (Organisation Erdöl exportierender Staaten)

Erde: Bevölkerung

① Bevölkerungsdichte

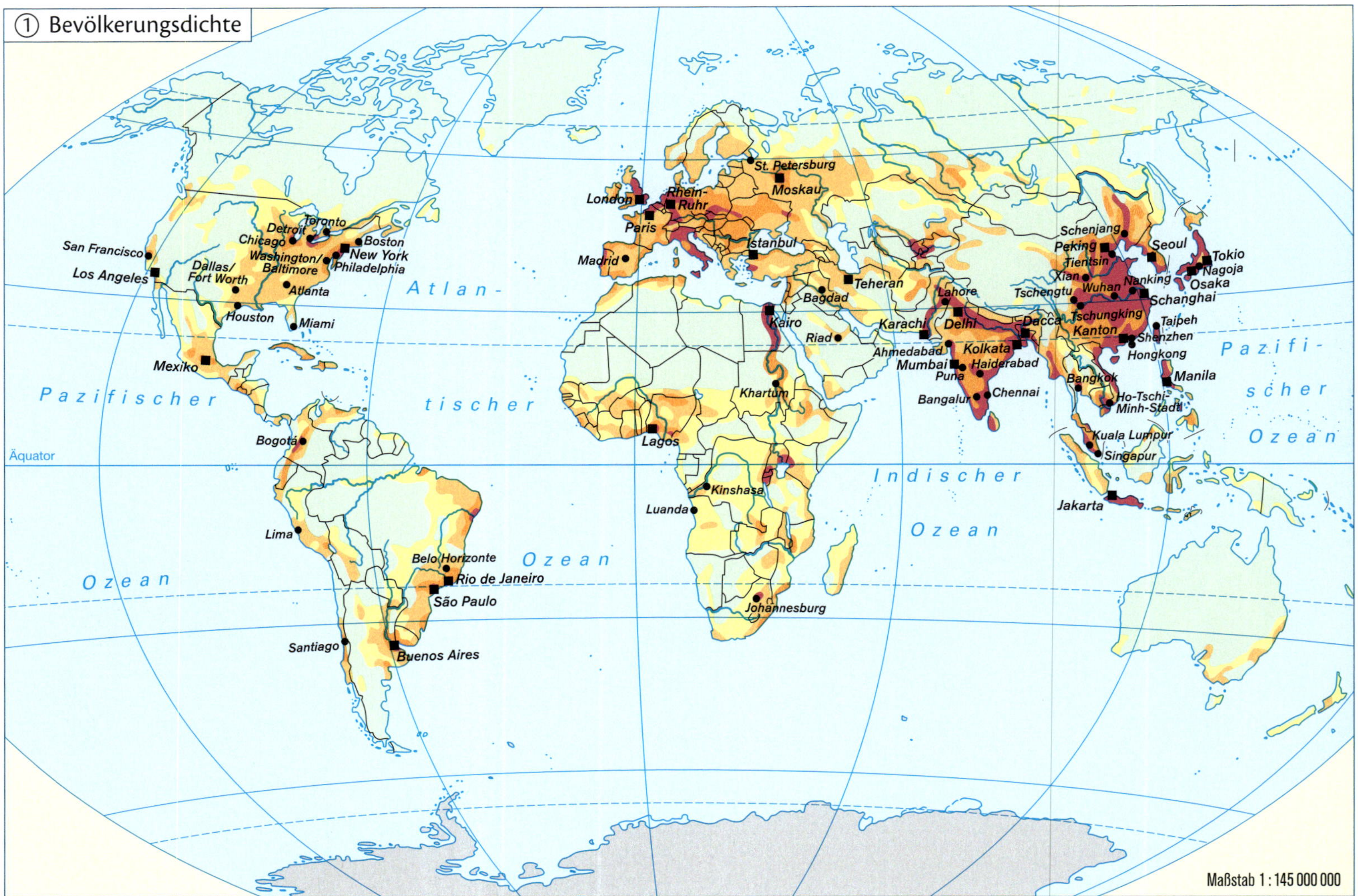

Bevölkerungsdichte

- über 100 Einwohner/km²
- 50 – 100 Einwohner/km²
- 10 – 50 Einwohner/km²
- 2 – 10 Einwohner/km²
- unter 2 Einwohner/km²

Stadt-Agglomerationen

- ■ über 10 000 000 Einwohner
- • 5 000 000 – 10 000 000 Einwohner

② Verstädterung

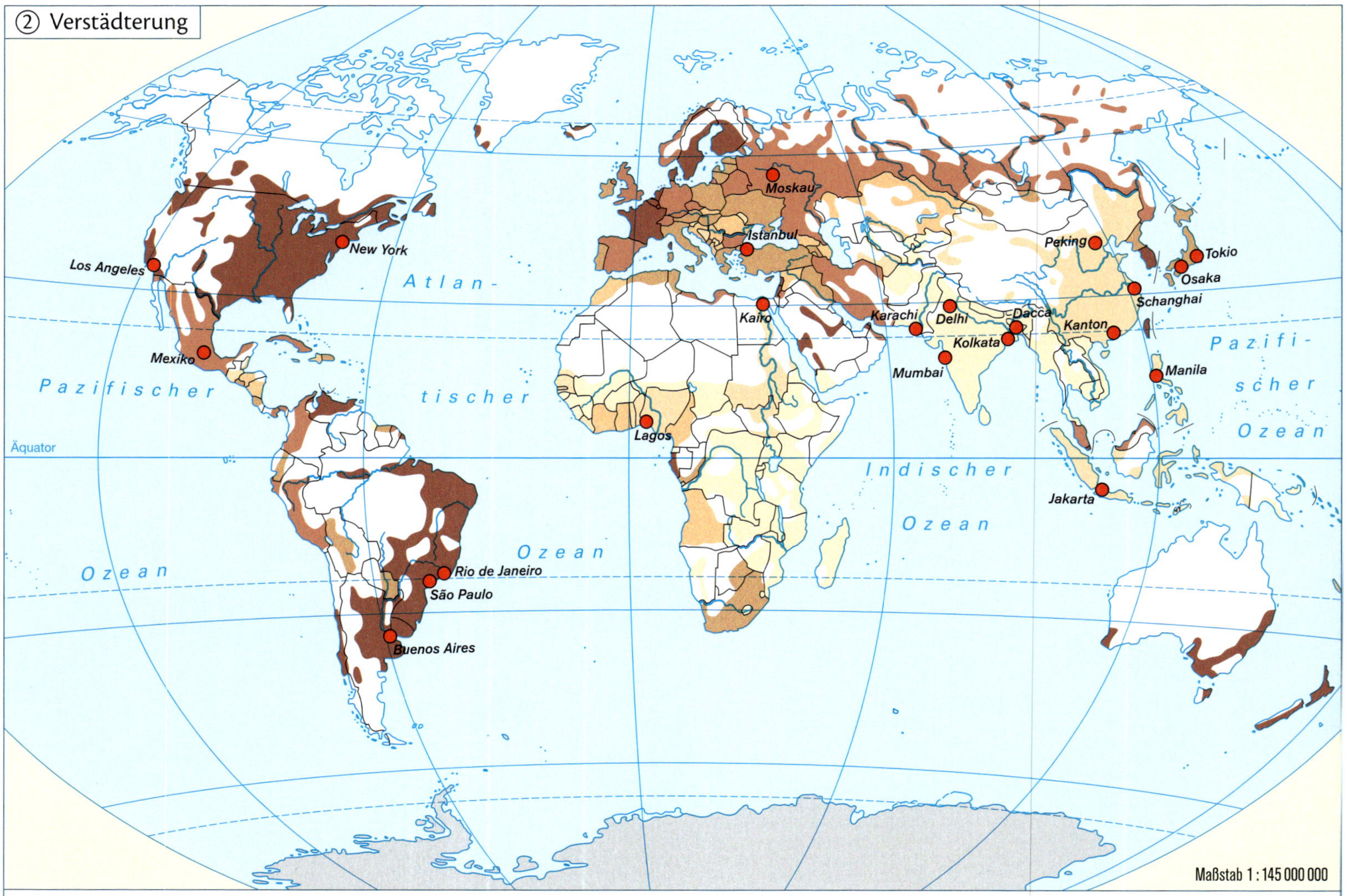

Anteil der städtischen Bevölkerung an der Gesamtbevölkerung

- über 80 %
- 70 – 80 %
- 60 – 70 %
- 50 – 60 %
- 40 – 50 %
- unter 40 %

Megastädte

- Städte mit mehr als 10 Mio. Einwohnern

webcode: KA640928-152

③ Human Development Index

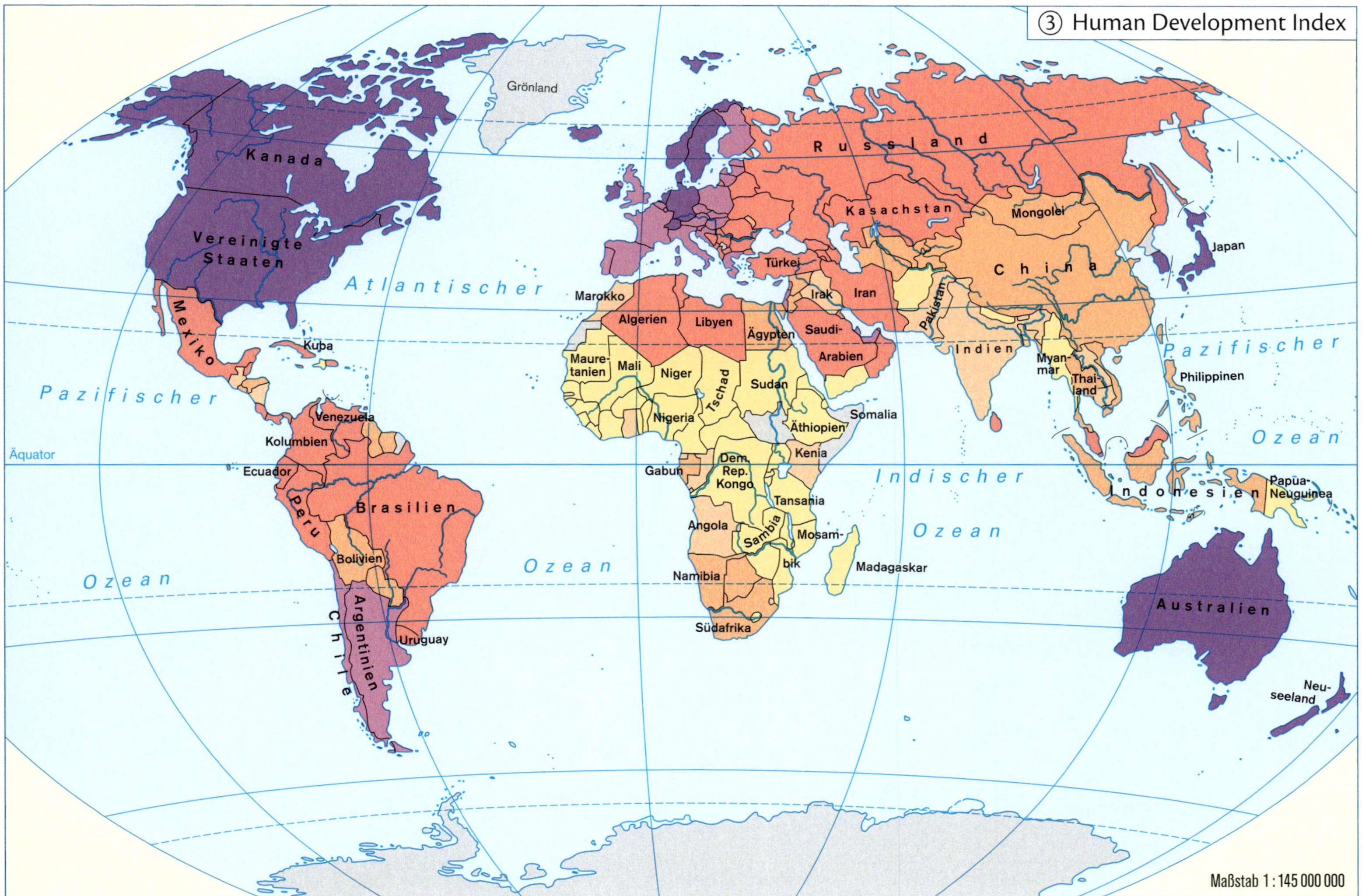

Human Development Index 2012

- sehr hoch (über 0,9)
- hoch (0,8 – 0,9)
- hoch bis mittelmäßig (0,7 – 0,8)
- mittelmäßig bis niedrig (0,6 – 0,7)
- niedrig (0,5 – 0,6)
- sehr niedrig (unter 0,5)
- keine Angaben

Der Human Development Index beschreibt auf einer Skala zwischen 1 und 0 die Lebensqualität in einem Land. Er wird aus Lebenserwartung, Bildung, Einkommen und weiteren Werten (z. B. Kaufkraft) berechnet.

④ Bruttoinlandsprodukt

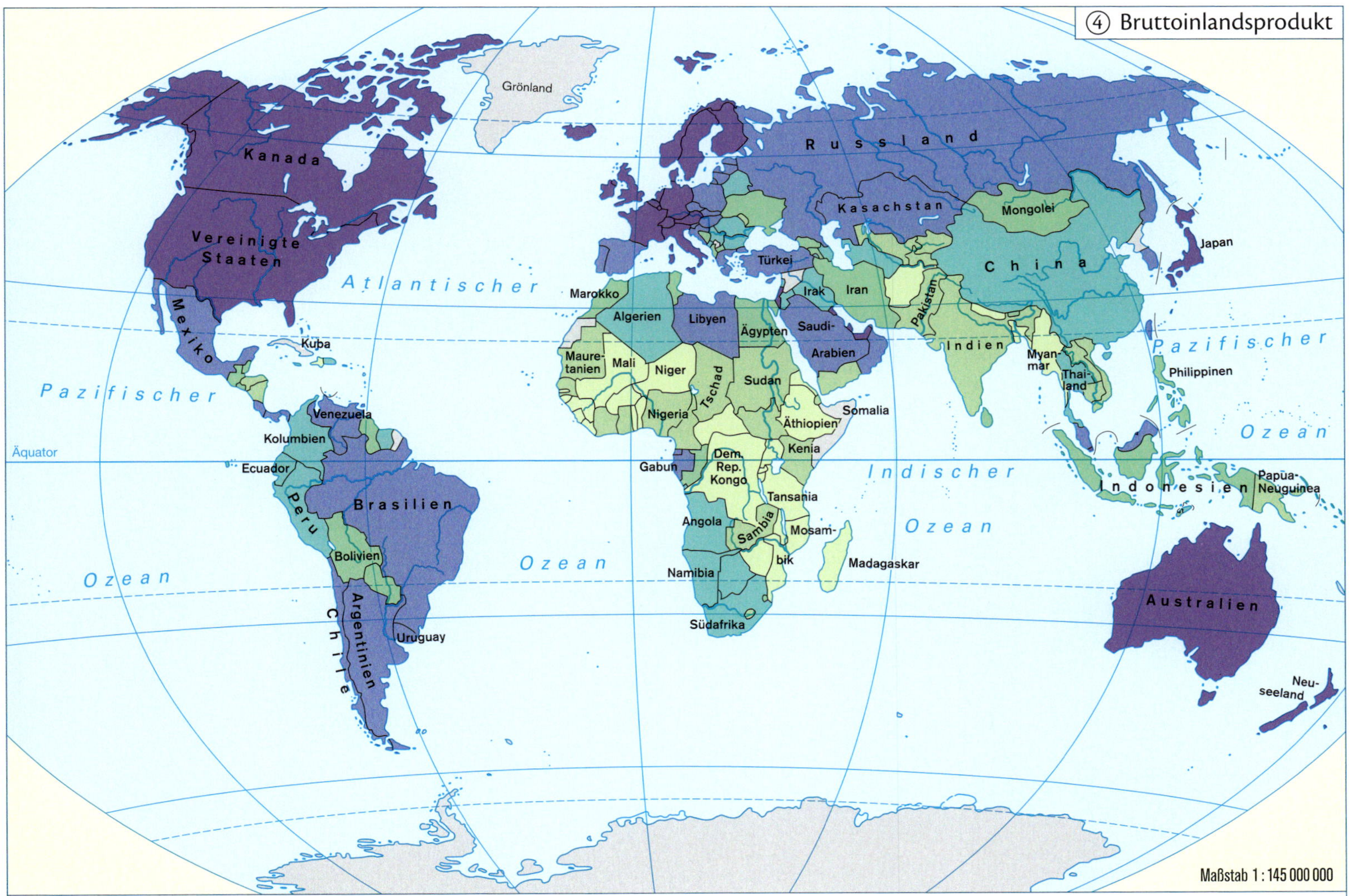

Bruttoinlandsprodukt je Einwohner 2013

- über 30 000 €
- 10 000 – 30 000 €
- 5 000 – 10 000 €
- 2 500 – 5 000 €
- 1000 – 2 500 €
- unter 1000 €
- keine Angaben

Das Bruttoinlandsprodukt gibt den Gesamtwert aller produzierten Waren und Dienstleistungen an, die in einem Jahr innerhalb der Grenzen einer Volkswirtschaft hergestellt wurden.
Quelle: Internationaler Währungsfond 2014

Erde: Sprachen und Religionen

Germanische Sprachen
- Deutsch
- Englisch
- Sonstige germanische Sprachen

Romanische Sprachen
- Französisch
- Spanisch
- Portugiesisch
- Sonstige romanische Sprachen

Slawische Sprachen
- Russisch (einschließlich Ukrainisch)
- West- und südslawische Sprachen
- Übrige Sprachen in Europa

- Semitische Sprachen
- Afrikanische Sprachen
- Finno-ugrische und samojedische Sprachen
- Turksprachen
- Chinesische Sprachen
- Tibetische Sprachen
- Indische und iranische Sprachen
- Japanische Sprachen
- Indonesische Sprachen
- Indianersprache
- Übrige Sprachen

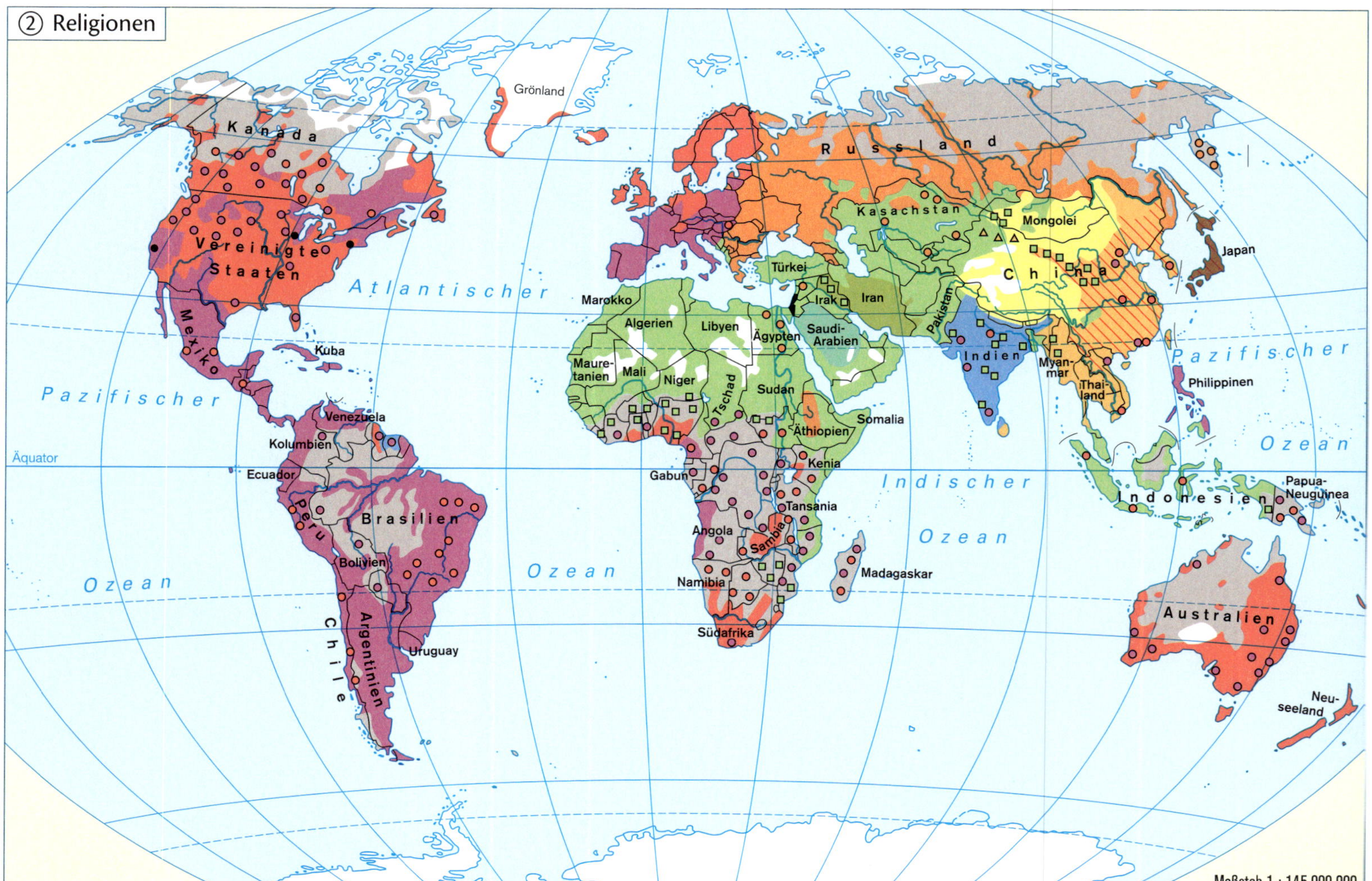

Christen
- Protestanten
- Katholiken
- Orthodoxe und Orientale

Muslime
- Sunniten
- Schiiten
- Wahabiten

Buddhisten
- Buddhisten
- Lamaisten

- Shintoisten
- Konfuzianer und Taoisten
- Hindus
- Juden
- Naturreligionen

① Tourismus und Reiseziele

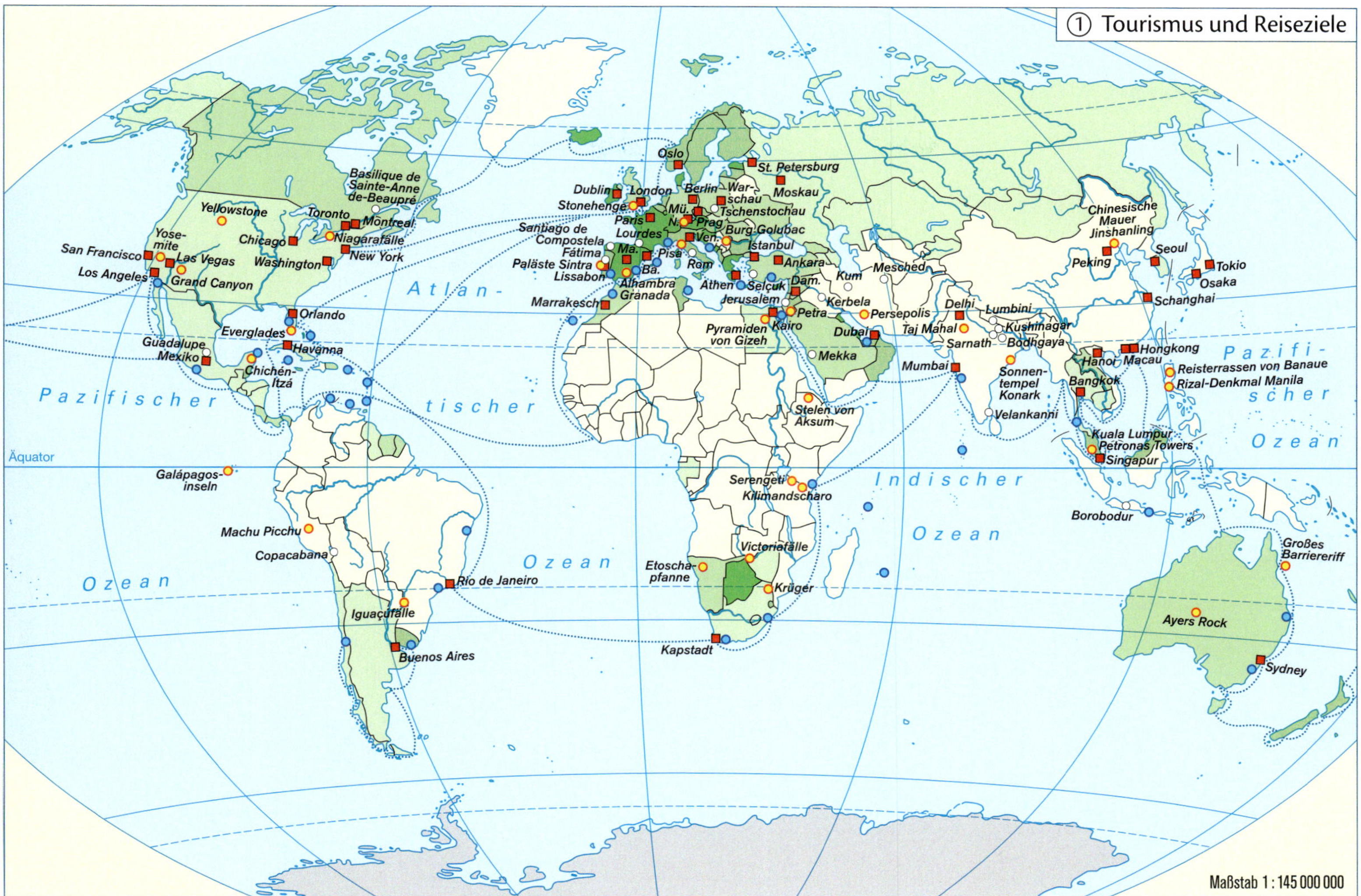

Anzahl der ausländischen Touristen pro 100 Einwohner 2011

- über 100
- 50 – 100
- 25 – 50
- 10 – 25
- unter 10

Ziele der Touristen

- Stadt
- Pilgerzentrum
- Sehenswürdigkeit
- Badeort mit Strand
- Kreuzfahrt

Ba. Barcelona
Dam. Damaskus
Ma. Madrid
Mü. München
N. Neuschwanstein
Ven. Venedig

② Schiffs- und Flugverkehr

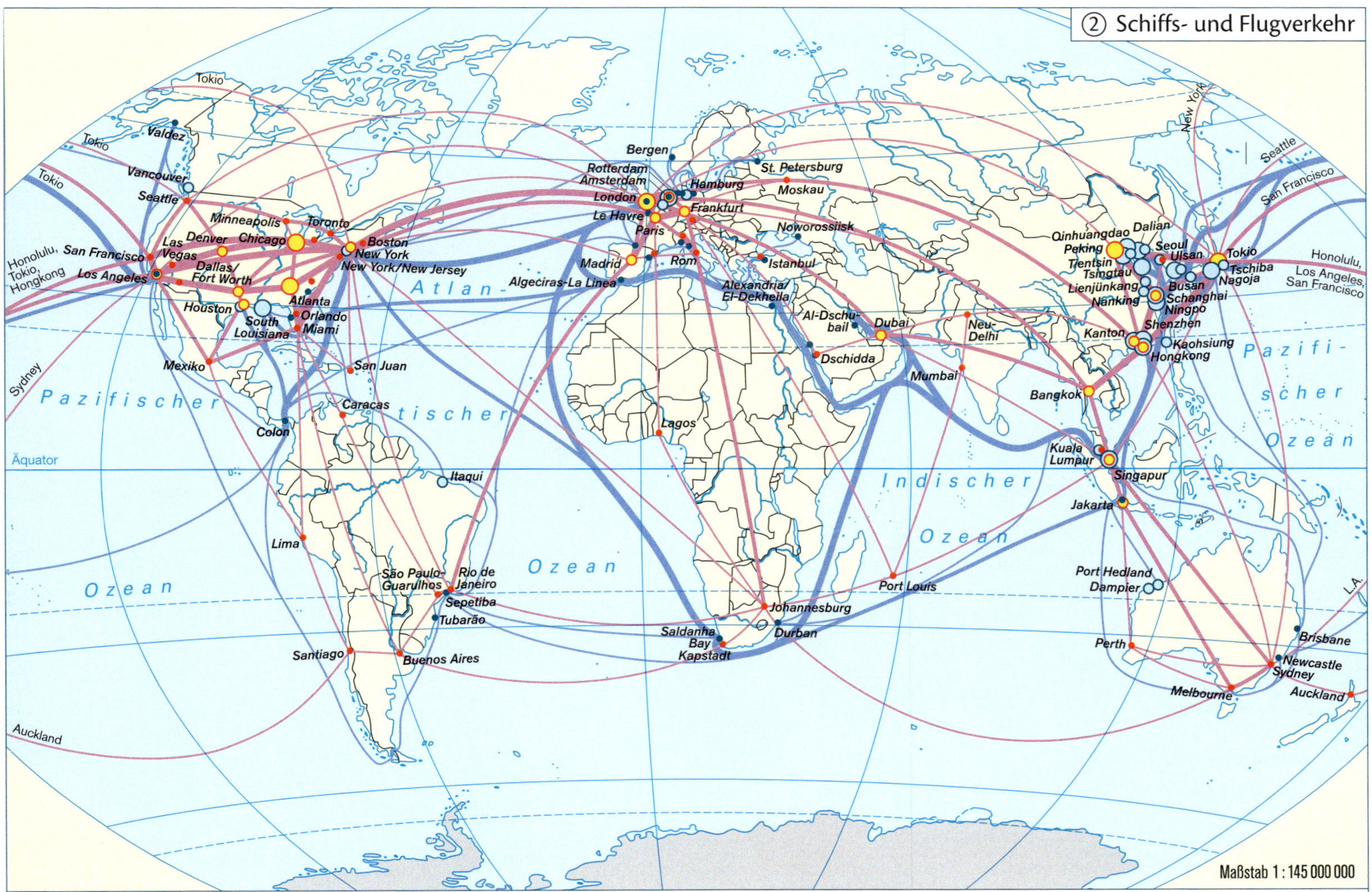

Bedeutende Seehäfen (Gesamtumschlag in Mio. Tonnen)

- über 200
- 100 – 200
- unter 100 (in Auswahl)

Transportiertes Frachtvolumen auf Hauptschifffahrtsrouten

- sehr hoch
- hoch
- bedeutend (in Auswahl)

Bedeutende Flughäfen (Passagieraufkommen in Mio.)

- über 60
- 40 – 60
- unter 40 (in Auswahl)

Anzahl der Flüge auf Hauptflugrouten

- sehr hoch
- hoch
- bedeutend (in Auswahl)

Erde: Rohstoffe und Welthandel

① Förderung und Transport von Rohstoffen

Ausgewählte weltwirtschaftliche Verflechtungen

Wirtschaftszentren
- globales Wirtschaftszentrum
- kontinentales Wirtschaftszentrum
- bedeutender Seehafen mit über 75 Mio. t Jahresumschlag
- sonstiger Seehafen (Auswahl)

Wirtschaftliche Nutzung
- industrialisiertes Gebiet
- intensive Landwirtschaft
- Ackerbau und Viehhaltung
- extensive Viehhaltung
- Waldwirtschaft
- geringe oder keine wirtschaftliche Nutzung
- Hauptfischfanggebiet

Spezialkulturen
- Kaffee
- Kakao
- Tee
- Z Zucker
- Baumwolle

Bergbau
- Erdöl
- Erdgas
- Steinkohle
- Fe Eisenerz
- N Nichteisenerze (Buntmetalle)
- Al Bauxit (Aluminium)
- E Edelmetalle

Haupthandelswege
- Seehandelswege und Containertransporte

Haupttransportwege von Bergbauprodukten
- Erdöl
- Steinkohle
- Eisenerz
- Nichteisenerze (Buntmetalle)

Abkürzungen

Städte:

B.	*Berlin*
Br.	*Brüssel*
Fr.	*Frankfurt*
H.	*Hamburg*
R.	*Rotterdam*

STAATEN:

AZ	ASERBAIDSCHAN
D	DEUTSCHLAND
GB	GROSSBRITANNIEN
SRB	SERBIEN

② Export von Bergbaugütern

Handelsgüter
- Kohle und Koks
- Eisenerz
- Bauxit (Aluminium)
- Kupfer
- Zinn
- Blei/Zink

4.4 Wert in Mrd. € (Exportüberschuss) Durchschnitt 2001–2003

Transport von
- Eisenerz
- Bauxit
- Kupfer

Wert:
- über 500 Mio. €
- unter 500 Mio. €

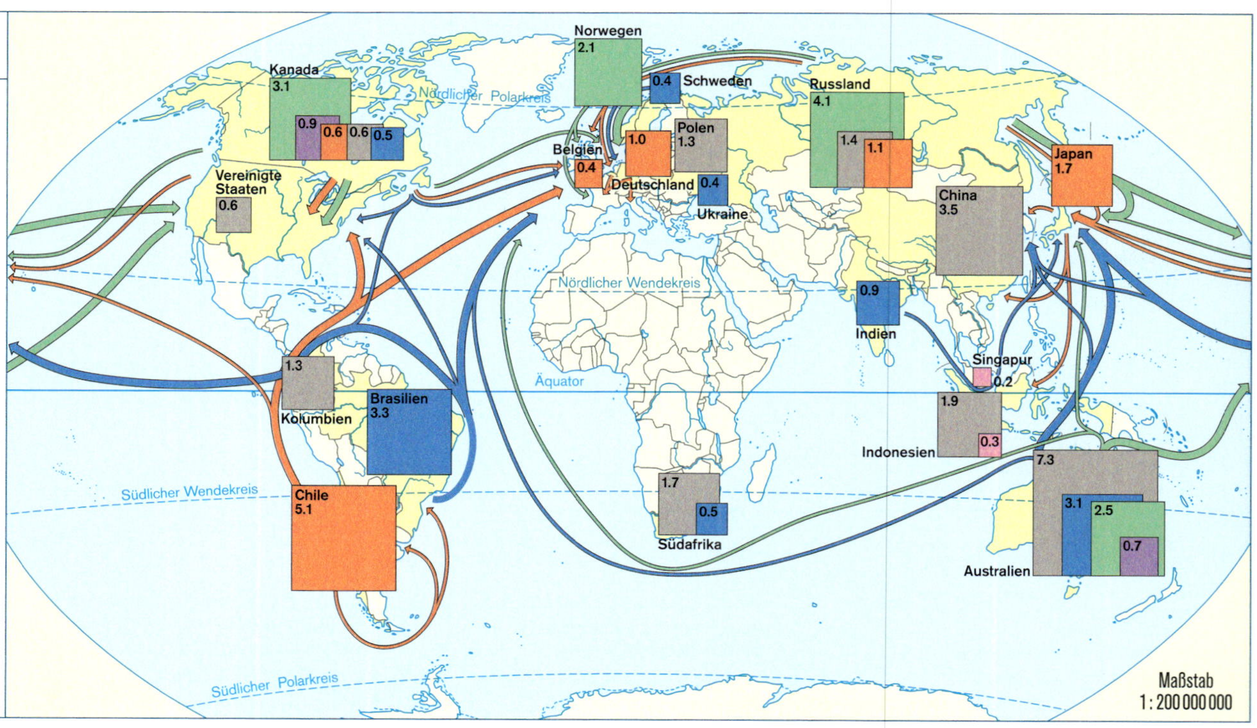

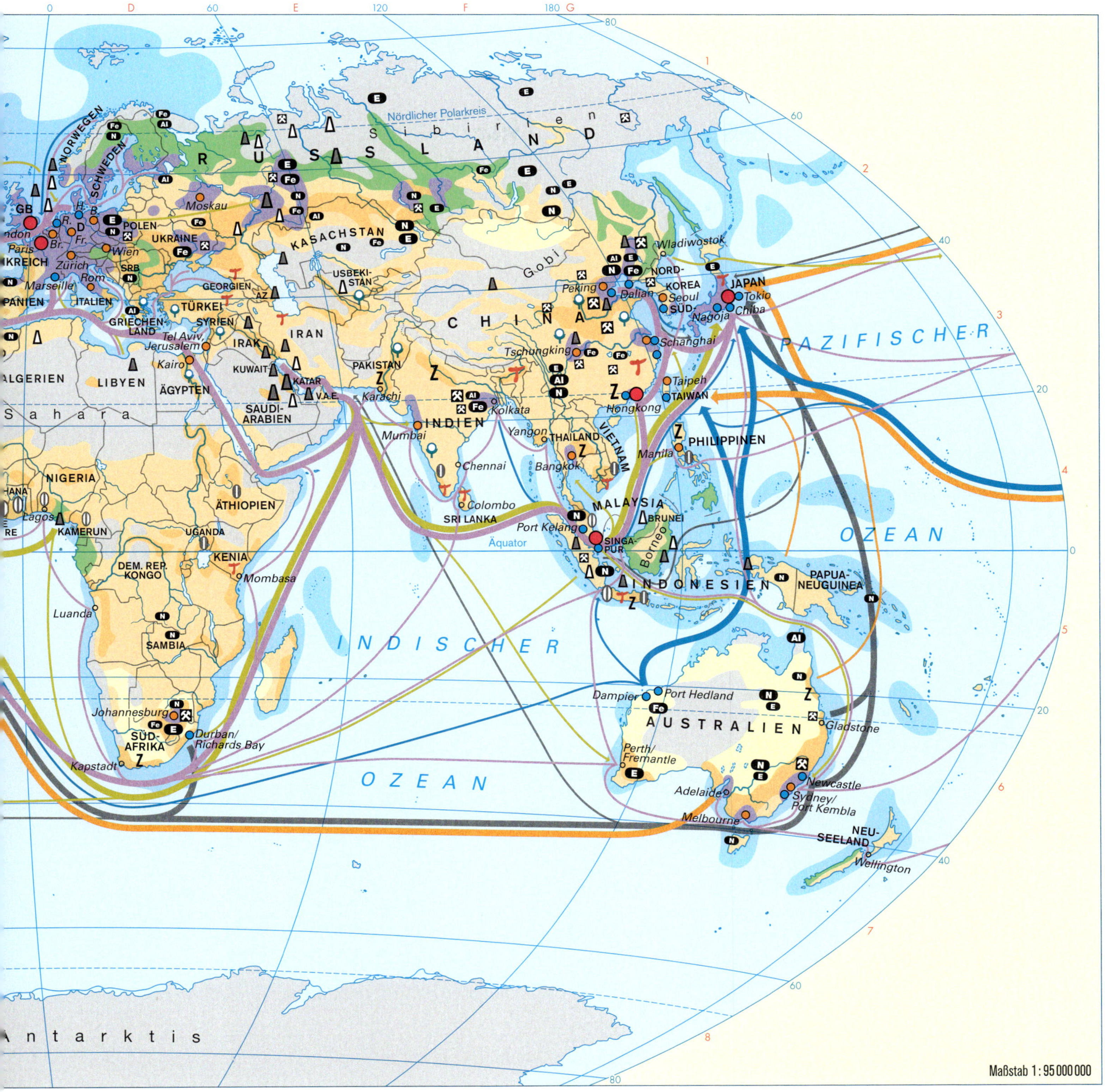

③ Export von Erdöl und Handelswege

Export

Export von Erdöl 2008

74.4 Wert in Tsd. Tonnen

Transport

über 200 Mio. t

150 – 200 Mio. t

100 – 150 Mio. t

50 – 100 Mio. t

25 – 50 Mio. t

unter 25 Mio. t

OPEC-Staaten

andere Erdöl exportierende Staaten

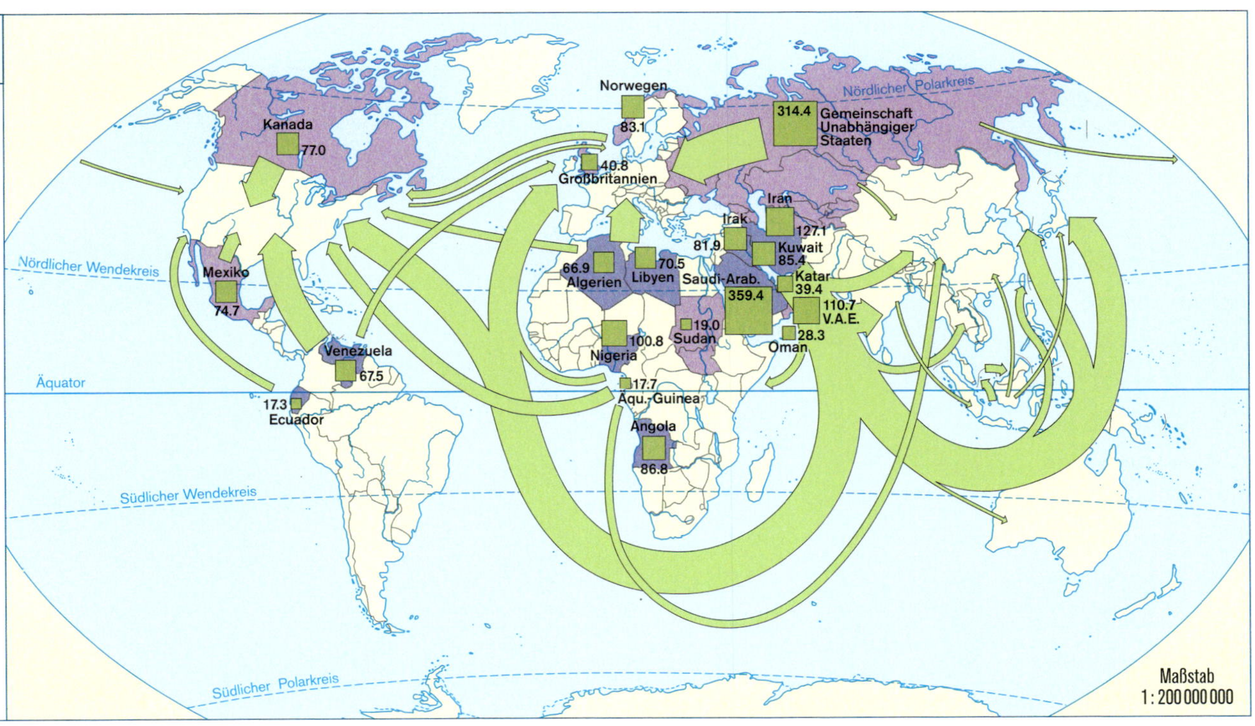

Blickpunkt Klimawandel

Seit der Industrialisierung gelangen in die Atmosphäre immer mehr **Treibhausgase**, die die Temperatur ansteigen lassen. Zu den Treibhausgasen gehören Wasserdampf (H_2O), das bei der Verwendung von Kunstdünger entstehende Lachgas (N_2O) und das durch Reisanbau und von Rindern freigesetzte Methangas (CH_4). Am klimawirksamsten ist **Kohlendioxid** (CO_2). Es entsteht bei der Verbrennung von Kohle, Öl und Gas. CO_2 ist zwar ungiftig, gilt aber als Hauptverursacher der globalen Erwärmung. Klimaforscher erwarten bei weiter steigenden Temperaturen in vielen Regionen der Erde Dürren, in anderen Überschwemmungen und schwere Unwetter. Deshalb soll weltweit der CO_2-Ausstoß gesenkt werden.

2 Der globale Kohlenstoffkreislauf

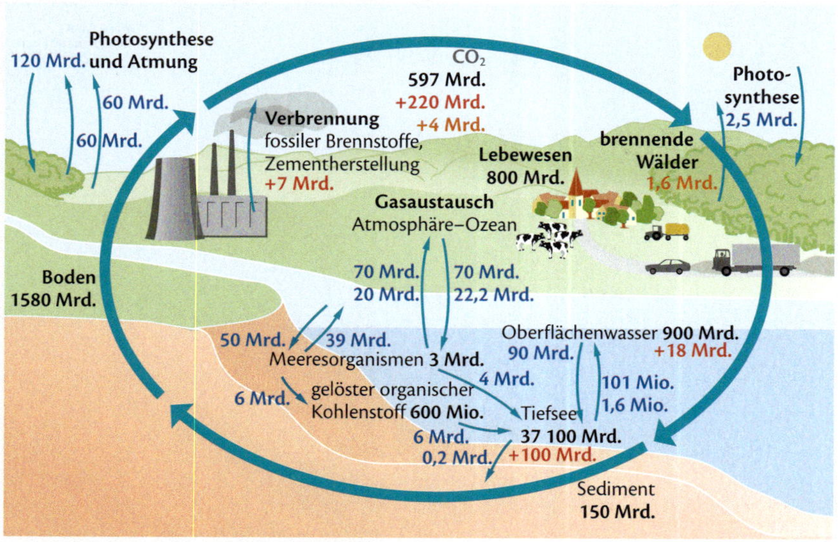

Die Zahlen geben die Kohlenstoffspeicher (**SCHWARZ**), die jährlichen Flüsse zwischen den Speichern vor der Industriellen Revolution (**BLAU**) sowie die seit Beginn der Industriellen Revolution durch menschliche Aktivitäten dazugekommene Menge (**ROT**) und die heute jedes Jahr vom Menschen verursachten zusätzlichen Kohlenstoffflüsse (**ORANGE**) an (Mengenangaben in Milliarden Tonnen Kohlenstoff).

Quelle: National Oceanic and Atmospheric Administration (NOAA)

1 CO_2-Emissionen

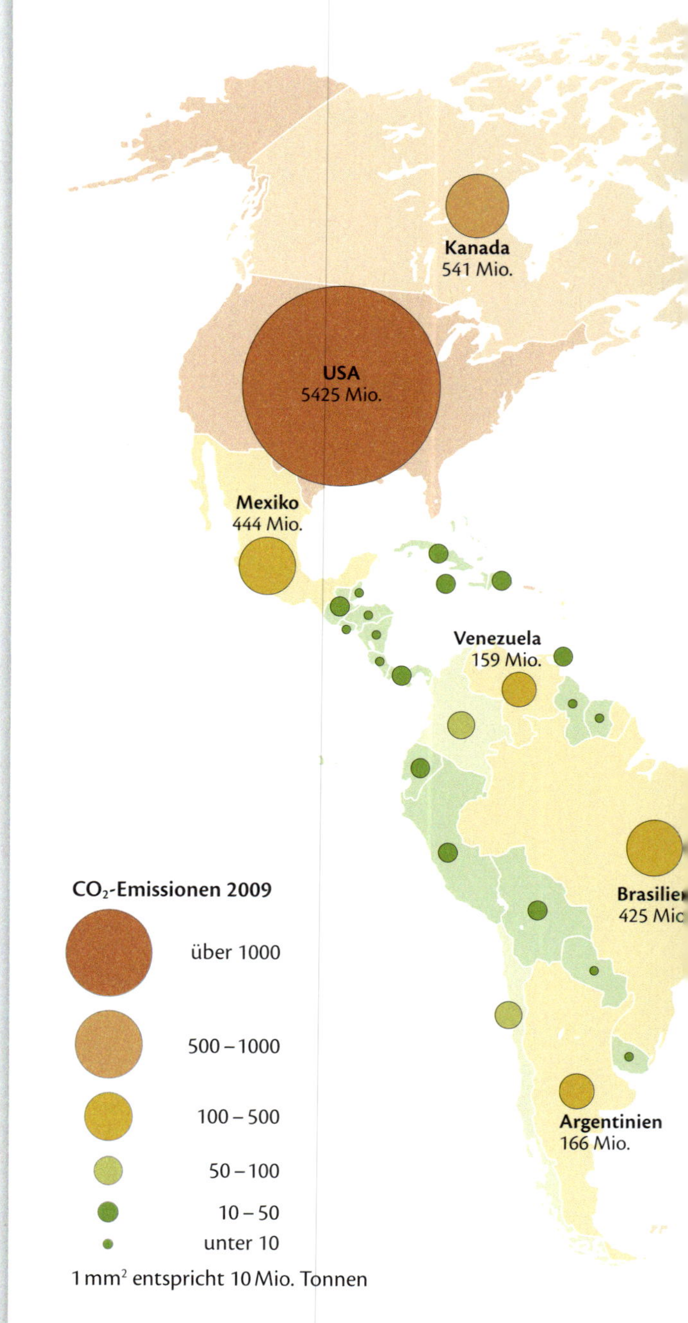

3 Die größten Klimasünder

Ausstoß von Kohlendioxid aus der Verbrennung von Kraftstoffen, z. B. in Verkehr, Industrie, etc., in Millionen Tonnen 2009

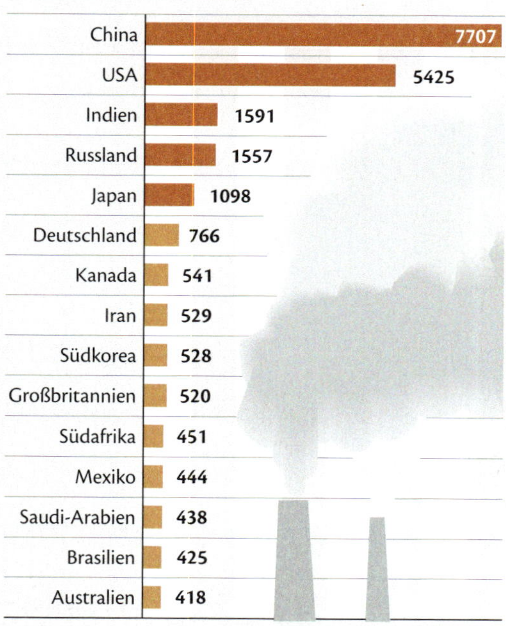

Quelle: International Energy Agency (IEA)

4 Veränderung der Temperatur bis 2100

Prognose der Veränderung der Durchschnittstemperatur 2090–2100 im Vergleich zu 1980–1990

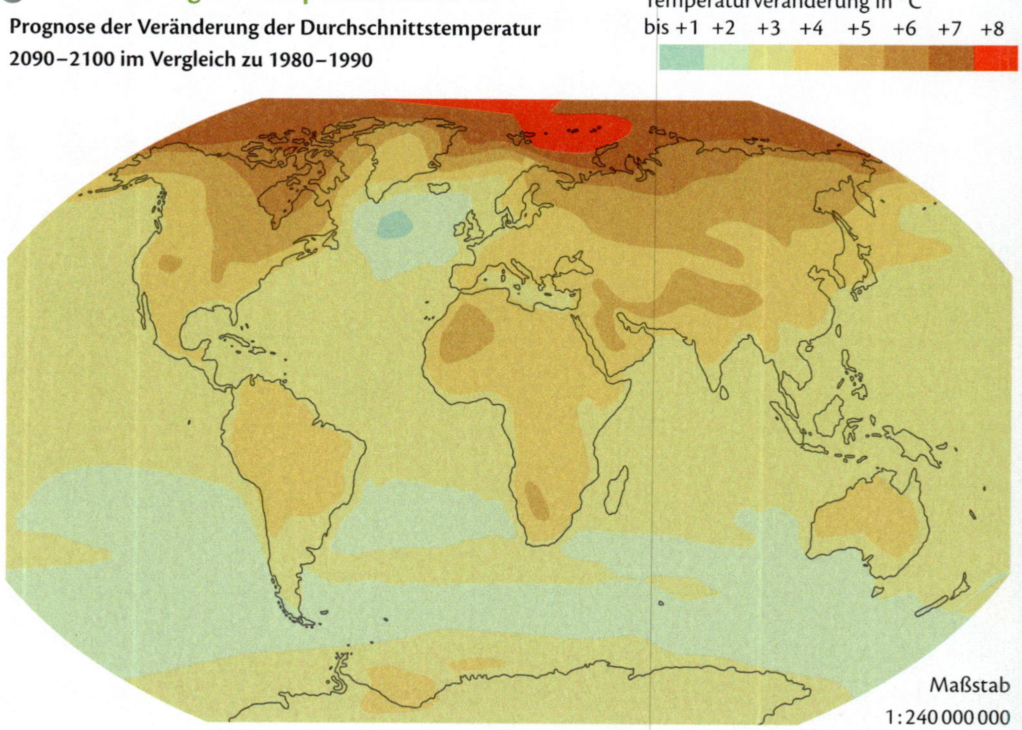

Quelle: Intergovernmental Panel on Climate Change (IPCC)

webcode: KA640928-158

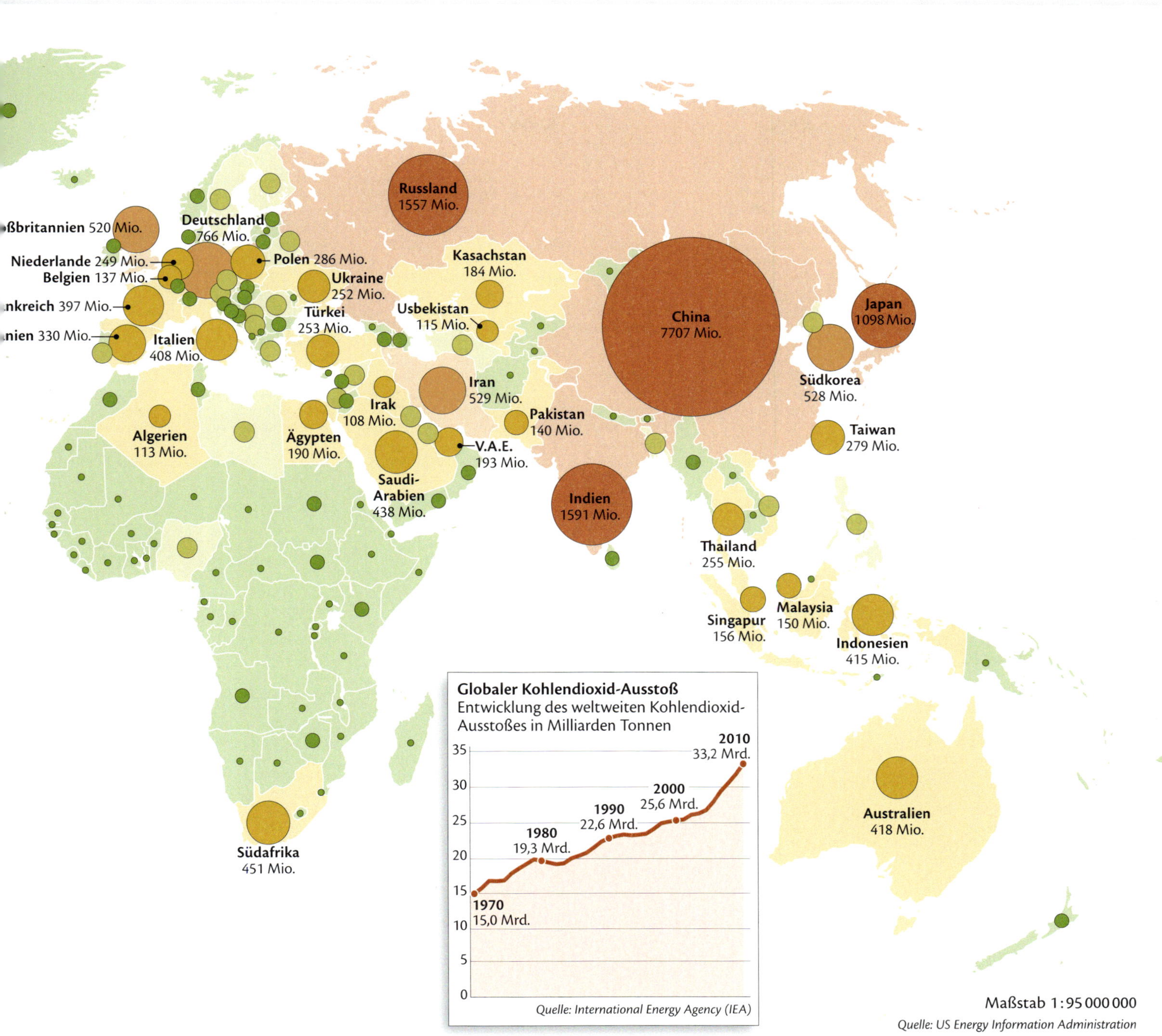
Russland
1557 Mio.
ßbritannien 520 Mio.
Deutschland
766 Mio.
Niederlande 249 Mio.
Belgien 137 Mio.
Polen 286 Mio.
Kasachstan
184 Mio.
Ukraine
252 Mio.
nkreich 397 Mio.
Türkei
253 Mio.
Usbekistan
115 Mio.
China
7707 Mio.
Japan
1098 Mio.
nien 330 Mio.
Italien
408 Mio.
Iran
529 Mio.
Südkorea
528 Mio.
Irak
108 Mio.
Pakistan
140 Mio.
Algerien
113 Mio.
Ägypten
190 Mio.
V.A.E.
193 Mio.
Taiwan
279 Mio.
Saudi-
Arabien
438 Mio.
Indien
1591 Mio.
Thailand
255 Mio.
Malaysia
150 Mio.
Singapur
156 Mio.
Indonesien
415 Mio.
Globaler Kohlendioxid-Ausstoß
Entwicklung des weltweiten Kohlendioxid-Ausstoßes in Milliarden Tonnen
35
30
25
20
15
10
5
0
1970
15,0 Mrd.
1980
19,3 Mrd.
1990
22,6 Mrd.
2000
25,6 Mrd.
2010
33,2 Mrd.
Quelle: International Energy Agency (IEA)
Australien
418 Mio.
Südafrika
451 Mio.
Maßstab 1 : 95 000 000
Quelle: US Energy Information Administration

5 Folgen des Klimawandels

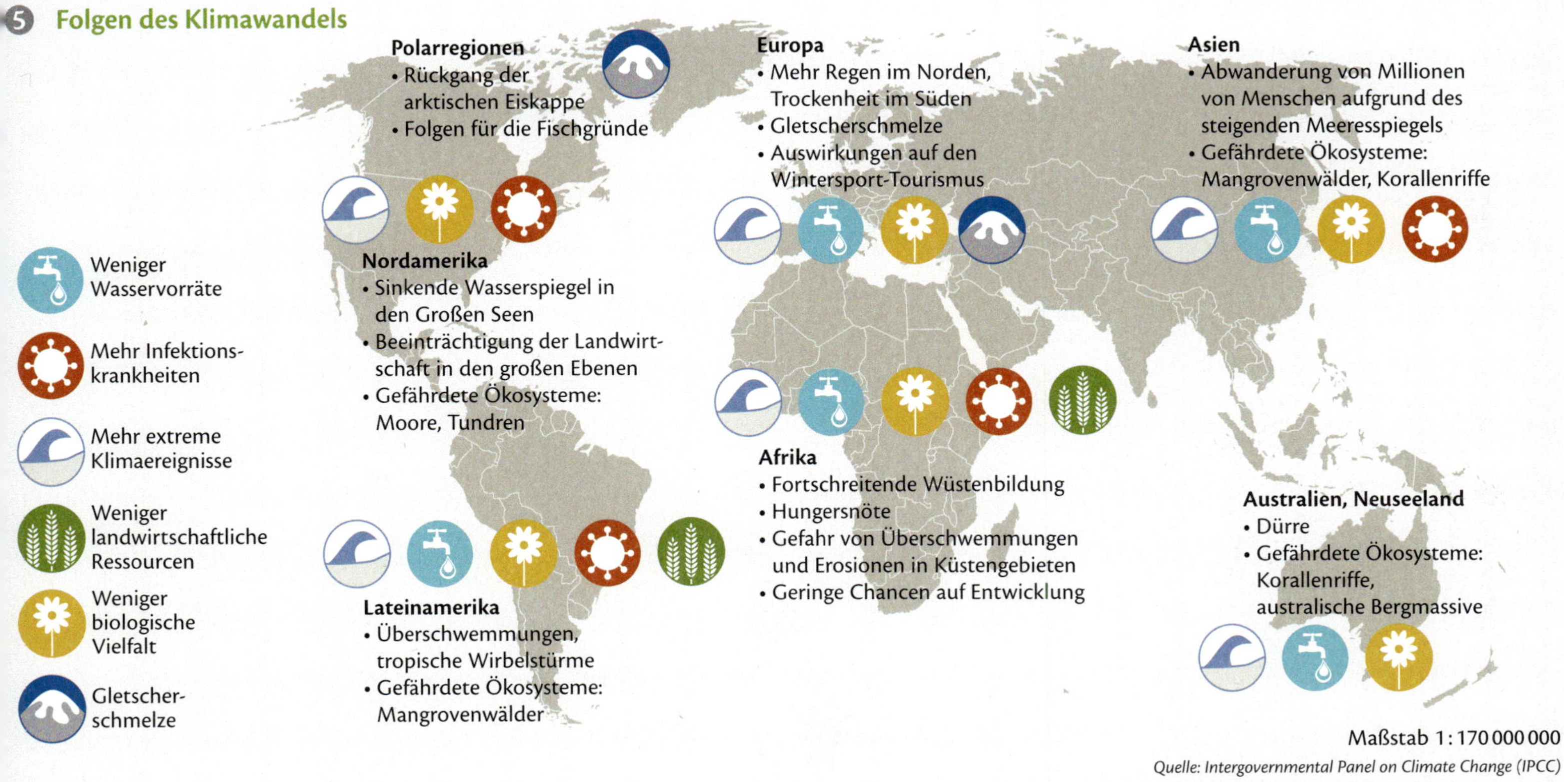
Polarregionen
• Rückgang der arktischen Eiskappe
• Folgen für die Fischgründe
Europa
• Mehr Regen im Norden, Trockenheit im Süden
• Gletscherschmelze
• Auswirkungen auf den Wintersport-Tourismus
Asien
• Abwanderung von Millionen von Menschen aufgrund des steigenden Meeresspiegels
• Gefährdete Ökosysteme: Mangrovenwälder, Korallenriffe
Weniger Wasservorräte
Mehr Infektions-krankheiten
Mehr extreme Klimaereignisse
Weniger landwirtschaftliche Ressourcen
Weniger biologische Vielfalt
Gletscher-schmelze
Nordamerika
• Sinkende Wasserspiegel in den Großen Seen
• Beeinträchtigung der Landwirtschaft in den großen Ebenen
• Gefährdete Ökosysteme: Moore, Tundren
Afrika
• Fortschreitende Wüstenbildung
• Hungersnöte
• Gefahr von Überschwemmungen und Erosionen in Küstengebieten
• Geringe Chancen auf Entwicklung
Australien, Neuseeland
• Dürre
• Gefährdete Ökosysteme: Korallenriffe, australische Bergmassive
Lateinamerika
• Überschwemmungen, tropische Wirbelstürme
• Gefährdete Ökosysteme: Mangrovenwälder
Maßstab 1 : 170 000 000
Quelle: Intergovernmental Panel on Climate Change (IPCC)

A

A Coruña 74 B 1
Aa, Fluss (zur IJssel) 14/15 D 2
Aa, Fluss durch Münster 24.1
Aa, Große 14/15 EF 1
Aachen, Landkreis 13.1
Aachen, Stadt 14/15 C 4
Aachener Dom 26.1
Aalen 38/39 EF 4
Aalten 14/15 D 2
Aarburg 38/39 CD 5
Aare 68/69 H 5
Aarhus 70 D 4
Aasee 24.1
Abadan 54/55 S 9
Abakan 86/87 L 4
Abaschiri 98/99 R 3
Abbeville 68/69 E 3
Abdulino 76/77 K 3
Abéché 104 EF 5
Åbenrå 36/37 E 1
Abensberg 38/39 GH 4
Aberdeen 71 EF 3
Abidschan 104 C 6
Abisko 70 EF 2
Abrantes 74 BC 3
Abruzzen 72/73 E 4/5
Abu-Kemal 75 EF 3
Abu Simbel 104 FG 4
Abuja 104 D 6
Acapulco 118/119.3 AB 4
Acarigua 118/119.3 H 6
Achel, Hamont- 14/15 AB 3
Achenkirch 38/39 G 5
Achensee 38/39 G 5
Achern 38/39 D 4
Achim 36/37 E 3
Achtuba 76/77 J 4
Achtubinsk 76/77 J 4
Achtyrka 76/77 FG 3
Acklins Island 118/119.3 G 3
Aconcagua 122 CD 7
Acre 122 CD 4
Adamaua 104 E 6
Adana 75 E 2
Adapazarı 72/73 O 5
Adda 68/69 J 5
Addis Abeba 104 G 5/6
Adelaide 112.1 DE 5
Adelebsen 14/15 K 2
Adélieland 131.4 19
Aden 90/91.3 H 8
Adenau 38/39 B 2
Adlershof, Berlin- 48/49.1 C 2
Admiralitätsgebirge 131.4 16/17
Admiralitätsinseln 112.1 E 2
Adour 68/69 D 7
Adrar des Iforas 104 D 4/5
Adriatisches Meer 68/69 LM 6/7
Ägadische Inseln 72/73 DE 6/7
Ägäisches Meer 72/73 LM 6/7
Ägina 72/73 K 7
Ägypten 104 FG 4
Äquatorialguinea 104 D 6
Ærø 36/37 F 2
Äthiopien 104 GH 6
Ätna 72/73 F 7
Afferden 14/15 BC 2
Afghanistan 90/91.3 K 6
Afrika 132/133.1 K-M 5
Afyonkarahisar 72/73 O 6
Agadès 104 DE 5
Agadir 54/55 FG 9
Agartala 96 F 3
Agen 68/69 E 6
Agger 14/15 E 4
Agha Jari 80/81 ST 9
Agra 96 C 2
Agrigento 72/73 E 7
Agrinion 72/73 J 6
Aguascalientes 116/117 HJ 8
Águilas 74 F 4
Agulhasbecken 132/133.1 KL 8
Ahaggar 104 D 4
Ahaus 14/15 DE 1
Ahlbeck, Heringsdorf- 36/37 K 2/3
Ahlen 14/15 F 2
Ahlhorn 36/37 D 4
Ahlsburg 14/15 K 2
Ahmadnagar 96 BC 4
Ahmedabad 96 BC 3
Ahnatal 14/15 J 3
Ahr 38/39 B 2
Ahrensburg 36/37 F 3
Ahrensfelde 48/49.1 C 1
Ahrenshoop 50.1 DE 1
Ahrgebirge 14/15 DE 4/5
Ahrweiler, Bad Neuenahr- 38/39 C 2
Ahse 14/15 G 2
Ahsen 44/45.1 D 1
Ahwas 54/55 S 9
Aichach 38/39 G 4
Aigen 38/39 J 4
Aimorés 127.3 E 1
Air 104 D 5
Aisch 38/39 F 3
Aisne 68/69 F 4
Aix-en-Provence 68/69 GH 7
Ajaccio 72/73 C 5
Ajagus 98/99 DE 2
Ajan 86/87 P 4
Ajmer 96 B 2
Ajuthia 96 H 5
Akdag 72/73 N 7
Aketi 104 F 6
Akhisar 72/73 MN 6
Akita 98/99 QR 4
Akkra 104 C 6
Aklavik 114 DE 3
Akola 96 C 3
Akron 116/117 M 4
Aksaray 75 D 2
Aksoran 98/99 D 2
Aksu 98/99 E 3
Aktau 54/55 T 7 86/87 G 5
Aktjubinsk → Aktobe
Aktobe 54/55 TU 5 86/87 G 5
Aktogai 86/87 JK 5
Akureyri 70 B 1
Al-Aiún 104 BC 4
Al-Akaba 104 G 4
Al-Alamein 75 C 3
Al-Asnam 74 G 4
Al-Beida 54/55 N 9
Al-Dschauf (Libyen) 104 EF 4
Al-Dschauf (Saudi-Arabien) 80/81 QR 9/10
Al-Dschuf 104 C 4
Al-Fascher 104 F 5
Al-Kaf 72/73 C 7
Al-Katif 54/55 ST 10
Al-Mansura 54/55 P 9
Al-Minja 104 FG 4
Al-Obeid 104 FG 5
Alabama, Fluss 116/117 L 6
Alabama, Staat der USA 116/117 L 6
Aladag 75 DE 2
Alagir 76/77 H 5
Alagón 74 C 2/3
Alaigebirge 86/87 J 6
Alajuela 118/119.3 DE 5
Aland, Fluss 36/37 G 4
Ålandinseln 70 EF 3
Alanya 75 D 2
Alapajewsk 76/77 M 2
Alasani 76/77 J 5
Alaska Range 114 CD 3
Alaska, Halbinsel 132/133.1 AB 2
Alaska, Staat der USA 114 CD 3
Alaskagolf 114 D 4
Alassio 68/69 HJ 6/7
Alatau 98/99 DE 2/3
Alatyr 76/77 J 3
Alba Iulia 72/73 K 2
Albacete 74 F 3
Albaner Berge 72/73 E 5
Albanien, Staat 72/73 J 4/5
Albanische Alpen 72/73 HJ 4
Albany, Fluss 114 K 4
Albany, Stadt (Australien) 112.1 B 5
Albany, Stadt (USA, Georgia) 116/117 M 6
Albany, Stadt (USA, New York) 114 L 5
Albersloh 14/15 F 2
Alberta 116/117 EF 2
Albertsee 104 FG 6
Albi 68/69 F 7
Alborán 74 E 5
Ålborg 70 CD 4
Albstadt 38/39 DE 4
Albufeira 74 B 4
Albuquerque 116/117 G 5
Albury 112.1 E 5
Alcalá de Henares 74 E 2
Alcamo 72/73 E 7
Alcañiz 74 F 2
Alcázar de San Juan 74 E 3
Alcorcón 74 DE 2
Alcoy 74 F 3
Aldabrainseln 104 H 7
Aldan, Fluss 86/87 O 4
Aldan, Stadt 86/87 O 4
Aldanbergland 86/87 OP 4
Aldenhoven 14/15 C 4
Alejsk 98/99 E 1
Além Paraíba 127.3 D 2
Alentejo 74 BC 3/4
Alert 114 MN 1
Alessandria 68/69 HJ 6
Ålesund 70 BC 3
Alëuten 90/91.3 VW 4
Alëutengraben 130.1 H-K 2 90/91.3 VW 4/5
Alexander Bay 109 E 10
Alexanderarchipel 114 DE 4
Alexanderinsel 131.4 4
Alexandraland 86/87 FG 1
Alexandria (Ägypten) 54/55 OP 9
Alexandria (Rumänien) 72/73 L 3/4
Alexandria (Ukraine) 76/77 F 4
Alexandrowsk-Sachalinski 86/87 QR 4
Alexandrupolis 72/73 L 5
Alfeld (an der Leine) 36/37 E 5
Alfter 14/15 DE 4
Alga 76/77 L 4
Algarve 74 BC 4
Algeciras 74 D 4
Algerien 104 CD 3
Algermissen 14/15 K 1
Alghero 72/73 BC 5
Algier 54/55 J 8
Alheimer 14/15 K 3
Alicante 74 F 3
Alice Springs 112.1 D 4
Alif 109 H 5
Aligarh 96 C 2
Allahabad 96 D 2
Allendorf (an der Eder) 14/15 H 3
Allendorf, Bad Sooden- 36/37 E 5
Allenstein 68/69 OP 2
Allentown 116/117 N 4
Aller 36/37 F 4
Allgäu 38/39 EF 5
Allgäuer Alpen, Landschaft 38/39 F 5
Allier 68/69 F 6
Almada 74 B 3
Almadén 74 D 3
Almaty 86/87 J 5
Alme, Fluss 14/15 H 2
Alme, Ort 14/15 H 3
Almelo 36/37 B 4
Almería 74 EF 4
Almetjewsk 76/77 K 3
Alor 97 FG 6
Alor Setar 97 B 3
Alorstraße 97 G 6
Alpen, Gebirge 54/55 KL 6/7
Alpen, Ort (Rheinland) 14/15 CD 2
Alpenvorland, Landschaft 38/39 E-H 4
Alpirsbach 38/39 D 4
Alpsee 51.3 B 1
Alsdorf 14/15 C 4
Alsen 36/37 E 1/2
Alsfeld 38/39 E 2
Alstaden, Oberhausen- 23.2 BC 1
Alstätte 14/15 D 1
Alt 72/73 L 2/3
Alta 70 F 2
Altadena 126.2 B 1
Altai, Gebirge 86/87 K 4
Altai, Stadt 98/99 H 2
Altamaha 116/117 M 6
Altamira 125 E 4
Altdorf (ehemaliger Ort) 22.1 B 3
Alte IJssel 14/15 C 2
Alte Mellum 36/37 D 3
Alte Süderelbe 47.2 B 1
Altena, Stadt 14/15 F 3
Altenahr 14/15 DE 4
Altenau, Fluss 14/15 H 2
Altenau, Ort 36/37 F 5
Altenbeken 14/15 H 2
Altenberg (bei Dresden) 38/39 J 2
Altenberge 14/15 E 1
Altenberger Dom 14/15 E 3
Altenbochum, Bochum- 44/45.4 BC 2
Altenburg-Nobitz, Flugplatz 46.1 E 3
Altenburg, Stadt (Thüringen) 38/39 H 1/2
Altendorf-Ulfkotte 44/45.1 C 1
Altendorf, Essen- 44/45.1 C 2
Altenessen, Essen- 44/45.1 BC 1/2
Altenkirchen, Stadt (Westerwald) 38/39 C 2
Altensteig 38/39 D 4
Altentreptow 36/37 J 3
Alter Hegwald 47.3 A 1
Altes Land 36/37 E 3
Altglienicke, Berlin- 48/49.1 C 2
Altheim (Innviertel) 38/39 J 4
Altkastilien 68/69 BC 7/8
Altkirch 38/39 C 5
Altlandsberg Nord 48/49.1 CD 1
Altlandsberg, Stadt 48/49.1 C 1
Altlünen 44/45.1 E 1
Altmark, Landschaft 36/37 FG 4
Altmühl 38/39 F 3
Altmühltal, Naturpark 50.1 D 4
Altötting, Stadt 38/39 H 4
Alton 116/117 KL 5
Altschermbeck 44/45.1 B 1
Altstadt, Düsseldorf- 24.2
Altyntag 90/91.3 MN 6
Alz 38/39 H 4
Alzenau 38/39 E 2
Alzey 38/39 D 3
Amamiinseln 98/99 OP 6
Amarillo 116/117 H 5
Amasya 75 E 1
Amazonas, Bundesstaat 122 D 4
Amazonas, Fluss 122 D 4
Amazonastiefland 132/133.1 FG 6
Ambato 122 C 4
Amberg 38/39 GH 3
Amblève, Fluss 14/15 B 5
Amblève, Ruine 14/15 B 4/5
Ambon 97 G 5
Ameland 36/37 A 3
Ameln 22.1 B 2
Amelunxborn 14/15 JK 2
Americana 127.3 B 3
Amerikanisch-Samoa 130.2 E 3
Amerongen 14/15 AB 1/2
Amery-Schelfeis 131.4 25
Amgun 86/87 P 4
Amhara 104 G 5
Amiens 68/69 EF 4
Amindiven 96 B 5
Amiranten 150/151.1 MN 6
Amman 54/55 Q 9
Ammer 38/39 FG 5
Ammerland, Landschaft 36/37 CD 3
Ammersee 38/39 FG 4/5
Amöneburg (bei Marburg) 14/15 H 4
Amorbach 38/39 E 3
Amper 38/39 G 4
Amritsar 96 BC 1
Amrum 36/37 D 2
Amselfeld 72/73 J 4
Amselhain 48/49.1 C 1
Amsterdam, Insel 150/151.1 N 7
Amsterdam, Stadt 68/69 FG 2
Amu-Darja 54/55 UV 7 86/87 H 5
Amuay 125 C 2
Amundsengolf 114 FG 2/3
Amundsenmeer 131.4 7
Amuntai 97 DE 5
Amur 86/87 O 4
Anadyr, Fluss 86/87 S 3
Anadyr, Stadt 86/87 T 3
Anadyrgebirge 86/87 TU 3
Anadyrgolf 86/87 U 3
Anaheim (USA, California) 126.2 C 2
Anaimudi 96 C 5/6
Anambasinseln 97 C 4
Anapa 76/77 G 5
Anatolien 75 DE 2
Anchorage 114 D 3
Ancona 68/69 LM 7
Åndalsnes 70 C 3
Andalusien 74 CD 4
Andamanen 96 F 5
Andamanensee 96 G 5/6
Anden 122 C 3-5
Andernach 38/39 C 2
Andischan 86/87 J 5
Andorra, Staat 68/69 E 7
Andorra, Stadt 68/69 E 7
Andropow → Rybinsk
Andros Island 116/117 N 8
Andros, Insel 72/73 L 7
Andújar 74 D 3
Anegada Passage 118/119.3 J 4
Angara 86/87 L 4
Angarsk 86/87 M 4
Angel, Fluss (Böhmen) 38/39 J 3
Angelfall 118/119.3 J 6
Angeln 36/37 E 2
Angerbach 14/15 DE 3
Ångermanälv 70 E 3
Angermünde 36/37 J 3
Angermund, Düsseldorf- 44/45.1 B 2
Angers 68/69 D 5
Angkor 96 H 5
Anglesey 68/69 B 2
Angmagssalik 114 OP 3
Angola 104 EF 8
Angolabecken 104 D 8
Angoulême 68/69 E 6
Angra dos Reis 127.3 C 3
Anguilla 118/119.3 J 4
Anhalt, Sachsen- 29 DE 2/3 36/37 GH 4/5
Anhwei 98/99 M 5
Anjang 98/99 L 4
Anjuigebirge 86/87 S 3
Ankara 75 D 1/2
Ankaratra 104 H 8
Anking 98/99 M 5
Anklam 36/37 J 3
Annaba 54/55 K 8
Annaberg-Buchholz 38/39 J 2
Annam 96 J 4/5
Annapolis 116/117 NO 5
Annapurna 96 D 2
Annecy 68/69 GH 6
Annen, Witten- 44/45.1 D 2
Anröchte 14/15 G 2
Ans 14/15 AB 4
Ansbach, Stadt 38/39 F 3
Anschan 98/99 N 3
Anschuinseln 86/87 QR 2
Anschun 98/99 K 6
Antakya 75 E 2
Antalya 75 D 2
Antananarivo 104 H 8
Antarktis 132/133.1 K-Q 10 131.4
Antarktische Halbinsel 131.4 2
Anticostiinsel 114 M 5
Antigua und Barbuda 118/119.3 JK 4
Antipodeninseln 130.1 HJ 7
Antofagasta 122 C 6
Antreff 14/15 J 4
Antsirabe 104 HJ 9
Antsiranana 104 HJ 8
Antwerpen 68/69 G 3
Aomori 98/99 R 3
Aosta 68/69 H 6
Aparri 97 F 1
Apatzingán 116/117 H 9
Apeldoorn 36/37 AB 4
Apenninen 68/69 J-L 6/7
Apenrade 36/37 E 1
Apiaí 127.3 A 4
Aplerbeck, Dortmund- 44/45.1 E 2
Apo 97 G 3
Apolda 38/39 G 1
Appalachen 116/117 M-O 3-6
Appelhülsen 14/15 E 2
Appeltern 14/15 B 2
Appenzell, Ort 38/39 E 5
Appingedam 36/37 BC 3
Apscheron, Halbinsel 76/77 K 5
Apulien 72/73 FG 5
Apure 122 D 3
Ar-Ramadi 75 F 3
Ar-Rif 54/55 GH 8/9
Arabien 132/133.1 LM 4/5
Arabisch-Indischer Rücken 90/91.3 JK 9
Arabische Wüste 104 G 4
Arabisches Becken 90/91.3 K 8/9
Arabisches Meer 90/91.3 J-L 8
Aracajú 122 G 5
Arad 68/69 P 5
Arafurasee 112.1 D 2
Aragonien 74 FG 2
Araguaia 122 E 5
Araguari, Fluss 127.3 AB 1
Araguari, Ort 127.3 AB 1
Arak 54/55 ST 9
Arakangebirge 96 F 3/4
Aralsee 54/55 UV 6/7 86/87 GH 5
Aralsk 54/55 V 6 86/87 H 5
Aralsorsee 76/77 J 4
Aranda de Duero 68/69 C 8
Aranjuez 74 E 2/3
Araraquara 127.3 A 2
Ararat 75 F 2
Arauca, Fluss 118/119.3 H 6
Arauca, Stadt 118/119.3 H 6
Aravalligebirge 96 BC 2/3
Arax 54/55 S 8
Araxá 127.3 B 1
Arber, Großer 38/39 HJ 3
Arbil 54/55 RS 8
Arbon 38/39 E 5
Arcachon 68/69 D 6
Arcadia 126.2 BC 1
Arcen 14/15 C 3
Archangelsk 54/55 RS 3
Årdal 70 C 3
Ardebil 54/55 S 8
Ardennen 68/69 G 3/4
Ardey 14/15 E 3
Aremberg 14/15 D 5
Arendal 70 C 4
Arendsee, Ort 36/37 G 4
Arenshausen 14/15 KL 3
Arequipa 122 C 5
Arezzo 68/69 KL 7
Argen 38/39 E 5
Argentinien 122 CD 6-8
Argentinisches Becken 122 FG 7/8
Arges 72/73 L 3
Argonnen 68/69 G 4
Argos 72/73 K 7
Argun 98/99 MN 1
Århus → Aarhus
Arica 122 C 5
Arizona 116/117 FG 6
Arkalyk 54/55 W 5
Arkansas, Fluss 116/117 H 5
Arkansas, Staat der USA 116/117 K 5
Arlberg 68/69 K 5
Arles 68/69 G 7
Arlit 104 D 5
Armagh 68/69 A 1
Armagnac 68/69 E 7
Armawir 76/77 H 5
Armenia 118/119.3 F 7
Armenien, Staat 86/87 F 5
Armenisches Hochland 75 FG 2
Arnas dagı 75 F 2
Arnheim 28 AB 2/3
Arnhem 14/15 BC 2
Arnhemland 112.1 D 3
Arno 68/69 K 7
Arnoldsweiler 22.1 B 3
Arnsberg, Regierungsbezirk 13.1
Arnsberg, Stadt 14/15 FG 3
Arnsberger Wald, Gebirge 14/15 G 3
Arnsberger Wald, Naturpark 26.1
Arnstadt 38/39 FG 2
Arran 71 D 4
Arras 68/69 F 3
Arsamas 76/77 H 2
Arta 72/73 J 6
Artemowski 76/77 M 2
Artvin 75 F 1
Aruba 125 C 2
Aruinseln 97 H 6
Arujá 127.5 B 1
Arusha 104 G 7
Arvida 121 L 5
Aš 14/15 B 3
Asahikawa 98/99 QR 3
Asansol 96 E 3
Asbach 14/15 E 4
Asbest 76/77 M 2
Ascension 150/151.1 J 6
Asch 38/39 H 2
Ascha, Ort (bei Ufa) 76/77 L 2
Aschach, Ort (an der Donau) 38/39 JK 4
Aschaffenburg, Stadt 38/39 E 3
Ascheberg 14/15 EF 2
Aschersleben 36/37 G 5
Aschgabad 54/55 U 8 86/87 GH 6
Ascoli Piceno 68/69 LM 7
Aserbaidschan 86/87 F 5
Ashburton 112.1 B 4
Asien 90/91.3
Asjut 104 FG 4
Askja 70 B 1/2
Asmara 104 G 5
Asow 76/77 G 4
Asowsches Meer 54/55 Q 6
Assab 104 H 5
Assen, Haus 14/15 FG 2
Assen, Stadt 36/37 B 4
Assisi 68/69 L 7
Aßlar 38/39 D 2
Assuan 104 G 4
Assur 75 F 2
Astana 86/87 J 4
Asten, Ort (Niederlande) 14/15 B 3
Asti 68/69 J 6
Astipaläa 72/73 M 7
Astorga 74 C 1
Astoria 116/117 CD 3
Astrachan 54/55 ST 6
Asturien, Landschaft 74 CD 1
Atacama 122 CD 6
Atacamagraben 122 C 5-7
Atar 104 B 4
Atatürk-Stausee 75 E 2
Atbara, Stadt 104 G 5
Athabasca 114 G 4
Athabascasee 114 H 4
Athen, Stadt 72/73 K 6/7
Athinä 72/73 K 6/7
Athlone 71 BC 5
Athos, Berg 72/73 L 5
Atkarsk 76/77 HJ 3
Atlanta 116/117 M 6
Atlantisch-Indischer Rücken 132/133.1 KL 8
Atlantisch-Indisches Südpolarbecken 132/133.1 J-M 9
Atlantischer Ozean 68/69 BC 4-6
Atlas, Gebirge 132/133.1 JK 4
Atrato 118/119.3 F 6
Atrek 54/55 U 8
Atschinsk 86/87 KL 4
Attahöhle 14/15 F 3
Attendorn 14/15 F 3
Attika 72/73 KL 6/7
Atyrau 54/55 T 6 86/87 FG 5
Au (bei Schoppernau) 51.3 A 2
Aubach, Fluss (bei Sonthofen) 51.3 B 1
Aubel 14/15 B 4
Auch 68/69 E 7
Auckland 112.1 H 5
Aucklandinseln 132/133.1 S 8 150/151.1 S 8
Audincourt 38/39 BC 5
Audschila 104 EF 4
Aue, Fluss 14/15 J 1
Aue, Große 14/15 H 1
Aue, Stadt 38/39 H 2
Auerbach (Erzgebirge) 38/39 H 2
Auerbach (Oberpfalz) 38/39 G 3
Auetal 14/15 J 1
Augsburg-Westliche Wälder, Naturpark 50.1 D 4
Augsburg, Stadt 38/39 F 4
Augusta (USA, Georgia) 116/117 M 6
Augusta (USA, Maine) 116/117 P 4
Augustdorf 14/15 H 2
Aukrug, Naturpark 50.1 C 1
Aulendorf 38/39 E 5
Aurangabad 96 C 4
Aurich (Ostfriesland) 36/37 C 3
Aurillac 68/69 F 6
Aussig 28 EF 3
Austin 116/117 J 6
Australien, Erdteil 112.1
Australien, Staat 112.1 C-E 4
Australische Alpen 112.1 E 5
Australische Bucht, Große 112.1 CD 5
Auvergne 68/69 F 6
Auweiler, Köln- 25.6 B 1/2
Auxerre 68/69 F 5
Auyán Tepuy 118/119.3 J 6
Avallon 68/69 FG 5
Avellino 72/73 F 5
Avignon 68/69 G 7
Ávila 74 D 2
Avilés 74 CD 1
Avricourt 38/39 B 4
Avus (in Berlin) 48/49.1 A 2
Awasa 109 G 6
Axarfjord 70 B 1
Ayamonte 74 C 4
Aydın 72/73 M 7

Ayers Rock 112.1 D 4
Aywaille 14/15 B 5
Azoren 132/133.1 H 4 150/151.1 H 4
Azorenschwelle 54/55 EF 8/9
Azuero Halbinsel 118/119.3 E 6
Azul 122 DE 7
Azusa 126.2 C 1

B

Baar 38/39 D 5
Bab al-Mandeb 104 H 5
Babajewo 76/77 G 2
Babarinseln 97 G 6
Babelsberg, Potsdam- 48/49.1 A 2
Babelthuap 97 H 3
Babo 97 H 5
Babol 54/55 T 8
Babuyainseln 97 F 1
Babylon, Ruinenstätte 54/55 R 9
Bacaninseln 97 G 5
Bacău 72/73 M 2
Baccarat 38/39 B 4
Bacharach 38/39 C 2
Bachem, Frechen- 25.6 AB 3
Backnang 38/39 E 4
Bacolod 97 F 2
Bad Aibling 38/39 GH 5
Bad Arolsen 36/37 DE 5
Bad Bederkesa 36/37 DE 3
Bad Bentheim 36/37 C 4
Bad Bergzabern 38/39 CD 3
Bad Berka 38/39 G 2
Bad Berleburg 14/15 GH 3
Bad Berneck 38/39 G 2
Bad Bevensen 36/37 F 3
Bad Blankenburg 38/39 FG 2
Bad Bramstedt 36/37 E 3
Bad Breisig 14/15 E 4/5
Bad Brückenau 38/39 E 2
Bad Camberg 38/39 D 2
Bad Doberan, Stadt 36/37 GH 2
Bad Driburg 14/15 J 2
Bad Düben 36/37 H 5
Bad Dürkheim, Stadt 38/39 D 3
Bad Dürrenberg 36/37 GH 5
Bad Dürrheim 38/39 D 4
Bad Eilsen 14/15 J 1
Bad Ems 38/39 C 2
Bad Emstal 14/15 J 3
Bad Endbach 14/15 GH 4
Bad Essen 36/37 D 4
Bad Fallingbostel 36/37 E 4
Bad Frankenhausen 36/37 G 5
Bad Fredeburg 14/15 G 3 26.1
Bad Freienwalde 36/37 JK 4
Bad Friedrichshall 38/39 E 3
Bad Füssing 38/39 J 4
Bad Gandersheim 36/37 F 5
Bad Gastein 68/69 LM 5
Bad Godesberg, Bonn- 14/15 DE 4
Bad Gottleuba-Berggießhübel 50.1 E 3
Bad Griesbach 38/39 J 4
Bad Harzburg 36/37 F 5
Bad Herrenalb 38/39 D 4
Bad Hersfeld 38/39 E 2
Bad Hindelang 51.3 B 1
Bad Hönningen 38/39 C 2
Bad Holzhausen 26.1
Bad Homburg 38/39 D 2
Bad Honnef 14/15 E 4
Bad Hopfenberg 26.1
Bad Iburg 14/15 G 1
Bad Ischl 68/69 LM 5
Bad Karlshafen 36/37 E 5
Bad Kissingen, Stadt 38/39 F 2
Bad Kleinen 36/37 G 3
Bad Klosterlausnitz 50.1 DE 3
Bad Königshofen 38/39 F 2
Bad Kösen 36/37 G 5
Bad Kötzting 38/39 H 3
Bad Kohlgrub 38/39 G 5
Bad Kreuznach, Stadt 38/39 C 3
Bad Krozingen 38/39 CD 5
Bad Laasphe 14/15 G 4
Bad Laer 14/15 G 1
Bad Langensalza 36/37 F 5
Bad Lausick 50.1 E 3
Bad Lauterberg 36/37 F 5
Bad Leonfelden 38/39 K 4
Bad Liebenwerda 36/37 J 5
Bad Lippspringe 14/15 H 2
Bad Marienberg 14/15 FG 4
Bad Meinberg, Horn- 14/15 HJ 2
Bad Mergentheim 38/39 E 3
Bad Münder 36/37 E 4
Bad Münstereifel 14/15 D 4
Bad Muskau 36/37 K 5
Bad Nauheim 38/39 D 2
Bad Nenndorf 14/15 J 1
Bad Neuenahr-Ahrweiler 38/39 C 2
Bad Neustadt 38/39 EF 2
Bad Niederbronn 38/39 C 4
Bad Oeynhausen 14/15 H 1
Bad Oldesloe 36/37 F 3
Bad Orb 38/39 E 2
Bad Pyrmont 36/37 E 4/5
Bad Reichenhall 38/39 H 5
Bad Rodach 38/39 F 2
Bad Saarow 36/37 K 4
Bad Sachsa 36/37 F 5
Bad Säckingen 38/39 CD 5
Bad Salzdetfurth 36/37 EF 4
Bad Salzschlirf 38/39 E 2
Bad Salzuflen 14/15 H 1
Bad Salzungen 38/39 F 2
Bad Sassendorf 14/15 G 2
Bad Saulgau 38/39 E 4
Bad Schallerbach 38/39 JK 4
Bad Schandau 38/39 K 2
Bad Schmiedeberg 36/37 H 5
Bad Schussenried 38/39 E 4
Bad Schwalbach 38/39 CD 2
Bad Schwartau 36/37 F 3
Bad Segeberg 36/37 F 3
Bad Soden-Salmünster 38/39 E 2
Bad Sooden-Allendorf 36/37 E 5
Bad Staffelstein 38/39 FG 2
Bad Suderode 50.1 D 3
Bad Tölz 38/39 G 5
Bad Urach 38/39 E 4
Bad Vilbel 38/39 D 2
Bad Waldliesborn, Lippstadt- 14/15 GH 2
Bad Waldsee 38/39 E 5
Bad Westernkotten 26.1
Bad Wiessee 38/39 G 5
Bad Wildbad 38/39 D 4
Bad Wildungen 36/37 DE 5
Bad Wilhelmshöhe 14/15 J 3
Bad Wilsnack 36/37 GH 4
Bad Wimpfen 38/39 DE 3
Bad Windsheim 38/39 F 3
Bad Wörishofen 38/39 F 4/5
Bad Wünnenberg 14/15 H 2
Bad Wurzach 38/39 EF 5
Bad Zwischenahn 36/37 CD 3
Badajoz 74 C 3
Badalona 74 H 2
Baden-Baden, Stadt 38/39 D 4
Baden-Württemberg, Bundesland 29 C 4 38/39 DE 4
Badlands 116/117 H 4
Bäreninsel 86/87 CD 2
Baerl, Duisburg- 44/45.1 A 1/2
Baesweiler 14/15 C 4
Baffinbai 114 LM 2
Baffinland 114 K-M 2/3
Bafra 76/77 G 5
Bagdad 54/55 RS 9
Bagenkop 36/37 F 2
Baghlan 86/87 H 6
Baguio 97 F 1
Bahamabank, Große 116/117 N 7/8
Bahamainseln 121 L 7
Bahamas 118/119.3 FG 2/3
Bahawalpur 96 B 2
Bahia 122 FG 5
Bahia Blanca 122 D 7
Bahr al-Dschebel 104 G 6
Bahr al-Ghasal 104 F 6
Bahrain 90/91.3 J 7
Baia Mare 68/69 Q 5
Baidoa 104 H 6
Baie Comeau 114 MN 5
Baiersbronn 38/39 D 4
Baikalgebirge 86/87 M 4
Baikalsee 86/87 M 4
Baikonur 54/55 W 6 86/87 H 5
Bains-les-Bains 38/39 B 4/5
Baja 68/69 O 5
Bajanchongor 98/99 J 2
Bakel, Gemert- 14/15 B 2
Baker City 116/117 E 4
Baker Lake 114 JK 3
Bakersfield 116/117 DE 5
Bakkafjördhur 70 BC 1
Bakonywald 68/69 N 5
Baku 54/55 ST 7/8
Balabac 97 E 3
Balabacstraße 97 E 3
Balakleja 76/77 G 4
Balakowo 54/55 ST 5
Balaschow 76/77 H 3
Balaton 68/69 N 5
Balbina 125 E 4
Balchasch 86/87 J 5
Balchaschsee 86/87 J 5
Baldeneysee 44/45.1 C 2
Balderschwang 51.3 B 2
Balearen 74 GH 2/3
Bali 97 DE 6
Balıkesir 72/73 M 6
Balikpapan 97 E 5
Balingen 38/39 D 4
Balkan 72/73 K-M 4
Balkanabad 54/55 TU 8
Balkhausen, Kerpen- 22.4 A 1
Ballarat 112.1 E 5
Ballenyinseln 131.4 16
Balsthal 38/39 C 5
Balta 72/73 NO 2
Bălţi 72/73 M 2
Baltimore 116/117 N 5
Baltrum, Insel 36/37 C 3
Balve 14/15 F 3
Balver Wald 14/15 F 3
Bamako 104 C 5
Bamberg, Stadt 38/39 F 3
Banat 68/69 P 6
Banater Gebirge 68/69 PQ 6
Banda Aceh 97 A 3
Bandar Lampung 90/91.3 O 10
Bandar Seri Begawan 97 D 3/4
Bandasee 97 G 6
Bandırma 72/73 MN 5
Bandundu 104 EF 7
Bandung 97 C 6
Banff-Nationalpark 116/117 EF 2
Bangalur 96 C 5
Bangassu 109 F 6
Banggaiinseln 97 F 5
Bangka 97 C 5
Bangkok 96 H 5
Bangladesch 96 EF 3
Bangor 116/117 P 4
Bangui 104 E 6
Banja Luka 68/69 N 6
Banjarmasin 97 D 5
Banjul 104 B 5
Banjuwangi 97 D 6
Banksinsel 114 FG 2
Bannu 98/99 BC 5
Bansin, Heringsdorf- 36/37 JK 3
Banská Bystrica 68/69 O 4
Banz 38/39 F 2
Bar 72/73 H 4
Barabasteppe 54/55 Y 4/5 86/87 J 4
Barabinsk 54/55 Y 4
Barakaldo 68/69 C 7
Baranowitschi 70 G 5
Barbacena 127.3 CD 2
Barbados 118/119.3 JK 5
Barbuda, Antigua und 118/119.3 JK 4
Barby 36/37 G 5
Barcelona (Spanien) 74 H 2
Bardai 104 E 4
Bardia 75 C 3
Bareilly 96 CD 2
Barentssee 54/55 Q-S 2 86/87 D-G 2
Bargteheide 36/37 F 3
Bargusin 98/99 KL 1
Bari 72/73 G 5
Barisangebirge 97 B 5
Barito 97 DE 5
Barkhausen, Porta Westfalica- 8.3 A 1
Barletta 72/73 G 5
Barlinek 36/37 KL 3/4
Barmen, Wuppertal- 9.1 C 1
Barnaul 86/87 K 4
Barneveld 14/15 B 1
Barnim, Landschaft 36/37 JK 4
Barnim, Naturpark 50.1 E 2
Barntrup 14/15 J 2
Barop, Dortmund- 44/45.1 D 2
Barquisimeto 122 CD 3
Barr 38/39 C 4
Barra 122 F 5
Barra Bonita, Stausee von 127.3
Barra Mansa 127.3 C 3
Barranquilla 122 C 2
Barrengrounds 121 F-J 3
Barretos 127.3 A 2
Barriereriff, Großes 112.1 EF 3
Barrow, Fluss 68/69 A 2
Barrowstraße 114 JK 2
Barsinghausen 36/37 E 4
Barth 36/37 H 2
Bartın 75 D 1
Barueri 127.5 A 2
Barun Urt 98/99 LM 2
Baruth 36/37 J 4
Basardjusju 76/77 J 5
Basel (Schweiz) 68/69 H 5
Basento 72/73 G 5
Basilan 97 F 3
Baskuntschaksee 76/77 J 4
Basra 54/55 S 9
Bass-Straße 112.1 E 5/6
Bassein 96 F 4
Bassenge 14/15 B 4
Basseterre (Saint Kitts und Nevis) 118/119.3 J 4
Bassum 36/37 D 4
Bastia 68/69 J 7
Bata 104 DE 6
Bataisk 76/77 GH 4
Batak 97 A 4
Batangas 97 EF 2
Bataninseln 98/99 N 7
Bathurst (Australien) 112.1 E 5
Bathurstinsel 114 HJ 2
Batman 75 F 2
Batna 72/73 B 8
Baton Rouge 116/117 KL 6
Battambang 96 H 5
Battenberg 14/15 H 3
Battery Park (in New York) 126.1 A 2
Battery Park City, New York- 126.1 A 2
Batu 104 GH 6
Batuinseln 97 A 4/5
Batumi 54/55 R 7
Baumbach, Ransbach- 14/15 F 4/5
Baumberge 14/15 E 1/2
Baume-les-Dames 38/39 B 5
Baumholder 38/39 C 3
Baunatal 36/37 E 5
Bauru 127.3 A 3
Bautzen, Stadt 36/37 K 5
Bawean 97 D 6
Bayamo 118/119.3 F 3
Bayenthal, Köln- 25.6 C 3
Bayerisch Eisenstein 38/39 HJ 3
Bayerische Alpen 38/39 GH 5
Bayerischer Wald, Gebirge 38/39 HJ 3/4
Bayern, Bundesland 29 DE 4 38/39 G-J 4
Bayonne 68/69 CD 7
Bayóvar 125 B 4
Bayreuth, Stadt 38/39 G 3
Bayrischzell 38/39 H 5
Baza 74 E 4
Bearskin Lake 116/117 K 2
Beaufortsee 114 C-E 2
Beaumont (USA) 116/117 K 6
Beauvais 68/69 EF 4
Bebra, Stadt 38/39 E 2
Béchar 104 CD 3 80/81 H 9
Bechin 38/39 K 3
Bechyně 38/39 K 3
Beckum 14/15 FG 2
Beckumer Berge 14/15 G 2
Bedburg (an der Erft) 14/15 CD 4
Bedburg-Hau 14/15 C 2
Bedum 36/37 B 3
Beek (bei Maastricht) 14/15 B 4
Beek (bei Nimwegen) 14/15 B 2
Beek, Duisburg- 23.2 A 1
Beelen 14/15 G 2
Beelitz 36/37 HJ 4
Beerberg, Großer 38/39 F 2
Beesel 14/15 BC 3
Beeskow 36/37 K 4
Bega 14/15 J 1
Beilngries 38/39 G 3
Beira, Landschaft 74 BC 2
Beira, Stadt 104 G 9
Beirut 54/55 PQ 9
Beja (Portugal) 74 C 3
Béja (Tunesien) 72/73 C 7
Bejaia 74 J 4
Békéscsaba 68/69 P 5
Belaja 54/55 TU 4
Belaja-Zerkow 76/77 F 3/4
Belchen (Schwarzwald) 38/39 C 5
Belchen, Elsässer (Vogesen) 38/39 B 5
Belchen, Großer (Vogesen) 38/39 C 5
Belcherinseln 114 KL 4
Belebej 76/77 K 3
Belecke 14/15 G 3
Belém 122 F 4
Belfast 68/69 B 1
Belfort 68/69 H 5
Belgaum 96 BC 4
Belgien, Staat 68/69 FG 3
Belgorod 54/55 Q 5
Belgorod-Dnjestrowski 72/73 NO 2
Belgrad 68/69 P 6
Belitung 97 C 5
Belize, Staat 118/119.3 D 4
Belize, Stadt 116/117 L 9
Bell Bay 113.4 E 6
Belle-Ile 68/69 C 5
Belle-Isle-Straße 116/117 R 2
Bellingshausenmeer 131.4 5
Belluno 68/69 L 5
Belm 14/15 G 1
Belmopan 118/119.3 D 4
Belo Horizonte 127.3 C 1
Belojesee 76/77 G 1
Belomorsk 54/55 P 3
Belorezk 76/77 L 3
Belosersk 76/77 G 1/2
Belt, Großer 70 D 4
Belt, Kleiner 70 CD 4
Belucha 86/87 K 5
Belyinsel 86/87 H 2
Belzig 36/37 H 4
Belzy —› Bălţi
Bemmel 14/15 B 2
Ben Nevis 71 D 3
Ben Wyvis 71 D 3
Bender —› Tighina
Bender Abbas 90/91.3 J 7
Bendorf 38/39 C 2
Benediktenwand 38/39 G 5
Beneschau 38/39 K 3
Benešov 38/39 K 3
Benevento 72/73 F 5
Bengasi 54/55 N 9
Bengkulu 97 B 5
Benguela 104 E 8
Beni 125 D 5
Beni Mellal 54/55 GH 9
Beni Saf 74 F 5
Benidorm 74 F 3
Benin 104 D 5/6
Bennigsen 14/15 K 1
Benrath, Düsseldorf- 14/15 D 3
Bensberg, Bergisch Gladbach- 14/15 E 4
Bensheim 38/39 D 3
Bentlage 14/15 E 1
Benue 104 DE 6
Beograd 68/69 P 6
Berat 72/73 H 5
Beraubucht 97 H 5
Beraun, Fluss 38/39 J 3
Beraun, Stadt 38/39 JK 3
Berbera 104 H 5/6
Berchtesgaden, Ort 38/39 HJ 5
Berchum, Hagen- 44/45.1 E 2
Berditschew 76/77 E 4
Berdjansk 76/77 G 4
Berenbostel 14/15 JK 1
Beresina 76/77 E 3
Beresniki 54/55 U 4
Beresowo 80/81 V 3
Bergama 72/73 M 6
Bergamo 68/69 JK 6
Bergen (an der Maas) 14/15 C 2
Bergen (Lüneburger Heide) 36/37 EF 4
Bergen (Norwegen) 70 BC 3
Bergen (Rügen) 36/37 J 2
Bergen, Bochum- 44/45.4 B 1
Bergheim, ehemaliger Braunkohlentagebau 22.1 D 2
Bergheim, Stadt (Rheinland) 14/15 D 4
Bergisch Gladbach 14/15 E 3/4
Bergisches Land, Landschaft 14/15 EF 3/4
Bergisches Land, Naturpark 26.1
Bergkamen 14/15 F 2
Bergland von Guayana 122 DE 3
Bergneustadt 14/15 F 3
Bergufer (an der Wolga) 54/55 RS 5
Berhampur 96 DE 4
Beringmeer 114 B 4
Beringstraße 114 B 2
Berkel 14/15 E 2
Berkeley 116/117 D 5
Berknerinsel 131.4 1/2
Berlepsch 14/15 K 3
Berlin, Bundesland 29 E 2
Berlin, Stadt (Deutschland) 36/37 J 4
Berlinchen 36/37 KL 3/4
Bermudainseln 114 M 6
Bern 68/69 H 5
Bernau (bei Berlin) 36/37 J 4
Bernburg, Stadt 36/37 G 5
Bernheze 14/15 AB 2
Bernina 68/69 JK 5
Bernkastel-Kues 38/39 BC 3
Beromünster 38/39 D 5
Beroun 38/39 JK 3
Berounka 38/39 J 2/3
Berrendorf 22.1 C 2
Berrenrath, ehemaliger Tagebau 22.4 A 1
Berrenrath, Hürth- 25.6 A 3
Berry 68/69 EF 5
Bersenbrück 36/37 C 4
Berwang 51.3 C 2
Berwick (England) 71 EF 4
Besançon 68/69 H 5
Beschezk 76/77 G 2
Beselich 14/15 G 5
Beskiden 68/69 OP 4
Bessarabien 54/55 O 6
Besten 44/45.1 B 1
Bestwig 14/15 G 3
Bethel, Bielefeld- 14/15 H 1
Betim 127.3 C 1/2
Betische Kordillere 74 D-F 3/4
Betpak-Dala (Hungersteppe) 98/99 BC 2
Betuwe 14/15 B 2
Betzdorf 38/39 C 2
Beuel, Bonn- 14/15 E 4
Beuningen 14/15 B 2
Beuron 38/39 DE 4
Beuthen 68/69 O 3
Bever 14/15 F 1
Bevergern 14/15 F 1
Beverly Hills 126.2 B 1
Bevern 14/15 JK 2
Beverungen 14/15 J 2
Beyşehir Gölü 75 D 2
Béziers 68/69 F 7
Bhagalpur 96 E 2/3
Bhakradamm 96 C 1
Bhaunagar 96 B 3
Bhopal 96 C 3
Bhubaneswar 96 DE 3
Bhutan 96 EF 2
Biafra 104 D 6
Biała Podlaska 68/69 Q 3
Białystok 68/69 Q 2
Biarritz 68/69 D 7
Biberach, Stadt (an der Riß) 38/39 E 4
Biblis 43 C 4
Bickendorf, Köln- 25.6 B 2
Biedenkopf 38/39 D 2
Biel/Bienne 68/69 H 5
Bielefeld 14/15 GH 1
Bielefeld, kreisfreie Stadt 13.1
Bielsko-Biała 68/69 O 4
Bielstein, Ort (Rheinland) 14/15 EF 4
Biesdorf, Berlin- 48/49.1 C 1
Biese 36/37 G 4
Bietigheim-Bissingen 38/39 DE 3/4
Big Bend-Nationalpark 116/117 H 6/7
Big Spring 116/117 H 6
Biggesee 38/39 CD 1
Biggetalsperre 14/15 F 3
Bihać 68/69 MN 6
Bihargebirge 68/69 Q 5
Bija 98/99 F 1
Bijsk 98/99 EF 1
Bikaner 96 B 2
Bilaspur 96 D 3
Bilbao 68/69 C 7
Billerbeck 14/15 E 2
Billings 116/117 G 3
Bilma 104 E 5
Bilstein, Burg (Sauerland) 14/15 FG 3
Bima 97 E 6
Bingen 38/39 C 3
Bingöl 75 EF 2
Binnenalster 47.2 CD 1
Bintan 100/101.3 O 9
Bintulu 97 D 4
Binz 36/37 J 2
Bioko 109 D 6
Birkenfeld, Stadt (Rheinland-Pfalz) 38/39 C 3
Birkenhead 68/69 C 2
Birkenhöhe 48/49.1 C 1
Birkholz 48/49.1 C 1
Birkholzaue 48/49.1 C 1
Birkkarspitze 38/39 G 5
Bîrlad 72/73 MN 2
Birma —› Myanmar
Birmingham (Großbritannien) 68/69 CD 2
Birmingham (USA, Alabama) 116/117 L 6
Birobidschan 86/87 P 5
Birsk 76/77 L 2
Bischkek 86/87 J 5
Bischofsheim (Rhön) 38/39 EF 2
Bischofshofen 38/39 HJ 5
Bischofswerda 36/37 K 5
Bischweiler 38/39 C 4
Biserta 54/55 KL 8
Biskra 54/55 K 9
Bislich, Wesel- 14/15 CD 2
Bislig 97 G 3
Bismarck 116/117 HJ 3
Bismarckarchipel 112.1 EF 2
Bispingen 36/37 EF 3
Bissau 104 B 5
Bissendorf (bei Osnabrück) 14/15 G 1
Bissingen, Bietigheim- 38/39 DE 3/4
Bistriţa, Fluss 72/73 L 2
Bistriţa, Stadt 72/73 L 2
Bitburg 38/39 B 3
Bitche 38/39 C 3
Bitola 72/73 J 5
Bitsch 38/39 C 3
Bitterfeld-Wolfen 36/37 H 5
Bitterfontein 104 E 10
Bitterroot Range 116/117 EF 3/4
Black Hills 116/117 H 4
Blackburn, Berg 114 D 3
Blackpool 68/69 C 2
Blagoevgrad 72/73 K 5
Blagowjeschtschensk 86/87 OP 4
Blaichach 51.3 B 1
Blanca Peak 116/117 G 5
Blankenburg (Harz) 36/37 F 5
Blankenburg, Berlin- 48/49.1 BC 1
Blankenfelde, Berlin- 48/49.1 B 1
Blankenheim (Ahr) 14/15 D 5
Blankenstein (Thüringen) 38/39 G 2
Blankenstein, Hattingen- 44/45.1 C 2
Blantyre 104 G 8
Blatná 38/39 J 3
Blatzheim 14/15 D 4
Blaubeuren 38/39 E 4
Blaue Berge 112.1 EF 5
Blauer Nil 104 G 5
Bleckede 36/37 F 3
Bleibtreusee 22.4 B 1
Bleilochtalsperre 38/39 G 2
Blessem 22.4 A 2
Blida 74 H 4
Blies 38/39 C 3
Bliesgau, Biosphärenreservat 50.1 B 4
Bloemfontein 104 F 9
Blois 68/69 E 5
Blomberg 14/15 J 2
Bloße Zelle 14/15 K 2
Blovice 38/39 J 3
Bluefields 118/119.3 E 5
Blumberg (bei Berlin) 48/49.1 C 1
Blumberg (Schwäbische Alb) 38/39 D 5
Blumenau 122 EF 6
Blytheville 116/117 KL 5
Boa Vista 122 D 3
Bober 36/37 L 3
Bobingen 38/39 F 4
Bobo-Diulasso 104 C 5
Bóbr 36/37 L 3
Bobruisk 76/77 EF 3
Bocholt (Belgien) 14/15 B 3
Bocholt (Westfalen) 14/15 D 2
Bochum 14/15 E 3
Bochum, kreisfreie Stadt 13.1
Bocklemünd, Köln- 25.6 B 2
Bockum-Hövel 14/15 F 2

Register

Bodaibo 86/87 N 4
Bode, Fluss (zur Saale) 36/37 G 4/5
Bodélé 104 E 5
Boden 70 F 2
Bodenburg 14/15 KL 1
Bodenfelde 14/15 K 2
Bodenmais 38/39 HJ 3
Bodensee 38/39 E 5
Bodenwerder 36/37 E 4/5
Bodenwöhr 38/39 H 3
Bodö 70 E 2
Bodrum 72/73 M 7
Böblingen, Stadt 38/39 DE 4
Böhmen, Landschaft 28 EF 4
Böhmerwald 38/39 J 3/4
Böhmisch-Brod 38/39 K 2
Böhmisch-Leipa 38/39 K 2
Böhmisch-Mährische Höhe 68/69 MN 4
Böhmisches Mittelgebirge 38/39 JK 2
Boekel 14/15 B 2
Bönen 14/15 F 2
Bönninghardt 14/15 CD 2
Børgefjell, Berg 70 D 2
Bötzow 48/49.1 A 1
Bogdo-Ola 98/99 FG 3
Bogen, Hoher 38/39 HJ 3
Bogen, Stadt 38/39 H 4
Bogor 97 C 6
Bogotá 122 C 3
Bogutschar 76/77 H 4
Bohmte 36/37 D 4
Bohnsdorf, Berlin- 48/49.1 C 2
Bohol 97 FG 3
Boise 116/117 EF 4
Boizenburg 36/37 FG 3
Boké 109 B 5
Bokel 36/37 D 3
Bolanpass 96 A 2
Bolgenach, Fluss 51.3 B 2
Bolivien 122 D 5
Bollensdorf 48/49.1 C 1
Bologna 72/73 D 3
Bologoje 76/77 F 2
Bolschewikinsel 86/87 MN 2
Bolsón de Mapimi 118/119.3 A 2
Bolsterlang 51.3 B 2
Boltenhagen 36/37 G 3
Bolton 68/69 CD 2
Bombay → Mumbai
Bommern 44/45.1 D 2
Bonampak 118/119.3 C 4
Bonebucht 97 F 5
Bonifacio 72/73 C 5
Boningraben 130.1 G 3
Bonininseln 150/151.1 R 4
Bonn 14/15 E 4
Bonn, kreisfreie Stadt 13.1
Bonndorf 38/39 D 5
Boothiahalbinsel 114 J 2
Bopfingen 38/39 F 4
Boppard 38/39 C 2
Bor 80/81 N 7
Borah Peak 116/117 EF 4
Borås 70 D 4
Borbeck, Essen- 44/45.1 B 2
Borchen 14/15 H 2
Bordeaux 68/69 D 6
Borg, Haus 14/15 F 2
Borgarnes 70 A 2
Borgentreich 14/15 J 2
Borgholz 14/15 J 2
Borgholzhausen 14/15 G 1
Borghorst 14/15 E 1
Borispol 76/77 F 3
Borissoglebsk 76/77 H 3
Borissow 76/77 E 3
Bork 14/15 E 2
Borken (Hessen) 38/39 E 1
Borken (Westfalen) 14/15 D 2
Borken, Landkreis 13.1
Borkenberge 14/15 E 2
Borkum, Insel 36/37 B 3
Borkum, Ort 36/37 B 3
Borlänge 80/81 LM 3
Borna, Stadt 36/37 H 5
Borne 14/15 D 1
Borneo 97 DE 4/5
Bornheim (Rheinland) 14/15 DE 4
Bornholm 68/69 M 1
Borobodur 97 CD 6
Borowitschi 76/77 F 2
Borsja 98/99 M 1
Bosaso 104 HJ 5
Boslar 22.1 AB 2
Bosna 68/69 O 6
Bosnien-Herzegowina 68/69 NO 6
Bosporus 72/73 N 5
Bossangoa 104 E 6
Boston (USA) 116/117 OP 4
Botev 72/73 L 4
Botoşani 72/73 M 2
Botrange 38/39 B 2
Botsuana 104 F 9
Bottnischer Meerbusen 70 EF 2/3
Bottrop 14/15 D 2
Bottrop, kreisfreie Stadt 13.1
Botucatu 127.3 A 3
Bouaké 104 C 6
Boubin 38/39 J 3
Bougainville 112.1 F 2
Boulogne 68/69 EF 3
Bountyinseln 130.1 HJ 7
Bourg-en-Bresse 68/69 G 5
Bourges 68/69 F 5
Bourheim 22.1 AB 3
Bourke 112.1 E 5
Bournemouth 68/69 CD 3
Bourtanger Moor-Bargerveen, Naturpark 50.1 B 2
Bouvetinsel 150/151.1 K 8
Bouzonville 38/39 B 3
Bovenden 14/15 KL 2
Boxitogorsk 76/77 F 2
Boxmeer 14/15 B 2
Boz Dag 72/73 N 6
Bozen 68/69 K 5
Brač 72/73 G 4
Brachelen 14/15 C 3
Brackel, Dortmund- 44/45.1 E 1
Brackwede, Bielefeld- 14/15 GH 1/2
Bradford 68/69 CD 2
Braga 74 BC 2
Bragança 74 C 2
Bragança Paulista 127.3 B 3
Brahmaputra 96 F 2
Brăila 72/73 M 3
Brake (an der Weser) 36/37 D 3
Brake, Lemgo- 14/15 H 1
Brakel (bei Höxter) 14/15 J 2
Brambauer, Lünen- 44/45.1 D 1
Bramsche 36/37 C 4
Bramwald 14/15 K 2/3
Brand-Erbisdorf 38/39 J 2
Brandberg 104 E 9
Brandeis 38/39 K 2
Brandenburg, Bundesland 29 EF 2 36/37 H-K 4
Brandenburg, Stadt 36/37 H 4
Brandoberndorf 38/39 D 2
Brandon 116/117 HJ 3
Brandýs 38/39 K 2
Brasília 122 F 5
Brasilianisches Becken 132/133.1 HJ 6
Brasilianisches Bergland 122 EF 4/5
Brasilien 122 D-F 4
Braşov 72/73 LM 3
Brassert, Marl- 44/45.1 C 1
Bratislava 68/69 N 4
Bratsk 86/87 LM 4
Bratsker Stausee 98/99 J 1
Braunfels 14/15 G 4
Braunlage 36/37 F 5
Braunschweig, Stadt 36/37 F 4
Braunsfeld, Köln- 25.6 B 2
Brauweiler 14/15 D 4
Brazos 116/117 J 6
Brazzaville 104 E 7
Brdywald 38/39 JK 3
Brea Reservoir 126.2 BC 2
Brechte 14/15 E 1
Breckerfeld 14/15 EF 3
Bredebro 36/37 DE 1
Bredelar 14/15 H 3
Bredeney, Essen- 44/45.1 BC 2
Bredstedt 36/37 DE 2
Breege 50.1 E 1
Breg 38/39 D 4/5
Bregenzer Ach 51.3 AB 2
Bregenzerwald 38/39 EF 5
Breidenbach (Hessen) 14/15 G 4
Breidhafjord 70 A 1
Breisach 38/39 C 4
Breisgau, Landschaft 38/39 C 5
Breitach 51.3 B 2
Breitenwang 51.3 C 2
Breitscheid, Ratingen- 44/45.1 B 2
Breitungen 38/39 F 2
Bremen, Bundesland 29 C 2
Bremen, Stadt 36/37 DE 3
Bremerhaven 36/37 D 3
Bremervörde 36/37 E 3
Brenner 68/69 K 5
Brentenjoch 51.3 C 1
Breschnew → Nabereschnyje Tschelny
Brescia 68/69 JK 6
Breslau 68/69 N 3
Brest (Frankreich) 68/69 B 5
Brest (Weißrussland) 68/69 Q 2
Bretagne 68/69 CD 4/5
Bretten 38/39 D 3
Breuna 14/15 J 3
Breusch 38/39 C 4
Bridgetown 118/119.3 JK 5
Brigach 38/39 D 4/5
Brighton 68/69 D 3
Brilon 14/15 H 3
Briloner Höhen 14/15 H 3
Brindisi 72/73 G 5
Brisbane 112.1 F 4
Bristol (Großbritannien) 71 EF 6
Bristol Bay 114 BC 4
Bristolkanal 68/69 BC 3
Britische Inseln 54/55 FG 4/5
British Columbia 116/117 C-E 2
Britz, Berlin- 48/49.1 B 2
Brive-la-Gaillarde 68/69 EF 6
Brixlegg 38/39 GH 5
Brjansk 54/55 P 5
Brno 68/69 N 4
Brocken 36/37 F 5
Brohl-Lützing 14/15 E 5
Broich 22.1 B 2
Brokdorf 43 C 2
Broken Hill 112.1 E 5
Bromberg, Stadt 68/69 N 2
Brome 36/37 F 4
Bronckhorst 14/15 C 1
Brooklyn, New York- 126.1 B 2
Brooks Range 114 CD 3
Broome 112.1 C 3
Brownsville 116/117 J 7
Bruchhauser Steine 14/15 GH 3 26.1
Bruchsal 38/39 D 3
Brück, Köln- 25.6 DE 2
Brügge 68/69 F 3
Brüggen (an der Erft) 22.4 A 1
Brüggen (an der Schwalm) 14/15 C 3
Brühl (bei Köln) 14/15 D 4
Brünen 14/15 D 2
Brünn 68/69 N 4
Brüssel 68/69 G 3
Brüx 38/39 J 2
Brummen 14/15 C 1
Brunei 97 D 4
Brunsbüttel 36/37 DE 3
Brunssum 14/15 BC 4
Bruxelles 68/69 G 3
Bruyères 38/39 B 4
Bu Attifal 109 F 4
Bucaramanga 122 C 3
Buch, Berlin- 48/49.1 BC 1
Buchara 86/87 H 5/6
Buchen 38/39 E 3
Buchenau (bei Fürstenfeldbruck) 14/15 K 4
Buchheim, Köln- 25.6 D 2
Buchholz (in der Nordheide) 36/37 EF 3
Buchholz, Annaberg- 38/39 J 2
Buchholz, Berlin- 48/49.1 B 1
Buchloe 38/39 F 4
Buchtarma-Stausee 98/99 E 2
Buckow, Berlin- 48/49.1 B 2
Bucureşti 72/73 M 3
Budapest 68/69 OP 5
Budberg 44/45.1 A 1
Budweis 28 F 4
Bué 104 E 7
Büchen 36/37 F 3
Bückeberge 14/15 J 1
Bückeburg 14/15 J 1
Büderich, Wesel- 14/15 CD 2
Büdingen 38/39 DE 2
Bühl (Baden) 38/39 D 4
Bühl, Gartrop- 44/45.1 B 1
Buena Park 126.2 BC 2
Buenaventura 122 BC 3
Bünde 14/15 H 1
Buenos-Aires-See 122 CD 8
Buenos Aires, Stadt 122 DE 7
Buer (bei Melle) 14/15 G 1
Buer, Gelsenkirchen- 44/45.1 C 1
Büren (bei Paderborn) 14/15 H 2
Büsum 36/37 D 2
Bütgenbach 14/15 C 5
Bützfleth 46.1 C 2
Bützow 36/37 G 3
Büyük Menderes 72/73 MN 7
Buffalo 116/117 N 4
Bug, Fluss (zum Schwarzen Meer) 54/55 P 6
Bug, Fluss (zur Weichsel) 68/69 Q 2
Bugulma 76/77 K 3
Buguruslan 76/77 K 3
Bui 76/77 H 2
Buinaxk 76/77 J 5
Buinsk 76/77 J 3
Buir 22.1 C 3
Bujumbura 104 F 7
Bukarest 72/73 M 3
Bukavu 104 F 7
Bukittinggi 97 AB 5
Bulawayo 104 FG 9
Bulgan 98/99 J 2
Bulgarien, Staat 72/73 M 7
Bumba 109 F 6
Bunbury 112.1 B 5
Bundaberg 112.1 F 4
Bundesrepublik Deutschland 29
Bungsberg 36/37 F 2
Bunguraninseln 97 C 4
Buraida 104 H 4
Buralpkopf 51.3 B 1
Burbach (Siegerland) 14/15 G 4
Burbach, Hürth- 22.4 B 1
Burbank 126.2 B 1
Burdur 75 CD 2
Bureja, Fluss 98/99 P 1
Burejagebirge 86/87 P 4/5
Burg (bei Magdeburg) 36/37 G 4
Burg, Fehmarn- 36/37 G 2
Burg, Remscheid- 9.1 B 2
Burgan 80/81 S 10
Burgas 72/73 MN 4
Burgau, Stadt 38/39 F 4
Burgberg 51.3 B 1
Burgdorf (bei Hannover) 36/37 F 4
Burghausen (Bayern) 38/39 HJ 4
Burgkunstadt 38/39 G 2
Burglengenfeld 38/39 GH 3
Burgos 68/69 BC 7
Burgund 68/69 G 5
Burgundische Pforte 38/39 BC 5
Burgwald 14/15 H 4
Burig 48/49.1 D 2
Burkina Faso 104 CD 5
Burladingen 38/39 E 4
Burlington (USA, Iowa) 116/117 K 4
Bursa 72/73 N 5
Burscheid 14/15 E 3
Bursfelde 14/15 K 2
Buru 97 G 5
Burundi 104 FG 7
Busatschi 76/77 K 4
Buschir 54/55 T 10
Buseck 14/15 H 4
Busendorf (Lothringen) 38/39 B 3
Bussen 38/39 E 4
Busuanga 97 E 2
Busuluk 76/77 K 3
Butte 116/117 F 3
Butuan 97 G 3
Butung 97 F 5/6
Buturlinowka 76/77 H 3
Butzbach 38/39 D 2
Buurserbeek 14/15 D 1
Buxtehude 36/37 E 3
Buzău 72/73 M 3
Bydgoszcz 68/69 N 2
Bylotinsel 114 L 2
Byrrangagebirge 86/87 L-N 2
Bytom 68/69 O 3

C

Cabanatuan 97 F 1
Cabimas 118/119.3 GH 5
Cabinda 104 DE 7
Cabo Frio 127.3 DE 3
Cabo San Lucas 116/117 G 8
Cabotstraße 114 MN 5
Čačak 68/69 P 7
Cáceres 74 CD 3
Cachoeiro de Itapemirim 127.3 E 2
Cadiz (Philippinen) 97 F 2
Cádiz (Spanien) 74 C 4
Caen 68/69 D 4
Cagayan 97 FG 3
Cagliari 72/73 C 6
Cahora Bassa 109 G 8
Cahors 68/69 E 6
Caicosinseln 118/119.3 GH 3
Cairns 112.1 E 3
Cairo (USA, Illinois) 116/117 KL 5
Calais 68/69 EF 3
Calamiangruppe 97 EF 2
Calapan 97 F 2
Calatayud 74 EF 2
Calau 36/37 J 5
Calbayog 97 FG 2
Calbe 36/37 G 5
Calgary 114 G 4
Cali 122 C 3
Calicut 96 BC 5
Caliente 116/117 EF 5
California 116/117 DE 4-6
Callao 122 C 5
Caloocan 97 F 1/2
Caltanissetta 72/73 F 7
Calvi 68/69 J 7
Calw, Stadt 38/39 D 4
Camagüey 118/119.3 F 3
Camargue 68/69 G 7
Cambrian Mountains 68/69 BC 2/3
Cambridge (Großbritannien) 68/69 DE 2
Cambridge (USA, Massachusetts) 116/117 OP 4
Cametá 122 E 4
Cammin (Polen) 36/37 K 3
Campbellinsel 150/151.1 S 8
Campbellton 116/117 P 3
Campeche 118/119.3 CD 4
Campechebank 116/117 KL 8
Campina Grande 122 G 4
Campinas 127.3 B 3
Campo Grande 122 E 5/6
Campobasso 72/73 F 5
Campos, Landschaft 125 EF 4/5
Campos, Stadt 127.3 E 2
Can Tho 96 HJ 5/6
Canadian 116/117 J 5/6
Çanakkale 72/73 M 5
Canal du Midi 68/69 F 7
Cananea 121 G 6
Canberra 112.1 EF 5
Cancún 116/117 L 8
Cannae 72/73 FG 5
Cannes 68/69 H 7
Cantal 68/69 F 6
Canterbury 68/69 E 3
Canton 116/117 M 4
Cap Haïtien 116/117 O 8/9
Capivari-Monos-Reservoir 127.5 A 2
Cappel, Marburg- 14/15 H 4
Cappenberg, Ort 44/45.1 E 1
Cappenberg, Schloss 14/15 EF 2
Capri 72/73 EF 5
Caqueta 122 C 3/4
Caracas 122 D 3
Caransebes 72/73 K 3
Carapicuíba 127.5 A 2
Caratinga 127.3 D 1
Caravelas 125 G 5
Carcassonne 68/69 EF 7
Cárdenas 118/119.3 EF 3
Cardiff 68/69 C 3
Careiras 127.5 A 1
Carl Schurz Park (in New York) 126.1 B 1
Carlisle 68/69 C 1
Carlsbad (USA, New Mexico) 116/117 H 6
Carnarvon 112.1 B 4
Carnegie Hall (in New York) 126.1 B 1
Carnegieschwelle 122 B 4
Carolina 122 F 4
Carpentariagolf 112.1 DE 3
Carrara 68/69 K 6
Carrauntoohil 71 AB 5/6
Carson City 116/117 E 5
Cartagena (Kolumbien) 122 C 2
Cartagena (Spanien) 74 F 4
Caruarú 122 G 4
Casablanca 54/55 FG 9
Cascade Range 116/117 D 3/4
Caserta 72/73 EF 5
Casiquiare 122 D 3
Casper 116/117 G 4
Castellón de la Plana 74 F 2/3
Castries 118/119.3 JK 5
Castrop-Rauxel 14/15 E 2
Cataguases 127.3 D 2
Catanduanes 97 FG 2
Catanduva 127.3 A 2
Catania 72/73 F 7
Catanzaro 72/73 G 6
Cattack 96 E 3
Cattenom 43 B 4
Cauca 122 C 3
Causses 68/69 F 6
Caxias do Sul 122 EF 6
Cayenne 122 E 3
Ceará 122 FG 4
Cebu, Insel 97 F 2/3
Cebu, Stadt 97 F 2
Cedar Rapids 116/117 K 4
Cedros 116/117 E 7
Ceduna 112.1 D 5
Cefalù 72/73 EF 6/7
Celaya 118/119.3 AB 3/4
Celebes 97 EF 5
Celebessee 97 F 4
Celle 36/37 F 4
Cenderawasih 97 H 5
Central Park (in New York) 126.1 B 1
CentrO.Park 26.1
Čerchov 38/39 H 3
Cergy 68/69 EF 4
Cernay 38/39 C 5
Cerro Bolívar 125 D 3
Cerro Chorreras 116/117 G 7
Cerro de Pasco 122 C 5
Cerro Marahuaca 122 D 3
Cerro Yavi 122 D 3
Česká Lípa 38/39 K 2
České Budějovice 28 EF 4
Český Brod 38/39 K 2
Český Krumlov 38/39 K 4
Çeşme, Halbinsel 72/73 M 6
Çeşme, Stadt 75 C 2
Cetinje 72/73 H 4
Ceuta 74 D 5
Cevennen 68/69 FG 6
Ceylon 96 CD 6
Chabarowsk 86/87 P 5
Chailar 98/99 MN 2
Chalkidike 72/73 K 5
Chalkis, Stadt (Griechenland) 72/73 KL 6
Chalon-sur-Saône 68/69 G 5
Châlons-en-Champagne 68/69 FG 4
Cham, Stadt 38/39 H 3
Chambal 96 C 2
Chambéry 68/69 G 6
Chamonix 68/69 H 5/6
Champagne 68/69 FG 4
Chan-Chan 122 BC 4
Chandigarh 96 C 1
Chandyga 86/87 P 3
Changaigebirge 90/91.3 NO 5
Chania 72/73 KL 8
Chankasee 86/87 P 5
Channel-Port aux Basques 116/117 R 3
Channelinseln 116/117 DE 6
Chanthaburi 96 H 5
Chanty-Mansiisk 54/55 W 3
Chapada Diamantina 122 F 4/5
Charabali 76/77 J 4
Charbin 98/99 NO 2
Charente 68/69 D 6
Charkow 54/55 PQ 5/6
Charleroi 68/69 G 3
Charleston (USA, South Carolina) 114 L 6
Charleston (USA, West Virginia) 116/117 MN 5
Charlesville 112.1 E 4
Charleville-Mézières 68/69 FG 4
Charlotte 116/117 MN 5/6
Charlottenburg-Wilmersdorf 48/49.1 AB 1
Charlottetown 116/117 Q 3
Charmes 38/39 B 4
Charowsk 76/77 H 1/2
Charters Towers 112.1 E 3/4
Chassawjurt 76/77 J 5
Chatanga, Fluss 86/87 M 2
Chatanga, Stadt 86/87 M 2
Château-Salins 38/39 B 4
Châteauroux 68/69 E 5
Chathaminseln 112.1 J 6
Chathamschwelle 112.1 HJ 6
Chatschmas 76/77 JK 5
Chatsworth Reservoir 126.2 A 1
Chattahoochee 116/117 L 6/7
Chattanooga 116/117 LM 5/6
Chaumont 68/69 G 4/5
Cheb 28 E 3
Chełm 68/69 Q 3
Chemnitz 68/69 L 3
Chemnitz, Landesdirektion 29 E 3
Chemnitz, Stadt (Sachsen) 38/39 HJ 2
Chenab 96 B 1
Chennai 96 D 5
Cher 68/69 E 5
Cherbourg-Octeville 68/69 D 4
Cherrapunji 96 F 2
Cherson 54/55 P 6
Chesapeake Bay 116/117 NO 5
Chesterfieldinseln 112.1 F 3
Chetumal 116/117 KL 9
Cheviot Hills 71 EF 4
Cheyenne, Fluss 116/117 H 3/4
Cheyenne, Stadt 116/117 GH 4
Chiapas 118/119.3 C 4
Chibiny 70 H 2
Chibougamau 116/117 O 3
Chicago 116/117 L 4
Chichén Itzá 118/119.3 D 3
Chiclayo 122 B 4
Chicoutimi 114 L 5
Chiemsee, See 38/39 H 5
Chiengmai 96 GH 4
Chieti 68/69 M 7
Chihuahua 114 H 7
Chile 122 CD 6-8
Chilebecken 122 BC 7
Chilenische Schwelle 122 AB 7/8
Chillán 122 C 7
Chiloé 122 C 8
Chilpancingo 118/119.3 AB 4
Chimborazo 122 C 4
Chimbote 122 BC 4/5
China, Volksrepublik 98/99 E-L 5
Chinandega 118/119.3 D 5
Chinatown, New York- 126.1 AB 2
Chindwin 96 G 2/3
Chingan, Großer 98/99 MN 1-3
Chingan, Kleiner 98/99 O 2
Chino 126.2 C 1
Chioggia 68/69 L 6
Chios, Insel 72/73 L 6
Chiriquí 118/119.3 E 6
Chirripó 118/119.3 E 6
Chisasibi 114 L 4
Chişinău 54/55 OP 6
Chittagong 96 F 3
Chiwa 54/55 V 7
Chmelnizki 76/77 E 4
Chocó 118/119.3 F 6
Chodau 38/39 H 2
Chodov 38/39 H 2
Choi 75 FG 2
Choiseul 112.1 F 2
Chojna 36/37 K 4
Cholmsk 98/99 R 2
Chomutov 38/39 J 2
Choper 76/77 H 3
Chorin 36/37 J 4
Chorweiler, Köln- 25.6 B 1
Chowd 98/99 G 2
Christchurch 112.1 H 6
Christenberg 14/15 H 4
Christianshåb 121 N-P 3
Christmasinsel (Indischer Ozean) 150/151.1 P 6
Christmasinsel (Pazifischer Ozean) 130.1 K 4
Cristóbal 118/119.3 EF 6
Chubut 122 D 8
Chudjand 86/87 HJ 5/6
Chuquicamata 125 D 6
Chur 68/69 J 5
Churchill, Fluss (zur Labradorsee) 114 M 4
Churchill, Ort 114 JK 4
Chust 68/69 Q 4
Cide 75 D 1
Ciechanów 68/69 P 2
Cienfuegos 116/117 M 8
Cilo dagı 75 F 2
Cimarron 116/117 HJ 5
Cinca 74 G 2
Cincinnati 116/117 M 5
Cirebon 97 C 6
Ciudad Bolívar 122 D 3
Ciudad Camargo 116/117 GH 7
Ciudad Guayana 122 D 3
Ciudad Juárez 114 H 6
Ciudad Madero 116/117 J 8
Ciudad Mante 116/117 J 8
Ciudad Obregón 114 GH 7

Ciudad Real 74 E 3
Ciudad Victoria 116/117 J 8
Clarionstufe 130.1 L 3/4
Clausthal-Zellerfeld 36/37 F 5
Clermont-Ferrand 68/69 F 5/6
Clervaux 38/39 AB 2
Cleveland 116/117 MN 4
Clippertoninsel 130.1 M 4
Clippertonstufe 130.1 LM 4
Cloncurry 112.1 E 4
Cloppenburg 36/37 CD 4
Cluj-Napoca 72/73 K 2
Coast Mountains 114 F 4
Coast Range 116/117 DE 3-6
Coatsland 131.4 34/35
Coatzacoalcos 118/119.3 C 4
Cobar 112.1 E 5
Coburg, Stadt 38/39 FG 2
Cochabamba 125 D 5
Cochem 38/39 C 2
Cochin 96 C 6
Cochrane 116/117 MN 3
Cölbe 14/15 H 4
Coesfeld 14/15 E 2
Coesfeld, Landkreis 13.1
Coevorden 36/37 B 4
Cognac 68/69 D 6
Cogswell Reservoir 126.2 C 1
Coiba 118/119.3 E 6
Coimbatur 96 C 5
Coimbra 74 B 2
Col de la Perche 68/69 F 7
Colatina 127.3 E 1
Colbitz-Letzlinger Heide 36/37 G 4
Colima 116/117 H 9
Colle di Tenda 68/69 H 6
Colmar 28 B 4
Colombo 96 C 6
Colón 118/119.3 F 6
Colorado-Plateau 116/117 FG 5
Colorado River (USA, Colorado/ Arizona) 114 GH 6
Colorado River (USA, Texas) 116/117 HJ 6
Colorado Springs 116/117 H 5
Colorado, Staat der USA 116/117 GH 5
Columbia, Fluss 116/117 DE 3
Columbia, Stadt (USA, Carolina) 114 KL 6
Columbus (USA, Georgia) 116/117 LM 6
Columbus (USA, Ohio) 116/117 M 4/5
Comblain-au-Pont 14/15 AB 5
Comer See 68/69 J 5/6
Como 68/69 J 6
Comodoro Rivadavia 122 D 8
Compton 126.2 B 2
Conakry 104 B 6
Conceição da Barra 127.3 EF 1
Concepción (Chile) 122 C 7
Concepción (Paraguay) 122 E 6
Conchos 116/117 GH 7
Concord (USA, New Hampshire) 116/117 O 4
Connecticut, Staat der USA 116/117 O 4
Constanța 72/73 N 3
Constantine 54/55 K 8
Cookinseln 130.1 JK 5/6
Cooktown 112.1 E 3
Cooper Creek 112.1 DE 4
Copán 118/119.3 D 5
Copiapó 122 C 6
Coppenbrügge 14/15 JK 1
Coquimbo 125 C 7
Cordillera de Mérida 118/119.3 GH 6
Córdoba (Argentinien) 122 D 7
Córdoba (Spanien) 74 D 3/4
Corinto 127.3 C 1
Cork 71 B 5/6
Corner Brook 116/117 N 5
Corninseln 118/119.3 E 5
Cornwall 68/69 B 3
Corona 126.2 C 2
Corpus Christi 116/117 J 7
Corrientes 122 E 6
Corte 68/69 J 7
Coruá-Una 125 E 4
Çorum 75 DE 1
Corumbá 122 E 5
Corvey 14/15 J 2
Cosenza 72/73 FG 6
Cosipa 127.5 B 2
Costa Blanca 74 FG 3/4
Costa Brava 74 H 1/2
Costa Daurada 74 GH 2
Costa de la Luz 74 C 4
Costa del Azahar 74 FG 2/3
Costa del Sol 74 DE 4
Costa Dorada → Costa Daurada
Costa Real 68/69 C 7
Costa Rica 118/119.3 E 6
Costa Smeralda 72/73 CD 5
Costa Verde 74 D 1
Coswig (bei Dessau) 36/37 H 5
Coswig (bei Dresden) 36/37 J 5
Cotabato 97 F 3
Côte d'Argent 68/69 D 6/7
Côte d'Azur 68/69 H 7
Côte d'Ivoire 104 C 6
Côte d'Or 68/69 G 5
Cotopaxi 122 C 4
Cottbus 68/69 LM 3
Cottbus, Stadt 36/37 K 5
Coventry 68/69 D 2
Covilhã 74 C 2
Cozumel 116/117 L 8
Crailsheim 38/39 EF 3
Craiova 72/73 K 3
Cranbrook 116/117 EF 3
Cranendonck 14/15 B 3
Cres, Insel 68/69 M 6
Crestline 126.2 D 1
Creuse 68/69 E 5
Crimmitschau 38/39 H 2
Crivitz 36/37 G 3
Cronenberg, Wuppertal- 9.1 BC 1
Crooked Island 116/117 O 8
Crotone 72/73 G 6
Crottorf 14/15 F 4
Crozetinseln 150/151.1 M 8
Cruzeiro 127.3 C 3
Cruzeiro do Sul 122 CD 4
Cubatão, Fluss 127.5 AB 2
Cubatão, Ort 127.3 B 3
Cúcuta 122 C 3
Cuenca (Ecuador) 122 C 4
Cuenca (Spanien) 74 EF 2
Cuernavaca 116/117 HJ 9
Cuiabá 122 E 5
Cuijk 36/37 A 5
Culiacán 114 H 7
Culver City 126.2 B 1
Cumaná 122 D 3
Cumbrian Mountains 68/69 C 1
Cuneo 68/69 H 6
Curaçao 122 D 2
Curitiba 122 F 6
Curvelo 127.3 C 1
Cuxhaven 36/37 D 3
Cuzco 122 CD 5
Cypress Hills 116/117 FG 3
Cyrenaika 54/55 N 9
Czernowitz 54/55 NO 6

D

Da Nang 96 J 4
Daaden 14/15 F 4
Dabringhausen, Wermelskirchen- 9.1 C 2
Dacca 96 EF 3
Dachau, Stadt 38/39 G 4
Dachstein 68/69 L 5
Dämeritzsee 48/49.1 C 2
Dänemark, Staat 68/69 J-L 1
Dänemarkstraße 114 PQ 3
Dagö 54/55 N 4
Dagupan 97 EF 1
Dahl, Hagen- 44/45.1 E 2
Dahlem (Eifel) 14/15 CD 5
Dahlem, Berlin- 48/49.1 B 2
Dahlhausen, Bochum- 44/45.1 C 2
Dahlwitz-Hoppegarten 48/49.1 C 1
Dahme-Heideseen, Naturpark 50.1 E 2
Dahme, Fluss 36/37 J 4
Dahme, Ort (Brandenburg) 36/37 J 5
Dahme, Ort (Schleswig-Holstein) 36/37 G 2
Daitoinseln 98/99 P 6
Dakar 104 B 5
Dakhla 104 B 4
Dalälv 70 E 3
Dalandzadgad 98/99 J 3
Dalarna 70 DE 3
Dalat 96 J 5
Dalhart 116/117 H 5
Dalian 98/99 N 4
Dallas 116/117 J 6
Dallgow-Döberitz 48/49.1 A 1
Dalmatien, Landschaft 72/73 F-H 4
Dalnegorsk 98/99 Q 3
Dalneretschensk 86/87 P 5
Damaraland 104 E 9
Damaskus 54/55 Q 9
Damawand 54/55 T 8
Damgarten, Ribnitz- 36/37 H 2
Damme (Niedersachsen) 36/37 D 4
Dammer Berge 36/37 D 4
Damp, Ort 36/37 EF 2
Dampier 112.1 B 4
Dampierstraße 97 H 4/5
Danilow 76/77 GH 2
Dannenberg, Stadt 36/37 G 3
Danzig 68/69 NO 1
Danziger Bucht 68/69 O 1
Darchan 98/99 K 2
Dardanellen 72/73 MN 5/6
Daressalam 104 GH 7
Darfeld 14/15 E 1
Darfur 104 F 5
Darién 118/119.3 F 6
Darjiling 96 E 2
Darling 112.1 E 5
Darling Range 112.1 B 4/5
Darmstadt, Regierungsbezirk 29 C 3
Darmstadt, Stadt 38/39 D 3
Darß 36/37 H 2
Darßer Ort 36/37 H 2
Darwasa 80/81 U 7
Darwin 112.1 CD 3
Das 109 J 4
Dassel 14/15 K 2
Dassow 36/37 FG 3
Datteln 14/15 E 2
Datteln-Hamm-Kanal 14/15 EF 2
Daugava 70 G 4
Daugavpils 70 G 4
Daumen 51.3 B 2
Daun, Stadt 38/39 B 2
Dautphetal 14/15 H 4
Davangere 96 C 5
Davao 97 G 3
Davenport 116/117 KL 4
David 118/119.3 E 6
Davisstraße 114 N 3
Dawson 114 DE 3
Dawson Creek 114 FG 4
Dax 68/69 D 7
Dayton 116/117 M 5
De Aar 104 F 10
De-Long-Inseln 86/87 RS 2
De-Long-Straße 86/87 TU 2/3
Dease Lake 114 EF 4
Dębno 36/37 K 4
Debrecen 68/69 PQ 5
Dechenhöhle 14/15 F 3 26.1
Děčín 38/39 K 2
Dedelow, Prenzlau- 36/37 J 3
Deggendorf, Stadt 38/39 HJ 4
Deilbach 44/45.1 C 2
Deir-az-Zor 75 EF 2
Deister 36/37 E 4
Dej 72/73 K 2
Dekkan 90/91.3 LM 7/8
Del Rio 116/117 HJ 7
Delagoabucht 104 G 9
Delano Peak 116/117 F 5
Delaware Bay 116/117 O 5
Delaware, Staat der USA 116/117 O 5
Delbrück 14/15 GH 2
Delémont 38/39 C 5
Delfzijl 36/37 B 3
Delhi 96 C 2
Delitzsch, Stadt 36/37 H 5
Dellbrück, Köln- 25.6 DE 2
Delle 38/39 BC 5
Delligsen 14/15 K 2
Dellviertel, Duisburg- 23.2 B 1
Delmenhorst 36/37 D 3
Delos 72/73 L 7
Delphi 72/73 K 6
Demawend 86/87 G 6
Demjansk 76/77 F 2
Demmin, Stadt 36/37 HJ 3
Demokratische Republik Kongo 104 EF 7
Dempo 97 B 5
Den Haag 68/69 FG 2
Den Helder 68/69 FG 2
Denizli 72/73 N 7
Denpasar 97 DE 6
Denver 116/117 GH 5
Der Kanal 68/69 CD 3/4
Derbent 76/77 J 5
Derby (Australien) 112.1 C 3
Derby (Großbritannien) 68/69 D 2
Derna 75 B 3
Derne, Dortmund- 44/45.1 E 1
Des Moines 116/117 K 4
Desenberg 14/15 J 2/3
Desna, Fluss 76/77 F 3
Dessau-Roßlau 36/37 H 5
Dessie 104 GH 5
Detmold, Regierungsbezirk 13.1
Detmold, Stadt 14/15 HJ 2
Detroit 116/117 M 4
Deurne 36/37 A 5
Deutsche Alpenstraße 51.3 A-C 1
Deutsche Bucht 36/37 CD 2/3
Deutschland 29
Deutz, Köln- 25.6 C 2
Deventer 36/37 B 4
Devodi 96 D 4
Devoninsel 114 J-L 2
Dhahran 90/91.3 HJ 7
Dhaka 90/91.3 MN7
Dhaulagiri 96 D 2
Dhünn 14/15 E 3
Diadema 127.5 A 2
Dibrugarh 96 FG 2
Dickson 86/87 JK 2
Dieburg 38/39 D 3
Diedamskopf 51.3 B 2
Diedenhofen 28 B 4
Diego Garcia 150/151.1 N 6
Diekholzen 14/15 K 1
Dielingen 14/15 G 1
Diemel 36/37 E 5
Diemelsee, Gemeinde 14/15 H 3
Diemelsee, Naturpark 26.1
Diemelstadt 14/15 HJ 3
Diemeltalsperre 14/15 H 3
Dien Bien Phu 96 H 3
Diepenheim 14/15 D 1
Diepensee 48/49.1 C 2
Diepholz, Stadt 36/37 D 4
Dieppe 68/69 E 4
Dierdorf 14/15 F 4
Dieren 14/15 C 1
Dießen 38/39 FG 5
Dietfurt 38/39 G 3
Dietikon 38/39 D 5
Dietzhölztal 14/15 G 4
Dieuze 38/39 B 4
Dievenow 36/37 K 2
Diez 38/39 CD 2
Dijon 68/69 G 5
Dili 97 G 6
Dill 38/39 D 2
Dillenburg 38/39 D 2
Dillingen (an der Donau) 38/39 F 4
Dillingen (Saarland) 38/39 B 3
Dilsen-Stokkem 14/15 B 3
Dimitri-Laptew-Straße 86/87 QR 2
Dimitrowgrad (Bulgarien) 72/73 LM 4
Dimitrowgrad (Russland) 76/77 JK 3
Dinar 72/73 NO 6
Dinara 72/73 G 3/4
Dinarisches Gebirge 72/73 F-H 3/4
Dingden 14/15 D 2
Dingelstädt 36/37 F 5
Dingle Bay 71 A 5/6
Dingolfing 38/39 H 4
Dinkel 14/15 E 1
Dinkelland 14/15 DE 1
Dinkelsbühl 38/39 F 3
Dinslaken 14/15 D 2
Dipolog 97 F 3
Diredaua 104 H 5
Dirmerzheim 22.4 A 2
Disful 54/55 S 9
Diskoinsel 114 N 2/3
Dison 14/15 B 4
Dissen 14/15 G 1
Distomon 80/81 N 8
District of Columbia 116/117 N 5
Dithmarschen, Landschaft 36/37 DE 2/3
Ditzingen 38/39 DE 4
Divinópolis 127.3 C 2
Divrigi 80/81 Q 8
Diwnoje 76/77 H 4
Diyarbakır 75 EF 2
Djultydag 76/77 J 5
Djúpivogur 70 C 2
Dnjepr 54/55 P 5/6
Dnjeprodserschinsk 76/77 F 4
Dnjepropetrowsk 54/55 PQ 6
Dnjestr 68/69 Q 4
Dno 76/77 F 2
Doboj 68/69 NO 6
Dobrič 72/73 M 4
Dobříš 38/39 K 3
Dobrudscha 72/73 N 3
Dodoma 104 G 7
Döbeln, Stadt 36/37 J 5
Döberitzer Heide 48/49.1 A 1/2
Döbraberg 38/39 G 2
Dömitz 36/37 G 3
Dörenberg (bei Osnabrück) 14/15 G 1
Dörenberg (Lipper Bergland) 14/15 J 1
Dörenschlucht 14/15 H 2
Dörenther Klippen 14/15 F 1
Dörentrup 14/15 HJ 1
Doesburg 14/15 C 1
Doetinchem 36/37 B 4/5
Doggerbank 68/69 EF 1
Doi Inthanon 96 G 4
Dokkum 36/37 AB 3
Dolbeau-Mistassini 116/117 O 3
Dollart 36/37 C 3
Dolomiten 68/69 KL 5
Domažlice 38/39 H 3
Dombås 70 CD 3
Dominica 118/119.3 JK 4
Dominikanische Republik 118/119.3 GH 4
Dompaire 38/39 B 4
Don 54/55 R 6
Donau 68/69 M 4
Donaudelta 72/73 NO 3
Donaueschingen 38/39 D 5
Donaumoos (bei Ingolstadt) 38/39 G 4
Donauried 38/39 F 4
Donauwörth 38/39 F 4
Donegal Bay 71 B 4
Donez 54/55 Q 6
Donezk (Ukraine) 54/55 Q 6
Dongola 104 FG 5
Donnerpass 116/117 D 5
Donnersberg 38/39 C 3
Donon 38/39 C 4
Donostía-San Sebastián 68/69 D 7
Doornenburg 14/15 BC 2
Doorwerth 14/15 B 2
Dordogne 68/69 E 6
Dorfen (an der Isen) 38/39 H 4
Dormagen 14/15 D 3
Dornburg, Berg 14/15 G 4
Dornburg, Gemeinde 14/15 G 4/5
Dorpat 54/55 O 4
Dorsten 14/15 DE 2
Dorstfeld, Dortmund- 44/45.1 D 1
Dortmund 14/15 EF 2
Dortmund-Ems-Kanal 14/15 EF 2
Dortmund, kreisfreie Stadt 13.1
Dosse 36/37 H 4
Dossor 76/77 K 4
Doubs 68/69 H 5
Douglas (Man) 71 DE 4
Douglas (USA, Arizona) 116/117 FG 6
Douro 74 B 2
Dover (Großbritannien) 68/69 E 3
Dover (USA, Delaware) 116/117 NO 5
Dovrefjell 70 C 3
Downey 126.2 B 2
Drachenfels 14/15 E 4
Drachten 36/37 B 3
Drakensberge 104 FG 9/10
Drakestraße 132/133.1 FG 8 131.4 3
Drammen 70 CD 4
Dransfeld 14/15 K 2/3
Drau 68/69 N 5
Drava 68/69 N 6
Drawehn 36/37 F 4
Dreieich 38/39 D 2
Drensteinfurt 14/15 F 2
Dresden, Landesdirektion 29 EF 3
Dresden, Stadt 36/37 JK 5
Drewer, Marl- 44/45.1 C 1
Drewitz, Potsdam- 48/49.1 A 2
Driedorf 14/15 G 4
Drin 72/73 J 4
Drina 68/69 O 6
Drittes Baku 80/81 X 3
Drobeta-Turnu Severin 68/69 Q 6
Drochtersen 36/37 E 3
Drömling, Landschaft 36/37 G 4
Drömling, Naturpark 50.1 D 2
Drogobytsch 68/69 Q 4
Drolshagen 14/15 F 3
Dronten 36/37 A 4
Druten 14/15 B 2
Družba → Sankt Konstantin und Elena
Drygalskiinsel 131.4 23
Dschambul → Taraz
Dschankoi 76/77 F 4
Dschebel Marra 104 F 5
Dschebel Tubkal 54/55 G 9
Dschefa 109 EF 4
Dscherba 54/55 L 9
Dscheskasgan 98/99 BC 2
Dschibuti, Staat 104 H 5
Dschibuti, Stadt 104 H 5
Dschidda 90/91.3 GH 7
Dschuba 104 H 6
Dschugdschurgebirge 86/87 PQ 4
Dserschinsk (bei Nischni Nowgorod) 76/77 H 2
Dsungarei 98/99 F 2
Duala 104 DE 6
Dubesar → Dubossary
Dublin 68/69 A 2
Dubno 76/77 E 3
Dubossary 72/73 N 2
Dubrovnik 68/69 NO 7
Duderstadt 36/37 F 5
Dübendorf 38/39 D 5
Dübener Heide, Landschaft 36/37 H 5
Dübener Heide, Naturpark 50.1 E 3
Dülmen 14/15 E 2
Dümmer, Naturpark 26.1
Dümmer, See 36/37 D 4
Dün 36/37 F 5
Düna 54/55 O 4
Dünaburg 54/55 O 4
Dünkirchen 68/69 EF 3
Dünnwald, Köln- 25.6 D 1
Dünsberg 14/15 H 4
Düren, Landkreis 13.1
Düren, Stadt 14/15 CD 4
Duero 68/69 BC 8
Düsseldorf, kreisfreie Stadt 13.1
Düsseldorf, Regierungsbezirk 13.1
Düsseldorf, Stadt 14/15 D 3
Dugi otok 68/69 M 7
Duhnen, Cuxhaven- 36/37 D 3
Duingen 14/15 K 1/2
Duisburg 14/15 D 3 23.2 B 1
Duisburg, kreisfreie Stadt 13.1
Duissern, Duisburg- 23.2 B 1
Duiven 14/15 BC 2
Duluth 116/117 K 3
Dumaguete 97 F 3
Dumai 100/101.3 O 9
Dumfries 71 DE 4
Dun Laoghaire 68/69 AB 2
Dunaújváros 68/69 O 5
Dunav 72/73 M 3/4
Dundalk 68/69 A 2
Dundee (Großbritannien) 71 E 3
Dundo 109 EF 7
Dunedin 112.1 H 6
Dungau 38/39 H 4
Duppauer Gebirge 38/39 J 2
Durance 68/69 GH 6
Durango 114 H 7
Durban 104 G 10
Durmitor 72/73 H 4
Durrës 72/73 H 5
Duschanbe 86/87 H 6
Dwina 54/55 R 3
Dychtau 76/77 H 5
Dziwnów 36/37 K 2

E

East Channel 126.1 B 1
East London 104 FG 10
East River (New York) 126.1 B 2
East River Park (in New York) 126.1 B 2
East Side, New York- 126.1 B 2
Eastmain 114 L 4
Ebbe 14/15 F 3
Ebbegebirge, Naturpark 26.1
Eberbach 38/39 DE 3
Ebermannstadt 38/39 G 3
Ebern 38/39 F 2
Ebersbach (Oberlausitz) 38/39 K 1
Ebersberg, Stadt 38/39 GH 4
Ebersdorf, Saalburg- 38/39 G 2
Eberswalde 36/37 JK 4
Ebro 68/69 D 7/8
Ebschloh 14/15 G 4
Ebstorf 36/37 F 3
Echt-Susteren 14/15 B 3
Echteld 14/15 A-G 2
Echterdingen, Leinfelden- 38/39 E 4
Echternach 38/39 B 3
Écija 74 D 4
Eckenhagen 26.1
Eckernförde 36/37 EF 2
Ecuador 122 BC 4
Ede 36/37 A 4
Edéa 109 E 6
Eder 36/37 E 5
Ederkopf 14/15 G 4
Edermünde 14/15 J 3
Edersee, See 36/37 DE 5
Edertal 14/15 J 3
Edessa 72/73 K 5
Edgeinsel 86/87 CD 2
Edinburgh 71 E 4
Edirne 72/73 M 5
Edmonton 114 GH 4
Edmundston 116/117 P 3
Edremit 72/73 M 6
Eduardsee 109 F 7
Edwardsplateau 116/117 HJ 6
Eemshaven 36/37 B 3
Eerbeek 14/15 C 1
Eferding 38/39 JK 4
Efferen, Hürth- 25.6 B 3
Efze 14/15 J 4
Egeln 36/37 G 5
Eger, Fluss 68/69 L 3
Eger, Stadt (Tschechische Republik) 28 E 3
Eger, Stadt (Ungarn) 68/69 P 5
Egge 14/15 HJ 2
Eggenfelden 38/39 HJ 4
Eglab 104 C 4
Ehenbichl 51.3 C 2
Ehingen (an der Donau) 38/39 E 4
Ehrenfeld, Köln- 25.6 BC 2
Ehringshausen 14/15 G 4
Ehrwald 38/39 F 5
Eibergen 14/15 D 1
Eiche (bei Berlin) 48/49.1 C 1
Eichsfeld, Landschaft 36/37 F 5
Eichstätt (Bayern) 38/39 G 4
Eichwalde 48/49.1 C 2
Eichwerder 48/49.1 C 1
Eickel, Herne- 14/15 E 2/3
Eickel, Wanne- 44/45.1 C 1
Eickelborn, Lippstadt- 14/15 G 2
Eider 36/37 E 2
Eiderstedt 36/37 D 2
Eifel, Gebirge 14/15 CD 4/5
Eifel, Nationalpark 26.1
Eifel, Naturpark 26.1
Eighty Mile Beach 112.1 BC 3/4
Eijsdalen-Margraten 14/15 B 4
Eijsden 14/15 B 4
Eilenburg 36/37 H 5
Eilpe, Hagen- 44/45.1 DE 2
Einbeck 36/37 E 5
Eindhoven 68/69 G 3
Einödriegel 38/39 HJ 4
Eipel 68/69 O 4/5
Eire 68/69 A 2
Eisden 14/15 B 3/4
Eisenach, Stadt 38/39 F 2
Eisenberg, Berg (bei Korbach) 14/15 H 3
Eisenberg, Ort (Allgäu) 51.3 C 1
Eisenberg, Stadt (Thüringen) 38/39 GH 2
Eisenerz 68/69 M 5
Eisenhüttenstadt 36/37 K 4
Eisenstein, Markt 38/39 J 3
Eisernes Tor 68/69 Q 6
Eisfeld 38/39 FG 2
Eisleben 36/37 G 5
Eiswoog 38/39 CD 3
Eitorf 14/15 E 4
Eivissa (Insel) 74 GH 3
Eivissa (Stadt) 74 G 3
Ekibastus 98/99 CD 1
Ekofisk 80/81 JK 4
El Arenal → S'Arenal

El Dorado 116/117 K6
El Monte 126.2 B1
El Paso 116/117 GH6
El Rosario 116/117 E6
El Salto 116/117 G8
El Salvador, Ort (Chile) 125 D6
El Salvador, Staat 118/119.3 CD5
El Tajín 116/117 J8
El Teniente 125 CD7
El Tigre 125 D3
El Toqui 125 C8
El Turbio 125 CD9
Elazıg 75 E2
Elba 68/69 K7
Elbasan 72/73 HJ5
Elbbach 14/15 FG4
Elbe 68/69 K2
Elbe-Havel-Kanal 36/37 GH4
Elbe-Lübeck-Kanal 36/37 F3
Elbe-Seitenkanal 36/37 F3/4
Elbe, Fluss (zur Eder) 14/15 J3
Elbe, Fluss (zur Nordsee) 28 D2
Elberfeld, Wuppertal- 9.1 B1
Elbeuf 68/69 E4
Elbhöhen-Wendland, Naturpark 50.1 D2
Elbigenalp 51.3 B2
Elbing 68/69 OP1
Elbląg 68/69 OP1
Elbrus 54/55 R7
Elbsandsteingebirge 38/39 K2
Elbursgebirge 54/55 T8
Elche 74 F3
Elde 36/37 G3
Elektrostal 76/77 G2
Eleuthera Island 116/117 NO7
Elfenbeinküste → Côte d'Ivoire
Elgin 71 E3
Elgon 104 G6
Elisenau 48/49.1 C1
Elista 76/77 H4
Elko 116/117 E4
Ellebach 22.1 B3
Ellef-Ringnes-Insel 114 HJ2
Ellen 22.1 B3
Ellesmereland 114 KL1/2
Elliceinseln 130.1 HJ5
Ellsworthland 131.4 6
Ellwangen, Stadt 38/39 EF4
Elm-Lappwald, Naturpark 50.1 D2
Elm, Höhenzug 36/37 F4
Elmali 72/73 N7
Elmen 51.3 C2
Elmer Kreuzspitze 51.3 C2
Elmshorn 36/37 E3
Elsässer Belchen 38/39 B5
Elsass, Landschaft 68/69 H4/5
Elsdorf 14/15 CD4
Else 14/15 G1
Elserfeld, Siegen- 14/15 FG4
Elsfleth 36/37 D3
Elster, Schwarze 36/37 HJ5
Elster, Weiße 38/39 H1/2
Elstergebirge 38/39 H2
Elsterwerda 36/37 J5
Elten 14/15 C2
Elton 76/77 J4
Eltonsee 76/77 J4
Eltz 38/39 C2
Elverum 70 D3
Elzach 38/39 D4
Elze (an der Leine) 36/37 E4
Emba 54/55 U6
Embarcación 125 D6
Embu 127.5 A2
Embu-Guaçu 127.5 A2
Emden 36/37 C3
Emdentiefe 97 G3
Emerald 112.1 E4
Emi Kussi 104 E4
Emlichheim 36/37 BC4
Emmeloord 36/37 A4
Emmen 28 B2
Emmendingen, Stadt 38/39 C4
Emmer 14/15 J2
Emmerich 14/15 C2
Emmerthal 14/15 JK1
Emory Peak 118/119.3 A2
Empelde 14/15 K1
Ems (zur Nordsee) 36/37 C4
Ems-Jade-Kanal 36/37 C3
Emsbüren 14/15 E1
Emscher 14/15 D2/3
Emscher, Kleine 44/45.1 B1
Emscherbruch 44/45.1 C1
Emsdetten 14/15 EF1
Emskanal 36/37 B3
Emsland 36/37 C4
Encarnación 122 E6
Enchova 127.3 E3
Endeh 97 F6
Enderbyland 131.4 27/28
Engels 54/55 S5
Engelskirchen 14/15 E3/4
Engen 38/39 D5
Enger 14/15 H1
Enggano 97 B6
England, Landesteil (Großbritannien) 71 E-G5
Engter 14/15 G1
Ennedi 104 F5
Ennepe-Ruhr-Kreis, Landkreis 13.1
Ennepe, Fluss 44/45.1 D2
Ennepetal 14/15 E3
Ennepetalsperre 14/15 E3
Ennigerloh 14/15 FG2
Ennigloh 14/15 GH1
Enns, Fluss 68/69 M5
Enns, Stadt 38/39 K4
Enontekiö 70 F2
Enschede 28 B2
Ense 14/15 FG2/3
Ensenada 116/117 E6
Ensival 14/15 B4
Entenbühl 38/39 H3
Entre Ríos 122 E6/7
Enugu 104 D6
Enz 38/39 DE4
Epe (Niederlande) 36/37 AB4
Epe (Westfalen) 14/15 DE1
Ephesus, Ruinenstätte 72/73 M6/7
Epinal 28 B4
Epirus 72/73 J6
Eppendorf, Bochum- 44/45.4 AB2
Eppingen 38/39 DE3
Erbach, Stadt (Odenwald) 38/39 DE3
Erbeskopf 38/39 C3
Erbisdorf, Brand- 38/39 J2
Erciyas Dag 75 DE2
Erding 38/39 GH4
Erdinger Moos 38/39 G4
Eregli (am Schwarzen Meer) 75 D1
Eregli (im Taurus) 75 D2
Erft 14/15 D3
Erftkanal 22.1 C2
Erftstadt 14/15 D4
Erfurt, Stadt 38/39 G2
Ergani 80/81 Q8
Ergste 44/45.1 E2
Erhlien 98/99 L3
Erie 116/117 MN4
Eriesee 116/117 MN4
Eritrea 104 GH5
Eriwan 54/55 R7
Erkelenz 14/15 C3
Erkenschwick, Oer- 14/15 E2
Erkner 36/37 J4
Erkrath 14/15 D3
Erlangen 38/39 G3
Erlau, Stadt (Ungarn) 68/69 P5
Erlenbach, Ort 38/39 E3
Ermelo 36/37 A4
Erndtebrück 14/15 G4
Ernstberg 38/39 B2
Ernstthal, Hohenstein- 38/39 H2
Erstein 38/39 C4
Ertsberg 113.4 DE2
Erwitte 14/15 G2
Erzgebirge 38/39 HJ2
Erzincan 75 E2
Erzurum 75 F2
Esbjerg 70 C4
Esch (an der Alzette) 38/39 AB3
Esch, Elsdorf- 22.1 C2
Esch, Köln- 25.6 B1
Eschenburg 14/15 G4
Eschershausen 14/15 K2
Eschkopf 38/39 C3
Eschwege 36/37 EF5
Eschweiler 14/15 C4
Escuintla 118/119.3 C5
Esens 36/37 C3
Eskilstuna 70 E4
Eskişehir 72/73 O6
Eslohe 14/15 G3
Esmeraldas 125 BC3
Esneux 14/15 AB4
Espelkamp 14/15 H1
Esperance 112.1 C5
Espírito Santo 127.3 E1/2
Espoo 70 F3
Esquel 122 C8
Esseg 68/69 O6
Essen 68/69 H3
Essen (Oldenburg) 36/37 CD4
Essen (Ruhrgebiet) 14/15 DE3
Essen, kreisfreie Stadt 13.1
Esslingen, Stadt 38/39 E4
Estevan 116/117 H3
Estland 70 FG4
Estoril 74 B3
Estremadura (Portugal) 74 B3
Estremadura (Spanien) 74 C3
Etoscha-Nationalpark 104 E8
Etsch 68/69 K6
Ettelbrück 38/39 AB3
Ettlingen 38/39 D4
Etzweiler (ehemals) 22.1 C3
Euböa 72/73 KL6
Eucla 112.1 CD5
Eugene 116/117 D4
Eupen 38/39 B2
Euphrat 54/55 R9
Euphrat, Östlicher 75 EF2
Euphrat, Westlicher 75 EF2
Eurasienbecken 90/91.3 E-Q1
Eureka 114 F5
Europa 54/55
Europäisches Nordmeer 54/55 G-L2
Euskirchen, Landkreis 13.1
Euskirchen, Stadt 14/15 D4
Eutin 36/37 F2
Evansville 116/117 L5
Everswinkel 14/15 F2
Eving, Dortmund- 44/45.1 D1
Evora 74 BC3
Evreux 68/69 E4
Exeter 68/69 BC3
Exter 14/15 H1
Externsteine 14/15 H2 26.1
Extertal 14/15 J1
Exumainseln 116/117 N8
Eyresee 112.1 D4
F
Faenza 68/69 K6
Färöer 54/55 G3
Fagaraş 72/73 L3
Fairbanks 114 D3
Faisalabad 96 B1
Faja-Largeau 104 EF5
Fakfak 112.1 D2
Falcon Reservoir 118/119.3 B2
Falkenau 38/39 H2
Falkenberg, Ort (bei Torgau) 36/37 J5
Falkenhagen, Falkensee- 48/49.1 A1
Falkenhagener Feld 48/49.1 A1
Falkenhain, Falkensee- 48/49.1 A1
Falkensee 36/37 J4
Falkenstein, Stadt (Erzgebirge) 38/39 H2
Falklandinseln 122 DE8/9
Falmouth 68/69 B3
Falster 28 DE1
Falun 70 E3
Famagusta 75 D2
Fanninginsel 130.1 K4
Fanningrücken 130.1 JK4/5
Fargo 116/117 J3
Faro (Kanada) 121 E3
Faro (Portugal) 74 BC4
Farquharinseln 104 HJ8
Fastow 76/77 E3
Fátima (Portugal) 74 B3
Fatschan 98/99 L7
Faxabucht 70 A2
F'Dérik 104 B4
Fehmarn, Insel 36/37 FG2
Fehmarn, Stadt 36/37 G2
Fehmarnbelt 36/37 G2
Fehmarnsund 36/37 FG2
Fehrbellin 36/37 H4
Feira de Santana 122 FG5
Fejö 36/37 G2
Feldberg, Berg (Schwarzwald) 38/39 CD5
Feldberg, Großer (Taunus) 38/39 D2
Feldberger Seenlandschaft, Naturpark 50.1 E2
Felsberg 14/15 J3
Felsengebirge → Rocky Mountains
Femö 36/37 G2
Fens, The 71 FG5
Feodossija 76/77 G4/5
Fergana 86/87 HJ5
Fernando de Noronha 122 G4
Fernpass 38/39 F5
Fernwald 14/15 H4
Ferrara 68/69 KL6
Ferraz de Vasconcelos 127.5 B2
Ferrette 38/39 C5
Ferrol 74 B1
Fès 54/55 GH9
Fessan 104 E4
Fessenheim 38/39 C5
Fethiye 72/73 N7
Feucht 38/39 G3
Feuchtwangen 38/39 F3
Feudingen 14/15 G4
Feuerland 122 D9
Fianarantsoa 104 HJ9
Fichtelberg, Berg 38/39 HJ2
Fichtelgebirge, Gebirge 38/39 GH2/3
Fichtelgebirge, Naturpark 50.1 DE3
Fichtenau, Berlin- 48/49.1 C2
Fidschi 150/151.1 S6 130.2 DE3
Fidschiinseln 132/133.1 S6
Fiener Bruch 36/37 H4
Filchner-Schelfeis 131.4 35-1
Finike 75 D2
Finke 112.1 D4
Finkelbach 22.1 C2
Finkenkrug 48/49.1 A1
Finne 36/37 G5
Finnentrop 14/15 F3
Finnische Seenplatte 54/55 NO3
Finnischer Meerbusen 70 FG3/4
Finnland, Staat 70 FG3
Finnmark 70 FG1/2
Finsterwalde 36/37 J5
Firenze 68/69 K7
Firth of Clyde 71 D4
Firth of Forth 71 E3/4
Firth of Lorne 71 CD3
Fischeln, Krefeld- 44/45.1 A2
Fischen 51.3 B2
Fischenich, Hürth- 25.6 BC3
Fischerhalbinsel 70 H2
Fishguard 68/69 B3
Fitzroy 112.1 C3
Fläming 36/37 HJ4/5
Flakensee 48/49.1 D2
Flammersfeld 14/15 F4
Flandern 68/69 F3
Flensburg 36/37 E2
Flensburger Förde 36/37 EF2
Fleuth 14/15 C3
Fliesteden 22.1 D2
Flin Flon 114 HJ4
Flinders 112.1 E3/4
Flinders Range 112.1 D4/5
Flint 116/117 M4
Flittard, Köln- 25.6 C2
Florenz 68/69 K7
Flores, Insel 97 F6
Flores, Stadt 118/119.3 CD4
Floressee 97 EF6
Florianópolis 122 F6
Florida Keys 116/117 MN7/8
Florida, Halbinsel 114 K7
Florida, Staat der USA 116/117 M6/7
Floridastraße 116/117 MN7/8
Flüren 44/45.1 A1
Flughafen Schönefeld 48/49.1 C2
Flughafen Tempelhof (ehemaliger) 48/49.1 B2
Flugplatz Kassel-Calden 46.1 C3
Flusslandschaft Elbe, Biosphärenreservat 50.1 D2
Fly 112.1 E2
Focşani 72/73 M3
Föhr 36/37 D2
Foggia 72/73 FG5
Fontainebleau 68/69 EF4
Fontana (USA, California) 126.2 D1
Forbach (Lothringen) 38/39 BC3
Forbach (Schwarzwald) 38/39 D4
Forchach 51.3 C2
Forchheim, Stadt 38/39 G3
Forggensee 38/39 F5
Forli 68/69 L6
Formentera 74 G3
Formosa 98/99 N7
Formosastraße 98/99 MN6/7
Forsayth 112.1 E3
Forst (Niederlausitz) 36/37 K5
Forst (Polen) 36/37 K5
Fort Albany 114 K4
Fort Bridger 116/117 FG4
Fort-de-France 118/119.3 JK5
Fort Fun Abenteuerland 26.1
Fort Hope 116/117 L2
Fort Lauderdale 116/117 MN7
Fort McMurray 116/117 F1
Fort Nelson 114 FG4
Fort Schewtschenko 54/55 T7
Fort Simpson 114 F3
Fort Smith (Kanada) 114 G4
Fort Smith (USA) 116/117 K5
Fort Wayne 116/117 LM4
Fort Worth 116/117 J6
Fortaleza 122 G4
Forties 80/81 J4
Fortuna-Garsdorf 22.1 C2
Fortuna, Oberaußem- 14/15 D4
Fougères 68/69 D4
Foxebecken 114 KL3
Fränkische Alb, Gebirge 38/39 FG3/4
Fränkische Rezat 38/39 F3
Fränkische Saale 38/39 EF2
Fränkische Schweiz-Veldensteiner Forst, Naturpark 50.1 D4
Fränkische Schweiz, Naturpark 50.1 D4
Franca 127.3 B2
Franchimont 14/15 B4
Franco de Rocha 127.5 A1
Francorchamps 14/15 BC5
Frankenau 14/15 HJ3
Frankenberg, Stadt (an der Eder) 38/39 DE1
Frankenberg, Stadt (bei Chemnitz) 38/39 J2
Frankenhöhe, Höhenzug 38/39 F3
Frankenhöhe, Naturpark 50.1 D4
Frankenthal, Stadt 38/39 D3
Frankenwald, Gebirge 38/39 G2
Frankenwald, Naturpark 50.1 D3
Frankfort (USA, Kentucky) 116/117 M5
Frankfurt (am Main) 68/69 J3/4
Frankfurt, Stadt (am Main) 38/39 D2
Frankfurt, Stadt (an der Oder) 36/37 K4
Frankreich, Staat 68/69 D-G5
Franz-Josef-Land 86/87 F-H2
Franzensbad 38/39 H2
Französisch-Guayana 122 E3
Französisch-Polynesien 130.2 FG3/4
Fraserinsel 112.1 F4
Frauenfeld 38/39 DE5
Frechen, ehemaliger Braunkohlentagebau 22.1 D3
Frechen, Stadt 14/15 D4
Freckenhorst 14/15 FG2
Freden 14/15 K2
Fredericia 70 C4
Fredericton 116/117 P3
Frederikshåb 114 NO3
Frederikshavn 70 D4
Frederikstad 70 D4
Fredersdorf 48/49.1 CD1
Fredersdorf Nord 48/49.1 CD1
Freeport (Bahamas) 121 L7
Freetown 104 B6
Freiberg (Sachsen) 38/39 J2
Freiberger Mulde 38/39 J1/2
Freiburg, Regierungsbezirk 29 BC4
Freiburg, Stadt (Breisgau) 38/39 CD4
Freiburg, Stadt (Schweiz) 68/69 H5
Freienohl 14/15 G3
Freilassing 38/39 H5
Freising, Stadt 38/39 G4
Freital 38/39 J1
Fremantle 112.1 B5
Frens 14/15 D4
Freren 14/15 EF1
Freschen, Hoher 38/39 E5
Fresnillo 116/117 H8
Fresno 116/117 DE5
Freudenberg (Barnim) 14/15 F4
Freudenstadt, Stadt 38/39 D4
Freyburg (an der Unstrut) 36/37 G5
Freyung 38/39 J4
Fribourg 68/69 H5
Friedberg (bei Augsburg) 38/39 FG4
Friedberg (Hessen) 38/39 D2
Friedenau, Berlin- 48/49.1 B2
Friedewald 14/15 F4
Friedland (bei Göttingen) 36/37 EF5
Friedland (Mecklenburg) 36/37 J3
Friedrichroda 50.1 D3
Friedrichsfeld, Voerde- 14/15 D2
Friedrichsfelde, Berlin- 48/49.1 BC1/2
Friedrichshafen 38/39 E5
Friedrichshagen, Berlin- 48/49.1 C2
Friedrichshain-Kreuzberg 48/49.1 B1
Friedrichskoog 36/37 D2/3
Friedrichslust 48/49.1 CD1
Friedrichstadt (Schleswig-Holstein) 36/37 E2
Friedrichstadt, Düsseldorf- 24.2
Frielendorf 14/15 J4
Friesack 36/37 H4
Friesoythe 36/37 CD3
Frisches Haff 68/69 O1
Fritzlar 36/37 E5
Fröndenberg 14/15 F3
Frohnau, Berlin- 48/49.1 B1
Frohnhausen (bei Dillenburg) 14/15 G4
Frohnhausen, Essen- 44/45.1 B2
Frolowo 76/77 H4
Frosinone 72/73 E5
Frouard 38/39 B4
Frunse → Bischkek
Fuchskauten 38/39 CD2
Fudschijama 98/99 Q4
Fühlingen, Köln- 25.6 B1
Fünen 68/69 K1
Fünfkirchen 68/69 O5
Fürstenau, Stadt (Niedersachsen) 36/37 C4
Fürstenberg (an der Havel) 36/37 J3
Fürstenberg (an der Weser) 14/15 JK2
Fürstenberg (bei Paderborn) 14/15 H2
Fürstenfeldbruck, Stadt 38/39 G4
Fürstenwalde, Stadt 36/37 K4
Fürstenzell 38/39 J4
Fürth (bei Nürnberg) 38/39 F3
Füssen 38/39 F5
Fukien 98/99 M6
Fukuoka 98/99 OP5
Fukuschima 98/99 R4
Fulda, Fluss 38/39 E1/2
Fulda, Stadt 38/39 E2
Fuldabrück 14/15 JK3
Fuldatal 14/15 K3
Fullerton 126.2 BC2
Funchal 104 B3
Furnasstausee 127.3 BC2
Furneauxgruppe 112.1 EF5/6
Furth im Wald 38/39 H3
Furtwangen 38/39 D4
Fuschun 98/99 NO3
Futschou 98/99 MN6
G
Gabelspitze 51.3 C2
Gabès 54/55 KL9
Gaborone 104 F9
Gabrovo 72/73 L4
Gabun 104 E6
Gach Saran 80/81 T9
Gadebusch 36/37 G3
Gällivare 70 F2
Gaeta 72/73 E5
Gävle 70 E3
Gafsa 80/81 K9
Gagarin 76/77 FG2
Gaggenau 38/39 D4
Gagra 76/77 GH5
Gahlen 14/15 D2
Gahrenberg 14/15 JK3
Gaildorf 38/39 E3/4
Gaimersheim 38/39 G4
Gaishorn 51.3 B2
Galápagosinseln 122 AB3/4
Galatheatiefe 97 G2
Galaţi 72/73 MN3
Galdhöpigg 70 C3
Galela 97 G4
Galicien, Landschaft (Spanien) 74 BC1
Galitsch 76/77 H2
Galizien, Landschaft (Polen) 68/69 O-Q4
Galle 96 CD6
Galveston 116/117 K7
Galway 71 B5
Gambach 14/15 H5
Gambia, Staat 104 B5
Gandak 96 DE2
Gander 116/117 S3
Gandía 74 FG3
Ganga 96 CD2
Gangelt 14/15 BC3/4
Ganges 96 E3
Gannet Peak 116/117 FG4
Gao 104 CD5
Garbsen 36/37 E4
Garching (bei München) 38/39 G4
Gardasee 68/69 K6
Gardelegen 36/37 G4
Garden Grove 126.2 BC2
Gardena 126.2 B2
Garding 36/37 D2
Garenfeld, Hagen- 44/45.1 E2
Garmisch-Partenkirchen, Ort 38/39 G5
Garonne 54/55 HJ7
Garoupa 127.3 EF2/3
Garrysee 114 H2
Gartok 98/99 E5
Gartrop-Bühl 44/45.1 B1
Gartz 36/37 K3
Garua 109 E6
Gary 116/117 L4
Gasan-Kuli 54/55 T8
Gascogne 68/69 DE7
Gaspé 116/117 PQ3
Gateshead 68/69 CD1
Gatow, Berlin- 48/49.1 A2
Gatow, ehemaliger Flugplatz 48/49.1 A2
Gattschina 76/77 EF2
Gauhati 96 F2
Gaußberg 131.4 24
Gauting 38/39 G4
Gaya 96 DE3
Gaziantep 75 E2
Gdańsk 68/69 NO1
Gdingen 68/69 O1
Gdynia 68/69 O1
Gebweiler 38/39 C5
Gede 97 C6
Gedern 38/39 E2
Gediz 72/73 M6
Gedser 28 DE1
Geelong 112.1 E5
Geesthacht 36/37 F3
Gehrden 14/15 K1
Geiersberg 38/39 E3
Geilenkirchen 14/15 C4
Geirangerfjord 70 C3
Geisenfeld 38/39 G4
Geislingen (an der Steige) 38/39 EF4
Gela 72/73 F7
Gelbes Meer 98/99 N4
Geldern, Landschaft 36/37 AB4
Geldern, Stadt 14/15 C2
Geldrop-Mierlo 14/15 B3
Geleen, Sittard- 14/15 B3/4
Gelnhausen 38/39 E2
Gelsenkirchen 14/15 DE2
Gelsenkirchen, kreisfreie Stadt 13.1
Gelting 36/37 E2
Gemen 14/15 D2
Gemert-Bakel 14/15 B2
Gemlik 72/73 N5
Gemünd 14/15 CD4
Gemünden (am Main) 38/39 E2
Gemünden (an der Wohra) 14/15 HJ4
General Santos 97 G3
Genève 68/69 H5
Genf 68/69 H5
Genfer See 68/69 H5
Gengenbach 38/39 CD4
Genil 74 D4
Genitschesk 76/77 F4
Gennep 14/15 BC2
Genova 68/69 J6
Gensungen 14/15 JK3
Gent 68/69 FG3
Genthin 36/37 H4

Genua, Stadt 68/69 J 6
Georg von Neumayer-Station 131.4 33/34
Georgeland 86/87 EF 1
Georges Bank 116/117 P 4
Georgetown 97 AB 3
Georgia 116/117 M 6
Georgian Bay 116/117 M 3/4
Georgien 86/87 F 5
Georgijewsk 76/77 H 5
Georgsmarienhütte 36/37 D 4
Georgswerder, Hamburg- 47.2 D 2
Gera, Fluss 38/39 FG 1
Gera, Stadt 38/39 GH 2
Geraldton 112.1 B 4
Gérardmer 38/39 B 4
Geretsried 38/39 G 5
Gerlos 38/39 H 5
Gerlsdorfer Spitze 68/69 P 4
Germering 38/39 G 4
Germersheim, Stadt 38/39 D 3
Gernsheim 38/39 D 3
Gerolstein 38/39 B 2
Gerolzhofen 38/39 F 3
Gerona → Girona
Gersfeld 38/39 E 2
Gersthofen 38/39 FG 4
Gerstungen 38/39 EF 2
Gerthe, Bochum- 44/45.4 C 1
Gescher 14/15 E 2
Geseke 14/15 H 2
Gesellschaftsinseln 130.1 K 5
Gesireh 109 G 5
Gesmold 14/15 G 1
Geul 14/15 B 4
Gevelsberg 14/15 E 3
Geysir (Island) 70 A 2
Ghadames 104 DE 4
Ghana 104 C 5/6
Ghat 104 E 4
Ghawar 100/101.3 H 7
Gheorghe Gheorghiu-Dej 72/73 M 2
Giandscha 54/55 S 7
Gibraltar 74 D 4
Gibsonwüste 112.1 C 4
Giengen 38/39 F 4
Giesen 14/15 K 1
Gießen, Regierungsbezirk 29 C 3
Gießen, Stadt 38/39 D 2
Gifhorn 36/37 F 4
Gifu 98/99 Q 4
Gijón 74 D 1
Gila 116/117 F 6
Gilawüste 116/117 F 6
Gilbertinseln 130.1 H 4/5
Gildehaus 14/15 E 1
Gimborn 14/15 E 3
Gippsland-Felder 113.4 EF 5
Giresun 75 E 1
Giromagny 38/39 B 5
Girona 74 H 1/2
Gironde 68/69 D 6
Gisborne 112.1 HJ 5
Giseh, Stadt 54/55 OP 9
Giurgiu 72/73 L 4
Gjirokastër 72/73 HJ 5
Glacier-Nationalpark 116/117 F 3
Gladbeck 14/15 DE 2
Gladenbach 38/39 D 2
Gladenbacher Bergland 14/15 GH 4
Gladstone 113.4 F 4
Gláma 70 A 1
Glan 38/39 C 3
Glandorf 14/15 FG 1
Glane 14/15 F 1
Glanerbrug, Enschede- 14/15 DE 1
Glasgow (Schottland) 71 DE 4
Glashütte 38/39 J 2
Glasow (bei Kirow) 76/77 K 2
Glatz 68/69 N 3
Glauchau 38/39 H 2
Gleiberg, Krofdorf- 14/15 H 4
Gleichberge 38/39 F 2
Gleichen, Ort 14/15 K 3 14/15 KL 3
Gleiwitz 68/69 NO 3
Glendale 116/117 E 6
Glendora 126.2 C 1
Glenne 14/15 G 2
Glesch 22.1 C 2
Glessen 22.1 D 2
Glessener Höhe 22.1 D 2
Gleuel, Hürth- 25.6 B 3
Glewe, Neustadt- 36/37 G 3
Glienicke/Nordbahn 48/49.1 B 1
Glittertind 70 C 3
Gliwice 68/69 NO 3
Glogau 68/69 MN 3
Głogów 68/69 MN 3
Glomma 70 D 3
Gloucester (Großbritannien) 68/69 CD 2/3
Glücksburg 36/37 E 2
Glückstadt 36/37 E 3
Gmünd 68/69 M 4
Gnarrenburg 36/37 E 3
Gnoien 36/37 H 3
Gobi 98/99 J-L 3
Gobialtai 98/99 HJ 2/3
Goch 14/15 C 2
Godavari 96 BC 4
Godhavn 114 N 3
Godwin Austen (K 2) 98/99 D 4
Göhren (Rügen) 36/37 J 2
Göppingen, Stadt 38/39 E 4
Görlitz (Polen) 36/37 K 5
Görlitz (Sachsen) 68/69 M 3
Görz 68/69 L 6
Gößweinstein 38/39 G 3
Götaälv 70 D 4
Götakanal 70 DE 4
Götaland 70 DE 4
Göteborg 70 D 4
Göttingen, Stadt 36/37 EF 5
Gogra 96 D 2
Gohfeld 14/15 H 1
Goiânia 122 EF 5
Goiás 122 F 5
Gold Coast 112.1 F 4
Goldene Aue 36/37 FG 5
Goldküste 104 CD 6
Goleniów 36/37 KL 3
Golf von Aden 104 HJ 5 90/91.3 HJ 8
Golf von Bengalen 96 EF 4
Golf von Biskaya 68/69 BC 6
Golf von Cádiz 74 C 4
Golf von Campeche 118/119.3 C 3
Golf von Genua 68/69 J 6/7
Golf von Guinea 104 D 6/7
Golf von Iskenderun 75 E 2
Golf von Izmir 72/73 M 6
Golf von Kalifornien 114 GH 6/7
Golf von Kambay 96 B 3/4
Golf von Katch 96 A 3
Golf von Korinth 72/73 K 6
Golf von Maine 116/117 P 4
Golf von Mannar 96 C 6
Golf von Martaban 96 G 4
Golf von Mexiko 118/119.3 CD 2/3
Golf von Neapel 72/73 EF 5
Golf von Oman 90/91.3 JK 7
Golf von Panamá 118/119.3 F 6
Golf von Patras 72/73 J 6
Golf von Saros 72/73 M 5
Golf von Tarent 72/73 G 5/6
Golf von Tehuantepec 118/119.3 BC 4/5
Golf von Thailand 96 H 5
Golf von Tonking 96 J 3/4
Golf von Triest 68/69 L 6
Golf von Tunis 72/73 D 7
Golf von Valencia 74 FG 3
Golfe du Lion 68/69 FG 7
Goljam Perelik 72/73 L 5
Golling 38/39 J 5
Gollnow 36/37 KL 3
Golmud 98/99 GH 4
Golspie 71 E 2/3
Golzheim, Merzenich- 22.1 C 3
Gomel 54/55 P 5
Gómez Palacio 116/117 H 7
Gonaives 118/119.3 G 4
Gondar 104 G 5
Gondorf, Kobern- 38/39 C 2
Gongonhas 127.3 CD 2
Goor 36/37 B 4
Gorakhpur 96 D 2
Gorgan 54/55 TU 8
Gori 75 F 1
Gorki → Nischni Nowgorod
Gorlowka 76/77 G 4
Gorontalo 97 F 4
Gorssel 14/15 C 1
Goryn 76/77 E 3
Gorzów Wielkopolski 68/69 MN 2
Gosen-Neu Zittau 48/49.1 C 2
Goslar 36/37 F 5
Gotha, Stadt 38/39 F 2
Gotland 70 E 4
Goughinsel 150/151.1 J 8
Gove 113.4 D 3
Governador Valadares 127.3 DE 1
Graal-Müritz 36/37 H 2
Grabfeld, Landschaft 38/39 F 2
Gräfenberg 38/39 G 3
Gräfenhainichen 36/37 H 5
Gräfrath, Solingen- 9.1 B 1
Grän 51.3 C 1
Grätzwalde 48/49.1 C 2
Grafenau (Bayern) 38/39 J 4
Grafenwald 44/45.1 B 1
Grafenwöhr 38/39 G 3
Grafing 38/39 GH 4
Grafschaft 14/15 G 3
Graham-Bell-Insel 86/87 HJ 1
Grahamland 132/133.1 FG 9 131.4 3
Grajische Alpen 68/69 H 6
Grampian Mountains 71 DE 3
Gran 68/69 O 4
Gran Canaria 104 B 4
Gran Chaco 122 DE 5/6
Gran Paradiso, Berg 68/69 H 6
Gran Sasso d'Italia 68/69 L 7
Granada, Stadt (Nicaragua) 118/119.3 D 5
Granada, Stadt (Spanien) 74 DE 4
Grand Bahama Island 116/117 N 7
Grand Canyon 116/117 F 5
Grand Forks 116/117 J 3
Grand Rapids 116/117 L 4
Grande Comore 104 H 8
Grande Prairie 116/117 E 1/2
Granja Viana 127.5 A 2
Gransee 36/37 HJ 3/4
Graslitz 38/39 H 2
Graudenz 68/69 O 2
Grave 14/15 B 2
Graz 68/69 M 5
Great Abaco Island 116/117 NO 7
Great Dividing Range 112.1 EF 3-5
Great Falls 116/117 FG 3
Great Plains 132/133.1 DE 3/4
Great Yarmouth 68/69 EF 2
Greater Sudbury 114 KL 5
Grebenstein 14/15 J 3
Greding 38/39 G 3
Green Bay, Stadt (USA, Wisconsin) 116/117 KL 4
Green River, Fluss 116/117 FG 4/5
Green River, Stadt 116/117 F 5
Greene 14/15 K 2
Greenock 71 D 4
Greensboro 116/117 N 5
Greenstone 116/117 L 2
Greenville (USA, South Carolina) 116/117 M 6
Greenwich Village, New York- 126.1 A 2
Greenwich, London- 68/69 E 3
Greetsiel 36/37 BC 3
Grefrath (nördlich Viersen) 14/15 C 3
Greifenberg (Pommern) 36/37 KL 3
Greifenhagen 36/37 K 3
Greifenstein 14/15 G 4
Greifswald, Stadt 36/37 J 2
Greifswalder Bodden 36/37 J 2
Greifswalder Oie 36/37 JK 2
Greiz, Stadt 38/39 H 2
Grenada 118/119.3 J 5
Grengel, Köln- 25.6 E 3
Grenoble 68/69 GH 6
Greven (bei Münster) 14/15 F 1
Grevenbroich 14/15 CD 3
Grevenbrück, Lennestadt- 14/15 G 3.
Grevenmacher, Stadt 38/39 B 3
Grevesmühlen 36/37 G 3
Greymouth 112.1 GH 6
Griechenland, Staat 72/73 JK 5/6
Griesheim (bei Darmstadt) 38/39 D 3
Grijalva 118/119.3 C 4
Grimma 36/37 H 5
Grimmen 36/37 J 2
Grimsby 68/69 DE 2
Grímsey 70 B 1
Grímsvötn 70 B 2
Grjasi 76/77 GH 3
Grodno 68/69 Q 2
Gröditz 36/37 J 5
Grömitz 36/37 FG 2
Grönland 114 OP 2/3
Grönlandbecken 131.3 19
Groenlo 14/15 D 1
Groesbeek 14/15 B 2
Grohnde 43 C 2
Gronau, Stadt (an der Leine) 14/15 K 1
Gronau, Stadt (Westfalen) 14/15 E 1
Groningen 28 B 2
Groote Eylandt 112.1 D 3
Gropiusstadt, Berlin- 48/49.1 B 2
Grosny 54/55 RS 7
Groß-Gerau, Stadt 38/39 D 3
Groß Glienicke 48/49.1 A 2
Groß Schönebeck, Schorfheide- 36/37 J 4
Großalmerode 14/15 K 3
Großbritannien, Staat 68/69 C-E 1/2
Große Antillen 118/119.3 E-H 3/4
Große Arabische Wüste 90/91.3 HJ 7/8
Große Australische Bucht 112.1 CD 5
Große Bahamabank 116/117 N 7/8
Große Blöße 14/15 K 2
Große Ebene 98/99 M 4/5
Große Erft 22.1 C 2
Große Salzwüste 54/55 TU 9
Große Sandwüste 112.1 C 4
Große Schütt 68/69 N 4/5
Große Sundainseln 97 B-F 5
Große Syrte 54/55 M 9
Große Victoriawüste 112.1 CD 4
Großefehn 36/37 C 3
Großenbrode 36/37 G 2
Großenhain 36/37 J 5
Großenkneten 36/37 CD 4
Großer Arber 38/39 HJ 3
Großer Bärensee 114 G 3
Großer Beerberg 38/39 F 2
Großer Belchen 38/39 C 5
Großer Belt 68/69 K 1
Großer Chingan 98/99 MN 1-3
Großer Feldberg (Taunus) 38/39 D 2
Großer Kanal (China) 98/99 M 5
Großer Kinel 76/77 K 3
Großer Müggelsee 48/49.1 C 2
Großer Osser 38/39 J 3
Großer Plöner See 36/37 F 2
Großer Salzsee 116/117 F 4
Großer Sankt Bernhard 68/69 H 6
Großer Sklavensee 114 GH 3
Großer Usen 76/77 J 3/4
Großer Wannsee 48/49.1 A 2
Großer Wilder 51.3 B 2
Großer Wintersberg 38/39 C 3/4
Großes Barriereriff 112.1 EF 3
Großes Becken 116/117 E 5
Großes Ungarisches Tiefland 68/69 OP 5
Grosseto 68/69 K 7
Großglockner 68/69 L 5
Großmoordamm, Hamburg- 47.2 D 2
Großnamaland 104 E 9
Großostheim 38/39 DE 3
Großräschen 36/37 JK 5
Großwardein 68/69 Q 5
Großziethen (bei Teltow) 48/49.1 B 2
Grotenburg 14/15 H 2
Grudziądz 68/69 O 2
Grünau, Berlin- 48/49.1 C 2
Grünberg (Hessen) 38/39 DE 2
Grünberg (Schlesien) 68/69 MN 2/3
Grünstadt 38/39 CD 3
Grünten 51.3 B 1
Grüntensee 51.3 B 1
Grünwald 38/39 G 4
Gruiten, Haan- 9.1 AB 1
Grumme, Bochum- 44/45.4 B 1
Grunewald (Berlin) 48/49.1 AB 2
Grusinien → Georgien
Gryfice 36/37 L 3
Gryfino 36/37 K 3
Guadalajara (Mexiko) 114 H 7
Guadalajara (Spanien) 74 E 2
Guadalquivir 74 D 4
Guadalupe 114 FG 7
Guadeloupe 118/119.3 JK 4
Guadiana 74 D 3
Guadix 74 E 4
Guaianazes, São Paulo- 127.5 B 2
Guam 130.1 G 4
Guanahani 116/117 O 8
Guanajuato 118/119.3 AB 3
Guane 116/117 M 8
Guantánamo 118/119.3 FG 3
Guaporé 122 D 5
Guarapiranga-Reservoir 127.5 A 2
Guaratinguetá 127.3 C 3
Guarda 74 C 2
Guárico 118/119.3 H 6
Guarujá 127.5 B 2/3
Guarulhos 127.5 AB 1
Guatemala, Staat 118/119.3 CD 4
Guatemala, Stadt 118/119.3 CD 4/5
Guaxepé 127.3 B 2
Guayana, Landschaft 125 DE 3
Guayanabecken 122 FG 3
Guayanaschwelle 122 F 3
Guayaquil 122 B 4
Guaymas 116/117 F 7
Gubacha 76/77 L 2
Guben (Niederlausitz) 36/37 K 5
Guben (Polen) 36/37 K 5
Gubin 36/37 K 5
Gubkin 76/77 G 3
Gudbrandsdal 70 CD 3
Gudensberg 14/15 J 3
Gudermes 76/77 J 5
Guebwiller 38/39 C 5
Guelma 72/73 B 7
Günz 38/39 F 4
Günzburg, Stadt 38/39 F 4
Guernsey 68/69 C 4
Güstrow, Stadt 36/37 H 3
Güterfelde 48/49.1 A 2
Gütersloh 14/15 G 2
Gütersloh, Landkreis 13.1
Guffertspitze 38/39 G 5
Guinea 104 BC 5
Guinea-Bissau 104 B 5
Guineabecken 104 C 6/7
Guineaschwelle 132/133.1 JK 5/6
Gukowo 76/77 H 4
Guldborg 36/37 G 2
Guleman 80/81 QR 8
Gulpen-Wittem 14/15 B 4
Gulu 104 G 6
Gumbinnen 68/69 Q 1
Gummersbach 14/15 EF 3
Gundbach 47.3 A 1
Gundelfingen (an der Donau) 38/39 F 4
Gundelsheim 38/39 DE 3
Gundremmingen 43 D 4
Gundwald 47.3 A 1
Gunnbjørnfjell 114 PQ 3
Guntur 96 CD 4
Gunzenhausen 38/39 F 3
Guristausee 118/119.3 JK 6
Gurjew → Atyrau
Gus-Chrustalny 76/77 H 2
Gussew 68/69 Q 1
Guxhagen 14/15 K 3
Guyana 122 DE 3
Gwadar 90/91.3 K 7
Gwalior 96 C 2
Gweru 104 F 8
Gydan 86/87 JK 2/3
Gymnich 22.1 D 3
Gympie 112.1 F 4
Györ 68/69 N 5
Gypsumville 116/117 J 2

H

Haag, Schloss (bei Geldern) 14/15 C 2
Haag, Stadt (Oberösterreich) 38/39 J 4
Haaksbergen 36/37 B 4
Haan 14/15 E 3
Haar, Höhenzug 14/15 FG 2/3
Haar, Ort 38/39 G 4
Haard 14/15 E 2
Haardt, Gebirgszug 38/39 CD 3
Haaren 14/15 H 2
Haarlem (Niederlande) 68/69 FG 2
Haarstrang → Haar, Höhenzug
Habichtswald, Bergland 14/15 J 3
Habichtswald, Naturpark 50.1 C 3
Hachenburg 14/15 F 4
Hadamar 38/39 D 2
Hadeln, Land 36/37 D 3
Hadersleben 68/69 J 1
Hadramaut 90/91.3 HJ 8
Hädschu 98/99 NO 4
Hämeenlinna 70 F 3
Hämelschenburg 14/15 J 1
Härdler 14/15 G 3
Härnösand 70 E 3
Häselgehr 51.3 B 2
Hafencity 47.2 CD 1
Hagen (am Teutoburger Wald) 14/15 FG 1
Hagen (Westfalen) 14/15 EF 3
Hagen, kreisfreie Stadt 13.1
Hagenau, Stadt 38/39 CD 4
Hagendingen 38/39 B 3
Hagenow 36/37 FG 3
Hagondange 38/39 B 3
Haguenau, Stadt 38/39 CD 4
Hahn, Flugplatz 46.1 B 4
Hahnenkamm (bei Kitzbühel) 38/39 H 5
Hahnwald, Köln- 25.6 C 3
Haiderabad (Indien) 96 C 4
Haiderabad (Pakistan) 96 AB 2
Haidhof, Maxhütte- 38/39 H 3
Haiger 38/39 D 2
Haikou 98/99 KL 8
Hail 104 H 4
Haina 14/15 H 3
Hainan 98/99 KL 8
Hainich, Bergland 36/37 F 5
Hainleite 36/37 FG 5
Haiphong 96 J 3
Haithabu 36/37 E 2
Haiti 118/119.3 G 4
Hakenfelde, Berlin- 48/49.1 A 1
Hakodate 98/99 R 3
Halab 54/55 Q 8
Halberstadt, Stadt 36/37 FG 5
Halbinsel Alaska 114 C 4
Halbinsel Kanin 54/55 RS 2
Halbinsel Kola 54/55 Q 2
Halbinsel Taitao 122 C 8
Halbinsel Valdés 122 D 8
Halbinsel York 112.1 E 3
Halbinsel Yucatán 114 JK 8
Haldensleben 36/37 G 4
Haldern 14/15 CD 2
Halifax 114 M 5
Halirud 86/87 G 7
Hall (in Tirol) 38/39 G 5
Halle-Neustadt 36/37 G 5
Halle, Stadt (an der Saale) 36/37 GH 5
Halle, Stadt (Westfalen) 14/15 G 1
Hallein 38/39 J 5
Hallenberg (Sauerland) 14/15 H 3
Hallertau 38/39 G 4
Halligen 36/37 D 2
Halmahera 97 GH 4
Halmaherasee 97 G 5
Halmstad 70 D 4
Haltern 14/15 E 2
Haltiatunturi 70 F 2
Halver 14/15 EF 3
Hama 75 E 2
Hamadan 54/55 S 9
Hamamatsu 98/99 Q 5
Hamar 70 D 3
Hambach (Niederzier) 22.1 B 3
Hambach, Braunkohlentagebau 22.1 C 3
Hamborn, Duisburg- 44/45.1 B 2
Hamburg, Bundesland 29 D 2
Hamburg, Stadt 36/37 F 3
Hameln 36/37 E 4
Hamersley Range 112.1 B 4
Hami 98/99 G 3
Hamilton (Bermuda) 114 M 6
Hamilton (Kanada) 114 K 5
Hamilton (Neuseeland) 112.1 H 5
Hamm (Westfalen) 14/15 F 2
Hamm, kreisfreie Stadt 13.1
Hammamet 72/73 D 7
Hamme, Bochum- 44/45.4 B 2
Hammelburg 38/39 E 2
Hammerfest 70 F 1
Hamminkeln 14/15 CD 2
Hamont-Achel 14/15 AB 3
Hanau, Stadt 38/39 DE 2
Hangtschou 98/99 MN 5
Hankensbüttel 36/37 F 4
Hanko 70 F 4
Hann. Münden, Stadt 36/37 E 5
Hannibal 116/117 K 5
Hannover 68/69 JK 2
Hannover, Stadt 36/37 E 4
Hannoversch Münden → Hann. Münden, Stadt
Hanoi 96 HJ 3
Hanstein 14/15 KL 3
Hantan 98/99 L 4
Haparanda 70 F 2
Happy Valley-Goose Bay 116/117 QR 2
Harar, Stadt 104 H 6
Harare 104 G 8
Harburg, Hamburg- 36/37 EF 3
Hardangerfjord 70 C 3
Hardangervidda, Bergland 70 C 3
Hardegsen 14/15 K 2
Hardenberg (Niederlande) 36/37 B 4
Hardenberg, Nörten- 14/15 KL 2
Harderwijk 36/37 A 4
Haren (an der Ems) 36/37 C 4
Hargeisa 104 H 6
Harkortsee 44/45.1 D 2
Harle (Ostfriesland) 36/37 C 3
Harpen, Bochum- 44/45.4 C 2
Harrisburg 116/117 N 4/5
Harsefeld 36/37 E 3
Harsewinkel 14/15 G 2
Harstad 70 E 2
Harsum 14/15 KL 1
Hartford 116/117 O 4
Harwich 68/69 E 3
Harz 68/69 K 3
Harz, Gebirge 36/37 F 5
Harzgerode 36/37 FG 5
Hasbergen 14/15 F 1
Hase 36/37 C 4
Haselünne 36/37 C 4
Haskovo 72/73 L 5
Haslach, Ort (Mühlviertel) 38/39 K 4
Haspe, Hagen- 44/45.1 D 2
Haspertalsperre 44/45.1 D 2
Haßberge, Bergland 38/39 F 2
Haßberge, Naturpark 50.1 D 3
Hasselfelde, Oberharz am Brocken- 36/37 FG 5
Hasselsweiler 22.1 B 2
Haßfurt 38/39 F 2
Hassi Messaud 80/81 H 9
Hassi R'mel 109 CD 3
Haßlinghausen 44/45.1 D 2
Haßloch 38/39 D 3
Hastings 68/69 E 3
Hat Yai 97 AB 3
Hatschinohe 98/99 R 3
Hattingen 14/15 E 3
Hatzfeld 14/15 GH 3/4
Hau, Bedburg- 14/15 C 2
Haugesund 70 BC 4
Haus Assen 14/15 FG 2
Haus Borg 14/15 F 2
Haus Vornholz 14/15 G 2
Haus Welbergen 14/15 E 1
Hausach 38/39 D 4
Hausberge, Porta Westfalica- 8.3 A 1
Haussee 48/49.1 C 1
Haustenbach 14/15 H 2
Hauzenberg 38/39 J 4
Havanna 118/119.3 E 3
Havel, Fluss 36/37 H 4
Havelberg 36/37 H 4
Havelkanal 48/49.1 A 1
Havelland, Landschaft 36/37 H 4
Havixbeck 14/15 E 2
Havre 116/117 G 3
Havre-Saint-Pierre 116/117 Q 2/3
Hawaii 130.1 K 4
Hawaii-Inseln 130.1 JK 3/4
Hawaiirücken 130.1 JK 3/4
Hay Point 113.4 EF 3
Hayange 38/39 AB 3
Hayingen 38/39 AB 3
Heardinsel 150/151.1 NO 8
Hebborn, Bergisch Gladbach- 25.6 E 2
Hebriden 71 C 2/3
Hecatestraße 116/117 BC 2
Hechingen 38/39 D 4
Heckinghausen, Wuppertal- 9.1 C 1

Hedschas 104 G4 90/91.3 G7
Heek 14/15 E1
Heerde 36/37 AB4
Heerenveen 36/37 AB4
Heerlen 38/39 AB2
Hegau 38/39 D5
Heidbrink 14/15 H1
Heide (Holstein) 36/37 E2
Heidelberg, Stadt 38/39 D3
Heiden (Westfalen) 14/15 D2
Heidenau 38/39 J2
Heidenheim (an der Brenz) 38/39 EF4
Heider Bergsee 22.4 B1
Heihe 98/99 O1
Heilbronn, Stadt 38/39 E3
Heiligenhafen 36/37 F2
Heiligenhaus 14/15 DE3
Heiligensee, Berlin- 48/49.1 AB1
Heiligenstadt (Eichsfeld) 36/37 EF5
Heiligenstuhl 14/15 FG3
Heilungkiang 98/99 OP2
Heimbach, Bach 14/15 CD4
Heimersdorf, Köln- 25.6 B1
Heimerzheim 14/15 D4
Heinersdorf 48/49.1 B2
Heinrichshöhle 26.1
Heinsberg 14/15 C3
Heinsberg, Landkreis 13.1
Heisingen, Essen- 44/45.1 C2
Heiterwang 51.3 C2
Hekla 70 AB2
Helen 97 H4
Helena 116/117 F3
Helgeland 70 D2
Helgoländer Bucht 36/37 CD2
Helgoland 36/37 CD2
Hellendoorn 36/37 B4
Hellenthal 14/15 C5
Hellersdorf, Marzahn- 48/49.1 C1
Hellín 74 F3
Hellweg 14/15 FG2
Helmbrechts 38/39 G2
Helme 36/37 G5
Helmond 36/37 A5
Helmstedt, Stadt 36/37 FG4
Helpter Berge 36/37 J3
Helsa 14/15 K3
Helsingborg 70 D4
Helsingör 70 D4
Helsinki 70 FG3
Hemer 14/15 F3
Hemmingen 14/15 K1
Hengelo 36/37 BC4
Hengjang 98/99 L6
Hengstbach 47.3 B1
Hengsteysee 44/45.1 D2
Hennef 14/15 E4
Hennetalsperre 14/15 G3
Hennigsdorf 36/37 HJ4
Henrichenburg 44/45.1 D1
Henzada 96 FG4
Heppendorf 22.1 C3
Heppenheim 38/39 D3
Herat 90/91.3 K6
Herbede, Witten- 14/15 E3
Herbern 14/15 F2
Herbolzheim 38/39 C4
Herborn 38/39 D2
Herbrechtingen 38/39 F4
Herchen 14/15 F4
Herdecke 14/15 EF3
Herdorf 14/15 FG4
Herford 14/15 H1
Herford, Landkreis 13.1
Heringsdorf (Usedom) 36/37 K2/3
Herisau 38/39 E5
Herleshausen 38/39 EF1
Hermannsdenkmal 14/15 H2 26.1
Hermannstadt 72/73 L3
Hermeskeil 38/39 B3
Hermosillo 114 GH7
Hermsdorf (Thüringen) 38/39 GH2
Hermsdorf, Berlin- 48/49.1 B1
Hermülheim, Hürth- 25.6 B3
Herne 14/15 E2
Hernen 14/15 B2
Heroldsberg 38/39 G3
Heron 36/37 EF4
Herrenberg (bei Stuttgart) 38/39 DE4
Herrenchiemsee 38/39 H5
Herrieden 38/39 F3
Herringen, Hamm- 14/15 F2
Herrsching 38/39 G4/5
Hersbruck 38/39 G3
Herschbach 14/15 F4
Herscheid 14/15 F3
Herstal 14/15 B4
Herten, Stadt 14/15 E2
Herve 14/15 B4
Herveland 14/15 B4
Herzberg, Burg (Knüll) 14/15 JK4
Herzberg, Stadt (an der Schwarzen Elster) 36/37 J5
Herzberg, Stadt (Harz) 36/37 F5
Herzebrock 14/15 G2
Herzegowina, Bosnien- 72/73 GH3/4
Herzfeld 14/15 G2
Herzogenaurach 38/39 F3
Herzogenrath 14/15 C4
Hesel 36/37 C3
Hessel 14/15 G1
Hesselberg 38/39 F3
Hessen, Bundesland 29 C3 38/39 DE2
Hessenstein 14/15 H3
Hessisch Lichtenau 14/15 K3
Hessisch Oldendorf 14/15 J1
Het Loo 14/15 B1
Hettstedt 36/37 G5
Heuchelheim 14/15 H4
Heumar, Köln- 25.6 DE2/3
Heumen 14/15 B2
Hidalgo del Parral 116/117 G7
Hidden Hills 126.2 A1
Hiddenhausen 14/15 GH1
Hiddensee, Insel 36/37 HJ2
Hiddesen 26.1
Highland Valley 121 FG4
Highlands 71 DE3
Hilchenbach 14/15 G3/4
Hildburghausen, Stadt 38/39 F2
Hilden 14/15 D3
Hilders 38/39 EF2
Hildesheim, Stadt 36/37 EF4
Hildesheimer Wald 14/15 KL1
Hille 14/15 H1
Hilmend 90/91.3 K6
Hilpoltstein (Mittelfranken) 38/39 G3
Hils 36/37 E5
Hilter 14/15 G1
Hiltrop, Bochum- 44/45.4 C1
Hiltrup, Münster- 14/15 F2
Himalaya 96 C-F1/2
Hindubagh 96 A1
Hindukusch 90/91.3 KL6
Hindustan 90/91.3 LM7
Hinnöy 70 E2
Hinterhornbach 51.3 B2
Hinterindien 96
Hirakudstausee 96 D3
Hiroschima 98/99 P5
Hirschaid 38/39 FG3
Hirschau 38/39 GH3
Hirschberg, Ortsteil (bei Warstein) 14/15 G3
Hirschberg, Stadt (an der Saale) 38/39 GH2
Hirschwald, Naturpark 50.1 D4
Hirtshals 70 CD4
Hispaniola 118/119.3 GH3/4
Hitra 70 C3
Hittisau 51.3 A2
Hitzacker 36/37 FG3
Ho-Tschi-Minh-Stadt 96 J5
Hobart 112.1 E6
Hoboken 126.1 A2
Hochdahl, Hilden- 9.1 A1
Hochfeld, Duisburg- 23.2 AB1
Hochfelden 38/39 C4
Hochgrat 51.3 B1
Hochkirchen, Köln- 25.6 C3
Hochkönig 38/39 J5
Hochland der Schotts 54/55 HJ8/9
Hochland von Bihé 104 E8
Hochland von Dekkan 96 C4
Hochland von Mexiko 116/117 GH6-8
Hochneukirch 14/15 C3
Hochsauerlandkreis, Landkreis 13.1
Hochvogel 51.3 B2
Hochwald, Höhenzug (Hunsrück) 38/39 BC3
Hochwald, Landschaft (bei Düren) 14/15 C4
Hockenheim 38/39 D3
Hodeida 90/91.3 H8
Höchstadt 38/39 F3
Höfen (Allgäu) 51.3 C2
Höhenberg, Köln- 25.6 D2
Höhenhaus, Köln- 25.6 D2
Höhscheid, Solingen- 9.1 B2
Hoek van Holland 68/69 FG3
Höllen 22.1 B2
Hönebach 14/15 K4
Hönefoss 70 CD3
Hönne 14/15 F3
Hönow 48/49.1 C1
Hönow Nord 48/49.1 C1
Hörde, Dortmund- 44/45.1 DE2
Hörnum 36/37 D2
Hörste, Lage- 26.1
Hörstel 14/15 F1
Hösel 44/45.1 B2
Hövel, Bockum- 14/15 F2
Hoevelaken 14/15 AB1
Hövelhof 14/15 H2
Höxter 14/15 J2
Höxter, Landkreis 13.1
Hof (Niederlande) 14/15 D1
Hof, Stadt (Franken) 38/39 GH2
Hofei 98/99 M5
Hofgeismar 36/37 E5
Hofheim (Taunus) 38/39 D2
Hofheim (Unterfranken) 38/39 F2
Hofsjökull 70 B2
Hofstede, Bochum- 44/45.4 B1
Hofuf 90/91.3 H7
Hoge Veluwe 14/15 B1
Hohe Acht 38/39 BC2
Hohe Bracht 14/15 FG3
Hohe Eifel 38/39 BC2
Hohe Hagen 14/15 K3
Hohe Mark-Westmünsterland, Naturpark 26.1
Hohe Mark, Landschaft 14/15 E2
Hohe Schar, Hamburg- 47.2 C2
Hohe Tauern 68/69 L5
Hohenhameln 14/15 L1
Hohenlimburg, Hagen- 14/15 F3
Hohenloher Ebene 38/39 EF3
Hohensalza 68/69 NO2
Hohenschönhausen, Berlin- 48/49.1 BC1
Hohensolms 14/15 GH4
Hohenstaufen 38/39 E4
Hohenstein-Ernstthal 38/39 H2
Hohentwiel 38/39 D5
Hohenwartetalsperre 38/39 G2
Hohenwestedt 36/37 E2
Hohenzollern, Burg 38/39 DE4
Hoher Atlas 54/55 G9
Hoher Bogen 38/39 HJ3
Hoher Fläming, Naturpark 50.1 E2
Hoher Freschen 38/39 E5
Hoher Ifen 51.3 B2
Hoher Vogelsberg, Naturpark 50.1 C3
Hohes Lohr 14/15 HJ3
Hohes Venn 38/39 AB2
Hohes Venn-Eifel, Naturpark 50.1 B3
Hohes Venn-Eifel, Naturpark 26.1
Hohkönigsburg 38/39 C4
Hohneck 38/39 BC4
Hohwacht 36/37 F2
Hokang 98/99 P2
Hokkaido 98/99 R3
Holguín 118/119.3 FG3
Hollenstedt 36/37 E3
Hollfeld 38/39 G3
Hollywood, Los Angeles- 126.2 B1
Hólmevík 70 A1
Holstebro 70 C4
Holsteinische Schweiz, Naturpark 50.1 CD1
Holsterhausen 44/45.1 B1
Holte, Bochum- 44/45.4 C1
Holten, Rijssen- 14/15 C1
Holweide, Köln- 25.6 D2
Holyhead 68/69 B2
Holzen, Dortmund- 44/45.1 E2
Holzhau 38/39 J2
Holzkirchen 38/39 G5
Holzminden 36/37 E5
Holzwickede 14/15 F2/3
Homberg (an der Efze) 14/15 JK3
Homberg-Meiersberg 44/45.1 B2
Homberg, Duisburg- 14/15 D3
Hombruch, Dortmund- 44/45.1 D2
Homburg, Burg 14/15 EF4
Homburg, Stadt (Saarland) 38/39 C3
Homert, Berg 14/15 G3
Homert, Naturpark 26.1
Homs 54/55 Q9
Honan 98/99 L5
Hondsrug 36/37 B3/4
Honduras 118/119.3 DE4
Hongkong 98/99 LM7
Honiara 112.1 F2
Honolulu 130.1 JK3
Honschu 98/99 PQ4
Hooge 36/37 D2
Hoogeveen 36/37 B4
Hoogezand-Sappemeer 36/37 B3
Hopei 98/99 M3/4
Hopfensee 51.3 C1
Hopferau 51.3 C1
Hopsten 14/15 F1
Horb 38/39 D4
Hordel, Bochum- 44/45.4 AB1/2
Horgen 38/39 D5
Horn-Bad Meinberg 14/15 HJ2
Horn, Kap (Island) 70 A1
Hornavan 70 E2
Hornbach, Fluss (zum Lech) 51.3 BC2
Hornberg, Stadt (Schwarzwald) 38/39 D4
Horneburg (bei Datteln) 44/45.1 D1
Hornisgrinde 38/39 D4
Horrem 14/15 D4
Horst, Gelsenkirchen- 44/45.1 C1
Horst, Stadt (Niederlande) 36/37 B5
Horstmar (bei Lünen) 44/45.1 E1
Horstmar (Münsterland) 14/15 E1
Hospitalet de Llobregat 74 GH2
Houston 116/117 J6/7
Howrah 96 E3
Hoya, Stadt 36/37 E4
Hoyerswerda 36/37 K5
Hradec Králové 68/69 M3
Hua Hin 96 GH5
Huambo 104 E8
Huancayo 122 C5
Huascarán 122 C4
Hubli 90/91.3 L8
Hubli-Dharwar 96 C4/5
Huchem 22.1 B3
Huckarde, Dortmund- 44/45.1 D1
Huckingen, Duisburg- 44/45.1 AB2
Huddersfield 68/69 D2
Hudson Bay, Stadt 116/117 H2
Hudson River 126.1 A1/2
Hudson, Fluss 116/117 O4
Hudson, Stadtteil (USA, New Jersey) 126.1 A1/2
Hudsonbai 114 JK3/4
Hudsonstraße 114 LM3
Hué 96 J4
Hücheln, Frechen- 25.6 A2
Hückelhoven 14/15 C3
Hückeswagen 14/15 E3
Hüllhorst 14/15 H1
Hüls (bei Krefeld) 14/15 CD3
Hüls, Marl- 44/45.1 C1
Hülshoff 14/15 EF2
Huelva 74 C4
Hümmling 36/37 C4
Hünfeld 38/39 E2
Hünxe 14/15 D2
Hürtgenwald 14/15 C4
Hürth 14/15 D4
Huesca 68/69 DE7
Hüsten, Neheim- 14/15 FG3
Hüttenberg (Hessen) 14/15 GH4
Hüttener Berge, Naturpark 50.1 C1
Hughenden 112.1 E4
Huhehot 98/99 L3
Hull (Großbritannien) 68/69 D2
Hulunnor 98/99 M2
Humber 68/69 E2
Húnabucht 70 A1
Hunan 98/99 L6
Hunau 14/15 G3
Hunedoara 68/69 Q6
Hungnam 98/99 O4
Hungschui 98/99 K6
Hunsrück, Gebirge 38/39 BC2/3
Hunte 36/37 D4
Huntington Beach 126.2 BC2
Huntsville (USA, Alabama) 116/117 L6
Hupeh 98/99 L5
Hurghada 109 G4
Huronsee 116/117 M3/4
Húsafík 70 B1
Husum 36/37 E2
Hutchinson 116/117 J5
Hutt 112.1 H6
Huy, Höhenzug 36/37 FG5
Hvar 72/73 G4
Hwainan 98/99 M5
Hwange 109 F8
Hwangho 98/99 LM5/6
Hwangschih 98/99 LM6

I

Ialomiţa 72/73 M3
Iaşi 72/73 M2
Ibadan 104 D6
Ibagué 122 C3
Ibbenbüren 14/15 F1
Iberisches Randgebirge 74 EF2
Ibiá 127.3 B1
Ibitinga 127.3 A2
Ibiza, Insel 74 G3
Ibiza, Stadt 74 G3
Iburg (bei Bad Driburg) 14/15 HJ2
Içá, Fluss 122 D4
Ica, Stadt (Peru) 122 C5
Ichendorf, Quadrath- 22.1 D2
Ichenhausen 38/39 F4
Ida 72/73 L8
Idaho 116/117 EF4
Idar-Oberstein 38/39 C3
Idarkopf 38/39 C3
Idarwald 38/39 C3
Idstein 38/39 D2
Iesolo 68/69 L6
Ifen, Hoher 38/39 F5
Igarka 86/87 K3
Igidi 104 C4
Iglau 68/69 M4
Iglesias 72/73 BC6
Igra 76/77 K2
Iguaçú 122 E6
Iguaçúfälle 122 E6
Iguape 127.3 B4
Ihna 36/37 K3
Iisalmi 70 G3
IJssel 68/69 H2
IJsselmeer 68/69 G2
IJsselstein 14/15 B3
Ik 76/77 K3
Ikaria, Insel 72/73 LM7
Ilagan 97 F1
Île de France 68/69 EF4
Île de Ré 68/69 D5
Ilebo 104 F7
Ilek 76/77 L3
Iles d'Hyères 68/69 H7
Ilha de São Sebastião 127.3 C3
Ilha Grande 127.3 CD3
Ilhéus 122 G5
Ili 86/87 J5
Iligan 97 F3
Ilkurischan 98/99 NO1
Ill (zum Rhein) 38/39 C4
Illampu 122 D5
Iller 38/39 F5
Illertissen 38/39 F4
Illimani 122 D5
Illinois, Fluss 116/117 K5
Illinois, Staat der USA 116/117 KL4
Ilm (zur Saale) 38/39 G2
Ilme 14/15 K2
Ilmenau, Fluss 36/37 F3
Ilmenau, Stadt 38/39 FG2
Ilmensee 54/55 OP4
Ilo 125 CD5
Iloilo 97 F2
Imandrasee 70 H2
Imatra 70 G3
Immenhausen 14/15 JK3
Immenstadt 38/39 F5
Imphal 96 F2/3
Imroz 72/73 LM5
Imst 38/39 F5
In Salah 104 D4
Ina 36/37 KL3
Inaguainseln 116/117 O8
Inanwatan 97 H5
Inari 70 G2
Inarisee 70 G2
Ince Burun 76/77 FG5
Indalsälv 70 E3
Inde 14/15 C4
Inden, Braunkohlentagebau 22.1 AB3
Inden, ehemaliger Ort 22.1 B3
Inden, Gemeinde 14/15 C4
Inderagiri 97 B5
Inderborski 76/77 K4
Indiana, Staat der USA 116/117 LM4/5
Indianapolis 116/117 L5
Indien 96 B-D3
Indigirka 86/87 Q3
Indisch-Antarktischer Rücken 132/133.1 OP8
Indisch-Antarktisches Becken 132/133.1 O-Q8
Indischer Ozean 104 G-J9/10 90/91.3 J-N9
Indonesien 97 C-H5
Indur 96 C3
Indus 96 B1
Ingelheim 38/39 D3
Ingermanland 76/77 EF2
Inglewood 126.2 B2
Ingolstadt (Oberbayern) 38/39 G4
Ingulez, Fluss 76/77 F4
Ingulez, Stadt 76/77 F4
Inhambane 104 G9
Inn 38/39 H4
Innere Mongolei 98/99 K-N2/3
Innerste 36/37 F4
Innsbruck 68/69 KL5
Inowrocław 68/69 NO2
Insa 76/77 J3
Insel Usedom, Naturpark 50.1 E1/2
Inselsberg 38/39 F2
Inta 80/81 UV2
Intschön 98/99 NO4
Inuvik 121 FG3
Invercargill 112.1 G6
Inverness 71 DE3
Ioannina 72/73 J6
Ionische Inseln 72/73 HJ6/7
Ionisches Meer 72/73 GH6/7
Iowa 116/117 JK4
Ipanema 127.3 E1
Ipatinga 127.3 D1
Iphofen 38/39 F3
Ipin 98/99 J6
Ipoh 97 B4
Ipswich (Australien) 112.1 F4
Ipswich (Großbritannien) 68/69 E2
Iqaluit 114 M3
Iquique 122 C5/6
Iquitos 122 C4
Irak 90/91.3 H6
Iraklion 72/73 L8
Iran 90/91.3 J6
Irangebirge 97 DE4
Irapuato 116/117 H8
Irawadi 96 G3
Irazú 118/119.3 E5/6
Iremel 76/77 L3
Iriri 122 E4
Irische See 68/69 BC2
Irkutsk 86/87 M4
Irland, Staat 68/69 A2
Irtysch 54/55 X3/4 86/87 H4
Isabela 97 F3
Ísafjördhur 70 A1
Isafjord 70 A1
Isar 38/39 H4
Isberbasch 76/77 J5
Ischewsk 54/55 T4
Ischia 72/73 E5
Ischim 54/55 W5 86/87 J4
Ischimbai 76/77 L3
Ischimsteppe 54/55 WX4/5
Iser 38/39 K2
Isère 68/69 G6
Iserlohn 14/15 F3
Isfahan 54/55 T9
Isjum 76/77 G4
Iskenderun 75 E2
Isker, Fluss 72/73 L4
Isla de la Gonave 118/119.3 G4
Isla de la Juventud 116/117 M8
Islamabad 96 BC1
Island 70 A-C1/2
Islandbecken 54/55 D3/4
Islay 71 CD4
Ismail 72/73 N3
Ismaning 38/39 G4
Isny 38/39 F5
Isparta 75 D2
Israel 90/91.3 G6
Issel 14/15 D2
Isselburg 14/15 CD2
Issum 14/15 CD2
Issykkul 86/87 J5
Istanbul 72/73 N5
Istanbul-Üsküdar 72/73 N5
Istha 14/15 J3
Isthmus von Tehuantepec 118/119.3 BC4
Istrancagebirge 72/73 MN4/5
Istrien 68/69 LM6
Itabira 127.3 D1
Itabirito 127.3 CD2
Itacoatiara 122 E4
Itaipú 125 E6
Itajubá 127.3 C3
Italien, Staat 68/69 J-L6/7
Itanhaém 127.3 B4
Itapecerica da Serra 127.5 A2
Itaperuna 127.3 DE2
Itapetininga 127.3 AB3
Itaquaquecetuba 127.5 B1
Itaquera, São Paulo- 127.5 AB2
Itatiaia 122 F6
Itaúna 127.3 C2
Ith 36/37 E4
Itschang 98/99 KL5
Itumbiara 127.3 A1
Itumbiarastausee 127.3 A1
Iturup 98/99 S3
Itzehoe 36/37 E3
Iwaki 98/99 R4
Iwano-Frankowsk 76/77 DE4
Iwanowo 54/55 R4
Izmir 72/73 M6
Izmit 72/73 NO5
Iznik 72/73 N5
Izniksee 72/73 N5

J

Jaan 98/99 J5
Jabalpur 96 CD3
Jablonizkipass 72/73 L1
Jablonowygebirge 86/87 MN4
Jablunkapass 68/69 O4
Jackson (USA, Michigan) 114 K6
Jackson (USA, Mississippi) 116/117 KL6
Jackson (USA, Wyoming) 116/117 F4
Jacksonville (USA, Florida) 116/117 MN6
Jade, Fluss 36/37 D3
Jadebusen 36/37 D3
Jämtland 70 DE3
Jaén 74 E4
Jaffna 96 CD6
Jagdalpur 96 D4
Jagotin 76/77 F3
Jagst 38/39 E3
Jailagebirge 76/77 FG4/5
Jaipur 96 C2
Jakarta 97 C6
Jakobsberg 8.3 A1
Jakutien 86/87 N-Q3
Jakutsk 86/87 OP3
Jalapa Enriquez 116/117 J8/9
Jalhay 14/15 B4
Jalón 74 F2
Jalta 54/55 PQ7
Jalu 98/99 O3
Jamaika 118/119.3 F4
Jamaikaschwelle 114 KL8
Jamal 86/87 HJ2
Jamantau 54/55 U5 86/87 G4
Jambi 97 B5
Jambol 72/73 M4
James River (USA, South Dakota) 116/117 J4
Jamesbai 114 KL4
Jammu 96 BC1
Jamshedpur 96 DE3
Jamuna 96 C2
Jamussukro 104 C6
Jan Mayen 150/151.1 J2 131.3 14/15

Jana 86/87 P3
Janaul 76/77 L2
Janbo 100/101.3 GH7
Jangtsekiang 98/99 M5/6
Jap 150/151.1 QR5
Japan 98/99 P-R4/5
Japangraben 130.1 G2/3 90/91.3 S6
Japanisches Meer 98/99 PQ3/4
Japurá 122 D4
Jaraguá 127.5 A1
Jarkand, Fluss 98/99 D4
Jarkand, Stadt 98/99 D4
Jarmen 36/37 J3
Jaroslawl 54/55 Q4
Jarvisinsel 130.1 JK5
Jarzewo 76/77 F2
Jasmund, Landschaft 36/37 J2
Jasmund, Nationalpark 50.1 EF1
Jasper (Kanada) 116/117 E2
Jasper-Nationalpark 116/117 EF2
Jataí 122 E5
Jaú 127.3 A3
Jaunde 104 E6
Java 97 CD6
Javasee 97 C-E6
Jeetzel 36/37 G3
Jefferson City 116/117 K5
Jefremow 76/77 G3
Jegorjewsk 76/77 GH2
Jejsk 76/77 G4
Jekaterinburg 54/55 V4 86/87 GH4
Jelabuga 76/77 K2
Jelez 76/77 G3
Jelgava 70 F4
Jember 97 D6
Jemen 90/91.3 HJ8
Jena, Stadt 38/39 G2
Jenan 98/99 KL4
Jenbach 38/39 G5
Jenissei 86/87 JK2
Jenisseisk 86/87 KL4
Jenki 98/99 O3
Jentai 98/99 N4
Jerbogatschen 86/87 M3
Jerez de la Frontera 74 CD4
Jergenihöhe 76/77 H4
Jerhschih 98/99 MN2
Jerschow 76/77 J3
Jersey 68/69 CD4
Jerusalem 54/55 PQ9
Jesberg 14/15 J3/4
Jesd 54/55 TU9
Jessen, Stadt 36/37 HJ5
Jever, Stadt 36/37 CD3
Jewpatorija 76/77 F4
Jhansi 96 C2
Jhelum 96 B1
Ji-Paraná, Stadt 122 DE5
Jihlava 68/69 M4
Jijang 98/99 L6
Jimma 104 G6
Jining 98/99 E3
Jinja 109 G6
Jintschuan 98/99 K4
Jiu 72/73 KL3
Joachimsthal 36/37 JK4
João Pessoa 122 G4
Jodhpur 96 B2
Jöchlspitze 51.3 B2
Jönköping 70 DE4
Joensuu 70 GH3
Jogjakarta 97 CD6
Johannesburg 104 F9
Johanngeorgenstadt 38/39 H2
Johannisthal, Berlin- 48/49.1 BC2
Johnstoninsel 130.1 J4
Johore Bahru 97 B4
Joinville 122 F6
Jokkmokk 70 E2
Jokohama 98/99 QR4
Jolo 97 F3
Joplin 116/117 K5
Jordanien 90/91.3 G6
Jos 104 D6
Joschkar-Ola 76/77 J2
Joseph-Bonaparte-Golf 112.1 C3
Jostedalsbre 70 C3
Jotunheim 70 C3
Juan-Fernández-Inseln 122 BC7
Juankiang 98/99 K6
Juàzeiro 122 FG4/5
Juàzeiro do Norte 122 FG4
Juba 104 FG6
Júcar 74 F3
Jüchen 14/15 CD3
Jülich, Stadt 14/15 C4
Jümen 98/99 H3
Jünnan 98/99 HJ7
Jüschan 98/99 N7
Jüterbog 36/37 J4/5
Jütland 70 C4
Jug 76/77 J2
Juguari 127.5 B1
Juist, Insel 36/37 B3
Juist, Ort 36/37 BC3
Juiz de Fora 127.3 D2
Jujuy 125 D6
Julianakanal 14/15 B3/4
Julianehåb 114 NO3
Jundiá 127.3 B3
Jundiá-Reservoir 127.5 B2
Jundiá, Fluss 127.5 B2
Jundiapeba 127.5 B2
Juneau 114 EF4
Jungbunzlau 38/39 K2
Jungfernsee 48/49.1 A2
Jungholz 51.3 B1
Junkersdorf, Köln- 25.6 B2
Juqueri 127.5 A1
Juqueri-Reservoir 127.5 A1
Jura, Gebirge 68/69 GH5
Jura, Insel 71 CD3
Jurmala 76/77 D2
Juruá 122 D4
Jurumirim, Stausee von 127.3 A3
Juschno-Sachalinsk 86/87 Q5
Jyväskylä 70 FG3

K

K2 (Godwin Austen) 98/99 D4
Kaaden 38/39 J2
Kaarst 14/15 D3
Kabel, Hagen- 44/45.1 D2
Kabul 90/91.3 K6
Kabwe 104 FG8
Kachowkaer Stausee 54/55 P6
Kaçkardaǧı 75 F1
Kadan 38/39 J2
Kaduna, Stadt 104 D5
Kaédi 104 B5
Känguruinsel 112.1 D5
Kaffa 109 G6
Kagoschima 98/99 OP5
Kahla 38/39 G2
Kahler Asten 14/15 G3
Kahul 72/73 N3
Kaifeng 98/99 LM4/5
Kaiinseln 97 H5/6
Kailas 98/99 E5
Kaimana 97 H5
Kaimangraben 114 KL8
Kaimaninseln 118/119.3 EF4
Kairo 104 G3
Kairuan 72/73 CD8
Kaiserberg (bei Duisburg) 23.2 B1
Kaiserplatte 47.3 B1
Kaisersesch 38/39 BC2
Kaiserslautern, Stadt 38/39 C3
Kaiserstuhl, Gebirge 38/39 C4
Kaiserswerth, Düsseldorf- 14/15 D3
Kaiserwald, Bergland 38/39 H2
Kajaani 70 G3
Kakadu Nationalpark 112.1 D3
Kakinada 96 D4
Kalabrien 72/73 G6
Kalahari 104 EF9
Kalamá 72/73 JK7
Kalan 75 E2
Kalatsch 76/77 H4
Kaldenhausen, Rumeln- 44/45.1 A2
Kaldenkirchen 14/15 C3
Kaledonischer Kanal 71 D3
Kalefeld 14/15 L2
Kalemie 104 F7
Kalewala 70 H2
Kalgan 98/99 L3
Kalgoorlie 112.1 C5
Kalifornien → California
Kalifornischer Graben 114 G7
Kalimantan 97 DE4/5
Kalinin → Twer
Kaliningrad 68/69 P1
Kalisch 68/69 O3
Kalispell 116/117 EF3
Kalisz 68/69 O3
Kalk, Köln- 25.6 D2
Kalkar 14/15 C2
Kalksee 48/49.1 D2
Kalkutta → Kolkata
Kall 14/15 D4
Kalletal 14/15 HJ1
Kalmar 70 E4
Kalte Eiche 14/15 G4
Kalterherberg 14/15 C4
Kaluga 54/55 PQ5
Kama 54/55 T3/4
Kamastausee 54/55 TU4
Kambalda 113.4 BC5
Kambodscha 96 HJ5
Kamen 14/15 F2
Kamenez-Podolski 76/77 E4
Kamenka (bei Pensa) 76/77 H3
Kamensk-Schachtinski 76/77 H4
Kamensk-Uralski 54/55 V4
Kamenskoje 86/87 S3
Kamenz, Stadt 36/37 K5
Kamerun, Staat 104 E5/6
Kamerunberg 104 DE6
Kamień Pomorski 36/37 K3
Kamina 104 F7
Kamloops 114 FG4
Kamp-Lintfort 14/15 D2/3
Kampala 104 G6/7
Kampen (Sylt) 36/37 D2
Kamtschatka 86/87 RS4
Kamyschin 76/77 J3
Kanada 114 G-L4
Kanadabecken 114 CD2
Kanadischer Schild 114 J-M4/5
Kanal, Der 71 EF6/7
Kanalinseln 68/69 C4
Kananga 104 F7
Kanarenbecken 132/133.1 H4
Kanarische Inseln 54/55 F10
Kanasawa 98/99 Q4
Kanasch 76/77 J2
Kandagatsch 76/77 L4
Kandahar 90/91.3 K6
Kandalaksha 54/55 PQ2
Kandel, Berg 38/39 CD4
Kandel, Stadt 38/39 D3
Kandla 96 AB3
Kandy 96 D6
Kangeaninseln 97 DE6
Kanggje 98/99 O3
Kanin, Halbinsel 54/55 RS2
Kankan 104 BC5/6
Kano, Stadt 104 DE5
Kanpur 96 D2
Kansas City 116/117 K5
Kansas, Fluss 116/117 J5
Kansas, Staat der USA 116/117 HJ5
Kansk 86/87 L4
Kansu 98/99 HJ4
Kantabrisches Gebirge 68/69 BC7
Kanton 98/99 L7
Kantschou 98/99 L6
Kaohsiung 98/99 MN7
Kaolack 104 B5
Kap Adare 131.4 15/16
Kap Agulhas 104 F10
Kap Ambre 104 HJ8
Kap Arkona 36/37 J2
Kap Arnhem 112.1 D3
Kap Bares 74 C1
Kap Barrow 114 C2
Kap Bathurst 114 EF2
Kap Beata 118/119.3 G4
Kap Blanc 54/55 KL8
Kap Blanco (Mauretanien) 104 B4
Kap Blanco (USA) 116/117 CD4
Kap Bon 72/73 D7
Kap Boothby 131.4 26/27
Kap Branco 122 G4
Kap-Breton-Insel 114 MN5
Kap Byron 112.1 F4
Kap Ca Mau 96 H6
Kap Canaveral 116/117 MN7
Kap Carvoeiro 74 B3
Kap Catoche 118/119.3 D3
Kap Chidley 114 M3
Kap Cod 116/117 P4
Kap Corrientes 116/117 G8
Kap Corse 68/69 J7
Kap Cruz 116/117 N9
Kap Dart 131.4 9
Kap Datu 97 C4
Kap Delgado 104 H8
Kap der guten Hoffnung 104 E10
Kap Deschnew 114 B2 86/87 UV3
Kap Domesnäs 70 F4
Kap Dondra 96 D6
Kap Emine 72/73 MN4
Kap Erimo 98/99 R3
Kap Eugenia 116/117 EF7
Kap Farvel 114 O4
Kap Finisterre 74 B1
Kap Flattery 116/117 CD3
Kap Frio 127.3 DE3
Kap Gallinas 122 C2
Kap Gata 74 EF4
Kap Gracias a Dios 118/119.3 E4
Kap Guardafui 104 J5
Kap Hatteras 116/117 NO5
Kap Hoorn 122 D9
Kap Jabung 97 BC5
Kap Kanin Nos 54/55 R2
Kap Komorin 96 C6
Kap Leeuwin 112.1 B5
Kap Lizard 68/69 B4
Kap Londonderry 112.1 C3
Kap Lopatka 86/87 R4
Kap Lopez 104 D7
Kap Maleas 72/73 K7
Kap Mendocino 116/117 CD4
Kap Nao 74 G3
Kap Nawarin 86/87 TU3
Kap Negrais 96 F4
Kap Norvegia 131.4 34/35
Kap Oljutorski 86/87 T4
Kap Palmas 104 C6
Kap Pariñas 122 B4
Kap Passero 72/73 F7
Kap Puting 97 D5
Kap Race 116/117 S3
Kap Raz 68/69 B4
Kap Sable (Kanada) 116/117 P4
Kap Sable (USA, Florida) 116/117 M7
Kap Sainte Marie 104 H9
Kap San Agustin 97 G3
Kap San Antonio (Argentinien) 122 E7
Kap San Antonio (Kuba) 116/117 LM8
Kap San Lucas 116/117 F8
Kap Santa Maria di Leuca 72/73 H6
Kap São Roque 122 G4
Kap São Vicente 74 B4
Kap Sata 98/99 OP5
Kap Schelagski 86/87 T2
Kap Schelanija 86/87 HJ2
Kap Selatan 97 D5
Kap Sideros 72/73 M8
Kap Spativento 72/73 G7
Kap Stad 70 BC3
Kap Tänaron 72/73 K7
Kap Teulada 72/73 C6
Kap Tolstoi 86/87 R4
Kap Tres Puntas 122 D8
Kap Tscheljuskin 86/87 MN2
Kap-Verde-Becken 122 G2
Kap-Verde-Schwelle 122 G2
Kap Verde, Kap 104 B5
Kap Verde, Staat 150/151.1 H5
Kap Wrath 71 D2
Kap York 112.1 E3
Kapbecken 104 D10
Kapland 104 EF10
Kaplitz 38/39 K4
Kappellen, Moers- 44/45.1 A2
Kappeln 36/37 EF2
Kaprun 38/39 H5
Kapschwelle 104 E10
Kapstadt 104 E10
Kapuas 97 D4
Kapuasgebirge 97 D4
Kapustin Jar 76/77 J4
Kapverdische Inseln 132/133.1 HJ5
Kara-Bogas-Bucht 54/55 T7
Karabük 75 D1
Karachi 96 A2/3
Karachoto 98/99 J3
Karaganda 86/87 J5
Karakaya-Stausee 75 E2
Karakelong 97 G4
Karakinskigolf 86/87 S4
Karakinskiinsel 86/87 S4
Karaköse 75 F2
Karakorum, Gebirge 98/99 CD4/5
Karakorum, Ruinenstätte 98/99 J2
Karakum 54/55 U8 86/87 GH6
Karamai 98/99 E2
Karaman 75 D2
Karasee 86/87 G-J2
Karasjok 70 FG2
Karastraße 86/87 G2
Karatal 98/99 D2
Karatau 86/87 HJ5
Karatschew 76/77 FG3
Karawanken 68/69 LM5
Karbala 75 F3
Kardzali 72/73 L5
Karelien 54/55 P2/3
Karibastausee 104 F8
Karibisches Meer 118/119.3 F-H4
Karimatainseln 97 C5
Karimatastraße 97 C5
Karimunjawainseln 97 D6
Karlovac 68/69 MN6
Karlovy Vary 28 E3
Karlsbad (Böhmen) 28 E3
Karlsburg (Siebenbürgen) 72/73 K2
Karlshorst, Berlin- 48/49.1 C2
Karlskrona 70 E4
Karlsruhe, Regierungsbezirk 29 C4
Karlsruhe, Stadt 38/39 D3/4
Karlsruhe/Baden-Baden (Flughafen) 46.1 C4
Karlstad 70 D4
Karlstadt 38/39 E3
Karlstadt, Düsseldorf- 24.2
Karnaphulistausee 96 F3
Karnul 96 C4
Karolinen 130.1 G4
Karolinenhof, Berlin- 48/49.1 C2
Karow (Mecklenburg) 36/37 H3
Karow, Berlin- 48/49.1 BC1
Karpaten 68/69 O-Q4
Karpathos 72/73 M8
Kars 75 F1
Karschi 98/99 B4
Karst 68/69 LM6
Karstlandschaft Südharz, Biosphärenreservat 50.1 D3
Kartaly 54/55 V5
Karthago, Ruinenstätte 72/73 D7
Kas 72/73 N7
Kasachische Schwelle 86/87 HJ5
Kasachstan 86/87 G-K5
Kasai 104 E7
Kasan 54/55 S4
Kasatin 76/77 E4
Kasatschje 86/87 PQ2
Kasbek 75 F1
Kaschau 68/69 P4
Kaschgar 98/99 D4
Kaschmir 96 BC1
Kaspiiski 76/77 J4
Kaspische Senke 54/55 ST6
Kaspisches Meer 54/55 ST6-8
Kassala 104 G5
Kassel, Regierungsbezirk 29 C3
Kassel, Stadt 36/37 E5
Kassel-Calden, Flughafen 46 C3
Kasserine 72/73 C8
Kassimow 76/77 H3
Kaßlerfeld, Duisburg- 23.2 A1
Kastamonu 75 D1
Kastenkopf 51.3 B2
Kaster 14/15 D3
Kastilisches Scheidegebirge 74 C-E2
Kastl (Fränkische Alb) 38/39 G3
Kastoria 72/73 J5
Kaswin 54/55 ST8
Katalonien 74 GH1/2
Katar 90/91.3 J7
Katernberg, Wuppertal- 9.1 B1
Katherine 112.1 D3
Kathiawar 96 B3
Katmandu 96 DE2
Katowice 68/69 O3
Katschug 98/99 K1
Kattegat 70 D4
Kattenhofen → Cattenom
Kattowitz 68/69 O3
Kattwyk, Hamburg- 47.2 C1
Katun 86/87 K4
Katzenbuckel 38/39 E3
Katzhütte 38/39 G2
Kaufbeuren 38/39 F5
Kaufungen 14/15 K3
Kaufunger Wald 14/15 K3
Kaukasus 54/55 Q-S7
Kaulsdorf, Berlin- 48/49.1 C2
Kaunas 54/55 NO4/5
Kaveri 96 C5
Kavieng 112.1 F2
Kawala 72/73 L5
Kayan 97 E4
Kayes 104 BC5
Kayseri 75 E2
Kaysersberg 38/39 C4
Kaz Dag 72/73 M6
Kazanläk 72/73 LM4
Kea 72/73 L7
Keban-Stausee 75 E2
Kebirgebirge 86/87 F6
Kebnekajse 70 E2
Kecskemét 68/69 O5
Kediri 97 D6
Keele Peak 114 EF3
Keetmanshoop 104 EF9
Kefallinia 72/73 J6
Keflavík 70 A2
Kehdingen, Land 36/37 E3
Kehl 38/39 C4
Keilberg 38/39 HJ2
Kelang 97 B4
Kelheim, Stadt 38/39 G4
Kelkit 75 E1
Kellenberg 14/15 C4
Kellenhusen 36/37 G2
Kellerwald 38/39 E1/2
Kellerwald-Edersee, Nationalpark 50.1 C3
Kellinghusen 36/37 EF3
Kemerowo 86/87 K4
Kemi 70 FG2
Kemijärvi 70 G2
Kemijoki 70 G2
Kemnader See 44/45.1 CD2
Kemnath 38/39 GH3
Kempen (Niederrhein) 14/15 C3
Kempten (Allgäu) 38/39 F5
Kena 104 G4
Kendari 97 F5
Kendenich, Hürth- 25.6 B3
Kenia, Berg 104 G6
Kenia, Staat 104 G6
Keniapiskausee 116/117 OP2
Kenitra 54/55 G9
Kenora 114 J5
Kentucky 116/117 LM5
Keppel 14/15 C1/2
Kerema 112.1 E2
Kerguelen 132/133.1 N8 150/151.1 N8
Kerguelenrücken 132/133.1 NO8/9
Kerinci 97 B5
Kerken 14/15 CD3
Kerkira 72/73 HJ6
Kerkrade 14/15 BC4
Kermadecgraben 112.1 J5
Kermadecinseln 130.1 HJ6
Kerman 90/91.3 JK6
Kermanschah 54/55 S9
Kerpen 14/15 D4
Kertsch 54/55 Q6
Kerulen 98/99 L2
Keşan 72/73 M5
Kessel (Niederlande) 14/15 BC3
Kesteren 14/15 AB2
Keszthely 68/69 N5
Ketapang 97 CD5
Ketteler Hof 26.1
Kettwig, Essen- 14/15 D3
Kettwiger See 44/45.1 BC2
Kevelaer 14/15 C2
Key West 116/117 M8
Khaiberpass 86/87 HJ6
Kharagpur 96 E3
Khartum 104 G5
Khasiberge 96 F2
Khonkaen 96 H4
Khotan, Fluss 98/99 E4
Khotan, Stadt 98/99 DE4
Khulna 96 EF3
Khuribga 80/81 G9
Kiamusze 98/99 P2
Kiangsi 98/99 LM6
Kiangsu 98/99 MN5
Kiefersfelden 38/39 GH5
Kiel 36/37 F2
Kielce 68/69 P3
Kieler Bucht 36/37 F2
Kielkanal 36/37 E2
Kienwerder 48/49.1 A2
Kierdorf 22.4 A1
Kierspe 14/15 F3
Kiew 54/55 P5
Kiewer Stausee 76/77 F3
Kigali 104 FG7
Kigoma 104 FG7
Kihsi 98/99 P2
Kikinda 68/69 P6
Kikori 112.1 E2
Kikwit 109 EF7
Kilija 72/73 N3
Kilimandscharo 104 G7
Kilkenny 68/69 A2
Killarney 71 B5
Kilmarnock 71 DE4
Kimbe 112.1 EF2
Kimberley (Südafrika) 104 F9
Kimberleyplateau 112.1 C3
Kimry 76/77 G2
Kinabalu 97 E3
Kindu 104 F7
Kineschma 76/77 H2
Kinginsel 113.4 E4/5
Kings Peak 116/117 FG4
Kingston (Jamaika) 118/119.3 F4
Kingston (Kanada) 116/117 N4
Kingstown 118/119.3 J5
Kingtehtschen 98/99 M6
Kinrooi 14/15 B3
Kinshasa 104 E7
Kinzig (Hessen) 38/39 E2
Kinzig (Schwarzwald) 38/39 D4
Kiogasee 104 G6
Kioto 98/99 PQ4
Kipsdorf 38/39 J2
Kirchberg, Jülich- 22.1 AB3
Kirchdorf, Hamburg- 47.2 D2
Kirchen 14/15 F4
Kirchhain 38/39 DE2
Kirchheim (Hessen) 14/15 JK4
Kirchheim (unter Teck) 38/39 E4
Kirchheimbolanden 38/39 CD3
Kirchhellen, Bottrop- 14/15 D2
Kirchheller Heide 44/45.1 B1
Kirchhörde, Dortmund- 44/45.1 D2
Kirchhundem 14/15 G3
Kirchlengern 14/15 H1
Kirchtroisdorf 22.1 C2
Kirensk 86/87 MN4
Kirgis Nor 98/99 G2
Kirgisistan 86/87 J5
Kiribati 150/151.1 ST5/6 130.2 E3
Kirikkale 75 D2
Kirin, Provinz 98/99 O3
Kirin, Stadt 98/99 O3
Kirischi 80/81 P4
Kirkcaldy 71 E3
Kirkenes 70 GH2
Kirklareli 72/73 M5
Kirkuk 54/55 RS8
Kirkwall 71 E2
Kirn 38/39 C3
Kirow 54/55 S4
Kirowabad → Giandscha
Kirowakan 75 FG1
Kirowgrad 76/77 LM2
Kirowo-Tschepezk 76/77 JK2
Kirowograd 76/77 F4
Kirowsk 80/81 PQ2
Kirsanow 76/77 H3
Kirsehir 75 D2
Kirtorf 14/15 J4
Kiruna 70 F2
Kisangani 104 F6
Kiskunhalas 68/69 O5
Kisljar 76/77 J5
Kislowodsk 76/77 H5
Kismaju 104 H7
Kisumu 104 G6
Kitakiuschu 98/99 OP5
Kitchener 116/117 M4
Kithira 72/73 K7
Kithnos 72/73 L7
Kitimat 114 F4
Kitwe 104 F8
Kitzingen, Stadt 38/39 F3
Kiukiang 98/99 M6
Kiuschu 98/99 P5
Kizilirmak 75 D1
Kjachta 86/87 M4
Kjustendil 72/73 K4
Kladno 28 EF3
Kladow, Berlin- 48/49.1 A2
Klagenfurt 68/69 M5
Klamath Falls 116/117 D4
Klarälv 70 D3
Klatovy 38/39 J3
Klattau 38/39 J3
Klausenburg 72/73 K2
Kleine Antillen 118/119.3 HJ4/5
Kleine Erft 22.1 D2

Kleine Sundainseln 97 EF 6
Kleine Syrte 54/55 L 9
Kleineichen 25.6 E 3
Kleinenberg 14/15 H 2
Kleiner Belt 36/37 EF 1/2
Kleiner Chingan 98/99 O 2
Kleiner Kaukasus 76/77 HJ 5
Kleiner Usen 76/77 J 4
Kleinmachnow 48/49.1 AB 2
Kleinschönebeck 48/49.1 CD 2
Kleinziethen 48/49.1 B 2
Klettenberg, Köln- 25.6 BC 3
Kleve, Landkreis 13.1
Kleve, Stadt 14/15 C 2
Klimmspitze 51.3 BC 2
Klin 76/77 G 2
Klingenthal 38/39 H 2
Klinovec 38/39 HJ 2
Klinzy 76/77 F 3
Kljasma 76/77 H 2
Kljutschewskaja Sopka 86/87 S 4
Kłodzko 68/69 N 3
Klötze 36/37 G 4
Klondike 114 DE 3
Kloten 38/39 D 5
Kluterthöhle 14/15 E 3 26.1
Knapsack, Hürth- 22.4 B 1
Knetzberg 38/39 F 3
Knittelkarspitze 51.3 C 2
Knossos 72/73 L 8
Knoxville 116/117 M 5
Knüll 38/39 E 2
Knüllwald 14/15 JK 3
Kobe 98/99 PQ 5
Kobern-Gondorf 38/39 C 2
Koblenz, Stadt 38/39 C 2
Kochel 38/39 G 5
Kocher 38/39 E 4
Kodiakinsel 114 CD 4
København 70 D 4
Köhlbrand 47.2 C 1
Köhlbrandbrücke 47.2 C 1
Kölleda 36/37 G 5
Köllenspitze 51.3 C 2
Köln-Bonn, Flughafen 25.6 E 3
Köln, kreisfreie Stadt 13.1
Köln, Regierungsbezirk 13.1
Köln, Stadt 14/15 DE 4
Kölner Dom 26.1
Königgrätz 68/69 M 3
Königin-Alexandra-Gebirge 131.4 18-20
Königin-Charlotte-Inseln 114 EF 4
Königin-Charlotte-Sund 116/117 C 2
Königin-Mary-Land 131.4 22/23
Königin-Maud-Gebirge 131.4 10-13
Königin-Maud-Land 131.4 28-32
Königs Wusterhausen, Stadt 36/37 J 4
Königsberg, Stadt (Neumark) 36/37 K 4
Königsberg, Stadt (Ostpreußen) 68/69 P 1
Königsbrück 36/37 JK 5
Königsbrunn 38/39 FG 4
Königsforst 25.6 E 2
Königshofen, Lauda- 38/39 E 3
Königshoven 22.1 C 1/2
Königslutter 36/37 F 4
Königssee, See 38/39 HJ 5
Königswinter 14/15 E 4
Könnern 36/37 G 5
Köpenick, Berlin- 48/49.1 C 2
Köröglu daglari 75 D 1
Körös 68/69 P 5
Köslin 68/69 N 1
Köterberg 14/15 J 2
Köthen, Stadt 36/37 GH 5
Köttingen 22.4 A 2
Köttinger See 22.4 A 1
Kohlscheid 14/15 C 4
Kohtla-Järve 70 G 4
Kokand 98/99 BC 3
Kokiu 98/99 J 7
Kokkola 70 F 3
Kokonau 112.1 D 2
Kokosinsel (Costa Rica) 122 B 3
Kokosinseln (Indischer Ozean) 150/151.1 O 6
Kokosschwelle 122 B 3
Koktschetaw 54/55 WX 5 86/87 HJ 4
Kola, Halbinsel 54/55 Q 2
Kolar 96 C 5
Kolepom 112.1 D 2
Kolgujew 54/55 S 2
Kolhapur 96 B 4
Kolkata 96 E 3
Kolomna 76/77 G 2
Kolpaschewo 86/87 JK 4
Kolumbien 122 CD 3
Kolumbienbecken 122 C 2
Kolwesi 104 F 8
Kolyma 86/87 R 3
Kolymagebirge 86/87 RS 3
Kommandeurinseln 86/87 S 4
Kommern 14/15 D 4
Kommunarsk 76/77 GH 4
Komoren 104 H 8
Komotau 38/39 J 2
Kompassberg 104 F 10
Kompong Cham 96 J 5
Kompong Som 96 H 5/6
Kompong Thom 96 HJ 5
Komsomolezinsel 86/87 KL 1
Komsomolsk, Stadt (am Amur) 86/87 PQ 4
Kongo, Fluss 104 E 7
Kongo, Staat 104 E 6/7
Kongobecken 104 EF 6/7
Kongur 98/99 D 4
Konin 68/69 O 2
Konoscha 54/55 R 3
Konotop 76/77 F 3
Konradshöhe, Berlin- 48/49.1 AB 1
Konschakowski Kamen 54/55 U 3/4
Konstantinowka 76/77 G 4
Konstanz, Stadt 38/39 E 5
Konstanza 72/73 N 3
Konstanzer Ach 51.3 B 1
Konya 75 D 2
Konz 38/39 B 3
Kopaonik 72/73 J 4
Kopenhagen 70 D 4
Kopet-Dagh 86/87 GH 6
Korallenbecken 112.1 EF 3
Korallensee 112.1 F 3
Korbach 36/37 DE 5
Korbu 97 B 4
Korçë 72/73 J 5
Korčula 72/73 G 4
Kordilleren 122 CD 5-7
Kordofan 104 FG 5
Koreastraße 98/99 O 5
Korf 86/87 S 3
Korfu 72/73 H 6
Korinth 72/73 K 7
Korjakengebirge 86/87 ST 3
Korla 98/99 F 3
Kornelimünster, Aachen- 14/15 C 4
Kornwestheim 38/39 DE 4
Koromandelküste 96 CD 4/5
Koror 97 H 3
Korosten 76/77 E 3
Korschenbroich 14/15 CD 3
Korsika 68/69 J 7
Kos 72/73 M 7
Kosi 96 E 2
Košice 68/69 P 4
Koslar 22.1 A 2
Kosovka Mitrovica 72/73 J 4
Kosovo 72/73 J 4
Kossogol 98/99 J 1
Kosti 104 G 5
Kostroma 54/55 R 4
Kostrzyn 36/37 K 4
Koszalin 68/69 N 1/2
Kota 96 C 2
Kota Bharu 96 H 6
Kota Kinabalu 97 DE 3
Kotelnikowo 76/77 H 4
Kotelnitsch 76/77 J 2
Kotelnyinsel 86/87 PQ 2
Kotka 70 G 3
Kotlas 54/55 S 3
Kotor 72/73 H 4
Kotowsk 76/77 EF 4
Kotui 86/87 M 3
Kowel 68/69 R 3
Kowloon 98/99 LM 7
Kowrow 76/77 H 2
Koynastausee 96 BC 4
Kra Buri 96 G 5
Kragujevac 68/69 P 6
Kraichgau, Landschaft 38/39 D 3
Krakatau 97 BC 6
Krakau, Stadt 68/69 OP 3
Kraków 68/69 OP 3
Kraljevo 68/69 P 7
Kralup 38/39 K 2
Kralupy 38/39 K 2
Kramatorsk 76/77 G 4
Kramfors 70 E 3
Krampnitz 48/49.1 A 2
Krampnitzsee 48/49.1 A 2
Kranenburg 14/15 BC 2
Kranichfeld 38/39 G 2
Kraslice 38/39 H 2
Krasnodar 54/55 Q 6
Krasnograd 76/77 G 4
Krasnojarsk 86/87 KL 4
Krasnojarsker Stausee 98/99 G 1
Krasnokamsk 76/77 L 2
Krasnoufimsk 76/77 L 2
Krasnowodsk → Turkmenbaschi
Krasny Kut 76/77 J 3
Krasny Lutsch 76/77 G 4
Kratie 96 J 5
Krauthausen 22.1 B 3
Krautheim 38/39 E 3
Krefeld 14/15 D 3
Krefeld, kreisfreie Stadt 13.1
Kreiensen 14/15 KL 2
Krementschug 76/77 FG 4
Krementschuger Stausee 54/55 P 6
Krems 68/69 M 4
Krestowypass 76/77 HJ 5
Kreta 72/73 L 8
Kreuzau 14/15 CD 4
Kreuzberg, Berg (Rhön) 38/39 EF 2
Kreuzberg, Friedrichshain- 48/49.1 B 1
Kreuzjoch 38/39 GH 5
Kreuzkarspitze 51.3 B 2
Kreuzlingen 38/39 E 5
Kreuztal 14/15 FG 4
Krickenbeck 14/15 C 3
Kriel, Köln- 25.6 B 2/3
Krim 54/55 P 6
Krimml 38/39 H 5
Krinnenspitze 51.3 C 2
Krishna 96 C 4
Kristiansand 70 C 4
Kristianstad 70 DE 4
Kristiansund 70 C 3
Kriwoi Rog 54/55 P 6
Krk, Insel 68/69 M 6
Kroatien 68/69 MN 6
Kröv 38/39 BC 2/3
Kronach 38/39 G 2
Kronstadt (bei Sankt Petersburg) 70 G 3/4
Kronstadt (Rumänien) 72/73 LM 3
Kropotkin 76/77 H 4
Kroppacher Schweiz 14/15 F 4
Krosno Odrzańskie 36/37 KL 4/5
Krottenkopf 51.3 B 2
Krüger-Nationalpark 104 G 9
Krümmel 43 D 2
Krüt 38/39 B 5
Krumau 38/39 K 3
Krumbach 38/39 F 4
Krummensee, Ort 48/49.1 C 1
Krummhörn, Landschaft 36/37 C 3
Kruså 36/37 E 2
Krusau 36/37 E 2
Kruth 38/39 B 5
Krymsk 76/77 G 4/5
Ksyl-Orda 86/87 H 5
Kuala Lumpur 97 B 4
Kuala Trengganu 97 B 3
Kuando 104 F 8
Kuanga 104 E 7
Kuantan 97 B 4
Kuanza 104 E 7/8
Kuba 118/119.3 EF 3
Kuban 54/55 QR 6/7
Kubango 104 E 8
Kubany 38/39 J 3
Kubena 76/77 H 1
Kubenasee 76/77 GH 2
Kudat 97 E 3
Kudymkar 76/77 K 2
Kühlungsborn 36/37 G 2
Küllenhahn, Wuppertal- 9.1 BC 1
Kuenlun 98/99 D-J 4/5
Künzelsau 38/39 E 3
Küppersteg, Leverkusen- 25.6 CD 1
Kürten 14/15 E 3
Kues, Bernkastel- 38/39 BC 3
Küstenkanal 36/37 CD 3
Küstrin 36/37 K 4
Kütahya 72/73 NO 6
Kufraoasen 104 F 4
Kufstein 68/69 L 5
Kugluktuk 114 FG 3
Kuibyschew → Samara, Stadt
Kukunor 98/99 J 4
Kulebaki 76/77 H 2
Kuljab 98/99 BC 4
Kulm, Rauher 38/39 G 3
Kulmbach 38/39 G 2
Kulsary 54/55 TU 6
Kulundasteppe 98/99 D 1
Kum 54/55 T 9
Kuma, Fluss 76/77 J 4
Kumairi 54/55 R 7
Kumamoto 98/99 P 5
Kumanovo 72/73 JK 4
Kumasi 109 C 6
Kumbakonam 96 CD 5
Kumertau 76/77 KL 3
Kummerower See 36/37 HJ 3
Kunaschir 98/99 S 3
Kunene 104 E 8
Kungur 76/77 L 2
Kunming 98/99 J 6/7
Kununurra 112.1 CD 3
Kuopio 70 G 3
Kupa 68/69 N 6
Kupang 97 F 6/7
Kupferdreh, Essen- 44/45.1 C 2
Kupjansk-Uslowoi 76/77 G 4
Kura 54/55 S 7
Kurdistan 75 F 2
Kurgan 54/55 W 4 86/87 H 4
Kurilen 98/99 S 2/3
Kurilen-Kamtschatka-Graben 130.1 GH 2 90/91.3 S-U 5
Kurisches Haff 68/69 P 1
Kurl, Dortmund- 44/45.1 E 1
Kurland, Landschaft 70 F 4
Kursk 54/55 Q 5
Kuruktag 98/99 F 3
Kuschiro 98/99 RS 3
Kuschka 86/87 H 6
Kuschwa 76/77 L 2
Kusel, Stadt 38/39 C 3
Kuskokwim Mountains 114 C 3
Kuskokwim, Fluss 114 C 3
Kusnezk (bei Sysran) 76/77 J 3
Kustanai 54/55 VW 5 86/87 H 4
Kutaissi 54/55 R 7
Kutno 68/69 O 2
Kutsching 97 CD 4
Kuujjuaq 114 M 4
Kuwait, Staat 90/91.3 HJ 7
Kuwait, Stadt 54/55 S 10
Kuytun 98/99 E 3
Kvarner 68/69 M 6
Kwangdschu 98/99 O 4
Kwangsi 98/99 KL 7
Kwangtung 98/99 L 7
Kweijang 98/99 K 6
Kweilin 98/99 KL 6
Kweitschou 98/99 K 6
Kwinana 113.4 B 5
Kwoka 97 H 5
Kyffhäuser, Berg 36/37 G 5
Kyffhäuser, Naturpark 50.1 D 3
Kykladen 72/73 L 7
Kyll 38/39 B 3
Kyllburg 38/39 B 2
Kyritz 36/37 H 4
Kyschtym 76/77 M 2
Kysyl 86/87 L 4
Kysylkum 86/87 H 5

L

La Ceiba 118/119.3 D 4
La Coruña → A Coruña
La Crosse 116/117 KL 4
La Gran Sabana 118/119.3 J 6
La Guaira 122 D 2
La Habana 116/117 M 8
La Habra 126.2 C 2
La Junta 116/117 H 5
La Libertad 125 B 4
La Línea 74 D 4
La Mancha 74 E 3
La Oroya 125 C 5
La Palma 118/119.3 F 6
La Paz (Bolivien) 122 D 5
La Paz (Mexiko) 114 H 7
La-Pérouse-Straße 98/99 R 2
La Plata, Stadt 122 E 7
La Rioja 125 D 6
La Rochelle 68/69 D 5
La Sagra 74 E 3/4
La Serena 122 C 6/7
La Spezia 68/69 K 6
La Unión 118/119.3 D 5
La Venta 116/117 K 9
Laage 36/37 H 3
Laar, Duisburg- 23.2 A 1
Laarbeek 14/15 B 2
Laatzen 14/15 K 1
Laba 76/77 H 5
Labinsk 76/77 H 5
Laboe 36/37 F 2
Labrador 114 LM 4
Labrador City 121 LM 4
Labradorbecken 114 NO 4
Labradorsee 114 NO 4
Labuhanbajo 97 EF 6
Lacanau 68/69 D 6
Lacknow 96 D 2
Ladbergen 14/15 F 1
Ladogasee 54/55 P 3
Lae 112.1 E 2
Laer (Kreis Steinfurt) 14/15 E 1
Laer, Bochum- 44/45.4 C 2
Lafayette (USA, Indiana) 116/117 L 4
Lage 14/15 H 1/2
Lågen 70 CD 3
Lago de Chapala 116/117 H 8/9
Lago Maggiore 68/69 J 6
Lagoa dos Patos 122 EF 7
Lagos (Nigeria) 104 D 6
Lagos (Portugal) 74 B 4
Lahde 14/15 HJ 1
Lahn 38/39 C 2
Lahn-Dill-Bergland, Naturpark 50.1 C 3
Lahnau 14/15 H 4
Lahnberge 14/15 H 4
Lahnstein 38/39 C 2
Lahntal 14/15 H 4
Lahore 96 B 1
Lahr 38/39 C 4
Lahti 70 G 3
Laibach 68/69 M 6
Laichingen 38/39 E 4
Lainsitz 38/39 K 3
Lake Argyle 112.1 CD 3
Lake Carnegie 112.1 C 4
Lake Charles 116/117 K 6
Lake Matthews 126.2 D 2
Lake of the Woods 116/117 K 3
Lake Okeechobee 116/117 M 7
Lake Powell 116/117 F 5
Lake Sakakawea 116/117 H 3
Lakewood (USA, California) 126.2 B 2
Lakkadiven 96 B 5/6
Lam 38/39 HJ 3
Lambaréné 104 DE 7
Lamego 74 BC 2
Lamia 72/73 K 6
Lampang 96 GH 4
Lampedusa 72/73 E 8
Lampertheim 38/39 D 3
Lamspringe 14/15 KL 2
Lanaken 14/15 B 4
Lancaster (Großbritannien) 68/69 C 1
Land Hadeln 36/37 D 3
Land Kehdingen 36/37 E 3
Land Wursten 36/37 D 3
Landau (an der Isar) 38/39 H 4
Landau (in der Pfalz) 38/39 D 3
Landenge von Kra 96 GH 5/6
Landert 14/15 B 2
Landes 68/69 D 6
Landgraaf 14/15 C 4
Land's End 68/69 AB 3
Landsberg (am Lech) 38/39 FG 4
Landsberg (an der Warthe) 68/69 M 2
Landshut, Stadt 38/39 H 4
Landstuhl 38/39 C 3
Langel, Köln- 25.6 BC 1
Langeland 36/37 F 1/2
Langelands Belt 36/37 F 2
Langen (Hessen) 38/39 D 3
Langenau 38/39 EF 4
Langenberg, Berg (Sauerland) 14/15 GH 3
Langenberg, Bergrücken 14/15 J 3
Langenberg, Velbert- 14/15 E 3
Langendreer, Bochum- 44/45.1 D 2
Langener Waldsee 47.3 B 1
Langeneß 36/37 D 2
Langenfeld 14/15 D 3
Langenhagen 36/37 EF 4
Langenzenn 38/39 F 3
Langeoog, Insel 36/37 C 3
Langeoog, Ort 36/37 C 3
Langer See 48/49.1 C 2
Langerwehe 14/15 C 4
Langgöns 14/15 H 5
Langkawi 97 A 3
Langsa 97 A 4
Langscheid, Sundern- 26.1
Langson 96 J 3
Languedoc 68/69 FG 7
Lank-Latum 44/45.1 A 2
Lankwitz, Berlin- 48/49.1 B 2
Lansing 116/117 M 4
Lantschou 98/99 J 4
Lao Cai 96 HJ 3
Laoag 97 EF 1
Laos 96 HJ 4
Lappland 70 E-G 2
Laptewsee 86/87 N-P 2
L'Aquila 68/69 L 7
Larache 74 CD 5
Laredo 116/117 J 7
Larisa 72/73 K 6
Larne 71 D 4
Larsenschelfeis 131.4 2/3
Larvik 70 CD 4
Las Cruces 116/117 G 6
Las Palmas 104 B 4
Las Vegas (USA, Nevada) 116/117 EF 5
Las Vegas (USA, New Mexico) 116/117 GH 5
Lashio 96 G 3
Lassan 36/37 J 2
Lassen Peak 116/117 D 4
Lastrup 36/37 C 4
Latina 72/73 E 5
Lattakia 54/55 Q 8
Latum, Lank- 44/45.1 A 2
Lauchhammer 36/37 J 5
Lauda-Königshofen 38/39 E 3
Lauenau 14/15 J 1
Lauenburg, Landschaft 36/37 F 3
Lauenburg, Stadt 36/37 F 3
Lauenburgische Seen, Naturpark 50.1 D 2
Lauf (bei Nürnberg) 38/39 G 3
Laufen (an der Salzach) 38/39 H 5
Laufenburg (Schweiz) 38/39 D 5
Lauffen (am Neckar) 38/39 DE 3
Laun 38/39 J 2
Launceston 112.1 EF 6
Laupheim 38/39 EF 4
Lausanne 68/69 H 5
Lauscha 38/39 G 2
Lausitz, Landschaft 68/69 M 3
Lausitzer Gebirge 38/39 K 2
Lausitzer Neiße 36/37 K 5
Laut 97 E 5
Lauter, Fluss (zum Rhein) 38/39 D 3/4
Lauterbach, Stadt (Hessen) 38/39 E 2
Laval 68/69 D 4
Lavras (Minas Gerais) 127.3 C 2
Lavras (São Paulo) 127.5 B 1
Lázaro Cárdenas 116/117 H 9
Le Creusot 68/69 FG 5
Le Havre 68/69 DE 4
Le Mans 68/69 E 5
Le Mont-Saint-Michel 68/69 D 4
Le Puy 68/69 FG 6
Le Thillot 38/39 B 5
Le Touquet-Paris-Plage 68/69 E 3
Le Vigan 68/69 F 7
Leadville 116/117 G 5
Lebach 38/39 B 3
Lebenstedt, Salzgitter- 36/37 F 4
Lecce 72/73 H 5
Lech, Fluss 38/39 F 5
Lechaschau 51.3 C 1
Lechfeld 38/39 F 4
Leck 36/37 DE 2
Leda 36/37 C 3
Leeds 68/69 D 2
Leer (Ostfriesland) 36/37 C 3
Leeuwarden 36/37 A 3
Leeward Islands 118/119.3 J 4
Lefkas 72/73 J 6
Leganés 74 E 2
Legaspi 97 F 2
Legden 14/15 E 1
Legnica 68/69 MN 3
Legoland Discovery Centre 26.1
Leh 96 C 1
Lehrte 36/37 EF 4
Leicester 68/69 D 2
Leichlingen 14/15 E 3
Leigh Creek 112.1 D 5
Leilachspitze 51.3 C 2
Leimen (südlich Heidelberg) 38/39 D 3
Leine 36/37 E 5
Leinefelde-Worbis 36/37 F 5
Leinfelden-Echterdingen 38/39 E 4
Leipzig, Landesdirektion 29 E 3
Leipzig, Stadt 36/37 H 5
Leiria 74 B 3
Leisnig 36/37 H 5
Leitmeritz 38/39 K 2
Lembeck, Ort 14/15 DE 2
Lemberg, Berg 38/39 D 4
Lemberg, Stadt 68/69 QR 3/4
Lemförde 14/15 G 1
Lemgo 14/15 H 1
Lendringsen, Menden- 14/15 F 3
Lengerich 14/15 F 1
Lenggries 38/39 G 5
Leninabad → Chudjand
Leninakan → Kumairi
Leningrad → Sankt Petersburg
Lenne 14/15 F 3
Lennep, Remscheid- 9.1 C 1
Lennestadt 14/15 G 3
Lenzing 43 E 5
León (Mexiko) 118/119.3 A 3
León (Nicaragua) 118/119.3 D 5
León (Spanien) 74 D 1
Leonberg 38/39 DE 4
Leonora 112.1 C 4
Leopoldshöhe 14/15 H 1
Lerbeck, Porta Westfalica- 8.3 A 1
Lérida → Lleida
Lerwick 71 F 1
Les Cayes 118/119.3 G 4
Les Sables-d'Olonne 68/69 CD 5
Lesbos 72/73 L 6
Lesotho 104 F 10
Lethbridge 116/117 F 3
Leticia 122 CD 4
Letmathe, Hagen- 14/15 F 3
Lette 14/15 E 2
Lettland 70 FG 4
Leudal 14/15 B 3
Leun 14/15 G 4
Leuna 36/37 GH 5
Leuscheid 14/15 EF 4
Leusden 14/15 AB 1
Leuser 97 A 4
Leutensdorf 38/39 J 2
Leutkirch 38/39 F 5
Leverkusen 14/15 DE 3
Leverkusen, kreisfreie Stadt 13.1
Levern 14/15 GH 1
Levis 116/117 O 3
Lewis 71 C 2/3
Lexington (USA, Kentucky) 116/117 M 5
Leyte 97 G 2
Lgow 76/77 FG 3
Lhasa 98/99 G 6
Liaoho 98/99 N 3
Liaoning 98/99 N 3
Liard 114 F 3/4
Libanon, Staat 90/91.3 G 6
Libau 70 F 4
Liberec 38/39 KL 2
Liberia 104 BC 6
Liblar 22.4 A 2
Liblarer See 22.4 AB 2
Libourne 68/69 DE 6
Libreville 104 DE 6
Libro Point 97 E 2
Libyen 104 EF 4
Libysche Wüste 104 F 4
Lich (bei Jülich) 22.1 BC 2
Lich (Hessen) 38/39 D 2
Lichinga 104 G 8
Lichtenau (Niederschlesien) 14/15 H 2
Lichtenberg, Berlin- 48/49.1 BC 1
Lichtendorf 44/45.1 E 2
Lichtenfels (Hessen) 14/15 H 3
Lichtenfels (Oberfranken) 38/39 G 2
Lichtenrade, Berlin- 48/49.1 B 2
Lichterfelde, Berlin- 48/49.1 B 2

Lichtspitze 51.3 C 2
Liebenau (bei Reichenberg) 14/15 J 2/3
Liechelkopf 51.3 B 2
Liechtenstein, Staat 68/69 JK 5
Liège 68/69 G 3
Liegnitz 68/69 MN 3
Lienen 14/15 F 1
Lienjünkang 98/99 MN 5
Lienz 68/69 L 5
Liepaja 70 F 4
Liesborn 14/15 G 2
Liestal 38/39 C 5
Ligurisches Meer 68/69 J 7
Likasi 104 F 8
Lille 68/69 F 3
Lillehammer 70 CD 3
Lilongwe 104 G 8
Lima (Peru) 122 C 5
Liman 76/77 J 4
Limassol 75 D 3
Limbach-Oberfrohna 38/39 H 2
Limburg, Ort (Belgien) 14/15 B 4
Limburg, Stadt (an der Lahn) 38/39 D 2
Limeira 127.3 B 3
Limerick 71 B 5
Limfjord 70 C 4
Limmat 38/39 D 5
Limnos 72/73 L 6
Limoges 68/69 E 6
Limousin 68/69 EF 6
Limpopo 104 G 9
Linares 74 DE 3
Lincoln 116/117 J 4
Lincoln Center (in New York) 126.1 B 1
Lindau (am Bodensee) 38/39 E 5
Lindau (Bodensee) 68/69 JK 5
Linden (bei Gießen) 14/15 H 4
Lindenberg (Allgäu) 38/39 E 5
Lindenberg (bei Berlin) 48/49.1 C 1
Lindenthal, Köln- 25.6 B 2
Linderhof 38/39 FG 5
Lindesnes 70 C 4
Lindlar 14/15 E 3
Lingen, Stadt 36/37 C 4
Lingewaard 14/15 B 2
Linggainseln 97 BC 5
Linhares 127.3 E 1
Linhsia 98/99 J 4
Linköping 70 E 4
Linn, Krefeld- 14/15 D 3
Linnich 14/15 C 4
Linosa 72/73 E 8
Lintfort, Kamp- 14/15 D 2/3
Lintorf 44/45.1 B 2
Linz (am Rhein) 38/39 C 2
Linz (an der Donau) 68/69 M 4
Liparische Inseln 72/73 F 6
Lipezk 54/55 QR 5
Lipno 38/39 K 4
Lipp 22.1 C 2
Lippe, Fluss 14/15 D 2
Lippe, Landkreis 13.1
Lippen 38/39 K 4
Lipper Bergland 14/15 HJ 1/2
Lippetal 14/15 FG 2
Lippstadt 14/15 G 2
Lisboa 74 B 3
Liski 76/77 G 3
L'Isle-sur-le Doubs 38/39 B 5
Lismore 112.1 F 4
Lissabon 74 B 3
Lissitschansk 76/77 GH 4
List (Sylt) 36/37 D 1
Litauen, Staat 68/69 QR 1
Lith (Niederlande) 14/15 A 2
Litomerice 38/39 K 2
Littfeld 14/15 F 3/4
Little Minch 71 C 3
Little Rock 116/117 K 6
Litvinow 38/39 J 2
Liutschou 98/99 K 7
Liverpool 68/69 C 2
Livingstonefälle 104 E 7
Livland 70 G 4
Livorno 68/69 JK 7
Liwny 76/77 G 3
Ljachowinseln 86/87 Q 2
Ljuberzy 76/77 G 2
Ljubljana 68/69 M 6
Ljubotin 76/77 FG 3/4
Ljudinowo 76/77 F 3
Llano Estacado 116/117 H 6
Llanos 122 CD 3
Llanos de Mamoré 125 DE 5
Lleida 74 G 2
Lloret de Mar 74 H 2
Lobito 104 E 8
Loburg 36/37 H 4
Loccum, Rehburg- 36/37 E 4
Loch Ness 71 D 3
Lochem 14/15 C 1
Łódź 68/69 O 3
Löbau, Stadt 36/37 K 5
Löhme 48/49.1 C 1
Löhnberg 14/15 G 4
Löhne 14/15 H 1
Loenen 14/15 BC 1
Löningen 36/37 C 4
Lörrach, Stadt 38/39 C 5
Lövenich, Köln- 25.6 AB 2
Lofer 38/39 H 5
Lofotbecken 131.3 13/14
Lofotinseln 70 D 2
Logroño 68/69 CD 7
Lohausen, Düsseldorf- 14/15 D 3
Lohfelden 14/15 K 3
Lohmar 14/15 E 4
Lohne, Stadt (bei Vechta) 36/37 D 4
Lohr 38/39 E 2/3
Lohra 14/15 H 4
Loire 68/69 F 5
Loisach 38/39 G 5
Lojang 98/99 L 5
Lokkastausee 70 G 2
Lolland 28 D 1
Lollar 38/39 D 2
Lom, Stadt (Bulgarien) 72/73 K 4
Lombardei 68/69 JK 5/6
Lombok 97 E 6
Lomé 104 CD 6
Lommersum 14/15 D 4
Lomond, Höhenzug 38/39 B 4
Lomonossowrücken 90/91.3 ST 1
Łomża 68/69 PQ 2
London (Großbritannien) 68/69 DE 3
London (Kanada) 116/117 M 4
Londonderry 71 C 4
Londrina 122 E 6
Long Beach 116/117 DE 6
Long Island (Bahamas) 116/117 O 8
Long Island (USA, New York) 116/117 O 4
Long Xuyen 96 HJ 5
Longerich, Köln- 25.6 BC 2
Longreach 112.1 E 4
Longview 116/117 K 6
Longyearbyen 86/87 C 2
Lopnor 98/99 G 3
Lorca 74 F 4
Lorch (am Rhein) 38/39 C 2
Lorch (an der Rems) 38/39 E 4
Lord-Howe-Insel 112.1 FG 5
Lord-Howe-Schwelle 112.1 G 4/5
Loreley 38/39 C 2
Loreto 68/69 LM 7
Lorient 68/69 C 5
Los Angeles, Fluss 126.2 B 2
Los Angeles, Stadt 116/117 DE 6
Los Mochis 116/117 G 7
Losheim 14/15 C 5
Lošinj 68/69 M 6
Losinj 72/73 F 3
Losowaja 76/77 G 4
Losser 14/15 DE 1
Lot 68/69 E 6
Lothringen, Landschaft 68/69 GH 4
Lotte 14/15 F 1
Lough Corrib 71 B 5
Lough Neagh 71 C 4
Louisiadearchipel 112.1 F 2/3
Louisiana 116/117 K 6
Louisville 116/117 L 5
Loulan, Ruinenstätte 98/99 F 3
Lourdes 68/69 E 7
Lowat 76/77 F 2
Loxstedt 36/37 D 3
Luanda 104 E 7
Luang Prabang 96 H 3/4
Lubaantum 118/119.3 D 4
Lubango 104 E 8
Lublin 68/69 Q 3
Lubmin 36/37 J 2
Lubsko 36/37 K 5
Lubuklinggau 97 B 5
Lubumbashi 104 F 8
Lucca, Stadt 68/69 K 7
Lucena (Philippinen) 97 F 2
Lucena (Spanien) 74 D 4
Lucherberg 22.1 B 3
Lucherberger See, Naturschutzgebiet 22.1 B 3
Luckau 36/37 J 5
Luckenwalde 36/37 J 4
Ludhiana 96 BC 1
Ludvika 70 DE 3
Ludwigsburg, Stadt (bei Stuttgart) 38/39 E 4
Ludwigseck 14/15 K 3/4
Ludwigsfelde 36/37 J 4
Ludwigshafen (am Rhein) 38/39 D 3
Ludwigslust, Stadt 36/37 G 3
Ludwigsstadt 38/39 G 2
Ludwigstein 14/15 K 3
Lübars, Berlin- 48/49.1 B 1
Lübbecke 14/15 H 1
Lübben 36/37 J 5
Lübbenau 36/37 J 5
Lübeck 36/37 F 3
Lübecker Bucht 36/37 G 2
Lüchow 36/37 FG 4
Lüdenscheid 14/15 F 3
Lüderitz (Namibia) 104 E 9
Lüdinghausen 14/15 EF 2
Lügde 14/15 J 2
Lüleburgaz 72/73 MN 5
Luena 104 EF 8
Lüneburg, Stadt 36/37 F 3
Lüneburger Heide, Landschaft 36/37 EF 3/4
Lüneburger Heide, Naturpark 50.1 CD 2
Lünen 14/15 EF 2
Lüta → Dalian
Lütgendortmund, Dortmund- 44/45.1 D 1/2
Lütjenburg 36/37 F 2
Lüttich, Stadt 68/69 G 3
Lüttringhausen, Remscheid- 9.1 C 1
Lützing, Brohl- 14/15 E 5
Luga 70 G 4
Lugano 68/69 J 5
Lugansk 54/55 QR 6
Lugo 74 C 1
Luleå 70 F 2
Luleälv 70 F 2
Lund 70 D 4
Lunda 104 EF 7
Lunéville, Stadt 38/39 B 4
Lunteren 14/15 B 1
Lure 38/39 B 5
Lusaka 104 F 8
Lusen 38/39 J 4
Luton 68/69 DE 3
Lutong 100/101.3 P 9
Lutschou 98/99 K 6
Luvua 104 F 7
Luxembourg, Stadt 38/39 AB 3
Luxemburg, Staat 68/69 GH 4
Luxemburg, Stadt 28 AB 4
Luxeuil-les-Bains 38/39 B 5
Luxor 104 G 4
Luzern 68/69 HJ 5
Luzk 76/77 E 3
Luzon 97 F 1
Luzonstraße 98/99 N 7
Lwiw 54/55 NO 5/6
Lychen 36/37 J 3
Lyck 68/69 Q 2
Lycksele 70 E 3
Lynn Lake 116/117 H 1
Lyö 36/37 F 1
Lyon 68/69 G 6
Lyskowo 76/77 HJ 2
Łysogóry 68/69 P 3
Lyswa 76/77 L 2

M

Maarheeze 14/15 AB 3
Maas 28 AB 3
Maasbracht 14/15 B 3
Maasbree 14/15 BC 3
Maasdonk 14/15 A 2
Maaseik 36/37 A 5
Maasgouw 14/15 B 3
Maastricht 68/69 G 3
Macaé 127.3 E 3
Macapá 122 E 3
Macau 98/99 L 7
Macdonnell Ranges 112.1 CD 4
Maceió 122 G 4
Macerata 68/69 L 7
Machatschkala 54/55 ST 7
Machu Picchu 122 C 5
Mackay 112.1 EF 4
Mackenzie 114 F 3
Mackenzie Mountains 114 EF 3
Mackinaw City 116/117 LM 3
Maco 104 E 8
Macon (USA, Georgia) 116/117 M 6
Macquarieinseln 132/133.1 R 8 150/151.1 R 8
Macquarieschwelle 130.1 GH 7
Madagaskar 104 H 8/9
Madagaskarbecken 104 HJ 9
Madang 112.1 E 2
Madeira, Fluss 122 D 4
Madeira, Insel 104 B 3
Madison (USA, Wisconsin) 116/117 KL 4
Madiun 97 D 6
Madras → Chennai
Madrid 74 DE 2
Madüsee 36/37 KL 3
Madura 97 D 6
Madurai 96 C 6
Mädelegabel 51.3 B 2
Mähren, Landschaft 68/69 MN 4
Mälarsee 70 E 4
Märkische Schweiz, Naturpark 50.1 F 2
Märkischer Kreis, Landkreis 13.1
Magadan 86/87 R 4
Magangué 118/119.3 FG 6
Magdagatschi 98/99 O 1
Magdeburg-Cochstedt, Flughafen 46.1 D 3
Magdeburg, Stadt 36/37 G 4
Magdeburger Börde, Landschaft 36/37 G 4
Magellanstraße 122 CD 9
Mageröy 70 FG 1
Magnetischer Pol (Nord) 131.3 28
Magnetischer Pol (Süd) 131.4 19
Magnitogorsk 54/55 U 5 86/87 G 4
Mahajanga 104 H 8
Mahakam 97 E 4/5
Mahanadi 96 DE 3
Mahlsdorf, Berlin- 48/49.1 C 1
Mahón → Maó
Maiduguri 104 E 5
Maikop 80/81 QR 7
Mailand, Stadt 68/69 J 6
Main 38/39 E 3
Main-Donau-Kanal 38/39 FG 3
Main, Roter 38/39 G 2/3
Main, Weißer 38/39 G 2
Mainau 38/39 E 5
Maine 116/117 OP 3
Mainland 71 DE 2
Mainz, Stadt 38/39 D 2/3
Maiquetía 118/119.3 H 5
Mairiporã 127.5 A 1
Maisur 96 C 5
Maja 86/87 P 4
Majene 112.1 B 2
Makalla 90/91.3 HJ 8
Makarikari-Salzpfanne 104 F 9
Makassar 112.1 B 2
Makassarstraße 97 E 4/5
Makedonien, Landschaft 72/73 JK 5
Makejewka 76/77 G 4
Malabarküste 96 BC 5/6
Malabo 104 D 6
Maladeta 68/69 E 7
Málaga 74 D 4
Malakal 104 G 6
Malakka 90/91.3 O 6
Malakkastraße 97 AB 3/4
Malang 97 D 6
Malanje 104 E 7
Malargüe 125 D 7
Malaspinagletscher 114 D 4
Malatya 75 E 2
Malawi 104 G 8
Malawisee 104 G 8
Malaya 97 B 3
Malaysia 97 B-E 3/4
Malbork 68/69 O 2
Malchin 36/37 H 3
Malchow (Mecklenburg) 36/37 H 3
Malchow, Berlin- 48/49.1 B 1
Maldadeta 74 G 1
Malediven 96 B 6
Malegaon 96 BC 3
Malente 50.1 D 1
Mali Losinj 68/69 LM 6
Mali, Staat 104 CD 5
Malibu 126.2 A 1
Malik 97 F 5
Malindi 104 H 7
Mallersdorf-Pfaffenberg 38/39 H 4
Mallorca 74 H 3
Malmédy 38/39 B 2
Malmö 70 D 4
Malpelo 122 B 3
Malsch (bei Rastatt) 38/39 D 4
Malsfeld 14/15 JK 3
Malta, Staat 72/73 EF 8
Mamaia 72/73 N 3
Mamberamo 112.1 DE 2
Mamoré 122 D 5
Man, Insel (Großbritannien) 68/69 B 1
Man, Ort (Côte d'Ivoire) 104 C 6
Manacor 74 H 3
Manado 97 F 4/5
Managua 118/119.3 DE 5
Manakara 109 HJ 9
Manantiales 125 D 9
Manaus 122 D 4
Manchester (Großbritannien) 68/69 CD 2
Manching 38/39 G 4
Mandalay 96 G 3
Mandschuli 98/99 MN 2
Mandschurei 98/99 N-P 2
Manfort, Leverkusen- 25.6 CD 1
Manfredonia 72/73 FG 5
Mangalur 96 B 5
Mangistau 76/77 K 5
Mangole 97 G 5
Manhattan, New York- 126.1 AB 2
Manheim 22.1 C 3
Manhuaçu 127.3 DE 2
Manila 97 EF 2
Manisa 72/73 M 6
Manitoba 116/117 H-K 1
Manitobasee 116/117 HJ 2
Manizales 122 C 3
Mannheim, Stadt 38/39 D 3
Manokwari 97 H 5
Manono 109 F 7
Mansfeld, Stadt 36/37 G 5
Mantena 127.3 E 1
Mantua 68/69 K 6
Manturowo 76/77 H 2
Manus 112.1 E 2
Manytsch 76/77 H 4
Manytsch-Kuma-Niederung 76/77 H 4
Manytschniederung 54/55 RS 6
Manzanillo (Kuba) 116/117 N 8
Manzanillo (Mexiko) 116/117 GH 9
Maó 74 J 3
Maoming 98/99 L 7
Mapia 97 H 4
Maputo 104 G 9
Mar del Plata 122 E 7
Marabá 122 EF 4
Maracaibo 122 CD 2
Maracay 118/119.3 H 5/6
Maradi 104 D 5
Marajó 122 EF 4
Maranhão 122 F 4
Marañón 122 C 4
Maras 75 E 2
Marbach (am Neckar) 38/39 E 4
Marbella 74 D 4
Marburg (an der Drau) 68/69 MN 5
Marburg (an der Lahn) 38/39 D 2
March, Fluss 68/69 N 4
Marcona 125 C 5
Mardin 75 F 2
Maremmen 68/69 K 7
Margraten, Eijsdalen- 14/15 B 4
Maria Laach 38/39 C 2
Marianao 116/117 M 8
Marianen 130.1 FG 4
Marianengraben 130.1 G 4
Mariánské Lázně 38/39 HJ 3
Mariawald 14/15 CD 4
Maribo 36/37 G 2
Maribor 68/69 MN 5
Marie-Byrd-Land 131.4 8-10
Marielyst 36/37 GH 2
Marienbad 38/39 H 3
Marienberg, Stadt 38/39 J 2
Marienborn (bei Helmstedt) 36/37 G 4
Marienburg, Burg 14/15 K 1
Marienburg, Stadt 68/69 O 1/2
Mariendorf, Berlin- 48/49.1 B 2
Marienfeld 14/15 G 2
Marienfelde, Berlin- 48/49.1 B 2
Marienheide 14/15 F 3
Marienmünster 14/15 J 2
Marienstatt 14/15 F 4
Marienthal, Köln 25.6 C 3
Maringá 122 E 6
Maritza 72/73 LM 5
Marjupol 54/55 Q 6
Mark, Landschaft 14/15 EF 3
Markkleeberg 36/37 H 5
Markowo 86/87 ST 3
Markranstädt 36/37 G 5
Markt Eisenstein 38/39 J 3
Markt Indersdorf 38/39 G 4
Marktbreit 38/39 F 3
Marktheidenfeld 38/39 E 3
Marktoberdorf 38/39 F 5
Marktredwitz 38/39 GH 2/3
Markusinsel 130.1 GH 3
Markwald 47.3 A 1
Marl (Ruhrgebiet) 14/15 E 2
Marmande 68/69 E 6
Marmarameer 72/73 MN 5
Marmaris 72/73 N 7
Marmolada 68/69 K 5
Marne, Fluss 68/69 F 4
Marne, Stadt 36/37 E 3
Marokko 104 C 3
Maroldsweisach 38/39 F 2
Marquesasinseln 130.1 KL 5
Marrakesch 54/55 G 9
Marsa al-Brega 80/81 MN 10
Marsa Matruh 75 C 3
Marsala 72/73 DE 7
Marsberg 14/15 H 3
Marseille 68/69 GH 7
Marshallinseln 130.1 H 4
Martapura 97 DE 5
Martinique 118/119.3 JK 4/5
Mary 86/87 H 6
Maryland 116/117 N 5
Marzahn-Hellersdorf 48/49.1 C 1
Masaya 118/119.3 D 5
Masbate, Insel 97 F 2
Masbate, Stadt 97 F 2
Mascara 74 G 5
Maseru 104 F 9
Masim 76/77 L 3
Maskarenen 132/133.1 MN 6/7
Maskat 90/91.3 JK 7
Masohi 97 G 5
Mason City 116/117 K 4
Massachusetts 116/117 O 4
Massaua 104 GH 5
Masuren 68/69 PQ 2
Matadi 104 E 7
Matagalpa 118/119.3 DE 5
Matamoros 118/119.3 B 2
Matanzas 116/117 M 8
Matão 127.3 A 2
Mataram 97 DE 6
Matera 72/73 G 5
Mathura 96 C 2
Mati 97 G 3
Mato Grosso, Bundesstaat 122 E 5
Matosinhos 74 B 2
Matsu 98/99 N 6
Matsue 98/99 P 4
Matsujama 98/99 P 5
Mattighofen 38/39 HJ 4
Mauá 127.5 B 2
Maumere 97 F 6
Mauretanien 104 BC 5
Mauritius 150/151.1 MN 7
Mawlaik 96 FG 3
Maxhütte-Haidhof 38/39 H 3
Mayaguez 118/119.3 H 4
Mayen 38/39 C 2
Mayotte 104 H 8
Mayrhofen 43 DE 5
Mazatenango 118/119.3 C 5
Mazatlán 114 H 7
Mazedonien, Staat 72/73 JK 5
Mbabane 104 FG 9
Mbandaka 104 EF 6
Mbeya 104 G 7
Mbuji-Mayi 104 F 7
McAllen 118/119.3 B 2
McCarren Park (in New York) 126.1 B 2
McDonald-Inseln 150/151.1 MN 8
McRobertson-Land 131.4 26/27
Mechernich 14/15 D 4
Meckenheim 14/15 DE 4
Mecklenburg-Vorpommern, Bundesland 29 DE 2 36/37 G-J 2/3
Mecklenburg, Landschaft 68/69 KL 2
Mecklenburger Bucht 36/37 G 2
Mecklenburgische Schweiz und Kummerower See, Naturpa 50.1 E 2
Mecklenburgische Seenplatte, Landschaft 36/37 G-J 3
Mecklenburgisches Elbetal, Naturpark 50.1 D 2
Medan 97 A 4
Medebach 14/15 H 3
Medellín 122 C 3
Medicine Hat 114 GH 5
Medina 90/91.3 GH 7
Medina del Campo 74 D 2
Mednogorsk 76/77 L 3
Médoc 68/69 D 6
Medscherda 72/73 CD 7
Medwediza 76/77 H 3
Meekatharra 112.1 B 4
Meeralpen 68/69 H 6/7
Meerane 38/39 H 2
Meerbusch 14/15 D 3
Meersburg 38/39 E 5
Meerssen 14/15 B 4
Meerut 96 C 2
Megara 72/73 K 6/7
Mehlis, Zella- 38/39 F 2
Mehrow 48/49.1 C 1
Mehrum 44/45.1 A 1
Meiderich, Duisburg- 44/45.1 AB 2
Meiersberg, Homberg- 44/45.1 B 2
Meijel 14/15 B 3
Meinerzhagen 14/15 F 3
Meiningen 38/39 F 2
Meisenheim, Stadt 38/39 C 3
Meißen (an der Elbe) 36/37 J 5
Meißner, Gebirge 36/37 E 5
Mekka 90/91.3 GH 7
Meknès 104 C 3
Mekong 96 H 4
Melaka 97 B 4
Melanesien 130.1 F-H 4/5
Melanesisches Becken 130.1 H 4/5
Melbourne 112.1 E 5
Meldorf 36/37 DE 2
Melibocus 38/39 D 3
Melilla 74 E 5
Melitopol 76/77 G 4
Melle 36/37 D 4
Mellrichstadt 38/39 F 2
Mělník 38/39 K 2
Melsungen 36/37 E 5
Melun 68/69 F 4
Melville (Kanada) 116/117 H 2
Melvillehalbinsel 114 K 3
Melvilleinsel (Australien) 112.1 CD 3
Melvilleinsel (Kanada) 114 GH 2
Melvillesund 114 GH 2
Memel, Fluss 68/69 Q 1
Memel, Stadt 80/81 N 4
Memmert 36/37 B 3
Memmingen 38/39 EF 5
Memphis, Ruinenstätte (Ägypten) 54/55 OP 10
Memphis, Stadt (USA, Tennessee) 114 J 6
Menam 96 H 5
Menden 14/15 F 3
Mendocinostufe 130.1 K 2/3
Mendoza 122 D 7
Mengede, Dortmund- 44/45.1 D 1
Mengen 38/39 E 4
Mengenich, Köln- 25.6 B 2
Mengeringhausen 14/15 HJ 3
Mengerskirchen 14/15 G 4
Mengtze 98/99 J 7
Mennighüffen 14/15 H 1
Menongue 104 EF 8
Menorca 74 J 2
Mentawaiinseln 97 A 5
Meppel 36/37 B 4
Meppen 36/37 C 4
Meran 68/69 K 5

Meratusgebirge 97 E5
Merauke 112.1 E2
Merfelder Bruch 14/15 E2
Mergui 96 G5
Merguiarchipel 96 G5/6
Merheim, Köln- 25.6 D2
Mérida (Mexiko) 118/119.3 D3
Mérida (Spanien) 74 C3
Mérida (Venezuela) 125 CD3
Meridian 116/117 L6
Merken 22.1 B3
Merkenich, Köln- 25.6 C1
Merrick 71 D4
Mersch 22.1 B2
Merscheid, Solingen- 9.1 B1
Merseburg 36/37 GH5
Mersin 75 D2
Mértola 74 BC4
Merzenich 14/15 D4
Merzig 38/39 B3
Mesa 116/117 F6
Meschede 14/15 G3
Meschenich, Köln- 25.6 C3
Meschhed 90/91.3 JK6
Mesen, Fluss 54/55 S3
Mesen, Stadt 54/55 RS2
Meseta 54/55 GH7/8
Mesolongion 72/73 JK6
Mesopotamien 54/55 R8/9
Mespelbrunn 38/39 E3
Messina (Sizilien) 72/73 F6
Messina (Südafrika) ⟶ Musina
Meßkirch 38/39 E4/5
Mesum, Rheine- 14/15 EF1
Meta 122 C3
Metelen 14/15 E1
Mettingen 14/15 F1
Mettmann 14/15 DE3
Mettmann, Landkreis 13.1
Metz 28 B4
Metzingen 38/39 E4
Meurthe 38/39 B4
Meuselwitz 38/39 H1
Mexicali 114 G6
Mexikanisches Becken 114 JK7
Mexiko, Staat 118/119.3 A-C4
Mexiko, Stadt 118/119.3 AB4
Meyenburg (Prignitz) 36/37 H3
Miami, Stadt 116/117 M7
Miass 76/77 M2/3
Michailowka (bei Wolgograd) 76/77 H3/4
Michelsberg 14/15 D4
Michelstadt 38/39 DE3
Michigan 116/117 LM3/4
Michigansee 116/117 L3/4
Michikamausee 114 MN4
Middachten 14/15 C1/2
Middlesbrough 68/69 D1
Midwayinseln 130.1 HJ3
Mierlo, Geldrop- 14/15 B3
Mies, Fluss 38/39 H3
Mies, Stadt 38/39 HJ3
Miesbach, Stadt 38/39 GH5
Mikkeli 70 GH3
Mikronesien 130.1 GH4
Milano 68/69 J6
Milde 36/37 G4
Mildura 112.1 E5
Milet 72/73 M7
Milford Haven 68/69 B3
Mill 14/15 B2
Millau 68/69 F6
Millerowo 76/77 H4
Millingen (Niederlande) 14/15 C2
Milos 72/73 L7
Milspe 44/45.1 D2
Miltenberg, Stadt 38/39 E3
Milwaukee 116/117 L4
Milwaukeetiefe 116/117 P8/9
Minahassa 97 F4
Minas Gerais 127.3 B-D1/2
Minatitlán 118/119.3 BC4
Mindanao 97 FG3
Mindanaosee 97 F3
Mindel 38/39 F4
Mindelheim 38/39 F4
Minden-Lübbecke, Landkreis 13.1
Minden, Stadt 14/15 H1
Mindoro 97 EF2
Mindra 72/73 K3
Mineralnyje Wody 76/77 H5
Mingetschaur 76/77 J5
Mingetschaurer Stausee 76/77 J5
Minho 74 B1/2
Minja Gongkar 98/99 J6
Minneapolis 116/117 K3/4
Minnesota 116/117 JK3
Miño 74 C1
Minot 116/117 H3
Minsk 54/55 O5
Minussinsk 98/99 G1
Miramichi 116/117 PQ3
Mirecourt 38/39 B4
Mirgorod 76/77 F3/4
Miri 97 D4
Mirny 86/87 N3
Mirow 36/37 H3
Misburg, Hannover- 14/15 K1
Miskolc 68/69 P4
Misoöl 97 H5
Missen-Wilhams 51.3 B1
Mississippi, Fluss 116/117 K6
Mississippi, Staat der USA 116/117 KL6
Mississippidelta 116/117 KL7
Missoula 116/117 F3
Missouri, Fluss 116/117 J4
Missouri, Staat der USA 116/117 K5
Mistassinisee 114 L4
Mistra 72/73 K7
Misurata 54/55 LM9
Mitau 70 F4
Mitchell 112.1 E3
Mitla 118/119.3 B4
Mitschurinsk 76/77 GH3
Mitte, Berlin- 48/49.1 B1
Mittelamerika 118/119.3
Mittelamerikanischer Graben 114 H-K8/9
Mittelberg (Vorarlberg) 51.3 B2
Mitteldick 47.3 B1
Mittelfranken, Regierungsbezirk 29 D4
Mittellandkanal 36/37 CD4
Mittelmark, Naturraum 36/37 HJ4
Mittelmeer 68/69 GH7
Mittelrussische Platte 76/77 GH2-4
Mittelsibirisches Bergland 86/87 L-N3
Mittenwald 38/39 G5
Mittersill 38/39 H5
Mitterteich 38/39 H3
Mittlere Kordillere 118/119.3 FG6
Mittlerer Ural 76/77 LM2
Mittweida, Stadt 38/39 HJ2
Mitú 122 C3
Mizen Head 71 AB6
Mjösensee 70 D3
Mladá Boleslav 38/39 K2
Mlanje 104 G8
Mljet 72/73 G4
Mo i Rana 70 D2
Moa 121 L7
Moanda 109 E7
Mobile 116/117 L6
Moçamedes ⟶ Namibe
Modena 68/69 K6
Moder 38/39 C4
Moe 112.1 E5
Möhne 14/15 GH3
Möhnesee, Gemeinde 14/15 G2/3
Möhnetalsperre 14/15 G3
Mölln, Stadt 36/37 F3
Mön 36/37 H2
Mönchengladbach 14/15 C3
Mönchengladbach, kreisfreie Stadt 13.1
Möns Klint 36/37 H2
Mörchingen 38/39 B4
Moers 14/15 D3
Mössingen 38/39 E4
Mogadischu 104 H6
Mogi das Cruzes 127.3 BC3
Mogi-Mirim 127.3 B3
Mogilew 76/77 F3
Mogilew-Podolski 76/77 E4
Mogok 96 G3
Mogotscha 86/87 NO4
Mohe 98/99 N1
Mohenjo Daro 96 A2
Mojavewüste 116/117 E5
Mokpo 98/99 NO5
Mokscha 76/77 H3
Moldau, Fluss 28 F4
Moldau, Landschaft 72/73 M2
Moldau, Staat 72/73 N2
Moldaustausee 38/39 K4
Moldauthein 38/39 K3
Molde 70 C3
Moldoveanul 72/73 L3
Molfetta 72/73 G5
Mollendo 122 C5
Molodetschno 76/77 E3
Mologa 76/77 G2
Molsheim, Stadt 38/39 C4
Molukken 97 G4/5
Molukkensee 97 FG4/5
Mombasa 104 GH7
Mona Passage 116/117 P9
Monaco, Staat 68/69 H7
Monaco, Stadt 68/69 H7
Monarücken 131.3 13-15
Monastir 72/73 D8
Monclova 116/117 HJ7
Mongolei, Innere 98/99 K-N2/3
Mongolei, Staat 98/99 H-L2
Mongolischer Altai 98/99 F-H2
Mongu 109 F8
Monheim 14/15 D3
Monrepos 14/15 E5
Monrovia 104 B6
Monschau 14/15 C4
Mont Dore 68/69 F6
Mont Lozère 68/69 F6
Mont Mézenc 68/69 G6
Mont Pelat 68/69 H6
Mont Tahat 104 D4
Mont Ventoux 68/69 G6
Montabaur 38/39 CD2
Montana 116/117 FG3
Montauban 68/69 EF7
Montbéliard 38/39 B5
Montblanc 68/69 H6
Monte Albán 118/119.3 B4
Monte Amiata 68/69 K7
Monte Cassino 72/73 EF5
Monte Cimone 68/69 K6
Monte Cinto 68/69 J7
Monte Gargano 72/73 FG5
Monte Pollino 72/73 G5/6
Monte Roraima 122 DE3
Monte Rosa 68/69 HJ5/6
Monte Viso 68/69 H6
Montebello (USA, California) 126.2 B1
Montego Bay 116/117 N9
Montélimar 68/69 G6
Montenegro, Staat 72/73 H4
Montería 122 C3
Monterrey (Mexiko) 118/119.3 AB2
Montes Claros 122 F5
Montevideo 122 E7
Montferland 14/15 C2
Montgomery 116/117 LM6
Monti del Gennargentu 72/73 C5/6
Monticello 116/117 G5
Montluçon 68/69 F5
Montpelier (USA, Vermont) 116/117 O4
Montpellier (Frankreich) 68/69 F7
Montreal 114 L5
Montschegorsk 70 H2
Montserrat, Berg 74 G2
Montserrat, Insel 118/119.3 J4
Monza 68/69 J6
Moomba 113.4 E4
Moormerland 36/37 C3
Moosburg, Ort (an der Isar) 38/39 G4
Moosonee 114 KL4
Mopti 104 C5
Mora (Schweden) 70 D3
Moradabad 96 C2
Moratuwa 96 CD6
Morava (Serbien) 72/73 JK4
Moray Firth 71 E3
Moree 112.1 EF4
Morelia 118/119.3 A4
Morhange 38/39 B4
Moringen 14/15 K2
Morioka 98/99 R4
Morlaix 68/69 C4
Morogolf 97 F3
Moroni 104 H8
Morosowsk 76/77 H4
Morotai 97 G4
Morris Reservoir 126.2 C1
Morro de Pilar 127.3 D1
Morsbach 14/15 F4
Morschansk 76/77 H3
Morschenich 22.1 C3
Mosambik, Staat 104 GH9
Mosambik, Stadt 104 H8
Mosambikbecken 104 GH9
Mosbach, Stadt 38/39 E3
Moschaisk 76/77 G2
Moschga 76/77 K2
Mosel, Fluss 38/39 C2
Moselle, Fluss 38/39 B4
Mosjöen 70 D2
Moskau, Stadt 54/55 PQ4
Moskitoküste 118/119.3 E5
Moskwa, Fluss 76/77 G2
Moskwa, Stadt 54/55 PQ4
Moss 70 D4
Mossel Bay 109 F10
Most 38/39 J2
Mostaganem 74 FG5
Mostar 72/73 G4
Mosul 54/55 R8
Mosyr 80/81 O5
Motala 70 DE4
Motril 74 E4
Moulmein 96 G4
Mount Columbia 114 G4
Mount Coman 131.4 3/4
Mount Cook 112.1 GH6
Mount Egmont 112.1 H5
Mount Elbert 116/117 G5
Mount Erebus 131.4 15/16
Mount Everest 96 E2
Mount Forel 114 P3
Mount Hood 116/117 D3
Mount Isa 112.1 D4
Mount Katmai 114 C4
Mount Kosciusko 112.1 EF5
Mount Logan 114 DE3
Mount Magnet 113.4 B4
Mount McKinley 114 CD3
Mount Michelson 114 D3
Mount Mintu 131.4 16/17
Mount Mitchell 116/117 M5
Mount Olympus 116/117 CD3
Mount Rainier 116/117 D3
Mount Robson 114 FG4
Mount Roosevelt 114 F4
Mount Saint Helens 116/117 D3
Mount Shasta 116/117 D4
Mount Sidley 131.4 9/10
Mount Victoria 112.1 E2
Mount Waddington 116/117 CD2
Mount Whitney 116/117 E5
Mount Woodroffe 112.1 D4
Mount Zeil 112.1 D4
Mountain Village 114 BC3
Moutier 38/39 C5
Movie Park Germany 26.1
Moyland 14/15 C2
Msta 76/77 F2
Mthatha 104 FG10
Mtwara 104 H7/8
Much 14/15 E4
Mudersbach 14/15 F4
Müggelberge 48/49.1 C2
Müggelheim, Berlin- 48/49.1 C2
Mühlacker 38/39 D4
Mühldorf 38/39 H4
Mühlhausen (Thüringen) 36/37 F5
Mülhausen 38/39 C5
Mülheim (an der Ruhr) 14/15 DE3
Mülheim, Köln- 25.6 CD2
Mülheim, kreisfreie Stadt 13.1
Müllheim (Baden) 38/39 C5
Münchberg 38/39 G2
Müncheberg 36/37 K4
Münchehofe 48/49.1 C2
München, Stadt 38/39 G4
Münchhausen 14/15 H4
Mündelheim, Duisburg- 44/45.1 A2
Münden ⟶ Hann. Münden, Stadt
Münden, Naturpark 50.1 C3
Müngersdorf, Köln- 25.6 B2
Müngstener Brücke 26.1
Münsingen 38/39 E4
Münster, kreisfreie Stadt 13.1
Münster, Ort (Vogesen) 38/39 C4
Münster, Regierungsbezirk 13.1
Münster, Stadt (Westfalen) 14/15 F2
Münsterland 14/15 EF2
Müntz 22.1 B2
Münzenberg 14/15 H5
Müritz, Graal-, Ostseebad 36/37 H2
Müritz, Nationalpark 50.1 E2
Müritz, See 36/37 H3
Mützelburg 36/37 KL4
Mufulira 104 F8
Mugla 72/73 N7
Mujunkum 98/99 BC3
Mulde, Fluss 36/37 H3
Mulde, Freiberger 38/39 J1/2
Mulde, Zwickauer 38/39 H1/2
Mulhacén 74 E4
Mulhouse 38/39 C5
Mull 71 CD3
Multan 96 B1
Mumbai 96 B4
Muna 97 F5
Mungbere 104 F6
Munku Sardyk 98/99 HJ1
Munster (Lüneburger Heide) 36/37 F4
Muonioälv 70 F2
Mur 68/69 M5
Muraschi 76/77 J2
Murchison (Fluss) 112.1 B4
Murcia 74 F3/4
Muren 98/99 J2
Mureş 68/69 PQ5
Murg, Fluss 38/39 D4
Murgul 80/81 R7
Muriaé, Fluss 127.3 E2
Muriaé, Ort 127.3 D2
Murmansk 54/55 PQ2
Murnau 38/39 G5
Murom 76/77 H2
Muroran 98/99 R3
Murray 112.1 E5
Murraystufe 130.1 KL3
Murrhardt 38/39 E4
Mursuk 104 E4
Murud 97 E4
Mus 75 F2
Musau 51.3 C1
Musgrave Ranges 112.1 CD4
Musi 97 B5
Musina 109 G9
Muskogee 116/117 J5
Mutankiang 98/99 O3
Mutare 104 G8
Mutis 97 F6
Muzaffarpur 96 E2
Muztag 98/99 F4
Mwanza 104 G7
Mwerusee 104 FG7
My Tho 96 J5
Myanmar 90/91.3 N7
Myingyan 96 G3
Myinmoletkat 96 G5
Myitkyina 96 G2
Mykenä 72/73 K7
Mykonos 72/73 L7
Myllendonk 14/15 D3
Myrdalsjökull 70 B2
Myślibórz 36/37 KL4
Mytischtschi 76/77 G2
Myvatn 70 B1
Mze 38/39 H3

N

Naab 38/39 GH3
Nabarlek 113.4 D3
Nabburg 38/39 H3
Nabereschnyje Tschelny 54/55 TU4
Nachitschewan 75 FG2
Nachodka 86/87 P5
Nachrodt-Wiblingwerde 14/15 F3
Nächstebreck, Wuppertal- 44/45.1 CD2
Nafplion 72/73 K7
Naga 97 F2
Nagano 98/99 Q4
Nagasaki 98/99 O5
Nagoja 98/99 Q4
Nagold, Fluss 38/39 D4
Nagold, Stadt 38/39 D4
Nagpur 96 CD3
Nagykanizsa 68/69 N5
Naha 98/99 O6
Nahe, Fluss 38/39 C3
Naila 38/39 G2
Nain 114 MN4
Nairobi 104 G7
Nakhon Pathom 96 GH5
Nakhon Ratchasima 96 H4/5
Nakhon Sawan 96 GH4
Nakhon Si Thammarat 96 GH6
Nakskov 36/37 G2
Nakuru 104 G7
Naltschik 75 F1
Nam Dinh 96 J3
Nam Tso 98/99 G5
Namangan 98/99 C3
Namib 104 E8/9
Namibe 104 DE8
Namibia 104 E9
Namlos 51.3 C2
Namloser Bach 51.3 C2
Namloser Wetterspitze 51.3 C2
Nammun 96 H4
Namorado 127.3 EF3
Nampula 104 GH8
Namsos 70 D3
Nancy 68/69 H4
Nanda Devi 96 CD1
Nanga Parbat 98/99 C4/5
Nanjang 98/99 L5
Nanking 98/99 MN5
Nanning 98/99 K7
Nanping 98/99 M6
Nanschan 98/99 HJ4
Nanseiinseln 98/99 NO6/7
Nantes 68/69 CD5
Nantschang 98/99 LM6
Nantschung 98/99 K5
Nantung 98/99 N5
Napiergebirge 131.4 27
Napoli 72/73 EF5
Narbonne 68/69 F7
Naresstraße 114 LM1/2
Narew 68/69 P2
Narjan-Mar 54/55 TU2
Narmada 96 C3
Naro-Fominsk 76/77 G2
Narodnaja 54/55 V2 86/87 GH3
Narva 70 G4
Narvastausee 70 G4
Narvik 70 E2
Naryn, Fluss 98/99 CD3
Naryn, Stadt 98/99 D3
Nashville 116/117 L5
Nasik 96 B3/4
Nassau, Stadt (Bahamas) 118/119.3 F2/3
Nassereith 38/39 F5
Nasserstausee 104 FG4
Nastätten 38/39 C2
Natal, Landschaft 104 G9
Natal, Stadt 122 G4
Naturpark Nagelfluhkette 51.3 B1/2
Nauen, Stadt 36/37 H4
Naugard 36/37 L3
Naumburg (an der Saale) 36/37 GH5
Naumburg (Hessen) 14/15 J3
Nauru 130.1 H5
Nawoi 98/99 B3
Naxos, Insel 72/73 LM7
Nazaré 74 B3
Nazcarücken 122 BC5/6
Ndola 104 F8
Ndschemena 104 E5
Neapel, Stadt 72/73 EF5
Nebelhorn 51.3 B2
Nebid Dag ⟶ Balkanabad
Nebraska 116/117 HJ4
Neckar 38/39 E3
Neckarsteinach 38/39 D3
Neckarsulm 38/39 E3
Necochea 122 E7
Neder-Betuwe 14/15 B2
Nederrijn 14/15 AB2 14/15 B2
Nederweert 14/15 B3
Nedschd 90/91.3 H7
Nedschef 54/55 R9
Neede 14/15 D1
Neer 14/15 B3
Neerpelt 14/15 AB3
Neffelbach 14/15 D4
Neftejugansk 80/81 X3
Neftekamsk 76/77 KL2
Neftekumsk 76/77 HJ5
Nefud 90/91.3 GH7
Negele 109 G6
Negros 97 F3
Neheim-Hüsten, Arnsberg- 14/15 FG3
Neikiang 98/99 JK6
Neiva 122 C3
Nelidowo 76/77 F2
Nellur 96 CD5
Nelson, Fluss 114 J4
Nelson, Ort 112.1 H6
Nema 104 C5
Nenjiang 98/99 N2
Nentershausen 14/15 K3
Nepal 96 D2
Nepomuk 38/39 J3
Neretva 72/73 G4
Neris 76/77 DF2/3
Nertschinsk 98/99 M1
Neschin 76/77 F3
Nesebar 72/73 MN4
Nesselwängle 51.3 C2
Nesselwang 51.3 C1
Nethe 14/15 J2
Netphen 14/15 G4
Nettersheim 14/15 D4/5
Nettetal 14/15 C3
Netze, Fluss (Polen) 68/69 N2
Neu-Delhi 96 C2
Neu-Eichenberg 14/15 K3
Neu Fahrland 48/49.1 A2
Neu-Isenburg 38/39 D2
Neu-Lich/Steinstraß 22.1 B2
Neu Lindenburg 48/49.1 C1
Neu-Ulm 38/39 F4
Neu Zittau, Gosen- 48/49.1 CD2
Neuastenberg 26.1
Neubeckum 14/15 G2
Neuberrenrath 22.4 AB1
Neubottenbroich 22.1 D2
Neubrandenburg, Stadt 36/37 J3
Neubreisach 38/39 C4/5
Neubritannien 112.1 EF2
Neubukow 36/37 G2/3
Neuburg (an der Donau) 38/39 G4
Neudamm 36/37 K4
Neudorf, Duisburg- 23.2 B1
Neue Hebriden 132/133.1 S6/7
Neuendettelsau 38/39 FG3
Neuenhagen (bei Berlin) 36/37 J4
Neuenhaus 36/37 B4
Neuenkamp Duisburg- 23.2 A1
Neuenkirchen (bei Bramsche) 14/15 F1
Neuenkirchen (Kreis Steinfurt) 14/15 E1
Neuenrade 14/15 F3
Neuental 14/15 J3
Neuf-Brisach 38/39 C4/5
Neufahrn (bei Freising) 38/39 G4
Neufundland und Labrador 116/117 Q-S2/3
Neufundland, Insel 114 NO4
Neufundlandbecken 132/133.1 GH3
Neugrefrath 22.4 A1
Neuguinea 97 H5
Neuhaus (Elbe) 36/37 FG3
Neuhaus (im Solling) 14/15 JK2
Neuhaus (Thüringer Wald) 38/39 G2
Neuirland 112.1 F2
Neukaledonien 132/133.1 RS6/7 150/151.1 RS7
Neukastilien 74 DE2/3
Neukirchen (am Knüll) 38/39 E2
Neukirchen-Vluyn 14/15 CD3
Neukölln, Berlin- 48/49.1 B2
Neuland, Hamburg- 47.2 D2
Neumark, Landschaft 36/37 KL4
Neumarkt (Oberösterreich) 38/39 J4
Neumarkt (Oberpfalz) 38/39 G3
Neumarkt (Rumänien) 72/73 L2
Neumarkt-Sankt Veit 38/39 H4
Neumünster 36/37 EF2
Neunburg vorm Wald 38/39 H3
Neunkirchen (Siegerland) 14/15 FG4
Neunkirchen-Seelscheid 14/15 E4
Neunkirchen, Stadt (Saarland) 38/39 C3
Neuquén 122 D7
Neuruppin 36/37 H4
Neusandez 68/69 P4
Neusatz 68/69 O6
Neuschottland 114 M5
Neuschwanstein 38/39 F5
Neuseeländische Alpen 112.1 GH6
Neuseeland, Erkner- 48/49.1 CD2
Neuseeland, Inselgruppe 113.4 GH5/6 132/133.1 S7/8
Neuseeland, Staat 112.1 GH5/6
Neusibirien 86/87 QR2
Neusibirische Inseln 86/87 P-R2
Neusiedler See 68/69 N5
Neusohl 68/69 O4
Neuss 14/15 D3
Neustadt (am Rübenberge) 36/37 E4
Neustadt (an der Aisch) 38/39 F3

Neustadt (an der Donau) 38/39 G 4
Neustadt (an der Orla) 38/39 G 2
Neustadt (an der Waldnaab) 38/39 H 3
Neustadt (an der Weinstraße) 38/39 CD 3
Neustadt (bei Coburg) 38/39 G 2
Neustadt (bei Dresden) 38/39 K 1
Neustadt (Hessen) 14/15 J 4
Neustadt (Holstein) 36/37 FG 2
Neustadt (Westerwald) 38/39 C 2
Neustadt-Glewe 36/37 G 3
Neustettin 68/69 N 2
Neustrelitz 36/37 J 3
Neusüdwales 112.1 E 5
Neutra 68/69 O 4
Neuves-Maisons 38/39 AB 4
Neuwerk 36/37 D 3
Neuwied, Stadt 38/39 C 2
Nevada 116/117 EF 4
Nevado de Colima 116/117 GH 9
Nevers 68/69 F 5
Neviges, Velbert- 14/15 E 3
Nevşehir 75 D 2
New Amsterdam 122 E 3
New Hampshire 116/117 O 4
New Haven 116/117 O 4
New Jersey 116/117 NO 4
New Mexico 116/117 GH 5/6
New Orleans 116/117 KL 6/7
New Plymouth 112.1 H 5
New York, Staat der USA 116/117 N 4
New York, Stadt 126.1
Newark (USA, New Jersey) 114 L 5
Newcastle (Australien) 112.1 F 5
Newcastle (Großbritannien) 71 F 4
Newel 76/77 E 2
Newinnomysk 76/77 H 5
Newman 112.1 BC 4
Newport 68/69 C 3
Newport Beach 126.2 BC 2
Newport News 116/117 NO 5
Newton Creek 126.1 B 2
Ngaundere 104 E 6
Nha Trang 96 J 5
Nhulunbuy 113.4 D 3
Niagarafälle 116/117 N 4
Niamey 104 D 5
Nias 97 A 4
Nicaragua 118/119.3 DE 5
Nicaraguasee 118/119.3 DE 5
Nidda, Fluss 38/39 D 2
Nidda, Stadt 38/39 DE 2
Nideggen 14/15 CD 4
Niebüll 36/37 DE 2
Nied, Fluss 38/39 B 3
Niedenstein 14/15 J 3
Nieder Neuendorf 48/49.1 A 1
Niederaula 14/15 JK 4
Niederaußem 22.1 D 2
Niederbayern, Regierungsbezirk 29 E 4
Niedere Tatra 68/69 O 4
Niedere Tauern 68/69 LM 5
Niederembt 22.1 C 2
Niederguinea 104 DE 7/8
Niederkalifornien 114 G 6/7
Niederkassel 14/15 E 4
Niederkrüchten 14/15 C 3
Niederländische Antillen 122 D 2
Niederlande, Staat 68/69 F-H 2/3
Niederlausitz 36/37 JK 5
Niederlausitzer Heidelandschaft, Naturpark 50.1 EF 3
Niederlausitzer Landrücken, Naturpark 50.1 E 3
Niedersachsen, Bundesland 29 B-D 2 36/37 C-F 4
Niederschönhausen, Berlin- 48/49.1 B 1
Niederzier 14/15 CD 4
Niederzissen 14/15 E 5
Nieheim 14/15 J 2
Niehl, Köln- 25.6 C 2
Nienburg (an der Weser) 36/37 E 4
Nienstedten, Hamburg- 47.2 B 1
Niers 14/15 C 2
Nierstein 38/39 D 3
Niesky 36/37 K 5
Nigde 75 D 2
Niger, Fluss 104 D 6
Niger, Staat 104 DE 5
Nigeria 104 DE 5/6
Niigata 98/99 QR 4
Nijkerk 14/15 AB 1
Nijmegen 14/15 B 2
Nijverdal 14/15 C 1
Nikel 80/81 OP 2
Nikobaren 96 F 6
Nikolajew 54/55 P 6
Nikolajewsk 86/87 PQ 4
Nikolassee, Berlin- 48/49.1 AB 2
Nikolsk 76/77 HJ 2
Nikopol 76/77 F 4
Nikosia 75 D 2
Nikšić 72/73 H 4
Nil 104 G 5
Nilgiri 96 C 5
Nimbaberge 109 C 6
Nîmes 68/69 G 7
Nimwegen 28 AB 3
Ningpo 98/99 MN 6
Ningsia 98/99 K 4
Ninive 54/55 R 8
Niobrara 116/117 H 4
Nipigonsee 116/117 L 3
Nippes, Köln- 25.6 C 2
Niquelândia 125 F 5
Niš 72/73 JK 4
Nischnekamsk 76/77 JK 2
Nischnekolymsk 86/87 S 3
Nischni Lomow 76/77 H 3
Nischni Nowgorod 54/55 R 4
Nischni Tagil 54/55 UV 4 86/87 GH 4
Nister, Große 14/15 FG 4
Niterói 127.3 D 3
Nitra 68/69 O 4
Niue 130.1 J 5
Nizza 68/69 H 7
Njala 104 F 5
Njasepetrowsk 76/77 L 2
Njassasee —> Malawisee
Njentschentangla 98/99 FG 5
Nördliche Sporaden 72/73 KL 6
Nördlingen 38/39 F 4
Nörten-Hardenberg 14/15 KL 2
Nörvenich 14/15 D 4
Noginsk 76/77 G 2
Nohfelden 38/39 BC 3
Nola 109 E 6
Nolinsk 76/77 JK 2
Nome 114 B 2
Nong Khai 96 H 4
Nonnenstein 14/15 G 1
Noranda 114 L 5
Nord-Ostsee-Kanal 36/37 E 2/3
Nordamerika 132/133.1 C-E 3
Nordamerikanisches Becken 114 LM 6/7
Nordatlantischer Rücken 122 FG 2/3
Nordaustralisches Becken 112.1 B 3
Norddeich 36/37 BC 3
Norden 36/37 C 3
Nordenham 36/37 D 3
Norderney, Insel 36/37 C 3
Norderney, Ort 36/37 C 3
Norderstedt 36/37 E 3
Nordfriesische Inseln 36/37 D 1/2
Nordfriesland, Landschaft 36/37 DE 2
Nordhausen 68/69 K 3
Nordhausen, Stadt (Thüringen) 36/37 F 5
Nordhelle 14/15 F 3
Nordhorn 36/37 C 4
Nordinsel (Neuseeland) 112.1 HJ 5
Nordirland 68/69 AB 1
Nordkanal 71 CD 4
Nordkap (Neuseeland) 112.1 H 5
Nordkap (Norwegen) 70 G 1
Nordkirchen, Ort 14/15 EF 2
Nordkorea 98/99 O 4
Nordostland (Spitzbergen) 86/87 DE 2
Nordostpazifisches Becken 130.1 J-L 3/4
Nordostpolder 36/37 A 4
Nordpfälzer Bergland 38/39 CD 3
Nordpol 131.3
Nordpolarmeer 132/133.1 J-N 1 131.3
Nordrhein-Westfalen, Bundesland 14/15
Nordsee 68/69 F-H 1/2
Nordsibirisches Tiefland 86/87 K-N 2
Nordstemmen 14/15 K 1
Nordstrand 36/37 D 2
Nordterritorium (Australien) 112.1 CD 3/4
Nordwalde 14/15 EF 1
Nordwestaustralisches Becken 132/133.1 PQ 6/7
Nordwestkap (Australien) 112.1 B 4
Nordwestpazifisches Becken 130.1 GH 2/3
Nordwik 86/87 N 2
Norfolk 116/117 NO 5
Norfolkinsel 130.1 H 6
Norilsk 86/87 KL 3
Norman Wells 114 EF 3
Normandie 68/69 DE 4
Normanton 112.1 E 5
Norrköping 70 E 4
Norrland 70 D-F 3
Norrtälje 70 E 4
Norseman 112.1 C 5
North Bay 116/117 N 3
North Carolina 116/117 MN 5
North Dakota 116/117 HJ 3
North Downs 68/69 DE 3
North Minch 71 CD 2/3
North Platte, Fluss 116/117 H 4
North Platte, Stadt 116/117 HJ 4
North Saskatchewan 116/117 FG 2
Northampton 68/69 D 2
Northeim 36/37 EF 5
Nortorf 36/37 EF 2
Norwegen, Staat 70 C-F 2/3
Norwegische Rinne 70 BC 3/4
Norwegisches Becken 54/55 HJ 2
Norwich 68/69 E 2
Nossentiner-Schwinzer Heide, Naturpark 50.1 DE 2
Nottaway 116/117 N 2
Nottingham 68/69 D 2
Nottuln 14/15 E 2
Nouméa 113.4 G 3
Nova Iguaçu 127.3 D 3
Nova Sagres 97 G 6
Novara (Oberitalien) 68/69 J 6
Novi Pazar 72/73 HJ 4
Novi Sad 68/69 O 6
Nowaja Kachowka 76/77 F 4
Nowaja Semlja 86/87 GH 2
Nowanninski 76/77 H 3
Nowgorod, Stadt 54/55 P 4
Nowogard 36/37 L 3
Nowograd-Wolynski 76/77 E 3
Nowokuibyschewsk 76/77 JK 3
Nowokusnezk 86/87 K 4
Nowomoskowsk (bei Moskau) 76/77 G 3
Nowomoskowsk (Donezbecken) 76/77 FG 4
Noworossiisk 54/55 Q 7
Nowoschachtinsk 76/77 GH 4
Nowosibirsk 86/87 JK 4
Nowotroizk 76/77 L 3
Nowousensk 76/77 J 3
Nowowolynsk 68/69 R 3
Nowtscherkassk 76/77 H 4
Nowy Port 86/87 HJ 3
Nowy Sącz 68/69 P 4
Nuadhibu 104 B 4
Nuakschott 104 B 5
Nubische Wüste 104 G 4
Nucha 76/77 J 5
Nudo Coropuna 122 C 5
Nueces 118/119.3 B 2
Nümbrecht 14/15 F 4
Nuenen 14/15 B 3
Nürnberg, Stadt 38/39 G 3
Nürschan 38/39 J 3
Nürtingen 38/39 EF 4
Nueva Casas Grandes 116/117 G 6
Nuevitas 118/119.3 F 3
Nuevo Laredo 118/119.3 AB 2
Nuhne 14/15 H 3
Nukus 54/55 UV 7 86/87 GH 5
Nullarborebene 112.1 CD 5
Nunivakinsel 114 B 2
Nunspeet 14/15 B 1
Nuoro 72/73 C 5
Nura 98/99 C 1
Nurlat 76/77 K 3
Nußdorf (am Inn) 38/39 H 5
Nuth 14/15 B 4
Nuthe-Nieplitz, Naturpark 50.1 E 2
Nutscheid 14/15 EF 4
Nuttlar 14/15 G 3
Nuuk 114 NO 3
Nyiregyháza 68/69 PQ 5
Nyköbing 36/37 GH 2
Nyköping 70 E 4
Nýřany 38/39 J 3
Nytwa 76/77 KL 2

O

Oahe Reservoir 116/117 H 3
Oakland 116/117 D 5
Oase Siwa 104 F 3/4
Oaxaca 118/119.3 B 4
Ob, Fluss 54/55 Y 3 86/87 K 4
Oban 71 D 3
Obbia 104 HJ 6
Obbusen 86/87 J 2/3
Oberammergau 38/39 FG 5
Oberaula 14/15 JK 4
Oberaußem 14/15 D 4
Oberbayern, Regierungsbezirk 29 DE 4
Oberbergischer Kreis 13.1
Oberbruch 14/15 C 3
Obere Argen 51.3 B 1
Obere Donau, Naturpark 50.1 C 4
Oberehnheim 38/39 C 4
Oberembt 22.1 BC 2
Oberer See 116/117 KL 3
Oberfranken, Regierungsbezirk 29 D 3
Oberfrohna, Limbach- 38/39 H 2
Oberguinea 104 CD 6
Oberhausen (Ruhrgebiet) 14/15 D 3
Oberhausen, kreisfreie Stadt 13.1
Oberhof (Thüringer Wald) 38/39 F 2
Oberhundem 26.1
Oberkirch 38/39 D 4
Oberkochen 38/39 F 4
Oberlausitz 36/37 JK 5
Oberlausitzer Heide- und Teichlandschaft 50.1 F 3
Obermaiselstein 51.3 B 2
Oberndorf (am Neckar) 38/39 D 4
Obernkirchen 14/15 J 1
Oberpfälzer Wald 38/39 H 3
Oberpfalz, Regierungsbezirk 29 DE 4
Oberpleis 14/15 E 4
Oberschöneweide, Berlin- 48/49.1 C 2
Oberstaufen 51.3 B 1
Oberstdorf 38/39 F 5
Oberstein, Idar- 38/39 C 3
Obertauern 43 E 5
Oberursel 38/39 D 2
Oberviechtach 38/39 H 3
Obervolta —> Burkina Faso
Oberweser 14/15 JK 2
Oberwiesenthal 38/39 HJ 2
Oberwinter 14/15 E 4
Oberzier 22.1 B 3
Obi 97 G 5
Oblutschje 98/99 OP 2
Obninsk 76/77 G 2
Obojan 76/77 G 3
Obtschtschi Syrt 76/77 JK 3
Ocha 86/87 Q 4
Ochotsk 86/87 Q 4
Ochotskisches Meer 86/87 QR 4
Ochsenfurt 38/39 EF 3
Ochsenhausen 38/39 EF 4
Ochsenkopf 38/39 G 2/3
Ochtrup 14/15 E 1
Odda 70 C 3/4
Odense 68/69 K 1
Odenthal 14/15 E 3
Odenwald, Landschaft 38/39 DE 3
Oder (zur Ostsee) 68/69 M 2
Oder-Havel-Kanal 36/37 J 4
Oder-Spree-Kanal 36/37 JK 4
Oderbruch 36/37 K 4
Odessa (Ukraine) 54/55 P 6
Odessa (USA, Texas) 116/117 H 6
Odra 68/69 N 3
Oebisfelde 36/37 G 4
Ödenburg 68/69 N 5
Oeding 14/15 D 2
Öland 70 E 4
Ölberg, Großer (Siebengebirge) 14/15 E 4
Oelde 14/15 G 2
Oelsnitz (Vogtland) 38/39 H 2
Oer-Erkenschwick 14/15 E 2
Öraefajökull 70 B 2
Örebro 70 E 4
Öresund 70 D 4
Oerlinghausen 14/15 H 2
Örtze 36/37 F 4
Oesede 14/15 G 1
Ösel 54/55 N 4
Österdal 70 D 3
Österreich, Staat 68/69 K-M 4/5
Östersund 70 D 3
Östliche Kordillere 118/119.3 G 6/7
Östliche Sierra Madre 118/119.3 AB 2-4
Östlicher Euphrat 75 EF 2
Östlicher Großer Erg 104 D 3/4
Östlicher Indisch-Antarktischer Rücken 130.1 FG 7/8
Östlicher Indischer Rücken 132/133.1 O 5-7
Östlicher Sajan 98/99 G-J 1
Ötztaler Alpen 68/69 K 5
Offenbach (am Main) 38/39 DE 2
Offenburg 38/39 CD 4
Ofterschwang 51.3 B 1/2
Ogbomosho 104 D 6
Ogden 116/117 F 4
Ohio, Fluss 116/117 M 4/5
Ohio, Staat der USA 116/117 M 4
Ohligs, Solingen- 9.1 AB 1
Ohm 14/15 H 4
Ohmgebirge 36/37 F 5
Ohrdruf 38/39 F 2
Ohře, Fluss (Eger) 38/39 J 2
Ohre, Fluss (zur Elbe) 36/37 G 4
Ohrid 72/73 J 5
Ohridsee 72/73 J 5
Oimjakon 86/87 Q 3
Ojos del Salado 122 D 6
Ok Tedi 113.4 E 2
Oka, Fluss zur Angara 98/99 J 1
Oka, Fluss zur Wolga 54/55 R 4
Okajama 98/99 P 4/5
Okawango 104 EF 8
Oker 36/37 F 4
Okha 96 A 3
Okiep 109 E 9
Okinawa 98/99 O 6
Oklahoma City 116/117 J 5/6
Oklahoma, Staat der USA 116/117 J 5/6
Okriftel 47.3 A 1
Oktjabrski 76/77 K 3
Oktober-Revolution-Inseln 86/87 KL 2
Olbernhau 38/39 J 2
Olbia 72/73 C 5
Olching 38/39 G 4
Oldebroek 36/37 A 4
Oldenburg, Stadt (Holstein) 36/37 FG 2
Oldenburg, Stadt (Oldenburg) 36/37 D 3
Oldenzaal 36/37 BC 4
Olekma 86/87 O 4
Olekminsk 86/87 NO 3
Olenek, Fluss 86/87 NO 2
Olenek, Stadt 86/87 N 3
Oléron 68/69 D 6
Olfen 14/15 E 2
Olímpia 127.3 A 2
Olmütz 68/69 N 4
Olomouc 68/69 N 4
Olongapo 97 EF 1/2
Olpe 14/15 F 3
Olpe, Landkreis 13.1
Olsberg 14/15 GH 3
Olst-Wijhe 14/15 C 1
Olsztyn 68/69 OP 2
Olymp 72/73 K 5
Olympia, Ruinenstätte (Griechenland) 72/73 J 7
Olympia, Stadt (USA, Washington) 116/117 D 3
Olympic Dam 113.4 D 5
Omaha 116/117 J 4
Oman 90/91.3 JK 7
Omdurman 104 FG 5
Ommen 36/37 B 4
Omolon 86/87 RS 3
Omsk 54/55 X 4/5 86/87 J 4
Omutninsk 76/77 K 2
Onegasee 54/55 Q 3
Ontario 116/117 K-M 2
Ontariosee 116/117 N 4
Oodnadatta 112.1 D 4
Oost Gelre 14/15 D 2
Ootmarsum 14/15 D 1
Oparino 76/77 J 2
Opatija 68/69 LM 6
Opgladbeek 14/15 AB 3
Opladen, Leverkusen- 14/15 DE 3
Opole 68/69 O 3
Oppeln 68/69 O 3
Oppenheim 38/39 D 3
Oppum, Krefeld- 44/45.1 A 2
Oradea 68/69 Q 5
Oran 54/55 H 8
Orange (Australien) 113.4 E 5
Orange (Frankreich) 68/69 G 6
Oranienburg, Stadt 36/37 J 4
Oranje 104 EF 9
Orchon 98/99 J 2
Ording, Sankt Peter- 36/37 D 2
Ordos 98/99 KL 4
Ordschonikidse (Russland) —> Wladikawkas
Ordu 75 E 1
Orechowo-Sujewo 76/77 GH 2
Oregon 116/117 DE 4
Orel, Stadt 54/55 Q 5
Orenburg 54/55 U 5
Orense —> Ourense
Orinoco 122 D 3
Oristano 72/73 C 6
Orizaba 116/117 J 9
Orke 14/15 H 3
Orkneyinseln 71 EF 2
Orlândia 127.3 AB 2
Orlando (USA, Florida) 116/117 M 7
Orléans 68/69 EF 5
Orlicker Stausee 38/39 K 3
Ormoc 97 F 2
Orotukan 86/87 R 3
Orscha 76/77 EF 3
Orsk 54/55 U 5 86/87 G 4
Orsoy 44/45.1 A 1
Ortelsburg 68/69 P 2
Ortenau 38/39 CD 4
Ortler 68/69 K 5
Oruro 122 D 5
Osaka 98/99 Q 5
Osasco 127.5 A 2
Osch 86/87 J 5
Oschatz 36/37 HJ 5
Oschersleben 36/37 FG 4
Osdorf (bei Berlin) 48/49.1 B 2
Oshawa 116/117 N 4
Oshogbo 109 D 6
Osijek 68/69 O 6
Oskol 76/77 G 3/4
Oslo 70 D 3/4
Oslofjord 70 D 4
Osnabrück, Stadt 36/37 D 4
Osorno 122 C 8
Oss 14/15 B 2
Ossa 72/73 K 6
Ossenberg 44/45.1 A 1
Ossendorf, Köln- 25.6 B 2
Osser, Großer 38/39 J 3
Ostalpen 68/69 K-M 5
Ostbevern 14/15 F 1
Ostchinesisches Meer 98/99 NO 5/6
Oste 36/37 E 3
Ostende 68/69 F 3
Osterath, Meerbusch- 14/15 D 3
Osterburg 36/37 G 4
Ostercappeln 14/15 G 1
Osterholz-Scharmbeck 36/37 D 3
Osterinsel 130.1 M 6
Osterode 36/37 F 5
Osterwald 14/15 K 1
Osterwieck 36/37 F 4/5
Ostflevoland 36/37 A 4
Ostfriesische Inseln 36/37 BC 3
Ostfriesland, Landschaft 36/37 C 3
Ostghats 96 CD 3-5
Ostheim (Rhön) 38/39 F 2
Ostheim, Köln- 25.6 D 2
Ostkap (Neuseeland) 112.1 HJ 5
Ostkarpaten 72/73 LM 2/3
Ostpazifischer Rücken 114 H 8/9
Ostpreußen 68/69 PQ 1
Ostrach, Fluss (bei Sonthofen) 51.3 B 2
Ostrau (Tschechische Republik) 68/69 NO 4
Ostrava 68/69 NO 4
Ostrov (Tschechische Republik) 38/39 HJ 2
Ostrow (Russland) 76/77 E 2
Ostrowiec Swiętokrzyski 68/69 PQ 3
Ostsee 68/69 L-N 1
Ostsibirische See 86/87 R-T 2
Osttimor 97 G 6
Osumiinseln 98/99 P 5
Otaru 98/99 R 3
Otava 38/39 J 3
Otradny 76/77 K 3
Otranto 72/73 H 5
Ottawa, Fluss 114 L 5
Ottawa, Stadt 114 L 5
Ottbergen 14/15 J 2
Ottensen, Hamburg- 47.2 C 1
Ottensheim 38/39 K 4
Ottenstein 14/15 D 1
Otterlo 14/15 B 1
Otterndorf 36/37 DE 3
Otto-Maigler-See 22.4 AB 1
Ottobeuren 38/39 F 5
Ottobrunn 38/39 G 4
Oude IJsselstreek 14/15 C 2
Oudtshoorn 109 F 10
Oulu 70 G 2/3
Oulujärvi 70 G 3
Oulujoki 70 G 3
Our 38/39 B 2
Ourense 74 C 1
Ouro Branco 127.3 D 2
Ouro Prêto 127.3 D 2
Ouse (zum Humber) 68/69 D 1
Ouse (zum Wash) 68/69 DE 2
Ovamboland 104 E 8
Overath 14/15 E 4
Overbetuwe 14/15 B 2
Overijssel 14/15 CD 1
Overloon 14/15 B 2
Oviedo 74 CD 1
Owen Sound 116/117 M 4
Oxford 68/69 D 3

P

Paar 38/39 G 4
Pablo 97 F 2
Pachuca 118/119.3 B 3
Padang 97 AB 5
Paderborn, Landkreis 13.1
Paderborn, Stadt 14/15 H 2
Padua 68/69 K 6
Päijänne 70 G 3
Pärnu 70 F 4
Paestum 72/73 F 5
Paffendorf 22.1 C 2
Paffrath 25.6 DE 1
Pag, Insel 68/69 M 6
Pagalu 104 D 7
Pagan 96 FG 3
Paitscheng 98/99 N 2
Pakanbaru 97 B 4
Pakhoi 98/99 K 7
Pakistan 96 AB 2
Pakse 96 J 4
Palana 86/87 RS 4
Palangkaraja 97 D 5
Palau 97 H 3
Palauinseln 130.1 F 4
Palawan 97 E 2/3
Palembang 97 BC 5
Palenberg, Übach- 14/15 C 4
Palencia 74 D 1
Palenque 118/119.3 C 4
Palermo 72/73 E 6
Palkstraße 96 CD 5/6
Pallastunturi 70 FG 2
Palma 74 H 3
Palmerland 131.4 3
Palmyrainsel 130.1 J 4
Palopo 97 EF 5
Palos Verdes Estades 126.2 B 2
Palu 97 EF 5
Pamir 86/87 J 6
Pampa 122 DE 7
Pamplona 68/69 D 7
Pampo 127.3 E 3
Panama, Staat 118/119.3 EF 6
Panamá, Stadt 118/119.3 F 6
Panamerican Highway 114 F 5/6 122 C 4/5

Panay 97 F 2
Pangkalpinang 97 C 5
Panjab 96 B 1
Panjim 96 B 4
Pankow, Berlin- 48/49.1 B 1
Panorama-Park Sauerland 26.1
Pantanal 122 E 5
Pantelleria 72/73 E 7
Paoki 98/99 K 5
Paoting 98/99 LM 4
Paotou 98/99 KL 3
Papenburg 36/37 C 3
Papua-Neuguinea 112.1 EF 2
Papua, Landschaft 112.1 E 2
Pará, Fluss 127.3 C 1
Pará, Landschaft 122 E 4
Paraburdoo 113.4 B 4
Paracelinseln 98/99 L 8
Paraćin 68/69 P 7
Paragominas 125 F 4
Paraguay, Fluss 122 E 6
Paraguay, Staat 122 DE 6
Paraíbo do Sul 127.3 DE 2
Paraku 104 D 6
Paramaribo 122 E 3
Paramuschir 86/87 R 4
Paraná, Bundesstaat (Brasilien) 122 E 6
Paraná, Fluss 122 E 6
Paraná, Stadt (Argentinien) 122 E 7
Paranaiba, Fluss 127.3 B 1
Paranapiacaba 127.5 B 2
Paraopeba 127.3 C 1
Parchim, Stadt 36/37 GH 3
Pardubice 68/69 MN 4
Parece Vela 98/99 Q 7
Parelheiros, São Paulo- 127.5 A 2
Parent 116/117 O 3
Parepare 97 E 5
Paricutín 114 H 8
Paris (Frankreich) 68/69 F 4
Parma, Stadt 68/69 K 6
Parnaíba, Stadt 122 FG 4
Parnaß 72/73 K 6
Paros 72/73 L 7
Parryinseln 114 G-J 2
Parsberg 38/39 G 3
Partenkirchen, Garmisch- 38/39 G 5
Pasadena 126.2 B 1
Pasewalk 36/37 K 3
Pasig 97 EF 2
Pass Thurn 38/39 H 5
Pass von Reinosa 68/69 BC 7
Pass von Roncesvalles 68/69 D 7
Passau, Stadt 38/39 J 4
Passo Fundo 122 E 6
Passos 127.3 B 2
Pasto 122 C 3
Patagonien 122 CD 8
Patan 96 E 2
Patani 97 G 4
Patiala 96 C 1
Patkaigebirge 96 FG 2
Patmos 72/73 M 7
Patna 96 E 2
Patombergland 86/87 N 4
Patos de Minas 127.3 B 1
Patras 72/73 JK 6
Patrocínio 127.3 B 1
Pattani 96 H 6
Pattensen 14/15 K 1
Pattern 22.1 A 3
Pau 68/69 D 7
Paulistana 122 FG 4
Paulo-Afonso-Fälle 122 FG 4
Paulo Afonso, Stadt 125 G 4/5
Pausin 48/49.1 A 1
Pavia 68/69 J 6
Pawlodar 86/87 JK 4
Pawlowo 76/77 H 2
Paz de Río 125 C 3
Pazardžik 72/73 L 4
Pazifisch-Antarktisches Becken 130.1 J-N 7/8
Pazifischer Ozean 114 D-J 4-9 122 B 3-8
Peace River 114 G 4
Peć 72/73 J 4
Peckelsheim 14/15 J 2
Pecos 116/117 H 6
Pécs 72/73 H 2/3
Peddenberg 44/45.1 AB 1
Peel 14/15 B 3 14/15 B 2/3
Peene 36/37 J 3
Peenemünde 36/37 JK 2
Peenetal, Naturpark 50.1 E 2
Peer 14/15 A 3
Pegnitz, Fluss 38/39 G 3
Pegnitz, Stadt 38/39 G 3
Pegu 96 G 4
Pegugebirge 96 G 4
Pehan 98/99 O 2
Peine 36/37 F 4
Peipussee 54/55 O 4
Peischan 98/99 GH 3
Peitz 36/37 K 5
Pekalongan 97 CD 6
Peking 98/99 LM 4
Pelagische Inseln 72/73 E 8
Peleng 97 F 5
Pellworm 36/37 D 2
Peloponnes 72/73 JK 7
Pelotas 122 EF 7
Pematangsiantar 97 AB 4
Pemba, Insel 104 GH 7
Pemba, Ort 104 H8
Pempelfort, Düsseldorf- 24.2
Pengpu 98/99 M 5
Peñiscola 74 G 2
Penki 98/99 NO 3
Penner 96 C 5
Pennines 68/69 CD 1/2
Pennsylvania 116/117 N 4
Pensa 54/55 RS 5
Pensacola 116/117 L 6
Pentland Firth 71 DE 2
Penzance 68/69 AB 3
Penzberg 38/39 G 5
Penzlin 36/37 J 3
Peoria 116/117 L 4
Pergamon, Ort 75 C 2
Pergamon, Ruinenstätte 72/73 M 6
Périgueux 68/69 E 6
Perl (Saarland) 38/39 B 3
Perleberg 36/37 G 3
Perm 54/55 TU 4
Pernambuco 122 G 4
Pernau 70 F 4
Pernik 72/73 K 4
Perpignan 68/69 F 7
Perris 126.2 D 2
Persischer Golf 54/55 ST 10
Perth (Australien) 112.1 B 5
Perth (Schottland) 71 DE 3
Peru 122 C 4/5
Perubecken 122 B 5
Perugia 68/69 L 7
Perugraben 122 BC 4/5
Perus, São Paulo- 127.5 A 1
Perwomaisk 76/77 F 4
Perwouralsk 54/55 U 4
Pesaro 68/69 L 7
Pescara 68/69 M 7
Pesch, Köln- 25.6 B 2
Peshawar 96 B 1
Peterhead 71 F 3
Petershagen (bei Minden) 14/15 H 1
Petropawlowsk 54/55 WX 5 86/87 HJ 4
Petropawlowsk-Kamtschatski 86/87 RS 4
Petrópolis 127.3 D 3
Petrosawodsk 54/55 P 3
Petrowsk 76/77 J 3
Petschenga 70 H 2
Petschora, Fluss 54/55 TU 2
Petschora, Stadt 54/55 TU 2
Pewek 86/87 T 3
Pfälzerwald, Gebirge 38/39 C 3
Pfälzerwald, Naturpark 50.1 BC 4
Pfänder 38/39 E 5
Pfaffenberg, Mallersdorf- 38/39 H 4
Pfaffenhofen (an der Ilm) 38/39 G 4
Pfalzburg 38/39 C 4
Pfarrkirchen 38/39 HJ 4
Pfaueninsel 48/49.1 A 2
Pfefferküste 104 BC 6
Pfirt 38/39 C 5
Pflach 51.3 C 1
Pforzheim, Stadt 38/39 D 4
Pfreimd, Stadt 38/39 H 3
Pfronten 51.3 C 1
Pfullendorf 38/39 E 5
Pfungstadt 38/39 D 3
Phalaborwa 109 G 9
Phalsbourg 38/39 C 4
Phan Thiet 96 J 5
Phantasialand Brühl 26.1
Phetchaburi 96 GH 5
Philadelphia (USA, Pennsylvania) 116/117 NO 4/5
Philippi 72/73 L 5
Philippinen 97 FG 1-3
Philippinenbecken 130.1 F 4 90/91.3 QR 8
Philippinengraben 130.1 F 4
Philippsthal 14/15 KL 4
Phimai 96 H 4/5
Phitsanulok 96 H 4
Phoenix 116/117 F 6
Phönixinseln 130.1 J 5
Phuket 96 G 6
Piacenza 68/69 J 6
Piauí 122 F 4
Piave 68/69 L 6
Picardie 68/69 EF 3/4
Pico Bolívar 118/119.3 G 6
Pico da Bandeira 127.3 E 2
Pico da Neblina 122 D 3
Pico das Agulhas Negras 127.3 C 3
Pico de Aneto 68/69 E 7
Pico Duarte 118/119.3 GH 4
Pico Pedra Azul 127.3 E 2
Pico São Mateus 127.3 E 2
Picos de Europa 74 D 1
Pidurutalagala 96 D 6
Piedras Negras 116/117 H 7
Pielinen 70 G 3
Pier 22.1 B 3
Pierre 116/117 HJ 4
Pierrefontaine 38/39 B 5
Piesberg 14/15 G 1
Piesenkopf 51.3 B 2
Piesport 38/39 B 3
Pietermaritzburg 104 G 9
Pietersburg → Polokwane
Pietrosul 72/73 L 2
Pik Kommunismus 86/87 J 6
Pik Pobedy 86/87 JK 5
Pik von Orizaba 118/119.3 B 4
Piła (Polen) 68/69 N 2
Pilbara 113.4 BC 4
Pilcomayo 122 D 6
Pilica 68/69 P 3
Pillau 68/69 O 1
Pilos 72/73 J 7
Pilsen 28 E 4
Pinar del Río 118/119.3 DE 3
Pindos 72/73 J 5/6
Pine Point 121 GH 3
Ping 96 G 4
Pingsdorf 22.4 B 2
Pinios 72/73 K 6
Pinneberg, Stadt 36/37 E 3
Pinsk 76/77 E 3
Pinswang, Ober- 51.3 C 1
Pinswang, Unter- 51.3 C 1
Pinzgau 38/39 H 5
Piombino 68/69 JK 7
Piracicaba 127.3 AB 3
Piräus 72/73 K 7
Piraju 127.3 A 3
Pirassununga 127.3 B 2/3
Pirgos 72/73 J 7
Pirin 72/73 K 5
Pirmasens, Stadt 38/39 C 3
Pirna 38/39 J 2
Pirot 72/73 K 4
Pisa 68/69 K 7
Písek 28 EF 4
Pitcairn 130.1 L 6
Pitești 72/73 L 3
Pittsburgh 116/117 MN 4
Piuí 127.3 C 2
Piura 122 B 4
Pjatigorsk 54/55 RS 7
Pjöngjang 98/99 NO 4
Placentia 126.2 C 2
Plan 38/39 H 3
Planá 38/39 H 3
Planettiefe 97 D 7
Plasencia 74 C 2
Plasy 38/39 J 3
Plateau von Langres 68/69 G 5
Plateau von Mato Grosso 122 E 5
Plathe 36/37 L 3
Platte, Fluss 116/117 HJ 4
Plattensee 68/69 N 5
Plattling 38/39 H 4
Plau 36/37 H 3
Plauen (Vogtland) 38/39 H 2
Plauer See (Brandenburg) 36/37 H 4
Plauer See (Mecklenburg) 36/37 H 3
Pleiße 38/39 H 2
Pleskau 54/55 OP 4
Pleskauer See 76/77 E 2
Plettenberg, Stadt 14/15 F 3
Pleven 72/73 L 4
Pljevlja 72/73 H 4
Ploče 72/73 G 4
Plochingen 38/39 E 4
Plöckenstein 38/39 J 4
Plön, Stadt 36/37 F 2
Plöner See, Großer 36/37 F 2
Ploiești 72/73 LM 3
Plombières 14/15 BC 4
Płoty 36/37 L 3
Plovdiv 72/73 L 4
Plymouth (Großbritannien) 68/69 BC 3
Plzeň 68/69 L 4
Pnom Penh 96 H 5
Po 68/69 J 6
Po Hai 98/99 MN 4
Poá 127.5 B 2
Pobeda 86/87 Q 3
Pocatello 116/117 F 4
Pocking 38/39 J 4
Poços de Caldas 127.3 BC 2
Podbořany 38/39 J 2
Podelta 68/69 L 6
Podersam 38/39 J 2
Podgorica 72/73 H 4
Podolische Platte 76/77 DE 4
Podolsk 76/77 G 2
Poel 36/37 G 2
Pölitz (bei Stettin) 36/37 K 3
Pohlheim 14/15 H 4
Point Hope 114 BC 2
Pointe Noire 104 DE 7
Poitiers 68/69 DE 5
Pojangsee 98/99 M 6
Polen, Staat 68/69 N-Q 3
Polewskoi 76/77 M 2
Police (bei Stettin) 36/37 K 3
Poll, Köln- 25.6 C 3
Polle 14/15 J 2
Pologi 76/77 G 4
Polokwane 104 F 9
Polozk 70 G 4
Polsum 44/45.1 C 1
Poltawa 76/77 F 4
Polunotschnoje 80/81 VW 3
Polynesien 130.1 JK 3-6
Pommern 36/37 J-L 3
Pommersche Bucht 36/37 K 2
Pommersfelden 38/39 FG 3
Pomona 126.2 C 1
Pompeji 72/73 F 5
Pompéu 127.3 C 1
Ponca City 116/117 J 5
Ponce 118/119.3 G 4
Pont-à-Mousson 38/39 B 4
Pont-de-Roide 38/39 B 5
Ponta Grossa 122 EF 6
Ponte Nova 127.3 D 2
Ponten 51.3 B 2
Pontes e Lacerda 122 E 5
Pontevedra 74 BC 1
Pontianak 97 C 4/5
Pontinische Inseln 72/73 E 5
Pontisches Gebirge 75 D-F 1
Popayán 122 C 3
Popocatépetl 118/119.3 B 4
Pori 70 F 3
Poronaisk 98/99 RS 2
Porrentruy 38/39 BC 5
Porsangerfjord 70 G 1
Port Arthur (USA) 116/117 K 6/7
Port-au-Prince 118/119.3 G 4
Port Augusta 112.1 D 5
Port Blair 96 F 5
Port Elizabeth 104 FG 10
Port-Gentil 104 D 7
Port Harcourt 104 D 6
Port Hedland 112.1 B 4
Port Kembla 113.4 F 5
Port Lincoln 112.1 D 5
Port Moresby 112.1 E 2/3
Port Nelson 114 JK 4
Port Nolloth 104 E 9
Port Numbay 112.1 E 2
Port of Spain 122 DE 2
Port Pirie 112.1 DE 5
Port Said 54/55 P 9
Port Sudan 104 G 5
Port-Vendres 68/69 F 7
Porta Westfalica 14/15 H 1 8.3 A 1
Portland (Australien) 112.1 DE 5
Portland (USA, Maine) 116/117 OP 4
Portland (USA, Oregon) 116/117 D 3
Porto 74 B 2
Porto Alegre 122 EF 7
Porto Colômbia, Stausee von 127.3
Porto Novo 104 D 8
Porto Velho 122 D 4
Portsmouth (Großbritannien) 68/69 D 3
Portsmouth (USA, Virginia) 116/117 N 5
Portugal, Staat 74 BC 2-4
Porz, Köln- 14/15 E 4
Posadas 122 E 6
Posen, Stadt 68/69 N 2
Poso 97 F 5
Postmasburg 109 EF 9
Potenza 72/73 F 5
Poti 75 F 1
Potosí 122 D 5
Potrerillos 125 CD 6
Potsdam 68/69 L 2
Potsdam, Stadt 36/37 HJ 4
potts park 26.1
Powder 116/117 G 3/4
Poza Rica 118/119.3 B 3
Poznań 68/69 N 2
Prado Flood Control Basin 126.2 C 2
Prärien 114 HJ 4-6
Prag 68/69 LM 3
Praha 28 F 3/4
Praia Grande 127.5 B 3
Prato 68/69 K 7
Predeal 72/73 L 3
Preetz (bei Kiel) 36/37 F 2
Pregarden 38/39 K 4
Pregel 68/69 PQ 1
Premnitz 36/37 H 4
Prenzlau 36/37 JK 3
Prenzlauer Berg, Berlin- 48/49.1 B 1
Prerow 36/37 H 2
Prescott 116/117 F 6
Prešov 68/69 P 4
Pressburg 68/69 N 4
Preston 68/69 C 2
Pretoria 104 FG 9
Pretoria → Tshwane
Preußisch Oldendorf 14/15 GH 1
Preußisch Ströhen 14/15 H 1
Příbram 38/39 K 3
Prien, Ort 38/39 H 5
Prignitz, Stadt 36/37 GH 3
Prikumsk 76/77 H 5
Priluki 76/77 F 3
Prince Albert 114 H 4
Prince-Albert-Nationalpark 116/117 G 2
Prince-Charles-Gebirge 131.4 26/27
Prince George 114 F 4
Prince-Patrick-Insel 114 FG 2
Prince Rupert 114 EF 4
Príncipe, Insel 104 D 8
Prinz-Albert-Halbinsel 114 G 2
Prinz-Eduard-Insel 114 M 5
Prinz-Eduard-Inseln 150/151.1 L 8
Prinz-von-Wales-Insel 114 HJ 2
Pripjet 54/55 O 5
Pripjetsümpfe 54/55 O 5
Priština 72/73 J 4
Pritzwalk 36/37 H 3
Prizren 72/73 J 4
Probstzella 38/39 G 2
Prochladny 76/77 HJ 5
Progreso 116/117 KL 8
Prokopjewsk 86/87 K 4
Prome 96 FG 4
Prorwa 76/77 K 4
Provence 68/69 GH 7
Providence 116/117 OP 4
Prowidenija 86/87 UV 3
Prudhoe Bay 121 D 2
Prüm, Stadt 38/39 B 2
Pruth 72/73 M 2
Przemyśl 68/69 Q 4
Pschisch 76/77 H 5
Psjol 76/77 F 3
Pskow 70 G 4
Ptitsch 76/77 E 3
Pucallpa 122 C 4
Puderbach 14/15 F 4
Puebla 118/119.3 B 4
Pueblo 116/117 H 5
Puerto Barrios 118/119.3 D 4
Puerto Cabello 118/119.3 H 5
Puerto Cabezas 118/119.3 E 5
Puerto Cortés 118/119.3 D 4
Puerto Deseado 122 D 8
Puerto la Cruz 118/119.3 HJ 5
Puerto Limón 118/119.3 E 5/6
Puerto Madryn 125 D 8
Puerto Maldonado 122 D 5
Puerto Montt 122 C 8
Puerto Natales 122 C 9
Puerto Peñasco 116/117 F 6
Puerto Plata 116/117 OP 8/9
Puerto-Rico-Graben 114 M 7/8
Puerto Rico, Insel 118/119.3 H 4
Puerto San José 118/119.3 C 5
Puerto Vallarta 116/117 G 8
Puertollano 74 DE 3
Pugatschew 76/77 JK 3
Pula 68/69 L 6
Pulheim 14/15 D 3/4
Pulog 97 F 1
Puna, Landschaft 125 CD 5/6
Puna, Stadt 96 B 4
Punakha 96 EF 2
Puno 122 CD 5
Punta Arenas (Chile) 122 C 9
Puntarenas (Costa Rica) 118/119.3 DE 5/6
Punto Fijo 118/119.3 GH 5
Purus 122 D 4
Pusan 98/99 OP 4
Puschkin 76/77 EF 2
Putbus 36/37 J 2
Putlitz 36/37 H 3
Putoranagebirge 86/87 KL 2/3
Putten, Ort 14/15 B 1
Puttgarden 36/37 G 2
Putumayo 122 C 4
Puy-de-Dôme 68/69 F 6
Pyrenäen 68/69 D-F 7
Pyritz 36/37 K 3
Pyrzyce 36/37 K 3

Q

Qitai 98/99 F 3
Quadrath-Ichendorf 22.1 D 2
Quakenbrück 36/37 C 4
Quebec, Provinz 116/117 O-Q 2
Quebec, Stadt 114 L 5
Quedlinburg, Stadt 36/37 G 5
Queens, New York- 126.1 B 1
Queensland 112.1 E 4
Queenstown (Neuseeland) 112.1 G 6
Queenstown (Tasmanien) 112.1 E 6
Quelimane 104 GH 8
Quemoy 98/99 M 7
Querenburg, Bochum- 44/45.4 C 2
Querétaro 116/117 HJ 8
Querfurt 36/37 G 5
Quetta 96 A 1
Quezaltenango 118/119.3 C 5
Quezon City 97 F 2
Qui Nhon 96 J 5
Quickborn 36/37 E 3
Quilombo, Serra de 127.5 B 2
Quilpie 112.1 E 4
Quimper 68/69 BC 4
Quito 122 C 3

R

Raab, Fluss 68/69 N 5
Raab, Stadt 68/69 N 5
Raalte 36/37 B 4
Rab 68/69 M 6
Rabat 54/55 G 9
Rabaul 112.1 F 2
Rachel 38/39 J 4
Radbusa 38/39 J 3
Radeberg 36/37 JK 5
Radebeul 36/37 J 5
Radebrück 48/49.1 D 1
Radevormwald 14/15 E 3
Radolfzell 38/39 D 5
Radom 68/69 P 3
Raesfeld, Ort 14/15 D 2
Raffelberg, Rennbahn 23.2 B 1
Ragusa 72/73 F 7
Rahden 14/15 H 1
Rahnsdorf, Berlin- 48/49.1 C 2
Rain (am Lech) 38/39 FG 4
Rainey Park (in New York) 126.1 B 1
Raipur 96 D 3
Rajahmandry 96 DE 4
Rajkot 96 B 3
Rakka 75 E 2
Rakonitz 38/39 J 2
Rakovník 38/39 J 2
Raleigh 116/117 N 5
Ramberg, Berg 36/37 G 5
Rambervillers 38/39 B 4
Ramsbeck 14/15 G 3
Ranchi 96 DE 3
Randen 38/39 D 5
Randers 70 CD 4
Randow 36/37 K 3
Randringhausen 26.1
Rangun → Yangon
Rankweil 38/39 E 5
Rann von Katch 96 AB 3
Ransbach-Baumbach 14/15 F 4/5
Rantekombola 97 EF 5
Raon-l'Etape 38/39 B 4
Rapid City 116/117 H 4
Rapperswil-Jona 38/39 D 5
Rappoltsweiler 38/39 C 4
Ras Daschan 104 G 5
Ras Lanuf 80/81 M 10
Ras Tanura 80/81 ST 10
Rasskasowo 76/77 H 3
Rastatt, Stadt 38/39 D 4
Rastede 36/37 D 3
Ratcha Buri 96 G 5
Rath, Köln- 25.6 E 2
Rathenow 36/37 H 4
Ratingen 14/15 D 3
Ratzeburg, Stadt 36/37 FG 3
Ratzeburger See 36/37 FG 3
Rauchberg 51.3 C 2
Raudnitz 38/39 K 2
Raufarhöfn 70 BC 1
Rauheck 51.3 B 2
Rauher Kulm 38/39 G 3
Rauma 70 F 3
Rauschenberg (Hessen) 14/15 H 4
Rauxel, Castrop- 14/15 E 2
Ravenna 68/69 L 6
Ravensberger Hügelland 14/15 GH 1
Ravensburg, Stadt 38/39 E 5
Ravenstein, Ort 14/15 B 2
Rawalpindi 96 B 1
Rawlinna 112.1 C 5
Reading (Großbritannien) 68/69 D 3
Recife 122 G 4
Recke 14/15 F 1
Recklinghausen 14/15 E 2
Recklinghausen-Süd 44/45.1 C 1
Recklinghausen, Landkreis 13.1
Recknitz 36/37 H 2
Red Deer 116/117 F 2
Red Dog 121 BC 3
Red River (USA, Oklahoma) 116/117 J 6
Redlands 126.2 D 1
Redondo Beach 126.2 B 2
Rees 14/15 C 2
Refrath, Bergisch Gladbach- 25.6 E 2
Rega 36/37 L 3
Regen, Fluss 38/39 H 3
Regen, Stadt 38/39 J 4
Regensburg, Stadt 38/39 H 3
Regenstauf 38/39 GH 3
Regge 14/15 CD 1
Reggio 68/69 K 6
Reggio (di Calabria) 72/73 FG 6/7
Reggio (nell'Emilia) 72/73 D 3
Regina 114 H 4
Registro 127.3 B 4
Regnitz 38/39 F 3
Rehau 38/39 GH 2
Rehburg-Loccum 36/37 E 4
Rehna 36/37 FG 3
Reichenau, Insel (Bodensee) 38/39 DE 5
Reichenbach, Ruine 14/15 K 3
Reichenbach, Stadt (bei Zwickau) 38/39 H 2
Reichenberg (Böhmen) 38/39 KL 2
Reichshof 14/15 F 4
Reichshofen 38/39 C 4
Reichswald 14/15 C 2
Reifferscheid 14/15 CD 5
Reims 68/69 G 4
Reinbek 36/37 F 3
Reinhardswald 36/37 E 5
Reinickendorf, Berlin- 48/49.1 B 1
Reiskirchen 14/15 H 4
Reit im Winkl 38/39 H 5
Reken 14/15 E 2
Remagen 38/39 C 2
Remich 38/39 B 3
Remiremont 38/39 B 4
Remouchamps 14/15 B 4/5
Remscheid 14/15 E 3
Remscheid, kreisfreie Stadt 13.1
Rendsburg 36/37 E 2
Rengsdorf 14/15 EF 4
Renkum 14/15 B 2
Rennerod 14/15 G 4
Rennes 68/69 D 4
Reno, Stadt 116/117 E 5
Rentiersee 114 H 4
Repelen 44/45.1 A 2

Reppen 36/37 K4
Rerik 36/37 G2
Rescht 54/55 S8
Resistencia 122 DE6
Reşiţa 68/69 P6
Resse, Gelsenkirchen- 44/45.1 C1
Rethimnon 72/73 L8
Retschiza 76/77 EF3
Rettenberg 51.3 B1
Réunion 150/151.1 M7
Reus 74 G2
Reusrath, Langenfeld- 9.1 A2
Reutlingen, Stadt 38/39 E4
Reutte 51.3 C2
Reval → Tallinn
Revilla-Gigedo-Inseln 114 G8
Rewda 76/77 LM2
Reykjanes 70 A2
Reykjanesrücken 54/55 BC3/4
Reykjavík 70 A2
Reynosa 118/119.3 B2
Rheda-Wiedenbrück 14/15 G2
Rhede, Stadt (bei Bocholt) 14/15 D2
Rheden 36/37 B4/5
Rhein 28 B3
Rhein-Erft-Kreis 13.1
Rhein-Herne-Kanal 14/15 DE2/3
Rhein-Kreis Neuss, Landkreis 13.1
Rhein-Marne-Kanal 38/39 BC4
Rhein-Rhône-Kanal 38/39 BC5
Rhein-Sieg-Kreis 13.1
Rhein-Weser-Turm 14/15 G3
Rheinau (Baden) 38/39 CD4
Rheinau (Elsass) 38/39 C4
Rheinau (Schweiz) 38/39 D5
Rheinbach 14/15 D4
Rheinberg 14/15 D2
Rheinbrohl 14/15 E4/5
Rheine 14/15 E1
Rheineck, Ruine 14/15 E4/5
Rheinfall 38/39 D5
Rheinfelden (Baden) 38/39 C5
Rheinfelden (Schweiz) 38/39 C5
Rheinhausen, Duisburg- 14/15 D3
Rheinisch-Bergischer Kreis 13.1
Rheinkamp, Moers- 14/15 D3
Rheinkassel, Köln- 25.6 C1
Rheinland-Pfalz, Bundesland 29 BC3/4 38/39 B-D2/3
Rheinland, Naturpark 26.1
Rheinsberg 36/37 HJ3
Rhenen 14/15 B2
Rheurdt 14/15 C3
Rheydt, Mönchengladbach- 14/15 CD3
Rhin, Fluss 36/37 H3
Rhinkanal 36/37 H4
Rhode Island 116/117 O4
Rhodopen 72/73 KL5
Rhodos, Insel 72/73 N7
Rhodos, Stadt 72/73 N7
Rhön, Gebirge 38/39 EF2
Rhône 68/69 G6
Rhônedelta 68/69 G7
Rhume 14/15 KL2
Riad 90/91.3 H7
Riauinseln 97 BC4
Ribadeo 74 C1
Ribeauvillé 38/39 C4
Ribeira do Iguape 127.3 A4
Ribeirão Pires 127.5 B2
Ribeirão Prêto 127.3 B2
Ribnitz-Damgarten 36/37 H2
Richards Bay 109 G9
Richmond (USA, Virginia) 116/117 N5
Ried, Stadt 38/39 J4
Riedbergerhorn 51.3 B2
Rieden (am Forggensee) 51.3 C1
Riefensberg 51.3 A1/2
Riehl, Köln- 25.6 C2
Riemke, Bochum- 44/45.4 B1
Riemst 14/15 B4
Ries 38/39 F4
Riesa 36/37 J5
Riesengebirge 68/69 M3
Rietberg, Stadt 14/15 G2
Riga 54/55 N4
Rigaischer Meerbusen 70 F4
Rijeka 68/69 M6
Rijssen 36/37 B4
Rijssen-Holten 14/15 C1
Rila 72/73 K4
Rimberg 14/15 JK4
Rimini 68/69 L6
Rîmnicu Vîlcea 72/73 KL3
Ringvassöy 70 E2
Rinjani 97 E6
Rinteln 36/37 E4
Río Balsas 118/119.3 AB4
Río Bermejo 122 DE6
Rio Branco, Fluss 122 D3
Rio Branco, Ort 122 D4
Río Bravo del Norte 114 H6/7
Rio Claro 127.3 AB3
Río Coco 118/119.3 D5
Río Colorado 122 D7
Río Cuarto 122 D7
Rio-das-Pedras-Rerservoir 127.5 B2
Rio das Velhas 127.3 C1
Rio de Janeiro, Bundesstaat 127.3 C-E2/3
Rio de Janeiro, Stadt 127.3 D3
Río de la Plata 122 E7
Rio Doce 127.3 D2
Río Gallegos 122 D9
Río Grande de Santiago 116/117 GH8
Rio Grande do Sul 122 E6/7
Rio-Grande-Reservoir 127.5 A2
Rio-Grande-Schwelle 122 GH6/7
Rio Grande, Fluss (Brasilien) 122 F5/6
Rio Grande, Fluss (in São Paulo) 127.5 A2
Rio Grande, Fluss (USA) 116/117 HJ7
Rio Grande, Stadt (Brasilien) 122 EF7
Río Lerma 116/117 H8
Río Magdalena 122 C3
Rio Negro (Brasilien) 122 D4
Rio Pardo 127.3 A2
Río Salado (zum Paraná) 122 D6
Río Salado (zum Río Colorado) 122 D7
Río San Juan 118/119.3 E5
Rio São Francisco 127.3 C1
Rio Tietê 127.3 A3
Rio Turvo 127.3 C2
Rio Verde 127.3 C2/3
Riukiuinseln 98/99 NO7
Riva 68/69 K6
Rivera 122 E7
Riverside 126.2 D2
Riviera 68/69 J6
Rize 75 F1
Rjasan, Stadt 54/55 Q5
Rjaschsk 76/77 GH3
Roanne 68/69 G5
Roanoke, Fluss 116/117 N5
Roanoke, Stadt 116/117 MN5
Roçadas → Xangongo
Rocas Alijos 116/117 E8
Rochester (USA, New York) 116/117 N4
Rock Springs 116/117 FG4
Rockall 54/55 F4
Rockenhausen 38/39 C3
Rockford 116/117 L4
Rockhampton 112.1 F4
Rocky Mountains 114 E-H3-6
Rodenberg 14/15 J1
Rodenkirchen, Köln- 25.6 D3
Roding, Stadt 38/39 H3
Rodrigues, Insel 150/151.1 N6
Röbel 36/37 H3
Rödby 36/37 G2
Rödbyhavn 36/37 G2
Rödingen 22.1 B2
Rödinghausen 14/15 GH1
Rönne 68/69 M1
Röntgental 48/49.1 BC1
Roer 14/15 C3
Roerdalen 14/15 BC3
Roermond 36/37 AB5
Röros 70 DE3
Rösrath 14/15 E4
Roetgen 14/15 C4
Röthenbach (an der Pegnitz) 38/39 G3
Roggendorf-Thenhoven, Köln- 25.6 AB1
Rohrbeck 48/49.1 A1
Rokycany 38/39 J3
Rolandsbogen 14/15 E4
Rom 72/73 E4/5
Roma (Australien) 113.4 EF4
Roma (Italien) 72/73 E4/5
Roman 72/73 M2
Romanshorn 38/39 E5
Rommerskirchen 14/15 D3
Romny 76/77 F3
Ronchamp 38/39 B5
Ronda 74 D4
Rondônia 122 D5
Rondorf, Köln- 25.6 C3
Ronne-Schelfeis 131.4 2/3
Ronnenberg 14/15 K1
Ronsdorf, Wuppertal- 9.1 C1
Ronshausen 14/15 K4
Roodeschool 36/37 B3
Rooseveltinsel 131.4 12-14
Rorschach 38/39 E5
Rosario (Argentinien) 122 DE7
Rosdorf 14/15 K2/3
Roseau 118/119.3 J4
Rosenberg, Sulzbach- 38/39 G3
Rosendahl 14/15 E1
Rosenheim (Oberbayern) 38/39 GH5
Rosenthal (Neumark) 14/15 H4
Roslawl 76/77 F3
Ross-Schelfeis 131.4 13-15
Rossano 72/73 G6
Roßhaupt 38/39 H3
Rossinsel 131.4 15/16
Roßlau, Dessau- 36/37 H5
Rossmeer 131.4 12-15
Rossosch 76/77 GH3
Rostock-Laage, Flugplatz 46.1 E2
Rostock, Stadt 36/37 GH2
Rostow (am Don) 54/55 QR6
Rostow (bei Jaroslawl) 76/77 G2
Roswell 116/117 H6
Rotbach (zum Rhein) 44/45.1 B4
Rotbach (zur Erft) 22.4 A2
Rotenburg (an der Fulda) 38/39 E1/2
Rotenburg (an der Wümme) 36/37 E3
Rotenturmpass 72/73 KL3
Roter Main 38/39 G2/3
Rotes Becken 98/99 JK5
Rotes Meer 90/91.3 GH7/8
Roth, Stadt 38/39 G3
Rothaargebirge 14/15 G3/4
Rothaargebirge, Naturpark 26.1
Rothbach 14/15 D4
Rothenburg (ob der Tauber) 38/39 EF3
Rotlech 51.3 C2
Rott, Fluss 38/39 J4
Rottach 51.3 B1
Rottenburg (am Neckar) 38/39 DE4
Rottenburg (an der Laber) 38/39 GH4
Rotterdam 68/69 FG3
Rottumeroog 36/37 B3
Rottumerplaat 36/37 B3
Rottweil, Stadt 38/39 D4
Roubaix 68/69 F3
Rouen 68/69 E4
Rourkela 96 DE3
Rovaniemi 70 FG2
Rovinj 68/69 L6
Rovuma 104 G8
Rowno 76/77 E3
Roxas 97 F2
Rozendaal 14/15 B1
Rozvadov 38/39 H3
Rschew 76/77 FG2
Rtischtschewo 76/77 H3
Ruanda 104 FG7
Ruapehu 112.1 H5
Rubach 51.3 B2
Rubeschnoje 76/77 G4
Rubzowsk 86/87 K4
Ruden 36/37 J2
Rudiger 51.3 C2
Rudköbing 36/37 F2
Rudolfsee → Turkanasee
Rudolfshöhe 48/49.1 CD1
Rudolphstein 38/39 G2
Rudolstadt 38/39 G2
Rudow, Berlin- 48/49.1 BC2
Rüdersdorf 36/37 JK4
Rüdesheim (am Rhein) 38/39 CD2/3
Rügen, Insel 36/37 J2
Rühen 36/37 F4
Rüschhaus 14/15 EF2
Rüsselsheim 38/39 D2/3
Rüthen 14/15 GH2/3
Rufiji 104 G7
Ruhlsdorf, Teltow- 48/49.1 B2
Ruhner Berge 36/37 GH3
Ruhpolding 38/39 H5
Ruhr (zum Rhein) 14/15 E3
Ruhrort, Duisburg- 44/45.1 AB2
Ruhrschnellweg 44/45.1 B2
Rumänien, Staat 68/69 PQ5/6
Rumeln-Kaldenhausen, Duisburg- 44/45.1 A2
Rupert House 116/117 N2
Ruppichteroth 14/15 EF4
Rur (zur Maas) 14/15 C4
Rurtalsperre 14/15 C4
Ruse 72/73 LM4
Russische Föderation 56/57.1 P-R4
Russland, Staat 56/57.1 O-S3
Rustawi 75 G1
Rutba 75 F3
Ruurlo 14/15 CD1
Ruwenzori 104 F6
Rybinsk 54/55 QR4
Rybinsker Stausee 54/55 PQ4
Rzepin 36/37 K4
Rzeszów 68/69 PQ3

S

's-Heerenberg 14/15 C2
Saalach 38/39 H5
Saalburg-Ebersdorf 38/39 G2
Saale-Unstrut-Triasland, Naturpark 50.1 D3
Saale, Fluss (zur Elbe) 36/37 G5
Saale, Fluss (zur Leine) 14/15 K1
Saale, Fränkische 38/39 EF2
Saalfeld 38/39 G2
Saalfelden 38/39 H5
Saalhausen 26.1
Saar-Hunsrück, Naturpark 50.1 B4
Saar, Fluss 38/39 B3
Saaralben 38/39 BC3/4
Saarbrücken, Stadt 38/39 BC3
Saarburg (bei Trier) 38/39 B3
Saarburg (Lothringen) 38/39 C4
Saargemünd 38/39 BC3
Saarland, Bundesland 29 B4 38/39 BC3
Saarlouis, Stadt 38/39 B3
Saarn, Mülheim- 44/45.1 B2
Saarunion 38/39 C4
Saaz 38/39 J2
Sababurg 14/15 K2
Šabac 68/69 O6
Sabadell 74 H2
Sabah 97 E3
Sableinsel 116/117 R4
Sachalin 86/87 Q4/5
Sachsen-Anhalt, Bundesland 29 DE2/3 36/37 GH4/5
Sachsen, Bundesland 29 EF3 38/39 HJ2
Sachsenberg 14/15 H3
Sachsenhausen (Waldeck) 14/15 HJ3
Sackpfeife 14/15 H4
Sacramento, Fluss 116/117 D4/5
Sacramento, Stadt 116/117 DE5
Sacrow 48/49.1 A2
Sacrower See 48/49.1 A2
Sado 98/99 Q4
Sächsische Schweiz, Bergland 50.1 F3
Saerbeck 14/15 F1
Säuling 51.3 C1
Safaniya 80/81 S10
Safi 54/55 G9
Safid 54/55 ST8
Safonowo 76/77 F2
Sagar 96 C3
Saginaw 116/117 M4
Sagis 76/77 K4
Saguenay 116/117 OP3
Sahara, Land 104 B4
Sahara, Wüste 104 C-F4
Saharaatlas 54/55 JK8/9
Saharanpur 96 C2
Saidpur 96 E2
Saimasee 70 G3
Sainschand 98/99 KL3
Saint Augustin 116/117 R2
Saint Augustine 116/117 MN6/7
Saint-Avold 38/39 B3
Saint-Brieuc 68/69 C4
Saint Croix 121 M8
Saint-Dié 38/39 BC4
Saint-Dizier 68/69 G4
Saint-Etienne 68/69 FG6
Saint George's 118/119.3 JK5
Saint-Hippolyte 38/39 B5
Saint John 114 M5
Saint John's 114 N5
Saint Johns (Antigua) 118/119.3 J4
Saint Joseph 116/117 K5
Saint Kitts und Nevis 118/119.3 HJ4
Saint-Lô 68/69 D4
Saint-Louis (Senegal) 104 B5
Saint Louis (USA, Missouri) 116/117 K5
Saint Lucia 118/119.3 JK6
Saint-Malo 68/69 CD4
Saint Martin 118/119.3 J4
Saint-Nazaire 68/69 C5
Saint Paul 116/117 K3/4
Saint Petersburg 116/117 M7
Saint-Pierre und Miquelon 114 N5
Saint-Quentin 68/69 F4
Saint-Tropez 68/69 H7
Saint Vincent und die Grenadinen 118/119.3 J5
Saissan 98/99 EF2
Saissansee 86/87 K5
Sajan, Östlicher 86/87 L4
Sajan, Westlicher 86/87 KL4
Sajangebirge 90/91.3 NO4
Sakamensk 98/99 J1
Sakarya 72/73 O5
Sakinthos 72/73 J7
Sakmara 76/77 L3
Sal 76/77 H4
Sala-y-Gomez 130.1 MN6
Salamanca (Mexiko) 118/119.3 AB3
Salamanca (Spanien) 74 CD2
Salar de Uyuni 122 D5/6
Salawat 76/77 KL3
Salechard 86/87 HJ3
Salem (Indien) 96 C5
Salem (USA, Oregon) 116/117 D4
Salerno 72/73 F5
Salihli 72/73 N6
Salina 116/117 J5
Salina Cruz 118/119.3 BC4
Salinas Grandes 122 D6
Salland 14/15 C1
Salmünster, Bad Soden- 38/39 E2
Salomonen 112.1 F2/3
Salomonensee 112.1 EF2
Salomoninseln 113.4 F2 132/133.1 RS6
Saloniki 72/73 K5
Salou 74 G2
Salpausselkä 70 G3
Salsk 76/77 H4
Salso 72/73 F7
Salt Lake City 116/117 F4
Salta 122 D6
Saltillo 116/117 H7
Salto 125 E7
Saluen 96 G4
Salvador 122 G5
Salzach 68/69 L5
Salzbergen 14/15 E1
Salzburg 68/69 L5
Salzburger Alpen 28 E5
Salzburger Kalkalpen 38/39 HJ5
Salzderhelden 14/15 KL2
Salzgitter 36/37 F4
Salzgitter-Bad 36/37 F4
Salzhemmendorf 14/15 K1
Salzkotten 14/15 H2
Salzsee, Großer 116/117 F4
Salzwedel 36/37 FG4
Samar 97 G2
Samara, Fluss 76/77 K3
Samara, Stadt 54/55 T5
Samarai 112.1 EF3
Samarinda 97 E5
Samarkand 86/87 H6
Sambesi 104 G8
Sambia 104 F8
Samoa 130.2 E3
Samoainseln 130.1 J5
Samos, Insel 72/73 M7
Samothraki 72/73 L5
Samotlor 100/101.3 LM3
Sampit 97 D5
Samsun 75 E1
Samur 76/77 J5
San Ambrosio 122 C6
San Andrés 118/119.3 E5
San Angelo 116/117 H6
San Antonio 116/117 J7
San Bernardino, Stadt 116/117 E6
San Carlos de Bariloche 125 CD8
San Cristóbal 122 CD3
San Diego 116/117 E6
San Félix 122 B6
San Fernando (Philippinen) 97 EF1
San Fernando (USA, California) 126.2 B1
San Francisco 116/117 CD5
San Gabriel 126.2 B2
San Gabriel Mountains 126.2 BC1
San Gabriel Reservoir 126.2 C1
San José (Costa Rica) 118/119.3 DE6
San José (Phlippinen) 97 F2
San Jose (USA, California) 116/117 D5
San Juan (Argentinien) 122 D7
San Juan (Puerto Rico) 118/119.3 HJ4
San Luis Obispo 116/117 D5
San Luis Potosí 118/119.3 AB3
San Marino, Staat 68/69 KL6/7
San Marino, Stadt 68/69 L7
San-Matias-Golf 122 DE8
San Miguel 118/119.3 D5
San Pedro (Dominikanische Republik) 118/119.3 H4
San Pedro Sula 118/119.3 D4
San Predro, Long Beach- 126.2 B2
San Remo 68/69 HJ7
San Salvador, Insel 118/119.3 G3
San Salvador, Stadt 118/119.3 D5
San Sebastián → Donostía-San Sebastián
San Severo 72/73 F5
San Valentín 122 C8
San, Fluss 68/69 Q3
Sana, Stadt 90/91.3 H8
Sánchez 116/117 P9
Sancti Spiritus 116/117 N8
Sandakan 97 E3
Sandwüste, Große 112.1 C4
Sangar 86/87 OP3
Sangerhausen, Stadt 36/37 G5
Sangihe 97 G4
Sangiheinseln 97 FG4
Sankt Andreasberg 36/37 F5
Sankt Augustin 14/15 E4
Sankt Blasien 38/39 CD5
Sankt Georgen (Schwarzwald) 38/39 D4
Sankt-Georgs-Kanal 68/69 AB2/3
Sankt Goar 38/39 C2
Sankt Goarshausen 38/39 C2
Sankt Gotthard 68/69 J5
Sankt Helena 104 C8
Sankt Ingbert 38/39 C3
Sankt Johann (im Pongau) 38/39 HJ5
Sankt Johann (Tirol) 38/39 H5
Sankt Konstantin und Elena 72/73 MN4
Sankt-Lorenz-Golf 114 MN5
Sankt-Lorenz-Insel 150/151.1 T2
Sankt-Lorenz-Inseln (zu USA) 114 AB3
Sankt-Lorenz-Strom 114 LM5
Sankt Paul, Insel (Atlantischer Ozean) 150/151.1 H5
Sankt Paul, Insel (Indischer Ozean) 150/151.1 N7
Sankt Peter-Ording 36/37 D2
Sankt Petersburg 54/55 OP3/4
Sankt Pölten 68/69 MN4
Sankt Veit, Neumarkt- 38/39 H4
Sankt Vith 38/39 B2
Sankt Wendel, Stadt 38/39 C3
Sankuru 104 F7
Sansibar 104 GH7
Santa Ana, Fluss 126.2 C2
Santa Ana, Stadt (El Salvador) 118/119.3 D5
Santa Ana, Stadt (USA, California) 116/117 E6
Santa Barbara 116/117 DE6
Santa Catarina 122 EF6
Santa Clara 118/119.3 EF3
Santa-Cruz-Inseln 130.1 H5
Santa Cruz, Stadt (Bolivien) 122 DE5
Santa Fe (Argentinien) 122 D7
Santa Fe (USA, New Mexico) 116/117 G6
Santa Isabel, Insel 112.1 F2
Santa Isabel, Ort 127.5 B1
Santa Maria (Brasilien) 122 E6
Santa Marta 122 C2
Santa Monica 126.2 AB1/2
Santa Monica Mountains 126.2 AB1
Santa Rosa (Argentinien) 122 D7
Santa Rosalía 114 G7
Santander 68/69 C7
Santarém 122 E4
Santiago (Chile) 122 C7
Santiago (Dominikanische Republik) 118/119.3 G4
Santiago (Panama) 118/119.3 EF6
Santiago de Compostela 74 BC1
Santiago de Cuba 118/119.3 F4
Santiago del Estero 122 D6
Santiago Reservoir 126.2 C2
Santo André 122 F6
Santo Domingo 118/119.3 GH4
Santorin 72/73 L7
Santos 127.3 BC4
Santos Dumont 127.3 D2
São Bernardo do Campo 127.5 AB2
São Caetano do Sul 127.5 AB2
São Carlos 127.3 AB2/3
São João da Barra 127.3 E2
São João da Boa Vista 127.3 BC2/3
São João del Rei 127.3 C2
São José do Rio Prêto 127.3 A2
São José dos Campos 127.3 C3
São Luís 122 F4
São Miguel Paulista 127.5 B1/2
São Paulo, Bundesstaat 127.3 AB3
São Paulo, Stadt 122 EF6
São Roque 127.3 B3
São Sebastião 127.3 C3
São Tomé und Príncipe 104 D8
São Tomé, Stadt 104 D6/7
São Vicente 127.5 B2
Saône 68/69 G5
Saporoschje 54/55 Q6
Sappemeer, Hoogezand- 36/37 B3
Sapporo 98/99 QR3
Sapri 72/73 FG5
Sarajevo 68/69 O7
Saraktasch 76/77 L3
Saransk 76/77 HJ3
Sarapul 76/77 K2
Saratow 54/55 RS5
Saratower Stausee 76/77 J3
Sarawak 97 D4
Sardes, Ruinenstätte 72/73 MN6
Sardinien, Insel 72/73 C5
Sarektjåkko 70 E2
S'Arenal 74 H3
Sargassosee 118/119.3 HJ1/2
Sargodha 96 B1
Sarh 104 E6
Sarny 76/77 E3
Sarralbe 38/39 BC3/4
Sarre 38/39 C4
Sarre-Union 38/39 C4
Sarrebourg, Stadt 38/39 C4
Sarreguemines, Stadt 38/39 BC3
Sarsaitine 109 E4
Sarstedt 36/37 EF4
Sarthe 68/69 D5
Saskatchewan, Fluss 114 H4

Saskatchewan, Provinz 116/117 GH 2
Saskatoon 114 H 4
Sassari 72/73 C 5
Sassenberg 14/15 FG 2
Sassnitz 36/37 J 2
Sassowo 76/77 H 3
Sathmar 68/69 Q 5
Satka 76/77 L 2/3
Satpuragebirge 96 B-D 3
Satu Mare 68/69 Q 5
Saudi-Arabien 90/91.3 G-J 7
Sauer 38/39 B 3
Sauerland 14/15 F-H 3
Sault Sainte Marie 114 K 5
Saumur 68/69 D 5
Saupark 14/15 K 1
Sava 68/69 N 6
Savannah 116/117 MN 6
Savannakhet 96 HJ 4
Save 68/69 N 6
Save (Balkan) 72/73 G 3
Saverne, Stadt 38/39 C 4
Savona 68/69 HJ 6
Sawusee 97 F 6
Sazawa 38/39 K 3
Scarborough 68/69 DE 1
Schaalsee, Naturpark 50.1 D 2
Schaalsee, See 36/37 FG 3
Schachty 54/55 R 6
Schafalpenköpfe 51.3 B 2
Schafberge 14/15 F 1
Schaffhausen, Stadt 28 C 5
Schafstädt, Bad Lauchstädt- 36/37 G 5
Schalkarsee 76/77 K 3
Schalke, Gelsenkirchen- 44/45.1 C 1
Schalksmühle 14/15 F 3
Schanghai 98/99 N 5
Schansi 98/99 L 4
Schantarinseln 86/87 PQ 4
Schantung 98/99 MN 4
Schaohing 98/99 N 5
Schaojang 98/99 KL 6
Scharbeutz 36/37 FG 2
Schargebirge 72/73 J 4/5
Scharhörn 36/37 D 3
Schari 104 E 5/6
Scharja 76/77 J 2
Scharnitz 38/39 G 5
Schasi 98/99 L 5
Schattwald 51.3 B 1
Schauenburg 14/15 J 3
Schaulen 70 F 4
Schaumburg, Burg 14/15 J 1
Schdanow ⟶ Marjupol
Scheeßel 36/37 E 3
Schefferville 114 M 4
Scheinfeld 38/39 F 3
Schelde 68/69 F 3
Schelenburg 14/15 G 1
Schelichowgolf 86/87 R 3/4
Scheliff 54/55 J 8
Schellerten 14/15 KL 1
Schenjang 98/99 N 3
Schensi 98/99 K 4
Schepetowka 76/77 E 3
Scherfede 14/15 HJ 2
Scherlebeck 44/45.1 C 1
Schermbeck 14/15 D 2
Scherpenzeel 14/15 AB 1
Scheßlitz 38/39 G 3
Schewtschenko ⟶ Aktau
Schieder-Schwalenberg 14/15 J 2
Schiermonnikoog 36/37 AB 3
Schifferstadt 38/39 D 3
Schigansk 86/87 NO 3
Schigatse 98/99 FG 6
Schigulewsk 76/77 J 3
Schihezi 98/99 F 3
Schihkiatschuang 98/99 LM 4
Schijndel 14/15 AB 2
Schikoku 98/99 P 5
Schildgen 25.6 E 1
Schildow 48/49.1 B 1
Schilka 86/87 N 4
Schinnen 14/15 B 4
Schipkapass 72/73 L 4
Schipkipass 96 C 1
Schiras 54/55 T 10
Schirmeck 38/39 C 4
Schirnding 38/39 H 2
Schitomir 54/55 O 5
Schiukwan 98/99 L 7
Schkeuditz 36/37 GH 5
Schlackenwerth 38/39 HJ 2
Schlangen 14/15 H 2
Schlaubetal, Naturpark 50.1 F 2
Schlebusch, Leverkusen- 25.6 D 1
Schlei 36/37 E 2
Schlei, Naturpark 50.1 C 1
Schleiden, Stadt 14/15 C 4
Schleiz 38/39 G 2
Schlesien, Landschaft 68/69 MN 3
Schleswig-Holstein, Bundesland 29 CD 1/2 36/37 D-F 2
Schleswig, Stadt 36/37 E 2
Schlettstadt 38/39 C 4
Schleusenpark Waltrop 26.1
Schleusingen 38/39 F 2
Schliersee, Ort 38/39 GH 5
Schlitz, Ort 38/39 E 2
Schloss Burg 14/15 E 3
Schloss Cecilienhof 48/49.1 A 2
Schloss Holte-Stukenbrock 14/15 H 2
Schloss Neuhaus, Paderborn- 14/15 H 2
Schloss Sanssouci 48/49.1 A 2
Schlüchtern 38/39 E 2
Schlüsselburg 14/15 J 1
Schlüsselfeld 38/39 F 3
Schmalkalden 38/39 F 2
Schmallenberg 14/15 G 3
Schmargendorf, Berlin- 48/49.1 B 2
Schmerinka 76/77 E 4
Schmöckwitz, Berlin- 48/49.1 C 2
Schmölln 38/39 H 2
Schnackenburg 36/37 G 3
Schneeberg, Berg (Fichtelgebirge) 38/39 GH 2
Schneeberg, Stadt 38/39 H 2
Schneidemühl 68/69 MN 2
Schneifel 38/39 B 2
Schnellenberg 14/15 FG 3
Schneverdingen 36/37 EF 3
Schöffengrund 14/15 G 5
Schöllkrippen 38/39 E 2
Schönau (Eifel) 14/15 D 4
Schönau, Teplitz- 38/39 J 2
Schönbuch, Naturpark 50.1 C 4
Schönebeck, Stadt 36/37 G 4
Schöneberg, Berlin- 48/49.1 B 2
Schönefeld, Ort 36/37 J 4
Schöneiche 48/49.1 C 2
Schönerlinde 48/49.1 B 1
Schönfließ 48/49.1 B 1
Schöningen 36/37 FG 4
Schönwalde-Glien 48/49.1 A 1
Schöppenstedt 36/37 F 4
Schöppingen 14/15 E 1
Schötmar, Bad Salzuflen- 14/15 H 1
Schonen 70 D 4
Schongau 38/39 F 5
Schopfheim 38/39 C 5
Schophoven 22.1 B 3
Schoppernau 51.3 B 2
Schorfheide-Chorin, Biosphärenreservat 50.1 EF 2
Schorfheide, Landschaft 36/37 J 4
Schorndorf 38/39 E 4
Schortens 36/37 C 3
Schostka 76/77 F 3
Schott al-Hodna 74 J 5
Schott Dscherid 54/55 KL 9
Schotten 38/39 DE 2
Schottland, Landesteil (Großbritannien) 71 DE 3
Schouteninseln 112.1 D 2
Schramberg 38/39 D 4
Schrobenhausen 38/39 FG 4
Schtschekino 76/77 G 3
Schüttenhofen 38/39 J 3
Schüttorf 14/15 E 1
Schuja 76/77 H 2
Schulzendorf, Berlin- 48/49.1 AB 1
Schulzenhöhe 48/49.1 CD 2
Schumerlja 76/77 J 2
Schussen 38/39 E 5
Schwaan 36/37 GH 3
Schwabach, Stadt 38/39 FG 3
Schwaben, Regierungsbezirk 29 D 4
Schwabmünchen 38/39 F 4
Schwäbisch-Fränkischer Wald, Naturpark 50.1 C 4
Schwäbisch Gmünd 38/39 EF 4
Schwäbisch Hall, Stadt 38/39 E 3
Schwäbische Alb, Gebirge 38/39 D-F 4/5
Schwalenberg, Schieder- 14/15 J 2
Schwalm-Nette, Naturpark 26.1
Schwalm, Fluss (zur Eder) 14/15 J 3
Schwalm, Fluss (zur Maas) 14/15 C 3
Schwalm, Landschaft 38/39 E 2
Schwalmstadt 38/39 E 2
Schwalmtal 14/15 C 3
Schwandorf, Stadt 38/39 GH 3
Schwanebeck 48/49.1 C 1
Schwanergebirge 97 D 5
Schwangau 51.3 C 1
Schwarmstedt 36/37 E 4
Schwarze Elster 36/37 HJ 5
Schwarzenbek 36/37 F 3
Schwarzenberg, Stadt 38/39 H 2
Schwarzenborn 14/15 JK 4
Schwarzenraben 14/15 G 2
Schwarzes Meer 54/55 PQ 7
Schwarzhanskarspitze 51.3 C 2
Schwarzkoppe 38/39 H 3
Schwarzwald, Mittelgebirge 38/39 CD 4/5
Schwarzwasserbach 51.3 BC 2
Schwaz 38/39 G 5
Schweden, Staat 68/69 L 1
Schwedt 36/37 K 3
Schweinfurt, Stadt 38/39 F 2
Schweiz, Staat 68/69 HJ 5
Schwelm 14/15 E 3
Schwenningen, Villingen- 38/39 D 4
Schwerin-Parchim, Flughafen 46.1 DE 2
Schwerin, Stadt 36/37 G 3
Schweriner See 36/37 G 3
Schwerte 14/15 F 3
Schwetzingen 38/39 D 3
Schwielochsee 36/37 K 4
Schwülme 14/15 K 2
Scillyinseln 68/69 A 4
Scoresbysund 114 PQ 2
Scottinsel 131.4 14
Scranton 116/117 N 4
Seal Beach 126.2 B 2
Seattle 116/117 D 3
Sebha 104 E 4
Sebnitz, Stadt 38/39 K 1/2
Sechtem 14/15 D 4
Seddinsee 48/49.1 C 2
Sedlčany 38/39 K 3
See von Maracaibo 122 C 2/3
Seeberg 48/49.1 C 1
Seeburg 48/49.1 A 1
Seefeld (bei Berlin) 48/49.1 C 1
Seefeld (Tirol) 38/39 G 5
Seegefeld 48/49.1 A 1
Seehausen (Altmark) 36/37 G 4
Seekirchen 38/39 J 5
Seelakopf 51.3 C 2
Seeland (Dänemark) 68/69 KL 1
Seelbach, Herborn- 14/15 G 4
Seelow 36/37 K 4
Seelscheid, Neunkirchen- 14/15 E 4
Seelze 14/15 K 1
Seesen 36/37 F 5
Segovia 74 D 2
Segre 68/69 E 7
Segu 104 C 5
Segura 74 EF 3
Sehnde 14/15 KL 1
Seidenstraße 98/99 H 3/4
Seille 38/39 B 4
Seine 68/69 G 4
Seja, Fluss 98/99 O 1
Sejm 76/77 F 3
Sekondi-Takoradi 104 CD 6
Selatan 97 B 5
Selayar 97 F 6
Selb 38/39 H 2
Selbecke, Hagen- 44/45.1 DE 2
Selemdscha 98/99 P 1
Selenga 86/87 M 4/5
Selenodolsk 76/77 J 2
Selenter See 36/37 F 2
Sélestat 38/39 C 4
Selfkant, Gemeinde 14/15 B 3
Selfkant, Landschaft 14/15 BC 3
Seligersee 76/77 F 2
Selinunte 72/73 E 7
Selling Tso 98/99 F 5
Selm 14/15 EF 2
Selter 14/15 K 2
Selters, Stadt (Westerwald) 14/15 F 4
Selvas 125 DE 4
Selz, Ort 38/39 D 4
Semarang 97 D 6
Semeru 90/91.3 P 10
Semipalatinsk 86/87 JK 4
Semjonow 76/77 HJ 2
Semmering 68/69 MN 5
Semnan 54/55 T 8
Sendai (Honschu) 98/99 R 4
Senden (an der Iller) 38/39 F 4
Senden (Münsterland) 14/15 E 2
Sendenhorst 14/15 F 2
Senegal, Fluss 104 B 5
Senegal, Staat 104 B 5
Senftenberg 36/37 JK 5
Sengbachtalsperre 9.1 B 2
Senja 70 E 2
Sennar 104 G 5
Senne, Landschaft 14/15 H 2
Sennelager, Paderborn- 14/15 H 2
Sennestadt, Bielefeld- 14/15 H 2
Sennheim 38/39 BC 5
Seoul 98/99 O 4
Sepetiba 127.3 CD 3
Sepik 112.1 E 2
Sept-Îles 114 M 4
Serafimowitsch 76/77 H 4
Seraing 14/15 AB 4
Seram 97 GH 5
Seramsee 97 GH 5
Serawschan 98/99 B 4
Serbien, Staat 68/69 P 6
Serdonsk 76/77 HJ 3
Seremban 97 B 4
Serengeti-Nationalpark 104 G 7
Sereth 72/73 M 3
Sergejew Possad 54/55 Q 4
Serginy 54/55 V 3 86/87 H 3
Sernograd 76/77 H 4
Serow 54/55 V 4 86/87 H 4
Serowe 109 F 9
Serpuchow 76/77 G 2/3
Serra da Cantareira 127.5 A 1
Serra da Estrêla 74 BC 2/3
Serra da Mantiqueira 127.3 B-D 2/3
Serra do Bananal 127.5 B 1
Serra do Chaparaó 127.3 D 2
Serra do Cubatão 127.5 AB 2
Serra do Espinhaço 127.3 D 1
Serra do Mar 127.3 C 3
Serra do Melo 127.5 B 2
Serra do Morrão 127.5 B 2
Serra do Navio 125 E 3
Serra do Paranapiacaba 127.5 A 2
Serra do Pirucaia 127.5 AB 1
Serra do Quilombo 127.5 B 2
Serra dos Aimorés 127.3 E 1
Serra dos Carajás 125 EF 4
Serra Mata da Corda 127.3 BC 1
Serra Pelada 125 F 4
Serrä 72/73 K 5
Seseke 44/45.1 E 1
Sète 68/69 F 7
Sete Lagoas 127.3 C 1
Setesdal 70 C 4
Setif 54/55 K 8
Setúbal 74 B 3
Seulingswald 14/15 K 4
Sevelen 14/15 C 2/3
Severn (Großbritannien) 68/69 C 3
Severn (Kanada) 116/117 L 2
Sevilla 74 CD 4
Sewalan 54/55 S 8
Sewansee 75 G 1
Seward 114 D 4
Sewastopol 54/55 P 7
Sewernaja Semlja 86/87 LM 1/2
Sewerodwinsk 54/55 QR 3
Seychellen 132/133.1 M 6 150/151.1 MN 6
Seydhisfjördhur 70 C 1
Seyhan 75 E 2
Sfax 54/55 L 9
Shaba 104 F 7
Shackleton-Schelfeis 131.4 23
Shahjahanpur 96 CD 2
Shannon, Fluss 71 BC 5
Shannon, Stadt 71 B 5
Shawinigan 116/117 O 3
Sheffield 68/69 D 2
Sherbrooke 116/117 O 3
Sheridan 116/117 GH 4
Sherridon 116/117 HJ 1/2
Shetlandinseln 71 FG 1
Shirnowsk 76/77 H 3
Shkodër 72/73 HJ 4
Sholapur 96 C 4
Shreveport 116/117 K 6
Shurugwi 109 G 8/9
Siakwan 98/99 HJ 6
Siangfan 98/99 L 5
Siangtan 98/99 L 6
Siasan 76/77 J 5
Siauliai 70 F 4
Sibai 76/77 L 3
Šibenik 68/69 M 7
Siberut 97 AB 5
Sibirien 86/87 J-S 3
Sibiu 72/73 L 3
Sibolga 97 A 4
Sibratsgfäll 51.3 B 2
Sibu 97 D 4
Sichote-Alin 86/87 P 4/5
Sidi-bel-Abbès 54/55 HJ 8/9
Sidi-Ifni 104 BC 4
Sieben Berge 14/15 K 1
Siebenbürgen 72/73 KL 2
Siebengebirge, Gebirge 14/15 E 4
Siedlce 68/69 Q 2
Siedlinghausen 14/15 GH 3
Siedlung Schönwalde 48/49.1 A 1
Sieg, Fluss 14/15 E 4
Siegburg 14/15 E 4
Siegen 14/15 G 4
Siegen-Wittgenstein, Landkreis 13.1
Siegerland, Flugplatz 46.1 BC 3
Siemensstadt, Berlin- 48/49.1 B 1
Siena 68/69 K 7
Sierra Blanca Peak 116/117 G 6
Sierra Blanca, Stadt 116/117 GH 6
Sierra de Gredos 74 D 2
Sierra del Moncayo 68/69 CD 8
Sierra Grande 125 D 8
Sierra Leone 104 B 6
Sierra Madre, Östliche 114 HJ 7
Sierra Madre, Südliche 114 HJ 8
Sierra Madre, Westliche 114 H 7
Sierra Morena 74 C-E 3
Sierra Nevada (Spanien) 74 E 4
Sierra Nevada (USA) 116/117 DE 4/5
Sierra Nevada de Santa Marta 118/119.3 G 5
Sierra Nevada del Cocuy 118/119.3 G 6
Sierra Pacaraima 122 D 3
Siftonpass 114 F 4
Siglufjördhur 70 AB 1
Sigmaringen, Stadt 38/39 E 4
Siirt 75 F 2
Sikiang 98/99 L 7
Sil 74 C 1
Şile (Türkei) 72/73 N 5
Silistra 72/73 M 3
Siljansee 70 E 3
Sillein 68/69 O 4
Silschede 44/45.1 D 2
Simav, Fluss 72/73 N 6
Simav, Stadt 72/73 N 6
Simbabwe, Ruinenstätte 104 G 9
Simbabwe, Staat 104 FG 8
Simbach (am Inn) 38/39 HJ 4
Simbirsk 86/87 F 4
Simeulue 97 A 4
Simferopol 54/55 P 6/7
Simla 96 C 1
Simmerath 14/15 C 4
Simmern (Rheinland-Pfalz) 38/39 C 2/3
Simowniki 76/77 H 4
Simpelveld 14/15 B 4
Simplon 68/69 J 5
Simpsonwüste 113.4 D 4
Sinai 104 G 4
Sinaia 72/73 L 3
Sincelejo 118/119.3 FG 6
Sind 96 A 2
Sindelfingen 38/39 DE 4
Sinder 104 DE 5
Sindfeld 14/15 H 2
Sindorf 22.1 CD 3
Sines 74 B 4
Singapur 97 BC 4
Singaraja 97 DE 6
Singen 38/39 DE 5
Singkawang 97 C 4
Sinkiang 98/99 D-G 3
Sinn 14/15 G 4
Sinnersdorf, Pulheim- 25.6 AB 1
Sinop 75 E 1
Sinsen 44/45.1 C 1
Sinsheim 38/39 D 3
Sint Anthonis 14/15 B 2
Sint-Oedenrode 14/15 AB 2
Sintang 97 D 4
Sintra 74 B 3
Sinwidschu 98/99 NO 3
Sinzig 14/15 E 4
Sió 72/73 H 2
Sioux City 116/117 J 4
Sioux Falls 116/117 J 4
Sirte 54/55 M 9
Sisak 68/69 N 6
Sitia 72/73 M 8
Sitka 114 EF 4
Sitschang 98/99 J 6
Sittard-Geleen 14/15 B 3/4
Sitten 68/69 H 5
Sittensen 36/37 E 3
Sittwe 96 F 3
Sivas 75 E 2
Siwalikketten 96 CD 1/2
Sizilien, Insel 72/73 EF 7
Skadowsk 76/77 F 4
Skagens Horn 70 CD 4
Skagerrak 70 CD 4
Skandinavien 54/55 L-N 2/3
Skellefteå 70 F 3
Skellefteälv 70 E 2/3
Skien 70 CD 4
Skikda 54/55 K 8
Skiros 72/73 L 6
Skjálfandafljót 70 B 1
Sklavenküste 104 D 6
Skopje 72/73 J 4/5
Skoworodino 86/87 O 4
Skutari 72/73 H 4
Skutarisee 72/73 H 4
Skye 71 CD 3
Slamet 97 C 6
Slaný 38/39 JK 2
Slanzy 76/77 E 2
Slatina 72/73 L 3
Slatoust 54/55 U 4
Slavkovský les 38/39 H 2
Slavonski Brod 68/69 N 6
Slawjansk (bei Krasnodar) 76/77 G 4
Slawjansk (Donezbecken) 76/77 G 4
Slawonien 68/69 NO 6
Sligo 71 B 4
Slingebeek 14/15 CD 2
Sliven 72/73 M 4
Slochteren 36/37 B 3
Slowakei 68/69 QP 4
Slowakisches Erzgebirge 68/69 OP 4
Slowenien 68/69 M 5
Słubice 36/37 K 4
Słupsk 68/69 N 1
Småland 70 DE 4
Smederevo 68/69 P 6
Smela 76/77 F 4
Smijew 76/77 G 4
Smoky Hill 116/117 HJ 5
Smolensk 54/55 P 5
Snake River 116/117 EF 4
Sneek 36/37 A 3
Snöhetta 70 CD 3
Snowdon 68/69 BC 2
Snowy Mountains 113.4 E 5
Sobat 104 G 6
Sobinka 76/77 GH 2
Sobral 122 F 4
Söderhamn 70 E 3
Söhrewald 14/15 K 3
Söke 72/73 M 7
Sömmerda, Stadt 36/37 G 5
Sönderborg 36/37 EF 2
Sör Randane 131.4 29/30
Söröy 70 F 1
Soest 14/15 G 2
Soest, Landkreis 13.1
Soeste 36/37 C 3/4
Soester Börde 14/15 G 2
Sofia 72/73 K 4
Sofija 72/73 K 4
Sognefjord 70 C 3
Sohag 104 FG 4
Soholmer Au 36/37 E 2
Soisberg 14/15 K 4
Sokol 76/77 H 2
Sokolov 38/39 H 2
Sokoto 104 D 5
Sokotra 104 J 5
Sol-Iletzk 76/77 KL 3
Soligorsk 76/77 E 3
Solingen 14/15 E 3
Solingen, kreisfreie Stadt 13.1
Solling 36/37 E 5
Sollum 54/55 NO 9
Solms, Stadt 14/15 G 4
Solnhofen 38/39 FG 4
Sologne 68/69 EF 5
Soltau 36/37 E 4
Solway Firth 68/69 C 1
Somalia 104 H 6
Somalibecken 104 H 7
Somalihalbinsel 104 HJ 5/6
Someren 14/15 B 3
Somes 72/73 K 2
Someş 12 68/69 Q 5
Somme 68/69 EF 3/4
Sommerfeld (Polen) 36/37 K 5
Somport 68/69 D 7
Son, Fluss 96 D 2
Son, Ort 14/15 AB 2
Sonderburg 36/37 EF 2
Sondershausen 36/37 F 5
Songda 96 H 3
Songea 109 G 8
Songkhla 96 H 6
Songkoi 98/99 J 7
Sonneberg, Stadt 38/39 G 2
Sonsbeck 14/15 C 2
Sonthofen 38/39 F 5
Sontra 14/15 K 3
Soonwald 38/39 C 3
Soonwald-Nahe, Naturpark 50.1 B 4
Sophienhöhe, Abraumkippe 22.1 B 2
Sopron 68/69 N 5
Sorau 36/37 L 3
Sorgschrofen 51.3 B 1
Soria 68/69 C 8
Sorocaba 127.3 B 3
Soroki 72/73 MN 1
Sorong 97 H 5
Sorotschinsk 76/77 K 3
Sorpetalsperre 14/15 FG 3
Sorraia 74 B 3
Sortawala 70 H 3
Sosch 76/77 F 3
Sosna 76/77 G 3
Sotschi 54/55 Q 7
Soultz 38/39 C 4
Sousse 72/73 D 8
South Bend 116/117 LM 4
South Carolina 116/117 MN 6
South Dakota 116/117 HJ 3/4
South Downs 68/69 D 3
South Gate 126.2 B 2
South Platte 116/117 H 4
South Saskatchewan 116/117 FG 2
Southampton 68/69 CD 3
Southamptoninsel 114 KL 3
Southend 68/69 E 3
Southern Uplands 71 DE 4
Sowjetsk (bei Kaliningrad) 68/69 P 1
Sowjetsk (bei Kirow) 76/77 J 2
Sowjetskoje 76/77 HJ 4
Spa 38/39 A 2
Spalt 38/39 F 3
Spandau, Berlin- 48/49.1 A 1
Spangenberg 14/15 K 3
Spanien, Staat 68/69 B-E 7
Spanish Town 118/119.3 F 4
Sparta 72/73 K 7
Speldorf, Mülheim- 44/45.1 B 2
Spelle 14/15 EF 1
Spellen 44/45.1 A 1
Spencergolf 112.1 D 5
Spenge 14/15 G 1
Spessart, Gebirge 38/39 E 2/3
Spey 71 E 3
Speyer, Stadt 38/39 D 3
Spiekeroog, Insel 36/37 C 3
Spitzbergen 86/87 DE 2
Split 72/73 G 4
Splügen 68/69 J 5
Spokane 116/117 E 3
Sporaden 54/55 O 8
Spree 36/37 K 4
Spreewald, Landschaft 36/37 JK 5

Spreewald, Naturraum 50.1 EF 2/3
Spremberg, Ort 36/37 K 5
Sprimont 14/15 B 4
Springe 36/37 E 4
Springfield (USA, Illinois) 116/117 L 5
Springfield (USA, Missouri) 116/117 K 5
Sprockhövel 14/15 E 3
Srednekolymsk 86/87 R 3
Sri Lanka 96 D 6
Srinagar 96 BC 1
Staaken, Berlin- 48/49.1 A 1
Stachanow 76/77 G 4
Stad Delden 14/15 D 1
Stade 36/37 E 3
Stadskanaal 36/37 BC 3
Stadtallendorf 38/39 E 2
Stadthagen 36/37 E 4
Stadtilm 38/39 G 2
Stadtlohn 14/15 D 2
Stadtoldendorf 36/37 E 5
Stadtroda 38/39 G 2
Staffelsee 38/39 FG 5
Stahnsdorf 48/49.1 A 2
Stammheim, Köln- 25.6 C 2
Staňkov 38/39 J 3
Stanley 122 E 9
Stanleyfälle 104 F 7
Stanowoibergland 86/87 N 4
Stanowoigebirge 86/87 OP 4
Stanzach 51.3 C 2
Stapel 14/15 E 1/2
Staphorst 36/37 B 4
Stara Zagora 72/73 LM 4
Staraja Russa 76/77 F 2
Stargard 68/69 M 2
Stargard Szczeciński 36/37 L 3
Starnberg, Stadt 38/39 G 4/5
Starnberger See 38/39 G 5
Starobelsk 76/77 GH 4
Stary Oskol 76/77 G 3
Staßfurt 36/37 G 5
Staufenberg, Berg 14/15 K 2
Staufenberg, Ort 14/15 H 4
Staufenberg, Ort (bei Kassel) 14/15 K 3
Stausee von Barra Bonita 127.3 AB 3
Stausee von Dubesar 76/77 EF 4
Stausee von Ibitinga 127.3 A 2/3
Stausee von Infiernillo 116/117 H 9
Stausee von Jurumirim 127.3 A 3
Stausee von Malpaso 118/119.3 C 4
Stausee von Nischni Nowgorod 54/55 RS 4
Stausee von Porto Colômbia 127.3
Stausee von Samara 54/55 ST 5
Stavanger 70 BC 4
Stavenhagen 36/37 H 3
Stawropol 54/55 R 6
Stechlin-Ruppiner Land, Naturpark 50.1 E 2
Steele, Essen- 44/45.1 C 2
Steenwijk 36/37 AB 4
Steep Point 112.1 B 4
Stege 36/37 H 1
Steglitz-Zehlendorf 48/49.1 B 2
Stegskopf 14/15 FG 4
Steigerwald, Gebirge 38/39 F 3
Steigerwald, Naturpark 50.1 D 4
Stein (am Rhein) 38/39 D 1
Steinamanger 68/69 N 5
Steinfeld 14/15 CD 4
Steinfurt, Landkreis 13.1
Steinfurt, Stadt (Münsterland) 14/15 E 1
Steinfurter Aa 14/15 E 1
Steinhagen (Westfalen) 14/15 G 1/2
Steinheim 14/15 J 2
Steinhude 14/15 J 1
Steinhuder Meer, Naturpark 50.1 C 2
Steinhuder Meer, See 36/37 E 4
Steinige Tunguska 86/87 L 3
Steinkjer 70 D 3
Steinstraß 22.1 BC 2
Steinstücken, Berlin- 48/49.1 A 2
Steinwald, Naturpark 50.1 E 4
Stemmer Berge 14/15 G 1
Stemwede 14/15 GH 1
Stemweder Berge 14/15 G 1
Stendal, Stadt 36/37 G 4
Stepenitz, Ort 36/37 K 3
Stepnica 36/37 K 3
Sterkrade, Oberhausen- 44/45.1 B 1
Sterlitamak 54/55 TU 5
Sternberg, Burg 14/15 J 1
Sternberg, Ort 36/37 GH 3
Sternberger Seenland, Naturpark 50.1 D 2
Stetternich 22.1 B 2
Stettin 68/69 LM 2
Stettiner Haff 36/37 K 3
Stever 14/15 E 2
Stewartinsel 112.1 G 6
Steyr 68/69 M 4
Stiefenhofen 51.3 AB 1
Stienitzaue 48/49.1 CD 1
Stillbach 51.3 B 2
Stillhorn, Rasthaus 47.2 D 2
Stirling 71 DE 3
Stockach 38/39 E 5
Stockholm 70 E 4
Stockton 116/117 D 5
Stölzinger Gebirge 14/15 K 3
Stör 36/37 E 3
Stoke 68/69 CD 2
Stokkem 14/15 B 3
Stolberg, Stadt (bei Aachen) 14/15 C 4
Stolberg, Südharz- 36/37 FG 5
Stolp 68/69 N 1
Stolpe-Süd 48/49.1 A 1
Stolzenau 36/37 DE 4
Stommeln 14/15 D 3
Storavan 70 E 2
Storlien 70 D 3
Stormarn, Landschaft 36/37 EF 3
Storsjö 70 D 3
Stotzheim, Hürth- 25.6 B 3
Straelen 14/15 C 3
Strakonice 38/39 J 3
Strakonitz 38/39 J 3
Stralsund, Stadt 36/37 HJ 2
Stranraer 71 D 4
Strasbourg 68/69 H 4
Strasburg (Mecklenburg-Vorpommern) 36/37 J 3
Straßburg (Elsass) 68/69 H 4
Straße von Bonifacio 72/73 C 5
Straße von Dover 68/69 EF 3
Straße von Gibraltar 74 D 4/5
Straße von Kertsch 76/77 G 4/5
Straße von Messina 72/73 FG 6/7
Straße von Mosambik 104 GH 8/9
Straße von Otranto 72/73 H 5/6
Straße von Sizilien 72/73 DE 7
Straße von Yucatán 118/119.3 DE 3/4
Straßwalchen 38/39 J 4/5
Stratford (Großbritannien) 68/69 CD 2
Straubing 38/39 H 4
Strausberg, Stadt 36/37 JK 4
Streimbach 51.3 C 2
Stříbro 38/39 HJ 3
Strömsund 70 DE 3
Stromberg 14/15 G 2
Stromberg-Heuchelberg, Naturpark 50.1 C 4
Stromboli 72/73 F 6
Stryj 68/69 Q 4
Strymon 72/73 K 5
Stubbenkammer 36/37 J 2
Stukenbrock, Schloss Holte- 14/15 H 2
Stupino 76/77 G 3
Stuttgart 68/69 J 4
Stuttgart, Regierungsbezirk 29 C 4
Stuttgart, Stadt 38/39 DE 4
Stykkishólmur 70 A 1
Styr 76/77 E 3
Subersach 51.3 B 2
Subotica 68/69 O 6
Suceava 72/73 LM 2
Suchona 76/77 H 2
Suchumi 54/55 QR 7
Sucre 122 D 5
Sudan, Landschaft 104 C-F 5
Sudan, Staat 104 FG 5
Sude 36/37 G 3
Sudeten 68/69 MN 3/4
Süd-Orkney-Inseln 150/151.1 GH 8/9 131.4 36/1
Süd-Sandwich-Graben 132/133.1 H 8/9
Süd-Sandwich-Inseln 150/151.1 HJ 8 131.4 35/36
Süd-Shetland-Inseln 131.4 2/3
Südafrika, Staat 104 EF 10
Südamerika 132/133.1 FG 6
Südantillenbecken 132/133.1 GH 8
Südantillenrücken 122 E-G 9
Südatlantischer Rücken 104 B 7-9
Südaustralien 112.1 CD 4
Südaustralisches Becken 132/133.1 Q 7/8
Südchinesisches Bergland 98/99 LM 8
Südchinesisches Meer 98/99 K-M 6/7
Südeifel, Naturpark 50.1 B 3
Süderbrarup 36/37 E 2
Süderlügum 36/37 DE 2
Südflevoland 14/15 A 1
Südgeorgien 122 G 9
Südheide, Naturpark 50.1 D 2
Südinsel (Neuseeland) 112.1 H 6
Südkap (Spitzbergen) 86/87 CD 2
Südkap (Tasmanien) 112.1 E 6
Südkarpaten 72/73 KL 3
Südkorea 98/99 O 4
Südliche Sierra Madre 118/119.3 AB 4
Südliche Sporaden 72/73 M 7
Südlicher Ural 76/77 LM 2/3
Südlohn 14/15 D 2
Südost-Rügen, Biosphärenreservat 50.1 EF 1
Südostkap (Australien) 112.1 E 5
Südpazifischer Rücken 130.1 H-L 7/8
Südpazifisches Becken 130.1 J-L 6/7
Südpol 131.4
Südschwarzwald, Naturpark 50.1 BC 4/5
Südsee 130.1 G-J 4/5
Südsudan, Staat 104 FG 6
Südtirol 68/69 K 5
Südwestindisches Becken 132/133.1 MN 7
Sülz, Köln- 25.6 BC 3
Süntel 36/37 E 4
Sürth, Köln- 25.6 D 3
Sues 54/55 P 10
Sueskanal 54/55 P 9
Sütschou 98/99 M 5
Sugdidi 76/77 H 5
Suhl, Stadt 38/39 F 2
Suir 71 C 5
Sujewka 76/77 K 2
Sukkur 96 AB 2
Sulainseln 97 FG 5
Sulak 76/77 J 5
Sulawesi 97 EF 5
Sulęcin 36/37 KL 4
Suleimangebirge 96 AB 1/2
Sulina 72/73 N 3
Sulingen 36/37 D 4
Sulitjelma 70 E 2
Sulmona 72/73 EF 4/5
Suluinseln 97 EF 3/4
Sulusee 97 EF 3
Sulz (am Neckar) 38/39 D 4
Sulz (Elsass) 38/39 C 4
Sulzbach-Rosenberg 38/39 G 3
Sulzbach, Stadt (Saarland) 38/39 BC 3
Sulzspitze 51.3 C 2
Sumatra 97 AB 4/5
Sumba 97 EF 6/7
Sumbawa, Insel 97 E 6
Sumbawa, Ort 97 E 6
Šumen 72/73 M 4
Sumgait 54/55 S 7
Sumy 54/55 P 5
Sun City 109 F 9
Sundagraben 90/91.3 N 10
Sundainseln 132/133.1 PQ 6
Sundainseln, Große 90/91.3 O-Q 10
Sundainseln, Kleine 90/91.3 PQ 10
Sundarbans 96 EF 3
Sundastraße 97 C 6
Sunderland 68/69 D 1
Sundern 14/15 G 3
Sundgau 38/39 C 5
Sundsvall 70 E 3
Sungari 98/99 O 2
Sunndalsöra 80/81 KL 3
Surabaja 97 D 6
Surakarta 97 CD 6
Surat 96 B 3
Surgut 54/55 X 3 86/87 J 3
Suriname 122 E 3
Surtsey 70 A 2
Susa, Ruinenstätte 54/55 S 9
Sušice 38/39 J 3
Susteren, Echt- 14/15 B 3
Sutlej 96 B 1/2
Sutschou 98/99 N 5
Suttrop 14/15 G 3
Suur Munamägi 70 G 4
Suva 113.4 H 3
Suzano 127.5 B 2
Svartis 70 E 2
Svealand 70 DE 3
Sveg 70 D 3
Svendborg 36/37 F 1
Sverdrupinseln 114 H-K 2
Svištov 72/73 L 4
Svolvær 70 D 2
Swakopmund 104 E 9
Swalmen 14/15 C 3
Swansea 68/69 BC 3
Swasiland 104 G 9
Swatou 98/99 M 7
Swerdlowsk ⟶ Jekaterinburg
Swetlogorsk 76/77 E 3
Swetlograd 76/77 H 4
Swift Current 116/117 G 2/3
Swinemünde 28 EF 2
Świnoujście 28 EF 2
Swistbach 14/15 D 4
Swisttal 14/15 D 4
Swobodny 86/87 O 4
Sydney (Australien) 112.1 F 5
Syke 36/37 D 4
Syktywkar 54/55 T 3
Sylt 36/37 D 2
Sylt, Ort 36/37 D 2
Sylvensteinsee 38/39 G 4
Sylwa 76/77 L 1
Syr-Darja 54/55 V 6 86/87 H 5
Syracuse (USA, New York) 116/117 NO 4
Syrakus (Sizilien) 72/73 F 7
Syrien 90/91.3 G 6
Syrische Wüste 54/55 QR 9
Sysran 54/55 S 5
Szczecin 28 F 2
Szczecinek 68/69 N 2
Szczytno 68/69 P 2
Szeged 68/69 P 5
Székesfehérvár 68/69 O 5
Szeping 98/99 N 3
Szetschuan 98/99 J 5
Szolnok 68/69 OP 5
Szombathely 68/69 N 5

T

Tabarka 72/73 C 7
Tabarz 50.1 D 3
Taberg 70 D 4
Tablas 97 F 2
Tabor (Ostsibirien) 86/87 QR 2
Tábor (Tschechische Republik) 38/39 K 3
Tabora 104 G 7
Tabuão da Serra 127.5 A 2
Tachau 38/39 H 3
Tacheng 98/99 E 2
Tachov 38/39 H 3
Tacloban 97 G 2
Tacoma 116/117 D 3
Tadmur 75 E 3
Tadschikistan 86/87 HJ 6
Täbris 54/55 S 8
Tädschön 98/99 O 4
Tägu 98/99 O 4
Tännesberg 38/39 H 3
Taganrog 76/77 G 4
Tahan 97 B 4
Tahiti 130.1 K 5
Tahua 104 D 5
Taiaçupeba 127.5 B 2
Taiaçupeba-Reservoir 127.5 B 2
Taijüan 98/99 L 4
Taimyr 86/87 K-M 2
Taimyrsee 86/87 M 2
Tainan 98/99 N 7
Taipeh 98/99 N 6/7
Taitschung 98/99 N 7
Taivalkoski 70 G 2
Taiwan 98/99 N 7
Tajo 74 D 3
Tajumulco 118/119.3 C 4
Takamatsu 98/99 PQ 5
Takla Makan 98/99 EF 4
Talara 125 B 4
Talaudinseln 97 G 4
Talavera de la Reina 74 D 2/3
Talca 122 C 7
Talcahuano 125 C 7
Taliabu 97 FG 5
Taliangschan 98/99 J 6
Tallahassee 116/117 LM 6
Tallinn 54/55 NO 4
Tamale 104 C 6
Tamanrasset 104 D 4
Tambora 97 E 6
Tambow 54/55 R 5
Tampa 116/117 M 7
Tampere 70 F 3
Tampico 118/119.3 B 3
Tamworth 112.1 EF 5
Tana, Fluss 70 G 1
Tanahjampeainseln 97 EF 6
Tanana 114 D 3
Tanaro 68/69 H 6
Tanasee 104 G 5
Tandag 97 G 3
Tanga 104 G 7
Tanganjikasee ⟶ Tansaniasee
Tanger, Stadt 54/55 G 8
Tangerhütte 36/37 G 4
Tangermünde 36/37 G 4
Tanggula Schan 98/99 FG 5
Tanggulapass 98/99 G 5
Tangschan 98/99 MN 4
Tanimbarinseln 97 H 6
Tanjungkarang 97 C 6
Tanjungredeb 97 E 4
Tannenberg 14/15 K 3/4
Tannheim (Tirol) 51.3 BC 2
Tannu-Ola 86/87 L 4
Tansania 104 G 7
Tansaniasee 104 FG 7
Tanta 54/55 P 9
Tantung 98/99 N 3
Taolanaro 104 HJ 9
Taormina 72/73 F 7
Tapachula 118/119.3 C 4/5
Tapajós 122 E 4
Tapaschan 98/99 KL 5
Taquari 127.5 A 3
Tarai 96 E 2
Tarakan 97 E 4
Taraz 86/87 J 5
Tarbagataigebirge 86/87 K 5
Tarbes 68/69 E 7
Tarcoola 112.1 D 5
Taree 112.1 F 5
Tarent 72/73 G 5
Tarija 122 D 6
Tarim, Fluss 98/99 E 3
Tarimbecken 98/99 EF 4
Tarlac 97 EF 1
Tarn 68/69 E 7
Tarnów 68/69 P 3
Tarquinia 68/69 KL 7
Tarragona 74 G 2
Tarrasa ⟶ Terrassa
Tarsus 75 DE 2
Tartu 70 G 4
Tartus 75 E 3
Taschkent 86/87 H 5
Tåsinge 36/37 F 2
Tasmanbecken 112.1 F 6
Tasmanien 112.1 E 6
Tasmansee 112.1 FG 5/6
Tatabánya 68/69 O 5
Tatarischer Sund 86/87 Q 4/5
Tatenhausen 14/15 G 1
Tatsching 98/99 N 2
Tatsingschan 98/99 L 3
Tatuí 127.3 AB 3
Tatung 98/99 L 3/4
Tatvan 75 F 2
Taubaté 127.3 C 3
Tauber 38/39 E 3
Tauberbischofsheim 38/39 E 3
Taubergrund 38/39 EF 3
Taucha (bei Leipzig) 36/37 H 5
Taudenni 104 C 4
Taufkirchen (Oberösterreich) 38/39 J 4
Taufstein 38/39 E 2
Taunggyi 96 G 3
Taunus 38/39 CD 2
Taunusstein 38/39 D 2
Taurus 75 DE 2
Taus 38/39 H 3
Tavoy 96 G 5
Tawau 97 E 4
Tawitawi 97 EF 3
Tbilissi 54/55 RS 7
Tchab 76/77 G 5
Tebessa 72/73 BC 8
Tebulosmta 76/77 HJ 5
Tecklenburg, Stadt 14/15 F 1
Tegal 97 C 6
Tegel, Berlin- 48/49.1 B 1
Tegel, Flughafen 48/49.1 B 1
Tegelen 14/15 C 3
Tegeler See 48/49.1 AB 1
Tegernsee, Ort 38/39 G 5
Tegucigalpa 118/119.3 D 5
Teheran 54/55 ST 8
Tehuantepec 118/119.3 BC 4
Tejo 74 B 3
Tekirdag 72/73 M 5
Tel Aviv-Jaffa 54/55 P 9
Telawi 76/77 J 5
Telemark 70 C 4
Telfer 113.4 C 4
Telfs 38/39 FG 5
Telgte 14/15 F 2
Tellatlas 54/55 H-K 8
Teltow, Landschaft 36/37 J 4
Teltowkanal 48/49.1 A 2
Tema 109 D 6
Temelin 43 F 4
Temesvar 68/69 PQ 6
Temirtau 86/87 HJ 4
Tempelhof, Berlin- 48/49.1 B 2
Templin 36/37 J 3
Temrjuk 76/77 G 4
Temuco 122 C 7
Tenasserim 96 G 4/5
Ténéré 104 E 5
Teneriffa 104 B 4
Ténès 74 G 4
Tengissee 86/87 H 4
Tengtschung 98/99 HJ 6
Tennant Creek 112.1 D 3
Tennessee, Fluss 116/117 L 5
Tennessee, Staat der USA 116/117 L 5
Teófilo Otôni 122 FG 5
Teotihuacán 118/119.3 B 4
Tepic 116/117 GH 8
Teplice 38/39 J 2
Teplitz-Schönau 38/39 J 2
Terborg 14/15 C 2
Terek 76/77 HJ 5
Teresina 122 F 4
Termes 98/99 B 4
Termoli 72/73 F 4/5
Ternate 97 G 4
Terni 68/69 L 7
Ternopol 54/55 O 6
Terpenijagolf 98/99 R 2
TERRA.vita, Naturpark 26.1
Terrassa 74 GH 2
Teruel 74 F 2
Tessin, Fluss 68/69 J 5
Tessin, Ort (bei Rostock) 36/37 H 2
Tete 104 G 8
Teterow 36/37 H 3
Tetschen 38/39 K 2
Tetuan 54/55 GH 8
Tetz 22.1 A 2
Teufelsmoor 36/37 D 3
Teutoburger Wald 14/15 F-H 1/2
Teutoburger Wald-Eggegebirge, Naturpark 26.1
Texarkana 116/117 K 6
Texas 116/117 HJ 6
Thailand 96 H 4
Thale 36/37 G 5
Thaneller 51.3 C 2
Thasos, Insel 72/73 L 5
The Fens 68/69 DE 2
The Olgas 112.1 CD 4
The Wash 68/69 E 2
Theben, Ruinenstätte (Ägypten) 104 G 4
Theben, Stadt (Griechenland) 72/73 K 6
Theiß 68/69 P 6
Themse 68/69 E 3
Thenhoven, Roggendorf- 25.6 B 1
Thermaischer Golf 72/73 K 5/6
Thermopylen 72/73 K 6
Thessalien 72/73 JK 6
Thessaloniki 72/73 K 5
Theusing 38/39 HJ 2
Theux 14/15 B 4
Thimphu 96 EF 2
Thionville, Stadt 38/39 B 3
Thjórsá 70 B 2
Thompson 121 J 4
Thorn (Polen) 68/69 O 2
Thrakien 72/73 LM 5
Thüringen, Bundesland 29 D 3 38/39 FG 1
Thüringer Schiefergebirge/Obere Saale, Naturpark 50.1 D 3
Thüringer Wald, Mittelgebirge 38/39 FG 2
Thule 114 M 2
Thunder Bay 114 JK 5
Thurn, Pass 38/39 H 5
Tiahuanaco 122 CD 5
Tiber 68/69 L 7
Tibesti 104 E 5
Tibet 98/99 E-G 5
Tichorezk 76/77 H 4
Tichwin 76/77 F 2
Tiefland von Turan 54/55 UV 7 86/87 GH 5
Tiefstack, Hamburg- 47.2 D 1
Tiengen, Waldshut- 38/39 D 5
Tienschan 98/99 C-F 3
Tienschui 98/99 K 5
Tientsin 98/99 M 4
Tiergarten, Berlin- 48/49.1 B 1
Tiflis 54/55 RS 7
Tigapuluhgebirge 97 B 5
Tighina 72/73 N 2
Tigris 54/55 S 9
Tijuana 116/117 E 6
Tikal 118/119.3 D 4
Tilburg 68/69 G 3
Tilsit 68/69 P 1
Timanrücken 54/55 ST 2/3
Timaru 112.1 H 6
Timbuktu 104 C 5
Timfristos 72/73 JK 6
Timia 104 DE 5
Timiş 68/69 P 6
Timis 72/73 J 3
Timişoara 68/69 P 6
Timmendorfer Strand 36/37 F 2/3
Timmins 121 K 5
Timor 97 FG 6/7
Timorrinne 112.1 C 2/3
Timorsee 112.1 C 3
Tinduf 104 C 4 80/81 G 10
Tinos 72/73 L 7
Tirana 72/73 HJ 5
Tiraspol 72/73 NO 2
Tirgovişte 72/73 L 3
Tirgu Jiu 72/73 K 3
Tirgu Mureş 72/73 L 2
Tirschenreuth, Stadt 38/39 H 3
Tirso 72/73 C 5/6
Tiruchirapalli 96 CD 5
Tisza 68/69 P 5
Titicacasee 122 CD 5
Titisee-Neustadt 38/39 D 5
Titisee, See 38/39 D 5
Titov Veles 72/73 JK 5
Tittmoning 38/39 H 4
Titz 14/15 C 3
Tixi 86/87 OP 2
Tizi Ouzou 74 J 4
Tizimín 118/119.3 D 3
Tjuleniinseln 76/77 JK 4
Tjulgan 76/77 L 3
Tjumen 54/55 VW 4 86/87 H 4
Tkwartscheli 76/77 H 5
Toamasina 104 HJ 8
Tobasee 97 A 4
Tobol 54/55 W 4 86/87 H 4
Tobolsk 54/55 WX 4 86/87 HJ 4
Tobruk 54/55 N 9
Tocantins 122 F 4/5
Tocopilla 122 C 6
Tocuyo 118/119.3 H 5
Todestal 116/117 E 5
Tönder 36/37 DE 2
Tönisheide 44/45.1 C 2
Tönisvorst 14/15 CD 3
Tönning 36/37 D 2
Tönsberg 70 CD 4
Togliatti 54/55 S 5
Togo 150/151.1 JK 5
Tokaj 68/69 P 4
Tokat 75 E 1
Tokelauinseln 130.1 J 5
Tokio 98/99 QR 4
Tokmak 76/77 GH 4
Tolbuhin ⟶ Dobrič
Toledo (Spanien) 74 DE 3
Toledo (USA, Ohio) 116/117 M 4
Toliara 104 H 9
Tollense 36/37 J 3
Tollensesee 36/37 J 3

Toluca 116/117 HJ 9
Tomaszów Mazowiecki 68/69 P 3
Tominibucht 97 F 4/5
Tomsk 86/87 K 4
Tonalá 118/119.3 C 4
Tondern 36/37 DE 2
Tonga 130.2 E 4
Tongagraben 130.1 J 5/6
Tongainseln 130.1 J 5/6
Tongeren 14/15 AB 4
Tonking 96 HJ 3
Tonle Sap 96 H 5
Toowoomba 112.1 EF 4
Topeka 116/117 J 5
Topsee 70 H 2
Toquepala 125 CD 5
Torbay 68/69 C 3
Torenberg 14/15 B 1
Torgau 36/37 HJ 5
Torgelow, Stadt 36/37 JK 3
Torino 68/69 H 6
Torneälv 70 F 2
Tornio 70 FG 2
Toronto 114 KL 5
Toropez 76/77 F 2
Torrance 126.2 B 2
Torremolinos 74 D 4
Torreón 118/119.3 A 2
Torresstraße 112.1 E 2
Torschok 76/77 FG 2
Tortosa 74 G 2
Toruń 68/69 O 2
Toskana, Landschaft 68/69 K 7
Tostedt 36/37 E 3
Totma 76/77 H 1/2
Toul, Stadt 68/69 G 4
Toulon 68/69 G 7
Toulouse 68/69 E 7
Tours 68/69 E 5
Toužim 38/39 HJ 2
Townsville 112.1 E 3/4
Traben-Trarbach 38/39 C 3
Trabzon 75 EF 1
Trail 116/117 E 3
Trans Canada Highway 114 K 5
Transamazônica 122 E 4
Transantarktisches Gebirge 131.4 8-18
Transhimalaya 98/99 E 5
Trapani 72/73 E 6/7
Trarbach, Traben- 38/39 C 3
Trasimenischer See 68/69 K 7
Traun, Stadt 38/39 K 4
Traunreut 38/39 H 4/5
Traunstein, Stadt 38/39 H 5
Trave 36/37 F 3
Travemünde, Lübeck- 36/37 FG 3
Trebel 36/37 H 2
Třeboň 38/39 K 3/4
Treene 36/37 E 2
Trelew 122 D 8
Trelleborg 70 D 4
Trendelburg 14/15 J 2
Trent 68/69 D 2
Trenton 116/117 O 4
Trepca 80/81 N 7
Treptow (Pommern) 36/37 L 2
Treptow, Berlin- 48/49.1 B 2
Tres-Marías-Inseln 116/117 G 8
Três-Marias-Stausee 127.3 C 1
Três Pontas 127.3 C 2
Três Rios 127.3 D 3
Trettach 51.3 B 2
Treuchtlingen 38/39 F 4
Treuenbrietzen 36/37 HJ 4
Treviso 68/69 L 6
Triberg 38/39 D 4
Tribsees 36/37 H 2
Triebes, Zeulenroda- 38/39 GH 2
Trient 68/69 K 5
Trier, Stadt 38/39 B 3
Triest 68/69 L 6
Triglav 68/69 L 5
Trikala 72/73 JK 6
Trimmelkam 38/39 JK 4
Trindade 150/151.1 H 7
Trindaderücken 122 G 6
Trinidad und Tobago 122 DE 2/3
Trinidad, Insel 125 DE 2
Trinidad, Stadt (Bolivien) 122 D 5
Tripoli 80/81 PQ 9
Tripolis 54/55 L 9
Tripolitanien 104 E 3
Trischen 36/37 D 2
Tristan da Cunha 150/151.1 J 7
Trittau 36/37 F 3
Trivandrum 96 C 6
Troisdorf 14/15 E 4
Troja 72/73 M 6
Trollhättan 70 D 4
Tromsö 70 EF 2
Trondheim 70 CD 3
Trondheimfjord 70 C 3
Trossingen 38/39 D 4
Trostberg 38/39 H 4
Troyes 68/69 FG 4
Trujillo 122 BC 4
Truro 116/117 Q 3
Trzebiatów 36/37 L 2
Tsaidam 98/99 GH 4
Tsamkong 98/99 L 7
Tsangpo 98/99 G 6
Tsaratananamassiv 104 HJ 8
Tsavo-Nationalpark 104 G 7
Tschad 104 EF 5
Tschadan 98/99 G 1
Tschadsee 104 E 5
Tschagosinseln 150/151.1 NO 6
Tschangjeh 98/99 J 4
Tschangpaischan 98/99 O 3
Tschangscha 98/99 LM 6
Tschangteh 98/99 KL 6
Tschangtschou 98/99 M 7
Tschangtschun 98/99 NO 3
Tschangtu 98/99 H 5
Tschaotschou 98/99 M 7
Tschardschou —> Turkmenabad
Tscheboksary 54/55 S 4
Tschechische Republik 68/69 L-N 4
Tschedschu 98/99 NO 5
Tschegdomyn 98/99 P 1
Tschekiang 98/99 MN 6
Tschekmagusch 76/77 K 2/3
Tscheleken 76/77 K 6
Tscheljabinsk 54/55 V 4/5 86/87 H 4
Tschelkar 54/55 U 6
Tschengteh 98/99 M 3
Tschengtschou 98/99 L 5
Tschengtu 98/99 J 5
Tschenstochau 68/69 OP 3
Tscheremchowo 98/99 HJ 1
Tscherepowez 80/81 Q 4
Tscherkassy 76/77 F 4
Tscherkessk 76/77 H 5
Tschernigow 76/77 F 3
Tschernobyl 76/77 EF 3
Tschernowzy 72/73 L 1
Tschernuschka 76/77 L 2
Tscherskigebirge 86/87 PQ 3
Tschiatura 76/77 H 5
Tschifeng 98/99 M 3
Tschimkent 86/87 HJ 5
Tschintschou 98/99 MN 3
Tschirtschik 98/99 BC 3
Tschistopol 76/77 K 2
Tschita (Südsibirien) 86/87 N 4
Tschöngdschin 98/99 OP 3
Tschoibalsan 98/99 L 2
Tschu, Fluss 98/99 C 3
Tschu, Stadt 98/99 C 3
Tschudowo 76/77 F 2
Tschugusch 76/77 GH 5
Tschuktschenhalbinsel 114 A 3 86/87 U 3
Tschuktschensee 86/87 U 2/3
Tschuna 86/87 L 4
Tschungking 98/99 K 6
Tschussowaja 76/77 L 2
Tschussowoi 76/77 L 2
Tschutschou 98/99 L 6
Tshikapa 104 EF 7
Tshwane 104 FG 9
Tschwane —> Pretoria
Tsinan 98/99 M 4
Tsinghai 98/99 HJ 4
Tsingkiang 98/99 MN 5
Tsingtau 98/99 N 4
Tsinlingschan 98/99 KL 5
Tsitsikar 98/99 NO 2
Tsumeb 104 EF 8
Tsunji 98/99 K 6
Tuamotuinseln 130.1 KL 5
Tuamoturücken 130.1 KL 5/6
Tuapse 76/77 G 5
Tubarão 127.3 EF 2
Tubbergen 14/15 D 1
Tubuaiinseln 130.1 K 6
Tucson 116/117 FG 6
Tucumán 122 D 6
Tucuruí 125 EF 4
Tudela 68/69 D 7
Tübingen 68/69 J 4
Tübingen, Regierungsbezirk 29 C 4
Tübingen, Stadt 38/39 DE 4
Türkei 56/57.1 N-P 8 75 DE 2
Türnich 14/15 D 4
Tuggurt 104 D 3 80/81 K 9
Tuguegarao 97 F 1
Tuimasy 76/77 K 3
Tujün 98/99 K 6
Tukan 76/77 L 3
Tukangbesiinseln 97 F 5/6
Tula (Russland) 54/55 Q 5
Tulcea 72/73 N 3
Tulsa 116/117 J 5
Tulum 116/117 L 8/9
Tulun 98/99 J 1
Tumaco 125 BC 3
Tundža 72/73 M 4
Tunesien 104 DE 3
Tungtingsee 98/99 L 6
Tungtschuan 98/99 KL 4
Tunguska, Steinige 86/87 L 3
Tunguska, Untere 86/87 M 3
Tunis 54/55 KL 8
Tunja 122 C 3
Tupiza 125 D 6
Tura 86/87 LM 3
Turbo 118/119.3 F 6
Turfan 98/99 F 3
Turgaisenke 54/55 V 5
Turia 74 F 3
Turimiquire 118/119.3 J 5/6
Turin 68/69 H 6
Turkanasee 104 G 6
Turkmenabad 86/87 H 6
Turkmenbaschi 86/87 G 5
Turkmenistan 86/87 GH 6
Turksinseln 116/117 OP 8
Turku 70 F 3
Turnu Severin, Drobeta- 72/73 K 3
Turuchansk 86/87 KL 3
Tuscaloosa 121 JK 6
Tustin 126.2 C 2
Tuticorin 96 C 6
Tuttlingen, Stadt 38/39 DE 5
Tutzing 38/39 G 5
Tuvalu 150/151.1 S 6 130.2 D 3
Tuxpan 118/119.3 B 3
Tuxtla Gutiérrez 118/119.3 C 4
Tuz Gölü 75 D 2
Tuzla 68/69 O 6
Tweed 71 E 4
Twello 14/15 C 1
Twente 14/15 D 1
Twentekanal 14/15 D 1
Twenterand 14/15 D 1
Twer 54/55 Q 4
Twin Falls 116/117 EF 4
Twiste 14/15 HJ 3
Twistringen 36/37 D 4
Týn 38/39 K 3
Tynda, Stadt 86/87 O 4
Tyne 71 EF 4
Tyrrhenisches Meer 72/73 DE 5/6

U

Ubá 127.3 D 2
Ubangi 104 EF 6
Ubatuba 127.3 C 3
Uberaba 127.3 AB 1
Uberlândia 127.3 A 1
Ubon Ratchathani 96 HJ 4
Ubsanor 98/99 G 1
Ucayali 122 C 4
Uchta 54/55 TU 3
Uchte, Ort 36/37 DE 4
Uckermärkische Seen, Naturpark 50.1 EF 2
Uckermark, Landschaft 36/37 JK 3
Udaipur 96 BC 3
Uddevalla 70 D 4
Uden 14/15 B 2
Udine 68/69 L 5
Übach-Palenberg 14/15 C 4
Überlingen 38/39 E 5
Uecker 36/37 J 3
Ueckermünde 36/37 K 3
Ueckermünder Heide, Landschaft 36/37 JK 3
Uedem 14/15 C 2
Uëlle 104 F 6
Uellendahl, Wuppertal- 9.1 BC 1
Uelzen 36/37 F 4
Üntschenspitze 51.3 B 2
Uerdingen, Krefeld- 44/45.1 A 2
Üsküdar, Instanbul- 72/73 N 5
Ufa, Fluss 76/77 L 3
Ufa, Stadt 54/55 TU 4/5
Uffenheim 38/39 F 3
Uganda 104 G 6
Uglitsch 76/77 G 2
Ugra, Fluss 76/77 G 3
Úhlava 38/39 J 3
Uil 76/77 K 4
Uithuizen 36/37 B 3
Ujda 54/55 H 9
Ujung Pandang 97 E 6
Ukiah 116/117 D 5
Ukraine, Staat 68/69 QR 3/4
Ulan-Bator 98/99 K 2
Ulan-Ude 86/87 MN 4
Ulangom 98/99 G 2
Ulfkotte, Altendorf- 44/45.1 C 1
Ulhasnagar 96 B 4
Uliastaj 98/99 H 2
Uljanowsk —> Simbirsk
Ullapool 71 D 2/3
Ulm, Stadt 38/39 EF 4
Ulmea 80/81 MN 2
Ulster, Fluss 14/15 K 4
Ulster, Landschaft 71 BC 4
Ulu Dag 72/73 N 5
Ulutau 98/99 B 2
Uman 76/77 F 4
Umeå 70 F 3
Umeälv 70 E 3
Ummanz 36/37 HJ 2
UN-Gebäude (in New York) 126.1 B 1
Una 68/69 N 6
Unetscha 76/77 F 3
Ungarn, Staat 68/69 OP 4/5
Ungavabai 114 M 4
Ungavahalbinsel 114 L 3
Union City 126.1 A 1
Unkel 14/15 E 4
Unna 14/15 F 2
Unna, Landkreis 13.1
Unscha 76/77 H 2
Unstrut 36/37 G 5
Untere Argen 51.3 B 1
Untere Tunguska 86/87 M 3
Unterelbe 47.2 B 1
Unterer Kamastausee 76/77 K 2
Unteres Odertal, Nationalpark 50.1 F 2
Unteres Saaletal, Naturpark 50.1 D 3
Unterfranken, Regierungsbezirk 29 CD 3
Unterlüß 36/37 F 4
Unterwald 47.3 A 1
Upernavik 114 NO 2
Upland, Landschaft 14/15 H 3
Upland, Ort 126.2 C 1
Uppsala 70 E 4
Ur, Ruinenstätte 54/55 S 9
Ural, Fluss 54/55 T 6
Ural, Gebirge 54/55 U 3/4
Uralsk 54/55 T 5
Uranium City 114 H 3/4
Urawa 98/99 Q 4
Urbeleskarspitze 51.3 B 2
Uren 76/77 J 2
Urfa 75 E 2
Urft 14/15 D 5
Urfttalsperre 14/15 C 4
Urgentsch 54/55 UV 7 86/87 GH 5
Urjupinsk 76/77 H 3
Urmia 54/55 RS 8
Urmiasee 54/55 RS 8
Urschum 76/77 JK 2
Uruapan 116/117 H 9
Urucúm 125 E 5
Uruguay, Fluss 122 E 6/7
Uruguay, Staat 122 E 7
Urumtschi 98/99 F 3
Urupan 118/119.3 A 4
USA —> Vereinigte Staaten
Usa 116/117 N 5
Uşak 72/73 N 6
Usbekistan 86/87 GH 5
Uschgorod 68/69 Q 4
Usedom, Insel 36/37 JK 3
Usedom, Ort 36/37 JK 3
Usen 76/77 K 5
Ushuaia 122 D 9
Uslar 36/37 E 5
Uslowaja 76/77 G 3
Uspallatapass 122 CD 7
Usseln 14/15 H 3
Ussolje-Sibirskoje 98/99 J 1
Ussuri 86/87 P 5
Ussuriisk 86/87 P 5
Ust-Ilimsk 86/87 LM 4
Ust-Kamenogorsk 86/87 JK 4/5
Ust-Kamtschatsk 86/87 S 4
Ust-Kataw 76/77 L 3
Ust-Kut 86/87 M 4
Ust-Labinsk 76/77 GH 4
Ust-Maja 86/87 P 3
Ust-Omtschug 86/87 QR 3
Ust-Port 86/87 K 2/3
Ust-Urt 54/55 U 7 86/87 G 5
Uster 38/39 D 5
Ústí nad Labem 68/69 M 3
Ustica 72/73 E 6
Utah 116/117 FG 5
Utrecht, Provinz 14/15 AB 1/2
Utrecht, Stadt 68/69 G 2
Utrera 74 D 4
Utschaly 76/77 LM 3
Utsjoki 70 G 2
Utsunomija 98/99 QR 4
Uxmal 116/117 L 8
Uzsokerpass 68/69 Q 4

V

Vaal 109 F 9
Vaals 14/15 BC 4
Vaasa 70 F 3
Vaassen 14/15 B 1
Vác 68/69 O 5
Vác 72/73 H 2
Vacha 14/15 KL 4
Vadodara 96 B 3
Vadsö 70 GH 1
Vaduz 68/69 J 5
Vänersee 70 D 4
Värmland 70 D 4
Västerås 70 E 4
Västervik 70 E 4
Vättersee 70 D 4
Växjö 70 DE 4
Vaihingen (an der Enz) 38/39 DE 4
Val d'Or 116/117 N 3
Valdepeñas 74 E 3
Valdez 121 D 3
Valdivia 122 C 7
Valence 68/69 G 6
Valencia (Spanien) 74 FG 3
Valencia (Venezuela) 122 D 2
Valga 70 G 4
Valjevo 68/69 O 6
Valkenburg, Ort 14/15 B 4
Valkenswaard 14/15 AB 3
Valladolid (Mexiko) 116/117 L 8
Valladolid (Spanien) 74 D 2
Valledupar 118/119.3 G 5
Valletta 72/73 F 8
Valparaíso 122 C 7
Van 75 F 2
Vancouver 114 F 5
Vancouverinsel 114 EF 4/5
Vansee 75 F 2
Vanuatu 150/151.1 S 6 130.2 D 3
Varanasi 96 D 2
Varangerfjord 70 GH 1/2
Varangerhalbinsel 70 GH 1
Varaždin 68/69 N 5
Vardar 72/73 K 5
Varel 36/37 D 3
Varenholz 14/15 HJ 1
Varginha 127.3 C 2
Varkaus 70 G 3
Varlar, Stift 26.1
Varna 72/73 MN 4
Vars 68/69 H 6
Varsseveld 14/15 C 2
Vatikanstadt 56/57.1 J 7
Vatnajökull 70 B 2
Vaughn 116/117 GH 6
Vechta 36/37 D 4
Vechte 14/15 E 1
Veckerhagen 14/15 K 2/3
Veddel, Hamburg- 47.2 D 1
Veenendaal 14/15 AB 1
Veghel 14/15 B 2
Veitshöchheim 38/39 EF 3
Velbert 14/15 E 3
Veldensteiner Forst, Naturpark 50.1 D 4
Velebit 68/69 M 6
Velen 14/15 D 2
Veliko Tărnovo 72/73 LM 4
Vellmar 14/15 JK 3
Vellur 96 C 5
Velmerstot 14/15 H 2
Velten 36/37 J 4
Veluwe, Landschaft 36/37 A 4
Vendée 68/69 D 5
Venedig, Stadt 68/69 L 6
Venezia 68/69 L 6
Venezuela 122 D 3
Venlo 36/37 B 5
Venn, Hohes 14/15 BC 4/5
Venn, Weißes 14/15 E 2
Venner Egge 14/15 G 1
Venray 36/37 AB 5
Ventspils 70 F 4
Veracruz 118/119.3 BC 4
Verden, Stadt 36/37 E 4
Verdun 68/69 G 4
Vereinigte Arabische Emirate 90/91.3 J 7
Vereinigte Staaten 116/117 G-K 4/5
Vereinigte Ville, ehemaliger Tagebau 22.4 AB 1
Verl 14/15 GH 2
Vermont 116/117 O 4
Verona, Stadt 68/69 K 6
Versailles 68/69 EF 4
Versetalsperre 14/15 F 3
Versmold 14/15 G 1
Verviers, Stadt 38/39 AB 2
Vesdre 14/15 B 4
Veseli 38/39 K 3
Vesoul 38/39 B 5
Vessertal-Thüringer Wald, Biosphärenreservat 50.1 D 3
Vesterålinseln 70 DE 2
Vestfjord 70 DE 2
Vestmannaeyjar 70 A 2
Vesuv 72/73 F 5
Vetschau 36/37 JK 5
Vettweiß 14/15 D 4
Vézelise 38/39 B 4
Viana do Castelo 74 B 2
Vicente de Carvalho 127.5 B 2
Vicenza 68/69 K 6
Vichada 118/119.3 H 7
Vichy 68/69 F 5
Vicksburg 116/117 KL 6
Victoria, Bundesstaat (Australien) 112.1 E 5
Victoria, Stadt (Kanada) 114 F 5
Victoriafälle 104 F 8
Victoriainsel 114 GH 2
Victorialand (Antarktis) 131.4 16-18
Victoriasee 104 G 7
Victoriawüste, Große 112.1 CD 4
Vidin 72/73 K 3/4
Viechtach 38/39 H 3
Viedma 122 D 8
Vielsalm 38/39 AB 2
Vienenburg 36/37 F 4/5
Vientiane 96 H 4
Vierlingsbeek 14/15 BC 2
Viernheim 38/39 D 3
Viersen 14/15 C 3
Viersen, Landkreis 13.1
Vierzehnheiligen (am Main) 38/39 G 2
Vietnam 96 J 4
Vigo 74 B 1
Viitasaari 70 FG 3
Vijayawada 96 CD 4
Vila Nova de Gaia 74 B 2
Vila Real 74 C 2
Vilhelmina 70 E 3
Villach 68/69 L 5
Villahermosa 118/119.3 C 4
Ville, Höhenzug 14/15 D 4
Villigst 44/45.1 E 2
Villingen-Schwenningen 38/39 D 4
Vilnius 54/55 O 5
Vils, Fluss (zum Lech) 51.3 B 1
Vils, Fluss (zur Donau) 38/39 H 4
Vils, Fluss (zur Naab) 38/39 G 3
Vils, Ort 51.3 C 1
Vilsbiburg 38/39 H 4
Vilseck 38/39 G 3
Vilshofen 38/39 HJ 4
Vimperk 38/39 J 3
Viña del Mar 122 C 7
Vindhyagebirge 96 C 3
Vingst, Köln- 25.6 D 2
Vinh 96 J 4
Vinnum 44/45.1 D 1
Vinsonmassiv 131.4 5
Virginia 116/117 N 5
Visakhapatnam 96 DE 4
Visby 70 E 4
Vischering 14/15 E 2
Visé 14/15 B 4
Visselhövede 36/37 E 3/4
Viterbo 68/69 KL 7
Vitória 127.3 EF 2
Vitória da Conquista 122 FG 5
Vitoria-Gasteiz 68/69 C 7
Vjosë 72/73 J 5
Vlašim 38/39 K 3
Vlorë 72/73 H 5
Vlotho 14/15 H 1
Vltava 28 F 4
Vluyn, Neukirchen- 14/15 CD 3
Vochem 22.4 B 1
Vodňany 38/39 JK 3
Vöhl 14/15 HJ 3
Vöhringen (an der Iller) 38/39 F 4
Völklingen 38/39 B 3
Voerde (Niederrhein) 14/15 D 2
Voerde, Ennepetal- 44/45.1 D 2
Voerendaal 14/15 B 4
Vogelfluglinie 36/37 G 2
Vogelsang, Köln- 25.6 B 2
Vogelsberg, Mittelgebirge 38/39 E 2
Vogelsdorf, Fredersdorf- 48/49.1 C 2
Vogesen, Mittelgebirge 38/39 BC 4/5
Vogler 14/15 K 2
Vogtland, Landschaft 38/39 GH 2
Vohenstrauß 38/39 H 3
Vohwinkel, Wuppertal- 9.1 B 1
Volkach, Stadt 38/39 F 3
Volkmarsen 36/37 E 5
Volmarstein 44/45.1 D 2
Volme 14/15 F 3
Volta Redonda 127.3 CD 3
Voltastausee 104 CD 6
Voorst 36/37 B 4
Vorden 14/15 C 1
Vorderhornbach 51.3 C 2
Vorderindien 96
Vordingborg 36/37 G 1
Vornholz, Haus 14/15 G 2
Vorpommern, Mecklenburg- 29 DE 2 36/37 G-J 2/3
Vorpommersche Boddenlandschaft, Nationalpark 50.1 DE 1
Voss 70 C 3
Vossenack 14/15 C 4
Vraca 72/73 K 4
Vreden 14/15 D 1
Vršac 68/69 P 6
Vulcano 72/73 F 6
Vulkaneifel, Naturpark 50.1 B 3
Vulkangraben 130.1 G 3/4
Vulkaninseln 150/151.1 R 4

W

Waag 68/69 NO 4
Waal 68/69 G 3
Waalre 14/15 AB 3
Wabern 14/15 J 3
Wachtberg 14/15 E 4
Wachtendonk 14/15 C 3
Waco 116/117 J 6
Wad Madani 104 G 5
Wadai 104 EF 5
Wadersloh 14/15 G 2
Wadi Halfa 104 G 4
Wängle 51.3 C 2
Wagadugu 104 CD 5
Wageningen 36/37 A 5
Wagga Wagga 112.1 E 5
Waginger See 38/39 H 5
Wagrien 36/37 FG 2
Wahlsburg 14/15 JK 2
Wahn, Köln- 25.6 DE 3
Wahnbachtalsperre 14/15 E 4
Wahnheide, Köln- 25.6 E 3
Waiblingen 38/39 E 4
Waidhaus 38/39 H 3
Waigatsch 86/87 GH 2
Waigeo 97 H 4
Waingapu 97 EF 6
Waitzen 68/69 O 5
Wajir 109 GH 6
Wakajama 98/99 Q 5
Wakeinsel 130.1 H 4
Wakkanai 98/99 R 2
Walachei, Landschaft 72/73 K-M 3
Walbeck 14/15 C 2/3
Wałbrzych 68/69 N 3
Walchensee, See 38/39 G 5
Wald, Solingen- 9.1 B 1
Waldaihöhe 76/77 F 2
Waldbauer 44/45.1 D 2
Waldblick 48/49.1 B 2

Waldbröl 14/15 F4
Waldbrölbach 14/15 EF4
Waldbrunn (Westerwald) 14/15 G4
Waldeck, Landschaft 36/37 D5
Waldeck, Stadt 36/37 E5
Waldenburg (Schlesien) 68/69 N3
Waldfeucht 14/15 BC3
Waldheim (Sachsen) 38/39 HJ1
Waldheim, Falkensee- 48/49.1 A1
Waldkappel 14/15 K3
Waldkarpaten 68/69 PQ4
Waldkirch (Breisgau) 38/39 C4
Waldkraiburg 38/39 H4
Waldmünchen 38/39 H3
Waldsassen 38/39 H2/3
Waldshut-Tiengen 38/39 D5
Wales 68/69 C2
Walfischbai 104 E9
Walfischrücken 104 D9/10
Walhalla 38/39 H3
Walk 70 G4
Walla Walla 116/117 E3
Wallau, Biedenkopf- 14/15 GH4
Walldorf, Mörfelden- 47.3 A1
Walldürn 38/39 E3
Wallenhorst 14/15 FG1
Walliser Alpen 68/69 HJ5
Wallisinseln 130.1 HJ5
Walsrode 36/37 E4
Walsum, Duisburg- 14/15 D2
Waltersdorf (bei Berlin) 48/49.1 C2
Waltershausen 38/39 F2
Waltrop 14/15 E2
Walujki 76/77 G3
Wangen (Allgäu) 38/39 E5
Wangerooge, Insel 36/37 CD3
Wangerooge, Ort 36/37 CD3
Wanhsien 98/99 K5
Wanne-Eickel, Herne- 14/15 E2/3
Wannsee, Berlin- 48/49.1 A2
Wansdorf 48/49.1 A1
Wanssum 14/15 C2
Wanzleben 36/37 G4
Wapel 14/15 G2
Warangal 96 CD4
Warburg 14/15 J3
Warche 14/15 C5
Wardenburg 36/37 D3
Waren 36/37 H3
Warendorf 14/15 F2
Warendorf, Landkreis 13.1
Warna 72/73 MN4
Warnemünde, Rostock- 36/37 GH2
Warnow, Ort 36/37 G3
Warnsdorf 38/39 K2
Warnsveld 14/15 C1
Warschau, Stadt 68/69 PQ2
Warstein 14/15 G3
Warszawa 68/69 PQ2
Warta 68/69 MN2
Wartenberg, Berlin- 48/49.1 C1
Wartha 38/39 F1
Warthe 68/69 O3
Wasatch Range 116/117 F4/5
Wash, The 71 G5
Washington, Staat der USA 116/117 DE3
Washington, Stadt (USA, Pennsylvania) 114 L6
Wasjuganje 54/55 XY4 86/87 J4
Wassenberg 14/15 C3
Wasserburg (am Inn) 38/39 H4
Wasserkuppe 38/39 EF2
Wasserstraßenkreuz Minden 26.1
Wassertrüdingen 38/39 F3
Waßmannsdorf 48/49.1 BC2
Watampone 97 F5/6
Waterford (Irland) 68/69 A2
Watlinginsel 116/117 O8
Wattenscheid, Bochum- 14/15 E3
Wattwil 38/39 E5
Watzmann 38/39 H5
Wau 104 F6
Wawa 116/117 L3
Webertiefe 97 H6
Webi Schebeli 104 H6
Wedau, Duisburg- 44/45.1 B2
Weddellmeer 132/133.1 GH10 131.4 35-2
Wedding, Berlin- 48/49.1 B1
Wedel (bei Hamburg) 36/37 E3
Wedemark 36/37 E4
Weener 36/37 C3
Weert 36/37 A5
Weesow 48/49.1 C1
Weeze 14/15 C2
Wegberg 14/15 C3
Wegendorf 48/49.1 CD1
Wegener-Inlandeis 131.4 30-33
Wegscheid 38/39 J4
Wehre 14/15 K3
Wehretal 14/15 KL3
Weichsel 68/69 O2
Weida, Stadt 38/39 GH2
Weidelsburg 14/15 J3
Weiden (Oberpfalz) 38/39 H3
Weiden, Köln- 25.6 AB2
Weidenau, Siegen- 14/15 F4
Weidenpesch, Köln- 25.6 C2
Weifang 98/99 M4
Weil, Fluss 14/15 G5
Weil, Stadt (am Rhein) 38/39 C5
Weilburg 38/39 D2
Weiler (Elsass) 38/39 C4
Weilerswist 14/15 D4
Weilheim (Oberbayern) 38/39 FG5
Weilmünster 14/15 G5
Weimar (an der Lahn) 14/15 H4
Weimar, Stadt (Thüringen) 38/39 G2
Weingarten (Allgäu) 38/39 E5
Weinheim 38/39 D3
Weipa 112.1 E3
Weiss, Köln- 25.6 D3
Weißach, Fluss (bei Immenstadt) 51.3 B1
Weiße Elster 38/39 H1/2
Weißenbach 51.3 C2
Weißenburg (Bayern) 38/39 FG3
Weißenburg (Elsass) 38/39 CD3
Weißenfels, Stadt 36/37 GH5
Weißensee, Berlin- 48/49.1 B1
Weißensee, See (im Allgäu) 51.3 C1
Weißer Main 38/39 G2
Weißer Nil 104 G5/6
Weißer Stein 14/15 C5
Weißes Meer 54/55 QR2
Weißes Venn 14/15 E2
Weißrussland 68/69 QR2
Weißwasser 36/37 K5
Weisweiler, Eschweiler- 14/15 C4
Weitmar, Bochum- 44/45.4 B2
Weizen 38/39 D5
Welbergen, Haus 14/15 E1
Weldam 14/15 D1
Welikaja 76/77 E2
Welikije Luki 76/77 F2
Welkenraedt 14/15 B4
Welkom 104 F9
Well 14/15 C2
Welldorf 22.1 B2
Wellingholzhausen 14/15 G1
Wellington 112.1 H6
Weltenburg 38/39 G4
Welver 14/15 F2
Wemding 38/39 F4
Wendelstein 38/39 GH5
Wenden 14/15 F4
Wendland, Landschaft 36/37 G3/4
Wengern 44/45.1 D2
Wenne 14/15 G3
Wennigsen 14/15 K1
Wentschou 98/99 N6
Werchojansk 86/87 OP3
Werchojansker Gebirge 86/87 OP3
Werdau 38/39 H2
Werden, Essen- 14/15 E3
Werder (Havel) 36/37 H4
Werdohl 14/15 F3
Werl 14/15 F2
Werlte 36/37 C4
Wermelskirchen 14/15 E3
Werne (an der Lippe) 14/15 F2
Werne, Bochum- 44/45.4 C2
Werneck 38/39 EF2/3
Werneuchen 48/49.1 CD1
Wernigerode, Stadt 36/37 FG5
Wernsdorf, Königs Wusterhausen- 48/49.1 C2
Werra 38/39 F2
Werre 14/15 H1
Werse 14/15 F2
Wertach 51.3 B1
Wertach, Fluss 51.3 B1
Wertheim 38/39 E3
Werther 14/15 G1
Wertingen 38/39 F4
Wesel 14/15 D2
Wesel-Datteln-Kanal 14/15 DE2
Wesel, Landkreis 13.1
Wesendorf 36/37 F4
Weser, Fluss (Belgien) 14/15 C4
Weser, Fluss (Norddeutschland) 36/37 E4
Wesergebirge 14/15 HJ1
Wesjegonsk 76/77 G2
Wesseling 14/15 DE4
West Channel 126.1 B1
West Maas en Waal 14/15 AB2
West Palm Beach 116/117 MN7
West-Schelfeis 131.4 24
West Side, New York- 126.1 B1
West Virginia 116/117 M5
Westalpen 68/69 HJ5/6
Westaustralien 112.1 BC4
Westaustralisches Becken 132/133.1 OP7
Westensee, Naturpark 50.1 C1
Westensee, See 36/37 E2
Westerburg 38/39 CD2
Westerholt (Ruhrgebiet) 44/45.1 C1
Westerkappeln 14/15 F1
Westerland 36/37 D2
Westerstede 36/37 CD3
Westervoort 14/15 C2
Westerwald 38/39 CD2
Westeuropäisches Becken 54/55 E-G6
Westfriesische Inseln 68/69 GH2
Westfriesland 36/37 AB3
Westghats 96 BC4/5
Westhavelland, Naturpark 50.1 E2
Westhofen, Schwerte- 14/15 F3
Westhoven, Köln- 25.6 D3
Westindien 132/133.1 FG4/5
Westirian 97 H5
Westliche Kordillere 118/119.3 F6/7
Westlicher Euphrat 75 EF2
Westlicher Großer Erg 104 CD3/4
Westlicher Indischer Rücken 132/133.1 MN7/8
Westlicher Sajan 86/87 KL4
Westmelanesischer Graben 112.1 EF2
Westsibirisches Tiefland 54/55 W-Z3/4 86/87 H-K3/4
Westspitzbergen 86/87 CD2
Wetar 97 G6
Wetluga 76/77 HJ2
Wettenberg 14/15 GH4
Wetter, Fluss 14/15 H5
Wetter, Stadt (an der Ruhr) 14/15 E3
Wetter, Stadt (Hessen) 14/15 H4
Wetterau 38/39 DE2
Wettersteingebirge 38/39 FG5
Wettringen 14/15 E1
Wetzikon 38/39 D5
Wetzlar 38/39 D2
Wevelinghoven, Grevenbroich- 14/15 D3
Wewak 112.1 E2
Wewelsburg 14/15 H2
Wewer, Paderborn- 14/15 H2
Wexford 68/69 A2
Weyerbusch 14/15 F4
Weyhe 36/37 DE4
Weymouth 68/69 C3
Whangarei 112.1 H5
Whitehorse 114 Ef3
Whittier 126.2 BC2
Whyalla 112.1 D5
Wiblingwerde, Nachrodt- 14/15 F3
Wiborg 70 G3
Wichita Falls 116/117 J6
Wichita, Stadt 116/117 J5
Wick 71 E2
Wickede, Dortmund- 14/15 F2/3
Wicklow Mountains 68/69 A2
Wickrath, Mönchengladbach- 14/15 C3
Widdersdorf, Köln- 25.6 AB2
Widderstein 51.3 B2
Wiebach 22.1 C2
Wied, Fluss 14/15 E4
Wiedenbrück, Rheda- 14/15 G2
Wiedenfelder Höhe 22.1 C2
Wiedensahl 14/15 J1
Wiehengebirge 14/15 GH1
Wiehl, Stadt 14/15 F4
Wiek (Rügen) 36/37 J2
Wiemelhausen, Bochum- 44/45.4 B2
Wien 68/69 N4
Wiener Neustadt 68/69 MN5
Wierden 14/15 D1
Wies, Kirche 38/39 F5
Wiesbaden, Stadt 38/39 CD2
Wiese 38/39 C5
Wiesenufer (an der Wolga) 54/55 S5
Wiesloch 38/39 D3
Wiesmoor 36/37 C3
Wight 68/69 D3
Wijchen 14/15 B2
Wijhe, Olst- 14/15 C1
Wil 38/39 E5
Wilczekland 86/87 HJ1
Wildeck 14/15 KL4
Wilder Kaiser 38/39 H5
Wildeshausen 36/37 D4
Wildeshauser Geest, Naturpark 50.1 C2
Wildewiese 14/15 FG3
Wilhelmshaven 36/37 D3
Wilhelmstein 14/15 J1
Wilhelmsthal, Ort 14/15 J3
Wiljui 86/87 M3
Wiljuisk 86/87 O3
Wilkesland 131.4 19-21
Wilkizkistraße 86/87 LM2
Willebadessen 14/15 J2
Willemstad 118/119.3 H5
Willich 14/15 CD3
Willingen 36/37 D5
Willingshausen 14/15 J4
Williston 116/117 GH3
Wilmersdorf, Berlin- 48/49.1 B2
Wilmington (USA, Delaware) 116/117 NO5
Wilmington (USA, North Carolina) 116/117 N6
Wilna —> Vilnius
Wilnsdorf 14/15 G4
Wilseder Berg 36/37 EF3
Wilsons Promontory 112.1 EF5
Wiltz 38/39 AB3
Wiluna 112.1 C4
Windau 70 F4
Windeck 14/15 F4
Windhuk 104 EF9
Windischeschenbach 38/39 GH3
Windsor (Großbritannien) 68/69 D3
Windsor (Kanada) 116/117 M4
Windward Islands 118/119.3 J5
Windward Passage 116/117 NO8/9
Wingst 36/37 DE3
Winisk 116/117 L2
Winnenden 38/39 E4
Winnipeg 114 HJ5
Winnipegsee 114 J4
Winniza 54/55 OP6
Winschoten 36/37 C3
Winsen (Aller) 36/37 E4
Winsen (Luhe) 36/37 F3
Winston-Salem 116/117 MN5
Winterberg, Berg (Böhmerwald) 38/39 JK3
Winterberg, Stadt (Sauerland) 14/15 H3
Wintersberg, Großer 38/39 C3/4
Winterstaude 51.3 A2
Winterswijk 36/37 B5
Winz 44/45.1 C2
Wipper (Bergisches Land) 14/15 E3
Wipper (zur Saale) 36/37 G5
Wipperfürth 14/15 E3
Wisconsin, Fluss 116/117 KL4
Wisconsin, Staat der USA 116/117 KL3
Wisła 68/69 OP2
Wismar, Stadt 36/37 G3
Wissembourg, Stadt 38/39 CD3/4
Wissen, Ort 14/15 F4
Wissen, Schloss 14/15 C2
Wissersheim 22.4 A2
Witebsk 54/55 P4
Witim, Fluss 86/87 N4
Witim, Stadt 86/87 MN4
Witimplateau 86/87 N4
Witjastiefe 130.1 FG4
Witjastiefe II 130.1 HJ6
Witjastiefe III 112.1 J5
Witschuga 76/77 H2
Wittekindsberg 14/15 H1 8.3 A1
Witten 14/15 E3
Wittenau, Berlin- 48/49.1 B1
Wittenberg, Stadt 36/37 H5
Wittenberge 36/37 GH3
Wittenheim 38/39 C5
Wittensee 36/37 E2
Wittgenstein, Landschaft 14/15 GH3
Wittgenstein, Schloss 14/15 G4
Wittingau 38/39 K3/4
Wittingen 36/37 F4
Wittlaer, Düsseldorf- 44/45.1 AB2
Wittlich 38/39 B3
Wittmund 36/37 C3
Wittow 36/37 J2
Wittstock 36/37 H3
Witzenhausen 14/15 K3
Wjasma 76/77 FG2
Wjasniki 76/77 H2
Wjatka 76/77 K2
Wjatskije Poljany 76/77 K2
Wladikawkas 54/55 RS7
Wladimir 54/55 QR4
Wladiwostok 86/87 OP5
Włocławek 68/69 O2
Wönsan 98/99 O4
Wörgl 38/39 H5
Wörnitz 38/39 F3/4
Wörth (am Rhein) 38/39 D3
Wörth (an der Donau) 38/39 H3
Wohlen 38/39 D5
Wohlthatmassiv 131.4 31/32
Wohra 14/15 H4
Wojwodina 68/69 OP6
Wolbeck, Münster- 14/15 F2
Wolchow, Fluss 76/77 F2
Wolchow, Stadt 76/77 F2
Wolfach, Stadt 38/39 D4
Wolfen, Bitterfeld- 36/37 H5
Wolfenbüttel 36/37 F4
Wolfhagen 36/37 E5
Wolfratshausen 38/39 G5
Wolfsburg 36/37 FG4
Wolga 54/55 Q4
Wolgadelta 76/77 J4
Wolgaplatte 76/77 HJ2-4
Wolgast 36/37 J2
Wolgodonsk 76/77 H4
Wolgograd 54/55 R6
Wolgograder Stausee 76/77 J4
Wollin, Insel 36/37 K3
Wollin, Ort (auf Wollin) 36/37 K3
Wollongong 112.1 F5
Wolmirstedt 36/37 G4
Wolnzach 38/39 G4
Wologda 54/55 QR4
Wolos 72/73 K6
Wolschski 76/77 HJ4
Wolsk 76/77 J3
Woltersdorf (bei Berlin) 48/49.1 CD2
Woltschansk 76/77 G3
Wolverhampton 68/69 C2
Wolynien 54/55 O5
Worbis, Leinefelde- 36/37 F5
Workuta 86/87 GH3
Worms 38/39 D3
Worona 76/77 H3
Woronesch 54/55 QR5
Woroschba 76/77 FG3
Woroschilowgrad —> Lugansk
Worpswede 36/37 DE3
Worskla 76/77 F3/4
Woschesee 76/77 G1
Wosnessensk 72/73 OP2
Wotkinsk 76/77 K2
Wotkinsker Stausee 76/77 L2
Woudenberg 14/15 AB1
Wowoni 97 F5
Wrangelinsel 86/87 TU2
Wriezen 36/37 JK4
Wrocław 68/69 N3
Wülfrath 14/15 DE3
Wümme, Fluss 36/37 E3
Würgassen 43 C3
Würselen 14/15 C4
Würzburg, Stadt 38/39 E3
Wüste Lut 90/91.3 J6
Wüste Tharr 96 AB2
Wuhan 98/99 L5
Wuhsi 98/99 MN5
Wuhu 98/99 M5
Wulfen 14/15 E2
Wunderland Kalkar 26.1
Wunsiedel 38/39 H2
Wunstorf 36/37 E4
Wupper 14/15 E3
Wuppertal 14/15 E3
Wuppertal, kreisfreie Stadt 13.1
Wurm (Fluss) 14/15 C4
Wursten, Land 36/37 D3
Wurzen 36/37 H5
Wusterhausen 36/37 H4
Wustrow, Halbinsel 36/37 G2
Wustrow, Ort (Ostsee) 36/37 H2
Wutach 38/39 D5
Wutschou 98/99 L7
Wuwei 98/99 J4
Wye 68/69 C2/3
Wyk 36/37 D2
Wyndham 112.1 C3
Wyoming 116/117 F-H4
Wyschni Wolotschek 76/77 FG2
Wytschegda 54/55 T3

X

Xangongo 109 E8
Xanten, Stadt 14/15 C2
Xanthi 72/73 L5
Xiamen 98/99 M7
Xian 98/99 KL5
Xingu 122 E5
Xining 98/99 J4

Y

Yamdena 97 H6
Yampi Sound 113.4 C3
Yangon 96 G4
Yap 130.1 F4
Yaqui 116/117 G7
Yarmouth 116/117 P4
Ye 96 G4
Yecla 74 F3
Yellowknife 114 GH3
Yellowstone-Nationalpark 116/117 FG4
Yellowstone, Fluss 116/117 GH3
Yesilirmak 75 E1
York, Halbinsel 112.1 E3
York, Stadt (Großbritannien) 68/69 D2
Yosemite-Nationalpark 116/117 E5
Youngstown 116/117 MN4
Yozgat 75 DE2
Yucatán, Halbinsel 118/119.3 CD4
Yucatánbecken 114 K7/8
Yukon 114 C3
Yulara 112.1 D4
Yuma 116/117 F6

Z

Zabern 38/39 C4
Zacatecas 118/119.3 A3
Zadar 68/69 M6
Zafra 74 C3
Zagreb 68/69 MN6
Zagrosgebirge 54/55 ST8/9
Zagwan 72/73 D7
Zaječar 68/69 PQ7
Zakopane 68/69 P4
Zamboanga 97 F3
Zamora 74 D2
Záncara 74 E3
Zapala 122 CD7
Zaragoza 74 F2
Zard-Kuh 54/55 T9
Zarrentin 36/37 FG3
Żary 36/37 L5
Zasieki 36/37 K5
Žatec 38/39 J2
Zeche Zollverein 26.1
Zeewolde 14/15 AB1
Zehdenick 36/37 J4
Zehlendorf, Steglitz- 48/49.1 AB2
Zeitz, Barby- 38/39 H1
Železna Rudá 38/39 J3
Zell (am Ziller) 38/39 G5
Zell (an der Mosel) 38/39 C2
Zell (im Wiesental) 38/39 C5
Zella-Mehlis 38/39 F2
Zellerfeld, Clausthal- 36/37 F5
Zelten 109 E4
Zenica 68/69 N6
Zentralafrikanische Republik 104 EF6
Zentralgebirge (Neuguinea) 112.1 DE2
Zentralindischer Rücken 132/133.1 N6/7
Zentralindisches Becken 132/133.1 NO6/7
Zentralmassiv 68/69 F6
Zentralpazifisches Becken 130.1 HJ4
Zepernick 48/49.1 C1
Zeppelinheim 47.3 B1
Zerbst 36/37 H4/5
Zeulenroda, Triebes- 38/39 GH2
Zeven 36/37 E3
Zevenaar 36/37 B5
Zibo 98/99 M4
Ziegenhain 14/15 J4
Ziegenhelle 14/15 GH3
Zielenzig 36/37 KL4
Zielona Góra 68/69 MN3
Zierenberg 14/15 J3
Ziesar 36/37 H4
Zijpenberg 14/15 BC1
Žilina 68/69 O4
Ziller 38/39 G5
Zimljansk 76/77 H4
Zimljansker Stausee 54/55 RS6
Zingst, Halbinsel 36/37 H2
Zinnowitz 36/37 JK2
Zirndorf 38/39 F3
Zittau 38/39 K2
Zittauer Gebirge, Naturpark 50.1 F3
Zitterwald 14/15 C5
Zlín 68/69 N4
Zna 76/77 H3
Zöblen 51.3 BC1
Zofingen 38/39 CD5
Zollstock, Köln- 25.6 C3
Zonguldak 75 D1
Zons 14/15 D3
Zoo Safaripark Stukenbrock 26.1
Zossen, Stadt 36/37 J4
Zrenjanin 68/69 P6
Zschopau, Fluss 38/39 J1
Zschopau, Stadt 38/39 J2
Zülpich 14/15 D4
Zündorf, Köln- 25.6 D3
Zürich, Stadt 68/69 J5
Züschen 14/15 J3
Züssow 36/37 J3
Zugspitze 38/39 FG5
Zuid-Willemsvaart 14/15 B3
Zutphen 36/37 B4
Zweibrücken (Flughafen) 46.1 B4
Zweibrücken, Stadt 38/39 C3
Zweites Baku 80/81 T5
Zwickau 38/39 H2
Zwickauer Mulde 38/39 H1/2
Zwiefalten 38/39 E4
Zwiesel 38/39 J3
Zwolle 36/37 B4
Zypern, Staat 56/57.1 N8 75 D2
Żyrardów 68/69 OP2

Die Erde im Weltraum

① Die Umlaufbahnen der Planeten um die Sonne

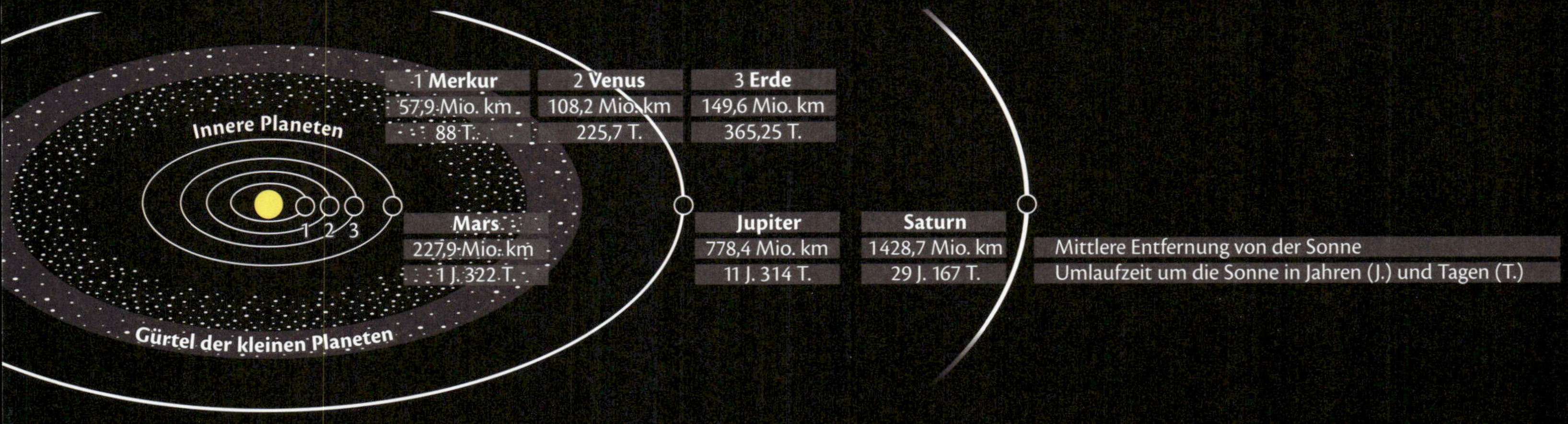

② Die Planeten unseres Sonnensystems

Abbildungen der Planeten maßstabsgetreu
Maßstab 1 : 1 850 000 000

③ Der Umlauf der Erde um die Sonne und die Entstehung der Jahreszeiten

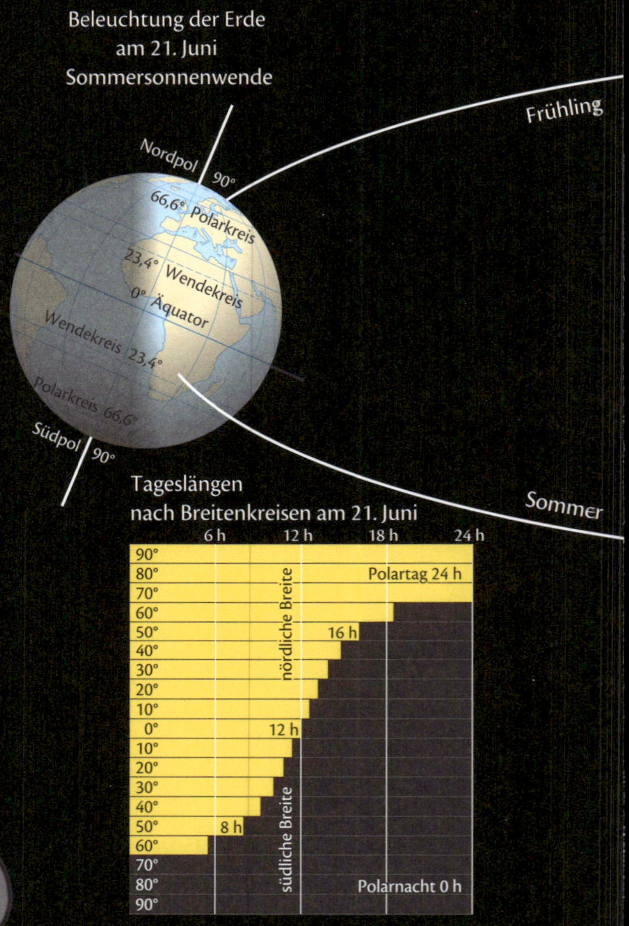

⑤ Sonnenfinsternis

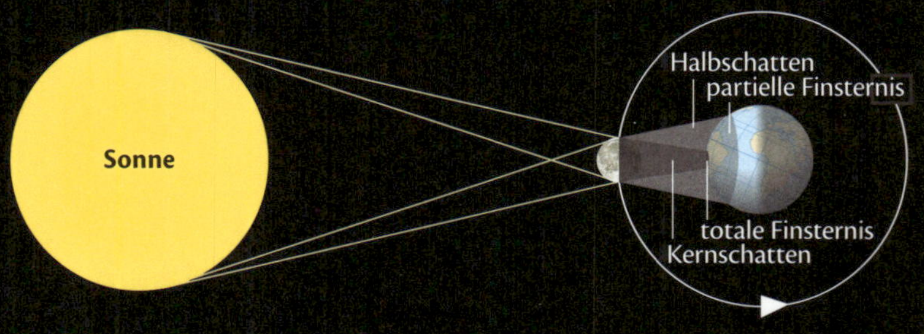

Sonnenfinsternis: Der Mond tritt zwischen Sonne und Erde; der Schatten des Mondes fällt auf die Erde. Im Gebiet des Kernschattens gibt es eine vollständige (totale), im Gebiet des Halbschattens eine teilweise (partielle) Verfinsterung.

⑥ Mondphasen

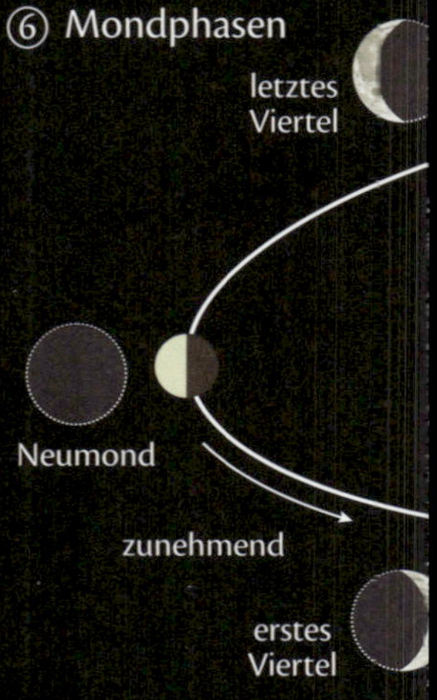